Landscape Materials and Cost Estimate

조경재료적산학

정운수 강태호

P R E F A C E

책 머리에...

첨단기술의 눈부신 발전으로 새로운 재료 개발이 가능하였으며, 이러한 시대적 흐름은 앞으로도 지속될 전망이다. 조경공사 또한 마찬가지로 가장 중요한 사항이 재료에 대한 이해이지만 일반적으로는 재료에 대한 깊은 이해 없이 기본지식으로만 계획·설계·시공에 임해왔을 것으로 판단된다. 조경이 건설 분야 중 독립적이면서도 토목과 건축의 틈에서 벗어나지 못함은 자재의 이해 부족도 하나의 이유가 아닐까 생각한다. 이에 재료에 대한 충분한 이해로 접근할 때 조경 전문가도 토목·건축 분야 전문가 못지않은 기술자로서의 예우를 받을 수 있을 것이다.

조경은 기획으로 구상되고 설계로 구체화되며 시공으로 실체가 완성되는 건설 분야의 특성상 시공현장 조건에 적합한 설계가 이루어져야 함은 물론, 경제적 조건도 합당해야 한다. 오랜 시간과 심혈을 기울인 계획이라고 할지라도 현장조건에 부적합하거나 시공주측에 부담스러운 예산이라면 실제로 집행하기가 곤란한 한낱 그림에 불과하다 하겠다. 그러므로 계획을 수립할 때 제반조건과 목적에 알맞은 설계와 시공방법을 정하고 그에 합당한 내역서가 작성되어야 한다.

조경실무 현장을 통한 경험으로 볼 때 이 과정은 설계와 시공의 성패를 가름하는 매우 중요하고도 어려운 작업으로, 수주자 입장에서는 공사입찰의 성패와 더불어 기업 경영을 좌우하는 중요한 과정이다. 이렇게 중요한 적산업무이지만 일반적으로는 자금을 다루는 일로 발주자측은 비밀스러운 일이요, 수주자측은 경영자의 소관으로만 생각하여 기술자 입장에서는 소홀히 하고 오히려 업신여기는 경향까지도 있었다. 더욱이 대학 등의 교육현장에서는 계획과 이론 위주 교육으로 과거의 이 분야에 대한 교재조차 없는 실정에서 「造景積算學」, 「造景施工積算」에 이어 「조경재료적산학」에 이르렀으며, 2차례의 개정을 거쳐 3차개정 「조경재료적산학」을 발간하게 되었다.

내역서 작성은 실무와 거리가 있는 학생이나 초급자 입장에서 많은 어려움이 있다. 내역서 작성은 계획 전반을 이해하고 설계도서를 개념적으로 구상하여 자재·노무·기계의 시공성 분석 후 그에 합당한 단가를 적용하는 일련의 과정으로써 전 공정이 유기적으로 연계되어 설계에서 누락·중첩되거나 미흡한 점을 보완하는, 최종 목적물의 시공 이전에 시공성을 분석하는 마지막 단계이기 때문이다.

그동안 적산의 기본을 마스터한 후 4~5년의 경력이 있어야만 실제적인 적산을 수행할 수 있었으나 본서는 기본적인 재료의 기초 이론에서부터 세부적인 최종 내역서 작성까지 모든 사항을 전반적으로 기술하여 초보학습자도 조경 설계 · 시공시 필요한 재료의 이해와 더불어 견적의 지침서 역할을 수행할 수 있도록 하였다.

이 책의 구성은 제1장에서 적산의 개념과 발주자 및 수주자가 수행하여야 할 적산의 진행과정에 대하여 설명하고, 제2장은 공사비 항목에 대한 원가계산방법으로 기술자가 등한시하기 쉬운 공사입찰, 계약, 설계변경 과정에 대하여 정부예산회계법을 중심으로 설명하였다. 제3장은 각 공종별 수량산출방법, 표준품셈기준 및 그 적용방법을 수록하여 일위대가표 작성의 기준을 제시하였으며, 제4장은 조경공사에 사용되는 재료의 종류별 특성과 기준을 설명하였다. 제5장은 각각의 재료별 특성, 공종별 시공방법과 그에 따른 수량산출, 표준품셈 및 적용기준을 설명하여 재료의 특성과 그 재료별 적산을 순차적으로 수행할 수 있도록 하였다.

국토교통부는 표준품셈 적정성과 현실화를 위하여 개정주기를 2008년부터 연 2회로 변경하여 조경 부문은 2013년 식재공사와 2014년 식재부대공사가 전면 개정되었고, 2019년 조경공사 품셈이 대폭 개정되는 등 지속적으로 개정되고 있다. 이에 본서는 2020년 상반기까지 개정된 품셈을 가급적 본문 그대로 기술하고 변경내용을 설명하여 이해의 편의를 도모하였다.

제6장은 적산업무 수행 사례를 통한 구체적 적용방법 및 조경기사시험에 출제 가능한 적산 분야의 연습문제를 게재하였으며, 부록은 적산업무 수행에 필요한 구적공식, 도량형 환산표, 중량표, 표 찾아보기를 기술하여 이 책 한 권으로 조경 재료와 적산에 관한 모든 업무의 수행이 가능하도록 구성하였다.

조경 재료와 적산의 연구 · 학습에 조금이나마 보탬이 되기를 간절히 바라며, 실무적인 적용 사례는 「조경공사 표준내역서」를 참조하시기 바란다. 저자의 학문적 미숙과 경험 부족으로 미흡한 부분은 더욱 연구 · 정진하여 보완할 것을 약속드리며, 보완할 내용이나 특별한 의문사항은 landea@korea.com으로 연락주시는 등 조경을 사랑하는 여러 분들의 진솔한 지도편달을 부탁드립니다.

이 책의 발간까지 많은 도움과 소중한 자료 제공에 적극 협력해 주신 기관과 지인에게 깊은 감사를 드리며, 이 책의 출판과 수차례 개정판 발간을 기꺼이 허락해 주신 기문당 강해작 사장님께 감사드립니다.

2020년 8월

저 자

차 례

책머리에

제1장 | 총 론

1 적산의 정의 13
1.1 적산의 개념 13
1.2 적산의 목적 13
1.3 품셈과 표준품셈 14
1.4 원가계산방식의 문제점 15
1.5 실적공사비 적산방식 16
1.6 원가계산과 실적공사비 비교 20

2 조경적산의 특징 23
2.1 조경공사의 특성 23
2.2 조경적산의 고려사항 24

3 적산 관련제도 26
3.1 국내 적산 관련법규 26
3.2 공사비 산정기준의 관리 29
3.3 국외 적산 분야의 현황 31

4 적산의 진행과정 34
4.1 발주자의 적산 35
4.2 수주자의 적산 35

제2장 | 공사비 산정

1 공사비 구성 39
1.1 재료비 40
1.2 노무비 41
1.3 경 비 42
1.4 일반관리비 48
1.5 이 윤 48
1.6 공사손해보험료 49
1.7 세 금 49

2 공사비 산정방식 49
2.1 산출 정밀도에 의한 구분 49
2.2 산출 기준에 의한 구분 50
3 공사비 계상 51
3.1 산출서 작성 52
3.2 내역서 작성 53
4 공사계약 56
4.1 계약의 의의와 절차 56
4.2 공사의 발주방법 56
4.3 계약의 심사 58
4.4 계약금액의 조정 58

제3장 | 표준품셈 기준

1 표준품셈의 구성 63
1.1 건설 분야 표준품셈의 구성 63
1.2 조경공사 표준품셈의 구성 64
1.3 조경공사 표준품셈의 변천 66
1.4 조경공사의 표준품셈 적용 67
2 품셈의 적용기준 68
3 품셈의 세부기준 69

제4장 | 조경재료 분류

1 재료란? 91
2 재료의 분류 91
3 재료의 성능 92
4 재료의 성질 93
4.1 역학적 성질 93
4.2 물리적 성질 95
4.3 화학적 성질과 내구성 97
5 재료의 규격 98
6 재료의 시험 98

7 재료의 일반기준 99
7.1 구조재료 99
7.2 지붕재료 102
7.3 벽재료 103
7.4 바닥재료 104
7.5 새로운 재료들 106

제5장 | 공종별 적산

1 가설공사 111
1.1 개 요 111
1.2 가설공사의 분류 111
1.3 품셈의 적용 114

2 토공사 및 기초공사 132
2.1 개 요 132
2.2 체적변화율 132
2.3 품셈의 적용 133

3 운반공사 146
3.1 개 요 146
3.2 기본식 146
3.3 운반 공사 147

4 기계화 시공공사 151
4.1 개 요 151
4.2 건설기계의 특성 151
4.3 건설기계의 운영기준 155
4.4 건설기계의 시공능력 160
4.5 기계경비의 산정 174

5 수목 식재공사 181
5.1 개 요 181
5.2 규격의 표시 181
5.3 표시방법 182
5.4 식재공사의 과정 및 방법 184
5.5 품셈의 적용 189

6 지피 식재공사 205
6.1 개 요 205
6.2 지피식물의 종류 205
6.3 식재공법 208
6.4 품셈의 적용 209

7 옥상 및 실내 조경공사 214

7.1 개 요 214
7.2 옥상녹화공사 214
7.3 실내조경공사 222

8 비탈면 보호공사 225

8.1 개 요 225
8.2 공사의 종류 225
8.3 품셈의 적용 226

9 생태 복원공사 231

9.1 개 요 231
9.2 생태 호안 231
9.3 생태 시설 232

10 콘크리트공사 241

10.1 개 요 241
10.2 콘크리트의 특성 및 재료 241
10.3 콘크리트 246
10.4 레미콘 253
10.5 철근 및 철망 253
10.6 거푸집 256
10.7 품셈의 적용 258

11 목공사 270

11.1 개 요 270
11.2 목재의 특성 270
11.3 목재의 사용 274
11.4 품셈의 적용 278

12 자연석 및 석재공사 281

12.1 개 요 281
12.2 석재의 분류 281
12.3 재료별 특성 283
12.4 공사의 종류 286
12.5 품셈의 적용 290

13 포장공사 301

13.1 개 요 301
13.2 포장재의 종류 301
13.3 포장공사의 종류 303
13.4 품셈의 적용 309

14 급배수공사 323
14.1 개 요 323
14.2 급수시설의 종류 323
14.3 배수시설의 종류 327
14.4 품셈의 적용 329

15 금속공사 347
15.1 개 요 347
15.2 재료의 특성 347
15.3 품셈의 적용 353

16 조적공사 359
16.1 개 요 359
16.2 재료의 종류 359
16.3 품셈의 적용 360

17 방수공사 365
17.1 개 요 365
17.2 방수공법 · 재료 365
17.3 품셈의 적용 368

18 미장공사 373
18.1 개 요 373
18.2 용어 및 재료 373
18.3 공사의 종류 375
18.4 품셈의 적용 378

19 도장공사 382
19.1 개 요 382
19.2 도료의 구성 382
19.3 도료의 종류 383
19.4 도장방법과 소모품 387
19.5 품셈의 적용 387

20 유리 및 기타공사 394
20.1 유리공사 394
20.2 플라스틱 399
20.3 막구조 404
20.4 접착제 405
20.5 실링재 408

21 철거 및 보수공사 411
21.1 개 요 411
21.2 폐기물의 단위중량 411
21.3 품셈의 적용 412

22 유지 관리공사 422
22.1 개 요 422
22.2 유지관리의 방법 422
22.3 품셈의 적용 427

제6장 | 적산 연습

1 조경계획도 (예시) 443
1.1 교목 식재 계획도 443
1.2 관목/지피 식재 계획도 444
1.3 시설물 계획도 445
1.4 포장 계획도 446
2 조경공사 내역서 작성 447
2.1 총괄내역서(총공사비) 447
2.2 총괄표(순공사비) 448
2.3 공종별 내역서 448
2.4 내역서 작성의 팁 450
3 공종별 수량산출 451
3.1 식재공사 451
3.2 휴게시설공사 453
3.3 유희시설공사 461
3.4 조경시설공사 464
3.5 포장공사 471
3.6 수량산출의 팁 475
4 적산문제 연습 476
4.1 필기 문제 476
4.2 실기 문제 484

부 록

1. 도량형 환산표 493
2. 구적공식 494
3. 재료의 중량 499
4. 표 찾아보기 508
참고문헌 514

제1장

총 론

Landscape Architecture

1 적산의 정의

2 조경적산의 특징

3 적산 관련제도

4 적산의 진행과정

1 적산의 정의

Landscape Architecture

1.1 적산의 개념

건설공사의 공사비는 설계도면, 시방서, 설계서, 현장설명 및 질의응답 등으로 공사에 소요되는 수량을 산출·집계하는 과정과 산출·집계된 수량에 단가를 적용하여 금액을 계산하는 과정으로 구분할 수 있다.

이를 엄밀하게 구분하여 전자를 적산(積算)으로 후자를 견적(見積)으로 정의하기도 하지만, 공사비 산출을 위한 수량 산출과 단가 결정 및 간접비 계산 등을 모두 적산(Cost-estimate)이라 정의하는 것이 합당하다. 즉 건설공사에 소요되는 재료, 인력 및 경비의 수량 산출과 그 수량에 단가를 적용하여 재료비, 노무비, 경비, 일반관리비, 이윤 등을 합산하는 총공사비 산정과정을 적산이라 정의할 수 있다.

나아가 넓은 의미로 적산의 개념이 건설공사 사업계획 수립과 예산 확보는 물론 각종 경제성 평가, 입찰, 계약, 시공 등 프로젝트 수행과정 전반에 대한 비용관리의 의미로도 해석된다.

〈표 1.1-1〉 적산과 견적의 세분류

❑ **적산(積算, Quantity Survey)** 사전적 의미는 측정, 계산한 수량을 차례로 더하거나 그 합계로써 도면과 시방서 등을 기준으로 수량을 산출·집계하는 과정. 즉 **수량을 산출하는 과정.**
❑ **견적(見積, Estimate)** 사전적 의미는 필요한 비용의 계산으로써 산출량에 단가를 적용한 순공사비와 부대비용을 더하여 총공사비를 산출하는 과정. 즉 **금액을 산출하는 과정.**

1.2 적산의 목적

건설공사는 입찰에 의해 공사를 수주하므로 공사목적물 완성 이전에 주어진 도면으로 정확한 공사금액을 산출해야 하는 어려움이 있다. 즉 발주자는 예산을 편성하고 필요한 자금조달계획을 수립하기 위하여, 시공자는 공사를 수주하고 차질 없이 공사를 완성하기 위하여 공사원가를 산정한다. 그러나 공사 입찰에는 많은 경쟁자가 지원하므로 낙찰되기란 매우 어렵다. 이는 예정가보다 입찰가격이 높으면 낙찰이 될 수 없고, 너무 낮은 가격으로 낙찰되면 이익보다 오히려 시공자측에 막대한 손실을 줄 수도 있으며, 부실공사의 원인이 되기도 하는 등 공사원가 산출에서 적정한 공사비 산출은 매우 중요하고도 어려운 과제이다.

건설공사는 품질 · 공기 · 원가 · 안전 등 네 가지 요소를 균형 있게 유지하면서 공사를 완성시켜야 한다. 이 중에서도 저렴한 원가로 위 요건들을 어떻게 충족시킬 것이냐가 적산에 있어서 무엇보다 중요한 요소이다. 공사를 기획 · 계획하고 시공 후 완공 · 인도할 때까지의 모든 과정에는 비용이 수반되므로 각 공종의 물량산출 및 단가산정에 정확성을 가져야만 위의 요건들을 충족시킬 수 있다. 이와 같이 건설공사에서 적산이란 발주자에게는 계획 · 설계 · 시방의 결과를 나타내고, 시공자에게는 업무 수행의 시작점이 되는 양자의 교량적 역할을 하고 있다.

1.3 품셈과 표준품셈

1) 품셈

사전적 의미로 「품」이란 어떤 일에 드는 힘이나 수고 또는 어떤 일에 필요한 일꾼을 세는 단위이며, 「품셈」이란 품이 드는 수효와 값을 계산하는 일이라고 명시되어 있다. 그러므로 건설공사에서 품셈이란 공사 목적물의 설치에 필요한 재료와 인력, 기계 등의 단위당 소요량을 규정한 것으로서 목적물의 제작에 소요되는 인적 · 물적 자원의 종류 및 수량을 표시한 것이다.

동일한 목적물의 시공에 필요한 재료는 일정할 수 있으나 공법 적용과 해석 · 다양한 현장여건 · 기상조건 · 작업자의 숙련도 등으로 인력 · 장비의 투입량이 변하여 소요금액이 달라질 수 있으므로, 일정한 기준으로 표준적인 계산의 기준을 규정하는 「표준품셈」의 필요성이 부각되었다.

2) 표준품셈

표준품셈은 건설공사 단위별 적산의 표준적인 재료, 노무 및 기계 수량을 명시한 원가계산 기준으로 공공예산을 합리적으로 책정할 객관적 기준을 규정하는데 그 목적이 있다. 즉 「표준품셈」은 공사수행 기본단위인 길이(m) · 면적(m^2) · 체적(m^3) · 개소(EA) 등에 소요되는 재료 · 노무 · 경비의 기준량으로 단가와는 무관하다.

표준품셈은 일본의 「표준보괘」를 기초로 1962년부터 정부 각 부처별 사용 내용을 1970년 1월 당시 경제기획원 주도로 정부의 공식적인 「표준품셈」으로 제정하였고 지금까지 정부, 지방자치단체, 정부투자기관 등 공공건설공사의 적산기준으로 적용되고 있다. 표준품셈은 사회 · 경제적 여건이나 공법 변화, 장비 발전 등으로 변할 수 있으므로 각종

자료와 관련 이론을 바탕으로 「건설진흥업무 관리규정」에 의하여 관리되며 1~3년 관리주기로 매년 개정 · 보완되고 있다.

그러나 표준품셈은 일반적인 공법 · 공종이 기준이므로 원가계산방식은 다양한 현장별 조건의 반영은 물론 급변하는 새로운 기술과 현실적으로 적절한 가격 적용이 곤란하다. 이에 정부에서는 이러한 문제점을 개선하고 국제화에 따른 건설시장 개방에 대응하고자 미국, 영국 등에서 활용하는 「실적공사비(Historical Cost-data)」제도를 도입하여 건축, 토목, 전기공사 공종에 적용하였다.

현재 공공건설공사 적산에서 소규모 공사는 표준품셈을, 대규모 공사는 실적공사비가 기반인 표준시장단가를 기준으로 적용하는 등 시대변화에 대응하고 있으나 시공기술의 급속 발전, 새로운 재료와 공법 등에 대한 공사비 산출 적정성 등으로 논란은 지속적으로 제기되고 있다.

1.4 원가계산방식의 문제점

공공건설공사 예정가격 산정기준으로 제정된 「표준품셈」은 실적공사비 제도가 시행된 2004년 이전까지 유일한 기준이었으며, 실적공사비제도 시행 이후에도 제외항목에서는 절대적 영향력을 행사하였다. 이에 표준품셈의 한계성과 시대상황 등에 대처하고자 한동안 실적공사비 방식으로 무게중심이 이동하였으나, 현재 대규모공사 이외에는 다시 유일한 기준으로 적용되고 있다.

원가계산방식은 표준품셈 기준으로 산정한 가격이 낙찰 상한선이 되고 계약금액 조정기준이 되는 등 계약자에게 막강한 구속력을 가진다. 이에 표준품셈의 긍정적 기능에도 불구하고 표준품셈 문제점을 검토 · 보완할 필요가 있다.

1) 예산절감 측면

표준품셈은 과거의 발주자 직영체제로 작성되어 대다수 공종이 외주 형태로 전문화된 현실성을 고려하지 못하며, 시장가격과의 큰 격차로 저가입찰이 지속되는 등 표준품셈 적정성 논란이 지속적으로 제기되고 있다.

생산자가 아닌 발주자가 표준품셈의 원가계산방식으로 공사비를 산정하므로 전래적인 공법과 표준적인 기술만이 지정되며, 그러한 연유로 표준품셈의 기준이 시공자 측에는 공사비 절감이나 공기단축이 가능한 신기술 · 신공법의 적용 가능성을 줄이는 등, 오히려 예산절감의 한계성으로 작용하고 있다.

2) 예정가격 산정 측면

표준품셈은 공법별로 자재 · 노무 · 장비의 세부 수량과 작업조건 · 시공방법 등의 예측으로 공사비를 산정하므로 구성이 복잡하고 계산과정에 많은 시간이 소요되며 이를 통합하는 다단계 과정이 필요하다. 또한 발주자는 적용 공법과 기술보다 최종 목적물의 성능과 품질이 더욱 중요하지만, 공법 선정부터 자원의 상세 소요량까지 산출하는 비효율적인 예정가격 산정업무를 수행한다.

최종 내역서는 발주처와 적산자의 재량 및 현장여건, 시장가격 변동 등으로 결과값이 변할 수 있으므로 품셈이 표준화되어도 내역서와 일위대가가 표준화될 수는 없다. 또한 발주자의 원가계산 수행 후 예정가격 조정과 낙찰 과정에서 당초 산정한 예정가격과는 현저한 차이를 보이는 등, 엄격한 기준으로 수행한 원가계산의 의미가 소멸되는 결과를 초래하고 있다.

3) 기술개발 유도 측면

과거에는 표준품셈이 공사비 산정의 기초적 도구였으나, 건설공사의 이상적인 목표는 최적 시설의 적정가격 구득이므로 기술이 급변하는 현대는 오히려 공법 선택을 방해하는 장애요소로 작용할 수 있다. 이는 최고 가치 추구라는 정부 조달원칙에도 맞지 않으며, 가격 위주 경쟁이 발주자측에 최고 가치를 보장하지도 못하면서 시공자가 가진 전문성과 경험을 반영할 기회를 상실할 수도 있다.

표준품셈에 의한 표준공법의 관행적인 공사비 산정에서 벗어나 종합적인 가치 향상과 건설산업 선진화 방안으로서 유지비가 저렴한 생애주기 비용절감, 시대 상황에 부합되는 친환경 공법과 자재, 공기 단축 및 혁신적인 신기술 · 신공법 적용 등 공공부문의 기여와 유도가 필요하다.

1.5 실적공사비 적산방식

원가계산 기초자료인 표준품셈의 한계성을 극복하고 내역서 체계의 투명성 확보, 시공업체의 기술경쟁력 제고, 시중거래가격 반영 등이 가능하도록 적산체계를 정비할 필요성이 제기되었다.

이에 원가계산방식에 의한 표준품셈의 문제점 극복과 발주자측의 적산업무 간소화 및 세계화와 시장 개방에 따른 건설산업의 구조개혁과 기술력 향상 등을 위하여 실적공사비 적산방식을 2004년 시행하였다.

1) 실적공사비의 특성

실적공사비는 재료비, 노무비, 직접경비가 포함된 단가를 계약단가에서 추출하여 유사 공사의 예정가격 산정에 활용하는 방식으로서, 공산품과 유사하게 단위량(Unit) 시공에 소요되는 재료비 · 노무비 · 경비를 포함하는 단일단가체계이다. 그러므로 결과물의 제작방식은 시공자의 몫이며, 발주자는 결과물의 수준 도달 이후 합당한 가격만 지불하면 되는 방식이다.

실적공사비는 단가자료가 표준화 · 세분화되어 축적되며, 내역서 작성에서 표준단위와 단가산정 기준이 명확히 규정된다. 그러므로 공사비 산출이 보다 효율적이고 건설시장의 동향을 즉시 반영할 수 있는 등 예정가격 작성에 유리하지만, 표준화된 공종분류와 내역체계로 축적된 많은 자료가 필요하다.

영국 · 미국 등은 이 제도를 예전부터 광범위하게 사용하고 있으며, 우리와 적산제도가 유사한 일본도 품셈제도의 한계성 극복을 위하여 1993년부터 표준품셈방식과 병행하여 시장단가방식을 운용하고 있다.

실적공사비 적산방식의 도입 효과는 다음과 같다.

- **계약내용의 명확화** : 실적공사비 적산제도의 근간인 수량산출은 공사목적물의 구성내용을 계층적으로 세분화하고 각 공종별로 정의, 계약단위, 구성, 기재방법을 표준적으로 규정하고 있다. 이는 수량산출 및 내역서 작성에서 발주자 · 수주자 간 공사내용에 대한 공통적 인식으로 계약내용의 명확화를 도모할 수 있다.

- **기술에 의한 가격경쟁 유도** : 계약자가 시공방법 등을 자율적으로 선정하여 입찰할 수 있으므로 입찰자간의 기술에 의한 가격경쟁 유도가 가능하다. 이는 건설업체의 기술개발 유도, 견적능력 향상 및 신기술 · 신공법 적용 등과 공사금액 절감이 기대된다.

- **시공실태 및 현장여건 반영** : 품셈에 의한 공사비 산정시 공법과 장비 등을 발주자가 지정하고 있으나 실적공사비 적산제도는 목적물의 품질상태를 중심으로 공사비를 산정하므로 시공방법 및 장비의 발전효과를 거둘 수 있다.

- **원도급과 하도급간의 거래 투명성 확보** : 실적공사비는 실제로 공사에 소요 또는 거래되는 가격 기준이므로 원 · 하도급간의 거래가격 투명성 확보 및 업체간 경쟁원리에 의한 적정 거래가격 형성을 유도한다.

- **예정가격 산정업무의 간소화** : 원가계산방식은 시공방법을 가정하여 각 작업에 소요되는 재료비 · 노무비 · 기계경비로 예정가격을 산정하지만 실적공사비는 소요 공종별 수량에 단가를 곱하여 예정가격을 바로 산정하므로 업무간소화가 기대된다.

2) 실적공사비의 구성체계

원가계산방식은 작업 중심이며, 실적공사비는 작업 대상인 목적물 중심이다.

실적공사비는 직접공사비, 간접공사비, 일반관리비, 이윤, 세금으로 구성된다.

직접공사비는 목적물 본체 구성에 투입되는 항목이며, 간접공사비는 목적물 실체를 형성하지 않는 가설공사 등과 공통적으로 소요되는 비용이다.

① 직접공사비

직접공사비는 재료비, 직접노무비, 직접경비로서 [수량×단가]로 산출된다.

수량은 도면과 시방서 등으로 산출하여 원가계산방식과 유사하지만 보다 체계적이고 신뢰성이 높은 방법이다. 단가는 이미 축적된 실적단가에 의하므로 현실적이며, 적용할 실적단가가 없는 경우에는 원가계산방식의 표준품셈을 적용한다.

② 간접공사비

간접공사비는 최종 목적물을 형성하지는 않지만 시공에 공통적으로 소요되는 금액과 법정경비이다.

간접공사비는 토목공사 · 건축공사 등 공사의 종류 · 규모 · 기간별로 매년 발표 · 적용되고 있다. 일정비율을 적용하는 기타 경비는 수도광열비, 복리후생비, 소모품비, 여비 · 교통비 · 통신비, 세금과공과, 도서인쇄비, 지급수수료의 7가지 항목이다.

〈표 1.1-2〉 실적공사비방식의 예정가격 구성비목과 산정방법

비목 · 세부비목		산 정 방 법	원가계산방식과의 비교
직접공사비 (A)	재료비 직접 노무비 직접 경비	• 수량×실적단가	• 실적단가를 적용할 수 없는 경우에는 표준품셈 등을 적용하여 산정.
간접공사비 (B)	간접 노무비 산재 보험료 고용 보험료 국민건강보험료 국민연금보험료 퇴직공제부금비 안전 관리비 환경 보전비 기타 법정경비 기타 경비	• (A)×조정계수×요율	• 실적공사비를 일부 공종에 적용하는 경우에도 실적공사비방식에 의하여 간접공사비 산정.
일반관리비 (C)		• (A+B)×요율 (6% 이하)	• 총 공사원가 항목으로서 원가계산방식과 동일한 방법으로 산정.
이윤 (D)		• (A+B+C)×요율 (10% 이하)	
공사손해보험료		• (A+B+C+D)×요율	• 총 공사비 항목으로서 원가계산방식과 동일한 방법으로 산정.
세금		• (A+B+C+D)×요율	

3) 실적공사비의 세부 구성

정부는 법규정으로 국가, 지방자치단체, 정부투자기관 건설공사의 적용 기준인 「수량산출기준지침서」를 제 · 개정하였다. 건설 분야 실적공사비는 표준품셈과 동일하게 건축 · 토목 · 설비공사 3개 부문이며, 조경공사는 건축과 토목 부문 공종이다.

수량산출기준은 개요, 공종분류체계, 추가고지사항(A), 수량산출방법(M), 단가정의(C)로 구성되어 있다.

공종분류체계는 부문별로 공통적인 수행작업들을 19개 공종으로 대분류하고, 각각의 대분류는 4단계의 하위분류로 구분, 연속적으로 분류하고 있다. 공종분류체계상 명기된 약어는 밀리미터(㎜), 미터(m), 제곱밀리미터(㎟), 제곱미터(㎡), 제곱센티미터(㎠), 세제곱미터(㎥), 킬로그램(kg), 톤(ton), 식(sum), 개소 · 개 · 회(nr), 시간(hr), 일(day), 월(mth) 등의 수량산출 기본단위이다.

개요는 포함과 제외사항을, 추가고지사항(A)은 공종분류체계에서 제시한 내용 이외에 공사목적물을 명확히 표현하기 위한 추가정보를, 수량산출방법(M)은 수량산출시 적용해야 할 조건과 기준을, 단가정의(C)는 단가에 포함되어야 할 작업범위와 단가산출시 고려해야 할 사항을 규정하고 있다. 기타 사항은 내역서 작성(개요, 전문, 총괄집계표, 산출(물량)내역서, 단가산출서 또는 일위대가표), 공통공사의 수량산출방법과 단가정의, 제잡비의 수량산출방법 및 단가정의, 추가규정 및 해설이 있다.

공종코드는 대분류－중분류－소분류－세분류－세세분류 5자리와 추가고지사항 5자리로서, 2개의 영문자와 8개 숫자인 10자리로 다음과 같이 표기된다.[1)]

추가고지사항이 없는 경우 00,000로 표기하고, 추가고지사항은 1～99,999개 공종을 추가할 수 있다. 소분류, 세분류, 세세분류 코드의 '*'표시는 해당 부문 모든 항목 포함을 의미한다.

〈표 1.1-3〉 실적공사비 공종코드의 구성

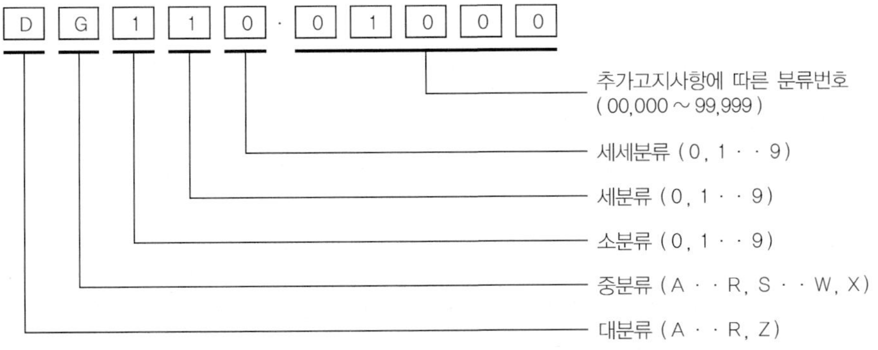

1) 〈표 1.1-3〉은 최초 발표내용으로 2013년부터 발표되는 표준시장단가 공종코드는 첫 자리에 공종 구분용 영문자와 마지막에 숫자 0을 추가하여 3개 영문자와 9개 숫자인 12자리로서 가운데 ·은 생략 표기하고 있다.

1.6 원가계산과 실적공사비 비교

표준품셈에 의한 원가계산방식은 각 단위 목적물 시공에 소요되는 자재, 인력, 장비의 소요량을 산출하고 각 작업별 단위가격을 곱하는 상세적산방식이며, 실적공사비방식은 과거 수행한 유사 공사의 실적단가를 활용하는 일괄적산방식으로 그 차이점을 비교·분석하면 다음과 같다.

〈표 1.1-4〉 원가계산과 실적공사비의 예정가격 산정방식 비교 #1

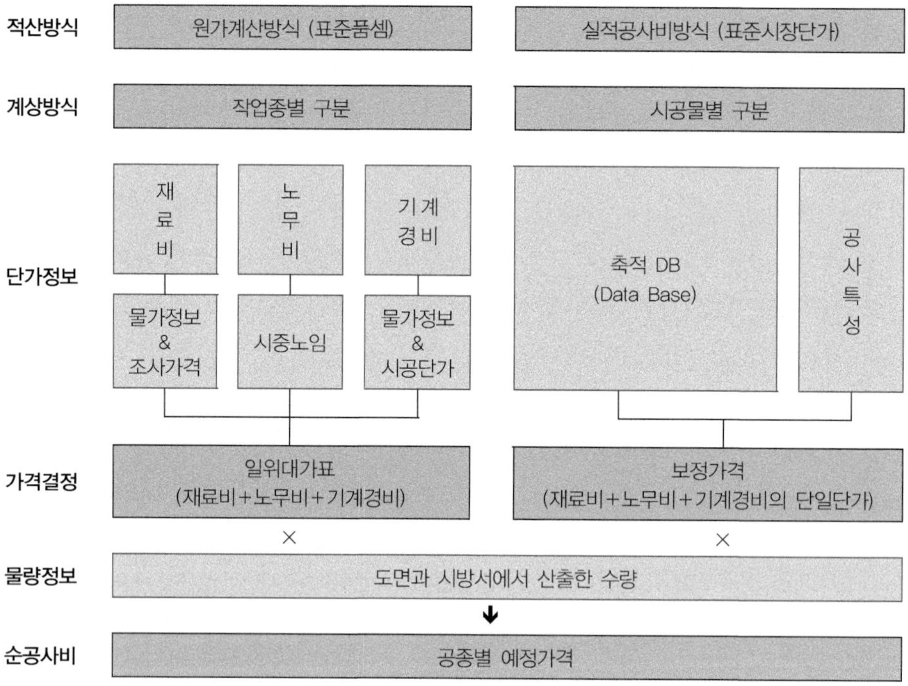

표준품셈 원가계산방식과 표준시장단가 실적공사비방식의 큰 차이점은 2가지로 직접공사비 산정시 재료비, 노무비, 경비의 구분과 간접공사비의 계상이다.

첫째, 직접공사비 산정에서 원가계산방식은 시설의 작업 종류별로 재료비·노무비·기계경비를 세분하여 집계하며, 표준시장단가방식은 재료비·직접노무비·직접경비의 구분 없이 간접노무비 계상만을 위하여 직접노무비를 별도 집계하는데 가장 큰 차이점이 있다.

둘째, 간접공사비 중 간접노무비는 유사하며 경비 계상방식의 차이점이다. 원가계산방식은 경비의 모든 항목을 경비로 일괄 산정한다. 표준시장단가는 보험료·기금·기타 법정경비를 간접공사비로 계상하고, 계량화 가능 항목은 직접공사비(직접경비)로, 계량화가 곤란한 항목은 간접공사비(기타 경비)로 계상한다. 경비를 세분류하면 원가계산방식은 25+@(기타 법정경비)로 26개 항목이며, 실적공사비방식은 26+@(기타 법정경비)인 27개 항목으로서 직접공사비인 직접경비 15개 항목과 간접공사비의 직접 계상 항목인 보험료

(산업재해보험료, 고용보험료, 국민건강보험료, 국민연금보험료 : 원가계산방식에서 1개 항목 분류) 1개 항목, 기금(퇴직공제부금비, 안전관리비, 환경보전비) 3개 항목, @ (기타 법정경비), 간접공사비로 일괄 계상되는 기타 경비 7개 항목이다. 항목 차이는 원가계산방식은 전력비 · 수도광열비를 묶어서 기타경비로 분류하고, 표준시장단가방식은 전력비는 직접경비, 수도광열비는 기타경비로 각각 분류함에 있다.

〈표 1.1-5〉 원가계산과 실적공사비의 예정가격 산정방식 비교 #2

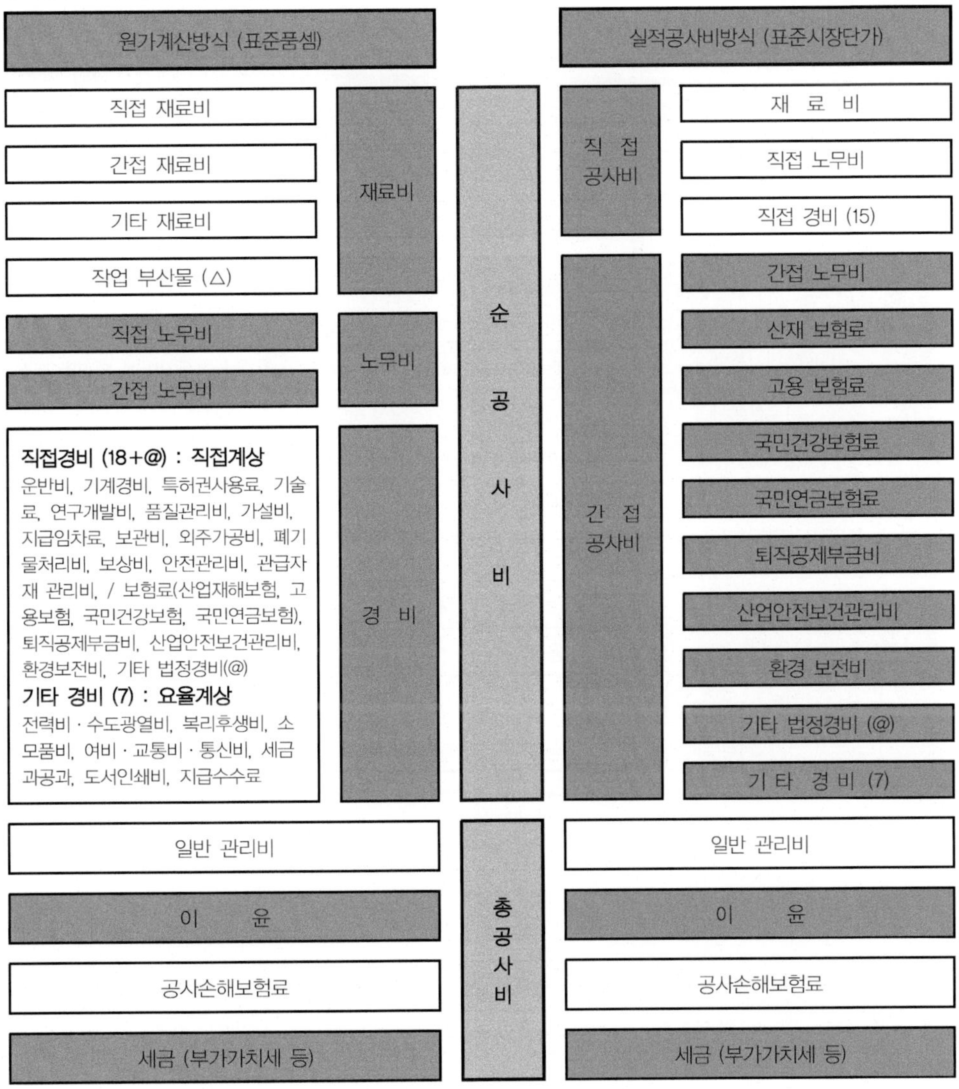

[주] 직접경비의 관급자재 관리비는 2015년 신설되었다.

공사비 계상방식의 차이점은 간접비 산정시 원가계산방식은 각 비목별 비용에 요율을 적용하고 실적공사비방식은 직접공사비에 요율을 적용하므로 원가계산방식은 관련 비용 크기로 변하지만 실적공사비방식은 공사규모별로 달라진다. 총공사비 산정의 차이점은 일반관리비, 이윤, 공사손해보험료, 세금(부가가치세, 매입세 등), 지급자재비(관급자재가 있는 경우)의 계상은 모두 동일하며, 이윤만 원가계산방식은 15% 이하, 실적공사비방식은 10% 이하로 다르게 규정하고 있다.

〈표 1.1-6〉 원가계산과 실적공사비의 제도적 특성 비교

구 분		원가계산방식	실적공사비방식
내역서 작성방식		표준품셈 및 발주기관별 품셈 자료	표준분류체계에 의한 수량산출기준
공사특성의 반영		간단한 보정계수로 특성 반영 미흡	공사특성별 보정지수 적용
공사비 구 성	직접공사비	재료비, 노무비, 기계경비로 구분	구분 없음 (간접노무비의 계상만을 위하여 직접노무비를 별도집계)
	간접공사비 (제경비)	비목별(노무비 등) 기준 직접비에 요율 적용 산정	직접공사비 기준 항목별 공통공사비로 구성
가격산정방식		시공방법에 따라 순차적으로 더함	실적공사비에 특성별 보정값을 곱함
가격산정시기		도면 완성 이전에 가격산정 불가	실적자료로 상시 가격산정 가능
공 법 선 택		표준공법으로 지정	시공사의 기술력으로 선택
산 정 절 차		복 잡	간 단
정 확 도		높 음	낮 음
단가산출자료		표준품셈×물가정보 & 조사가격	축적된 실적단가
시장단가반영		늦 음	신 속
적용가능공종		거의 전공종 적용가능	일부 공종만 적용가능
설계변경방법		품목조정방식, 지수조정방식	지수조정방식 (공사비지수 적용)

2 조경적산의 특징

Landscape Architecture

조경 분야는 적산을 전문으로 업무하는 자가 최근 다소 증가하고 있으나, 절대 인원이 미미하고 학문적 연구도 미흡하여 적산을 실무에서 익히고 자신의 개인적 경험과 과거 시행자료를 적산 기준으로 인용하는 경향이 많았다. 특히 조경공사는 재료를 규격화하기 어렵고 소량 공종으로 기준의 제정이 곤란하고, 시설물공사 등에서는 건축 · 토목 등 타 분야 기준을 주로 인용 · 사용하여야 하는 등 많은 어려움이 있다.

이에 표준화 · 체계화된 적산 기법의 연구 · 개발로 조경공사 등 복합 공종도 합리적인 공사비의 책정이 가능하도록 표준품셈 기준이나 주기사항이 필요하다.

2.1 조경공사의 특성

조경공사는 토목 · 건축 · 설비공사에 비하여 자연적, 지리적 조건으로 시공여건이 크게 변화하는 특수성이 있으므로 여기에 합당한 적산 방법과 기준이 필요하다.

1) 공종의 다양성

조경공사의 범위가 식재공사로 한정되는 경우도 있으나 소규모공사에도 토공, 배수공, 시설물공, 구조물공, 포장공, 조명공 등 많은 공종이 필요하다.

대규모 조경공사는 토목 · 건축 · 설비 등 각 공종이 포함되어 하나의 부지 조성에는 모든 공종이 복합적으로 시공된다. 또한 조경공사는 근래에 이르러 기성품화 형태에서 벗어나 창의적인 시설과 형태를 요구하는 등 구조물과 시설물 등이 더욱 복잡 · 다양해지는 추세이다.

2) 공종의 소규모성

조경공사에는 매우 많은 공종이 포함되어 있고, 그 공종은 대부분 공사규모가 작으며 작업공간의 산재로 인력 및 기계장비의 손실이 크다. 나아가 금액적 측면으로는 대규모 기계장비가 보다 효율적이지만 양호한 식생환경조성 등을 위하여 부득이하게 인력이나 소규모 장비에 의하는 경우가 다수 발생한다.

3) 지방성 · 계절성

조경공사에서 큰 비중을 차지하는 식재공사용 식물과 지역특산자재 등은 지역 · 계절 등 환경의 제약을 많이 받는다. 그러므로 지역 특성종과 자재 구득, 시공방법 및 재료 사용 등이 지방에 따라 다른 경우도 있으며, 계절에 따라 시공기간과 시공방법에 제약을 받는 경우도 있다.

4) 규격화 · 표준화의 곤란성

조경공사 재료는 자연상태가 많으므로 규격화 · 표준화에 어려움이 많다. 이는 공정의 능률화 · 합리화에 가장 큰 장애요인이다.

2.2 조경적산의 고려사항

조경공사는 시공 방법과 기준으로 많은 차이가 발생할 수 있으나 일반적 기준이 조경공사에 적합하게 별도로 정해져 있지 않으므로 토목 · 건축 · 설비의 기준을 직접 적용하거나 인용하고 있다. 그러나 인용의 기준이 되는 공사는 단일 공종이 대규모로서 조경공사는 상대적으로 불리하며 많은 손실이 발생할 수 있다. 그러나 토목 · 건축 · 설비공사 등의 품셈 유용시 소규모공사 보정치가 비교적 없으며, 간혹 적용 가능한 보정치가 있어도 보정치는 물론 할증이 무시되는 경우도 있다.

이와 같이 조경공사는 그 내용이 유연성 · 적응성을 요구하고 있으므로 현장에 적합한 시공방법과 그에 따른 설계와 적산을 수행하여야 한다. 기존의 적산방식은 조경공사에 상당히 불리한 조건을 많이 포함하고 있으므로 다음과 같은 조건 등을 고려하여 기준을 적용할 필요가 있다.

1) 발주방법

토목 · 건축공사의 부대공사로 종합건설업체에 일괄발주하면 조경공사의 특수성을 감안하기 어려우므로 조경공사에 합당한 기준으로 적산을 수행하고, 조경 전문가의 책임으로 공사를 수행하도록 발주하여야 한다.

2) 소규모성

조경공사는 특성상 토목 · 건축공사에 비하여 규모가 작고 다양한 내용과 공종으로서, 공정상 각 시공내용이 별개로 나뉘어 행해지는 경우가 많다. 또한 공종이 소규모이므로 소요되는 자재의 양이 적어 조달에도 많은 어려움이 따르며 추가 경비 지출이 발생하게 된다. 그러므로 실제 공정별 각각의 시공규모에 대응할 수 있는 적산기법이 고려되어야 한다.

3) 분산성

조경공사는 토목공사와 같이 대규모 물량의 단일 공종이 연속적·반복적이거나 건축공사처럼 일정한 지역에 집중적인 것은 드물고, 넓은 부지에 성격이 다른 공종의 공사가 산재되어 행해지는 경우가 많다. 이 경우 현장의 지원, 작업 및 관리 등에 곤란한 점이 많으므로 적산기준의 조정이나 주기에 의한 할증이 필요하다.

4) 식생환경

조경공사의 중요 요소 중 하나인 식물의 양호한 생육환경을 위하여 조경공사의 주변환경에 영향을 줄 수 있는 토목·건축·설비공사는 식물의 생육조건 등에 부적합한 방법을 피해야 한다.

예를 들면 일반적인 토목공사의 대규모 정지공사는 대형 불도저가 경제적이므로 대형 불도저로 적산을 시행한다. 그러나 토질에 따라 불투수층을 형성하는 등 식물의 활착에 나쁜 영향을 줄 수 있으므로 녹지면은 중형 또는 소형의 습지불도저 사용이 적절하다. 또한 절토에 의한 식물뿌리의 손상과 포장공사 등으로 식물 생리에 악영향을 미치는 등 식생환경 저해 요인이 발생할 우려가 있는 경우 공사성에 우선하여 식물 식생환경의 저해 요인을 배제하여야 한다.

나아가 유지관리공사의 별도 적용으로 2013년 표준품셈 세부기준이 변경되었으므로 준공 후 유지관리는 물론, 식재 후 준공까지 유지관리에 필요한 준공 전 유지관리공사의 적용이 필요하다.

5) 작품성

조경공사는 각 공종별로 추구하는 내용과 요구형태를 파악하여 적산에 반영해야 한다. 조경공사는 기능성을 중시하는 토목·건축과 달리 주 목적인 심미성·쾌적성이 우선하므로 단순히 경제성으로만 논할 수 없으며, 경우에 따라 경제성을 무시하는 미적기준에 합당한 설계·시공이 필요하다.

예술장식품 등은 작품의 디자인 가치를 부여하면서도 조경공사는 디자인 가치보다는 오히려 토목 등의 부대공종으로 취급되고 있다. 즉 정원석 쌓기에서 구조적인 무리 없이 단순하게 쌓는 실용적 공법과 쌓기면의 굴곡과 미를 추구하는 조형적 공법은 품의 소요량이 다르므로 심미성·작품성에 대한 배려가 필요하다.

6) 시공시기

식재공사는 식재 적기에 시행함을 원칙으로 하고, 부적기 공사는 부자재와 시공 후의 관리비용을 적산시 별도로 고려하여야 한다. 즉 하절기공사는 증산억제제의 사용과 관수 등이 필히 고려되어야 하고, 동절기공사는 동해방지 대책이 반영되어야 한다.

7) 재료의 지방성 · 한정성

조경재료는 주로 공산품이 아닌 자연재료이고, 시공지역별 재료의 명칭과 규격 등이 상이하며 조달이 곤란한 경우가 있다. 이에 식물 재료와 석재 등은 그 소재지와 생산량 등의 시장조사로 충분한 검토가 선행되어야 한다.

이와 같이 조경은 현장 여건별로 많은 차이점을 보이므로 체계화 · 표준화 및 합리화가 곤란하다. 그러나 조경공사도 과거 대비 수요증대와 비약적인 발전으로 대형화 · 다양화되고 새로운 시설물, 신공법이 개발되고 있다. 이에 현행 제도에서는 필수적으로 동반되는 적산도 합리적이고 체계적인 기술로의 정립이 필요하다.

3 적산 관련제도

Landscape Architecture

국내 건설공사는 금액 대비 약 30% 이상을 공공기관의 발주에 의존하고 있으며, 특히 조경공사의 특성상 공공공사 비율이 타 분야 보다 많을 것으로 추정된다. 이에 공공건설공사 공사비 산정과 원가계산 기준인 표준품셈과 표준시장단가 등을 정부에서 관리하고 있으므로 적산업무 수행에 필요한 적산관련 법규의 이해가 선행되어야 한다.

3.1 국내 적산 관련법규

공공공사의 공사비 산정을 규정하는 기본적인 법규는 「국가를 당사자로 하는 계약에 관한 법률」, 「지방자치단체를 당사자로 하는 계약에 관한 법률」로서 시행령과 시행규칙에서 그 세부내용을 규정하고 있다.

공사비 산정을 규정하는 기준은 「예정가격 작성기준」과 「표준시장단가 및 표준품셈 관리규정」 및 정부부처 관련 고시가 있다.

1) 국가를 당사자로 하는 계약에 관한 법률

1995년 1월 5일 법률 제4868호로 제정되고, 2020년 5월 27일 법률 제16578호로 개정되었으며, 전문 35조와 부칙으로 구성되어 있다.

- **제1조(목적)** : 이 법은 국가를 당사자로 하는 계약에 관한 기본적인 사항을 정함으로써 계약업무를 원활하게 수행할 수 있도록 함을 목적으로 한다.
- **제2조(적용 범위)** : 이 법은 국제입찰에 따른 정부조달계약과 국가가 대한민국 국민을 계약상대자로 하여 체결하는 계약 등 국가를 당사자로 하는 계약에 대하여 적용한다.
- **법 세부내용** : 제3조 다른 법률과의 관계, 국제입찰에 따른 정부조달계약의 범위, 계약의 원칙, 청렴계약, 청렴계약 위반에 따른 계약의 해제 · 해지 등, 근로관계법령의 준수, 계약사무의 위임 · 위탁, 계약의 방법, 입찰공고 등, 예정가격의 작성, 입찰보증금, 경쟁입찰에 있어서 낙찰자 결정, 계약서 작성 및 계약 성립, 계약보증금, 감독, 검사, 대가의 지급, 대가의 선납, 공사계약 담보책임, 하자보수보증금, 물가변동 등에 의한 계약금액 조정, 회계연도 개시 전의 계약체결, 장기계속계약, 단가계약, 개산계약, 종합계약, 공동계약, 지체상금, 부정당업자의 입찰참가자격 제한, 이의신청, 분쟁해결 방법의 합의, 국제계약 분쟁조정위원회의 설치, 계약절차의 중지, 심사 · 조정, 계약담당공무원의 교육, 계약실적보고서의 제출, 계약에 관한 법령의 협의, 제35조 벌칙적용에서의 공무원 의제 등을 규정하고 있다.
- **시행령** : 이 령은 118조로 구성되며, 「국가를 당사자로 하는 계약에 관한 법률」에서 위임된 사항과 그 시행에 필요한 사항을 규정하고 있다.
- **시행규칙** : 이 규칙은 87조로 구성되며 「국가를 당사자로 하는 계약에 관한 법률」 및 동법 시행령에서 위임된 사항과 그 시행에 관하여 필요한 사항을 규정하고 있다.

2) 지방자치단체를 당사자로 하는 계약에 관한 법률

2005년 8월 4일 법률 제7672호로 제정되고, 2019년 6월 25일 법률 제16042호로 개정되었으며, 전문 43조와 부칙으로 구성되어 있다.

지방자치단체를 당사자로 하는 계약에 관한 기본적인 사항을 규정하여 계약업무의 원활한 수행을 목적으로 제정된 이 법의 주요 내용은 다음과 같다.

- 수의계약의 대상범위와 선정절차를 명문화하고, 수의계약 내역을 공개하도록 하여 절차의 투명함을 기하였다.(제9조)
- 주민생활과 관련 있는 공사는 지방자치단체장 등에게 공사계약 이행상의 불법 · 부당행위의 시정을 요구할 수 있는 주민참여 계약감독제도를 도입하였다.(제16조)
- 지방자치단체장과 계약당사자는 시간적으로 긴급한 재해복구 등은 개산계약으로 체

결할 수 있도록 재해복구계약에 대한 개산계약제도를 제정하였다.(제27조 2항)

- 계약심의위원회는 일정 규모 이상의 계약에 대하여 계약의 체결방법, 경쟁입찰 참가자의 자격제한, 낙찰자의 결정방법 등에 관한 사항을 심의하는 계약심의위원회의 설치 · 운영을 규정하였다.(제32조)
- 지방자치단체장 및 지방의회의원, 그 배우자와 직계 존 · 비속 및 이들과 특수한 관계에 있는 사업자는 그 지방자치단체와 영리를 목적으로 하는 계약을 체결할 수 없도록 제한을 두었다.(제33조)

3) 예정가격 작성기준

회계예규 2200.04-105-1로 1995년 11월 9일 제정되고, 기획재정부 계약예규 제464호로 2019년 12월 18일 개정되었으며, 전문 6장 53조와 부칙, 별첨으로 구성되어 있다.

- 제1조 (목적) : 이 예규는「국가를 당사자로 하는 계약에 관한 법률 시행령」제9조 제1항 제2호 및「국가를 당사자로 하는 계약에 관한 법률 시행규칙」제6조의 규정에 의한 원가계산에 의한 예정가격 작성, 시행령 제9조 제1항 제3호 및 시행규칙 제5조 제2항에 의한 표준시장단가에 의한 예정가격 작성 및 시행규칙 제5조에 의한 전문가격조사기관의 등록 등에 있어 적용하여야 할 기준을 정함을 목적으로 한다.
- 세부내용
  - 제1장 총칙
  - 제2장 원가계산에 의한 예정가격 작성
    - 제1절 총칙
    - 제2절 제조원가계산
    - 제3절 공사원가계산
    - 제4절 학술연구용역 원가계산
    - 제5절 기타용역의 원가계산
    - 제6절 원가계산 용역기관
    - 제7절 보칙
  - 제3장 표준시장단가에 의한 예정가격작성
  - 제4장 복수예비가격에 의한 예정가격의 결정
  - 제5장 전문가격조사기관의 등록 및 조사업무
  - 제6장 보칙

4) 건설진흥업무 관리규정(표준시장단가 및 표준품셈 관리규정)

건설교통부 훈령 제446호로 2003년 12월 31일 「표준시장단가 및 표준품셈 관리규정」 이 제정되고, 국토교통부 훈령 제493호로 2015년 2월 16일 개정되었으며, 국토교통부 훈령 제547호로 2015년 6월 30일 「건설진흥업무 관리규정」으로 통합되었다. 통합 직전의 주요내용은 다음과 같다.

- 제1조 (목적) : 이 규정은 「국가를 당사자로 하는 계약에 관한 법률 시행령」 제9조 제1항 제2호 및 제3호에 의하여 예정가격의 결정에 기초자료가 되는 토목공사(건설기계 · 측량 부분을 포함한다), 건축공사, 기계설비공사 부문의 표준시장단가, 표준품셈 및 건설신기술 품셈을 효율적으로 관리하기 위하여 필요한 사항을 정함을 목적으로 한다.
- 제2조 (적용범위) : 이 규정에 의해 제정되는 표준시장단가, 표준품셈 및 건설신기술 품셈은 국가, 지방자치단체, 정부투자기관에서 시행하는 건설공사의 예정가격을 산정하는 기초자료로 활용할 수 있다.
- 법 일반내용 : 제1장 총칙의 제3조 관리기관 지정에서 한국건설기술연구원을 표준시장단가 및 품셈의 관리기관으로 지정한다고 규정하고, 제2장 표준시장단가의 관리, 제3장 표준품셈의 관리, 제4장 공사비 산정기준 심의위원회 운영, 제5장 신기술품셈의 관리, 별지에 실적공사비 축적서식 등이 있다.

5) 정부부처 관련 고시

원가계산에 의한 예정가격 산정에 적용되는 항목 및 요율은 정부부처 고시에 의한다. 사회보험 '산업재해보상보험(산재보험), 고용보험, 국민건강보험, 국민연금보험 및 노인장기요양보험' 및 퇴직공제부금은 국토교통부 고시, 산업안전보건관리비는 노동부 고시에 의하며, 기타 환경보전비, 공사이행보증수수료 등이 있다.

3.2 공사비 산정기준의 관리

실적공사비방식의 표준시장단가와 원가계산방식의 표준품셈은 「예정가격 작성기준」, 「건설진흥업무 관리규정」 등으로 관리된다.

1962년 국토건설청의 토목공사에 [떼뜨기, 떼붙임]이 조경부문 최초로 시작되어 각 부처별 사용하던 품셈은 1970년 당시 경제기획원 주도로 건설부문 표준품셈이 제정되었다. 이후 조경이 포함된 토목 · 건축 · 기계설비는 1976년 건설부로 이관되고, 1995년 대한건설협회에 위탁, 2004년 한국건설기술연구원에 위탁되어 현재 토목 · 건축 · 기계설비, 전기, 정보통신설비 3개 건설 부문은 다음과 같이 관리 · 운영되고 있다.

〈표 1.3-1〉 공사비 산정기준의 관리기관

건설 부문	관리 부처	관리 기관
토목 · 건축 · 기계설비	국토교통부	한국건설기술연구원
전 기	지식경제부	한국전기산업연구원
정 보 통 신 설 비	방송통신위원회	한국정보통신산업연구원

실적공사비로 전환이 어렵거나 소규모 공종에 사용하는 표준품셈은 효율화 및 시대 변화에 대처하기 위하여 매년 보완하여 왔으며, 2008년부터 연 2회 개정으로 변경되어 많은 공종이 개정 · 보완되었다. 표준품셈은 1~3년 검토주기로서 법령 · 금리 · 환율 등 건설환경 변화에 따라 상시 관리하는 공종은 1년, 분야별로 공통 사용하는 주요공종은 2년, 토목 · 건축 · 기계설비공사 공종은 3년의 검토주기로 관리하고 있다. 또한 표준품셈의 효율성과 객관성을 확보하기 위하여 그룹별 심의위원회를 전담 운영중이며, 투명성을 제고하고자 시민단체 관계자 또는 추천 전문가의 참여 및 의견수렴 절차도 도입되어 운용하고 있다.

근래의 표준품셈 개정방향은 점차 과거의 단위별 작업품 방식에서 시공량 방식으로 변경되고 있다. 이는 표준시장단가와 유사한 형태의 실제 작업량을 반영하는 방식으로서 품셈의 적정성을 보완하는 과정으로 이해되지만 일위대가나 내역서에서 단위당 시공으로 변환시 각별한 주의가 필요하다. 이는 장비를 이용하는 현실적인 공사비 책정 기준으로 판단되지만, 조경공사의 특성상 불리한 기준으로 책정될 수도 있다.

실적공사비 제도는 2004년 3월 220항목으로 시작되어 시행 이후 연 2회 발표시마다 항목을 지속적으로 확대하여 2011년 하반기 실적단가는 2,061항목에 이르렀다. 이후 실적공사비 항목 확대에서 보정계수의 적용으로 방향을 전환하였으며, 2015년 표준시장단가로 명칭이 변경되면서 적용단가 다양화 및 적용 공사규모를 규정하는 등 지속적으로 변화를 모색하고 있다.

표준시장단가(실적공사비)제도 시작과 동시에 설계변경(Escalation)에 필요한 건설공사비지수[2])도 개발되었다. 건설공사비지수는 공사비 실적자료의 시간차 보정과 물가변동으로 인한 계약금액 조정기준, 건설물가 변동의 예측 및 시장동향 분석에 활용하기 위하여, 즉 재료 · 노무 · 장비 등 세부 투입자원 물가변동의 추정을 위하여 작성된 가공통계 자료이다.

---

2) 건설공사비지수(Construction Cost Index)는 건설공사에 투입되는 직접공사비를 대상으로 특정시점(처음 제정시에는 2000년 생산자 물가지수 기준이었으나 2008년부터 기준년도를 2005년으로 변경) 물가를 100으로 재료, 노무, 장비 등 세부 투입자원의 물가변동 추정을 위해 작성된 가공통계 자료로서 산업연관표, 생산자물가지수, 시중노임 등 통계 자료를 기초로 건설물가의 변동추세를 보여주는 건설공사비 지수를 매월 발표하고 있다.

3.3 국외 적산 분야의 현황

영국을 비롯한 유럽 국가들과 미국은 대부분 실적공사비 적산방식을 사용하고 있으며, 우리나라와 일본은 실적공사비 형태로의 변환을 다각도로 모색하고 있다.

1) 영국의 적산 분야

영국의 RICS(Royal Institution of Chartered Surveyors ; 영국 왕립감정평가사협회)는 1881년 설립되어 유럽 적산 조직의 견인차 역할로 각국에 지대한 영향을 주었다.

협회는 7개 분과로 구성되며, 그 중에 QS(Quantity Surveyor)가 적산전문 직능분과로서 영국 RICS의 활동과 적산방법은 지속적인 관심과 연구가 필요하다. RICS 적산업무의 특징과 변화는 세계 각국에 많은 영향을 주고 있다.

① 영국 입찰방식은 설계도서에 공히 수량명세서(Bill of Quantity)가 첨부되며, 수량 과부족이 발생되면 설계변경 대상이 된다. 이를 「책임수량 공개입찰제도」라 하며 (총액+단가계약방식)을 적용한다.

② 1992년 제정한 내역서식에 따라 수량을 표시한다. 건축수량 산출기준 SMM (Standard Method of Measurement) 및 토목수량 산출기준 CESMM(Civil Engineering Standard Method of Measurement)을 적산기준 체계로 사용한다. 이 분류체계에 따라 공사비 정보가 축적되며 축적된 공사비 정보, 즉 실적공사비 자료에 의해 다음 공사의 공사비를 산출하는 실적공사비 적산방식을 적용하고 있다.

③ **인증적산사 제도** : 17세기 중반 런던 대화재 이후 복구 및 재건을 위한 많은 건설사업으로 영국의 건설산업은 호황기를 맞게 되었다. 이때 공사과정 검측, 지급금액 검토 및 사정을 위하여 인증적산사라는 별도의 전문직업인이 출현하게 되었다.

인증적산사는 설계 초기단계에는 다양한 코스트 모델링기법으로 발주자와 설계자에게 공사비의 예측·조언·계획 서비스를 제공하고, 설계 후기단계에서는 설계자가 작성한 시방서와 도면으로 수량명세서(Bill of Quantities)와 단가견적 작성 및 예정공사비를 산정하며, 시공단계에서 시공자 작업의 기성고 평가업무를 수행한다.

2) 프랑스의 적산 분야

프랑스는 전문분야별 발주방법으로 전체 공사비에 비용규칙(Cost Rule)을 적용하고 있으며, 1973년 공공공사 발주제도의 개정으로 프랑스 적산연합 중심인 「UNTEC」이 공익법인으로 설립되었다.

이코노미스트의 코스트 관리전문가를 인정하며, 업무내용은 영국의 QS와 비슷하다.

3) 미국의 적산 분야

미국은 1960년대 극심한 인플레와 공사규모 대형화로 공기와 공사관리 등 문제점이 부각되고, 발주자측은 기술자 부족으로 많은 어려움을 겪었다. 이에 종합적인 건설관리 기법인 CM이 도입되고, 기술적인 전문가인 CMr이 새로운 평가를 받게 되었다.

"계획, 설계, 시공의 공기, 가격, 품질관리를 기술적이고 체계적인 관리기술로 프로젝트를 관리하는 기법"으로 정의되는 CM(Construction Management)은 1960년대 후반 건설공사 계약방식의 일환으로 보급되어 1981년 미국 CM협회가 탄생·확립되었다.

CM을 책임지는 CMr(Construction Manager)은 발주자 대리인으로서 기획부터 준공까지 전 과정의 관리인이자 책임자로서 미국에서는 설계자, General-Contractor, Sub-Contractor, 감리자의 역할이 명확하게 구분되어 있다.

〈표 1.3-2〉 공사관리방식 비교

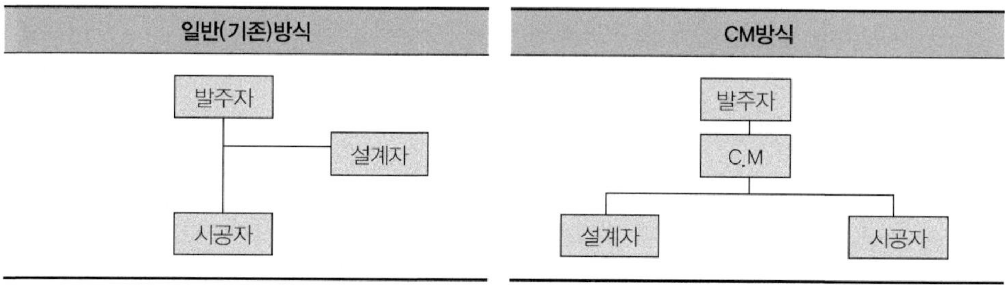

미국의 입찰방식은 공개경쟁입찰로서 총액계약(Lump Sum Contract)이며, 적산은 공사발주를 위한 발주자 적산과 입찰을 위한 수주자 적산으로 구분된다. 발주자 적산은 발주기관별로 축적된 유사한 산정단가를 공사발주시 예정가격 산정의 기준단가로 활용하는 「실적공사비 적산방식」에 따라 공사비를 산정하고 있다. 수주자는 도면과 시방서 등으로 상세적산(Detailed Estimate)을 수행하면서 단가는 과거 수행한 공사비의 실적 자료를 근거로 산정한다.

4) 일본의 적산 분야

일본은 우리가 준용한 「표준보괘」 기반의 원가계산방식만 사용하였으나, 1993년부터 시장단가제도를 병용하고 2005년부터 실적기반의 유닛프라이스(Unit Price)형 적산방식을 도입하였다.

우리나라와 비슷한 건설환경을 가지고 있는 일본의 법규는 취지와 내용이 거의 유사하며, 공공조달제도는 일반경쟁입찰과 예정가격에 의한 최저가낙찰제를 시행하고 있다. 거래실례가격이 기반인 예정가격은 계약금액이 예정액을 초과할 수 없는 '일식총액 청부계약' 형태로서 계약금액의 상한을 규정하는 상한구속성을 가진다.

「표준보괘」는 건설성의 공사비 적산기준으로서 우리와 유사하게 토목과 건축공사로 구분되며, 조경은 토목공사에 「공원」 공종으로 분류되어 있다. 그러나 우리의 표준품셈처럼 절대적이지 않으며, 가능한 표준보괘를 적용하되 지역과 현장여건에 따라 적절히 운용하여 왔다. 일본 적산기준의 1차적 변화는 원가계산방식에서 공산품과 유사 형태의 시공단위(유닛)당 거래단가를 적용하는 시장단가방식을 병용하였다. 기존 방식은 하청업자와 노무자 및 기자재공급자 간의 거래가격을 조사·반영하지만, 시장단가방식은 원청업체와 하청업체 간의 거래가격을 조사·반영한다.

유닛프라이스형 적산방식은 시장단가방식의 한계점을 극복하기 위하여 계약당사자인 발주자와 1차 원청인 건설업체의 거래가격을 기본으로 양자가 유닛마다 합의한 가격을 데이터베이스화하는 예정가격의 산정 방식이다. 또한 기존의 간접공사비 중 직접공사비 수량과의 연계 항목은 직접공사비(유닛)로 편성하여 직접공사비의 설명력을 높였으며, '총가계약 단가합의'방식으로 계약하므로 설계변경에도 유연하게 대처할 수 있는 특징이 있다.

이렇듯 일본은 과거 직영체제에서 확립되었던 적산의 틀을 시대변화에 맞추어 시장단가방식과 유닛프라이스형 적산방식으로의 변화와 더불어 다양한 제도 개선을 시도하고 있다. 이는 국제적 건설환경 변화에 대처하고 공공공사에서의 금액절감 등 구조개혁의 일환으로 시행되고 있다. 이에 우리나라도 적산기준의 변화에 보다 능동적으로 대처할 필요성이 부각되고 있다.

5) 국내 및 해외 적산제도의 비교

현행 국내 적산제도와 해외 적산제도를 비교·분석하면 다음과 같다.

〈표 1.3-3〉 국가별 적산제도의 비교

항 목	대한민국	일 본	영 국	미 국
예 가 산정 방법	• 실적공사비 및 원가계산	• 실적공사비 및 원가계산 (일부 시장단가)	• 실적공사비	• 원가계산(공병대 등) • 실적공사비 (무역부)
예정 가격 위 상	• 가격심사기준 (낙찰액의 상·하한) • 예산액의 근거	• 가격심사기준 (낙찰액의 상·하한) • 예산액의 근거	• 예산관리 목표금액 (낙찰액 상·하한 아님)	• 예산관리 목표금액 (낙찰액 상·하한 아님)
자재 단가	• 정부고시단가 및 물가조사자료	• 물가조사자료	• 공급업자단가 • 전문적산자료 활용	• 공급업자단가 • 전문적산자료 활용
노임 단가	• 정부고시(연 2회) 노임	• 3성협정(연 2회) 노임	• 시중노임 (원칙)	• 시중노임 (원칙)
경비 단가	• 표준품셈 (운전시간 기준)	• 기계협회 산정표 (공용일수+운전시간)	• 실적자료 (발주처별)	• 실적자료 (발주처별)
적산 업무 수 행 자	• In-House • 용역회사	• In-House • 적산사	• QS (적산사)	• In-House • 용역회사 (일부)

4 적산의 진행과정

Landscape Architecture

건설공사에서 적산은 공사의 기획자 및 발주자, 공사입찰자, 수주자(시공자) 모두가 작성해야 한다.

지금까지 적산업무는 설계자나 공무원들이 고유 업무 이외에 부수적으로 수행하거나 적산 담당 기술자를 별도로 배치하여 각 기관별로 고유의 적산방법을 사용하여 왔으나 업무의 분업화, 공사의 대형화 및 시공기술 발달로 적산업무의 질적 향상이 요구되었다. 이러한 시대적 요구로 적산 전문 업체가 출현하고 대형공사의 적산업무를 위탁받아 적산 분야를 전산화하는 등 적산 분야의 발전을 가져왔다.

〈표 1.4-1〉 발주자의 공사비 산정과정

기획(안) 및 예산책정	개략적인 조성계획(안) 수립 후 예산책정 및 타당성 분석 · 검토
▼	
현 장 조 사	시공장소의 지형, 환경, 지질, 기상, 수문, 지장물 등의 상황 조사
▼	
설계도서 작성 · 검토	설계도면과 시방서의 작성, 검토 후 누락 또는 오류 사항 조정
▼	
수 량 산 출	설계도면과 시방서에 의하여 최종 목적물의 수량 집계
▼	
공사 방법 결정	시공법, 시공 기계의 기종 · 규격 · 조합, 가설비, 기계설비 선정
▼	
단위 품셈 결정	품셈에 의하여 단위공종의 시공방법 결정
▼	
단 가 결 정	재료비, 노무비, 경비 및 복합단가의 객관성 있는 기준가격 결정
▼	
일위대가표 작성	품셈과 단가를 기준으로 단위공종의 일위대가표 작성
▼	
직접공사비 산정	공사수량과 일위대가표를 곱하여 해당 공종의 세목별 공사비 산출
▼	
간접공사비 산정	간접노무비, 기타 경비, 각종 보험료, 일반관리비, 이윤 등의 산출
▼	
공사비 집계 · 검토	총공사비 검토 및 공사내용과 공사비의 적정성 재검토, Feed Back
▼	
발 주 · 시 공	입찰공고 · 낙찰 · 계약 등의 과정을 거친 후 시공의 지도 · 감독

4.1 발주자의 적산

공사발주자가 공사발주용 예정가격 책정을 위한 것으로서 공사비 산정의 일반적인 과정은 〈표 1.4-1〉과 같다.

4.2 수주자의 적산

공사수주 및 시공을 위한 적산은 입찰·견적용과 시공용 적산으로 대별된다.

1) 입찰 · 견적 · 계약을 위한 적산

입찰 참여 및 계약을 위한 적산으로 입찰 견적은 다음의 방식이 있다.

① 일괄입찰 : 견적 금액 중 총액만을 제시하는 것.

② 공종별 내역입찰 : 각 공종별 공사비를 제시하는 것.

③ 상세 내역입찰 : 상세한 견적 내역을 제시하는 것.

〈표 1.4-2〉 입찰 · 견적 · 계약용 적산의 진행과정

입찰 참가 · 지명	발주자로부터 지명통지 또는 입찰공고로서 입찰 참가
▼	
현장설명 · 현지조사	계약의 개요, 현장설명, 현지조사, 결과의 검토, 공사의 내용 설명 질의응답 및 수주자의 추가적인 현지조사
▼	
설계도서 검토 · 작성	설계도면과 시방서의 작성, 검토 후 누락 또는 오류 사항 조정 설계 · 시공 일괄입찰(T.K)의 경우 실시설계도서 작성
▼	
수 량 산 출	검토 · 작성된 설계서에 의하여 최종 목적물의 수량을 집계
▼	
시공 계획 수립	공정, 가설, 기계, 재료, 노무, 외주, 안전계획 등 시공 전반의 계획 수립
▼	
단 가 결 정	재료비, 노무비, 경비 및 복합단가의 객관성 있는 기준가격 결정
▼	
직접 공사비 산정	공사수량과 단가를 곱하여 해당 공종의 세목별 공사비 산출
▼	
간접 공사비 산정	간접비 및 각종 보험료, 일반관리비, 이윤 등의 산출
▼	
공사비 집계 · 검토	입찰(예정)액 및 실행(예산)과의 적정성 재검토, Feed Back
▼	
견적서 제출 · 입찰	견적금액을 발주자에게 제출 · 입찰

2) 시공을 위한 적산

공사 도급자가 공사 시행에 필요한 실행예산을 편성하기 위한 적산과 공사비 정산서 작성을 말한다. 시공(실행)내역을 산정하기 위하여 시공방법, 가설비, 공정계획 등 시공계획을 먼저 수립하여야 한다.

시공계획은 공사의 성공적 완성을 위하여 시공의 공기, 원가, 안전, 품질 목표를 균형 있게 유지하면서 재료, 노무, 기계, 공법, 자금 등 적합하면서도 합리적인 시공수단으로 보다 적정하고 구체적인 시공절차와 방법을 결정하는 것으로서, 복잡·다양한 건설공사를 원활히 수행할 수 있는 방법을 모색하는 것이다.

시공계획은 공사 시공의 기준이 됨은 물론 적정공사비 책정의 기초가 되므로 합리적이고 경제적인 계획을 수립하고 이를 기준으로 실행예산을 편성하는 것이 바람직하다. 조경공사는 특성상 옥외작업이 대부분이므로 자연환경 조건과 인문·사회 조건 등 여러 특성을 고려하여 시공계획을 수립하여야 하며, 그 시공계획에 따른 적정한 시공(실행) 내역을 작성하여야 한다.

① 시공계획서 항목

- 시공법
- 공정계획
- 가설계획
- 기계설비 기종 및 시공계획
- 노무계획
- 재료수급 및 조달계획
- 수송계획
- 안전계획
- 자금계획
- 조직계획

② 적산의 절차

- 소요량 산정 : 시공계획에 따른 재료·노무·기계설비의 소요량 및 소요시기
- 단가결정 : 재료·노무·기계설비의 단가 결정
- 기초일위대가 작성 : 기초 단위공사별 품셈 결정
- 단위일위대가 작성 : 품셈과 단가를 적용한 단위공사당 단가 산정
- 내역서 작성 : 직접공사비(순공사비) 산정
- 총괄내역서 작성 : 가설비, 현장관리비, 일반관리비 및 제경비 등 간접공사비 산정
- 공사비 집계 및 검토

제 2 장

공사비 산정

Landscape Architecture

1 공사비 구성

2 공사비 산정방식

3 공사비 계상

4 공사계약

1 공사비 구성

Landscape Architecture

건설공사의 적산은 공사비 구성의 이해부터라고 할 정도로 건설공사 공사비는 복합적이므로 그 이해가 필수적이다. 우리나라 건설공사 공사비 산정은 2015년부터 100억 원 이하는 표준품셈에 의한 원가계산을 적용하며, 100억 원 이상은 표준시장단가(구 실적단가)를 적용하되 적용 곤란 항목은 원가계산을 적용한다.

공사비 구성은 재료비, 노무비, 경비, 일반관리비, 이윤, 세금 등이며, 그 근간(根幹)은 예산회계법령, 계약사무 처리규칙, 원가계산에 의한 예정가격 작성기준(계약예규 : 구 회계예규), 건설공사 표준품셈, 기획재정부령에 의한 노임단가 등에 의한다.

〈표 2.1-1〉 원가계산에 의한 공사비 구성

- 총 공사비
  - 총 공사원가 (도급공사비)
    - 순공사원가 (순공사비)
      - 재료비
        - 직 접 재 료 비
        - 간 접 재 료 비
      - 노무비
        - 직 접 노 무 비
        - 간 접 노 무 비
      - 경 비
        - 직접경비 (18+@ 항목) – 직접계상
          - 운반비, 기계경비, 특허권사용료, 기술료, 연구개발비, 품질관리비, 가설비, 지급임차료, 보험료, 보관비, 외주가공비, 산업안전보건관리비, 폐기물처리비, 환경보전비, 보상비, 안전관리비, 퇴직공제부금비, 관급자재 관리비, 기타 법정경비(@)
        - 기타 경비 (7개 항목) – 요율계상
          - 전력비 · 수도광열비, 복리후생비, 소모품비, 여비 · 교통비 · 통신비, 세금과공과, 도서인쇄비, 지급수수료
    - 일반 관리비
    - 이 윤
  - 손해 보험료
  - 세 금
  - 지급 자재비

〈표 2.1-2〉 실적공사비에 의한 공사비 구성

- 총 공사비
  - 총 공사원가
    - 직접공사비 — 재료비, 직접노무비, 직접경비
    - 간접공사비 — 간접노무비, 보험료, 간접경비
    - 일반관리비
    - 이 윤
  - 손해보험료
  - 세 금
  - 지급자재비

1.1 재료비

순공사비를 구성하는 직접재료비, 간접재료비와 부대비용에서 작업 부산물의 가치를 공제한 것이다.

1) 직접재료비

공사 목적물의 실체를 형성하는 물품 가치로서 주요 재료비 및 부분품비로 구성된다. 수목, 잔디, 시멘트, 철근, 골재, 강관, 석재 등은 공사 목적물의 실체를 구성하는 주 재료비이며 지주목, 창문과 창문틀, 전기모터, 조명등, 베어링, 하천공사의 수문 등은 부분품비에 해당된다.

- 주재료비 : 공사 목적물의 기본적인 구성 형태를 이루는 물품의 가치.
- 부분품비 : 공사 목적물에 원형 그대로 부착되어 그 조성부분이 되는 매입부품, 수입부품, 외장재료 및 외주 가공품의 가치를 말한다. 외주 가공품이란 외주업체에 발주하여 제작·설치하는 물품으로서, 경비 항목에 포함되는 외주 가공비는 제외된다.

2) 간접재료비

공사 목적물의 실체를 형성하지는 않으나 공사에 보조적으로 소비되는 재료와 소모성 물품의 가치를 말한다.

- 소모재료비 : 기계오일, 접착제, 용접가스, 장갑 등 소모성 물품의 가치
- 소모공구, 기구, 비품비 : 내용년수 1년 미만의 소모성 공구, 기구, 비품의 가치로서 기계화 시공에 있어 중기의 귀삽날, 삽날 등이 이에 해당된다.
- 가설재료비 : 공사 목적물의 실체를 형성하지 않으나 시공에 부대적으로 필요한 가설재로서 식재공사의 지주목, 가설공사의 거푸집, 동바리, 비계 등이 해당된다.

3) 부대비용

재료의 구입 과정에서 재료와 직접 관련하여 발생하는 운임, 보험료, 보관비 등이며, 재료 구입 후 발생하는 부대비용은 각각의 경비항목으로 계상한다.

4) 작업 부산물

공사 목적물의 시공 중 발생하는 작업잔재 중 환금이 가능한 재료를 말한다. 이 작업 부산물은 그 매각액 또는 가치를 추산하여 재료비에서 공제한다. 강재의 할증분, 시멘트 공포대, 공드럼 등이 여기에 해당된다.

1.2 노무비

노무비는 직접노무비와 간접노무비로 구성된다.

1) 직접노무비

공사현장에서 공사 목적물을 완성하기 위하여 직접 작업에 종사하는 종업원 및 노무자에게 지급하는 노동력의 대가로서 공사목적물의 노무량에 단가를 곱하여 산정한다.

2) 간접노무비

공사현장에서 직접 작업에 종사하지는 않으나 작업현장에서 보조적인 노무자, 종업원, 감독자에 대한 급료, 노임, 제수당, 상여금, 퇴직급여 충당금 등의 합계액으로서 직접노무비에 간접노무비율을 곱하여 계상한다.

$$\text{간접노무비 비율 (\%)} = \frac{\text{최근년도 간접노무비 총액}}{\text{최근년도 직접노무비 총액}} \times 100$$

간접노무비율은 계약 목적물의 규모, 내용, 공종, 기간 등에 따라 최근년도에 지불된 노임 실적을 기준으로 직접노무비 합계액에 대한 간접노무비율을 적용한다.

공사종류별 매년 발표하는 조경공사의 간접노무비율은 다음과 같다.

〈표 2.1-3〉 조경공사 간접노무비율 [조달청]

공사규모	공사기간	간접노무비율 (%)			
		2020년 상반기	2019년 상반기	2016년 상반기	2011년 상반기
50억 미만	6개월 이하	11.5	11.3	11.4	10.8
	7～12개월	11.8	11.5	11.0	9.8
	13～36개월	11.8	11.4	10.0	9.9
	37개월 이상	11.7	11.4	10.2	10.8
50억～300억	6개월 이하	11.5	11.2	10.4	9.6
	7～12개월	11.8	11.4	9.9	8.7
	13～36개월	11.8	11.4	9.0	8.7
	37개월 이상	11.7	11.4	9.1	9.6
300억～1000억	6개월 이하	11.3	11.1	9.9	9.1
	7～12개월	11.6	11.3	9.4	8.2
	13～36개월	11.6	11.3	8.5	8.2
	37개월 이상	11.5	11.2	8.6	9.1
1000억 이상	6개월 이하	10.7	10.4	10.0	8.9
	7～12개월	10.9	10.6	9.5	8.0
	13～36개월	11.0	10.6	8.5	8.0
	37개월 이상	10.9	10.5	8.7	8.9

1.3 경 비

경비란 순공사원가 중에서 재료비, 노무비를 제외한 비용이다. 경비는 26개 세부 항목 및 각종 부금으로서 기업 유지 · 관리에 필요한 일반관리비와 구분된다.

1) 경비의 세비목(細費目) 중 직접경비 : 19개(18+@) 항목

공사원가 계산시 경비 26개 항목 중 직접성 경비 19개 항목은 법령으로 각 소요량을 직접 산출 · 계상한다.(운반비, 기계경비, 특허권사용료, 기술료, 연구개발비, 품질관리비, 가설비, 지급임차료, 보험료, 보관비, 외주가공비, 산업안전보건관리비, 폐기물처리비, 환경보전비, 보상비, 안전관리비, 퇴직공제부금비, 관급자재관리비, 기타 법정경비)

① **운반비** : 재료비에 포함되지 않은 운반비로서 원재료, 반재료 또는 기계기구의 운송비, 하역비, 상 · 하차비, 조작비 등을 말한다. 즉 운반비에 포함되는 항목은 열차, 덤프트럭, 자동차, 트레일러, 경운기 등의 기계나 인력에 의한 운송 등이다. 기계장비는 경비, 인력품은 직접노무비에 해당한다.

② **기계경비** : 각 중앙관서의 장 또는 그가 지정한 단체에서 제정한 표준품셈상의 건설기계경비 산정기준에 의한 비용을 말한다. 상각비(償却費)는 경비, 유류와 소모품은 간접재료비, 운전사 · 조수의 노임은 직접노무비에 해당한다.

③ **특허권 사용료** : 타인 소유의 특허권을 사용하는 경우에 지급되는 사용료로서 그 사용비례에 따라 계산한다.

④ **기술료** : 해당 계약 목적물을 시공하는데 직접 필요한 기술정보(Know-how)비 및 부대비용으로서 외부에 지급되는 비용을 말하며, 「법인세법」상의 시험연구비 등에서 정한 바에 따라 계상하여 사업초년도부터 이연상각(移延償却)하되 그 사용 비례를 기준으로 배분 · 계산한다.

⑤ **연구개발비** : 해당 계약 목적물을 시공하는데 직접 필요한 기술개발 및 연구비로서 시험 및 시범제작에 소요되는 비용 또는 연구기관에 의뢰한 기술개발 용역비와 법령에 의한 기술개발촉진비 및 직업훈련비를 말하며, 「법인세법」상의 시험연구비 등에서 정한 바에 따라 이연상각하되 그 사용비례를 기준하여 배분 · 계산한다. 다만, 연구개발비 중 장래 계속시공으로서의 연결이 불확실하여 미래 수익 증가와 관련이 없는 비용은 특별상각할 수 있다.

⑥ **품질관리비** : 해당 계약 목적물의 품질관리를 위하여 관련법령 및 계약조건에 의하여 요구되는 비용(품질시험 인건비를 포함한다)을 말하며, 간접노무비에 계상(시험관리인)되는 것은 제외한다.

⑦ **가설비** : 공사 목적물의 실체를 형성하는 것은 아니지만 현장사무소, 창고, 식당, 숙

사, 화장실 등 동 시공을 위하여 필요한 가설물의 설치에 소요되는 비용(노무비, 재료비를 포함한다)을 말한다. 가설용 자재비는 재료비, 인건비는 노무비, 기계사용에 의한 손료 및 임대료 · 사용료 등은 경비 항목에 계상한다.

– 직접가설공사 : 비계 · 동바리 설치, 거푸집, 공사용 도로 · 궤도 부설, 크레인 설치 등
– 간접가설공사 : 현장사무소, 창고, 숙소, 화장실, 의무실, 식당, 차고 등

⑧ **지급임차료** : 계약 목적물을 시공하는데 직접 사용되거나 제공되는 토지, 건물, 기계기구(건설기계를 제외한다)의 사용료를 말한다.

⑨ **보험료** : 보험료는 산업재해보험, 고용보험, 국민건강보험 및 국민연금보험 등 법령이나 계약조건에 의하여 의무적으로 가입이 요구되는 보험의 보험료를 말하고, 동 보험료는 「건설산업기본법」 제22조 제7항 등 관련법령에 정한 바에 따라 계상하며, 재료비에 계상되는 보험료는 제외한다. 다만, 공사손해보험료는 제22조에서 정한 바에 따라 별도로 계상된다.

⑩ **보관비** : 계약목적물의 시공에 소요되는 재료, 기자재 등의 창고사용료로서 외부에 지급되는 비용만을 계상하여야 하며, 이 중에서 재료비에 계상되는 것은 제외한다. 즉, 대표적으로 시멘트 등의 하역 후 창고에 입고하여 일정 기간 요율에 의한 보관료를 지불하는 경우 등이다.

⑪ **외주 가공비** : 재료를 외부에 가공시키는 실가공비용을 말하며, 외주 가공품의 가치로서 재료비에 계상되는 것은 제외한다. 즉, 공사의 하도급과 깊은 관계가 있다.

⑫ **산업안전 보건관리비** : 작업 현장에서 산업재해 및 건강장해예방을 위하여 법령에 의거 요구되는 비용을 말한다.

⑬ **폐기물처리비** : 계약 목적물 시공과 관련하여 발생되는 오물, 잔재물, 폐유, 폐알칼리, 폐고무, 폐합성수지 등 공해 유발 물질을 법령에 의거 · 처리하기 위하여 소요되는 비용을 말한다.

⑭ **환경보전비** : 계약 목적물 시공을 위한 제반 환경오염 방지시설을 위한 것으로서, 관련 법령에 의하여 규정되어 있거나 의무적인 비용을 말한다. 즉 세륜세차시설, 분진방지시설, 토사유출 방지시설 등이다.

⑮ **보상비** : 해당 공사로 인해 공사현장에 인접한 도로 · 하천, 기타 재산에 훼손을 가하거나 지장물을 철거함에 따라 발생하는 보상 · 보수비를 말한다. 다만, 해당공사를 위한 용지보상비는 제외한다.

⑯ **안전관리비** : 건설공사의 안전관리를 위하여 관련 법령에 의하여 요구되는 비용을 말한다.

⑰ **건설근로자 퇴직공제부금비** : 「건설근로자의 고용개선 등에 관한 법률」에 의하여 건설근로자 퇴직공제에 가입하는데 소요되는 비용을 말한다. 다만, 제10조 제1항 제4

호 및 제18조(사업주가 퇴직공제에 가입한 경우)에 의하여 퇴직급여 충당금을 산정하여 계상한 경우에는 동 금액을 제외한다.

⑱ **관급자재 관리비** : 공사현장에서 사용될 관급자재에 대한 보관 및 관리 등에 소요되는 비용을 말한다. 이 항목은 2015년 1월 1일 신설되었다.

⑲ **기타 법정경비** : 위 18개 항목 및 기타경비 7개 항목 이외의 것으로서 법령에 규정되어 있거나 의무적인 경비를 말한다.

2) 경비의 세비목(細費目) 중 기타경비 : 7개 항목

공사원가 계산시 경비 26개 항목 중 직접성 경비를 제외한 7개 항목(전력비 · 수도광열비, 복리후생비, 소모품비, 여비 · 교통비 · 통신비, 세금과공과, 도서인쇄비, 지급수수료)은 기타 경비로 분류하고, 원가계산 분석자료에 의하여 일정비율로 일괄 계상한다. 단, 실적공사비방식은 전력비를 직접경비로 분리 · 계상한다.

기타 경비율은 재료비와 노무비(직접노무비+간접노무비)의 합계에 일정비율을 적용한다. 공사종류별로 매년 발표하며 조경공사의 2020년, 기타 경비율은 다음과 같다.

〈표 2.1-4〉 조경공사 기타 경비율 [조달청]

공사규모	공사기간	기타 경비율(%)	공사규모	공사기간	기타 경비율(%)
50억 미만	6개월 이하 7～12개월 13～36개월 37개월 이상	7.8 8.1 9.0 9.5	300억～1000억	6개월 이하 7～12개월 13～36개월 37개월 이상	8.1 8.4 9.3 9.8
50억～300억	6개월 이하 7～12개월 13～36개월 37개월 이상	9.2 9.5 10.4 10.9	1000억 이상	6개월 이하 7～12개월 13～36개월 37개월 이상	7.1 7.4 8.3 8.8

① **전력비 · 수도광열비** : 계약 목적물을 시공하는데 직접 소요되는 해당 비용을 말한다. 즉 현장의 공사용 전력 · 수도 요금으로서 재료비는 간접재료비, 노무비는 직접노무비에 해당한다.

② **복리후생비** : 계약목적물을 시공하는데 종사하는 노무자, 종업원, 현장직원 등의 의료위생약품대, 공상(公傷)치료비, 지급피복비, 건강진단비, 급식비 등 작업조건 유지에 직접 관련되는 복리후생비를 말한다.

③ **소모품비** : 작업현장에서 발생되는 문방구, 장부대 등 소모용품 구입비용을 말하며, 보조재료로서 재료비에 계상되는 것은 제외한다.

④ **여비 · 교통비 · 통신비** : 시공현장에서 직접 소요되는 여비 및 차량유지비와 전신 ·

전화사용료, 우편료를 말한다.

⑤ **세금과 공과** : 시공현장에서 해당공사와 직접 관련되어 부담하여야 할 재산세, 차량세, 사업소세 등의 세금 및 공공단체에 납부하는 공과금을 말한다.

⑥ **도서인쇄비** : 계약 목적물의 시공을 위한 참고서적 구입비, 각종 인쇄비, 사진제작비(VTR제작비를 포함한다) 및 공사시공 기록책자 제작비 등을 말한다.

⑦ **지급수수료** : 시행령 제52조 제1항 단서에 의한 공사이행보증서 발급수수료, 「건설산업기본법」 제34조 및 「하도급거래 공정화에 관한 법률」 제13조의2의 규정에 의한 건설하도급대금 지급보증서 발급수수료, 「건설산업기본법」 제68조의 3에 의한 건설기계 대여대금 지급보증수수료 등 법령으로서 지급이 의무화된 수수료를 말한다. 이 경우 보증서 발급수수료는 보증서 발급기관이 최고 등급업체에 대해 적용하는 보증요율 중 최저요율을 적용하여 계상한다.

3) 산업재해 보상보험료 (산재보험료)

법의 목적에서 "산업재해보상보험 사업을 시행하여 근로자의 업무상 재해를 신속하고 공정하게 보상하며, 재해근로자의 재활 및 사회 복귀를 촉진하기 위하여 이에 필요한 보험시설을 설치 · 운영하고, 재해 예방과 그 밖에 근로자의 복지 증진을 위한 사업을 시행하여 근로자 보호에 이바지하는 것을 목적으로 한다."라고 규정하고 있다.

「산업재해 보상보험법」 및 「예정가격 작성기준」 등에 의하여 모든 공사에 적용하며, 건설업자가 아닌 자가 시공하는 2천만 원 이하의 소규모공사는 적용대상에서 제외된다.

산재보험료는 노무비(직접노무비+간접노무비)에 비율을 적용하며, 매년 발표하는 건설공사 산재보험료는 2020년은 3.73%이다.

4) 고용보험료

"고용보험 시행을 통하여 실업 예방, 고용 촉진 및 근로자의 직업능력 개발과 향상을 꾀하고, 국가의 직업지도와 직업소개 기능을 강화하며, 근로자가 실업한 경우 생활에 필요한 급여를 지급하여 근로자의 생활안정과 구직활동을 촉진함으로써 경제 · 사회 발전에 이바지하는 것을 목적으로 한다."라고 규정하고 있다.

「고용보험법」 및 「예정가격 작성기준」 등에 의하여 모든 공사에 적용하며, 건설업자가 아닌 자가 시공하는 2천만 원 이하의 소규모공사는 적용대상에서 제외된다.

고용보험료는 노무비(직접노무비+간접노무비)에 비율을 적용하며, 고용보험료는 공사비 추정금액별 1~7+등급이 있다. 매년 발표하는 고용보험료는 일반적인 조경공사는 7등급 이하(공사규모 140억 미만)로서 2020년은 0.87%이다.

5) 건강보험료 및 노인장기 요양보험료

"국민의 질병 · 부상에 대한 예방 · 진단 · 치료 · 재활과 출산 · 사망 및 건강증진에 대하여 보험급여를 지급함으로써 국민보건 향상과 사회보장 증진에 이바지함을 목적으로 한다."라고 규정하고 있다.

국민건강보험료와 노인장기요양보험료는 「국민건강보험법」 및 「예정가격 작성기준」에 의하여 공사기간 1개월 이상 모든 건설공사에 적용하며, 적용비율은 매년 발표한다.

건강보험료는 (직접노무비)에 적용하며, 2020년 적용률은 3.335%이다. 2009년 신설 노인장기요양보험료는 (건강보험료)에 적용하며, 2020년 적용률은 10.25%이다.

6) 국민연금보험료

"국민의 노령, 장애 또는 사망에 대하여 연금급여를 실시함으로써 국민의 생활 안정과 복지 증진에 이바지하는 것을 목적으로 한다."라고 규정하고 있다.

「국민연금법」 및 「예정가격 작성기준」 등에 의하여 공사기간 1개월 이상인 모든 건설공사 (직접노무비)에 비율을 적용한다. 매년 발표하는 국민연금보험료의 2020년 적용률은 4.5%이다.

7) 퇴직공제부금비

"건설근로자의 고용안정과 직업능력 개발 · 향상을 지원 · 촉진하고 건설근로자에게 퇴직공제금을 지급하는 등의 복지사업을 실시함으로써 건설근로자의 고용개선과 복지증진을 도모하고 건설산업 발전에 이바지하는 것을 목적으로 한다."라고 규정하고 있다.

「건설근로자의 고용개선 등에 관한 법률」 및 「예정가격 작성기준」 등에 의하여 공사예정금액 5억 원 이상 건설공사에 (직접노무비) × 비율을 적용한다. 매년 2회 발표하는 퇴직공제부금비의 2020년 적용률은 2.3%이다.

8) 건설기계대여금 지급보증서 발급금액

건설업자가 건설기계 대여계약의 대금 지급을 보증하는 것으로 건설기계 대여업자가 대금을 지급받지 못할 때 보증기관이 대신 지급하는 제도이다.

「건설산업기본법」과 시행령에 따라 국토교통부 고시 제2013-331호로 2013년 6월 19일 시행 후 2019년 4월 30일 개정되었다. 모든 건설공사 대상으로 4개월분 건설기계 임차료를 보증금액으로 하고, 건설기계 대여대금의 발주자 직불합의 또는 1건 계약금액 2백만 원 이하는 보증이 면제된다. (재료비+직접노무비+직접경비)에 비율을 적용하며, 종합건설업 조경공사는 0.18%, 전문건설업 조경 분야는 0.16%이다.

9) 산업안전보건관리비

"산업안전 · 보건에 관한 기준을 확립하고, 그 책임 소재를 명확하게 하여 산업재해를 예방하고, 쾌적한 작업환경을 조성함으로써 근로자의 안전과 보건을 유지 · 증진함을 목적으로 한다."라는 현장근로자 안전을 목적으로 사용하는 노동부의 규정 비용이다.

「산업안전보건법」 및 「예정가격 작성기준」 등에 의하여 공사예정금액 4천만 원 이상 건설공사에 적용한다. 도급자 관급 미포함인 경우에는 (재료비+직접노무비)에 비율을, 도급자 관급이 포함된 경우에는 (재료비+직접노무비+도급자관급)×비율 또는 (재료비+직접노무비)×비율×1.2의 두 가지 산출액 중 적은 금액을 적용한다. 조경은 특수 및 기타인 산업안전보건관리비 적용률은 3단계로 2020년 적용률은 5억 원 미만은 1.85%, 5~50억 원은 1.20%+3,250,000(기초액), 50억 원 이상은 1.27%이다.

10) 환경보전비

각종 장비 투입과 건설공사로 발생될 환경훼손의 최소화를 위한 환경영향 저감시설 설치, 운영관리, 해체에 필요한 비용, 폐기물 처리비용, 사후 환경영향 조사비용, 환경관련 교육훈련비 및 기타 환경관리 업무를 위한 비용으로서 건설기술관리법 시행규칙 [별표 16] 환경관리비 산출 기준 제1호 가목에 해당하는 요율을 적용 · 계상한다.

「건설기술관리법」 및 「예정가격 작성기준」 등에 의하여 공사기간 1개월 이상의 모든 건설공사에 (재료비+직접노무비+직접경비)에 비율을 적용하며, 고정률인 조경공사의 환경보전비는 0.3%이다.

11) 기타 법정비용

공사이행 보증수수료, 건설하도급대금 지급보증서 발급수수료, 놀이시설 검사수수료 및 품질관리비와 안전관리비 등을 최근 강화된 기준으로 적용하여야 한다.

공사이행 보증수수료는 보증서로 공사 계약 이행을 보증하는 제도이다. 추정액 300억 원 이상 또는 기술제안 입찰공사 등에 적용한다.

건설하도급 대금 지급보증서 발급수수료는 하도급 대금의 보호를 위하여 2010년 신설되었다. 추정가격 종합건설업은 5천만 원, 전문건설업은 1천 5백만 원 이상인 경우 적용하며 하도급 대금의 직불 합의시에는 면제한다. 요율은 직접공사비(재료비+직접노무비+직접경비)가 추정가격 50억 미만은 0.081%, 50~100억은 0.080%, 100~300억은 0.075%, 300억 이상은 0.071%이며, 턴키 · 대안공사는 0.084%이다.

어린이 놀이시설 설치시에는 「어린이 놀이시설 안전관리법」에 의거하여 어린이놀이시설 설치검사 수수료를 반영하여야 한다.

품질관리비(직접경비⑥항목)는 「건설기술진흥법 시행규칙」 제53조 및 [별표 6] 의거 건설공사의 품질관리 비용인 품질관리비 및 품질관리활동비를 국토교통부령에 의하여 등급별 기준으로 계상·사용한다. 이때 식재공사는 적용 기준액에서 제외한다.

안전관리비(직접경비⑯항목)는 「건설기술진흥법 시행규칙」 제60조에 의거 구조물의 안전과 공사장 외부 안전관리에 사용하는 비용으로 실비를 계상·사용한다. 안전관리비는 국토교통부의 규정 비용으로, 산업안전보건관리비와는 상이한 법정비용이다.

1.4 일반관리비

일반관리비는 기업 유지를 위한 관리활동 부문 소요비용으로 원가에 속하지 아니하는 임원급료, 사무실 직원급료, 제수당, 퇴직급여 충당금, 복리후생비, 여비·교통비·통신비, 수도광열비, 세금과공과, 지급임차료, 감가상각비, 운반비, 차량비, 시험연구개발비, 보험료 등이다. 즉 일반관리비는 본사의 경비 개념으로 이해할 수 있다.

일반관리비는 순공사비인 재료비, 노무비, 직접경비 합계에 공사규모별로 일정비율을 계상한다. 일반관리비 및 이윤은 예정가격 작성기준의 계약예규(구 회계예규)는 고정률이며, 조달청은 매년 규정하지만 대체로 고정적이다.

〈표 2.1-5〉 일반관리비율 [예정가격 작성기준 / 조달청]

계약예규 (고정률)				조달청 (2020년)			
일반건설공사		전문, 전기, 기타공사		일반건설공사		전문공사	
공사원가	비율 (%)	공사원가	비율 (%)	공사원가	비율 (%)	공사원가	비율 (%)
50억 원 미만	6.0	5억 원 미만	6.0	50억 원 미만	6.0	5억 원 미만	6.0
50~300억 원	5.5	5~30 억 원	5.5	50~300억 원	5.5	5~30억 원	5.5
300억 원 이상	5.0	30억 원 이상	5.0	300~1000억 원	5.0	30~100억 원	5.0
				1000억 원 이상	4.5	100억 원 이상	4.5

1.5 이 윤

이윤은 영업 이익으로서 계약예규의 이윤율은 순공사원가 중 재료비를 제외한 노무비, 경비(기술료와 외주가공비 제외)와 일반관리비 합계액의 15%를 상한율로 계상한다. 단, 실적공사비 적용시는 10%를 상한율로 한다.

총공사비는 이윤에서 원단위 정리를 하며, 조달청의 2020년 적용률은 50억 원 미만 15%, 50~300억 원 12%, 300~1000억 원 10%, 1000억 원 이상 9.0%이다.

1.6 공사손해보험료

「계약예규」에 의하여 공사손해보험에 가입하는 보험료를 말하며, 보험가입대상 공사 총 공사원가(재료비, 노무비, 경비, 일반관리비, 이윤 및 관급자재비의 합계액)에 요율을 곱하여 계상한다.

1.7 세 금

국가에 납부하는 국세를 말하며, 건설공사는 일반적으로 부가가치세 10%를 계상한다. 단, 조세감면법에 의하여 국민주택규모(전용면적 84.96m^2=구 25.7평 이하) 공동주택은 재료비(수목 · 잔디 제외)의 10%를 매입세로 계상하며, 국민주택규모 이상 공동주택, 상가, 목욕탕, 유치원 등 분양대지 및 일반건설공사는 10% 부가가치세를 계상한다.

조경용 수목은 임산물의 원생산물로 분류되어 생산 후 1차 유통은 부가가치세를 면제하며, 일반적인 조경공사의 수목은 원생산물인 수목의 2차 재생산이므로 용역 공급으로 분류하여 부가가치세를 과세한다.

2 공사비 산정방식

Landscape Architecture

공사비 산정은 산출 정밀도에 의하여 개략적산, 개산적산, 상세적산으로 구분되며, 공사비(단가) 산출기준으로 거래실례가격, 원가계산가격, 실적공사비가격, 감정/견적가격으로 분류할 수 있다.

2.1 산출 정밀도에 의한 구분

1) 개략(槪略)적산

건설공사 예산책정 등을 위하여 (대지면적×단가) 등으로 공사비를 추정하며, 과거에 수행한 유사공사 기준으로 개략적인 공사(예상)액을 구하는 적산이다.

대지면적, 건물의 연면적 또는 용적률, 건폐율 등에 단위당 공사비를 적용하며 과거 사례에서 규모, 수준, 물가변동 등을 보정하여 개략공사비를 구하는 방식이다.

2) 개산(槪算)적산

건설공사의 기본계획 확정 후 또는 유사단계에서 추정공사비를 구하는 방법으로서, (건축연면적×단위단가) 등 공사종류별로 중공종의 단위당 가격을 구하는 적산이다.

개략적산과 개산적산을 별도로 구분하지 않기도 하며 설계도면과 시방서가 준비되지 않은 상태에서 공사비를 예측하는 점은 동일하지만, 개략적산에 비하여 개산적산은 보다 세부적인 수량과 단가를 대입한다. 그러므로 개산적산은 계획의 검토에 주로 사용되며, 이 단계에서 예산과의 비교로 사업 계획을 수정·보완한다.

3) 상세(詳細)적산

완성된 도면과 시방서를 근거로 건설공사에 소요되는 세부공종별 상세수량에 재료비, 노무비, 경비 등의 금액을 적용 산출하는 적산이다.

상세적산은 실시설계 완료단계에서 예정가격을 결정하기 위하여 수행하는 적산으로서 공공건설공사의 공사비 내역서로 작성되어 발주처 예산 책정의 상한선이 되고 입찰자와 시공자에게 원가계산 기준으로 적용된다.

2.2 산출 기준에 의한 구분

우리나라의 예정가격 산정방식은 거래실례가격, 원가계산가격, 표준시장단가(실적공사비가격), 감정/견적가격으로 분류되며, 그 중 공공건설공사의 총괄사업비 산정은 전래적인 표준품셈에 의한 원가계산 가격과 표준시장단가(2004년 도입시에는 실적공사비에 의한 실적단가에서 2015년 명칭 변경)의 두 가지 방법이 사용된다.

(원가계산과 실적공사비 내용은 pp.16~22 참조)

〈표 2.2-1〉 산출기준에 의한 예정가격 산정방식의 비교

종 류	내 용
거래실례가격	• 조달청장이 조사하여 통보한 가격 • 전문가격조사기관에서 조사하여 공표한 (자재가격, 시중노임 등) 가격 • 당해 물품의 거래실례를 직접 조사하여 확인한 가격
원가계산가격	• 물품, 공사, 용역 등 계약의 특수성으로 적정한 거래실례 가격이 없는 경우 • 원가비목 : 재료비, 노무비, 경비, 일반관리비, 이윤
표준시장단가 (실적공사비가격)	• 기수행 건설공사의 계약단가 등을 토대로 축적한 가격 • 시장단가와 입찰단가 등 다양하게 시장에서 거래되는 가격 • 2004년 일부 공종에서 시작하여 2015년 표준시장단가로 명칭이 변경됨
감정 / 견적가격	• 감정가격 / 견적가격 • 유사한 물품, 공사, 용역 등의 거래실례 가격

3 공사비 계상

Landscape Architecture

건설공사는 시설물의 완성, 즉 준공이란 목적 달성을 위한 일련의 작업으로서 각각의 작업은 물리적 작업량과 그에 연관된 단위비용을 갖는다.

내역서의 계상은 적용방법이나 발주처의 기준 등으로 다를 수 있으나 크게 건축에서 주로 사용하는 단위계상방식과 토목·전기 등에서 주로 사용하는 일괄계상방식의 두 가지 방법으로 대별된다.

건축에서 주로 사용하는 단위계상방식은 전체 공사를 이루는 각각의 단위별 가격을 산정·계상하는 방식으로 조경공사에서 주로 사용한다. 토목·전기공사 등에서 주로 사용하는 일괄계상방식은 전체 또는 대규모 공종별로 소요량을 산출한 후 재료, 노무 등을 항목별로 총괄·적용하는 방식으로 각 단위에 적용되는 재료, 노무 등이 유사하여 항목별로 일괄 적용이 유리할 때 사용하는 방법이다.

완성된 실시설계도서 검토 후 실시하는 공사비 산정은 크게 산출과 내역서 작성의 두 가지 작업으로 구분된다. 산출은 기초적 수량, 단가, 기계경비 및 기계시공비 산출이 있으며, 내역서는 설계도와 작성된 산출서를 기반으로 각각의 단위비용을 구하는 기초일위대가, 단위일위대가, 내역서, 총괄내역서 등이다. 이러한 과정에 의하여 공사비 계상이 이루어지는 적산 과정은 다음과 같다.

〈표 2.3-1〉 공사비 산정순서

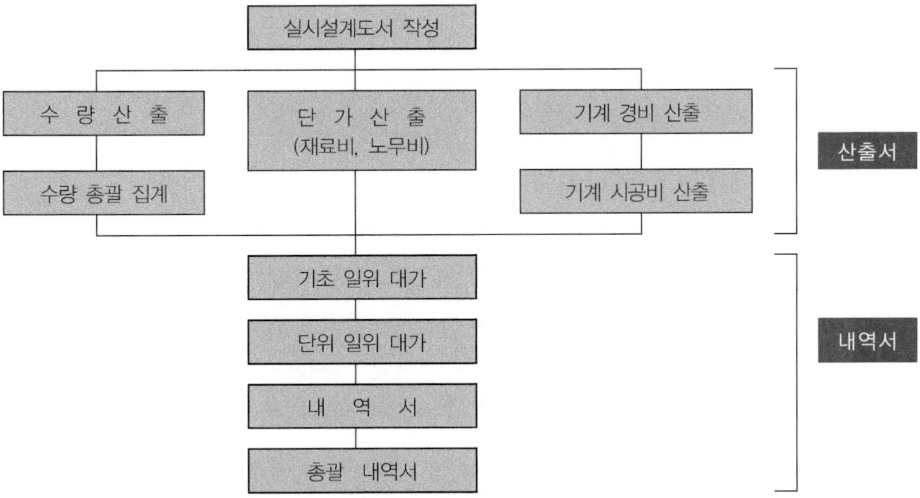

3.1 산출서 작성

산출서는 수량산출, 단가산출, 기계경비산출로 구분할 수 있다. 산출은 축적된 자료와 숙련도로 분리하여 작업할 수 있으나 일반적으로 수량산출, 단가산출, 기계경비산출의 순으로 실시한다.

1) 수량산출

수량산출은 각 작업공정에 필요한 재료 및 자재, 노무의 종류 및 소요량, 시공장비의 내용, 수량 및 사용기간 등을 구체적으로 정리하여 수량을 산출하는 절차를 의미한다. 수량산출은 표준화된 1단위(Unit)당 시공에 소요되는 수량을 집계하는 작업이며, 수량산출 과정과 결과는 일정한 양식으로 기록된다. 재료량은 표준 사용량에 운반, 저장 및 시공 중 손실량(할증량)을 가산하되 일위대가 등에 할증이 포함된 경우에는 2중으로 계상되지 않도록 주의한다.

각각의 단위별 수량산출이 완료된 후 산출된 수량을 총괄하여 전체공사에 소요되는 수량을 총괄집계한다. 수량총괄집계는 토목 등에서 주로 사용하는 일괄계상방식에서는 그 결과값이 내역서에 반영되므로 필수적으로 수행하여야 한다. 그러므로 과거에는 조경공사도 토목과 유사하게 거의 모든 항목을 총괄집계하였으나 요즘은 내역 프로그램에서 수량의 총괄집계가 자동으로 가능하므로 발주처 등에서 특별히 요구하는 경우 이외에는 총괄집계를 시행하지 않고 있다.

2) 단가산출

단가산출은 수량산출에서 추출된 재료와 노무에 적용할 단가를 결정하는 과정으로서 재료비와 노무비 단가는 객관적이고 공정한 가격으로 책정되어야 한다.

재료비 단가는 시중 도매물가를 원칙으로 하며, 매입가와 매입에 필요한 비용 및 구입장소에서 현장까지 운임 등의 합계액으로 한다. 적용순서는 조달청의 가격정보와 공인된 물가조사기관의 조사자료(물가자료, 물가정보, 유통물가, 거래가격, 건설자재 등)에서 가급적 가격을 3가지 이상 대비하여 가장 낮은 가격을 적용하며, 공인 가격이 없는 경우에는 감정가격, 거래실례가격, 견적가격 순으로 가격을 적용한다.

노무비는 통계법 제15조의 규정에 의하여 통계작성의 승인을 받은 기관이 매년 2회 조사·공표하는 가격 또는 거래실례가격에 의한다. 기획재정부 계약예규에 명시된 노임의 개념과 적용기준은, 1일 8시간 기준 기본급여액으로 「예정가격작성기준」에 따르며, 조경관련 주요직종별 시중노임과 평균임금은 다음과 같다.

〈표 2.3-2〉 조경관련 주요직종의 노임 및 평균임금 [대한건설협회]

직 종 명	공표시기별 단가 (원)				
	2020.1.1	2019.1.1	2018.1.1	2015.1.1	2010.1.1
조 경 공	179,178	169,758	147,733	124,463	84,090
특 별 인 부	166,063	152,019	133,417	108,245	84,404
보 통 인 부	138,290	125,427	109,818	87,805	68,965
건 축 목 공	210,176	200,925	175,760	139,327	96,310
석 공	209,932	204,601	173,847	138,838	109,066
포 장 공	194,484	176,515	154,530	121,878	93,077
평균 임금					
전 체 직 종	222,803	210,195	193,770	158,590	119,717
일반공사직종	209,168	197,897	181,134	149,959	114,847
문화재 직종	262,914	244,131	230,322	190,064	137,030

3) 기계경비산출

기계경비산출은 기계의 시간당 소요비용을 산출하는 기계경비산출과 단위 작업의 투입비용을 산출하는 기계시공비산출이 있다.

기계경비산출은 적산자가 가장 어려워하는 부분 중 하나이며 현장 시공자와 설계자의 의견 충돌이 많은 분야이다. 기계경비는 단일공사에서는 전공종이 동일하므로 토목·건축·설비 등 연관공종은 동일단가를 적용하며, 기계시공비는 시공순서와 공법 등에서 공사에 적합한 공종과 공법을 적용한다.

3.2 내역서 작성

내역서는 일위대가와 내역서로 구분할 수 있다. 내역서 작성은 산출서와 달리 산출된 자료를 근거로 일련의 순서로 진행하여야 한다.

1) 일위대가

일위대가는 항목별 단가로서 기초일위대가와 단위일위대가로 나눌 수 있다.

기초일위대가는 기초적인 일위대가표로서 수량산출이 없어도 표준품셈에서 적용되는 항목을 추출하여 작성할 수 있는 터파기, 콘크리트, 거푸집 등이다.

단위일위대가는 산출된 단위공종별 수량에 단가 및 기초일위대가를 곱하여 작성한다. 단위일위대가는 길이, 면적, 체적, 중량, 개소 등 기본 시공 1단위(Unit)당 순공사비로서 퍼걸러 1개소, 화강석 포장 $1m^2$, 소나무 1주 등 기본단위의 항목별 산출 수량에 재료비, 노무비, 경비 단가를 적용하여 기본단위당 금액을 계산한다.

2) 내역서

산출된 공사량에 항목별 단가(단위일위대가 또는 단가)를 곱하여 산출하는 내역서 및 총괄내역서로 구분된다.

내역서(순공사비)는 각 작업 공종별 수량에 산정된 단가를 곱하여 공사비를 추출하는 절차이다. 이때 수량은 도면과 설계서 등의 수량에 의하고 단가는 단가산출, 기계시공비 산출, 기초일위대가, 단위일위대가 등이 적용된다.

총괄내역서의 적용 항목과 제 비율은 매년 및 법규 개정시 변경되므로 개정된 최근의 내용을 적용하여야 한다. 2020년 상반기 조경공사 총괄내역서는 〈표 2.3-3〉과 같이 산출된 내역서(재료비＋직접노무비＋직접경비)에 간접노무비, 산업재해보상보험료(산재보험료), 고용보험료, 국민건강보험료 및 노인장기요양보험료, 국민연금보험료, 퇴직공제부금비, 건설기계 대여대금 지급보증서 발급금액, 산업안전보건관리비(안전관리비), 환경보전비, 기타 경비를 더하여 공사원가를 산출하고, 공사원가에 일반관리비, 이윤을 더하여 총공사원가를, 총공사원가에 부가가치세(VAT) 또는 매입세와 지급(관급)자재비를 합하여 총공사비를 산출한다.

단, 산업안전보건관리비(안전관리비)는 도급자관급 미포함시 (재료비＋직노)×비율, 도급자관급 포함시 (재료비＋직노＋도급자관급비)×비율과 (재료비＋직노)×비율×1.2 중 적은 금액을 적용한다.

어린이 놀이시설이 설치되는 경우 「어린이 놀이시설 안전관리법」에 의거 ‘어린이놀이시설 안전검사 수수료’를 반영하는 등 제반 법규에 규정된 각종 검사비 및 수수료를 적용하여 총괄내역서를 작성한다.

최근 강화 기준으로 ‘공사이행 보증수수료’[3]를 추정액 1억 원 이상 공사에 적용하며, 품질관리비와 안전관리비를 계상한다. 건설공사 품질관리 비용인 품질관리비를 등급별 및 항목별로 계상하되, 식재공사는 적용 기준액에서 제외한다. 안전관리비는 구조물의 안전과 공사장 외부 안전관리에 사용하는 비용으로 실비를 계상한다.

총괄내역서는 공사에 소요되는 모든 비용을 반영하여야 하므로 총괄내역서 작성 후 충분하게 재검토하고, 적용 항목과 비율에 특히 주의한다. 또한 총괄내역서 적용 항목과 비율은 연초 및 법규 개정시마다 지속적으로 강화되므로 적용비율을 세심하게 검토하고 최신 기준으로 적용하여야 한다.

---

3) 2020년 5월 27일부터 추정액 1억 원 이상 공사에 5단계 기준으로 적용한다.
적용률은 70억 미만은 [직공비×0.0355%]×공기(년), 70~120억 미만은 [2백만 원+(직공비-50억)×0.0235%]×공기(년), 120~250억 미만은 [4백만 원+(직공비-140억)×0.0193%]×공기(년), 250~500억 미만은 [6백만 원+(직공비-250억)× 0.0159%]×공기(년), 500억 이상은 [10백만 원+(직공비-500억 원)×0.0126%]×공기(년)이다.

〈표 2.3-3〉 조경공사의 공사원가계산체계 및 적용률 [조달청, 2020년 상반기 기준]

<table>
<tr><th>구 분</th><th>적용 대상</th><th>적 용 률</th></tr>
<tr><td colspan="3">① 재료비, ② 직접노무비, ③ 직접(산출)경비, □ 지급자재비</td></tr>
<tr><td>④ 간접노무비</td><td>②</td><td><table>
<tr><td>도급액 / 공사기간</td><td>50억 미만</td><td>50~300억</td><td>300~1000억</td><td>1000억 이상</td></tr>
<tr><td>6개월 이하
7~12 개월
13~36 개월
37개월 이상</td><td>11.5%
11.8%
11.8%
11.7%</td><td>11.5%
11.8%
11.8%
11.7%</td><td>11.3%
11.6%
11.6%
11.5%</td><td>10.7%
10.9%
11.0%
10.9%</td></tr>
</table></td></tr>
<tr><td>⑤ 산재보험료</td><td>②+④</td><td>3.73% (모든 건설공사)</td></tr>
<tr><td>⑥ 고용보험료</td><td>②+④</td><td><table>
<tr><td>기준액</td><td colspan="6">(모든 건설공사, 단, 2천만 원 이하는 적용 예외 있음)</td></tr>
<tr><td>1700억 이상</td><td>1700~950억</td><td>950~550억</td><td>550~400억</td><td>400~220억</td><td>220~140억</td><td>140억 미만</td></tr>
<tr><td>1.39</td><td>1.17</td><td>0.97</td><td>0.92</td><td>0.89</td><td>0.88</td><td>0.87</td></tr>
</table></td></tr>
<tr><td>⑦ 국민건강보험료</td><td>②</td><td>3.335% (공사기간 1개월 이상 공사)</td></tr>
<tr><td>⑧ 노인장기요양보험료</td><td>⑦</td><td>10.25% (공사기간 1개월 이상 공사)</td></tr>
<tr><td>⑨ 국민연금보험료</td><td>②</td><td>4.5% (공사기간 1개월 이상 공사)</td></tr>
<tr><td>⑩ 퇴직공제부금</td><td>②</td><td>2.3% (추정금액 3억 원 이상 공사)</td></tr>
<tr><td>⑪ 건설기계 대여대금 지급보증서 발급금액</td><td>①+②+③</td><td>종합건설업 0.18%, 전문건설업 0.16%</td></tr>
<tr><td>⑫ 산업안전 보건관리비</td><td>①+②+□
(①+②)×1.2
중 적은 금액</td><td><table>
<tr><td>기준액</td><td colspan="3">재료비(지급 포함)+직접노무비=4천만 원 이상</td></tr>
<tr><td>도급액</td><td>5억 미만</td><td>5억~50억 미만</td><td>50억 이상</td></tr>
<tr><td>특수 및 기타</td><td>1.85%</td><td>1.20%+3,250천 원</td><td>1.27%</td></tr>
</table></td></tr>
<tr><td>⑬ 환경보전비</td><td>①+②+③</td><td>0.3% (조경공사)</td></tr>
<tr><td>⑭ 건설공사 하도급대금 지급보증서 발급수수료</td><td>①+②+③</td><td><table>
<tr><td>도급공사비</td><td>50억 미만</td><td>50~100억</td><td>100~300억</td><td>300억 이상</td><td>턴키·대안</td></tr>
<tr><td>적 용 률</td><td>0.081%</td><td>0.080%</td><td>0.075%</td><td>0.071%</td><td>0.084%</td></tr>
</table></td></tr>
<tr><td>⑮ 기타 경비</td><td>①+②+④</td><td><table>
<tr><td>도급액 / 공사기간</td><td>50억 미만</td><td>50~300억</td><td>300~1000억</td><td>1000억 이상</td></tr>
<tr><td>6개월 이하
7~12 개월
13~36개월
37개월 이상</td><td>7.8%
8.1%
9.0%
9.5%</td><td>9.2%
9.5%
10.4%
10.9%</td><td>8.1%
8.4%
9.3%
9.8%</td><td>7.1%
7.4%
8.3%
8.8%</td></tr>
</table></td></tr>
<tr><td>⑯ 계 (1)</td><td>순공사원가</td><td>①+~+α +⑮</td></tr>
<tr><td>⑰ 일반관리비</td><td>⑯</td><td><table>
<tr><td>조경 공사
전문 공사</td><td>50억 미만
5억 미만</td><td>50~300억
5~30억</td><td>300~1000억
30~100억</td><td>1000억 이상
100억 이상</td></tr>
<tr><td>적 용 률</td><td>6.0%</td><td>5.5%</td><td>5.0%</td><td>4.5%</td></tr>
</table></td></tr>
<tr><td>⑱ 이 윤</td><td>⑯+⑰−①</td><td><table>
<tr><td>도급공사비</td><td>50억 미만</td><td>50~300억</td><td>300~1000억</td><td>1000억 이상</td></tr>
<tr><td>적 용 률</td><td>15.0%</td><td>12.0%</td><td>10.0%</td><td>9.0%</td></tr>
</table></td></tr>
<tr><td>⑲ 계 (2)</td><td>총공사원가</td><td>⑯+⑰+⑱</td></tr>
<tr><td>⑳ 부가가치세</td><td>⑱</td><td>10%</td></tr>
<tr><td>도급공사비</td><td colspan="2">⑲+⑳</td></tr>
<tr><td>□ 지급자재비</td><td colspan="2">□</td></tr>
<tr><td>총공사비</td><td colspan="2">⑲+⑳+□</td></tr>
</table>

[주] 직접경비인 품질관리비, 안전관리비 및 기타 법정경비(α)인 300억 이상 또는 기술제안입찰 적용 공사이행 보증수수료, 놀이시설 설치검사 수수료 등은 산출 내역서를 작성 적용한다. 적용 위치는 기타경비 이전에 산입하여 순공사원가에 집계한다.

4 공사계약

4.1 계약의 의의와 절차

건설공사는 수주생산방식 산업으로 계약체결 이후 업무인 공사가 시작된다. 일반적으로 계약이란 상호 대립되는 둘 이상 의사표시 합치로 성립되는 법률적 행위로서, 채권 발생을 목적으로 한다.

즉 계약이란 사법상의 효과 발생을 목적으로 2인 이상의 그 표시된 의사가 일치됨을 말한다. 공사의 계약은 수주자의 요구와 발주자의 승낙으로 성립되지만 상호 합의표시의 합치가 있더라도 사법상 효과 발생을 목적으로 하지 않는 경우에는 계약이라 할 수 없다.

〈표 2.4-1〉 계약의 절차

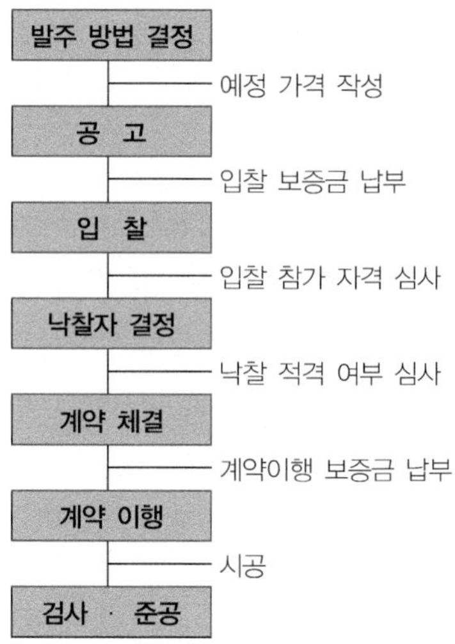

정부의 공사는 「정부예산회계법」 및 「국가를 당사자로 하는 계약에 관한 법률」에 의하여 국가나 공·법인이 사인(私人)과 대등한 입장에서 체결하는 계약으로 행정처분 등 국가의 공권력에 의한 행위도 여기에 해당한다. 계약은 국가나 공공기관을 비롯한 계약당사자의 이익이나 주관으로는 집행할 수 없으며 계약주체, 즉 국가나 공공기관의 공익을 목적으로 하여야 하므로 계약 담당자의 왜곡 행위를 방지하고 계약의 공정성, 일관성, 경제성을 확보할 수 있도록 「계약에 관한 회계 법률」로 일정 기준과 절차를 준수하게 한다.

적산의 과정으로 산출된 공사원가를 기반으로 공사의 예가를 결정하고, 이를 기초로 시공업체를 선정하며 나아가 공사 목적물의 완성과 준공 후 공사대금 지급에까지 영향을 주므로 적산업무가 공사의 초석으로서 중요한 작업이다.

4.2 공사의 발주방법

공사 발주방법은 가장 보편적인 일반경쟁입찰과 제한경쟁입찰, 지명경쟁입찰, 제한적 평균가 낙찰제, 대안입찰, 설계시공 일괄입찰, 수의계약 등이 있다.

1) 일반경쟁입찰

일반경쟁입찰은 관보, 신문, 게시 등으로 일정한 자격을 가진 불특정다수의 희망자를 경쟁에 참가시켜 가장 유리한 조건을 제시한 자를 선정하여 계약을 체결하는 방법이다.

관공서나 정부투자기관의 일반적인 계약방법은 공개로 공정성을 확보하고 경쟁으로 경제성을 충족하는 일반경쟁에 의한 입찰을 원칙으로 한다. 이 방법은 저렴한 공사비와 모든 수주 희망자에 기회를 균등하게 줄 수 있는 등 장점이 있으나 낙찰자의 신용, 기술, 경험, 능력 등에 대한 변별력이 적은 단점으로 일반적이고 보편적이지만 반드시 우수한 방법이라고 할 수는 없다.

2) 제한경쟁입찰

제한경쟁입찰은 계약 목적, 성질 등에서 자격을 제한할 필요가 있다고 인정될 때 참가자격을 제한할 수 있도록 한 제도로서 일반경쟁입찰과 지명경쟁입찰의 단점을 각각 보완하고 장점을 취하는 중간적 제도라고 볼 수 있다.

제한경쟁입찰은 예정금액 10억 원 초과공사 및 특수장비 · 설비 · 기술 · 공법에 의한 공사 · 제조 등으로서 공사현장 · 납품지 등을 관할하는 시 · 도에 주된 영업소가 있는 자로 제한할 경우 등으로 집행기준을 미리 정하여 시행하고 있다.

3) 지명경쟁입찰

지명경쟁입찰은 자금력과 신용 등에 있어서 적당하다고 인정되는 특정 다수의 경쟁참가자를 지명하여 입찰 및 낙찰 후 계약을 체결하는 방법이다. 계약은 일반경쟁입찰에 의함이 원칙이지만 계약의 성질과 목적에 따라 특수한 설비 · 기술 · 자재 · 물품 또는 실적이 있는 자를 지명 경쟁하는 입찰방법이다. 불성실하거나 기술력이 낮은 자의 입찰 배재로 공정 경쟁하는 장점이 있지만, 자칫하면 특정인에게만 지명이 고정되어 담합할 우려가 있다.

4) 제한적 평균가 낙찰제(부찰제)

제한적 평균가 낙찰제(落札制)는 예상가격 10억 원 미만 공사 등의 낙찰자 결정 방법이다. 예정가격의 85% 이상 등으로 입찰한 자(낙찰 적격자)가 1인인 경우는 이를 낙찰자로 하고, 낙찰 적격자가 2인 이상인 경우에는 낙찰 적격자의 입찰금액을 평균한 금액 바로 아래 입찰자를 낙찰자로 한다.

최저낙찰제의 과도한 경쟁으로 인한 덤핑입찰을 방지하는 효과가 있다.

5) 대안입찰

발주자가 작성한 설계서에서 대체 가능한 공종에 대하여 원안 입찰과 함께 입찰자의 공사수행 능력에 따른 대안 제출이 허용된 입찰을 말한다.

6) 설계시공 일괄입찰

설계시공 일괄입찰(Turn-key Base)은 발주자가 제시하는 공사의 기본계획 및 지침에 의하여 그 공사의 설계서와 시공에 필요한 도서 등을 작성하여 입찰서와 함께 제출하는 입찰을 말한다.

7) 수의계약

계약은 일반경쟁을 기준으로 하지만 부득이하게 일반경쟁으로 계약체결을 할 수 없게 된 경우나 기타 특수한 사정으로 필요하다고 인정될 경우 수의계약으로 계약을 체결할 수 있다.

그러나 수의계약도 계약 상대방과 자유로이 가격을 협의하여 계약을 체결하는 것이 아니라 예정가격의 결정 후 미공개로 견적서를 제출하여 경쟁입찰에 단독으로 참가하는 형식으로 시행한다.

4.3 계약의 심사

계약 심사는 공사 입찰자가 제시한 입찰서를 심사하여 견적금액과 내용이 공사수행에 합당한 낙찰자를 선정하는 제도이다.

일반적으로 공사예정가격 100억 원 이상 공사 또는 용역계약이 그 대상으로서 최저가 낙찰제의 덤핑(Dumping)입찰로 인한 부실시공의 방지 및 공정거래질서 확립을 위하여 저가심사제를 시행하고 있다.

4.4 계약금액의 조정

계약금액은 공사수행 중 여러 요인에 의하여 변할 수 있으나 일반적으로 물가변동 및 설계변경의 2가지로 대별된다.

1) 물가변동으로 인한 계약금액의 조정 (Escalation)

계약 이행에 90일 이상 소요되는 계약(구매, 제조, 공사 등)으로 계약체결 후 90일 이상 경과하고 계약금액 대비 3% 이상 증감한 경우로서 계약금액 또는 내역 구성 가격이나 지수 변동시 계약금액을 조정할 수 있다.

조정률은 가격변동에 의한 품목조정률과 지수변동에 의한 지수조정률이 있으며, 이 두 가지 중 택일하여 계약시 명시한다. 조정금액은 물가변동 적용 대가에 조정률을 곱하여 산정한다.

〈표 2.4-2〉 품목조정률과 지수조정률의 비교

구 분	품목조정률	지수조정률
개 요	계약금액 산출을 구성하는 품목 또는 비목의 가격변동으로 당초 계약금액 대비 3% 이상 증감시 조정	계약금액의 산출내역을 구성하는 비목군의 지수변동으로 당초 계약금액 대비 3% 이상 증감시 조정
조정률 산출방법	계약금액을 구성하는 모든 품목 또는 비목의 등락을 개별적으로 계산하여 등락률을 산정	계약금액의 구성비목 유형별 비목군 분류→당해 비목군에 계약금액에 대한 가중치 부여(계수)→비목군별 생산자 물가 기본분류 지수 등 대비로 산출
적용대상	거래실례가격 또는 원가계산에 의한 예정가격을 기준으로 체결한 계약	원가계산에 의한 예정가격을 기준으로 체결한 계약, 100억 이상 공사
장 점	계약금액을 구성하는 각 품목 또는 비목별 등락률 산출로 당해 비목에 대한 조정 사유를 실제 상태로 반영	한국은행에서 발표하는 생산자 물가 기본분류 지수, 수입물류지수 등을 이용하므로 조정률 산출이 용이
단 점	매번 조정시마다 수많은 품목 또는 비목의 등락률 산출로 계산이 복잡하며, 이로 인해 많은 시간과 노력이 필요함	평균가격 개념인 지수를 이용하므로 당해 비목에 대한 조정 사유가 실제로 반영되지 않는 경우가 있음
용 도	**단기, 소규모, 단순공종공사** 계약금액의 구성비목이 적고 조정횟수가 많지 않을 경우에 적합	**장기, 대규모, 복합공종공사** 계약금액의 구성비목이 많고 조정횟수가 많을 경우에 적합

2) 설계변경으로 인한 계약금액의 조정

공사계약 후 설계변경으로 공사량의 증감이 발생한 때에는 당초 체결한 계약금액을 조정한다. 증감된 공사량의 기준단가는 입찰시 제출된 내역서 단가인 계약단가로 하며, 계약단가가 예정단가보다 큰 경우에는 예정단가로 한다.

계약단가가 없는 신규 항목의 단가는 다음 기준에 의하며 일반관리비, 이윤은 입찰시 제출된 내역서의 산출비율에 의한다. 다만, 예정가격 결정 기준에 의한 비율 초과분은 계상하지 않는다.

$$\text{신규 항목단가} = \text{설계변경 당시 산정단가} \times \text{낙찰률}\left(\frac{\text{낙찰금액 또는 계약금액}}{\text{예 정 가 격}}\right)$$

3) 원가절감 보상제도

공사 계약자가 특수한 기술, 공법 등으로 공사비 절감, 공기 단축 등 효과가 현저하게 인정되는 경우 계약자 요청으로 설계변경이 가능하다.

원가절감시 보상은 설계변경 절감액(일반관리비 및 이윤 제외)을 당초 계약금액에서 100% 감액이 아니라 50%만 감액하여 절감액의 50%는 계약 상대자의 이익이 되도록 한다.

4) 기 타

계약내용의 변경으로 계약금액 조정이 필요한 경우 변경된 내용에 의하여 실비 범위에서 조정한다.

5) 계약금액 조정에 따른 보증금 조정

설계변경 또는 물가변동으로 계약금을 조정할 때 계약금 변동분에 대한 계약보증금을 조정하여야 한다.

계약금 증액시는 증액분에 상당하는 보증금을 의무적으로 추가 징수하며, 계약금 감액시에는 계약 상대자의 요청으로 감액분에 상당하는 보증금을 환불할 수 있다.

제3장

표준품셈 기준

Landscape Architecture

1 표준품셈의 구성

2 품셈의 적용기준

3 품셈의 세부기준

1 표준품셈의 구성

Landscape Architecture

1.1 건설 분야 표준품셈의 구성

건설 분야 표준품셈은 건설 · 전기설비 · 통신설비로 대분류된다. 건설 분야 2020년 표준품셈은 4개 부문으로 공통 8장, 토목 9장, 건축 12장, 기계설비 14장의 구성이다. [4)]

1) 공통부문

제1장 적용기준　제2장 가설공사
제3장 토공사　제4장 조경공사
제5장 기초공사　제6장 철근콘크리트공사
제7장 돌공사　제8장 건설기계

2) 토목부문

제1장 도로포장공사　제2장 하천공사
제3장 터널공사　제4장 궤도공사
제5장 강구조공사　제6장 관부설 및 접합공사
제7장 항만공사　제8장 지반조사
제9장 측량

3) 건축부문

제1장 철골공사　제2장 조적공사
제3장 타일공사　제4장 목공사
제5장 수장공사　제6장 방수공사
제7장 지붕 및 홈통공사　제8장 금속공사
제9장 미장공사　제10장 창호 및 유리공사
제11장 칠공사　제12장 유지보수공사

4) 표준품셈은 2015년까지 토목 21장, 건축 19장, 기계설비 3편 14장 구성에서 2016년 토목과 건축공사의 편제를 일부 변경하였으며, 2019년 공통부문을 신설하였다.

4) 기계설비부문

제1장 배관공사
제2장 덕트공사
제3장 보온공사
제4장 펌프 및 공기설비공사
제5장 밸브설비공사
제6장 측정기기공사
제7장 위생기구설비공사
제8장 공기조화설비공사
제9장 기타공사
제10장 소방설비공사
제11장 가스설비공사
제12장 자동제어설비공사
제13장 플랜트설비공사
제14장 유지보수공사

1.2 조경공사 표준품셈의 구성

조경공사는 식재 및 부대공사로서 공통부문 제4장 [조경공사]에 다음 5개 세부항목과 30개 세세항목으로 구성되어 있다.

1) 조경품셈의 내용

4-1 잔디 및 초화류
- 4-1-1 잔디붙임
- 4-1-2 초류종자 살포(기계살포)
- 4-1-3 초화류 식재
- 4-1-4 거적덮기

4-2 관목
- 4-2-1 굴취
- 4-2-2 식재(단식)
- 4-2-3 식재(군식)

4-3 교목
- 4-3-1 뿌리돌림
- 4-3-2 굴취(나무높이)
- 4-3-3 굴취(근원직경)
- 4-3-4 식재(나무높이)
- 4-3-5 식재(흉고직경)

4-4 조경구조물
- 4-4-1 정원석 쌓기 및 놓기
- 4-4-2 조경유용석 쌓기 및 놓기
- 4-4-3 잔디블록 포장

4-5 유지보수
- 4-5-1 일반전정
- 4-5-2 가로수 전정
- 4-5-3 관목 전정
- 4-5-4 수간보호
- 4-5-5 인력관수
- 4-5-6 살수차관수

4-5-7 제초　　　　　　　4-5-8 잔디깎기
4-5-9 예초　　　　　　　4-5-10 교목시비
4-5-11 관목시비　　　　　4-5-12 잔디시비
4-5-13 약제살포(기계)　　4-5-14 약제살포(인력)
4-5-15 방풍벽 설치(거적세우기)

2) 조경품셈의 세부 특성

조경 부문 품셈은 1962년 '국토건설청' 토목공사에 조경과 관련된 '떼뜨기, 떼붙임'으로 시작되어, 표준품셈이 제정된 1972년 [토공사]에서 1974년 [토공 및 조경공사]로 개정되고, 1984년 [조경공사]로 변경 · 분리되었다. 이후 1989년에 식재품셈의 기틀이 완성되었으며, 지속적인 부분 개정 후 2013년 체계 개편과 식재 부문, 2014년 유지관리부문이 전면 개정되고, 2018년 유지관리부문의 약제살포가 개정되었다. 2019년 신설된 공통부문으로 이동하면서 조경공사는 편제를 전면 개편하고 많은 세부내용을 개정하여 2020년 현재 사용하고 있다.

조경품셈의 항목은 식재와 식재부대공은 비교적 세분화된 표준품으로 구성되어 있다. 그러나 표준품셈 조경부문에는 조경공사의 또 다른 구성요소인 시설물 · 구조물 · 포장공사 부분은 4-4 조경구조물의 3개 세부항목이 전부이므로 항목별 적용기준을 명확히 이해하고 토목 · 건축 · 설비공사의 품셈을 참조 · 준용하여야 한다.

1.3 조경공사 표준품셈의 변천 5)

〈표 3.1-1〉 조경공사 표준품셈의 변천

연도								
1962년		떼뜨기, 떼붙임						항목 신설
1972년		떼뜨기, 떼붙임	식 재	전정작업				내용 변경
1974년		떼뜨기, 떼붙임 및 초류파종	식 재	전정작업	약 제 살포공			
1975년		떼뜨기, 떼붙임 및 초류파종	식 재	전정작업	약 제 살포공	정원석 석축공		
1978년	뿌리돌림	떼뜨기, 떼붙임 및 초류파종	식 재	전정작업	약 제 살포공	정원석 석축공		
1979년	뿌리돌림	떼뜨기, 떼붙임 및 초류파종	식 재	전정작업	약 제 살포공	수간보호	정원석 석축공	
1990년	뿌리돌림	떼뜨기, 떼붙임 및 초류파종	식 재	굴 취	유지관리	정원석 석축공		
1991년	뿌리돌림	떼뜨기, 떼붙임 및 초류파종	식 재	굴 취	유지관리	정원석 석축공	녹생토 암절개면 보호식재공	
1998년	뿌리돌림	떼뜨기, 떼붙임 및 초류파종	식 재	굴 취	유지관리	정원석 석축공	암절개면 보호식재공	
2002년	뿌리돌림	떼뜨기, 떼붙임 및 초류파종	식 재	굴 취	유지관리	정원석 석축공	암절개면 보호식재공	
2003년	뿌리돌림	떼뜨기, 떼붙임 및 초류파종	식 재	굴 취	유지관리	정원석 쌓기 및 놓기	암절개면 보호식재공	
2005년	뿌리돌림	떼뜨기, 떼붙임 및 초류파종	식 재	굴 취	유지관리	정원석 쌓기 및 놓기	암절개면 보호식재공	
2006년 2007년	뿌리돌림 (↳ 교목)	떼붙임 및 초류파종	식 재	굴 취 (×)	유지관리	정원석 쌓기 및 놓기	암절개면 보호식재공	
2013년	식 재 기반조성	잔디 및 초화류	관 목	교 목	유지관리	조경 구조물	비탈면 녹화	
2014.5, 2018년	식 재 기반조성 (토공사 이동)	잔디 및 초화류	관 목	교 목	유지관리	조경 구조물	비탈면 녹화 (토공사 이동)	
2019년	성토부대공	잔디 및 초화류	관 목	교 목	유지보수	조경 구조물	비탈면 보호공	
2020년		잔디 및 초화류	관 목	교 목	유지보수	조경 구조물		

5) 1979년까지 자료는 [윤주철, 2010년, 조경공사 표준품셈의 변천 요인 분석, 대구대학교 박사학위 논문] 참조.

1.4 조경공사의 표준품셈 적용

식재 및 식재 관련공사를 제외한 시설물, 구조물 및 기타 공사는 별도 규정이 없으므로 공통, 토목, 건축, 기계설비 등의 동일 또는 유사 공종의 품을 적용하여야 한다. 이러한 연유가 조경공사 적산의 또다른 어려움이며, 조경공사의 특수성이 고려된 적산이 가능하도록 표준품셈이 유지되는 한 개선을 위한 노력이 필요하다. 그러므로 표준품셈을 숙지(熟知)하고 시공의 흐름을 이해하여 적산할 때, 표준품셈의 오적용 및 과다·과소 책정이 최소화된 적정 시공비 적산이 가능하고 그에 따라 시공 품질도 좋아질 것이다.

조경공사에서 주로 적용·준용하는 타부문 표준품셈은 다음과 같다.

〈표 3.1-2〉 조경공사의 적용·준용 표준품셈

조경공사 공종	본서의 절 (제5장)	표준품셈의 적용 부문 및 공사	
		적용 부문	세부 적용 공사
가설공사	1	공통	제2장 가설공사
토공사 및 기초공사	2	공통	제3장 토공사, 제5장 기초공사
운반공사	3	공통	제1장 적용기준
기계화시공	4	공통	제8장 건설기계
식재공사	5~9	공통	제4장 조경공사
콘크리트공사	10	공통	제6장 철근콘크리트공사
목공사	11	건축	제4장 목공사
자연석 및 석재공사	12	공통	제7장 돌공사
포장 및 타일공사	13	토목 건축	제1장 도로포장공사 제3장 타일공사
급배수공사	14	토목 기계설비	제6장 관 부설 및 접합공사 제1장 배관공사
금속공사	15	건축	제1장 철골공사, 제8장 금속공사
조적공사	16	건축	제2장 조적공사
방수공사	17	건축	제6장 방수공사
미장공사	18	건축	제9장 미장공사
칠공사	19	건축	제11장 칠공사
유리공사	20	건축	제10장 창호 및 유리공사
철거 및 보수공사	21	건축	제12장 유지보수공사
유지관리공사	22	공통	제4장 조경공사

2 품셈의 적용기준

Landscape Architecture

「품셈」이란 공사 목적물의 제작 등에 필요한 인간이나 기계의 노력(품)과 단위물량당 소요되는 물질(재료)을 수량으로 표시한 것으로서 표준품셈은 단위공사에 필요한 재료, 인력, 기계 소요량의 표준적인 기준이다.

표준품셈은 [공통품셈 1-1(목적)]에서 "정부 등 공공기관에서 시행하는 건설공사의 적정한 예정가격을 산정하기 위한 일반적인 기준을 제공하는데 있다"라고 정하여 공공 공사비 산정의 객관적 기준을 규정하고 있다.

이러한 표준품셈 기준에 의한 적산방식은 체계적이고 편리한 면이 있으나 한편으로는 다음과 같은 결점이 있다.

① 수량산출시 재료량은 물리적인 계량이 가능하지만 노무자수는 적정 산출이 어렵다. 특히 공사현장의 조건과 환경에 따라 변동이 크지만 표준품셈 기준을 일률적으로 적용하므로 융통성의 제한을 받는다.
② 조경공사와 같이 공종과 공정이 혼재된 경우, 각각의 공종과 공정에 적합한 기준이 없으면 오히려 적산업무에 지장을 초래하게 된다.

표준품셈은 [공통품셈 1-2(적용범위)]에서 "국가, 지방자치단체, 공기업·준정부기관, 기타 공공기관 및 위 기관의 감독과 승인을 요하는 기관에서는 표준품셈을 건설공사 예정가격 산정의 기초로 활용한다."고 적용범위를 규정하며, 별도의 기준이 없는 민간공사도 이를 일부 준용하고 있다.

표준품셈은 [공통품셈 1-3(적용방법)]에서 다음과 같이 명시하고 있다.

① 공사의 예정가격 산정은 표준품셈을 활용한다.
② 표준품셈에서 제시된 품은 일일 작업시간 8시간을 기준한 것이다.
③ 표준품셈은 건설공사 중 대표적이고 보편적이며 일반화된 공종, 공법을 기준한 것이며 현장여건, 기후의 특성 및 조건에 따라 조정하여 적용하되, 예정가격작성기준 제2조에 의거하여 부당하게 감액하거나 과잉 계산되지 않도록 한다.
④ 표준품셈에 명시되지 않는 사항은 각종 사업을 시행하는 국가기관, 지방자치단체, 공기업·준정부기관, 기타 공공기관 등의 장의 책임 하에 적정한 예정가격 산정기준을 적의·결정하여 적용한다.
⑤ 건설공사의 예정가격 산정시 공사규모, 공사기간 및 현장조건 등을 감안하여 가장 합리적인 공법을 채택·적용한다.
⑥ 표준품셈에서 "시공량/일"로 명시된 항목 중 총 시공량이 품(시공량/일)의 기준 미

만인 경우에 현장여건 등을 고려하여 별도 계상한다.

⑦ 표준품셈에 명시되지 않은 품으로서 타 부문(전기 · 통신 · 문화재 등)의 표준품셈에 명시된 품은 그 부분의 품을 적용하고, 타 부문과 유사한 공종의 품은 표준품셈을 우선하여 적용한다.

⑧ 소방법, 총포 · 도검 · 화약류단속법, 산업안전보건법, 산업재해보상보험법, 건설기술진흥법, 대기환경보전법, 소음 · 진동규제법 등 관계법령이나 계약 조건에 따라 소요되는 비용은 별도로 계상한다.

⑨ 각 발주기관에서 ④항에 의하여 별도로 결정하여 적용한 품셈이 표준품셈 보완에 반영할 필요가 있다고 인정될 경우에는 그 자료를 표준품셈 관리단체(한국건설기술연구원)에 제출한다.

3 품셈의 세부기준

Landscape Architecture

표준품셈은 각 부문별 적용기준을 규정하여 적용하고 있다. 각 부문에 모두 동일하게 적용되는 품셈기준인 [공통품셈 제1장(적용기준)]의 세부기준은 다음과 같다.

1) 수량의 계산

수량산출을 위한 수량의 계산은 [공통품셈 1-2-1(수량의 계산)] 에서 다음과 같이 명시하고 있다.

① 수량의 단위 및 소수위는 표준품셈 단위표준에 의한다.

② 수량의 계산은 지정 소수위 이하 1위까지 구하고, 끝수는 4사5입한다.

③ 계산에 쓰이는 분도(分度)는 분까지, 원둘레율(圓周率), 삼각함수(三角函數) 및 호도(弧度)의 유효숫자는 3자리(3位)로 한다.

④ 곱하거나 나눗셈에서는 기재된 순서에 의하여 계산하고, 분수는 약분법을 쓰지 않으며, 각 분수마다 그 값을 구한 다음 전부 계산한다.

⑤ 면적의 계산은 보통 수학공식에 의하는 외에 삼사법(三斜法)이나 구적기(Planimeter)로 한다. 다만, 구적기(Planimeter)를 사용할 경우에는 3회 이상 측정하여 그 중 정확하다고 생각되는 평균값으로 한다.

⑥ 체적계산은 의사공식(疑似公式)에 의함을 원칙으로 하나 토사체적은 양단 면적을 평균한 값에 그 단면간의 거리를 곱하여 산출하는 것을 원칙으로 한다. 단, 거리평

균법으로 고쳐서 산출할 수도 있다.

⑦ 다음에 열거하는 것의 체적과 면적은 구조물의 수량에서 공제하지 아니한다.

㉠ 콘크리트 구조물 중의 말뚝머리

㉡ 볼트의 구멍

㉢ 모따기 또는 물구멍(水切)

㉣ 이음줄눈의 간격

㉤ 포장공종의 1개소당 0.1m² 이하의 구조물 자리

㉥ 강(鋼)구조물의 리벳 구멍

㉦ 철근 콘크리트 중의 철근

㉧ 조약돌 중의 말뚝 체적 및 책동목(棚胴木)

㉨ 기타 전항에 준하는 것

⑧ 성토 및 사석공의 준공토량은 성토 및 사석공 설계도의 양으로 한다. 그러나 지반 침하량은 지반 성질에 따라 가산할 수 있다.

⑨ 절토(切土)량은 자연상태의 설계도의 양으로 한다.

2) 단위 및 소수위 표준

설계서 수량계산에 적용되는 단위와 소수위는 [공통품셈 1-2-2(설계서의 단위 및 소수의 표준)]에 의하여 다음과 같이 적용한다.

〈표 3.3-1〉 설계서의 단위 및 소수의 표준 [공통품셈]

종 목	규 격		단위수량		비 고
	단 위	소 수	단 위	소 수	
공 사 연 장	m	2위	m	단위한	
공 사 폭 원			m	1 위	대가표는 2위까지
직 공 인 부			인	2 위	이하 버림
공 사 면 적			m²	1 위	
용 지 면 적			m²	단위한	
토적(높이, 너비)			m	2 위	
토적 (단면적)			m²	1 위	단 면 적
토적 (체 적)			m³	2 위	체 적
토적(체적합계)			m³	단위한	집계 체적
잔 디	cm	단위한	m²	1 위	
모래, 자갈	cm	"	m³	2 위	
조 약 돌	cm	"	m³	2 위	
견칫돌, 깬돌	cm	"	m²	1 위	
견칫돌, 깬돌	cm	"	개	단위한	
야면석(野面石)	cm	단위한	개	단위한	
야면석(野面石)	cm	"	m³	1 위	
야면석(野面石)	cm	"	m²	1 위	

(표 계속)

〈표 3.3-1〉 설계서의 단위 및 소수의 표준 [공통품셈]

종 목	규 격		단위수량		비 고
	단 위	소 수	단 위	소 수	
돌쌓기 및 돌붙임	cm	단위한	m^3	1 위	
돌쌓기 및 돌붙임	cm	"	m^2	1 위	
사 석 (捨石)	cm	단위한	m^3	1 위	
다듬돌(切石, 板石)	cm	"	개	2 위	
벽 돌	mm	"	개	단위한	
블 록	mm	"	개	단위한	
시 멘 트			kg	단위한	
모 르 타 르			m^3	2 위	대가표는 3위까지 이하 버림
콘 크 리 트			m^3	2 위	
석 분			kg	단위한	
석 회			kg	단위한	
화 산 회			kg	단위한	
아 스 팔 트			kg	단위한	
목재 (판재)	길이 m	1위	m^2	2 위	
목재 (판재)	폭, 두께	1위	m^3	3 위	
목재 (판재)	cm	1위	m^3	3 위	
합 판	mm	단위한	장	1 위	
말 뚝	길이m, 지름mm	1위	개	단위한	
철 강 제	mm	단위한	kg	3위	총량표시는 ton, 단위는 3위까지 이하 버림
용 접 봉	mm		kg	1 위	
구리판, 함석류			m^2	2 위	
철 근	mm	단위한	kg	단위한	
볼 트, 너 트	mm	"	개	단위한	
꺾 쇠	mm	"	개	단위한	
철 선 류	mm	1위	kg	2 위	
PC 강 선			kg	2 위	
돌 망 태	길이 m	1위	m	1 위	망눈(網目) cm
	지름, 높이 m	단위한	개	단위한	
로 프 류	mm		m	1 위	
못	길이 cm	1위	kg	2 위	
석유, 휘발유, 모빌유			ℓ	2 위	대가표는 3위까지 이하 버림
구 리 스			kg	2 위	
넝 마			kg	2 위	
화 약 류			kg	3 위	
뇌 관			개	단위한	대가표는 1위까지 이하 버림
도 화 선			m	1 위	
석탄, 목탄, 코크스			kg	1 위	대가표는 2위까지 이하 버림
산 소			ℓ	단위한	
카 바 이 트			kg	1 위	
도 료 (塗料)			ℓ 또는 kg	2 위	
도 장 (塗裝)			m^2	1 위	
관 류 (管類)	길이 m	2위	개	단위한	
	지름, 두께 mm	단위한			

(표 계속)

〈표 3.3-1〉 설계서의 단위 및 소수의 표준 [공통품셈]

종 목	규 격		단위수량		비 고
	단 위	소 수	단 위	소 수	
수 로 연 장 옹 벽 승강장 옹벽 및 울 타 리			m m^2 m	1 위 1 위 1 위	
궤 도 부 설 시 험 하 중 보 링 (試 錐)			km ton m	3 위 단위한 1 위	
방 수 면 적 건 물 (면 적) 건물(지붕, 벽부치기) 우 물 마 대	 깊이 		m^2 m^2 m^2 m 매	1 위 2 위 1 위 1 위 단위한	

[주] 1. 설계서 수량의 단위와 소수위 표시는 본 표에 따르고, 본 표에서 지정한 소수위 미만은 버리는 것으로 한다.
2. 일위대가표 또는 설계기초 계산 과정에서는 표준품셈의 내용에 따른 것으로 한다.
3. 본 표에 없는 품종에 대해서는 C.G.S 단위로 하는 것을 원칙으로 하며, 단위는 그 가격에 따라 의사(疑似) 품종의 소수위 정도를 채용토록 한다.

3) 금액의 단위표준

설계서 금액 산정시의 적용 단위는 [공통품셈 1-2-3(금액의 단위표준)]에 의하여 다음과 같이 적용한다.

〈표 3.3-2〉 금액의 단위표준 [공통품셈]

종 목	단위	지위(止位)	비 고
설계서의 총액	원	1,000	이하 버림 (단, 만원 이하의 공사는 백원 이하 버림)
설계서의 소계	원	1	미만 버림
설계서의 금액란	원	1	미만 버림
일위대가표의 계금	원	1	미만 버림
일위대가표의 금액란	원	0.1	미만 버림

[주] 일위대가표 금액란 또는 기초계산 금액에서 소액이 산출되어 공종이 없어질 우려가 있어 소수위 1위 이하의 산출이 불가피할 경우에는 소수위의 정도를 조정 계산할 수 있다.

4) 재료 및 자재의 단가

재료 및 자재 단가는 시장 자유거래가격을 말한다. 시장가격은 시공시기 및 구입물량, 구입조건, 외환시세 등으로 다를 수 있으나, 공사원가에서 가장 중요한 요소이므로 가격 책정이 공정하여야 한다.

단가는 조달청이 매월 고시하는 가격 및 시중에 발행되는 물가조사기관의 조사자료(물가자료, 물가정보, 유통물가, 거래가격, 건설자재 등)를 3개 이상 비교한 최저가격을 적용한다. 물가지의 미기재 가격은 감정가격, 거래실례가격, 견적가격 순으로 적용하며, 견적가격 등도 전문업체 3개 이상 중 최저가격 적용을 원칙으로 한다. 특히 물가지에는 범용 기준의 가격을 고시하므로 수종(樹種)과 수형(樹形)이 특수한 경우에는 견적가격 등에 의하는 경우가 많다.

[공통품셈 1-3-1(재료 및 자재의 단가)]에서 다음과 같이 명시하고 있다.

① 건설재료 및 자재의 단가는 거래실례가격 또는 통계법 제15조의 규정에 의한 지정기관이 조사하여 공표한 가격, 감정가격, 유사한 거래실례가격, 견적가격을 기준하며, 적용순서는 「국가를 당사자로 하는 계약에 관한 법률 시행규칙」 제7조의 규정에 따른다.

② 재료 및 자재단가에 운반비가 포함되어 있지 않은 경우 구입 장소로부터 현장까지의 운반비를 계상할 수 있다.

5) 주요 자재의 조달

주요 자재(시멘트, 철근 등) 및 기타 소속 중앙관서의 장이 특히 관급(官給)하는 것이 필요하다고 인정하는 자재는 관급으로 하되, 그 성질에 따라 관급 또는 도급자 부담으로 구분할 수 있다. 다만, 소량이거나 긴급사업 등으로 행정에 소요되는 시간과 경비 등이 불가피한 경우는 예외로 하며, 시멘트와 철근 등을 관급으로 하지 아니하여도 좋은 경우는 다음과 같다.

① 조달청이 사실상 관급할 수 없거나 적기 공급이 어려울 때

② 공사현장의 사정으로 인하여 관급이 불리할 때

③ 관급할 자재의 총액이 일천만 원 미만일 때

표준품셈은 [공통품셈 1-3-2(주요자재)]에서 다음과 같이 명시하고 있다.

① 공사에 대한 주요자재의 관급은 「국가를 당사자로 하는 계약에 관한 법률 시행규칙」 및 기획재정부 회계예규 등 관계규정이나 계약조건에 따른다.

② 자재구입은 필요에 따라 시방서를 작성하고 그 물건의 기능, 특징, 용량, 제작방법, 성능, 시험방법, 부속품 등에 관하여 명시하여야 한다.

③ 국내에서 생산되는 자재를 우선적으로 사용함을 원칙으로 하고, 그 중에서도 한국산업규격표시품(KS), 우수재활용제품(GR) 또는 건설기술진흥법 제60조 제1항의 규정에 의한 국 · 공립 시험기관의 시험결과 한국산업규격표시품과 동등 이상의 성능이 있다고 확인된 자재를 우선한다.

④ 한국산업규격에 없는 제품 사용시 공사조건에 맞는 관련규격 및 시방(외국규격 등) 등을 검토하여 사용토록 한다.

6) 재료의 할증

할증은 계획 수량에 운반, 저장, 절단, 가공 및 시공 과정에서 발생이 예상되는 손실량으로 [공통품셈 1-4-1(재료의 할증)]에 명시된 다음 기준에 의한다. "다만, 품셈의 각 항목에 할증률이 포함 또는 표시되어 있는 것에 대하여 본 할증률을 적용하지 아니한다."라고 규정하듯 중복 적용되지 않도록 주의하여야 한다.

〈표 3.3-3〉 재료의 할증 [공통품셈]

<table>
<tr><th colspan="2">구 분</th><th>종 류</th><th colspan="6">할증률 (%)</th></tr>
<tr><td colspan="2" rowspan="7">콘크리트 및 포장용 재료</td><td>구 분</td><td colspan="3">정치식</td><td colspan="3">기 타</td></tr>
<tr><td>시멘트</td><td colspan="3">2</td><td colspan="3">3</td></tr>
<tr><td>잔골재 · 채움재</td><td colspan="3">10</td><td colspan="3">12</td></tr>
<tr><td>굵은골재</td><td colspan="3">3</td><td colspan="3">5</td></tr>
<tr><td>아스팔트</td><td colspan="3">2</td><td colspan="3">3</td></tr>
<tr><td>석분</td><td colspan="3">2</td><td colspan="3">3</td></tr>
<tr><td>혼화재</td><td colspan="3">2</td><td colspan="3">–</td></tr>
<tr><td colspan="2" rowspan="3">노상 및 노반재료 (선택층, 보조기층, 기층 등)</td><td>모래</td><td colspan="6">6</td></tr>
<tr><td>부순돌 · 자갈 · 막자갈</td><td colspan="6">4</td></tr>
<tr><td>점질토</td><td colspan="6">6</td></tr>
<tr><td colspan="2">관 및 구조물 기초부설</td><td>모래</td><td colspan="6">4</td></tr>
<tr><td rowspan="10">해상작업</td><td rowspan="5">사석 (捨石)</td><td rowspan="2">지반 / 사석두께 / 종류</td><td colspan="2">보통지반</td><td colspan="2">모래치환지반</td><td colspan="2">연약지반</td></tr>
<tr><td>2m 미만</td><td>2m 이상</td><td>2m 미만</td><td>2m 이상</td><td>2m 미만</td><td>2m 이상</td></tr>
<tr><td>기초사석</td><td>25</td><td>20</td><td>30</td><td>25</td><td>50</td><td>40</td></tr>
<tr><td>피복석(被覆石)</td><td>15</td><td>15</td><td>15</td><td>15</td><td>20</td><td>20</td></tr>
<tr><td>뒤채움사석</td><td>20</td><td>20</td><td>20</td><td>20</td><td>25</td><td>25</td></tr>
<tr><td rowspan="4">토 사</td><td>치환모래(置換砂)</td><td colspan="6">20</td></tr>
<tr><td>깔모래(敷砂)</td><td colspan="6">30</td></tr>
<tr><td>사항용모래(砂抗用砂)</td><td colspan="6">20</td></tr>
<tr><td>압입모래(壓入砂)</td><td colspan="6">40</td></tr>
<tr><td>속채움</td><td>모래 · 사석</td><td colspan="6">10</td></tr>
<tr><td colspan="2" rowspan="13">강 재 류</td><td>원형철근</td><td colspan="6">5</td></tr>
<tr><td>이형철근</td><td colspan="6">3</td></tr>
<tr><td>이형철근(복잡구조물)</td><td colspan="6">6~7</td></tr>
<tr><td>일반볼트</td><td colspan="6">5</td></tr>
<tr><td>고장력볼트(HTB)</td><td colspan="6">3</td></tr>
<tr><td>강판</td><td colspan="6">10</td></tr>
<tr><td>강관(옥외수도관제외)</td><td colspan="6">5</td></tr>
<tr><td>대형형강(形鋼)</td><td colspan="6">7</td></tr>
<tr><td>소형형강</td><td colspan="6">5</td></tr>
<tr><td>봉강(棒鋼)</td><td colspan="6">5</td></tr>
<tr><td>평강대강</td><td colspan="6">5</td></tr>
<tr><td>경량형강, 각 파이프</td><td colspan="6">5</td></tr>
<tr><td>리벳(제품)</td><td colspan="6">5</td></tr>
</table>

[주] – 콘크리트 및 포장용 재료 : 속채움 재료의 경우에도 이 값을 준용한다.
– 해상작업, 사석 : 사석의 재료할증률은 공사의 위치, 자연조건(수심, 조류, 파랑, 조위, 해저지질 등)과 제체의 규모 및 공사의 종류 등 현장조건에 적합하게 적용할 수 있다.

(표 계속)

〈표 3.3-3〉 재료의 할증 [공통품셈]

구 분	종 류		할증률 (%)
강재류	스테인리스강판		10
	스테인리스강관		5
	동판		10
	동관		5
	덕트용금속판		28
	프레스접합식스테인리스강관		5
	이음부속류		5
기타 재료	목재	각재	5
		판재	10
	합판	일반용 합판	3
		수장용 합판	5
	쉬스관		8
	쉬스판		8
	원심력 철근콘크리트관		3
	조립식 구조물 (U형 플륨관 등)		3
	도료		2
	벽돌	붉은벽돌	3
		시멘트벽돌	5
		내화벽돌	3
		경계블록	3
		콘크리트블록	4
		호안블록	5
	원석(마름돌용)		30
	석재판 붙임용재	정형돌	10
		부정형돌	30
	조경용 수목		10
	잔디 및 초화류		10
	레미콘타설 (현장플랜트 포함)	무근구조물	2
		철근구조물	1
		철골구조물	1
	현장혼합 콘크리트타설 (인력 및 믹서)	무근구조물	3
		철근구조물	2
		소형구조물	5
	콘크리트포장 혼합물의 포설		4
	아스콘포설(현장플랜트 포함)		2
	졸대		20
	텍스		5
	석고판(못붙임용)		5
	석고판(본드붙임용)		8
	코르크판		5
	단열재		10
	유리		1
	테라코타		3
	블록		4
	기와		5
	슬레이트		3

(표 계속)

〈표 3.3-3〉 재료의 할증 [공통품셈]

구 분	종 류		할증률 (%)
기타 재료	타 일	모자이크	3
		도기	3
		자기	3
		아스팔트	5
		리놀륨	5
		비닐	5
		비닐렉스	5
		클링커	3
	테라조판		6
	위생기구(도기, 자기류)		2

[주] – 강재류 : 이형철근의 경우 해당 공사 또는 구조물의 시공실적에 따라 조정하여 적용할 수 있다.
강관, 스테인리스강관의 할증률(%)은 옥외공사를 기준한 것이며 옥내공사용 재료의 할증률은 10% 이내로 한다.
형강(形鋼)의 대형구분은 100mm 이상을 말한다.
– 기타재료 : 거푸집 및 동바리공이나 가건축물 또는 품셈에 할증률이 포함 또는 표시되어 있는 것에 대하여는 본 할증률을 적용하지 아니한다.

7) 재료시험 결과 이용 [공통품셈 1-3-4]

[공통품셈 1-3-4(재료시험 결과 이용)]에서 "설계는 재료시험에 의하여 제원을 결정함을 원칙으로 한다."라고 명시하고 있다.

토목공사와 동시 진행시 토목공사를 참고하되 조경공사는 규모와 특성상 시험에 의하기보다 표준품셈 기준을 적용하는 경우가 많으므로 이때는 시공 후 정산을 원칙으로 한다.

8) 발생재의 처리 [공통품셈 1-3-6]

사용고재 등 발생재의 처리는 다음 표에 의하여 그 대금을 설계 당시 미리 공제한다.

〈표 3.3-4〉 발생재 공제율 [공통품셈]

품 명	단위	공제율
사용고재 (시멘트공대 및 공드럼 제외)	%	90
강재 스크랩 (Scrap)	%	70
기타 발생재	%	발생량

[주] 공제금액 계산 : 발생량×공제율×고재단가

9) 재료의 단위중량 [공통품셈 1-3-3]

"재료의 단위중량은 입경, 습윤도 등에 따라 달라지므로 시험에 의하여 결정하여야 하며, 일반적인 추정 단위중량은 다음과 같다"며 [공통품셈 1-3-3(재료의 단위 중량)]에 명시한 추정 단위중량은 다음과 같다.

〈표 3.3-5〉 재료의 단위중량 [공통품셈]

구 분	형 상	단위	중량 (kg)	비 고
암 석	화 강 암 안 산 암 사 암 현 무 암	m^3 m^3 m^3 m^3	2,600~2,700 2,300~2,710 2,400~2,790 2,700~3,200	자연상태 〃 〃 〃
자 갈	건 조 습 기 포 화	m^3 m^3 m^3	1,600~1,800 1,700~1,800 1,800~1,900	자연상태 〃 〃
모 래	건 조 습 기 포 화	m^3 m^3 m^3	1,500~1,700 1,700~1,800 1,800~2,000	자연상태 〃 〃
점 토	건 조 습 기 포 화	m^3 m^3 m^3	1,200~1,700 1,700~1,800 1,800~1,900	자연상태 〃 〃
점 질 토	보통의 것 력이 섞인 것 력이 섞이고 습한 것	m^3 m^3 m^3	1,500~1,700 1,600~1,800 1,900~2,100	자연상태 〃 〃
모 래 질 흙 자갈섞인 토사 자갈섞인 모래 호 박 돌 사 석 조 약 돌		m^3 m^3 m^3 m^3 m^3 m^3	1,700~1,900 1,700~2,000 1,900~2,100 1,800~2,000 2,000 1,700	자연상태 〃 〃 〃 〃 〃
주 철 강, 주강, 단철 스 테 인 리 스 〃 연 철 놋 쇠 구 리 납 (鉛)	 STS 304 STS 430 	m^3 m^3 m^3 m^3 m^3 m^3 m^3 m^3	7,250 7,850 7,930 7,700 7,800 8,400 8,900 11,400	 KS D 3695 〃
목 재 소 나 무 소나무(적송) 미 송	생송재(生松材) 건재(乾材) 건재(乾材) 〃	m^3 m^3 m^3 m^3	800 580 590 420~700	
시 멘 트 〃		m^3 m^3	3,150 1,500	 자연상태
철근콘크리트 콘 크 리 트 시멘트모르타르		m^3 m^3 m^3	2,400 2,300 2,100	
역 청 포 장 역청제(방수용) 물 해 수		m^3 m^3 m^3 m^3	2,350 1,100 1,000 1,030	
눈 〃 〃	분말상(粉末狀) 동결(凍結) 수분포화(飽和)	m^3 m^3 m^3	160 480 800	
고로슬래그 부순돌		m^3	1,650~1,850	자연상태

[주] 1. 부순돌 및 조약돌 등은 모암의 암질(岩質)에 따라 결정해야 한다.
2. 본 표에 없는 품종에 대하여 단위 비중시험에 의한 측정 결과치에 따르거나 문헌에 의한다.

10) 체적환산계수 적용 [공통품셈 1-3-7]

토공에 있어 토질 시험하여 적용하는 것을 원칙으로 하나 소량의 토량인 경우에는 표준품셈의 토량환산계수표에 따를 수도 있다.(체적의 변화는 L, C값으로 표시한다.)

$$L = \frac{\text{흐트러진 상태의 체적 } (m^3)}{\text{자연상태의 체적 } (m^3)}, \quad C = \frac{\text{다져진 상태의 체적 } (m^3)}{\text{자연상태의 체적 } (m^3)}$$

〈표 3.3-6〉 체적변화율 [공통품셈]

종 별	L	C
경암 (硬岩) 보통경암(普通硬岩) 연암 (軟岩) 풍화암 (風化岩)	1.70~2.00 1.55~1.70 1.30~1.50 1.30~1.35	1.30~1.50 1.20~1.40 1.00~1.30 1.00~1.15
폐 콘 크 리 트 호박돌 (玉石)	1.40~1.60 1.10~1.15	별도 설계 0.95~1.05
역 (礫) 역질토(礫質土) 고결(固結)된 역질토(礫質土)	1.10~1.20 1.15~1.20 1.25~1.45	1.05~1.10 0.90~1.00 1.10~1.30
모 래 (砂) 암괴(岩塊)나 호박돌이 섞인 모래	1.10~1.20 1.15~1.20	0.85~0.95 0.90~1.00
모 래 질 흙 암괴(岩塊)나 호박돌이 섞인 모래질흙	1.20~1.30 1.40~1.45	0.85~0.90 0.90~0.95
점 질 토 역(礫)이 섞인 점질토(粘質土) 암괴(岩塊)나 호박돌이 섞인 점질토	1.25~1.35 1.35~1.40 1.40~1.45	0.85~0.95 0.90~1.00 0.90~0.95
점 토 (粘土) 역(礫)이 섞인 점토 암괴(岩塊)나 호박돌이 섞인 점토	1.20~1.45 1.30~1.40 1.40~1.45	0.85~0.95 0.90~0.95 0.90~0.95

[주] 암(경암 · 보통암 · 연암)을 토사와 혼합 성토할 때는 공극채움으로 인한 토사량을 계상할 수 있다.

〈표 3.3-7〉 체적환산계수(f)표 [공통품셈]

구하는 Q / 기준이 되는 q	자연상태의 체적	흐트러진 상태의 체적	다져진 후의 체적
자연상태의 체적	1	L	C
흐트러진 상태의 체적	1/L	1	C/L
다져진 후의 체적 6)	1/C	L/C	1

6) 표준품셈 체적환산계수표 기준이 되는 q는 자연상태의 체적과 흐트러진 상태의 체적만 기술되어 있으며, 다져진 후의 체적은 표준품셈에 기술되지 않은 내용으로 산식에 의하여 계산한 값이다.

11) 노임

노임은 노무자의 1일 8시간 기준 노동 임금으로 거래실례가격 또는 통계작성 승인을 받은 기관이 조사·공표한 가격에 의한다. 매년 2회(상반기·하반기) 직종별 노임단가를 고시하므로 최근 노임을 적용한다.

12) 노임의 할증 [공통품셈 1-4-2]

[공통품셈 1-4-2(노임의 할증)]에서 "근로시간을 벗어난 시간외, 야간 및 휴일의 근무가 불가피한 경우에는 근로기준법 제50조, 제56조, 유해위험 작업인 경우 산업안전보건법 제46조에 정하는 바에 따른다."라고 기술한 법규의 주요내용은 다음과 같다.

① **근로시간 (근로기준법 제50조)** : 근로시간은 휴게시간을 제외하고 1일 8시간, 1주일 40시간을 기준으로 한다. 단, 당사자간 합의로 특정한 1일 12시간, 1주 52시간을 한도로 근로할 수 있다.

② **근로시간 연장의 제한 (산업안전보건법 제139조)** : 사업주는 유해 또는 위험한 작업으로서 대통령령이 정하는 작업에 종사하는 근로자에 대하여 1일 6시간, 1주 34시간을 초과하여 근로하게 하여서는 아니 된다.

③ **휴게 (근로기준법 제54조)** : 사용자는 근로시간이 4시간인 경우 30분 이상, 8시간인 경우 1시간 이상의 휴게시간을 근로시간 중에 주어야 하며, 휴게시간은 근로자가 자유로이 이용할 수 있다.

④ **연장·야간 및 휴일근로 (근로기준법 제56조)** : 사용자는 연장근로와 야간근로(하오 10시부터 상오 6시까지 사이의 근로) 또는 휴일근로에 대하여는 통상 임금의 100분의 50 이상을 가산하여 지급하여야 한다.

⑤ **보상휴가제 (근로기준법 제57조)** : 사용자는 근로자 대표와의 서면합의에 따라 제56조의 규정에 따른 연장근로·야간근로 및 휴일근로에 대하여 임금을 지급하는 것에 갈음하여 휴가를 줄 수 있다.

⑥ **여성과 소년의 근로시간 (근로기준법 제69조)** : 15세 이상 18세 미만인 자의 근로시간은 1일에 7시간, 1주일에 35시간을 초과하지 못한다. 단, 당사자 간의 합의에 의하여 1일에 1시간, 1주일에 5시간을 한도로 연장할 수 있다.

⑦ **시간 외 근로 (근로기준법 제71조)** : 사용자는 산후 1년이 지나지 아니한 여성에 대해서는 단체협약이 있는 경우라도 1일 2시간, 1주일 6시간, 1년 150시간을 초과하는 시간 외 근로를 시키지 못한다.

⑧ **근로시간의 계산 (근로기준법 시행령 제41조)** : 근로기준법 제69조 및 산업안전보건법 제139조에 따른 근로시간은 휴게시간을 제외한 근로시간을 말한다.

13) 품의 할증 [공통품셈 1-4-3]

품의 할증은 [공통품셈 1-4-3(품의 할증)]에서 다음과 같이 명시하고 있다.

품의 할증은 필요한 경우 다음의 기준 이내에서 적정공사비 산정을 위하여 공사규모, 현장조건 등을 감안하여 적용하고, 품셈 각 항목별 할증이 명시된 경우에는 각 항목별 할증을 우선 적용한다. 품의 할증은 인력품 적용이 원칙이나 작업능률 저하로 인해 건설기계의 사용시간이 늘어나는 경우, 기계품에도 적용 가능하다.

① **군작전지구** : 군작전지구 내에서 작업 능률에 현저한 저하를 가져올 때는 작업할증률을 20%까지 가산할 수 있다.

② **도서지구** : 도서지구(본토에서 인력동원 파견시), 공항(김포, 김해, 제주공항 등에서 1일 비행기 이착륙 횟수 20회 이상) 및 도로개설이 불가능한 산악지역에서는 작업할증(인력품)을 50%까지 가산할 수 있다.

③ **열차 빈도별** :

가. 본선 상에서 작업시 열차통과에 따라 작업이 중단되는 경우 열차 회수별 지장할증을 적용한다.

나. 열차운행선 인접공사시(선로와의 이격거리 10m 이내) 열차통과에 따라 작업이 중단되어 작업능률이 저하되는 경우 대피 할증 요율을 적용한다.

〈표 3.3-8〉 열차 빈도별 할증률 [공통품셈]

작업 종류	본선 작업시			인접 공사시		
열차 운행횟수(8시간)	13회 미만	14~18회	19회 이상	13회 미만	14~18회	19회 이상
할증률 (%)	14	25	37	3	5	7

[주] 인접공사시 선로와의 이격거리 : 건축한계(2.1m)+굴삭기(0.4㎥) 회전반경 (약7.7m) ≒ 10m

④ **야간작업** : PERT(Program Evaluation and Review Technique)/CPM(Critical Path Method) 공정계획에 의한 공기산출결과 정상작업(정상공기)으로는 불가능하여 야간작업을 하는 경우나 공사특성상 부득이하게 야간작업을 해야 하는 경우 품을 25%까지 가산한다.

⑤ **소단위 건축공사** : $10m^2$ 이하, 기타 이에 준하는 소단위 건축공사에서는 각 공종별 할증이 감안되지 않은 사항에 대하여 품을 50%까지 가산할 수 있다.

⑥ **지세별** : 지세 구분은 〈표 3.3-9〉 참조하여 평탄지 0%, 야산지 25%, 물이 있는 논 20%, 소택지 또는 깊은 논 50%, 번화가로서 2차선 도로 30%, 4차선 도로 25%, 6차선 도로 20%, 주택가 15%의 할증을 적용한다.

⑦ **기타** : 지형별 할증률, 위험 할증률, 건물 층수별 할증률, 유해별 할증률, 특수작업 할증률, 작업시간제한 할증률, 원거리작업, 계속이동작업, 분산작업시, 기타 장소의 협소·소음·진동·위험 등이 있는 경우 품셈에 의하여 할증률을 적용한다.

⑧ 할증의 중복 가산은 다음에 의하되 동일 성격 품 할증요소의 이중적용은 불가하다.

W = 기본품 × $(1 + a_1 + a_2 + a_3 + \cdots\cdots + a_n)$

W : 할증이 포함된 품

기본품 : 각 항의 필요한 할증·감 요소가 감안된 품

$a_1 \cdots a_n$: 품 할증 요소

〈표 3.3-9〉 지세구분 내역 [공통품셈]

구분 \ 지구		평 탄 지	야 산 지	산 악 지
지 형		평지 또는 보통 야산으로 교통이 편리한 곳	험한 야산지대 및 수목이 우거진 보통 산악지대로서 교통이 불편한 곳	산림이 우거진 험준한 산악지대로서 교통이 극히 불편한 곳
지 세		평지 또는 보통 야산	험한 야산 또는 보통 산악	험한 산악
높이 기준	해 발	100m 미만	300m 미만	400m 미만
	표 고	50m 미만	150m 미만	200m 미만
통행 조건	도 로 구 배 통 행	대소로(유) 완 만 양 호	대로(무) 완 급 불 편	대소로(무) 극 급 극히 불량
자연 환경	지 세 수 목 기 상	양 호 소수 또는 소목 보 통	불 편 보통 또는 약간 울창 불 편	불 량 울 창 불 편
기타 조건	교 통 편 숙 소 통 신 인력동원	차도에서 500m 이내 편 리 편 리 편 리	차도에서 1km 이내 불 편 불 편 불 편	차도에서 1km 이상 극히 불편 불 가 불 가

[주] - 교통, 표고, 구배, 지구선정기준 정의는 표준품셈의 주기를 참고한다.
- 지구선정기준 : 상기 지구별 내역의 2/3 이상 해당되는 대상을 선정함.

14) 작업반장 [공통품셈 1-7-1]

작업반장의 계상은 작업조건을 감안하여 다음을 기준으로 계상한다.

〈표 3.3-10〉 작업반장 [공통품셈]

현장 작업 조건	작업반장수
작업장이 광활하여 감독이 용이하고, 고도의 기능이 필요치 않을 경우	보통인부 25인~50인에 1인
작업장이 협소하고 감독 시야가 보통이며 약간의 기능을 요하는 경우	보통인부 15인~25인에 1인
고도의 기능과 철저한 감독이 요구되는 경우	보통인부 5인~15인에 1인

[주] 1. 기능공 및 특수인부에 대한 조력인부로서의 보통인부는 적용에서 제외한다.
2. 기능공에 대한 조력인부라 함은 거푸집 비계 및 동바리 설치 해체 품의 보통인부를 말하며 이와 유사한 공종의 보통인부를 말한다.
3. 작업조건에 따라 특이한 조로 편성되어 작업할 때에는 각 작업조에 따라 작업반장 1인을 계상할 수 있다.(예 : 잠수 작업조 등)

15) 공구손료 및 잡재료 등 [공통품셈 1-3-5]

표준품셈에 명시되어 있는 공구손료, 잡재료에 대해서는 이를 계상한다.

표준품셈에 명시되어 있지 않는 공구손료, 잡재료, 경장비손료 등을 계상하고자 할 때에는 다음에 따라 별도 계상하되 산정 근거를 명시하여야 한다.

① 공구손료 및 잡재료 손료

- **공구손료** : 공구손료는 일반 공구 및 시험용 계측기구류의 손료로써 공사중 상시적 · 일반적으로 사용하는 것을 말하며, 인력 품(노임 할증과 작업시간 증가에 의하지 않은 품 할증 제외)의 3%까지 계상하며 특수공구(철골공사, 석공사 등) 및 검사용 특수 계측기류의 손료는 별도 계상한다.
- **잡재료 및 소모재료** : 잡재료 및 소모재료는 설계내역에 표시하여 계상하되 주재료비의 2~5%까지 계상한다.

② 경장비 등의 손료

- 전기용접기, 그라인더, 윈치 등 중장비에 속하지 않는 동력장치에 의해 구동되는 장비류의 손료를 말하며 별도 계상한다.
- 경장비의 시간당 손료에 대하여는 기계경비 산정표에 명시된 가장 유사한 장비의 제수치(내용시간, 연간표준 가동시간, 상각비율, 정비비율, 연간관리비율 등)를 참조하여 계상한다.

16) 소운반의 운반거리 [공통품셈 1-5-1]

품에서 포함된 것으로 규정된 소운반 거리는 20m 이내의 거리를 말하므로 소운반이 포함된 품에 있어서 소운반 거리가 20m를 초과할 경우에는 초과분에 대하여 이를 별도 계상하며, 경사면의 소운반 거리는 직고(수직높이) 1m를 수평거리 6m의 비율로 본다.

(인력운반 기본공식 및 지게운반은 [본서 제5장 제3절 운반공사] 참조)

17) 토취장(土取場) 및 골재원 [공통품셈 1-5-2]

① 토취장 및 골재원(석산, 콘크리트 및 포장용 재료, 기타)을 필요로 하는 공사에는 설계서에 그 위치를 명시할 수 있다.

② 토취장의 품질과 양 및 거리 등을 감안하고 경제성을 고려하여 설계하여야 하며, 가급적 취토(取土) 보상가격만을 지불토록 하여 후일 필요치 않은 토지의 매입은 피하여야 한다.

③ 석산 및 골재원은 품질과 양 및 거리 등을 감안하고 경제성을 고려하여 설계하여야

하며 기계채집, 인력채집, 거래가격(상차도 실례가격) 중에서 현장 여건에 맞추어 설계하여야 한다.

④ 모암을 발파하여 깬돌 등 규격품을 채취할 경우 규격품으로 사용할 수 없는 파쇄된 돌의 발생량은 10~40%를 표준으로 하며, 이때 파쇄된 돌의 유용이 가능하여 유용할 경우 이에 따른 경비는 별도 계상하고, 그 발생량에 대해서는 무대(無代)로 한다.

⑤ 잡석을 부순돌(碎石)로 사용하려 할 때에는 채집비를 계상할 수 있다.

⑥ 원석대와 채취장 및 기타 보상비는 설정에 따라 별도 계상할 수 있다.

⑦ 국유지인 경우에는 필요한 조치를 취하여 사용토록 한다.

⑧ 토취장, 석산, 골재원 등은 사용 후 정리하여 사방(砂防)을 하거나 조경을 하여야 하며 정리비, 사방비 및 조경비는 별도 계상한다.

18) 운반로의 개설 및 유지보수 [공통품셈 1-5-3]

운반로의 신설 또는 유지보수는 작업량을 감안하여 작업속도가 증가됨으로써 신설 또는 유지 보수하지 않을 때보다 경제적일 경우에만 계상해야 한다.

19) 화물자동차의 적재량 [공통품셈 1-5-4]

① 중량으로 적재할 수 있는 품종에 대하여는 중량적재 하는 것을 원칙으로 한다.

② 중량적재가 곤란한 것에 대하여는 적재할 수 있는 실측치에 의한다.

③ 화물자동차의 적재량은 중량적재나 용량적재 그 어느 쪽의 제한 범위도 벗어나지 않도록 해야 하며, 운반로의 종별(公道, 私道) 및 상태에 따라서도 달라질 수 있다.

④ 화물자동차의 적재량은 중량으로 적재하거나 특수한 품목을 제외하고는 일반적으로 다음의 값을 기준으로 한다.

〈표 3.3-11〉 화물자동차의 적재량 [공통품셈]

종 별	규 격	단위	적 재 량				비 고
			6톤 차량	8톤 차량	11톤 차량	20톤 트레일러	
목재 (원목)	길이가 긴 것은 낱개	m^3	7.7	10	13	–	
목재(제재목)	〃	m^3	9.0	12	16	–	
경유 · 휘발유	200 ℓ	드럼	30	40	55	–	
아 스 팔 트	〃	드럼	24	35	50	–	
새 끼	12mm, 9.4kg	다발	480	640	–	–	
벽 돌	19×9×5.7cm(표준형)	개	2,930	3,900	5,300	–	
기 와	34×30×1.5cm	매	1,860	2,480	3,400	–	
보 도 블 록	30×45×6cm	개	490	650	890	–	

(표 계속)

〈표 3.3-11〉 화물 자동차의 적재량 [공통품셈]

종 별	규 격	단위	적재량				비 고
			6톤 차량	8톤 차량	11톤 차량	20톤 트레일러	
견 칫 돌	뒷길이 45cm	개	100	135	180	–	
블 록	T 10cm	개	650	860	1,180	–	
〃	T 15cm	개	450	600	820	–	
〃	T 20cm	개	350	460	630	–	
타 일	T 6mm	m^2	500	660	–	–	모자이크 포함
〃	(T 8mm)	m^2	(350)	(460)	–	–	
클링커타일	T 24mm	m^2	150	200	–	–	
합 판	12×900×1,800mm	매	450	600	820	–	
유 리	T 3mm	m^2	700	930	–	–	
페 인 트	4ℓ/통	통	1,300	1,720	2,365	–	
〃	(18ℓ/통)	통	(300)	(400)	(550)	–	
아 스 타 일	3mm×30cm×30cm	매	9,600	12,800	17,600	–	
흄 관	φ300mm L=2.5m	본	27	36	52	–	
	φ450mm 〃	본	15	20	27	–	
	φ600mm 〃	본	8	12	15	–	
	φ800mm 〃	본	4	6	9	–	
	φ900mm 〃	본	4	5	7	–	
	φ1,000mm 〃	본	3	4	5	10	
	φ1,200mm 〃	본	2	3	4	7	
	φ1,500mm 〃	본	1	2	2	5	
콘크리트관	φ250mm L=1m	본	60	80	110	–	
	φ300mm 〃	본	52	70	96	–	
	φ350mm 〃	본	42	60	82	–	
	φ450mm 〃	본	25	30	41	–	
	φ600mm 〃	본	16	20	27	–	
	φ900mm 〃	본	9	12	16	–	
	φ1,000∼1,500mm 〃	본	3∼6	4∼8	5∼10	12	
주 철 관	φ80∼150mm L=6m	본	42∼111	46∼123	–	–	
	φ200∼450mm 〃	본	9∼30	10∼34	–	–	
	φ500∼600mm 〃	본	6	6∼9	–	–	
	φ700∼900mm 〃	본	3	3∼5	–	–	
	φ1,000mm 〃	본	2	2	–	–	
도복장강관	φ300∼450mm L=6m	본	10∼18	14∼22	–	–	
	φ500∼700mm 〃	본	3∼9	6∼10	–	–	
	φ800∼1,000mm 〃	본	1∼3	3	–	–	
	φ1,200∼2,100mm 〃	본	1	1	–	–	
	φ2,200∼2,300mm 〃	본	–	1	–	–	
P.C 파 일	φ300∼440mm L=9m	본	–	–	6∼10	11∼18	
	φ450∼500mm 〃	본	–	–	4∼5	8∼9	
시 멘 트	40kg	대	150	200	275	637 (25.5톤 풀카고)	
전 주	10m (일반용)	본	–	–	12	23	
	체신주 8m	본	–	17	23	43	

20) 지하 지반의 추정 [공통품셈 1-6-1]

지하지반은 토질조사시험에 따라 설계하는 것을 원칙으로 한다. 다만, 공사량이 소규모인 경우에는 지형 또는 표면상태에 의하여 추정 설계할 수 있다.

21) 토질 및 암의 분류 [공통품셈 1-6-3]

① **보통토사** : 보통 상태의 실트 및 점토 모래질 흙 및 이들의 혼합물로서 삽이나 괭이를 사용할 정도의 토질(삽 작업을 하기 위하여 상체를 약간 구부릴 정도)

② **경질토사** : 견고한 모래질 흙이나 점토로서 괭이나 곡괭이를 사용할 정도의 토질(체중을 이용하여 2~3회 동작을 요할 정도)

③ **고사 점토 및 자갈섞인 토사** : 자갈질 흙 또는 견고한 실트, 점토 및 이들의 혼합물로서 곡괭이를 사용하여 파낼 수 있는 단단한 토질

④ **호박돌 섞인 토사** : 호박돌 크기의 돌이 섞이고 굴착에 약간의 화약을 사용해야 할 정도로 단단한 토질

⑤ **풍화암** : 일부는 곡괭이를 사용할 수 있으나 암질(岩質)이 부식되고 균열이 1~10cm 정도로서 굴착 또는 절취에는 약간의 화약을 사용해야 할 암질

⑥ **연암** : 혈암, 사암 등으로서 균열이 10~30cm 정도로서 굴착 또는 절취에는 화약을 사용해야 하나 석축용으로는 부적합한 암질

⑦ **보통암** : 풍화상태는 엿볼 수 없으나 굴착 또는 절취에는 화약을 사용해야 하며 균열이 30~50cm 정도의 암질

⑧ **경암** : 화강암, 안산암 등으로서 굴착 또는 절취에 화약을 사용해야 하며 균열상태가 1m 이내로서 석축용으로 쓸 수 있는 암질

⑨ **극경암** : 암질이 매우 밀착된 단단한 암질

22) 표준품셈 보완실사(補完實査) [공통품셈 1-7-2]

품을 신설 또는 개정하기 위하여 항목을 배정받은 실사기관에서는 대상공사에 대하여 실사에 소요되는 조사자의 인건비, 소모품비 등 소요비용을 설계에 반영할 수 있다.

23) 사용료 [공통품셈 1-7-3]

계약에 따른 특허료와 기술료 등에 대한 비용을 계상할 수 있다.

공사에 필요한 경비 중 전력비, 수도광열비, 운반비, 기계경비, 가설비, 시험검사비 등을 계상할 수 있다.

공사용수는 〈표 3.3-12〉에 의하여 계상한다.

〈표 3.3-12〉 공사용수 [공통품셈]

구 분	단 위	수 량
거푸집 씻기	m^3/m^2	0.04
콘크리트 혼합 및 양생	m^3/m^2	0.27
경량콘크리트 혼합 및 양생	m^3/m^2	0.24
보통 벽돌 쌓기	m^3/천매	0.18
돌쌓기 모르타르	m^3/m^2(표면적)	0.06
돌 씻기	m^3/m^2(표면적)	0.17
미장	m^3/m^2(표면적)	0.02
타일붙임 모르타르	m^3/m^2(표면적)	0.01
타일 씻기	m^3/m^2(표면적)	0.013
잡용수	m^3	사용량비의 40~50%

[주] 본 표는 양생에 필요한 물의 양을 포함한 것이다.

24) 현장시공 상세도면의 작성 [공통품셈 1-7-4]

공사의 시공을 위하여 시공상세도면(입체도면 포함)을 작성하는 경우에는 이에 필요한 인건비, 소모품비 등 소요비용을 별도 계상하며, 엔지니어링진흥법 제31조 제2항에 따른 「엔지니어링사업대가의 기준」을 적용할 수 있다.

공사진행 단계별로 작성할 시공상세도면의 목록은 건설기술진흥법 시행규칙 제42조 규정에 의하여 발주청에서 공사시방서에 명시하여야 한다.

25) 종합시운전 및 조정비 [공통품셈 1-7-5]

공사완공 후 각 기기의 단독시운전이 끝난 다음에 장치나 설비 전체의 종합적인 시운전 및 조정을 위하여 필요한 품은 계상할 수 있다.

26) 품질관리비 [공통품셈 1-7-6]

건설공사의 품질관리에 필요한 비용은 건설기술진흥법 제56조 제1항의 규정에 따라 공사금액에 계상하여야 한다.

품질관리비는 동법 시행규칙 제53조 제1항에서 규정하고 있는 바와 같이 품질관리계획 또는 품질시험계획에 따른 품질관리활동에 필요한 비용을 말한다.

27) 산업안전보건관리비 [공통품셈 1-7-7]

건설공사현장에서 산업재해 예방에 필요한 비용인 산업안전보건관리비는 산업안전보건법 제30조 제1항의 규정에 의거하여 공사금액에 계상하여야 한다.

공사금액에 계상된 산업안전보건관리비는 고용노동부가 고시한 「건설업 산업안전보건관리비 계상 및 사용기준」 [별표 2]의 사용내역 및 기준에 따라 사용하여야 한다.

28) 산업재해보상 보험료 및 기타 [공통품셈 1-7-8]

공사원가계산에 있어 간접노무비, 경비, 일반관리비, 이윤과 산업재해보상 보험료 및 기타 이와 유사한 사항은 기획재정부 회계예규와 산업재해보상보험법 등 관계 규정에 따른다.

시공과정에서 필요로 하는 보상비(직접, 간접 및 일시보상 등)는 현장실정에 따라 별도 계상할 수 있다.

29) 환경관리비 [공통품셈 1-7-9] 7)

건설공사에서 환경오염을 방지하고 폐기물을 적정하게 처리하기 위해 필요한 환경보전비 · 폐기물처리 및 재활용비 등 환경관리비는 건설기술진흥법 시행규칙 제61조 규정에 따른다.

공사현장에서 발생되는 건설폐기물의 일반적인 단위면적당 발생량의 산출은 다음의 표를 참조할 수 있으며, 건축물 해체의 경우는 설계도서에 따라 산출함을 우선으로 한다.

〈표 3.3-13〉 폐기물발생량 [2017년 토목, 건축품셈] (ton/m^2)

구 분			콘크리트류	금속 및 철재류	혼합폐기물	계
건축물신축	주거용	단독주택	0.018	0.0016	0.0064	0.0260
		아파트	0.020	0.0020	0.0083	0.0303
	업무용	철근콘크리트조	0.019	0.0024	0.0064	0.0278
		철골조	0.012	0.0018	0.0064	0.0202
		철골철근콘크리트조	0.021	0.0040	0.0072	0.0322
	공공용	철근콘크리트조	0.018	0.0022	0.0088	0.0290
		철골조	0.012	0.0018	0.0056	0.0194
		철골철근콘크리트조	0.018	0.0040	0.0056	0.0276
건축물해체	주거용	단독주택	1.409	0.048	0.203	1.660
		아파트	1.566	0.061	0.169	1.796
	업무용	철근콘크리트조	1.488	0.073	0.135	1.696
		철골조	0.937	0.055	0.135	1.127
		철골철근콘크리트조	1.644	0.122	0.152	1.918
	공공용	철근콘크리트조	1.409	0.067	0.118	1.594
		철골조	0.937	0.055	0.118	1.110
		철골천근콘크리트조	1.409	0.122	0.118	1.649

[주] 1. 콘크리트류에는 콘크리트, 벽돌, 파일, 모르타르, 잡석 등이 포함되어 있다.
2. 금속 및 철재류에는 철골량이 포함되어 있으며, 철골량은 실측에 의하여 별도 산정할 수 있다.
3. 혼합폐기물에는 건물의 사용과정에서 발생한 설비, 가구 등의 잔존 폐기물이 포함되어 있다.
4. 혼합폐기물 발생량은 1층 또는 연면적이 작거나 칸막이 등이 많은 건물의 경우 20% 내에서 수량을 증가할 수 있다.
5. 건축물의 특성, 시공방법 및 공사현장의 여건에 따라 조정하여 사용한다.

7) 환경관리비의 품셈 내용은 2017년 하반기 개정으로 "건설공사에서 환경오염을 방지하고 폐기물을 적정하게 처리하기 위해 필요한 환경보전비, 폐기물처리 및 재활용비 등 환경관리비는 건설기술진흥법 시행규칙 제61조 규정에 따른다."라고만 규정하고 나머지 사항은 삭제하였으나 적용 편의를 위하여 개정 전 내용을 그대로 기술하였다.

30) 안전관리비 [공통품셈 1-7-10]

건설기술진흥법 제62조의 규정에 따라 건설공사의 안전관리에 필요한 안전관리비를 공사금액에 계상하여야 하며, 이 비용에는 동법 시행규칙 제60조 제1항의 규정에 따라 다음과 같은 항목이 포함되어야 한다.

① 안전관리계획의 작성 및 검토비용

② 동법시행령 제100조 제1항의 규정에 의한 안전점검비용

③ 발파·굴착 등의 건설공사로 인한 주변건축물 등의 피해방지 대책비용

④ 공사장 주변의 통행안전관리 대책비용

이 비용은 건설기술진흥법 시행규칙 제60조 제2항에서 규정하고 있는 기준에 따라 공사금액에 계상하여야 한다.

제4장

조경재료 분류

Landscape Architecture

1 재료란?

2 재료의 분류

3 재료의 성능

4 재료의 성질

5 재료의 규격

6 재료의 시험

7 재료의 일반기준

1 재료란?

Landscape Architecture

재료(材料, Materials)란 시설물과 구조물을 구성하는 구성재의 총칭으로서 직접 사용되는 재료 이외에 간접적으로 사용되는 가설자재 · 위생기구 · 배관 등도 광의의 재료에 포함된다. 그러므로 재료의 성질과 특성 등을 충분히 이해한 후 시설물과 구조물을 설계 · 시공할 때 보다 안전하고, 기능성 · 내구성이 충실한 시설물 및 구조물을 만들 수 있을 것이다.

최근에는 시설물과 구조물의 종류 · 용도 · 기능이 매우 다양하고 복잡하며, 점진적으로 시설물과 구조물 등의 수요가 다양화 되면서 조경공사에도 많은 종류의 재료를 사용하게 되었다. 재료의 사용 폭이 넓어지면서 재료에 대한 지식 또한 더욱 필요하게 되었으며 나아가 보다 창의적인 시설물과 구조물 계획으로 새로운 재료 사용과 개발이 더욱 요구되고 있다.

2 재료의 분류

Landscape Architecture

재료는 종류가 매우 다양하며 여러 가지로 분류할 수 있다.

재료의 일반적인 분류는 다음과 같으며, 다음의 각종 분류를 조합 사용한다.

〈표 4.2-1〉 재료의 분류

구 분		주 요 재 료
생산방법에 의한 분류		• 천연재료 : 목재, 석재, 골재, 점토 등 • 인공재료 : 콘크리트 및 제품, 금속제품, 요업제품, 석유제품 등
화학성에 의한 분류	무기재료	• 금속재료 : 철재, 알루미늄, 동, 연, 아연, 합금류 등 • 비금속재료 : 석재, 시멘트, 벽돌, 유리, 석회, 콘크리트, 도자기류 등
	유기재료	• 천연재료 : 목재, 흙, 아스팔트, 섬유, 종이류 등 • 합성수지 : 플라스틱, 도료, 접착제, 실링재 등
성능에 의한 분류		• 방수제, 방습제, 내화제, 음향재, 단열재, 보호재, 접합제 등
부위에 의한 분류		• 구조재, 지붕재, 벽재, 천장재, 바닥재 등

(표 계속)

〈표 4.2-1〉 재료의 분류

구 분	주 요 재 료
용도에 의한 분류	• 구조재료 : 목구조재(목재), 철근콘크리트구조재(철근, 콘크리트), 철골구조재(형강), 조적구조재(석재, 벽돌, 블록) 등 • 수장재료 : 내 · 외장재(타일, 유리, 도료, 금속판, 섬유판, 석고판 등), 차단재(유리, 아스팔트, 루핑, 실링재 등), 채광재료(유리, 플라스틱 등), 창호재료(목재, 금속재, 플라스틱재 등), 방화재료(내화벽돌 등) • 설비재료 : 급 · 배수재, 냉 · 난방재, 전기재, 가스재 등 • 기타재료 : 접착제, 가구재, 장식재, 첨경재 등
공사에 의한 분류	목공사용 재료, 철근콘크리트공사용 재료, 철골공사용 재료, 조적공사용 재료, 타일공사용 재료, 방수공사용 재료, 지붕공사용 재료, 금속공사용 재료, 미장공사용 재료, 유리공사용 재료, 도장공사용 재료, 수장공사용 재료, 설비공사용 재료, 기타 잡공사용 재료

3 재료의 성능

Landscape Architecture

각각의 재료에 요구되는 성능은 재료의 종류 · 목적, 시설물 · 구조물의 사용 장소 등에 따라 다르므로 요구되는 성능을 모두 만족시키는 만능적인 재료는 없다. 따라서 부족한 성능을 다른 재료와 조합하여 보충하거나 시공방법으로 필요한 조건을 만족시킬 수밖에 없으므로 각 재료별 특성을 충분히 이해하여야 한다. 재료에 요구되는 일반적인 성능은 다음과 같다.

① 역학적 성능 : 강도, 경도, 강성, 탄성, 소성, 점성, 인성, 연성 등
② 물리적 성능 : 비중, 함수, 흡수, 열전도, 투과, 반사, 흡음, 변질 등
③ 화학적 성능 : 화학반응 및 화학약품에 의한 부식, 변질 등
④ 내구 성능 : 산화, 변질, 풍화, 재해, 충해, 부패 등
⑤ 내화 성능 : 연소, 인화, 용융, 발연, 유독성 가스 등
⑥ 감각적 성능 : 색채, 명도, 감촉, 오염 등
⑦ 생산 성능 : 생산성, 가공성, 시공성, 공해, 운반, 재활용 등

4 재료의 성질

Landscape Architecture

4.1 역학적 성질

1) 탄성 · 소성 · 점성

① 탄성(彈性, Elasticity)은 재료에 외력이 작용하여 순간적으로 변형(變形, Deformation)되었다가 외력이 제거되면 다시 원래의 형태로 회복되는 성질을 말한다. 탄성을 가진 물체를 탄성체(Elastic Body), 탄성변형 외력의 한도가 큰 재료를 탄성재료라고 한다.

② 소성(塑性, Plasticity)은 재료에 작용하는 외력이 일정 한도에 도달하여 외력의 증가 없이도 변형이 증대하는 성질을 말한다. 소성을 가진 물체를 소성체(Plastic Body), 탄성변형을 하는 외력의 한도가 작은 재료를 소성재료라고 한다.

③ 점성(粘性, Viscosity)은 재료에 외력으로 하중속도에 따라 변형되는 성질로서 고무처럼 서로에 저항하는 성질을 점성이라 한다. 소성과 점성을 총칭하여 비탄성이라고 하며, 재료 중 비탄성적 성질을 가진 것이 많다.

2) 응력-변형률 곡선

① 재료의 외력과 변형은 응력-변형률 곡선(Stress-strain Curve)으로 나타난다. 재료는 인장시험으로 응력-변형률 곡선이 얻어지는데 비례한도(Proportional Limit)까지는 직선이며, 훅의 법칙(Hook's Law)이 성립한다. 그 후 조금 구부러져 탄성한도(Elastic Limit)를 나타내어 항복점(降伏點, Yielding point)에 도달하고, 항복점 이후에는 소성과 최대내력(最大耐力)의 극한강도(極限强度, Ultimate Strength)인 인장강도(引張强度, Tenisile Strength)를 나타낸다. 최대내력 이후에 응력은 저하하여 파괴점(破壞點, Breaking Point)에 이르며, 파괴점의 변형량을 신율(新律, Elongation)이라 한다.

② 재료가 항복점 이후에도 응력이 작용하면 하중의 제거 후에도 잔류변형(殘類變形, Residual Deformation)이 남으며, 그 일부는 원상으로 회복된다. 이와 같은 탄성 회복현상을 탄성여효(彈性餘效, Elastic After-Effect)라 하며, 그 후에 남은 변형을 소성변형(素性變形, Plastic Deformation) 또는 영구변형(Permanent Set)이라 한다.

3) 탄성계수와 프와송비

① 재료의 탄성계수(彈性係數, Modulus of Elasticity)는 대부분 응력과 변형률이 비례한다. 이러한 성질을 훅의 법칙(Hooke's Law)이라 하고, 이에 응력은 변형률에 비례하므로 이때의 비례상수를 탄성계수 또는 영계수(Young's Modulus)로 부르며, 단위는 kgf/cm^{2}이다. 탄성계수의 값이 클수록 그 물체는 변형되기 어렵다.

② 탄성체는 인장력이나 압축력이 작용할 때 외력방향 및 외력과 직각방향으로 변형이 생긴다. 이들 두 변형률의 비를 프와송비(Poisson's Ratio)라 하고, 이것의 역수를 프와송수(Poisson's Number)라 하는데, 이 값은 3~4배로서 재료에 따라 일정하다.

• 프와송비 $= \dfrac{\text{횡방향 변형률}}{\text{종방향 변형률}} = \dfrac{1}{m}$ • 프와송수(m) $= \dfrac{1}{v}$

4) 강 도

강도(强度, Strength)란 재료에 외력(하중)이 작용할 때, 그 외력에 의한 변형과 파괴 없이 저항할 수 있는 응력(應力, Stress)으로서 단위는 kgf/cm^{2}로 표시한다. 응력이란 외력을 받은 재료 내부의 저항으로서, 단위면적에 대한 응력을 응력도(Intensity of Stress)라 한다. 어떤 재료의 응력도를 강도 또는 세기라고 하며, 강도는 다음과 같은 종류로 구분한다.

① **외력의 작용상태에 따른 구분** : 압축강도(Compressive Strength), 인장강도(Tensile Strength), 휨강도(Bending Strength), 전단강도(Shearing Strength), 비틀림강도(Torsional Strength)

② **하중속도 및 작용에 따른 구분** : 정적강도(Static Strength), 충격강도(Impact Strength), 피로강도(Fatigue Strength), 크리프강도(Creep Strength)

5) 경도와 강성

① 경도(硬度, Hardness)란 재료의 단단한 정도로서, 마감재의 내마모성 등에 영향을 미치는 요인이 된다. 금속재료는 경도로서 기계적 성질을 추측할 수 있다.

② 강성(剛性, Rigidity)이란 재료가 외력에 강한 성질로서, 변형이 적으면 강성이 큰 재료이다. 강성은 탄성계수와 관계있으나 강도와 직접적인 관계는 없다.

6) 인성과 취성

① 인성(靭性, Toughness)이란 재료가 외력으로 변형을 일으키면서도 파괴되지 않고

견딜 수 있는 성질로서, 압연강 · 고무 등은 인성이 큰 재료이다.

② 취성(脆性, Brittleness)이란 재료가 외력으로 변형되지 않거나 극히 미미한 변형으로 파괴되는 성질로서, 주철 · 유리 · 콘크리트 등은 취성이 큰 재료이다.

7) 연성과 전성

① 연성(延性, Ductility)은 재료가 탄성한계(彈性限界) 이상의 힘에도 파괴되지 않고 가늘고 길게 늘어나는 성질을 말한다. 금속재료로써 연성이 큰 재료부터 순서로 나열하면 금－은－알루미늄－철－니켈－구리－아연－주석－납 순이다.

② 전성(展性, Malleability)이란 재료가 압력이나 타격에 의하여 파괴없이 판상으로 펼쳐지는 성질을 말한다. 금속재료로서 전성이 큰 재료부터 순서로 나열하면 금－은－알루미늄－구리－주석－백금－납－아연－철－니켈 순이다.

4.2 물리적 성질

1) 비 중

재료의 비중(比重, Specific Gravity)이란 동일 체적을 4℃ 물의 중량으로 나눈 값으로서 재료내 공극이나 수분을 제외한 실질적인 비중을 진비중(True Specific Gravity), 공극과 수분을 포함한 비중을 겉보기비중(Apparent Specific Gravity)이라 한다. 진비중과 겉보기비중의 비교로 재료의 공극과 실적률을 알 수 있다.

2) 함수율 · 흡수율

함수율(含水率, Percentage of Water Content)은 재료 속에 포함된 수분의 중량을 건조시의 중량으로 나눈 값으로서, 완전히 건조된 재료의 함수율은 0(Zero)이다.

흡수율(吸水率, Coefficient of Water Absorption)은 재료를 일정시간 물 속에 넣었을 때 재료 건조중량에 대한 흡수량의 비율이며, 중량 백분율(° /wt)로 표시한다.

3) 열전도율 · 열팽창계수

열전도율(熱傳導率, Thermal Conductivity)은 재료의 마주하는 면에 단위온도차를 주었을 때 단위시간당 전해지는 열량으로서, 단위는 kcal/m · h · ℃로 표시한다. 열전도율은 재료의 단열성을 나타내며, 단열성을 가진 재료를 단열재료(Adiabatic Materials)라고 한다.

열팽창계수(Coefficient of Thermal Expansion)는 재료가 온도의 변화에 따라 팽창 · 수축하는 비율로서 단위는 ℓ/℃로 표시한다.

4) 연화점 · 인화점 · 착화점

연화점(軟化點, Softening Point)은 재료에 열을 가하면 물러져 액체로 변하는 상태에 달하는 온도이다.

이때, 계속 가열하면 열분해로 증발 가스가 발생하여 불에 닿으면 인화하는데 이 온도를 인화점(引火點, Flash Point)이라 하며, 재료가 가열에 의하여 자연적으로 발화하는 온도를 착화점(着火點, Catch Fire Point) 또는 발화점(發火點)이라 한다.

금속재료 · 유리와 같은 재료는 대부분 연화점으로 표시하고, 목재의 인화점은 250℃ 내외, 착화점은 450℃ 내외로 알려져 있다.

5) 투과율 · 반사율

투과율(透過率, Transmission Factor)은 광선의 재료 투과비율로서, 단위는 %이다. 투과율은 재료 표면의 평활도, 두께, 가시광선, 파장 등으로 달라진다.

반사율(反射率, Reflection Factor)은 재료에의 입사 광속에너지에 대한 반사 광속에너지의 백분율로서 단위는 %로 표시한다.

재료의 반사는 난반사와 정반사로 구분되며, 난반사는 재료의 색깔을 보여주고 정반사는 재료의 광택을 나타낸다.

6) 흡음률 · 차음도

흡음률(吸音率, Sound Absorption Coefficient)은 재료의 입사 음에너지에 대하여 재료에 흡수 · 투과되는 음에너지의 비율을 말한다. 음의 흡수 기능이 있는 재료를 흡음재료(Sound Absorbing Materials)라고 한다.

차음도(遮音度, Noise Insulation Factor)는 재료의 한편에 투사된 음이 반대편에서 얼마나 약화되었는가, 즉 재료가 음을 차단하는 정도로서 단위는 dB(데시벨)로 표시한다. 차음성이 높은 재료를 차음재료(遮音材料, Sound Insulation Materials)라고 한다.

4.3 화학적 성질과 내구성

1) 화학적 성질

재료는 화학성분의 조성(組成)·화학반응·화학약품에의 저항성 등 각종 화학적 성질(Chemical Properties)을 가지고 있으며, 재료가 산·알칼리·염류·기름 등의 작용에 저항하는 성질을 화학저항성이라고 한다. 예를 들면 철강재는 대기 중에서 녹이 슬고 염분이 많은 해안지방에서는 빨리 부식되며, 알루미늄은 알칼리성인 콘크리트나 모르타르에 접하면 부식되고, 대리석은 우수에 장기간 노출되면 광택이 상실되어 장식적 효과가 감소된다.

재료는 화학성분과 조성, 화학반응, 화학약품에 대한 저항성 등 여러 화학적 성질을 나타내는데, 이에 대한 고려가 부족하여 결함이 발생하는 경우가 많다. 따라서 재료 선정시 화학적 성질과 그 사용방법을 고려하여야 한다.

중요한 용도에 사용되는 재료나 새로운 발명재료 등에 대하여는 화학성분과 조성을 충분히 규명함으로써 그 재료의 선택이나 사용방법을 적절하게 규정해주고 또 사용 후의 유지관리에도 도움을 줄 수 있다. 또한 화학성분과 조성을 잘 알고 있는 재료일지라도 사용방법이나 재료선택이 잘못되면 사용 후의 결함을 완전히 방지할 수 없으므로 특히 주의하여야 한다.

2) 내구성

재료가 장기간 외부의 물리적·화학적·생물적 작용에 의하여 변질·변형·균열·박락·변색 등으로 노화(老化)가 일어나며, 이러한 노화에 저항하는 성능을 내구성(Durability)이라 한다.

각각의 재료는 내구성에 영향을 주는 인자에 저항할 수 있도록 처리함으로서 다음과 같은 내구성 있는 재료를 만들 수 있다.

① **내후성(耐候性)** : 동해, 건습, 온도변화 등의 풍화작용에 저항하는 성질
② **내마모성(耐磨耗性)** : 기계적 작용, 마모작용 등에 저항하는 성질
③ **내식성(耐蝕性)** : 철강의 녹, 목재의 부식 등에 저항하는 성질
④ **내화학약품성(耐化學藥品性)** : 산, 알칼리, 염류, 기름 등의 작용에 저항하는 성질
⑤ **내생물성(耐生物性)** : 충류, 균류 등의 작용에 저항하는 성질

5 재료의 규격

Landscape Architecture

① 재료를 포함한 모든 공산품을 일정하게 규정하여 품질, 모양, 크기, 시험방법 등을 국가 또는 국제적으로 통일한 경우 생산자나 수요자에게 경제적 이익과 품질 개선 및 기술 향상에 도움을 줄 수 있다.

② 우리나라 한국산업규격(Korean Industrial Standards ; KS)은 1961년 제정된 공업표준화법을 1992년 개정한 산업표준화법에 의거 산업표준심의회의 심의로 제정된 규격이다.[8] 조경분야에서 주로 사용하는 재료는 금속(D) · 토건(F) · 요업(L) · 화학(M) 부문에서 주로 규정되고 있다.

③ 외국의 경우 미국은 ASTM(American Society for Testing and Materials), 일본은 JIS(Japanese Industrial Standard), 영국은 BS(British Standards), 독일은 DIN (Deutsche Industrie Normen) 등과 같이 국가별로 산업규격을 제정하여 사용하고 있다.

④ 국제적으로는 1947년 국제표준화기구(International Standards Organization ; ISO)가 설립되어 국제적으로도 규격의 통일을 위하여 노력하고 있다.

6 재료의 시험

Landscape Architecture

① 재료의 시험은 물리적 · 화학적 · 기계적 성질과 구조 등을 조사하기 위하여 실시하는 것으로서 대부분은 기계적 성질을 위주로 시험한다. 재료의 시험에는 압축 · 인장 · 휨 · 전단 · 부착 등을 조사하기 위한 강도시험과 경도 · 마모 등을 조사하기 위한 표면시험 위주이다.

② 재료의 시험은 한국산업규격(KS)에 규정된 시험을 표준으로 하고 한국산업규격(KS)에 규정되어 있지 않은 재료는 시방서 등에서 제시한 시험방법에 따라 시험을 실시한다.

---

8) 한국산업규격(KS)은 16개 부문으로 기본(A)·기계(B)·전기(C)·금속(D)·광산(E)·토건(F)·일용품(G)·식료품(H)·섬유(K)·요업(L)·화학(H)·의료(P)·수송기계(R)·조선(V)·항공(W)·정보산업(X)으로 분류된다.

7 재료의 일반기준

Landscape Architecture

7.1 구조재료

구조재료(Structural Materials)는 구조체의 구성 주체로서 구조물의 자중 및 외력을 지지하는 부위를 말한다. 구조재료는 구조형식(목조, 철골조, 철근콘크리트조, 조적조)에 따라 요구되는 조건 및 특징이 각각 다르지만 역학적 성질과 더불어 재료의 특성을 부각시킬 수 있는 재료이어야 한다.

그림 4.7-1 철근콘크리트구조

그림 4.7-2 철골구조

그림 4.7-3 목구조

1) 구조재의 기본조건

구조재는 구조·부위·용도에 따라 요구조건이 각각 다르지만 공통적 사항과 기본적인 요구조건은 다음과 같다.

① 구조체 구성에 필요한 강도·탄성 등 역학적 성질이 있을 것
② 내수성·내열성·내구성 등 장기간의 안정성을 가질 것
③ 단일재·적층재·복합재로서 보·기둥·벽·바닥 등을 구성할 수 있을 것
④ 가공·접합·접착 등 시공성이 용이할 것
⑤ 운반 및 취급이 용이하고, 대량생산 등 다량 공급이 가능할 것
⑥ 내화성 및 방화성능으로 경제적이며 가능한 한 가격이 저렴할 것

2) 목구조

목구조(Wood Construction)는 주요 구조부가 목재로 구성된 가구식(架構式) 구조체이다. 목구조의 주재료는 목재이며, 대부분 이음 및 접합으로 구조를 구성한다.

① 장 점

- 구조체의 자중이 경량인데 비하여 허용강도가 비교적 크다.
- 일반적으로 구조체의 구조 및 시공방법이 간단하다.
- 열전도율이 적고, 흡습조절 능력이 우수하다.
- 외관이 아름답고 경쾌하며, 감촉이 좋아 친근감을 준다.
- 재료의 구입이 비교적 쉽고, 공사기간도 짧다.

② 단 점

- 비내화적이고 부패 · 충해 등에 약해 타구조에 비하여 비내구적이다.
- 접합부의 구성이 다른 구조에 비하여 어렵고 안정성이 요구된다.
- 건조 · 함수율에 따라 보강이 필요하며, 큰 구조물에 부적당하다.

③ 일반적 요구조건

- 강도가 크고 곧고 긴 재료를 구할 수 있을 것.
- 건조 · 습윤으로 인한 수축 · 팽창 · 변형이 적을 것.
- 내식성이 크고, 충해에 대한 저항성이 클 것.
- 재질 · 색채 · 무늬가 좋고, 작업이 용이할 것.
- 생산량이 많고, 구입이 용이할 것.

3) 조적조

조적조(Masonry Structure)는 벽돌 · 시멘트블록 · 돌 등을 교착제(시멘트, 석회 등)로 부착하는 구조로서 적층식 구조체이다. 조적조는 벽돌구조(Brick Construction) · 시멘트블록구조(Cement Block Construction) · 돌구조(Stone Construction)가 있다.

① 장 점

- 구조나 시공이 간단하고, 계획의 다양성을 충족시킬 수 있다.
- 불연성 · 내구성 · 내수성 · 내약품성이 크다.
- 압축강도가 커서 압축력에 비교적 강하다.
- 열전도율이 작아 방한(防寒) · 방서(防暑)적이다.
- 재료별 특유한 색조와 광택으로 외관이 장중하고 미려하다.

② 단 점

- 풍압 · 지진력 등 횡력(Lasteral Force)에 약하여 중요 구조에 부적합하다.
- 다른 구조에 비하여 벽두께가 두꺼워 공간을 차지한다.
- 전단력 및 인장력이 약하다.

③ 일반적 요구조건

- 강도가 크고 흡수율 등 소정의 요구조건을 충족시킬 것.
- 품질 · 형상이 바르고 갈라지는 등의 결함이 없을 것.
- 내수성 · 내구성 · 내약품성 · 내마모성 등을 갖추고 있을 것.
- 외관의 크기 · 색상 · 색조 · 광택이 균질이며 변질되지 않을 것.

4) 철근콘크리트조

철근콘크리트조(Reinforced Concrete Construction)는 철근과 콘크리트가 일체로 결합되어 콘크리트는 압축력에, 철근은 인장력에 각각의 장점을 발휘하여 이상적인 구조체를 구성하는 구조이다.

① 장 점

- 콘크리트와 철근의 일체적 구조이므로 내구성(內久性) · 내진성(耐震性)이 크다.
- 콘크리트로 철근을 피복하므로 내화성(耐火性) · 내식성(耐蝕性)이 크다.
- 부재의 형상 · 치수를 자유롭게 제작하므로 설계와 의장이 자유롭다.
- 재료의 구입이 용이하며, 유지비 · 관리비가 적게 든다.

② 단 점

- 중량이 무거우며, 균일한 시공이 곤란하다.
- 시공기간이 오래 걸리며, 공사비가 비교적 많이 든다.
- 재료의 재사용, 형태의 변경 및 파괴 · 철거가 곤란하다.

③ 일반적 요구조건

- 콘크리트는 소요강도 · 반죽질기(Consistency) · 워커빌리티(Workability)를 갖추어 시공성 · 수밀성 등 수요자가 요구하는 품질 · 균질성 · 내구성을 갖추어야 한다.
- 철근은 소요강도의 균등 품질로서 유해한 흠 · 녹이 없어야 하며, 지름 및 길이 등이 일정하고 표면에 유해한 부착물이 없어야 한다.

5) 철골조

철골조(Steel Structure)는 주요 뼈대가 철재구조로서 형강과 강판을 리벳이음 · 볼트 · 용접으로 조립된 구조이다. 철골조의 주재료는 형강, 강판, 리벳 및 볼트 등이다.

① 장 점

- 균등한 품질을 기대할 수 있다.

- 내하력(耐荷力)이 큰 반면에 철근콘크리트조에 비하여 자중이 가볍다.
- 공법이 자유롭고 기둥의 간격(Span)이 큰 대형구조물을 축조할 수 있다.
- 공장에서 가공하고 현장에서 조립하므로 공기를 단축할 수 있다.

② 단 점

- 부재가 장대(長大)하면 변형 등이 생기기 쉽다.
- 비내화적이므로 화재에 취약하다.
- 각 부재의 가공 · 조립 결함시 대형사고가 초래될 수 있다.

③ 일반적 요구조건

- 재질이 균등하고 소요강도를 가질 것.
- 형상 · 두께 · 길이 등이 정확할 것.
- 들뜬 녹 · 뒤틀림 · 휨 · 갈라짐 · 기타 유해한 흠이 없을 것.

6) 경량구조

경량구조를 대표하는 재료가 와이어 패널(Wire Panel)로서 압축발포된 폴리스티렌 단열재가 삽입된 입체철골구조의 공인된 건축 및 외부공간용 구조체로 사용되는 경량패널의 일종이다. 직선은 물론 곡선형의 구조체도 가능하여 원형 건축물에 많이 사용되며, 편의성으로 조경공사에서도 적용이 증대되고 있다. 경량으로서 단열성 · 방습성 · 차음성이 우수하고 형태 제작이 자유로우며, 조적 · 단열 · 미장을 동시에 시공하므로 다른 공법보다 공기 · 비용 등에서 매우 경제적이다. 단, 화재에 매우 취약한 큰 단점이 있다.

7.2 지붕재료

지붕(Roof)은 구조물의 상부를 덮어 비 · 바람 · 태양의 직사광선 등을 차단하는 기능을 가진 구조이다. 지붕재료는 구조물의 용도 · 구조 · 형태와 지붕 모양 · 색상 · 기호 · 내구성 등을 종합적으로 고려하여 적용한다.

1) 지붕재의 절대조건

① 외부로부터의 풍우 · 자중 · 적설 · 풍하중 등에 안전할 것.
② 직사광선을 피할 수 있으며, 동시에 필요에 따라 채광이 가능할 것.
③ 필요시 내 · 외부간의 소음을 막는 방음성능을 가질 것.
④ 형태상 아름다우며, 지붕재의 형상 · 색조 · 질감이 구조물과 조화로울 것.

2) 지붕재의 일반조건

① 수밀성 · 부식성 · 내식성이 크고 방수적일 것.
② 내구성 · 내후성 · 내광성 · 내풍성 · 내수성 · 내습성이 우수할 것.
③ 방화성 · 내화성이 우수하며, 내한적 · 내열적으로 열차단성이 클 것.
④ 색깔이 있고, 모양이 좋아 구조물의 조화가 잘될 것.

그림 4.7-4 유리지붕

⑤ 가볍고, 시공하기 쉽고, 수리에 편리하며, 값이 저렴할 것.

3) 지붕재의 종류

지붕재는 바탕을 만들고 지붕을 잇는 재료로서 바탕깔기와 지붕잇기 재료로 대별할 수 있다. 조경공사의 특성상 완전한 벽체구조를 제외하고는 약식 지붕으로서 바탕 깔기 재료는 생략되거나 최소 구조로 조성되며, 지붕잇기 재료는 기와 · 슬레이트류, 금속판류, 기타로 구분할 수 있다.

① **기와 · 슬레이트류** : 한식기와, 시멘트기와, 슬레이트기와, 석면슬레이트 등
② **금속판류** : 동판, 철판, 알루미늄판, 스테인리스판, 기타 금속류 도금 · 합금판 등
③ **기타류** : 아스팔트싱글, 채광지붕재(유리, 망입유리, 경질염화비닐수지, 아크릴수지 등), 막재료(Membrane), 목재류 등

7.3 벽재료

구조물을 형성하고 내 · 외부의 칸(間)을 형성하는 수직물의 총칭으로서, 뼈대의 구성에 소요되는 재료는 구조재를 참고하고 여기에서는 조경공사에서 필요한 외벽재료를 주로 기술한다.

1) 벽의 기능과 요구 성능

벽의 가장 중요한 기능은 벽에 작용하는 여러 환경인자(Facter)인 열 · 빛 · 공기를 차단하고 받아들이는 것이다. 또 사람과 동물의 무단 침입 방지와 시각적 · 청각적 프라이버시(Privacy) 확보도 벽이 가진 중요한 기능 중의 하나이다.

2) 외벽재료의 일반적 조건

외벽재료는 여러 종류로서 각 재료의 성능에 따라 요구조건도 각각 다르지만 공통적인 사항은 다음과 같다.

그림 4.7-5 목재 벽

① 일광 · 풍우 · 건습 · 한기 등에 견디는 내후성이 우수할 것.
② 방화성 · 내화성 · 수밀성 · 방수성이 우수하고 필요시 단열성 · 차음성이 있을 것.
③ 대기 중의 부식성, 가스 및 산성비 등에 대한 내식성이 강할 것.
④ 외기 온도변화에 의한 변화가 적고, 휨 · 변형 등이 생기지 않는 견고한 재질일 것.
⑤ 균열 · 들뜸 · 벗겨짐 · 변형 · 처짐 등의 결함이 없으며, 균질한 품질을 가질 것.
⑥ 대기오염에 의한 부식, 화학적 작용에 따른 열화현상(裂化現狀)에 대한 내구성이 클 것.
⑦ 색조 및 질감이 뛰어나고, 변색 · 퇴색되지 않을 것.
⑧ 충격 · 강도에 견디는 견고성, 시공에 좋은 시공성, 가격이 저렴한 경제성이 있을 것.

3) 외벽재료의 종류

외벽재료는 판벽 · 바름벽 · 붙임벽 등으로 구분되며, 일반적으로 많이 사용되는 재료의 종류는 다음과 같다.

① 판벽 : 목재의 각재 · 판재를 이용한 벽, 석재 구조용 벽 등
② 바름벽 : 시멘트모르타르, 회반죽, 돌로마이트 플라스터, 석고 플라스터, 흙바름재 등
③ 붙임벽 : 타일, 석재(화강석, 대리석, 인조석 등), 시멘트판, 테라코타, 유리블록 등
④ 기타 : 도장재료, 접착제 등

7.4 바닥재료

바닥재료(Flooring Materials)는 바닥의 바탕과 마무리에 소요되는 재료의 총칭으로 보통 바닥재료라 함은 바닥의 마감재료를 말한다.

바닥재료는 충분한 강도와 강성을 지닌 것으로서 마모 · 충격에 대한 저항성, 아름다운 미관과 색채, 보행시의 좋은 촉감과 안정성에 더불어 청소에 용이한 것이 좋다. 이러한

성능을 모두 만족시키는 바닥재료는 거의 없으므로 될 수 있는 한 요구 성능에 가깝도록 바닥의 바탕 및 구조를 충분히 고려한 후 바닥재료를 선정하여야 한다.

그림 4.7-6 목재 바닥

1) 바닥재료의 요구 성능

바닥재료의 성능은 바닥판 자체 성능과 표면마감재의 성능으로 이루어진다. 조경공사에 사용되는 바닥은 주어진 하중조건에 대응하는 충분한 강도와 강성 및 비교적 평활한 표면으로서 지나치게 미끄럽지 않아 안전성에 문제가 없어야 한다. 청소성 · 내마모성 · 내열성 · 빛의 반사성 등은 서로 상반되는 경우가 많으므로 요구 성능을 종합적으로 검토한 후 그에 알맞은 바닥재료를 선택 · 사용하는 것이 좋다.

바닥재료의 요구 성능은 각각의 사용 목적에 따라 여러 가지가 있으며, 요구 성능을 항목별로 크게 구분하면 다음과 같다.

① **내용적 성능** : 외부로부터의 작용에 저항하는 성능

- 외력에 대한 성능 : 내분포압성(하중에의 내성), 내국부압성(국부압력에의 내성), 내충격성, 내긁힘성, 내마모성, 내열성, 내한성
- 물에 대한 성능 : 내수성, 내습성
- 불과 열에 대한 성능 : 내화성, 내열성
- 일광 · 공기에 의한 성능 : 내후성(햇빛과 공기에의 내성)
- 균류 · 충류에 의한 성능 : 내부식성, 내충해성
- 약품류에 의한 성능 : 내약품성(산 · 알칼리 및 기타 약품류에의 내성)
- 먼지에 의한 성능 : 내오염성

② **기능적 성능** : 인간의 생리작용에 영향을 끼치는 성능

- 빛에 의한 성능 : 반사성, 광택성
- 음에 의한 성능 : 차음성, 흡음성, 발음성(보행시 발생음이 적당하게 느껴지는 성능)
- 물에 의한 성능 : 방수성

③ **감각적 성능** : 촉감에 의한 인간의 감각에 관계되는 성능

- 접촉에 따른 성능 : 감촉성, 안전성(놀이공간, 운동공간 등의 기능 수행에 따른 성능)
- 바라봄에 의한 성능 : 의장성(색채 · 모양 · 질감 · 형태 · 크기 등의 미관 관계 성능)
- 보행에 따른 성능 : 방활성(보행이나 주행시 미끄러짐이 적당하다고 느끼는 성능)

④ **시공 · 경제적 성능** : 생산과 시공에 관계되는 성능

- 시공성(시공이 용이하고 공기가 짧을 것)
- 생산성(균질한 품질의 제품을 대량으로 구할 수 있으며, 구입이 용이할 것)
- 경제성(재료의 가격이 저렴하여 공사비용이 적을 것)

2) 바닥재료의 종류

바닥재료는 여러 종류가 있다. 재료별로 목재 · 석재 · 요업재 · 금속재 · 플라스틱 · 고무 · 아스팔트 · 식물섬유 등이 사용되며, 바닥의 마감공법에 따라 붙임바닥 · 바름바닥 · 깔기바닥 등으로도 분류한다.

바닥의 마감재료는 가능한 한 대량생산되는 것으로서 균질한 품질과 일정치수를 가진 것이 양호한 제품이라 할 수 있다. 그러나 성능면에서 부족한 경우 이를 보완하기 위하여 다른 재료의 복합적 사용으로 부족한 성능 향상을 꾀할 수도 있다. 깔기 바닥에 사용되는 바닥의 마감재료는 현장에서 시공하는 재료이므로, 균질성 확보가 어렵고 균열이 발생할 우려가 있으며 일반적으로 공기가 길다는 단점이 있다.

① 깔기 바닥

바닥의 바탕 위에 마감재료를 포설 마감하는 바닥으로서, 사용되는 재료는 콘크리트, 시멘트모르타르, 마사토, 고무칩 및 세라믹칩 등이 있다.

② 붙임 바닥

바닥의 바탕 위에 마감재료를 고정이나 접착하는 바닥으로서, 붙임 바닥 마감재료는 목제품인 데크포장 · 우드블록 등, 요업제품인 벽돌 · 블록 · 타일 등, 석제품인 석재판 · 인조석판 등, 연질제품인 고무블록 등 다수의 제품이 개발 · 시공되고 있다.

7.5 새로운 재료들

새로운 재료는 시설의 디자인 특성을 이해하고 연관 산업분야 또는 예술 등 인접분야에서 사용하는 재료 고유의 물성을 재해석함과 더불어 새로운 영역으로 응용이 가능한 재료들을 지속적으로 검토하고 개발 · 적용해야 한다. 특히 조경 분야에서는 뚜렷한 정체성을 찾지 못한 채 관련분야의 품셈에 근거한 지극히 제한적인 재료의 설계로서, 융통성 있는 재료 사용을 근원적으로 차단하는 구조적 모순에도 그 원인이 있다.

영국과 같이 설계자가 선택한 독특한 재료 등을 적산사가 판단하여 시공비를 책정할 수 있는 구조가 아니며, 설령 독특한 재료가 기획 · 설계 반영되어도 시공단계에서 대체로

무시되는 것은 물론, 충분한 조사로 재료 확보가 가능한 경우에도 현장에서 무시하는 등 설계 의도를 반영한 시공이 지극히 곤란한 실정이다.

현재 조경 분야에서 보편적으로 사용하는 재료는 사용범위 및 표현방식이 규정화되어 창의적인 디자인 수용이 불가능하다. 그러나 업역간 경쟁과 확장, 투자비 증가, 재료와 디자인 개발로 새로운 재료와 제품들이 다수 등장하며, 그 구성이 체계화(Network)되고 있음을 명심해야 한다. 건축 · 토목은 물론 설비와 경관조명 · 예술장식품 등이 조경과 유기적으로 연계되고 있으며 이러한 연계성은 앞으로 보다 더 큰 긴장관계를 형성할 것이다. 그러므로 우리가 조성하는 조경공간의 일반적인 조경물은 물론 구조물 · 점경물 · 수경시설 및 광섬유 · 네온 · LED · 태양광(Solar)조명 등 외부환경을 구성하는 모든 시설과 요소들의 깊은 이해와 다각적인 연구가 필요한 시점이다.

제5장

공종별 적산

Landscape Architecture

1 가설공사
2 토공사 및 기초공사
3 운반공사
4 기계화 시공공사
5 수목 식재공사
6 지피 식재공사
7 옥상 및 실내 조경공사
8 비탈면 보호공사
9 생태 복원공사
10 콘크리트공사
11 목공사
12 자연석 및 석재공사
13 포장공사
14 급배수공사
15 금속공사
16 조적공사
17 방수공사
18 미장공사
19 도장공사
20 유리 및 기타공사
21 철거 및 보수공사
22 유지 관리공사

1 가설공사

Landscape Architecture

1.1 개 요

가설물이란 공사 목적물의 실체를 형성하지는 않으나 공사수행에 불가피한 시설로서 반드시 필요한 공종이다. 가설공사는 시대적 흐름에 따라 지속적으로 발전 개정되므로 적용시 유의한다.

가설물은 공사의 목적을 달성하면 바로 철거되는 시공 수단이므로 취급이 간편하며 경제적인 재료로서 구조도 단순한 것이 좋다. 그러나 가설물의 설치가 불필요한 공종을 억지로 하는 것으로만 생각하여 조잡하고 경솔하게 취급하기 쉽지만 시공상 가장 필요하고도 중요한 공사로서 공사비 투입과 공기에 직접적인 관련성이 있는 등 시공의 성패를 좌우할 수도 있다.

1.2 가설공사의 분류

가설공사는 간접가설과 직접가설로 나누어진다.

1) 간접가설공사

간접가설공사는 여러 공종에 공통으로 필요하여 사용되는 가설물을 말하며, 현장사무소, 창고, 식당, 숙소, 화장실, 울타리 등이 이에 해당한다.

그림 5.1-1 가설 펜스 및 출입문

현장사무소는 공사수행의 업무를 집행하는 시공회사, 감리자, 감독자의 사무소를 말한다. 전등 및 급수시설은 필요성에 의해 설비하고 사무실 집기인 책상, 의자, 책장, 흑판, 옷장, 온도계, 벽시계, 냉난방설비, 소화기 및 사무기기 등을 비치한다.

창고는 시멘트, 석회 및 기타 시공자재를 보관하는 가설물이다.

식당, 숙소 및 화장실은 현장 노무자들을 위한 취사장 및 야간숙소, 화장실을 말한다.

울타리는 현장 보존 및 도난방지 등 공사현장의 관리를 위하여 재료, 구조, 미관 등에 유의하여 설치하며, 특별히 필요하지 않는 경우에는 설치하지 않아도 된다.

2) 직접가설공사

직접가설공사는 공사 중에 공통적으로 사용되는 가설물이다. 규준틀, 비계 및 동바리, 거푸집, 재해 방지, 보양, 청소 및 뒷정리, 운반 등이 포함된다.

① 규준틀

구조물 위치를 설정하기 위하여 구조물 모양으로 줄을 띄우거나 석회로 선을 그은 후 구조물의 모서리 등 주요 지점에 설치하는 가설틀로서 통나무 또는 각목을 사용하였으나 근래에는 강관을 사용한다.

재료별로 목재 · 철재규준틀로 구분되고, 설치위치에 의하여 평규준틀과 귀규준틀으로 구분된다. 토목공사는 일반적으로는 철재규준틀을 적용하되 토공면 등은 목재규준틀을 사용하며, 건축공사는 평규준틀과 귀규준틀로 구분 적용한다.

② 비계

비계는 시공인부의 작업을 용이하게 하기 위하여 설치하는 것으로 공사의 종류, 규모, 장소, 작업내용 및 사용기계, 기구 등에 따라 적당한 재료 및 설치방법으로 견고하게 설치하여야 한다. 재료는 과거 직경 10cm 이상의 통나무를 사용하였으나 현재는 강관을 주로 사용한다.

그림 5.1-2 공사현장의 비계

비계는 외부비계, 내부비계, 비계다리, 달비계가 있다. 주로 사용하는 외부비계는 〈그림 5.1-3〉과 같이 외줄비계 · 겹비계 · 쌍줄비계가 있다. 미장공사, 타일공사, 석공사 등 자재를 올려놓고 작업할 때는 쌍줄비계를 설치하며, 중저층 건축물의 조적공사 등은 외줄비계를 설치하되 적재하중이 과다하여 보강이 필요한 경우 겹비계를 설치한다.

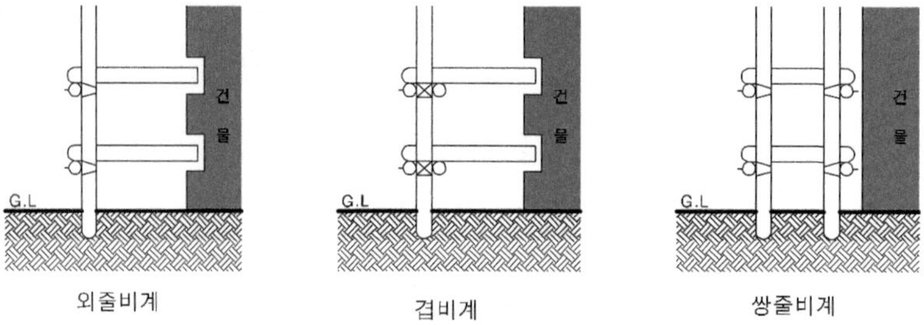

그림 5.1-3 비계의 종류

〈표 5.1-1〉 비계 가설 표준 [2008년 건축품셈]

구 분	쌍줄비계 (복식비계)	외줄비계 (단식비계)
비계기둥	1.8m 간격으로 배치하고 지하로 60cm 매립한다.	간격 1.8~2.1m, 벽체와의 거리는 30~45cm로 한다.
비계띠장	수평간격 1.65m 이하, 지면에서 첫 번째 띠장까지 거리는 3m로 한다.	한 손으로 작업할 때는 1.2~1.5m 간격, 두 손으로 작업할 때는 0.9m 간격으로 한다.
비계강선	비계띠장에 1.5m 간격으로 배치하고, 띠장에서 양쪽 머리가 10cm 이상 나가게 한다.	
가 세	비계 기둥 간격 10m 내외, 각도 45° 내외로 하며 띠장 및 기둥에 견고하게 묶는다.	비계 기둥간에 45° 각도로 가설한다.

[주] 1. 결속재는 철선, 새끼 중 한 가지만 사용한다.
2. 긴 비계목은 5.4m이고, 짧은 비계목은 1.8m를 표준으로 한다.
3. 공사의 성질에 따라서는 말비계 또는 이동식 비계로 가름한다.
4. 경미한 페인트공사, 뿜칠공사, 청소 등은 외부비계와 말비계를 비교하여 경제적인 것을 사용한다.

③ 동바리

동바리는 거푸집과 철근콘크리트의 하중을 지지하고, 거푸집의 형상 및 위치를 확보하기 위하여 설치한다. 사용재료는 직경 7cm 이상 통나무, 각목, 강관을 사용한다. 비계와 마찬가지로 최근에는 목재보다 강관을 주로 사용하는 추세이다.

그림 5.1-4 동바리 및 거푸집

④ 거푸집

거푸집은 콘크리트구조물을 설계도에 규정한 형상, 치수로 만들기 위한 실물 크기의 형판이다. 콘크리트공사편을 참조한다.

⑤ 재해방지

과거의 양적인 시공과는 달리 최근에는 안전과 재해예방에 상당한 노력을 기울이고 있으며, 안전기준도 지속적으로 강화되고 있다. 그러므로 조경공사도 필요한 안전시설을 반드시 설치 운영하여야 한다.

⑥ 보양

보양(保養)이란 시공부분의 경화를 도우며, 외부 충격에서 파손이나 오염을 방지하기 위하여 실시하며, 안전하다고 인정될 때의 철거까지 포함한다.

[공통품셈 2-9-1(건축물 보양)] 주기의 공종별 보양법의 표준은 다음과 같다.

〈표 5.1-2〉 공종별 보양법의 표준 [공통품셈]

양생 개소	양생 방법
콘크리트	살수, 부직포 덮기
목공사, 치장재	하드롱지 바르기 또는 비닐 씌우기
대리석, 테라조, 일반석재	하드롱지 바르기, 판재·각재로 주위 보호
타일, 테라코타	부직포 덮기, 톱밥깔기
아스팔트 방수층	부직포 덮기

⑦ 현장정리 및 청소

공사 중 옥내·외 청소, 준공시의 현장청소 및 뒷정리까지 포함한다. 주로 건축물공사의 뒷정리로 건축물 연면적 적용이 일반적이지만 조경공사도 비산먼지 발생 억제 등을 위한 살수 및 현장 뒷정리가 필요하다.

1.3 품셈의 적용

1) 가설건물

① 적용 범위

설계도서에서 별도의 지정이 없는 가설 건축물은 공사장 위치, 공사 정도, 규모, 기간 등에 따라 다음과 같이 결정된다. 단, 시공중 예정공사기간 보다 단축 또는 연장되어도 손율은 증감하지 않는 것을 원칙으로 한다.

㉠ **가설물의 규모 산정** : 가설물 규모는 건축공사는 건물 규모(연면적)에 따라 가설물 종류별 소요면적을 산정하고, 토목공사는 공사금액별 가설물 종류에 따라 소요면적을 산정한다.

조경공사는 일반적으로 토목 기준에 의하며 공사의 규모, 성질 및 소요재료의 수급계획에 따라 품셈에 명시된 [가설물의 기준면적], [자재 창고의 기준] 등을 기준으로 적용한다.

㉡ **공사규모에 의한 구분** : 공사금액 기준은 총공사비 산출 후 가설물 면적을 산출해야 하는 모순이 발생하므로 직접노무비 기준으로 규정하고 있다. 토목공사 적용기준인 [공통품셈 2-1-1(현장사무소 등의 규모-토목)]에 의하여 〈표 5.1-3〉과 같이 적용한다.

㉢ **시설물 규모에 의한 구분** : 시설물 규모에 의한 경우는 주로 건축공사 등에 적용하며 [공통품셈 2-1-2(현장사무소 등의 규모-건축)]에 의하여 〈표 5.1-4〉와 같이 적용한다.

〈표 5.1-3〉 현장사무소 등의 규모(토목) [공통품셈]

직접노무비	현장사무소 (m^2)		기자재창고 (m^2)	숙소 (m^2)
	감독 · 감리자	수급자		
1.5억 미만	40	50	40	60
1.5 ~ 3억	60	75	50	70
3 ~ 9억	80	100	60	80
9 ~ 30억	100	130	80	100
30 ~90억	150	200	100	180
90~150억	200	300	120	260
150억 이상	250	430	120	350

[주] 직접노무비는 가설물의 조립해체(부지조성비 포함)에 소요되는 노무비를 제외한 모든 직접노무비의 총금액으로 함.
1. 가설물 부지 조성비용은 별도 계상한다.
2. 가설공사비는 그 성질에 따라 계상할 수 있다.
3. 가설물 종류의 선택은 공사종류 및 규모에 따라 택한다.
4. 가설물은 공사의 성질과 소요재료 수급계획에 따라 증감할 수 있다.
5~12. 시멘트창고, 동력소 및 변전소, 기타 가설건축물, 가설전등, 위생시설, 건설기계 주기장 등 기타 주기사항은 품셈 해당항목을 참조한다.

〈표 5.1-4〉 현장사무소 등의 규모(건축) [공통품셈]

본건물의 규모		1,000m^2 이하	3,000m^2 이하	6,000m^2 이하	6,000m^2 초과
종 별	단위				
감독 · 감리사무소	m^2	18	38	46	80
수급자사무소	m^2	24	50	60	100
기타 자재창고	m^2	70	100	130	180

[주] 현장사무소 등의 규모(토목) 품셈인 〈표 5.1-3〉과 동일하다.

㉣ 가설물 기준면적 : 가설물 기준은 [공통품셈 2-1-1, 2(현장사무소 등의 규모)]의 주기에 의하여 다음과 같이 적용한다.

〈표 5.1-5〉 가설물 기준면적 [공통품셈]

종 별	용 도	기준면적	비 고
식 당	30인 이상일 때	1.0m^2	1인당
근로자 숙소		4.2m^2	1인당
휴 게 실	기거자 3명당 3m^2	1.0m^2	1인당
화 장 실	대변기 : 남자 20명당 1기 여자 15명당 1기 소변기 : 남자 30명당 1기	2.2m^2	1변기당 (대 · 소변)
탈의실 · 샤워장		2.0m^2	1인당
창 고	시멘트용	1식	수급계획에 의한 순환 저장용량 비교
목 공 작업장	거푸집용	20m^2	거푸집 사용량 1,000m^2당
철근공 작업장	가공, 보관	30~60m^2	사용량 100톤당
철골공 작업장	공작도 작성	30m^2	사용량 100톤당 (필요시)
	현장가공 및 재료보관	200m^2	사용량 100톤당
미장공 작업장	믹서 및 재료 설치	7~15m^2	미장면적 330m^2당 (건축공사)
함석공 작업장	가공 및 재료 설치	15~30m^2	함석 330m^2당 (건축공사)
석 공 작업장	가공 및 공작도 작성	70~100m^2	매월 가공량 10m^2당 (필요시)
콘크리트 골재 적치장	주위벽 막을 때	0.7m^2	골재 1m^3당
	주위벽 안할 때	1.0m^2	골재 1m^3당

㉤ **시멘트창고 필요면적 :** 시멘트량이 600포대 이내일 때는 전량을 저장할 수 있도록 창고를 가설하고, 시멘트량이 600포대 이상일 때는 공기에 따라서 전량의 1/3을 저장할 수 있는 것을 기준으로 한다.

시멘트창고 필요면적 $A = 0.4 \times \frac{N}{n}$ (m^2)

A = 저장면적
N = 저장할 수 있는 시멘트량
n = 쌓기 단수 (최고 13포대)

㉥ **자재창고 :** 자재창고는 [공통품셈 2-1-2(현장사무소 등의 규모-건축)]의 주기에 의하여 다음과 같이 적용한다.

〈표 5.1-6〉 자재창고 기준 [공통품셈] (m^2 당)

구 분	자재종류	규 격	단위	수 량	쌓기단수
미장재료창고	석 회	17kg들이	포	75~100	15~20
철물잡품창고	함 석	#28, 90cm×180cm	매	100~300	200~600
	못	60kg/통, ϕ48cm	통	4~8	1~2
	철 선	50kg/권 #10경 100cm, H17cm	권	5~7	5~7
	루 핑	19.8m^2/권, ϕ21cm, L97cm	권	23~46	1~2
	합 판	T6mm, 90cm×180cm	매	50~100	100~200
	텍 스	T12mm, 90cm×180cm	매	50~75	100~150
도 료 창 고	페 인 트	25kg, 22cm×22cm×40cm	통	12~36	1~3

㉦ **가설전등 기준 :** 가설전등은 [공통품셈 2-1-1, 2(현장사무소 등의 규모)] 주기에 의하여 다음과 같이 적용한다.

〈표 5.1-7〉 가설전등 기준 [공통품셈] (등/m^2 당)

구 분	수 량	비 고
사 무 실	0.15	1. 등당 100W를 기준함 2. 전등 설치에 필요한 재료 및 품은 별도 계상
창 고 류	0.06	
작업장 (일간)	0.10	
숙 소	0.075	

[주] 인공조명 또는 야간작업이 필요한 개소 및 장소에서의 가설전등은 별도 계상할 수 있다.

㉧ **시험실의 규모 :** [공통품셈 2-1-4(시험실의 규모)]에서 "시험실의 규모는 건설기술진흥법 시행규칙 [별표5. 건설공사 품질관리를 위한 시설 및 건설기술자 배치기준] 규정에 따른다"에 의하여 다음과 같이 적용한다.

〈표 5.1-8〉 시험실의 규모 [건설기술진흥법 시행규칙 별표5]

대상공사 구 분	공 사 규 모	시험실 규모 (m^2)	건설기술자
특 급 품질관리 대상공사	영 제89조 제1항 제1호 및 제2호에 따라 품질관리계획을 수립하여야 하는 건설공사로서 총공사비가 1,000억 원 이상인 건설공사 또는 연면적 5만m^2 이상인 다중이용 건축물의 건설공사	50m^2 이상	특급기술인 1명 이상 중급기술인 1명 이상 초급기술인 1명 이상
고 급 품질관리 대상공사	영 제89조 제1항 제1호 및 제2호에 따라 품질관리계획을 수립하여야 하는 건설공사로서 특급품질관리 대상 공사가 아닌 건설공사	50m^2 이상	고급기술인 1명 이상 중급기술인 1명 이상 초급기술인 1명 이상
중 급 품질관리 대상공사	총공사비가 100억 원 이상인 건설공사 또는 연면적 5,000m^2 이상인 다중이용 건축물의 건설공사로서 특급 및 고급품질관리 대상 공사가 아닌 건설공사	20m^2 이상	중급기술인 1명 이상 초급기술인 1명 이상
초 급 품질관리 대상공사	영 제89조 제2항에 따라 품질시험계획을 수립하여야 하는 건설공사로서 중급품질관리 대상 공사가 아닌 건설공사	20m^2 이상	초급기술인 1명 이상

[주] 시험 · 검사장비 : 영 제91조 제1항에 따른 품질검사를 실시하는데 필요한 시험 · 검사장비 적용.
1. 건설공사 품질관리를 위해 배치할 수 있는 건설기술인은 법 제21조 제1항에 따른 신고를 마치고 품질관리 업무를 수행하는 사람으로 한정하며, 해당 건설기술인의 등급은 영 [별표1]에 따라 산정된 등급에 따른다.
2. 발주청 또는 인 · 허가기관의 장이 특히 필요하다고 인정하는 경우에는 공사의 종류 · 규모 및 현지 실정과 법 제60조 제1항에 따른 국립 · 공립 시험기관 또는 건설기술용역업자의 시험 · 검사대행의 정도 등을 고려하여 시험실 규모 또는 품질관리 인력을 조정할 수 있다.

② 품셈 기준

철제조립식 가설건축물은 [공통품셈 2-3-1(철제조립식 가설건축물 설치 및 해체)], 간편한 이동식 컨테이너형 가설건축물은 [공통품셈 2-3-2(컨테이너형 가설건축물 설치 및 해체)]에 의하여 다음과 같이 적용한다.

〈표 5.1-9〉 철제조립식 가설건축물 설치 및 해체 [공통품셈] (바닥면적 m^2 당)

구 분	사용기간	주자재 (식)	부자재 (%)	건축목공 (인)	보통인부 (인)
사무실	3 개월 6 개월 1 년 1년 이상	1 1 1 1	16.8 15.4 12.6 11.2	0.30	0.12
창 고	3 개월 6 개월 1 년 1년 이상	1 1 1 1	19.5 16.9 14.3 13.0	0.23	0.10

[주] 1. 본 품은 샌드위치 패널을 사용한 단층 조립식 가설건축물을 기준한 것으로 조립 및 해체 품이 포함되어 있으며 2층일 경우에는 본 품에 준하여 적용할 수 있다.
2. 본 품은 지정 및 하부구조를 감안하지 아니한 가설건축물을 기준한 것이며, 본 표에 계상되지 않은 재료 및 품(바닥의 마감재료와 유리 등)은 별도 계상한다.
3. 부자재는 주자재의 손료에 대한 구성비율이다.
4. 공구손료는 인력품의 2%로 계상한다.
5. 전기 및 위생설비 등은 설계에 따라 별도 계상할 수 있다.
6. 특수구조의 가설건축물이 필요한 경우에는 설계에 따라 별도 계상할 수 있다.
7. 창고의 경우 내부패널(벽 · 목재문), 천장판 및 T-Bar 등이 필요한 경우는 설계에 따라 계상할 수 있다.

8. 주자재는 다음과 같다. (바닥면적 m^2 당)

구 분	규 격	단위	수 량	
			사무소	창 고
Base Channel	T2.0mm 이상	m	0.44	0.44
Top Channel	T2.0mm 이상	m	0.44	0.44
외부 Panel (벽)	1,200×2,400mm	매	0.20	0.23
〃 (창문)	〃	매	0.12	0.08
〃 (철재문)	〃	매	0.03	0.04
내부 Panel (벽)	1,200×2,400mm	매	0.15	–
〃 (목재문)	〃	매	0.05	–
Panel Joint (AL – Bar)	L=2,400	조	0.31	0.31
Canopy (출입구 차양)	600×1,200mm	매	0.03	0.04
박공 Panel		매	0.02	0.02
Roof Sheet	0.5mm Color Sheet	m^2	1.23	1.23
트 러 스	L=7.2m	개	0.07	0.07
중도리 (Purin)	T2.0mm 이상	개	1.52	1.52
천 장 판	미장합판+50mm Glass Wool	매	0.69	–
T – Bar		m	1.53	–

〈표 5.1-10〉 컨테이너형 가설건축물 설치 및 해체 [공통품셈] (개소 당)

폭 \ 길이	3m		6m		9m		12m	
	비계공	특별인부	비계공	특별인부	비계공	특별인부	비계공	특별인부
2.4m	0.17	0.08	0.28	0.15	0.35	0.17	0.36	0.18
3.0m	0.20	0.09	0.29	0.17	0.39	0.19	0.40	0.20
3.5m	0.20	0.13	0.31	0.17	0.42	0.21	0.50	0.25
4.8m	0.25	0.13	0.38	0.19	0.47	0.24	0.70	0.35
6.0m	0.28	0.14	0.40	0.20	0.51	0.26	0.75	0.38

[주] 1. 본 품은 (H2.6m 기준 사무실, 창고 용도) 설치 또는 해체시에 각각 적용한다.
2. 사용중기는 10ton 크레인(타이어)을 기준으로 하였으며, 현장여건에 따라 양중기계를 선정할 수 있으며, 기계정비 및 컨테이너형 가설건축물의 운반비는 별도 계상한다.
3. 크레인(타이어) 사용시간은 1개 설치당 1시간 기준이다. 두 개 이상을 연결해서 사용할 경우 트럭크레인 사용시간은 다음과 같이 계상한다. (예 : 2개 연결시 2시간, 3개 연결시 3시간)
4. 컨테이너형 가설건축물의 손율은 조립식 가설건축물의 손율에 따른다.
5. 지정 및 하부구조 등은 별도 계상한다.
6. 복층으로 설치할 경우 계단, 난간, 캐노피 등은 별도 계상한다.
7. 전기, 위생설비 등은 설계에 따라 별도 계상한다.
8. 특수구조의 컨테이너형 가설 건축이 필요한 때에는 설계에 따라 별도 계상한다.

가설건축물 주요자재와 철재조립식 가설건축물 손율은 [공통품셈 2-2-1(주요자재)], [공통품셈 2-2-2의 1(철재조립식 가설건축물)]에 의하여 다음과 같이 적용한다.

〈표 5.1-11〉 손율 _ 주요자재 [공통품셈]

구 분 \ 사용기간별	3개월 (%)	6개월 (%)	1개년 (%)	1개년 이상 (%)
철 물	30	45	60	75
창 호	30	40	60	75
유 리	60	65	75	100
흄 관	80	100	100	100
강 재 류	15	30	50	70
돌 망 태	100	100	100	100

[주] 1. 본 품에 있어서 재료의 길이가 2m 이하인 것은 1회 사용 후 손율은 100%로 계상한다.
2. 타이롯트는 전부 스크랩 공제한다.
3. 본 품에서 강재(강널말뚝, 강관파일, H파일, 복공판 등)는 토류벽과 가교 등의 재료로 사용할 때의 기준이다.
4. 강재의 손료 산정방법은 다음과 같다.
• 강재를 절단하지 않고 사용하는 경우 : 손료=강재수량×(1+재료의 할증률)×신재단가×손율
• 강재를 절단하여 사용하는 경우 (할증량이 스크랩으로 발생되는 경우) :
손료 = (강재수량×신재단가×손율)+(할증량×신재단가)−(할증량×공제율×고재단가)

〈표 5.1-12〉 손율 _ 철제조립식 가설건축물 [공통품셈]

기 간 / 구 분	3개월	6개월	12개월	24개월	36개월	48개월	60개월 이상
손 율 (%)	12	16	25	38	53	70	100

[주] 운반 · 보관 등에 대한 손율은 포함된 것이다.

2) 가설울타리 및 가설방음벽

① 적용 범위

가설울타리 및 가설방음벽은 공사현장의 관리 및 보안상 필요한 실거리를 적용한다.

가설울타리 가설표준은 [2016년 토목, 건축품셈 2-3(가설울타리)] 주기를 준용하여 가설울타리(조립식, EGI펜스, 재생플라스틱) 가설표준을 다음과 같이 준용한다.

〈표 5.1-13〉 가설울타리 가설표준 [2016년 토목, 건축품셈]

재료 / 공종별	높이	기 둥	버팀기둥	널 재	띠 장
조립식 울타리	2.0m	각파이프(60×60mm), 기둥간격 1.8m, 지중매립 25cm	각파이프 (60×60mm), 간격 3.6m	800×2,000mm 컬러철판, 겹침폭 5cm	C형강(60×30 ×10×2.2mm) 간격 85cm
전기아연도금 강판(EGI펜스) 가설울타리	2.4m	기둥간격 1.8m 지중매립 1.5m	간격 3.6m	EGI철판	강관파이프, 간격 100cm

② 품셈 기준

가설울타리는 설치가 용이하고 미관이 수려한 전기아연도금 강판(EGI펜스), 재생플라스틱 방음판, 스틸 방음판 등이 주로 적용되고 있다.

가설울타리 및 가설방음벽은 [공통품셈 2-4(가설울타리 및 가설방음벽)]의 -1 강관지주, -2 H형강 지주, -3 가설울타리판, -4 세로형 가설방음판, -5 가로형 가설방음판 설치 및 해체에 의하며, 손율은 [공통품셈 2-2-2의 2(가설울타리 및 가설방음벽)]에 의하여 다음과 같이 적용한다.

목재 가설울타리는 필요시 2008년 품셈을 준용한다.

〈표 5.1-14〉 가설울타리 및 가설방음벽 _ 강관 지주 설치 및 해체 [공통품셈] (10m 당)

구 분	규 격	단위	지주높이 3.5m 이하		지주높이 6m 이하	
			설치	해체	설치	해체
비 계 공		인	0.30	0.12	0.46	0.18
보 통 인 부		인	0.11	0.04	0.16	0.06
굴 삭 기	$0.2m^3$	hr	0.35	0.14	0.35	0.14

[주] 1. 본 품은 강관을 사용한 지주(지주간격 2.0m)의 설치 및 해체작업을 기준한 것이다.
2. 본 품은 지반평탄작업, 강관매입, 보조기둥 설치 및 해체 작업을 포함한다.
3. 콘크리트 기초, 출입구문, 방진망 작업은 별도 계상한다.
4. 공구손료 및 경장비(전동드릴 등)의 기계경비는 인력품의 3%로 계상한다.
5. 재료량은 설계수량을 적용한다.

〈표 5.1-15〉 가설울타리 및 가설방음벽 _ H형강 지주 설치 및 해체 [공통품셈] (10m 당)

구 분	규 격	단위	지주높이 4m 이하		지주높이 7m 이하	
			설치	해체	설치	해체
비 계 공		인	0.49	0.20	0.99	0.40
보 통 인 부		인	0.18	0.07	0.35	0.14
굴 삭 기	$0.2m^3$	hr	0.63	0.25	0.63	0.25
트럭탑재형크레인	5ton	hr	0.73	0.29	1.09	0.44

[주] 1. 본 품은 H형강을 사용한 지주(지주간격 2.0m)의 설치 및 해체작업을 기준한 것이다.
2. 본 품은 지반평탄작업, 강관매입, H형강 근입 및 해체 작업을 포함하며, H형강 설치를 위한 천공 작업은 제외되어 있다.
3. 콘크리트 기초, 출입구문, 방진망 작업은 별도 계상한다.
4. 공구손료 및 경장비(전동드릴 등)의 기계경비는 인력품의 2%로 계상한다.
5. 재료량은 설계수량을 적용한다.

〈표 5.1-16〉 가설울타리 및 가설방음벽 _ 가설울타리판 설치 및 해체 [공통품셈] (10m 당)

구 분	단위	설치높이 3m 이하		설치높이 6m 이하	
		설치	해체	설치	해체
비 계 공	인	0.26	0.10	0.30	0.12
보 통 인 부	인	0.09	0.04	0.11	0.05

[주] 1. 본 품은 후크볼트를 사용한 전기아연도금강판(EGI펜스, 폭 550mm이하) 설치 및 해체작업을 기준한 것이다.
2. 문양이나 도색 등이 필요한 경우에 별도 계상한다.
3. 공구손료 및 경장비(전동드릴 등)의 기계경비는 인력품의 3%로 계상한다.
4. 재료량은 설계수량을 적용한다.

〈표 5.1-17〉 가설울타리 및 가설방음벽 _ 세로형 가설방음판 설치 및 해체 [공통품셈] (10m 당)

구 분	단위	설치높이 3m 이하		설치높이 6m 이하	
		설치	해체	설치	해체
비 계 공	인	0.24	0.10	0.28	0.11
보 통 인 부	인	0.09	0.03	0.10	0.04

[주] 1. 본 품은 조이너클립을 사용한 재생플라스틱 방음판(폭 650mm 이하) 설치 및 해체작업을 기준한 것이다.
2. 문양이나 도색 등이 필요한 경우에 별도 계상한다.
3. 공구손료 및 경장비(전동드릴 등)의 기계경비는 인력품의 3%로 계상한다.
4. 재료량은 설계수량을 적용한다.

〈표 5.1-18〉 가설울타리 및 가설방음벽 _ 가로형 가설방음판 설치 및 해체 [공통품셈] (10m 당)

구 분	규 격	단위	설치높이 3m 이하		설치높이 6m 이하	
			설치	해체	설치	해체
비 계 공		인	0.72	0.29	0.84	0.34
보 통 인 부		인	0.26	0.10	0.30	0.12
트럭탑재형크레인	5ton	hr	0.95	0.38	1.11	0.44

[주] 1. 본 품은 H-Bar를 사용한 스틸 방음판(500mm×30T×1,980mm) 설치 및 해체작업을 기준한 것이다.
2. H-Bar 설치 및 해체를 포함하며, 문양이나 도색 등이 필요한 경우에 별도 계상한다.
3. 공구손료 및 경장비(전동드릴 등)의 기계경비는 인력품의 2%로 계상한다.
4. 재료량은 설계수량을 적용한다.

〈표 5.1-19〉 손율 _ 가설울타리 및 가설방음벽 [공통품셈]

재 료 / 사용시간	손 율 (%)			
	전기아연도금강판	재생플라스틱방음판	스틸 방음판	기둥 및 띠장
3개월	16	6	16	6
6개월	25	12	25	10
12개월	38	24	38	19
24개월	53	48	53	37
36개월	70	72	70	55
48개월	100	100	100	73

3) 규준틀

① 적용 범위

규준틀은 2019년 표준품셈 편제에 공통품셈을 설치 개편하면서 토목과 건축공사의 구분없이 통합되었다.

토목공사 규준틀은 토공사 비탈면 설치의 비탈규준틀, 도로용 규준틀인 도로용 목재 수평규준틀과 도로용 철재 수평규준틀으로 구분 적용한다.

건축공사 규준틀은 통합된 평·귀규준틀에서 평규준틀과 귀규준틀으로 세분 계상하되, 2층 구조물 등의 수평보기는 목공사의 [건축품셈 4-1-1(먹매김)] 품을 준용한다.

② 품셈 기준

규준틀은 [공통품셈 2-5(규준틀)]의 -1 토공의 비탈 규준틀, -2 도로용 목재 수평규준틀, -3 도로용 철재 수평규준틀, -4 평·귀규준틀 설치 및 철거에 의하여 다음과 같이 적용한다.

규준틀에 사용하는 목재 규격은 2009년 품셈개정시 삭제되었으나 설계서에서 특별히 규정하지 않은 경우에는 2008년 품셈을 준용하여 판재(T1.2cm×W12cm×L4m), 말뚝(말구 ϕ6cm×L1.8m×2본)을 기준으로 준용한다.

〈표 5.1-20〉 토공의 비탈 규준틀 설치 및 철거 [공통품셈] (개소 당)

구 분	단위	수 량
건 축 목 공	인	0.16
보 통 인 부	인	0.14

[주] 1. 본 품은 높이 0.5m, 표지판 2개를 설치한 비탈규준틀의 제작, 도색, 가설, 철거를 포함한 것이다.
2. 목재의 손율은 1개소 사용당 50%로 한다.
3. 재료량은 설계수량에 따른다.

〈표 5.1-21〉 도로용 목재 수평규준틀 설치 및 철거 [공통품셈] (개소 당)

구 분	단위	수 량
건 축 목 공	인	0.21
보 통 인 부	인	0.19

[주] 1. 본 품은 높이 2.4m, 표지판 8개를 설치한 수평규준틀의 제작, 도색, 가설, 철거를 포함한 것이다.
2. 목재의 손율은 1개소 사용당 80%로 한다.
3. 재료량은 설계수량에 따른다.

〈표 5.1-22〉 도로용 철재 수평규준틀 설치 및 철거 [공통품셈] (개소 당)

구 분	단위	규준틀 높이	
		5m 이하	10m 이하
건 축 목 공	인	0.14	0.17
보 통 인 부	인	0.12	0.14

[주] 1. 본 품은 제작된 수평규준틀을 기준한 것이며 조립, 설치 및 철거작업을 포함한다.
2. 재료량은 설계수량에 따른다.
3. 손율은 [공통품셈 2-2-4(손율_구조물 비계)]를 따른다.

〈표 5.1-23〉 평 · 귀규준틀 설치 및 철거 [공통품셈] (개소 당)

구 분	단위	종 별	
		평 규준틀	귀 규준틀
목 재	m^3	0.014	0.022
건 축 목 공	인	0.15	0.30
보 통 인 부	인	0.30	0.45

[주] 1. 본 품은 제작, 도색, 가설, 철거를 포함한 것이다.
2. 목재의 손율은 1개소 사용당 80%로 한다.
3. 재료량은 설계수량에 따른다.

4) 동바리

① 적용 범위

동바리의 단위는 (공m^3) 체적으로 상층 바닥판 면적(개소당 $1m^2$ 이상 개구부 면적은 공제)에 층높이를 곱한 값의 90%로 계상한다. 동바리는 일반적으로 기성제품을 사용하므로 상층 바닥판과 강관 동바리의 허용하중 등을 고려하여 동바리의 최저 높이와 최고 높이를 결정한다.

② 품셈 기준

제품의 발달과 시공편의성으로 강관동바리 보다 조립식 또는 알루미늄 폼 동바리의 사용이 증대하지만 조경현장은 규모성 등으로 적용에 신중하여야 한다. 과거 사용하던 통나무 동바리는 필요시 2008년 품셈을 참조 준용한다.

토목공사, 건축공사의 강관동바리는 [공통품셈 2-6-1(강관 동바리 설치 및 해체-토목)] (10공m^3) 단위, [공통품셈 2-6-2(강관동바리 설치 및 해체-건축)] (m^2) 단위로 각각 적용한다. 시스템 동바리는 [공통품셈 2-6-3(시스템 동바리 설치 및 해체)]의 (10공m^3) 단위, 알루미늄 폼 동바리는 [공통품셈 2-6-4(알루미늄 폼 동바리 설치 및 해체)]의 (m^2) 단위에 의하며, 손율은 [공통품셈 2-2-3(구조물 동바리)]에 의하여 다음과 같이 적용한다.

〈표 5.1-24〉 강관 동바리 설치 및 해체(토목) [공통품셈] (10공m^3 당)

구 분	단위	수 량		
		2.5m 이하	2.5m초과~3.5m	3.5m초과~4.2m
형 틀 목 공	인	0.54	0.58	0.63
보 통 인 부	인	0.21	0.23	0.25
비 고	• 수평 연결재가 필요한 경우(1단설치일 때, m^2당) 설치, 해체 인부는 형틀목공 0.02(인), 보통인부 0.01(인)을 계상한다. (전체 동바리 연결을 기준으로 산정된 것이다.) • 설치간격에 따른 요율은 0.6m 이하는 120(%), 0.6m~0.8m 이하는 100(%), 0.8m 초과는 90(%)를 기준으로 적용한다. (설치간격은 멍에간격을 기준한 것이다.)			

[주] 1. 본 품은 강관동바리(설치높이 4.2m까지) 설치 및 해체작업을 기준한 것이다.
2. 본 품은 멍에의 설치, 해체 작업이 포함되어 있다.
3. 동바리를 지반에 설치할 경우에 지반고르기 및 콘크리트타설 등은 별도 계상한다.
4. 재료량은 설계수량을 적용한다.
5. 잡재료 및 소모재료(고정못 등)는 주재료비의 5%로 계상한다.

〈표 5.1-25〉 강관 동바리 설치 및 해체(건축) [공통품셈] (m^2 당)

구 분	단위	수 량	
		3.5m 이하	3.5m 초과~4.2m
형 틀 목 공	인	0.05	0.06
보 통 인 부	인	0.01	0.01
비 고	• 수평 연결재가 필요한 경우(1단설치일 때, m^2당) 설치, 해체 인부는 형틀목공 0.02(인), 보통인부 0.01(인)을 계상한다. (전체 동바리 연결을 기준으로 산정된 것이다.) • 설치간격에 따른 요율은 0.6m 이하는 120(%), 0.6m~0.8m 이하는 100(%), 0.8m 초과는 90(%)를 기준으로 적용한다. (설치간격은 멍에간격을 기준한다.)		

[주] 1. 본 품은 강관동바리(설치높이 4.2m까지) 설치 및 해체작업을 기준한 것이다.
2. 본 품은 멍에의 설치, 해체 작업이 포함되어 있다.
3. 동바리를 지반에 설치할 경우에 지반고르기 및 콘크리트 타설 등은 별도 계상한다.
4. 재료량은 설계수량을 적용한다.
5. 잡재료 및 소모재료(고정못 등)는 주재료비의 5%로 계상한다.

〈표 5.1-26〉 시스템 동바리 설치 및 해체 [공통품셈] (10공m³ 당)

구 분	단위	수 량		
		10m 이하	10m 초과~20m	20m 초과~30m
형틀목공	인	0.58	0.68	0.87
보통인부	인	0.18	0.21	0.27
크레인	hr	0.17	0.25	0.28
비 고	• 설치간격에 따른 요율은 설치간격 0.6m 이하는 120(%), 설치간격 0.6m~1.2m 이하는 100(%), 설치간격 1.2m 초과는 90(%)를 기준으로 적용한다. (설치간격은 멍에간격을 기준한 것이다.)			

[주] 1. 본 품은 시스템동바리의 설치 및 해체작업을 기준한 것이다.
2. 본 품은 멍에의 설치, 해체 작업이 포함되어 있다.
3. 동바리를 지반에 설치할 경우에 지반고르기 및 콘크리트 타설 등은 별도 계상한다.
4. 크레인 규격은 다음 기준을 적용하며, 작업여건에 따라 변경할 수 있다.
• 높이 20m 이하 : 15톤
• 높이 20m~30m 이하 : 20톤
5. 재료량은 설계수량을 적용한다.

〈표 5.1-27〉 알루미늄 폼 동바리 설치 및 해체 [공통품셈] (m² 당)

구 분	단위	수 량
형틀목공	인	0.03
보통인부	인	0.01

[주] 본 품은 알루미늄 폼 동바리 설치 및 해체작업을 기준한 것이다.

〈표 5.1-28〉 손율_구조물 동바리 [공통품셈]

구 분 \ 기 간	3개월	6개월	12개월
손 율 (%)	6	10	19

[주] 강관 동바리, 시스템 동바리, 알루미늄폼 동바리 등에 적용한다.

5) 비계

① 적용 범위

비계는 공사의 규모, 작업내용, 중량물 취급 등에 따라 외줄비계, 겹비계, 쌍줄비계 중 선택하여 비계의 설치면적을 산정 적용한다.

비계 설치면적은 [건축적산자료]에 의하여 다음과 같이 적용한다.

〈표 5.1-29〉 외부비계 설치면적 산정기준 [건축적산자료]

구 분	쌍줄비계	겹비계 · 외줄비계
목 조	벽 중심선에서 90cm 거리의 지면에서 건물 높이까지의 외주 면적	벽 중심선에서 45cm 거리의 지면에서 건물높이까지의 외주 면적
철근콘크리트조 및 철골조	벽 외면에서 90cm 거리의 지면에서 건물 높이까지의 외주 면적	벽 외면에서 45cm 거리의 지면에서 건물 높이까지의 외주 면적

〈표 5.1-30〉 파이프비계 설치면적 산정기준 [건축적산자료]

구 분	단관비계	강관틀비계
철근콘크리트조 및 철골조	벽 외면에서 100cm 거리의 지면에서 건물 높이까지의 외주 면적	벽 외면에서 100cm 거리의 지면에서 건물 높이까지의 외주 면적

② 품셈 기준

비계는 [공통품셈 2-7(비계)]의 -1 강관비계, -2 시스템비계, -3 강관틀 비계, -4 강관 조립말비계(이동식), -5 경사형 가설 계단, -6 타워형 가설 계단, -7 비계용 브라켓 설치 및 해체에 의하여 다음과 같이 적용한다.

〈표 5.1-31〉 강관비계 설치 및 해체 [공통품셈] (m² 당)

구 분	규 격	단위	수 량		
			10m 이하	10m 초과~20m	20m 초과~30m
비 계 공	설치, 해체	인	0.05	0.06	0.07
보 통 인 부	설치, 해체	인	0.02	0.02	0.02

[주] 1. 본 품은 쌍줄비계의 설치 및 해체작업을 기준한 것이다.
2. 본 품은 비계(발판 및 이동용 내부계단) 설치, 해체 작업이 포함되어 있다.
3. 높이 30m 초과 시 비계설치, 해체 및 비계안전 보강재 설치 품은 별도 계상한다.
4. 가설계단 및 방호시설은 별도 계상한다.
5. 공구손료 및 경장비(전동드릴 등)의 기계경비는 인력품의 2%로 계상한다.
6. 재료량은 설계수량을 적용한다.
7. 손율은 [공통품셈 2-2-4(손율_구조물 비계)]를 따른다.

〈표 5.1-32〉 시스템비계 설치 및 해체 [공통품셈] (m² 당)

구 분	규 격	단위	수 량		
			10m 이하	10m 초과~20m	20m 초과~30m
비 계 공	설치, 해체	인	0.04	0.05	0.06
보 통 인 부	설치, 해체	인	0.01	0.01	0.01

[주] 1. 본 품은 시스템비계(연결핀 조립)의 설치 및 해체작업을 기준한 것이다.
2. 본 품은 비계(발판 및 내부계단 포함) 설치, 해체 작업이 포함되어 있다.
3. 높이 30m 초과 시 비계설치, 해체 및 비계안전 보강재 설치 품은 별도 계상한다.
4. 가설 계단 및 방호시설은 별도 계상한다.
5. 재료량은 설계수량을 적용한다.
6. 손율은 [공통품셈 2-2-4(손율_구조물 비계)]를 따른다.

〈표 5.1-33〉 강관틀 비계 설치 및 해체 [공통품셈] (m² 당)

구 분	규 격	단위	수 량	
			10m 이하	10m 초과~20m
비 계 공	설치, 해체	인	0.02	0.03
보 통 인 부	설치, 해체	인	0.01	0.01

[주] 1. 본 품은 강관틀 비계 설치 및 해체작업을 기준한 것이다.
2. 본 품은 비계(발판 및 이동용 내부계단) 설치, 해체 작업이 포함되어 있다.
3. 높이 20m 초과 시 비계설치, 해체 및 비계안전 보강재 설치 품은 별도 계상한다.
4. 가설계단 및 방호시설은 별도 계상한다.
5. 재료량은 설계수량을 적용한다.
6. 손율은 [공통품셈 2-2-4(손율_구조물 비계)]를 따른다.

〈표 5.1-34〉 강관 조립말비계(이동식) 설치 및 해체 [공통품셈] (1대 당)

구 분	규 격	단위	수 량	
			높이 2m	높이 4m
비 계 공	설치, 해체	인	0.25	0.41
보 통 인 부	설치, 해체	인	0.14	0.24

[주] 1. 본 품은 강관 조립말비계(이동식) 1회 설치, 해체작업을 기준한 것이다.
2. 재료량은 다음을 참고한다. (1대당 높이 2m 기준)
- 비계기본틀(기둥, H1700×W1219) : 2(개)
- 가새(L1518×2EA) : 2(조)
- 수평띠장(L1829) : 4(개)
- 손잡이기둥 : 4(개)
- 손잡이(L1219) : 2(개)
- 손잡이(L1829) : 4(개)
- 바퀴 : 4(개)
- 자키 : 4(개)
- 발판(45×200×2000) : 7(장)

3. 1대당 비계기본틀(기둥) 높이가 증가할 때는 연결핀 및 암록을 별도 계상한다.
4. 손율은 [공통품셈 2-2-4(손율_구조물 비계)]를 따른다.

〈표 5.1-35〉 경사형 가설 계단 설치 및 해체 [공통품셈] (m^2 당)

구 분	규 격	단위	수 량
비 계 공	설치, 해체	인	0.27
보 통 인 부	설치, 해체	인	0.09

[주] 1. 본 품은 높이 6m 이하에서 강관(ϕ48.6mm), 조립형 발판을 사용하여 가설 계단을 경사 형태로 조립·설치하는 기준이다.
2. 가설계단 폭은 0.9m 이하, 면적은 디딤판의 면적(계단참 포함)을 기준한 것이다.
3. 본 품의 비계 및 발판 설치·해체 작업이 포함되어 있다.
4. 방호시설은 별도 계상한다.
5. 공구손료 및 경장비(전동드릴 등)의 기계경비는 인력품의 2%로 계상한다.
6. 재료량은 설계수량을 적용한다.
7. 손율은 [공통품셈 2-2-4(손율_구조물 비계)]를 따른다.

〈표 5.1-36〉 타워형 가설 계단 설치 및 해체 [공통품셈] (m^2 당)

구 분	규 격	단위	수 량
비 계 공	설치, 해체	인	0.20
보 통 인 부	설치, 해체	인	0.07
크 레 인	10ton	hr	0.06

[주] 1. 본 품은 일체형 발판을 사용하여 가설계단을 타워 형태로 설치하는 기준이다.
2. 가설계단 폭은 0.9m이하, 면적은 디딤판의 면적(계단참 포함)을 기준한 것이다.
3. 본 품의 비계 및 발판 설치·해체 작업이 포함되어 있다.
4. 방호시설은 별도 계상한다.
5. 크레인 규격은 현장여건을 고려하여 변경할 수 있다.
6. 재료량은 설계수량을 적용한다.
7. 손율은 [공통품셈 2-2-4(손율_구조물 비계)]를 따른다.

〈표 5.1-37〉 비계용 브라켓 설치 및 해체 [공통품셈] (10개소 당)

구 분	규 격	단위	비계공			
			벽 용		슬래브발코니, 난간용	
			설 치	해 체	설 치	해 체
비 계 공	설치, 해체	인	0.45	0.34	0.34	0.26

[주] 1. 본 품은 벽, 슬래브, 난간에 비계용 브래킷의 설치 및 해체작업을 기준한 것이다.
2. 손율은 [공통품셈 2-2-4(손율_구조물 비계)]를 따른다.

〈표 5.1-38〉 손율_구조물 비계 [공통품셈]

재료 / 공기	손율 (%)			
	강관, 비계기본틀, 비계장선틀, 가새	받침철물, 조절받침철물	조임철물, 이음철물	철 물 (앵커용)
3 개월	6	9	12	100
6 개월	10	15	20	100
12 개월	19	29	38	100
18 개월	28	42	56	100
24 개월	37	56	74	100
30 개월	46	69	92	100
36 개월	55	83	100	100
42 개월	64	96	100	100
48 개월	73	100	100	100
54 개월	84	100	100	100
60 개월	91	100	100	100
66 개월	100	100	100	100

[주] 1. 강재비계 내구년한 5.5년을 기준한 것이다.
2. 사용 조작횟수는 400회 기준이며 운반보관에 대한 손율은 1식으로 계상된 것이다.
3. 일반적인 비계매기의 기준이다.
4. 간단한 공사 및 보수공사(도장, 청소 등)에는 그 공사 성질에 따라 목재 및 철재 이동식 비계를 비교 설계하여 경제적인 것을 계상한다.

6) 방호시설(재해방지)

① 적용 범위

토목 및 건축공사는 물론 조경공사에도 안전을 고려하여 반드시 재해방지시설 설치가 고려되어야 한다.

재해방지 방호시설은 [공통품셈 2-8(방호시설)]에 의하여 적용하며 이때 현장 내는 물론 현장작업으로 인한 외부환경도 고려하여야 한다.

② 품셈 기준

재해방지 방호시설은 [공통품셈 2-8(방호시설)]의 -1 낙하물 방지망, -2 플라잉넷, -3 방호선반, -4 철골 안전망, -5 비계 주위 보호막, -6 비계 주위 보호망, -7 갱폼 주위 보호망, -8 방진망 설치 및 해체에 의하여 다음과 같이 적용한다.

〈표 5.1-39〉 낙하물 방지망 설치 및 해체 [공통품셈] (10m² 당)

구 분	규 격	단위	수 량
비 계 공	설치, 해체	인	0.30
보 통 인 부	설치, 해체	인	0.10

[주] 1. 본 품은 비계 외부에 강관을 사용한 낙하물방지망(수평방향 3m 이하) 설치 및 해체작업을 기준한 것이다.
2. 공구손료 및 경장비(전동드릴 등)의 기계경비는 인력품의 2%로 계상한다.
3. 타워크레인 또는 크레인이 필요한 경우 기계경비는 별도 계상한다.
4. 재료량은 다음을 참고하며, 강관 및 부속철물의 손율은 [공통품셈 2-2-4(손율_구조물 비계)]를 따른다. (m² 당)
   • 강관(ϕ48.6mm×2.4mm) : 2.70(m)

- 브래킷 : 0.26(EA)
- 철 선 : 0.25(kg)
- 클램프 : 0.27(EA)
- 그물망 : 1.24(m^2)

※ 위 재료량은 할증이 포함되어 있으며, 그물망의 손율은 1회 사용 후 100%로 한다.

〈표 5.1-40〉 플라잉넷 설치 및 해체 [공통품셈] (10m^2 당)

구 분	규 격	단위	수 량
비 계 공	설치, 해체	인	0.20
보 통 인 부	설치, 해체	인	0.10

[주] 1. 본 품은 구조체 외부에 사다리를 사용한 낙하물방지망(수평방향 3m 이하) 설치 및 해체작업을 기준한 것이다.
2. 공구손료 및 경장비(전동드릴 등)의 기계경비는 인력품의 3%로 계상한다.
3. 재료량은 다음을 참고하며, 강관 및 부속철물의 손율은 [공통품셈 2-2-4(손율_구조물 비계)]를 따른다. (m^2 당)
- 강관(ϕ48.6mm×2.4mm) : 0.167(m)
- 브래킷 : 0.116(EA)
- 사다리(폭30cm×길이3m기준) : 0.111(m)
- 와이어로프(ϕ6) : 0.764(m)
- 클램프 : 0.127(EA)
- 그물망 : 1.390(m^2)

※ 위 재료량은 할증이 포함되어 있으며, 그물망의 손율은 1회 사용 후 100%로 한다.

〈표 5.1-41〉 방호선반 설치 [공통품셈] (10m^2 당)

구 분	규 격	단위	수 량
비 계 공		인	0.11
특 별 인 부		인	0.12
보 통 인 부		인	0.06
트럭탑재형 크레인	5ton	hr	0.07

[주] 1. 본 품은 브래킷 및 비계파이프 설치, 합판거치, 천막지 설치, 안전난간, 안전망 설치를 포함한다.
2. 크레인 사용시간은 자재인양에 사용되는 시간이며, 크레인을 작업대로 사용하여 비계파이프를 설치할 경우 다음의 품을 증하여 계상한다.
- 시종점부 3~5m까지 사용할 경우 : 5(ton) 트럭탑재형 크레인 0.06(hr)
- 전체구간에서 사용할 경우 : 5(ton) 트럭탑재형 크레인 0.26(hr)

3. 강관파이프의 설치간격은 50cm를 기준으로 한다.
4. 작업높이 10m 이하를 기준으로 한다.
5. 재료량은 설계수량에 따른다.

〈표 5.1-42〉 철골 안전망 설치 및 해체 [공통품셈] (10m^2 당)

구 분	단위	수 량
비 계 공	인	0.17
보 통 인 부	인	0.05

[주] 1. 본 품은 철골공사 시공 중 철골 사이에 설치되는 안전망을 기준한 것이다.
2. 본 품은 안전망, 보강재 및 결속선의 설치 및 해체 작업이 포함된 것이다.
3. 재료량은 다음을 참고하여 적용한다. (10m^2 당)
- 그물망 : 12.40(m^2)
- 보강재 : 4.00(m)
- 결속선(#10) : 0.3~0.4(kg)

※ 재료량은 할증이 포함되어 있으며, 그물망의 손율은 1회 사용 후 100%로 한다.

〈표 5.1-43〉 비계 주위 보호막 설치 및 해체 [공통품셈] (10m^2 당)

구 분	단위	수 량
비 계 공	인	0.02

[주] 1. 본 품은 시공안전, 미관, 외부차단 등을 목적으로 비계에 설치하는 보호막 설치 및 해체 작업을 기준한 것이다.
2. 재료량은 다음을 참고하며, 설치에 필요한 부속재료는 별도 계상한다. (m^2 당)
• 보호막 : 1.05(m^2)
※ 위 재료량은 할증이 포함되어 있으며, 보호막의 손율은 1회 사용 후 100%로 한다.

〈표 5.1-44〉 비계 주위 보호망 설치 및 해체 [공통품셈] ($10m^2$ 당)

구 분	단위	수 량
비 계 공	인	0.10

[주] 1. 본 품은 낙하물방지 등을 목적으로 비계주위에 설치하는 보호망(그물망 등) 설치 및 해체 작업을 기준한 것이다.
2. 재료량은 다음을 참고하며, 설치에 필요한 부속재료는 별도 계상한다. (m^2 당)
• 보호망 : 1.05(m^2)
※ 위 재료량은 할증이 포함되어 있으며, 보호망의 손율은 1회 사용 후 100%로 한다.

〈표 5.1-45〉 갱폼 주위 보호망 설치 및 해체 [공통품셈] ($10m^2$ 당)

구 분	단위	수 량
비 계 공	인	0.04

[주] 1. 본 품은 낙하물방지 등을 목적으로 갱폼 주위에 설치하는 보호망(그물망 등) 설치 및 해체 작업을 기준한 것이다.
2. 재료량은 다음을 참고하며, 설치에 필요한 부속재료는 별도 계상한다. (m^2 당)
• 보호망 : 1.05(m^2)
※ 위 재료량은 할증이 포함되어 있으며, 보호망의 손율은 1회 사용 후 100%로 한다.

〈표 5.1-46〉 방진망 설치 및 해체 [공통품셈] ($10m^2$ 당)

구 분	단위	수 량
비 계 공	인	0.16

[주] 1. 본 품은 가설울타리 및 가설방음벽 상부에 설치하는 그물망 설치 및 해체 작업을 기준한 것이다.
2. 비계 등의 가시설이 필요한 경우는 별도 계상한다.
3. 재료량은 다음을 참고한다. (m^2 당)
• 방진망 : 1.06(m^2)
• 철 선 : 0.115(kg)
※ 위 재료량은 할증이 포함되어 있으며, 방진망의 손율은 1회 사용 후 100%로 한다.

7) 현장관리

① 적용 범위

환경의 중요성으로 현장관리도 필수적으로 수립하여야 하는 가설공사이다.

차량 진출입 등으로 인한 비산먼지 발생 억제를 위한 살수는 모든 건설공사에 반드시 적용되어야 하며, 일반적인 건설현장은 자동세륜기 설치가 필수적이다.

건축물 등의 현장정리는 법규상 또는 연면적뿐만 아니라 연면적 제외 부분, 즉 공중의 통행과 차량의 주차에 전용되는 필로티 및 이와 유사한 건설공사 이후의 정리가 필요한 모든 부분을 포함한 면적으로 계상하여야 한다.

건축물 보양은 시공면, 현장정리는 시공면과 비계 및 동바리의 설치면적을 포함하여 적용한다.

② 품셈 기준

현장관리는 [공통품셈 2-9(현장관리)]의 세부항목인 -1 건축물보양, -2 건축물 현장정리, -3 비산먼지 발생 억제를 위한 살수, -4 자동세륜기 설치 및 해체, -5 슬러지 제거에 의하여 다음과 같이 적용한다.

조경공사에도 기반공사가 특별히 필요한 경우에는 [공통품셈 2-10-1(엘리베이터형 자재용반용 타워(호이스트) 설치 및 해체], [공통품셈 2-10-2(축중계 설치 및 해체)], [공통품셈 2-10-3(파이프 루프공)] 등을 현장 및 현장 주변의 훼손방지 및 공사시행에 필요한 제반 사항에 의하여 설치를 고려한다.

〈표 5.1-47〉 건축물 보양 [공통품셈] (보양면적 m^2 당)

구분 / 보양개소	종류	단위	수량	인력 (인)	
				구분	수량
콘크리트	부직포양생	m^2	1.10	보통인부	0.002
	살수	–	–	보통인부	0.004
석재면 테라조면 타일	하드롱지 풀	m^2 kg	1.20 0.06	보통인부	0.01
	톱밥	ℓ	30	보통인부	0.002
기타 부분	목재 못	m^3 kg	0.007 0.02	건축목공	0.03

[주] 1. 재료의 손율은 100%이다.
2. 부직포는 신품을 기준으로 한 것이다.
3. 석재면 보양에 있어서 벽면은 잔다듬까지, 바닥면은 정다듬까지는 보양을 고려하지 않는다.
4. 바닥 석재면 보양 시에는 하드롱지 대신 톱밥으로 한다.
5. 보양이란 시공 부분의 경화를 돕는 일과 파손이나 오염(汚染)을 방지하기 위하여 실시하는 일이며, 안전하다고 인정될 때 철거하는 것까지를 포함한다.
7. 보양법의 표준은 〈표 5.1-2〉의 공종별 보양법의 표준과 같다.

〈표 5.1-48〉 건축물 현장정리 [공통품셈] (연면적 m^2 당)

구분	철근 콘크리트조	목조	철골조	조적조	철골 · 철근 콘크리트조
보통인부 (인)	0.15	0.07	0.07	0.07	0.15

[주] 1. 본 품은 공사 중 옥내외의 청소와 준공시 청소 및 뒷정리까지 포함된 것이다.
2. 청소용 소모품은 별도 계상할 수 있다.

〈표 5.1-49〉 비산먼지 발생 억제를 위한 살수 [공통품셈] (100m^2 당)

구분	규격	단위	수량
물탱크(살수차)	16,000ℓ	시간	0.008

[주] 1. 본 품은 공사현장의 비산먼지 발생 억제를 위하여 물탱크(살수차)로 살수하는 품이다.
2. 본 품의 살수두께는 1.5(mm/회)를 기준한 것이며, 살수폭은 4.0m를 기준한 것이다.
3. 본 품은 1회당의 살수작업을 기준한 것이므로 살수면적은 살수횟수를 감안하여 산출해야 하며, 살수횟수는 현장여건을 고려하여 정한다.

[살수면적 계산 예]

• 폭이 6m이고 길이가 100m인 부지를 1일 5회 살수하며, 살수 일수가 10일인 경우
  ➜ 살수면적 = 6m×100m×5회/일×10일 = 30,000(m^2)

4. 살수에 필요한 물을 현장에서 구득하기 어려워 급수시설을 설치하거나 상수도 등을 이용해야 할 경우에는 그 비용을 별도 계상한다.

〈표 5.1-50〉 자동세륜기 설치 및 해체 [공통품셈] (회 당)

구 분	규 격	단위	수 량	
			설 치	해 체
특 별 인 부		인	1.59	2.44
크 레 인	10ton	hr	2.60	3.30

[주] 1. 본 품은 자동세륜기(8롤, 10롤)를 설치 및 철거하는 기준이다.
2. 설치는 수조함 설치, 세륜기 설치, 슬러지함 설치 작업을 포함한다.
3. 해체는 슬러지 청소, 퇴수, 슬러지함 철거, 세륜기 철거, 수조함 철거 작업을 포함한다.
4. 터파기, 골재포설, 콘크리트 타설 및 깨기 작업은 별도 계상한다.
5. 자동세륜기 가동을 위한 전기배선 및 급수 등에 소요되는 재료 및 품은 별도 계상한다.
6. 공구손료 및 경장비(살수장비, 양수기 등)의 기계경비는 인력품의 2%로 계상한다.

〈표 5.1-51〉 슬러지 제거 [공통품셈] (회 당)

구 분	규 격	단위	수 량
특 별 인 부		인	0.63
굴 삭 기	0.2m^3	hr	1.00

[주] 1. 본 품은 자동세륜기(슬러지함 2.0×1.2×1.2m) 슬러지를 제거하는 기준이다.
2. 세륜기 세척, 슬러지 제거, 공급수 교체 작업을 포함한다.
3. 공구손료 및 경장비(살수장비, 양수기 등)의 기계경비는 인력품의 7%로 계상한다.

2 토공사 및 기초공사

Landscape Architecture

2.1 개 요

토공이란 흙을 대상으로 하는 땅깎기(절취, 절토, 굴착, 개착) 및 땅돋기(성토, 축토, 제방) 작업과 그에 따른 흙의 이동, 제거 등 처리공정과 이 공정 수행에 필요한 흙막이, 배수 등이다.

기초공은 상부 구조물의 지지기반을 조성하는 중요한 공사로서 기초공이 불완전하면 구조물의 침하(沈下), 경사(傾斜), 전도(顚倒), 활출(滑出) 등으로 붕괴에까지 이르므로 특별히 세심한 주의가 필요하다.

토사는 품셈 적용기준의 [공통품셈 1-6-3(토질 및 암의 분류)]에 의하여 세분하되 조경공사에서는 일반적으로 보통토사를 적용한다.

그림 5.2-1 절토공사

그림 5.2-2 성토공사

2.2 체적변화율

흙을 구성하는 조직 내에는 토성(土性)에 의한 일정비율 공극이 있어서 원래 지형을 구성하고 있는 상태, 파헤쳐진 상태, 다져진 상태에 따라 부피가 달라진다. 이와 같이 변하는 상태를 체적변화율이라 하며, L · C값으로 표시한다.

토량의 체적변화율과 체적환산계수(f)표 기준은 [공통품셈 1-3-7(체적환산계수)]인 〈표 3.3-6, 7〉을 기준하되 일정 규모 이상인 경우 토질시험에 의하여 적용하여야 한다.

$$\text{토량 체적변화율 L} = \frac{\text{흐트러진 상태의 체적}(m^3)}{\text{자연상태의 체적}(m^3)}, \quad C = \frac{\text{다져진 상태의 체적}(m^3)}{\text{자연상태의 체적}(m^3)}$$

체적변화율의 계산 예를 들면 자연상태의 점질토 1m³를 터파기하면 공극이 증가하여 그 체적이 1.25~1.35m³로 약 30% 증가하며, 이 흙을 이동하여 성토 후 다짐하면 1.25~1.35m³ 토양이 0.85~0.95m³로 토량이 변하게 된다.

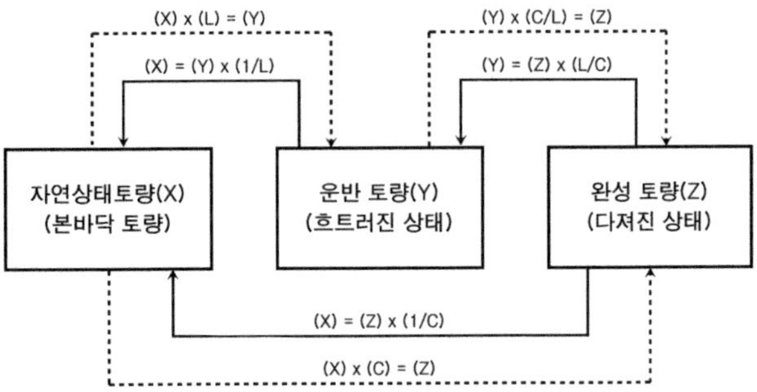

그림 5.2-3 토량변화율 구하는 식

체적변화율은 토량의 배분과 시공기계 능력산정 기준으로서 L값은 흙의 운반계획에, C값은 성토의 토량 산출에 필요하다. 그러므로 L값이나 C값이 과소 또는 과대하게 책정되면 현장에 잔토가 발생하거나 토양이 부족하게 되므로 각별한 주의가 필요하다.

2.3 품셈의 적용

1) 식재기반조성 및 수목제거공사

① 적용 범위

식재기반조성의 가장 바람직한 방향은 개발대상지의 수목식재 및 생태복원에 적당한 표토를 채취, 운반, 적치 후 식재예정지에 포설하는 것이다.

식재기반조성은 조경공사의 중요한 공정 중 하나인 식생환경이 충족되는 생육환경의 조성 공정이다. 2013년 식재기반조성에 식재면고르기가 신설되고, 2019년 편제 개편으로 토공사로 이동되었다. 식재면고르기는 품셈 주기에 의하여 1차적으로 부토 및 면고르기가 완료된 상태에서의 식재면 정비작업에 적용한다.

그림 5.2-4 부토깔기

그림 5.2-5 부토고르기

지반 조성과정은 일반적으로 벌목(필요시), 제초, 돌자갈치우기, 토양의 채취, 운반, 보관, 포설 등의 완료 후 식재기반을 조성한다. 인공지반의 식재기반은 지하주차장 상부, 건물옥상 등 인공구조물 상부의 기반조성으로서 인공토, 혼합토, 양질토 조성으로 구분 시행한다.

② 품셈 기준

대규모의 표토취급은 일반적으로 기계화 시공하고 운반은 운반공사를 참조한다. 조경토양은 사질양토 기준이므로 표토취급은 [2015년 토목품셈 18-7(표토취급)] 양토를, 고결토 흙갈기는 [LH공사]의 기준을 준용하여 [2015년 토목품셈 18-4(막갈이)]와 [2015년 토목품셈 18-5(흙바수기)] 양토 15cm를 다음과 같이 준용한다. 표토의 불필요한 이물질 제거는 [2017년 토목, 건축품셈 1-31(환경관리비)] 폐기물발생량 기준인 〈표 3.3-13〉을 적용하고, 자연형 전답은 [2015년 토목품셈 18-6(돌자갈 치우기)]를 다음과 같이 준용한다. 추가로 준용 필요시에는 [2015년 토목품셈 제18장(개간)]을 참고한다.

흙쌓기 및 흙깎기는 기계화시공을 원칙으로 하고 특별히 필요한 경우 [2015년 토목품셈 18-8(경지정리)]의 땅고르기, 논두렁 흙쌓기 및 흙깎기 또는 [공통품셈 3-8-1(답면고르기)]를 현장별로 적합하게 준용한다.

〈표 5.2-1〉 표토 취급 [2015년 토목품셈] (992m² 당)

구 분	취급 심도 (cm)				
	6	9	12	15	18
사토	11인	14인	17인	20인	23인
양토	13	17	20	24	28
식토	16	20	24	28	32

〈표 5.2-2〉 막갈이 [2015년 토목품셈] (992m² 당)

구 분	취급 심도 (cm)				
	9	12	15	18	21
사토	5인	7인	9인	11인	13인
양토	6	8	11	13	15
식토	8	11	13	15	18

〈표 5.2-3〉 흙바수기 [2015년 토목품셈] (992m² 당)

구 분	취급 심도 (cm)				
	9	12	15	18	21
사토	3인	4인	5인	6인	7인
양토	4	5	6	7	8
식토	5	6	7	8	9

〈표 5.2-4〉 돌자갈 치우기 [2015년 토목품셈] (992m² 당)

구 분	함유물 (%)		
	10% 이내	10~30%	30% 이상
개 답 (開畓)	2인	6인	17인
개 전 (開田)	0.5	3.5	6.5

수목제거는 지정수목 또는 수형 등이 불량한 수목의 제거공사로서 수목 제거를 위한 벌목(나무 베기, 잔가지 정리, 반출을 위하여 이동 가능한 크기로의 분할 및 자른 가지의 집재 포함)과 별도로 적용하는 운반 및 폐기처리를 말하며, 특별히 필요한 경우의 수목 뿌리분 굴취, 제거 뿌리분 상하차 운반 및 폐기처리까지 포함할 수 있다.

수목제거를 위한 벌목은 [공통품셈 3-7-1(벌목)]에 의하여 다음과 같이 적용하며, 부가 공종인 뿌리분 제거는 2020년 개정된 [공통품셈 3-7-2(뿌리뽑기)]와 참고자료인 입목본수도를 다음과 같이 적용한다.

일반 녹지대 등 수목제거는 〈표 5.21-17~19〉를 적용한 후 제거수목의 폐기물량은 〈표 5.21-20, 21〉과 같이 적용 또는 준용한다.

〈표 5.2-5〉 벌목 [공통품셈] (1,000m² 당)

구 분	규격	단위	나 무 높 이		
			5m 미만	5m~8m 미만	8m 이상
벌 목 부		인	2.14	2.80	3.65
보 통 인 부		인	0.51	0.66	0.87
굴삭기+부착용집게	0.2m³	hr	2.71	3.54	4.61
비 고	- 본 품의 집재거리는 100m까지를 기준한 것이므로, 이를 초과하는 경우 매 100m 증가마다 품을 30%씩 가산한다.				

[주] 1. 본 품은 인력과 장비에 의한 벌목작업 기준이며, 나무높이는 평균높이로 한다.
2. 본 품은 나무베기, 잔가지 정리, 집재 및 반출을 위한 정리작업을 포함한다.
3. 장비의 규격은 작업여건(작업범위, 위치 등)에 따라 변경할 수 있다.
4. 위험지역(가옥주변, 기존도로 인접구간 등)의 수목은 장비를 추가 반영할 수 있다.
5. 공구손료 및 경장비(엔진톱, 톱날, 휘발유 등)의 기계경비는 인력품의 10%로 계상한다.

〈표 5.2-6〉 뿌리뽑기 [공통품셈] (1,000m² 당)

구 분	규 격	단위	수 량
보 통 인 부		인	1.06
굴삭기+부착용집게	0.2m³	hr	3.76
비 고	- 본 품의 집재거리는 100m까지를 기준한 것이므로, 이를 초과하는 경우 매 100m 증가마다 품을 30%씩 가산한다.		

[주] 1. 본 품은 벌목 후 지표에 있는 나무뿌리, 초목 등을 제거하는 기준이다.
2. 본 품은 입목본수도 50~60%, 수경 10~20cm이하 기준이다.
3. 본 품은 뿌리 및 초목 제거, 집재 및 정리 작업을 포함한다.

〈표 5.2-7〉 입목본수도 [공통품셈 – 참고자료] (992m² 당)

수경 (樹徑)	연료림	용재림	수경 (樹徑)	연료림	용재림
4 cm	314 개	235 개	28 cm	57 개	43 개
6	272	204	30	52	39
8	231	174	32	48	36
10	187	140	34	44	33
12	154	115	36	40	30
14	131	98	38	37	28
16	110	82	40	35	26
18	97	73	42	32	24
20	84	63	44	29	22
22	75	57	46	28	21
24	68	51	48	26	20
26	63	47	50	24	18

2) 터파기

① **적용 범위** : [건축적산자료]의 터파기 기준은 다음과 같다.

㉠ 터파기의 구분

- 토사의 종류 및 터파기 깊이에 따라 산정한다.
- 주위에 장애물(가시설물, 인접 건물 및 기타 시설물)이 있을 때와 협소한 독립 기초의 터파기는 품의 50%까지 가산한다.
- 협소한 장소(최소폭이 1m 이내이거나 1m를 넘는 경우라도 최대길이 2m 미만일 때)와 용수(湧水)가 있는 경우의 터파기는 품의 50%까지 가산한다.
- 수중 터파기는 품의 2배까지 가산한다.

㉡ 터파기의 여유

거푸집, 흙막이, 방수, 잡석지정 등 작업용 공간으로 넓게 할 필요가 있는 경우 설계에 의하되 일반적으로 다음을 표준으로 한다. 이때, 특수한 토질을 제외하고 터파기 깊이가 1m 미만일 때는 안식각(安息角)을 고려하지 않는 수직터파기로 계산한다.

〈표 5.2-8〉 터파기의 여유폭 [건축적산자료]

구 분	터파기 높이 (H)	터파기 여유폭 (D)	비 고
흙막이가 없는 경우	1.0m 이하	20cm	수직 터파기
	2.0m 이하 4.0m 이하 4.0m 이상	30cm 50cm 60cm	휴식각 터파기
흙막이가 있는 경우	5.0m 이하 5.0m 이상	60~90cm 90~120cm	

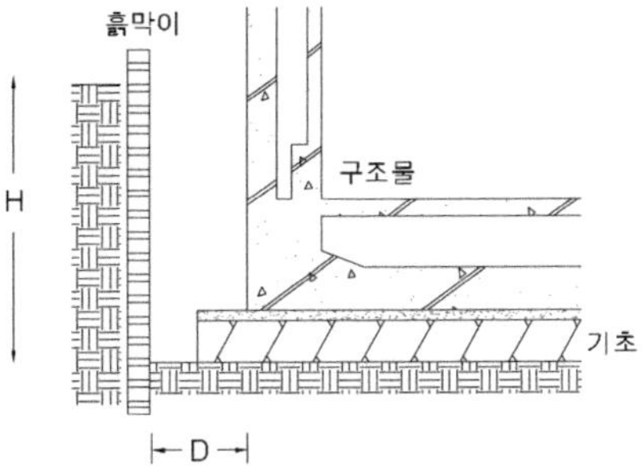

그림 5.2-6 흙막이가 있는 경우

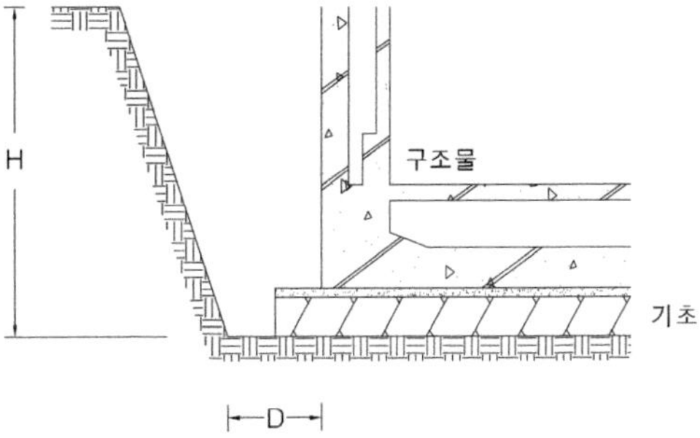

그림 5.2-7 흙막이가 없는 경우

㉢ 터파기 계산방법

터파기량 계산은 독립기초, 줄기초 터파기 형태에 의하여 다음과 같으며, 흙의 운반시점은 터파기 비탈 어깨선부터로 한다.

$$\text{터파기량}(A) = \frac{h}{6}[(2a+a')b+(2a'+a)b']$$

$$\text{터파기량}(A) = \frac{a+b}{2}h \times (\text{줄기초 길이})$$

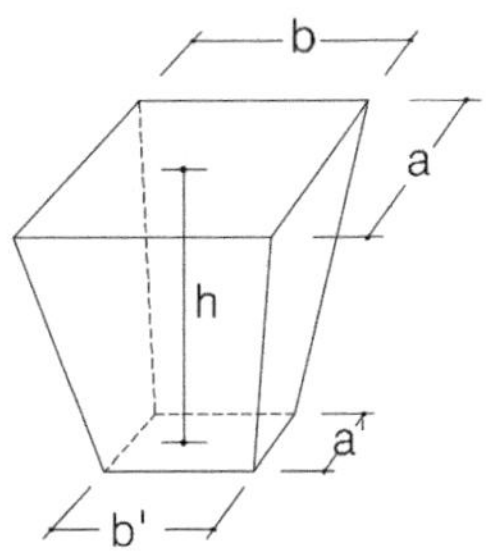

그림 5.2-8 독립기초파기

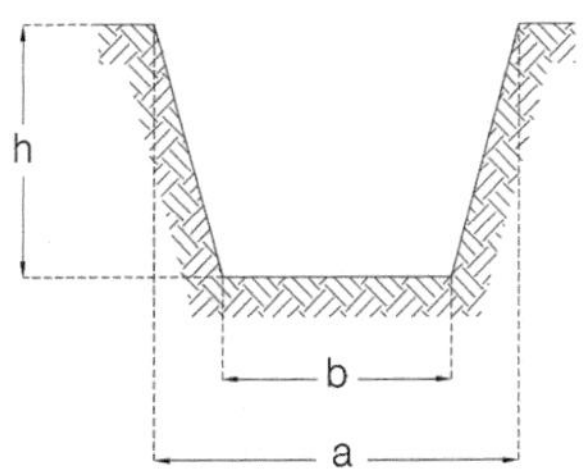

그림 5.2-9 줄기초파기

㉣ 흙의 휴식각 (안식각)

흙의 휴식각은 토질시험에 의한 적용을 원칙으로 한다. 단, 토질시험이 곤란한 경우 토질에 따른 휴식각은 다음과 같으며, 토질의 구분이 어려운 경우의 일반적인 기울기는 1 : 0.3을 기준으로 한다.

〈표 5.2-9〉 흙의 휴식각 [건축적산자료]

토 질		휴식각 (도)	비 고
모 래	건 조	20~35	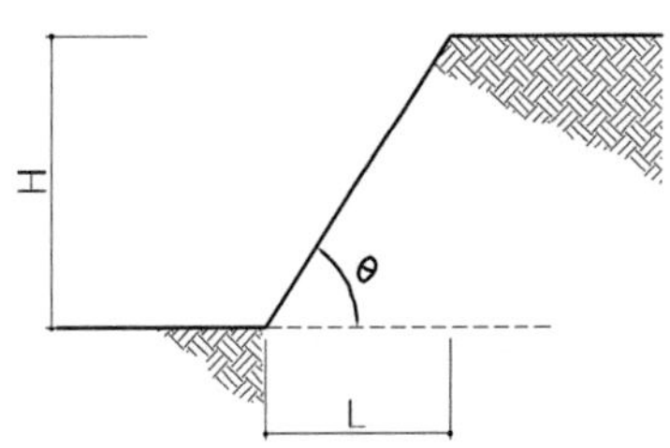 휴식각(안식각) = θ, $\cot\theta = \frac{L}{H}$
	습 기	30~45	
	포 화	20~40	
보 통 흙	건 조	20~45	
	습 기	25~45	
	포 화	25~30	
진 흙	건 조	40~50	
	습 기	30	
	포 화	20~25	
자 갈	일 반	30~35	
	모래, 진흙섞임	20~35	
암 반	연 암	–	
	경 암	–	

② 품셈 기준

2020년 개정 [공통품셈 제3장(토공사)]는 적용기준[9] 을 규정하고 인력굴착(토사), 인력굴착(암반)으로 세분하였다. 절취가 삭제되었으므로 넓은지역 땅깎기 등은 기계 100%를 적용하고, 기계화시공 터파기는 기계:인력 비율을 90:10 기준으로 소규모 또는 세공 필요시 70:30 비율을 적용한다.

〈표 5.2-10〉 인력굴착(토사) [공통품셈] (m^3 당)

구 분	단위	수 량			
		보통토사	경질토사	고사점토 및 자갈 섞인 토사	호박돌 섞인 토 사
보통 인부	인	0.20	0.26	0.32	0.57
비 고	- 현장 내에서 소운반하여 깔고 고르는 잔토처리는 m^3당 0.2인을 별도 계상한다.				

[주] 1. 본 품은 자연상태 토사를 기준한 것이며, 깊이 1m이하의 인력에 의한 구조물 터파기 또는 흙깎기 등에 적용한다.
2. 본 품은 면고르기가 포함된 것이며, 호박돌 섞인 토사 품에는 발파품을 인력품으로 환산한 것도 포함되어 있다.
3. 흙막기 및 물푸기 품은 별도 계상한다.
4. 용수가 있는 곳은 본 품의 50%까지 가산할 수 있다.
5. 주위에 장애물(가시설물, 인접건물 및 기타시설물)이 있을 때와 협소한 독립기초파기 때는 품을 50%까지 가산할 수 있다.

〈표 5.2-11〉 인력굴착(암반) [공통품셈] (m^3 당)

암질 \ 구분	착암공 (인)	보통인부 (인)	공기압축기 (시간)	소형브레이커 (시간)	비 고
풍 화 암	0.33	0.16	0.30	1.26	공기압축기 7.1m^3/min 소형브레이커 1.3m^3/min 4대 기준
연 암	0.41	0.21	0.48	1.68	
보 통 암	0.58	0.29	0.60	2.40	
경 암	0.94	0.48	0.96	3.90	

[주] 1. 버력적재 및 운반은 별도 계상한다.
2. 굴착토량은 단위개소당 10m^3 미만의 경우 또는 대형브레이커나 화약사용이 불가능한 경우에 적용한다.
3. 기계 및 기구 경비는 별도 계상한다.
4. 잡재료는 인력품의 1%까지 계상할 수 있다.

3) 잔토처리

① 적용 범위

터파기한 흙에서 되메우기 등으로 사용 후 남은 잔여토량을 현장 내에 버리는 작업(捨土)으로 소운반 및 깔고 고르는 작업을 말한다.

흙파기량 전부를 잔토처리할 때에는 {잔토처리량=터파기체적}이고, 일부를 되메우고 잔토처리할 때는 2가지로 구분 적용한다. 흙되메우기만 시행시는 {잔토처리량=(터파기

---

9)- 굴착작업은 작업조건, 굴착량 등에 따라 기계굴착과 인력굴착의 공사비를 비교 검토하여 적정 시공방법을 선정하여야 한다.
- 기계굴착은 [공통품셈 제8장(건설기계)]에 의하고, 공사비 비교시 기계굴착이 비경제적인 협소지역이나 넓은 지역이라도 굴착기계를 투입할 수 없는 특수한 여건의 지역은 인력으로 설계할 수 있다.

체적－되메우기체적)}이며, 되메우고 돋우기(盛土)할 때는 {잔토처리량＝터파기체적－(되메우기체적＋돋우기체적)}이다.

② 품셈 기준

잔토처리는 [공통품셈 3-1-2(인력굴착-토사)]의 비고에 의하여 다음과 같이 적용한다.

〈표 5.2-12〉 인력 잔토처리 [공통품셈] (m^3 당)

구 분	직 종	단위	수 량	비 고
잔 토 처 리	보통인부	인	0.20	현장내 처리

4) 되메우기 및 뒤채움

① 적용 범위

되메우기는 시설 설치 후 잔여 공간에 흙을 다시 되메우는 작업으로 현장내 소규모 토양 이동에는 일반적으로 토량변화율을 적용하지 않으나, 대규모 토공이나 외부 토양의 반입시에는 반드시 적용하여야 한다.

기초다짐 및 뒤채움은 시설물, 구조물 등의 지반 강화나 안정이 필요한 경우 작업 장비와 조건으로 구분 적용하고, 기초지정은 건축물 등의 지반 강화를 위하여 모래, 자갈, 잡석 등 재료별로 구분 적용한다.

그림 5.2-10 기초다짐

② 품셈 기준

되메우기는 [2019년 토목, 건축품셈 3-1-3의 1(인력터파기)] 비고의 0.1(인/m^3)를 적용하였으나, 2020년 품셈 개정에서 되메우고 다지는 동시작업 공정으로 [공통품셈 3-2-1(인력 흙 다지기)]의 적용으로 변경되었다.

기초다짐 및 뒤채움은 장비 규모로 구분하여 [공통품셈 3-2-2(기초다짐 및 뒤채움-소형장비)], [공통품셈 3-2-3(기초다짐 및 뒤채움-대형장비)]로 구분 적용하고, 작업조건이 보다 용이한 보강토 옹벽의 뒤채움은 2015년 신설된 [공통품셈 3-6-4(뒤채움 및 다짐)]을 적용한다. 기초지정은 [공통품셈 3-2-4(기초지정)]에 의하여 다음과 같이 적용한다.

〈표 5.2-13〉 인력 흙 다지기 #1 [공통품셈] (m^3 당)

구 분	단위	수 량 (성토두께 cm)			
		토 사		점 토	
		15	30	15	30
보 통 인 부	인	0.14	0.11	0.25	0.19

〈표 5.2-14〉 인력 흙 다지기 #2 [공통품셈] ($100m^2$ 당)

구 분	단위	수 량 (성토두께 cm)			
		토 사		점 토	
		15	30	15	30
보 통 인 부	인	2.14	3.33	3.80	5.70

[주] 1. 본 품은 흐트러진 상태의 흙 두께를 깔아서 다져진 상태의 토량 기준이다.
2. 모래밭은 적용되지 않는다.
3. 흙고르기를 포함한다.
4. 살수(撒水)품은 물의 운반거리에 따라 별도 가산한다.
5. 기계(유압식 진동 콤팩터 등) 병용 시 본 품의 20%를 감할 수 있다.

〈표 5.2-15〉 기초다짐 및 뒤채움(소형장비) [공통품셈] ($10m^3$ 당)

구 분	규 격	단위	수 량
보 통 인 부		인	0.18
굴 삭 기	0.2 m^3	hr	0.70
살 수 차	5,500ℓ	hr	0.10
진동롤러(핸드가이드식)	0.7 ton	hr	0.96

[주] 1. 본 품은 소형 다짐장비를 사용한 구조물 뒤채움 기준이다.
2. 본 품은 포설 및 고르기, 다짐 작업을 포함한다.
3. 투입장비는 작업여건에 따라 장비조합을 변경하여 적용할 수 있다.
4. 지지력 시험은 별도 계상한다.

〈표 5.2-16〉 기초다짐 및 뒤채움(대형장비) [공통품셈] ($10m^3$ 당)

구 분	규 격	단위	수 량
보 통 인 부		인	0.07
굴 삭 기	0.2 m^3	hr	0.34
살 수 차	5,500ℓ	hr	0.08
진 동 롤 러	10 ton	hr	0.30
진동롤러(핸드가이드식)	0.7 ton	hr	0.28

[주] 1. 본 품은 대형 다짐장비를 사용한 구조물 뒤채움 기준이다.
2. 본 품은 포설 및 고르기, 다짐 작업을 포함한다.
3. 투입장비는 작업여건에 따라 장비조합을 변경하여 적용할 수 있다.
4. 지지력 시험은 별도 계상한다.

〈표 5.2-17〉 뒤채움 및 다짐 [공통품셈] ($10m^3$ 당)

구 분	규 격	단위	수 량
보 통 인 부		인	0.07
굴 삭 기	0.6 m^3	hr	0.31
진 동 롤 러	10 ton	hr	0.19
진동롤러(핸드가이드식)	0.7 ton	hr	0.18

[주] 1. 본 품은 보강토 옹벽의 뒤채움 및 다짐 작업 기준이다.
2. 본 품은 블록 속채움 및 뒤채움, 다짐 작업을 포함한다.
3. 지지력 시험은 별도 계상한다.
4. 투입장비는 작업여건에 따라 장비조합을 변경하여 적용할 수 있다.

〈표 5.2-18〉 기초지정 [공통품셈] (10m³ 당)

구 분	규 격	단위	수 량		
			모래지정	자갈지정	잡석지정
보 통 인 부		인	0.15	0.16	0.18
굴 삭 기	$0.2m^3$	hr	0.56	0.63	0.70
플레이트 콤팩터	1.5ton	hr	0.62	–	–
진동롤러(핸드가이드식)	0.7ton	hr	–	0.74	0.86

[주] 1. 본 품은 모래, 자갈, 잡석을 사용한 기초지정 기준이다.
2. 본 품은 포설 및 고르기, 다짐 작업을 포함한다.
3. 투입장비는 작업여건에 따라 장비조합을 변경하여 적용할 수 있다.

5) 면고르기

① 적용 범위

면고르기는 토사 절취나 굴착으로 발생된 절·성토 평면적을 토질별로 구분 적용하며, 사면은 평면적에 기울기를 곱한 실면적으로 한다.

② 품셈 기준

면고르기는 형태별로 [공통품셈 3-3-1(절토면 고르기)], [공통품셈 3-4-1(성토면 고르기)]에 의하여 다음과 같이 적용한다. 현장조건으로 지형정리가 특별히 필요한 경우 [2015년 토목품셈 18-6(돌 자갈 치우기)]인 〈표 5.2-4〉를 적용하되, 일반적 기준인 개답(開畓) 10~30%를 적용한다.

과거에는 토공면 고르기만 적용하였으나 작업공정에 의하여 2013년 식재면 고르기가 신설되었다. 토공면의 성토면, 절토면 또는 부토 고르기 1차 시행 후 그 완료면에 2차로 식재기반의 [공통품셈 3-4-2(식재면 고르기)]인 〈표 5.5-1〉을 적용한다.

〈표 5.2-19〉 절토면 고르기 [공통품셈] (10m² 당)

구 분	규 격	단위	수 량					
			모래·사질토·점토·점질토	연질토·불순자갈	호박돌 섞인 고결토·경질토	풍화암	연 암	보통암·경암
보 통 인 부		인	0.05	0.09	0.10	0.19	0.27	0.36
굴 삭 기	0.6 m^3	hr	0.15	0.21	0.24	0.45	0.82	1.07
대형브레이커	0.6 m^3	hr	–	–	–	–	0.82	1.07

[주] 본 품은 굴삭기를 사용한 절토 비탈면의 고르기 기준이다.

〈표 5.2-20〉 성토면 고르기 [공통품셈] (10m² 당)

구 분	규 격	단위	수 량
굴 삭 기	$0.6m^3$	hr	0.09

[주] 1. 본 품은 하천제방, 램프 등 성토 비탈면의 고르기 기준이다.
2. 본 품은 점토, 점질토, 모래, 사질토 기준이다.

6) 조경토 운반

① 적용 범위

지형조성시 절 · 성토량은 표준단면에 의한 양단면평균법으로 토량을 산출하되 간격은 10m를 기준으로 지형 규모에 의하여 1~20m로 조정할 수 있다.

조경토사는 위치별 절 · 성토량 산정 결과값으로 운반 토사의 반출 및 반입을 반영한다. 조경공사의 잔토, 비옥토 및 성토용 토사의 적치장 또는 외부토취장에서 성토지까지의 운반은 구역별 최소거리의 용토계획을 수립한다. 단, 적치장(또는 토취장) 미확정시의 운반거리는 L=1km, 10km 등을 기준거리로 추정 계상하고 시공 후 정산한다.

② 품셈 기준

조경토 굴착 · 상차 · 운반은 [LH공사] 기준을 준용하여 불도저(7Ton), 굴삭기($0.4m^3$), 덤프트럭(8ton, 자동덮개설치)을 기준으로 규모에 적합한 장비를 선정 적용하며 품셈은 기계화 시공 및 운반공사를 참조한다.

굴착운반(불도저 7Ton)시 불도저 절취로 자동 성토되는 구간(20m)은 비용을 계상하지 않으며, 절성토시 운반거리 20m이상은 불도저 절토 · 운반 또는 굴삭기 굴착 + 덤프트럭 운반을 비교 적용한다. 굴착상차(굴삭기 $0.4m^3$)시 적치 토사는 절취 · 상차를 적용하며, 일반 조경공사는 터파기 · 상차 적용을 기준으로 한다.

7) 식재지 조형(성토) 및 마운딩

① 적용 범위

흙돋우기(盛土) 작업인 식재지 조형(성토) 및 마운딩의 토량은 자연토량을 기준으로 한다. 흙돋우기량은 체적변화율 C값을 적용하여 더돋기(餘盛土)하고 지반 침하량을 가산하여 {흙돋우기량=(흙돋우기체적×토량환산계수 C값)}으로 산출한다.

반입토의 식재지반은 굴착 및 상차 → 운반 → 정지 · 전압 및 마운딩 성토 → 식재지 조형 → 식재면 고르기 순으로 가급적 불필요한 토공이 발생하지 않도록 한다. 반입토의 식재지반조성은 조경토 굴착 · 운반, 정지 · 전압, 식재지 조형, 마운딩용 성토, 식재면 고르기로 구분하며 현장내 토양 이동이나 지반조성은 반입토 지반조성에 준하여 운용한다.

② 품셈 기준

성토, 되메우기 등의 작업토량은 자연상태 기준이므로 토량변화율을 고려하여 충분히 여성토한다. 운반을 제외한 성토 등은 되메우기 품을 적용하며, 성토 및 부토용 토사의 운반비는 별도 계상한다.

토양시험은 산림청의 수수료를 기준으로 적용한다.

마운딩 토양의 체적은 설계도면의 등고선 투영면적에 의한 구분구적법으로 산출하며, 백호우를 이용한 마운딩용 성토는 작업 난이도별 단순 · 보통 · 복잡으로 세분된 [LH공사], [조경공사 적산기준]을 다음과 같이 준용한다. 이때 마운딩 품의 적용량은 공공용지 및 녹지 등은 운반토량의 30%, 공원과 공동주택 단지는 운반토량의 70%를 기준으로 적용한다. 10)

<표 5.2-21> 마운딩용 성토 [LH공사, 조경공사 적산기준] (m^3 당)

구 분	조경공 (인)	보통인부 (인)	백호우 (hr)	
			0.7(m^3)	0.4(m^3)
단 순	0.005	0.010	0.008	0.009
보 통	0.030	0.010	0.020	0.024
보통 (주택)	0.060	0.020	0.020	0.024
복 잡	0.061	0.020	0.040	0.047

[주] 작업의 난이도는 다음과 같이 구분하며, 백호우 규격은 0.4(m^3)를 기준으로 대규모 작업은 0.7(m^3)를 적용할 수 있다.
- 단순 : 완충녹지 및 방음둑 조성과 같이 동일 단면으로 연속되는 단순한 형태의 마운딩시 적용
- 보통 : 공원 및 공동주택 단지내 등 경관성 향상을 위하여 도입된 일반적인 형태의 마운딩시 적용
  단, 주택개발사업지구 아파트 단지에 적용시에는 장비사용 등의 어려움을 감안하여 인력품에 100% 할증 적용
- 복잡 : 공원 및 공동주택 단지내 등 특별한 경관을 창출코자 자유곡선 형태 등 지형의 변화가 많은 마운딩시 적용

8) 토양개량 및 소운반

① 적용 범위

토양 개량은 현장토의 경운이나 인공토, 혼합토, 치환토 등으로 구분된다. 대상지역의 지역조건과 현장여건을 감안하여 가급적 양질토인 현장토 또는 반입토, 토양이 불량한 경우 치환토, 혼합토 또는 인공토 등으로서 현장에 적합한 양질토, 혼합토, 인공토 등을 적용한다.

인공토는 무기질의 펄라이트계나 화산석계 등의 적용을 원칙으로 하며, 혼합토 비율은 설계도서에 의하여 양질토(50%)+인공토(50%)를 기준으로 비율을 조정한다. 인공토 및 혼합토 포설량은 (면적×포설깊이)로, 작업시 소실량과 여성토를 고려한 [LH공사], [조경공사 적산기준]을 준용하여 15% 할증을 계상한다.

---

10) 이는 마운딩용 토양의 하차로 이미 일부 작업이 완료된 상태로 가정한 값으로 추정되며, 보통의 2가지 분류는 일반 공동주택단지와 주택개발사업지구 정비의 작업 난이도를 감안하여 보통과 인력품이 100% 할증된 보통(주택)으로 구분하므로 난이도가 있는 지역정비 등은 보통(주택)을 기준으로 준용한다.

② 품셈 기준

인공토 중량은 설계도서에서 별도의 명기가 없는 경우 100(kg/m^3)를 기준으로 하며, 1회 운반량은 포장단위를 감안하여 2포대(10kg×2), 적재 및 적하 소요시간은 0.5분을 기준으로 산정한다. 인공토 소운반은 [LH공사], [조경공사 적산기준]을 준용하여 2층을 기준으로 운반거리는 46m(운반거리 10m+2층 6m×환산계수 6), 운반속도는 보통인 2,500(m/hr), 적재 및 적하 소요시간 0.5(분) 기준 운반거리를 계상한다. 이때 결과값은 N=166.174(회/일), Q=33.235(m^3/일)이며 0.0301(인/m^3)를 기준품으로 적용한다. 인공지반 상부나 옥상 등 소운반 거리를 다르게 적용하는 경우에도 이를 기준으로 산출 적용한다.

9) 토양과 인공토의 혼합

① 적용 범위

토양과 인공토의 혼합은 수목의 양호한 생육환경 조성을 위하여 적정 비율의 희석이 필요한 경우 반드시 적용되어야 한다. 적정규모를 기준으로 대규모 토양혼합은 기계로, 소규모 토양혼합은 인력으로 구분 적용한다.

② 품셈 기준

대규모 혼합은 굴삭기(0.4m^3)로 떠서 흔들어 섞는 [LH공사], [조경공사 적산기준]을 준용하여 토사혼합(굴삭기 0.4m^3)의 m^{3}당 작업시간(Q)=41.17(m^3/hr)으로 단위(m^3) 작업시간은 0.0241(hr/m^3)를 기준한다.

인공토양의 소규모 혼합은 [건축품셈 9-1-1(모르타르 배합)]을 기준으로 준용한 〈표 5.5-21〉에 의한다. 혼합토 부설은 [공통품셈 3-1-2(인력굴착-토사)] 주기의 잔토처리를, 되메우기는 [공통품셈 3-2-1(인력 흙 다지기)]를 준용한다.

10) 매트부설

① 적용 범위

부직포와 방근용 매트 부설은 설계도서의 계획 수량에 서로 겹쳐지는 양을 가산하여 정미량으로 한다.

② 품셈 기준

매트부설은 [공통품셈 5-2-1(매트부설)]에 의하여 다음과 같이 적용한다. 매트부설 품셈은 매트부설, 매트봉합 및 마무리 작업이 포함되어 있다.

작업지시 수령 및 장소배치, 작업중 작업장 이동, 작업중 불시의 사고대기, 작업 중 발파 대피, 작업완료 후 정리 및 도구반납 등 손실시간 30분을 공제한 7시간 30분(450분)을 실작업시간으로 적용한다.

3) 적재 · 적하시간

삽작업 시 보통토사 1삽 중량은 7~8kg으로 평균 7.5kg을 기준으로 하며, 적재횟수는 1분간 5~8회로서 평균 7회를 기준으로 한다. 이는 절취해 놓은(흐트러진 상태) 토석 기준이므로 절취는 포함되지 않은 것이다. 적재 · 적하시간에는 싣고 부리는 시간 이외에 준비시간이 포함되어 있다.

4) 평균 왕복속도

운반로 상태별 운반장비의 주행속도로서 운반로의 상태에 따라 다음과 같이 3단계로 구분하여 적용한다.

- 양호 : 운반로가 평탄하며 보행이 자유롭고, 운반상 장애물이 없는 경우
- 보통 : 운반로가 평탄하지만 다소 운반에 지장이 있는 경우
- 불량 : 보행에 지장이 있는 습지, 모래질, 자갈질, 암반 등 지장이 있는 운반로의 경우

5) 소운반의 운반거리

품에 포함된 소운반 거리는 20m 이내이므로 소운반이 포함된 품에서 소운반 거리가 20m를 초과할 경우에는 초과분에 대하여 이를 별도 계상하며, 경사면의 소운반 거리는 직고 1m를 수평거리 6m의 비율로 환산 적용한다.

3.3 운반 공사

1) 지게 운반

① 적용 범위

지게운반은 삽작업이 가능한 토석재 기준으로 1회 운반량은 25kg으로 한다.
인력 1회 운반량은 기존 50kg에서 2010년 품셈 개정시 25kg으로 변경되었다.

② 품셈 기준

지게운반은 [공통품셈 1-5-1의 3(지게운반)]에 의하여 다음과 같이 적용한다.

〈표 5.3-1〉 지게운반 [공통품셈]

구 분 / 종 류	적재 · 적하시간 (t)	평균 왕복 속도 (m/hr)		
		양 호	보 통	불 량
토 사 류 석 재 류	1.5분 2분	3,000	2,500	2,000

[주] 1. 절취는 별도 계상한다.
2. 양호 : 운반로가 평탄하며 보행이 자유롭고 운반상 장애물이 없는 경우
보통 : 운반로가 평탄하지만 다소 운반에 지장이 있는 경우
불량 : 보행에 지장이 있는 운반로의 경우. 습지, 모래질, 자갈질, 암반 등 지장이 있는 운반로의 경우
3. 1회 운반량은 보통토사 25kg으로 하고, 삽작업이 가능한 토석재를 기준으로 한다.
4. 석재류라 함은 자갈, 부순돌 및 조약돌 등을 말한다.
5. 고갯길인 경우에는 직고(直高) 1m를 수평거리 6m의 비율로 본다.
6. 적재 운반, 적하는 1인을 기준으로 한다.

2) 리어카 운반

① 적용 범위

리어카운반은 인력운반의 기본식에 다음의 운반재료별 기준에 의하여 품셈을 적용한다. 리어카 운반은 삽작업이 가능한 토석재 기준으로 1회 운반량은 250kg으로 한다.

그림 5.3-1 리어카운반

② 품셈 기준

리어카운반은 품셈 개정으로 삭제되었으나, 필요시 [2005년 토목품셈 9-4(리어카운반)]에 의하여 다음과 같이 준용한다.

〈표 5.3-2〉 리어카운반 [2005년 토목품셈]

구 분	적재 · 적하시간 (t)	왕복 평균 속도 (m/hr)		
		양 호	보 통	불 량
토 사 류 석 재 류	4분 5분	3,000	2,500	2,000

[주] 1. 적재 운반 적하는 2인을 기준으로 하고, 운반도로의 개설 및 유지가 필요한 때에는 별도로 계상한다.
2. 절취는 별도 계상한다.
3. 1회 운반량은 보통토사 250kg으로 하고, 삽작업이 가능한 토석재(토사, 모래, 자갈, 부순돌, 조약돌 등)를 기준으로 한다.
4. 리어카 운반의 계산은 기계의 경우와 같으나 고갯길 운반 환산거리의 적용이 다를 뿐이다.
5. 리어카의 손료는 품에 감안된 것으로 보고 계상하지 아니한다.

3) 인력(목도) 운반

① 적용 범위

목도운반은 2인~6인 1조로 목도채를 이용하여 인력 운반하는 방법으로 다음 기본식으로 계상한다. 이때, 교목 중 중량형 수목은 수목 움직임 조절과 진행방향으로의 중심 유도를 위하여 보통인부 1인이 추가로 필요하다.

② 기본식

목도운반은 품셈에 별도로 명시된 사항은 없으나 조경공사의 특성상 기계시공이 곤란하여 목도운반으로 시공하는 여건이 과거에는 특히 자주 발생하여 왔다. 과거부터 현재까지도 목도운반의 품셈기준은 존재하지 않으나 인력운반의 기본공식에 의하여 다음과 같이 준용한다.

$$\text{운반비 } Q = \frac{M}{T} \times A\left(\frac{60 \times 2 \times L}{V} + t\right)$$

M : 필요한 인력운반공(목도공)수 (인) = 총운반량/1인당 1회 운반량
인력운반공(목도공) 1인당 1회 운반량 : 25kg

T : 1일 실작업 시간 (분)

A : 인력운반공(목도공)의 노임

L : 운반거리 (m) = 경사지인 경우 환산계수($a \times L$) 적용

V : 왕복평균속도 (m/hr)

t : 준비작업시간 (2분)

③ 수목의 중량산출

뿌리분의 형상에 따른 체적은 다음의 공식에 의하여 산출되며, 수목의 중량은 뿌리분 중량(W_1)과 지상 부위 중량(W_2)의 합계로 산출된다.

- $V = 3.14D^2/4 \times D/2 + 3.14D^2/4 \times Rh_2/3$

$= 0.3927D^3$ (접시분일 때)

$= 0.4581D^3$ (보통분일 때)

$= 0.5236D^3$ (조개분일 때)

V : 뿌리분의 체적 (m^3)

D : 뿌리분의 직경 (m)

Rh_2 : 뿌리분 형상에 따른 밑면높이 (m)
0(접시분), $D/4$(보통분), $D/2$(조개분)

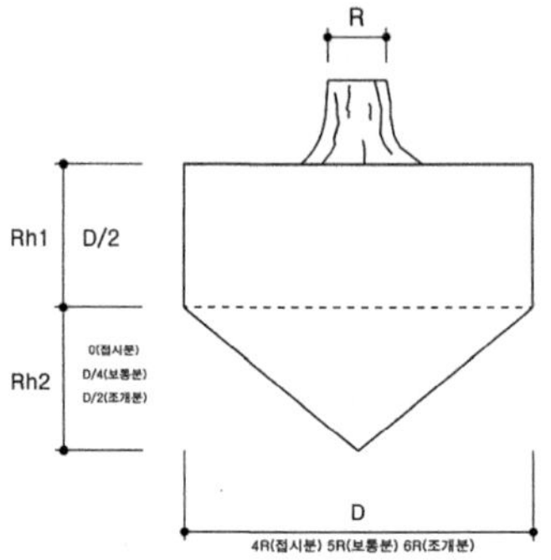

그림 5.3-2 뿌리분의 형상

- $W_1 = V \times U_{W1}$

  W_1 : 뿌리분의 중량 (kg)

  V : 뿌리분의 체적 (m^3)

  U_{W1} : 뿌리분의 단위중량 (1,300 kg/m^3)

- $W_2 = K_3 \times 3.14 \times (B/2)^2 \times H \times U_{W2} \times (1+P)$

  W_2 : 지상 부위의 중량 (kg)

  K_3 : 수간 형상계수 (0.5)

  B : 수목의 흉고직경 (m)

  H : 수목의 높이 (m)

  U_{W2} : 수간의 단위중량(교목 : 1,200kg/m^3, 관목 : 1,300kg/m^3)

  P : 지엽의 다과에 따른 보합률(독립수 : 0.1, 임목 : 0.2)

④ 품셈 기준

목도운반의 규정 품은 없으므로 인력운반 기본공식을 운용한다. 경사지는 일반적으로 수직거리 1m를 수평거리 6m로 환산 적용하며, 특별히 경사지 운반 환산계수가 필요한 경우 [공통품셈 1-5-1의 4의 나(경사지 운반 환산계수)]를 다음과 같이 적용한다.

일반적인 조경공사는 대부분 기계를 이용하므로, 기계 시공이 불가능하여 수목의 목도운반이 특별히 필요한 경우에만 적용한다.

〈표 5.8-3〉 경사지 운반 환산계수(a)

경사도	%	10	20	30	40	50	60	70	80	90	100
	각도	6	11	17	22	27	31	35	39	42	45
환산계수(a)		2	3	4	5	6	7	8	9	10	11

〈표 5.3-4〉 목도운반의 평균왕복속도 [공통품셈 준용]

도로의 상태	속도 (m/hr)
양 호	2,000
보 통	1,500
불 량	1,000
물이 있는 논	500

4 기계화 시공공사

Landscape Architecture

4.1 개 요

건설공사는 경제성장으로 공사내용이 대형화·다양화되고 있다. 따라서 시공능력 증대, 품질 향상, 안전시공, 공사비 절감, 중노동 기피, 노임 상승 등으로 기계화시공이 가속화되었고, 기계화 시공 기술도 비약적으로 발전하였다. 시공계획과 운영관리의 합리화로 공기 단축과 공사비 절감, 품질의 향상 등은 물론 인력으로는 시공이 불가능했던 대규모 공사를 손쉽게 시공할 수 있는 등 공사수행에서 건설기계의 운용은 매우 중요한 위치를 차지하게 되었다.

과거의 조경공사는 특성상 인력품으로 적산하고 시공현장에서는 기계장비를 투입하는 경우가 타 공사에 비하여 특별히 많았다. 또한 조경공사 시공 현장에서도 인력 위주에서 탈피하여 공사규모의 대형화, 조경구조물의 다양화, 대규모화 및 현대화로 기계장비의 사용이 날로 증가하는 추세에 있다. 이에 조경공사 품셈도 시공 기준이 기계화 적용으로 개정되었으므로 현장별로 적합한 기계와 과거의 인력품을 운용함이 필요하겠다. 2010년 중기조장이 삭제되고 2017~2020년 기계화시공 적용기준 및 중기가격이 변경되는 등 기계경비는 추후에도 기계장비 발전으로 적용기준이 변경될 수 있으므로 적용시 각별히 유의한다.

4.2 건설기계의 특성

1) 불도저

불도저(Bulldozer)는 단거리의 절토, 성토, 정지, 흙운반작업 등에 쓰이며 장애물 제거 등에도 적합한 기계이다. 불도저의 작업 범위는 50~100m로서, 올라가는 경사에서는 작업능률이 급격히 저하되며, 내려가는 경사에서는 작업능률이 상승되는 특성이 있다.

그림 5.4-1 불도저 (무한궤도식)

불도저는 작업장치 조작방식으로 유압식과 케이블식, 구동장치에 의하여 무한궤도식과 차륜식(타이어식)으로 구분된다.

① 무한궤도식 불도저

무한궤도식(Crawler Type) 불도저는 접지 면적이 크고 차체 중량이 무한궤도에 분포되므로 견인력이 자중의 약 80%까지 크다. 접지압 0.4~0.6kg/cm 정도의 작은 값이므로 연약지반에서도 주행이 가능하다.

어느 지역이든 작업이 용이하고, 35° 경사지까지 올라갈 수 있으며, 선회반경이 작은 장점이 있다. 토공용으로는 최대 속도가 9km/hr 정도로 고속운전이 곤란하고, 운전 및 보수는 차륜형보다 용이하지 않으며, 제작비 및 수리비가 큰 단점이 있다.

② 차륜식 불도저

차륜식(Tire Type) 불도저는 타이어식으로 주행속도가 빠르므로 사고와 위험방지가 필요하다. 타이어의 특성상 지반에 미끄러지는 등 접지압이 작아 토양에 빠짐을 주의하여야 한다. 또 타이어 보호를 위하여 나무 등걸, 모가 난 돌이 많은 지역은 피해야 한다. 타이어의 수명은 평균 3,000시간이다.

2) 백 호

굴삭기계 중 가장 기동성이 뛰어난 기계는 백호(Back Hoe)이다. 또한 백호는 굴삭작업 뿐만 아니라 조경공사의 대형화에 따른 시설물공사 및 대형목 이식과 자연석 운반, 놓기, 쌓기 등에 많이 사용되고 있다.

백호는 보통 유압식 백호를 말한다. 유압식 백호는 파워 셔블(Power Shovel)군에 속하는 굴삭기계의 일종으로 차륜식(Tire Type), 무한궤도식(Crawler Type), 트럭적재식(Truck Type) 등이 있다. 차륜식과 트럭적재식은 기동성이 좋아 이동이 편리하고, 무한궤도식은 높은 접지압으로 연약지반에서도 용이하며, 습지 작업용으로 넓은 특수 구동판(Shoe)의 습지 백호가 있다.

그림 5.4-2 백호 (무한궤도식)

그림 5.4-3 백호 (차륜식)

유압식 백호는 주로 기계 본체보다 낮은 곳의 정확한 깊이를 요구하는 도랑 및 기초 굴삭과 정리작업 등에 적합하며, 파워 셔블(Power Shovel)보다 큰 굴삭력을 얻을 수 있다. 유압식 백호의 부수 장치에는 호(Hoe) 외에 셔블(Shovel), 크램쉘(Cramshell), 크레인 후크(Crane Hook), 브레이커

(Braker) 등이 있어 작업조건에 따라 호(Hoe)를 부수장치와 바꾸면 능률적인 작업이 가능하다.

유압식 백호의 선택 기준은 토질, 굴삭깊이, 조합 운반기계의 용량과 적재높이 등을 고려하여 디퍼 평균용량(m^3), 기계 전중량(Ton), 접지압(kg/cm^2), 최대 굴삭깊이(m), 최대 굴삭반경(m), 최대 펌프높이(m) 등의 검토가 필요하다.

셔블계 굴삭기인 유압식 백호의 특징은 다음과 같다.

① 비교적 경량이므로 이동 또는 운반이 편리하고, 자체적으로 좌우 독립주행이 용이하므로 협소한 장소에서도 작업이 가능하다.
② 동력 전달이 유압배관 뿐이므로 구조가 간단하고 정비가 용이하다.
③ 운전조작이 쉽고 사이클 타임(Cycle Time)이 빠르므로 작업능률이 좋다.
④ 굴삭 또는 주행시의 충격력을 흡수하므로 과부하에도 안전하다.

3) 로 더

로더(Loader)는 구동방식으로 차륜식, 무한궤도식, 레일식, 세미 크롤러식 등이 있다.

차륜식은 주행속도가 빠르고 기동성이 좋아 목적지까지의 이동은 신속하지만 굴삭력이 약하여 주로 흐트러진 상태의 재료 적재에 사용된다.

그림 5.4-4 로더 (차륜식)

무한궤도식은 파워셔블에 비하여 기동력이 늦지만 구동판을 이용하는 굴삭력이 장점으로, 일반적인 토사의 굴삭과 적재작업은 파워셔블보다 경제적이다. 접지압이 작으므로 연약지반 또는 정지작업이 안 된 지역의 작업도 가능하며, 레일식은 갱내작업 등 특수한 현장조건에서만 사용된다.

세미 크롤러식 로더는 전륜이 무한궤도식으로 되어 구동력을 크게 하고, 후륜은 타이어식으로 제작된 로더이다. 또한 로더는 적재방식에 의하여 프런트 엔드식(Front end Type), 오버 헤드식(Over head Type), 스윙식(Swing Type), 투웨이식(Two way Type), 연속식(Continuous Type) 등이 있으며, 일반적으로 많이 사용되는 로더는 프런트 엔드식이다.

4) 덤프트럭

덤프트럭(Dump Truck)은 흙 운반에 가장 중요한 장비로서 적재함을 경사지게 하여 자동으로 하역할 수 있다.

적재함을 하역하려면 후방으로 약 45~65°, 측방으로 45~55° 기울어지게 하여 흙을 방출시킨다. 일반적인 형태는 후방 덤프로서 모든 공사에 사용되며 측방덤프는 포장공사 등의 콘크리트 운반이나 도로 측단의 사토에 편리하다.

그림 5.4-5 덤프트럭

〈표 5.4-1〉 덤프트럭 비교

구 분	소형 덤프트럭	대형 덤프트럭
장 점	• 기동성이 좋으므로 운반거리가 짧을 때 유리하다. • 작업 중 1~2대가 고장이 나도 작업공정에 큰 영향을 주지 않는다. • 적재시간이 짧으며, 대기시간의 발생에 따른 보조작업에 유리하다.	• 운반단가가 낮아지므로 공사비 절감이 가능하다. • 작업대수가 적어지므로 작업관리가 용이하며, 정비비가 적어진다. • 시간손실이 적으므로 작업능률이 좋다.
단 점	• 공사단가가 비싸다. • 작업대수가 많아 정비비가 증가한다. • 대수가 많아지므로 작업관리가 복잡하고, 시간적 손실이 크다.	• 운반로의 훼손이 크므로 도로 유지보수를 필요로 한다. • 고장발생시 작업공정에 영향을 미친다. • 대기시간이 발생된 때에는 공사비 증가를 초래한다.

덤프트럭 작업시에는 다음 사항을 고려하여야 한다.

① **차종 선정** : 덤프트럭은 사용조건 즉 작업량, 적재기계의 능력, 도로폭, 구배, 교량 허용 등을 고려하여 선정한다. 적재기계의 버킷 용량과 덤프트럭 용량의 불균형은 적재시간 손실으로 공사비가 증대된다.

② **적재함 선정** : 운반하는 재료의 종류, 형상, 밀도, 점착력 등을 고려하여 적재함을 선정한다. 또한 적재함의 결정 후에도 재료의 종류와 적재방법 등에 따라 적재함을 보강할 수 있다.

③ **타이어 선정** : 운반작업상 고속주행 또는 큰 견인력이 필요한 작업장소나 암석지반에서 내구성을 고려하는 등 특수한 작업조건 등은 이에 적합한 타이어 선택이 필요하다.

5) 크레인

크레인(Crane)은 중량물을 수직으로 올리고 내리는 기계로서 토목과 건축공사 뿐만아니라 조경공사에서도 수목과 자연석의 적재, 운반, 쌓기, 놓기 등에서 많이 사용되며, 특수기구를 부착하여 파쇄작업 등에 사용하

그림 5.4-6 크레인

기도 한다. 기동성이 필요한 현장은 트럭적재식이 능률적이고, 붐(Boom)의 길이가 짧을 때는 중간 붐(Intermediate Boom)을 이용한다.

6) 진동 콤팩터

진동콤팩터(Compactor)는 내연기관으로서 진동의 발생장치와 평판 진동체를 조합하여 자주식 전용 트랙터에 부착한 것과 인력으로 이동시키는 플레이트 콤팩터가 있다.

그림 5.4-7 플레이트 콤팩터

진동콤팩터는 소규모 포장공사 등에 널리 사용되는 하향 다짐기계이다. 토공 · 기초 · 포장 · 배관공사 및 보수공사의 전압에 사용되며, 진동수 1,000~2,000회/min, 전압력 3~4ton, 3~4마력의 공랭식 가솔린 기관을 탑재한 자중 120kg 규모의 사용이 많다.

4.3 건설기계의 운영기준

1) 관리계획

건설기계 선정과 운영관리는 기계화시공의 성과에 중대한 영향을 끼친다.

기계의 선정은 시공방법, 경제성, 동원 가능한 장비보유 상황 등에 의하여 결정된다. 경제성은 기계화시공의 원가분석 후 어느 기계를 어떻게 사용할 것인가는 물론 기계의 취득원가 및 사용년도, 유지수리비, 가동비, 시공능률, 운전경비 등 시공원가에 영향을 주는 여러 요소를 검토한 후 선정하여야 한다.

경제적인 공사 수행을 위해서는 서로 다른 공사별 작업내용을 충분히 검토하여 적은 기계대수로 효율적인 공사수행이 되도록 한다. 그러기 위해서 어떤 기종을 몇 대 동원할 때 최고 작업능력이 발휘되는가의 검토가 필요하다. 기계화시공시 2종류 이상의 기계를 동일작업에 조합 운용하는 경우에는 특히 기계능률 불균형으로 인한 기계의 대기시간을 최소화할 필요가 있다.

2) 적용 기준

건설기계는 [공통품셈 8-1(적용기준)]의 -1 건설기계 선정기준, -2공사규모별 표준건설기계, -3 운반 및 수송, -5 기계경비 용어와 정의, -6 기계경비 적산요령, -7 손료보정 등에 의하여 다음과 같이 적용한다.

① 건설기계 선정기준 [공통품셈 8-1-1]

〈표 5.4-2〉 건설기계 선정기준 _ 작업종류별 [공통품셈]

작업 종류	건 설 기 계 종 류
벌 개 · 제 근	불도저(레이크도저)
굴 삭	로더, 굴삭기, 불도저, 리퍼
적 재	로더, 버킷식 엑스커베이터
굴 삭 · 적 재	로더, 굴삭기, 버킷식 엑스커베이터
굴 삭 · 운 반	불도저, 스크레이퍼
운 반	불도저, 덤프트럭, 벨트컨베이어
부 설	불도저, 모터그레이더
함수량 조절	살수차
다 짐	롤러(타이어, 탬핑, 진동, 로드), 불도저, 진동콤팩터, 래머, 탬퍼
정 지	불도저, 모터그레이더
도 랑 파 기	굴삭기, 트렌처

〈표 5.4-3〉 건설기계 선정기준 _ 운반거리별 [공통품셈]

작업종류	운반거리	표 준
절 봉 · 압 토	평균 20m	• 불도저
토 운 반	60m 이하	• 불도저
	60~100m	• 불도저 • 로더+덤프트럭 • 굴삭기+덤프트럭
	100m 이상	• 로더+덤프트럭 • 굴삭기+덤프트럭 • 모터 스크레이퍼

② 공사규모별 표준건설기계 [공통품셈 8-1-2]

㉠ 건설공사 설계시 적정 공사비 산정과 기계화 시공의 합리적인 발전을 위해 당해 건설공사의 제반사항을 감안하여 대규모공사에는 대형건설기계, 중규모공사에는 중형건설기계, 소규모공사에는 소형건설기계를 적용한다.

㉡ 공사규모(시공량)는 100,000m^3 이상의 공사를 대규모, 100,000~10,000m^3의 공사를 중규모, 10,000m^3 미만을 소규모로 구분한다.

㉢ 표준규격을 기준하여 현장조건 및 토질조건(습지, 연약지반)에 따라 탄력적으로 이를 보완 선정한다.

③ 건설기계의 운반 및 수송 [공통품셈 8-1-3]

㉠ **운반차량의 구분** : 공사용 자재의 운반차량은 덤프트럭을 원칙으로 하되 덤핑(기울이는 하역작업)으로 인하여 훼손 또는 파괴되거나 위험이 수반되는 기자재(드럼들이 아스팔트, 석유류, 시멘트, 관류 등)는 화물자동차로 운반하는 것으로 한다.

㉡ **수송비** : 건설용기계의 공사 현장까지의 왕복수송비는 건설공사장에서 가장 가까운 시 · 도 · 군 · 구청소재지(서울특별시, 광역시 포함)로부터 공사현장까지의 수송에 필요한 경비(공인된 수속비, 인건비 등 포함)를 계상한다. 다만, 구득이 곤란하다고 인정되는 기종에 대하여는 그 기종이 소재한다고 인정되는 가장 가까운 시 · 도 · 군 · 구청소재지(서울특별시, 광역시 포함)로부터의 수송비를 계상할 수 있다.

자주식(自走式) 건설기계로서 자주로 이동할 경우의 수송비는 다음의 이동속도를 기준으로 하여 수송비를 계상하며 이때의 경비는 건설기계 사용료와 운전 경비의 합계액으로 한다.

〈표 5.4-4〉 자주식 건설기계의 이동속도 [공통품셈] (km/hr)

기 종 / 도로구분	덤프트럭	로 더 (타이어)	크레인 (타이어)	모 터 그레이더	스크레 이퍼	아스팔트 디스트리뷰터 슬러리실기계	트 럭 트 렉 터 트레일러	리프트 트 럭
포장도로 (고속4차선)	60	–	–	–	–	–	–	–
포장도로 (고속2차선)	50	–	–	–	–	50	50	–
포장도로	40	25	30	25	35	40	40	25
사리도로 (양 호)	25	15	15	15	25	25	20	15
사리도로 (불 량)	10	10	10	10	10	10	10	10

㉢ **회항비** : 작업선의 회항비는 공사에 제공되는 피예인선의 편도 수송시간에 대한 선원의 노임, 예인선의 왕복운항시간에 대한 손료 및 운전경비와 예인선 및 피예인선의 회항보험금의 합계액으로 한다. 다만, 공사현장에 투입되는 예인선의 회항비는 편도 운항경비만을 계상한다.

자항(自航)작업선인 경우에는 편도수송시간에 대한 손료 및 운전경비와 회항보험금의 합계액으로 한다.

㉣ **분해 조립비** : 분해 및 조립을 필요로 하는 기계(아스팔트 믹싱 플랜트(定置式), 크러싱 플랜트(定置式), 콘크리트 플랜트(定置式), 벨트 컨베이어(定置式), 디젤 파일 해머, 크레인류, 골재세척설비, 기타 분해 조립이 필요하다고 인정되는 기계)는 이에 소요되는 경비를 계상한다.

㉤ 운전사 구분

〈표 5.4-5〉 운전사의 구분 [공통품셈]

구 분	해 당 기 계
건설기계 운 전 사	건설기계관리법 시행령 제2조에 규정한 기계로서 다음과 같은 기종을 말한다. 불도저, 굴삭기, 로더, 지게차, 스크레이퍼, 덤프트럭(12ton 이상), 기중기(차륜 및 무한궤도), 모터 그레이더, 롤러, 노상안정기, 콘크리트 배치플랜트, 콘크리트 피니셔, 콘크리트 스프레더, 콘크리트 믹서(0.55m^3 이상), 콘크리트 펌프(5m^3 이상), 아스팔트 믹싱플랜트, 아스팔트 피니셔, 아스팔트 살포기, 슬러리실기계, 골재살포기, 쇄석기, 천공기, 항타 및 항발기(0.5ton 이상), 사리채취기, 노면파쇄기, 공기압축기(이동식 2.83m^3/min 이상) 기타 이와 유사한 기계.
화 물 차 운 전 사	자동차관리법 시행규칙 제2조에 규정한 차량류로서 12ton 미만의 덤프트럭, 화물트럭, 살수차, 트랙터, 제설차, 노면청소차, 트럭탑재형 크레인, 기타 공업용 소형트럭 등을 말한다.
일반기계 운 전 사	건설기계관리법 및 자동차관리법에 규정되어 있지 아니한 기계로서 소형의 공기압축기, 양수기, 소형믹서, 윈치, 소형 항타기, 소형 그라우트펌프, 벨트컨베이어, 발전기, 래머, 콤팩터, 콘크리트파쇄기, 기타 소형기계 등을 말한다.

㉥ 운전사의 노임 : 운전사(건설기계운전사, 화물차운전사, 일반기계운전사)의 노임은 상시 고용인 경우에 월정액을 지급함을 원칙으로 하며, 예정가격 작성기준(기획재정부 회계예규)에 의거 계상한다.

㉦ 운반기계의 유류 산정 : 트럭 또는 기타 운반기계로 기자재를 운반할 경우 적재 또는 적하에 소요되는 시간이 10분을 초과할 때는 적재 또는 적하를 제외한 시간의 유류만을 계상한다.

④ 기계경비 용어와 정의 [공통품셈 8-1-5]

㉠ 상각비 : 기계의 사용에 따르는 가치의 감가액을 말한다.

㉡ 정비비 : 기계를 사용함에 따라 발생하는 고장 또는 성능 저하 부분의 회복을 목적으로 하는 분해수리 등 정비와 기계기능을 유지하기 위한 정기 또는 수시 정비에 소요되는 비용을 말한다. [11)]

㉢ 정비비율 : 기계의 경제적 내용시간 동안에 소요되는 정비비 누계액의 기계 취득가격에 대한 비율을 말한다.

㉣ 관리비 : 보유한 기계를 관리하는 데 필요로 하는 이자 및 보관, 격납비용을 말한다.

㉤ 연간관리비율 : 연간 소요되는 기계관리비의 평균 취득가격에 대한 비율을 말한다.

㉥ 평균취득가격 : $\text{취득가격} \times \left(\dfrac{1.1 \times \text{경제적 내용년수} + 0.9}{2 \times \text{경제적 내용년수}}\right)$로 계산한 값을 말한다.

㉦ 취득가격 : 수입가격에 대하여는 C.I.F 가격에 인정할 수 있는 수입에 따르는 제경

11) 표준품셈의 정비비는 이들 정비비와 수리에 필요한 경비를 총칭하며, 기계의 삽날(Cutting Edge), 귀삽날(End Bit), 타이어(Tire), 투스(Tooth) 등의 소모성 부분품의 비용은 포함하지 않고 있다.

비를 포함한 가격으로 하고, 국산기계는 표준규격에 의한 표준시가로 한다.

ⓞ **경제적 내용시간** : 잔존율이 취득가격의 10%인 경우에 경제적 사용이 가능하다고 인정되는 운전 시간을 말한다.

ⓩ **잔존율** : 경제적 내용시간이 끝날 때의 기계 잔존가치의 취득가격에 대한 비율을 말하며, 0.1로 한다.

ⓒ **연간 표준가동시간** : 기계가 연간 운전하는데 가장 표준이라고 인정되는 시간을 말한다.

ⓚ **경제적 내용년수** : 경제적 내용시간을 연간 표준가동시간으로 나눈 값을 말한다.

ⓣ **시간당 손료** : 손료산정의 시간당 손료계수 합계에는 시간당 상각비계수, 정비비계수 및 평균 취득가격에 의한 시간당 관리비 계수가 포함된 것으로서, 시간당 손료는 취득가격에 시간당 손료계수의 합계를 곱한 값을 말한다.(원 미만의 값은 절사한다)

⑤ 건설기계 손료보정 [공통품셈 8-1-7]

㉠ **기계손료의 보정** : 다음 건설기계가 암석굴착, 암석적재, 암석운반 등의 가혹한 작업에 사용되는 경우에는 손료(관리비 제외)를 다음과 같이 보정 가산할 수 있다.

〈표 5.4-6〉 기계손료 보정 [공통품셈]

기 종	가 산 비 율	
	암석작업(연암 · 보통암 · 경암)	전석 섞인 토사
불도저(19톤 이상 제외)	25	10
굴삭기(무한궤도) 및 로더(무한궤도)	20	10
덤 프 트 럭	25	10

[주] 1. 전용 덤프트럭(18톤 이상)과 불도저(19톤 이상)의 경우는 보정하지 않는다.
단, 타이어불도저, 습지불도저는 보정할 수 있다.
2. 전석 섞인 토사는 전석($0.5m^3$ 이상)의 혼입률이 30% 이상을 말한다.

㉡ **기계경비의 보정** : 건설기계의 운전시간이 현장조건 및 공정계획상 연간 표준 가동시간보다 현저하게 저하될 경우에는 기계손료 중 관리비와 운전경비 중 인건비를 별도 산정할 수 있다.

㉢ 기타

- 펌프식 준설선으로 자갈 및 역전석과 쇄암된 암이 포함된 흙을 준설할 때에는 과다마모로 인한 수리비의 증가를 고려하여 손료를 보정 계상할 수 있다.
- 손료산정에서 동력이 포함되어 있지 않은 경우에는 해당되는 디젤, 가솔린 엔진 또는 모터의 손료 및 운전경비를 적용한다.
- 유류가격은 해당지역의 고시가격으로 한다.
- 타이어, 삽날 등 기타 가격은 공신력 있는 기관에서 인정하는 가격으로 한다.

- 불도저 집토거리는 최소 20m를 표준으로 하며 현장여건에 따라 증가할 수 있다.
- 사석(砂石) 적재시의 기중기 효율은 0.8로 하고, 해상 작업시에는 0.75로 한다.

⑥ 기계경비 적산요령 [공통품셈 8-1-6]

㉠ 기계경비 : 기계손료, 운전경비 및 수송비의 합계액으로 하되 특히 필요하다고 인정될 때에는 조립 및 분해조립 비용을 포함한다.

㉡ 기계손료 : 상각비, 정비비 및 관리비의 합계액으로 한다. 다만, 관리비에 대하여는 1일 8시간을 초과할 경우라도 8시간으로 계산하여야 한다.

㉢ 운전경비 : 기계를 사용하는데 필요한 다음 각 호 경비의 합계액으로 한다.

- 연료 · 전력 · 윤활유 등
- 운전수의 급여 또는 임금과 기타의 운전 노무비
- 정비비에 포함되지 않는 소모품비

㉣ 건설기계가격 : 건설기계 가격은 부가가치세가 제외된 것으로 단위는 천원이다.

4.4 건설기계의 시공능력

건설기계의 시공능력 산정은 [공통품셈 8-1-4(시공능력 산정기본식)]과 [공통품셈 8-2(시공능력)]의 기계별 시공능력 세부항목에 의한다.

조경공사에서 주로 사용하는 불도저, 굴삭기, 로더, 덤프트럭, 롤러, 플레이트 콤팩터, 경운기, 이동식 임목파쇄기의 시공능력산정은 [공통품셈], 관리용장비의 시공능력산정은 [한국도로공사 유지관리품]에 의하여 다음과 같이 적용한다.

1) 기본식 [공통품셈 8-1-4]

$$Q = n \cdot q \cdot f \cdot E$$

Q : 시간당 작업량 (m^3/hr 또는 ton/hr)

n : 시간당 작업사이클 수

q : 1회 작업사이클당 표준작업량 (m^3 또는 ton)

f : 체적환산계수

E : 작업효율

① 계산 값의 맺음

- Q : 소수점 이하 3자리까지 계산하고 사사오입한다.
- n : 소수점 이하 2자리까지 계산하고 사사오입한다.
- Cm : 소수점 3자리까지 계산하고 사사오입한다.

② 기계의 작업시간

기계의 시간당 작업량은 기계의 운전시간당 작업량으로 하고, 이 운전시간은 기계의 주기관이 회전하거나 주작동부가 가동하는 시간을 말하며, 주목적의 작업을 하는 실작업 시간 외에 작업중의 기계이동, 기관 또는 주작동부의 예비가동, 운전시간 중의 점검 또는 조정, 주유, 조합기계 때의 대기 등이 포함된다.

③ 시간당 작업량 (Q)

토공에 있어서의 작업능력은 일반적으로 (m^3/hr)로 표시되고 자연상태의 토량, 흐트러진 상태의 토량, 다져진 후의 토량의 세 가지 표시 방법이 있으며, 기계 종류에 따라서 (ton/hr), (m^3/hr), (m/hr) 등으로 작업량을 표시할 때도 있다.

④ 1회 작업 싸이클당 표준작업량 (q)

기계는 일련의 동작을 되풀이하는 작업을 하게 되고, 이때의 1회 사이클 동작으로 이루어지는 표준적인 작업조건과 작업관리 상태에 있어서의 작업량을 1회 작업사이클당 표준작업량이라고 하며, 토량인 경우에는 흐트러진 상태에서 취급되는 것이 일반적이고 보통 (m^3) 또는 (ton)으로 표시한다.

⑤ 시간당 작업사이클 수 (n)

$n = \dfrac{60}{Cm(\min)}$ 또는 $\dfrac{3,600}{Cm(\sec)}$ 으로 표시되고, Cm는 사이클 시간으로서 기계의 작업속도나 주행속도에 따라 분(min) 또는 초(sec)로 표시한다.

⑥ 작업효율 (E)

기계의 시간당 작업량은 그 기계 고유의 일정한 값이 아니고, 작업현장의 제반 조건에 따라 변화하는 것이므로 표준적인 작업능력에 작업현장의 여러 가지 여건에 알맞은 효율을 고려하여 산정함이 필요하며, 이 작업효율은 일반적으로 능력적 요소와 시간적 요소로 구분된다.

- 작업효율(E) = 현장 작업 능력계수 × 실작업 시간율

⑦ 현장작업 능력계수

기계의 표준적인 작업능력에 영향을 미치는 기상, 지형, 토질, 공사규모, 시공방법, 기계의 종류, 기계 조정원의 기능도, 해상에서는 파도 및 풍향 등의 작업현장 여건을 고려한 계수를 말한다.

⑧ 실작업 시간율

기계의 상태, 공사규모, 시공방법 등에 의하여 변화하며, 다음과 같이 표시한다.

- 실작업시간율 = (실작업시간 / 운전시간)

2) 불도저 [공통품셈 8-2-1]

① 기본식

$$Q = \frac{60 \cdot q \cdot f \cdot E}{Cm} \qquad q = q_o \times e$$

Q : 시간당 작업량 (m^3/hr)
E : 작업효율
q : 삽날의 용량 (m^3)
Cm : 1회 사이클 시간
f : 체적환산계수
e : 운반거리계수
q_o : 거리를 고려하지 않는 삽날의 용량 (m^3)

② Cm의 값

$$Cm = \frac{L}{V_1} + \frac{L}{V_2} + t$$

Cm : 1회 사이클시간 (분)
L : 운반거리 (m)
t : 기어 변속시간 (0.25분)
V_1 : 전진속도 (m/분)
V_2 : 후진속도 (m/분)

〈표 5.4-7〉 불도저 _ 무한궤도의 작업속도 (V_1 및 V_2)

규 격 (ton)	전진속도 (m/분)				후진속도 (m/분)		
	1단	2단	3단	4단	1단	2단	3단
4(초습지)	40	57	100	–	63	85	–
7	43	67	92	116	53	78	107
10	42	64	88	116	50	75	105
12	40	55	75	107	48	70	100
13(습지)	40	55	75	–	48	70	–
19	40	55	75	103	46	70	98
32	40	52	70	91	43	58	78

[주] 1. 굴착 또는 굴착운반, 발근, 석재류집적 작업 등에는 전진 1단, 후진 1단을 사용한다.
2. 흐트러진 상태의 토사운반 작업 등에는 전진 2단, 후진 2단을 사용한다.
3. 평탄하고 흐트러진 상태의 정지 전압작업 등의 작업에는 전진 3단, 후진 3단을 사용한다.
4. 제방과 같은 상향작업시에는 전진 1단, 후진 2단을 사용한다.
5. 수중작업시에는 전진 1단, 후진 1단을 사용한다.
6. 작업현장에서의 이동에는 전진 3단 또는 4단을 사용한다.

〈표 5.4-8〉 불도저 _ 타이어형의 작업속도 (V_1 및 V_2)

규 격 (ton)	전 진 속 도 (m/분)			후 진 속 도 (m/분)	
	1단	2단	3단	1단	2단
15	83	200	415	92	125
28	92	200	482	92	200
33	92	210	546	110	250

[주] 1. 흐트러진 상태의 토량운반, 연한 지반의 굴착 운반작업 등에는 전진 1단, 후진 1단을 사용한다.
2. 평탄하고 흐트러진 상태에 정지 및 전압작업 등에는 전진 2단, 후진 2단을 사용한다.
3. 작업현장에서의 이동에는 전진 2단 또는 3단을 사용한다.

③ q_o의 값

〈표 5.4-9〉 불도저 _ 삽날의 용량 (q_o)

급수(ton) / 종별	4 (초습지)	7	10	12	13 (습지)	15	19	28	32	33
무 한 궤 도	0.5	1.1	1.5	2.0	1.5	–	3.2	–	5.5	–
타 이 어	–	–	–	–	–	3.1	–	4.0	–	5.7

④ e의 값

〈표 5.4-10〉 불도저 _ 운반거리계수 (e)

운반거리 (m)	10 이하	20	30	40	50	60	70	80
e	1.00	0.96	0.92	0.88	0.84	0.80	0.76	0.72

⑤ E의 값

〈표 5.4-11〉 불도저 _ 작업효율 (E)

현장 조건 / 토 질 명	자 연 상 태			흐 트 러 진 상 태		
	양 호	보 통	불 량	양 호	보 통	불 량
모 래, 사 질 토	0.80	0.65	0.50	0.85	0.70	0.55
자갈섞인 흙, 점성토	0.70	0.55	0.40	0.75	0.60	0.45
파 쇄 암	–	–	–	–	0.35	0.25

[주] 1. 양호 : 작업현장이 넓고(배토판 폭의 3배 이상), 지반의 요철 등에 의한 미끄럼이 없고, 또한 하향구배 등으로서 작업속도가 충분히 기대되는 조건인 경우
2. 보통 : 작업현장은 넓으나 작업속도가 기대되지 않는 경우, 작업현장은 좁으나(배토판 폭의 3배 미만) 작업속도가 충분히 기대되는 등 제 조건이 중간으로 판단되는 경우
3. 불량 : 작업현장이 좁고 지반상태를 고려한 미끄럼이 많고, 또 상향구배 등으로서 작업속도를 저해하는 조건인 경우
4. 정지작업을 겸하는 경우는 0.1을 뺀 값으로 한다.
5. 터파기에 대해서는 0.05를 뺀 값으로 한다.
6. 리핑한 것은 리핑된 상태를 고려하여 그 상태에 해당하는 토질에서의 값을 취한다.

3) 굴삭기 [공통품셈 8-2-3]

① 기본식

$$Q = \frac{3,600 \cdot q \cdot K \cdot f \cdot E}{Cm}$$

Q : 시간당 작업량 (m^3/hr)
q : 버킷용량 (m^3)
K : 버킷계수
f : 체적환산계수
E : 작업효율
Cm : 1회 사이클 시간 (초)

② K의 값

〈표 5.4-12〉 굴삭기 _ 버킷계수(K)

현 장 조 건	K
용이하게 굴착할 수 있는 연한 토질로서 버킷에 산적으로 가득 찰 때가 많은 조건이 좋은 모래, 보통토인 경우	1.10
위의 토질보다 약간 단단한 토질로서 버킷에 거의 가득 채울 수 있는 모래, 보통토 및 조건이 좋은 점토인 경우	0.90
버킷에 가득 채우기가 어렵거나 가벼운 발파를 필요로 하는 것으로서 단단한 점토질, 점토, 역토질인 경우	0.70
버킷에 넣기 어렵고 불규칙한 공극이 생기는 것으로서 발파 또는 리퍼작업 등에 의하여 얻어진 암과 파쇄암, 호박돌, 역 등인 경우	0.55

[주] 1. 굴삭기는 위치한 지면보다 낮은데 있는 토량의 굴착에 사용되는 것이 일반이다.
2. 버킷계수는 굴착하는 토질과 굴착 작업의 높이 또는 깊이에 따라 다르나 작업현장 조건을 고려하여 기종이 선택되므로 특수한 경우를 제외하고는 굴착작업의 깊이는 버킷계수에 영향을 주지 않는 것으로 한다.
3. 굴삭기는 굴착된 토량을 운반하는 기계와의 상태가 작업상 균형이 유지되고 굴삭기에 대한 운반기계의 적재높이가 적합토록 이루어져야 한다.

③ E의 값

〈표 5.4-13〉 굴삭기 _ 작업효율(E)

현장 조건 / 토 질 명	자 연 상 태			흐트러진 상태		
	양 호	보 통	불 량	양 호	보 통	불 량
모 래 , 사 질 토	0.85	0.70	0.55	0.90	0.75	0.60
자갈섞인 흙, 점성토	0.75	0.60	0.45	0.80	0.65	0.50
파 쇄 암	–	–	–	–	0.45	0.35

[주] 1. 자연상태의 굴삭시 작업효율
- 양호 : 자연지반이 무르고, 절토작업이 최적으로 연속작업이 가능하고, 작업방해가 없는 등의 조건인 경우
- 보통 : 자연지반은 단단하지만 절토작업이 최적인 경우, 또는 자연지반은 무르지만 절토작업이 곤란한 경우 등 제 조건이 중간으로 판단되는 경우
- 불량 : 자연지반이 단단하고 또한 연속작업이 곤란하며 작업방해가 많은 등의 조건인 경우

2. 흐트러진 상태의 적용은 상기 ①항의 조건 중 자연지반 상태의 조건을 제외한 기타의 조건을 감안하여 결정한다.
3. 작업장소가 수중 또는 용수작업인 경우는 불량을 적용한다.
4. 터파기에 대하여는 0.05를 뺀 값으로 한다.
5. 리핑한 것은 리핑된 상태를 고려하여 그 상태에 해당되는 토질에서의 값을 취한다.
6. 굴착작업시 지하매설물(각종 매설관 등)로 인하여 작업이 현저하게 저하하는 경우는 작업효율을 별도로 정할 수 있다.

7. 주택가지역에서 상하수도 관로부설 등의 공사시 작업장소가 협소하고 지하매설물 등으로 인하여 작업이 현저하게 저하하는 경우에는 다음의 작업효율(E)[현장조건은 자연상태로서 토질이 모래, 사질토의 보통인 경우 0.30, 불량인 경우 0.19를 자갈 섞인 흙, 점성토의 보통인 경우 0.26, 불량인 경우 0.15]을 적용할 수 있다.
- 보통 : 작업현장이 보통의 경우나, 지하장애물이 약간 있는 경우로서 연속적인 굴착이 불가능한 지역
- 불량 : 작업현장이 협소한 경우나, 지하장애물이 많은 경우로서 연속적인 굴착이 불가능한 지역

④ Cm의 값

〈표 5.4-14〉 굴삭기 _ 사이클 시간(Cm)

각도 (도) / 규격 (m^3)	사 이 클 시 간 (Sec)			
	45	90	135	180
0.12 ~ 0.4	13	15	18	20
0.6 ~ 0.8	16	18	20	22
1.0 ~ 1.2	17	19	21	23
2.0	22	25	27	30

4) 로더 [공통품셈 8-2-5]

① 기본식

$$Q = \frac{3{,}600 \cdot q \cdot K \cdot f \cdot E}{Cm} \qquad Cm = m \cdot \ell + t_1 + t_2$$

Q : 운전시간당 작업량 (m^3/hr)　　q : 버킷용량 (m^3)

K : 버킷계수　　f : 체적환산계수

E : 작업효율　　Cm : 1회 사이클 시간 (초)

m : 계수 (초/m) 무한궤도식 : 2.0, 타이어식 : 1.8

ℓ : 편도주행거리 (표준을 8m로 한다)

t_1 : 버킷에 토량을 담는데 소요되는 시간 (초)

t_2 : 기어변환 등 기본 시간과 다음 운반기계가 도착할 때까지의 시간 (14초)

② t_1의 값

〈표 5.4-15〉 로더 _ 적재시간 t_1(초)

기 종 별	무 한 궤 도 식		타 이 어 식	
작업방법 / 현장조건	산적 상태에서 담을 때	지면부터 굴착 집토하여 담을 때	산적 상태에서 담을 때	지면부터 굴착 집토하여 담을 때
용 이 한 경 우	5	20	6	22
보 통 인 경 우	8	29	9	32
약간 곤란한 경우	9	36	14	41
곤 란 한 경 우	11	–	18	–

③ K의 값

〈표 5.4-16〉 로더 _ 버킷계수(K)

현 장 조 건	계 수
굴착기계로 깎거나 쌓아 모은 산적상태에서 적재하는 것으로 굴착력을 필요로 하지 않고 쉽게 버킷에 산적할 수 있는 것, 즉 조건이 좋은 모래, 보통토 등	1.2
흐트러진 산적상태에서 적재하는 것으로 위 상태보다 약간 삽날이 들어가기 어려운 토질로서 버킷에 가득 채울 수 있는 것, 즉 점토, 역질토	1.0
모래, 사력 보통토, 점토, 역질토 등 직접 자연상태에서 굴착적재할 수 있는 여건으로 버킷에 평적에 약간 미달되게 채울 수 있는 것	0.9
버킷에 가득 채울 수 없는 것으로 다른 기계로 쌓아 모아놓은 부순돌 및 점질토이나 역질토로서 굳어진 덩어리 상태로 되어 있는 것	0.7
버킷에 넣기 어렵고 허술하며 불규칙한 공극이 생긴 것, 예를 들면 발파 또는 리퍼로 깎은 암괴, 호박돌, 역 등	0.55

[주] 1. K치의 적용에 있어 토질 분류에 의한 판단보다는 실지 적재 가능한 양의 판단에 따라 적용하여야 한다.
2. 위 표는 타이어식 로더를 기준으로 한 것이다. 단, 발파암 및 암괴 등을 적재할 경우는 무한궤도식 로더로 계상할 수 있다.
3. 함수 조건에 따라 차이가 있는 것으로 저지대 작업 등 특별한 경우는 현실에 맞게 조정할 수 있다.

④ E의 값

〈표 5.4-17〉 로더 _ 작업효율(E)

현장 조건 / 토 질 명	자 연 상 태			흐트러진 상태		
	양 호	보 통	불 량	양 호	보 통	불 량
모 래, 사 질 토	0.70	0.55	0.40	0.75	0.60	0.45
자갈섞인 흙, 점성토	0.60	0.45	0.30	0.60	0.50	0.35
파 쇄 암	–	–	–	0.55	0.35	0.25

[주] 1. 양호 : 자연지반이 무르고, 적입형식이 덤프트럭 이동형으로서 작업방해가 없고 절토높이가 최적(1~3m) 등의 조건인 경우, 터널 내 암버럭 적재 시
2. 보통 : 적입형식은 덤프트럭 이동형이지만 작업방해 등이 있는 경우, 또는 적입형식은 덤프트럭 정치형이지만 작업방해가 없는 경우 등 제조건이 중간으로 판단되는 경우
3. 불량 : 자연지반이 단단하여 굴삭이 곤란하고, 적입형식은 덤프트럭 정치형으로서 작업방해가 많고, 절토높이가 최적이 아닌 경우
4. 흐트러진 상태의 토사적재의 경우는 상기의 조건 중 단단한 조건을 뺀 기타의 조건을 감안하여 수치를 정하는 것으로 한다.
5. 터파기에 대하여는 0.05를 뺀 값으로 한다.
6. 리핑한 것은 리핑된 상태를 고려하여 그 상태에 해당되는 토질에서의 값을 취한다.
7. 작업방해란 도로개량공사 등에서 시간당 최대 교통량이 100대 이상이거나, 현장조건이 이와 유사하다고 판단되는 경우를 말한다.
8. 타이어식 로더의 적용은 흐트러진 상태에서 파쇄암 이외의 토질 적재시 현장조건은 양호한 것으로 한다.

5) 덤프트럭 [공통품셈 8-2-8]

① 기본식

$$Q = \frac{60 \cdot q \cdot f \cdot E}{Cm} \qquad q = \frac{T}{r^t} \cdot L$$

Q : 1시간당 작업량 (m^3/hr)
f : 체적 환산계수
q : 흐트러진 상태의 덤프트럭 1회 적재량 (m^3)
E : 작업 효율 (0.9)
T : 덤프트럭의 적재용량 (ton)
r^t : 자연상태에서 토석의 단위 중량(습윤 밀도) (ton/m^3)
L : 체적환산계수에서의 체적변화율

$$L = \frac{\text{흐트러진 상태의 체적 } (m^3)}{\text{자연상태의 체적 } (m^3)}$$

Cm : 1회 싸이클시간 (분) $\quad Cm = t_1 + t_2 + t_3 + t_4 + t_5 + t_6$

② t_1의 값 (적재시간)

적재방법에 따라 인력적재와 기계적재로 구분하며, 적재시간 산정은 다음과 같다.

㉠ 인력적재

〈표 5.4-18〉 덤프트럭 _ 인력 적재시간 (t_1)

종류 \ 구분	적재시간 (분/m^3)	조 건
토 사 류	10	적재인부 5인기준
석 재 류	12	평지인 경우

㉡ 기계적재

$$Cmt\,(t_1) = \frac{Cms \cdot n}{60 \cdot Es} \qquad n = \frac{Q\,t}{q \cdot K}$$

Cmt : 덤프트럭의 1회 사이클 시간 (분)
Cms : 적재기계의 1회 사이클 시간 (초)
n : 덤프트럭 1대의 토량을 적재하는데 소요되는 적재기계의 싸이클 횟수
Es : 적재기계의 작업효율
$Q\,t$: 덤프트럭 1대의 적재토량 (m^3)
q : 적재기계의 덤퍼 또는 버킷용량 (m^3)
K : 리퍼 또는 버킷계수

③ t_2의 값 (왕복시간)

적재 토사의 사토 후 적재장소까지 돌아오는 데 소요되는 왕복시간

$$\text{왕복시간(분)} = \left(\frac{\text{운반거리(km)}}{\text{적재시 평균주행속도(km/hr)}} + \frac{\text{운반거리(km)}}{\text{공차시 평균주행속도(km/hr)}} \right) \times 60$$

〈표 5.4-19〉 덤프트럭 _ 운반도로와 평균주행속도 (t_2)

도 로 상 태	평균속도 (km/hr)	
	적재	공차
토치장 또는 토사장 등 열악한 조건의 도로	7	8
교차가 힘든 산간지도로 및 제방 등의 도로	10	15
교차가 가능한 산간지도로 및 제방도로, 미포장도로	15	20
2차로 이상의 공사용 도로	30	35
2차로 교통량 및 교통대기가 많은 시가지 포장도로 (7,000대/일 이상) 4차로 이상의 교통량 및 교통대기가 많은 시가지포장도로 (40,000대/일 이상)	20	25
2차로 시가지 포장도로 (7,000~2,000대/일)	25	30
4차로 이상의 시가지 포장도로 (40,000대/일 미만) 2차로 교외 포장도로 (2,000대/일 이상) 4차로 이상의 교외 포장도로 (40,000대/일 이상)	30	35
2차로 교외 포장도로 (2,000대/일 미만) 4차로 이상의 교외 포장도로 (40,000대/일 미만)	35	35
2차로 고속도로 또는 교통량(편도) 1일 40,000대 이상의 4차로 고속도로	50	55
4차로 고속도로 (편도 교통량 1일 40,000대 미만)	60	60

[주] 차로는 왕복기준이며, 주행속도는 차로수 · 교통량 등 현장 조건에 따라 주행속도를 측정하여 사용할 수 있다.

④ t_3의 값 (적하시간)

적재한 토양을 내리는데 소요되는 시간으로 차례를 기다리는 시간이 포함된다.

〈표 5.4-20〉 덤프트럭 _ 적하시간 (t_3)

토 질	작 업 조 건 (분)		
	양 호	보 통	불 량
모 래, 역, 호 박 돌 점 질 토, 점 토	0.5 0.6	0.8 1.05	1.1 1.5

[주] 1. 양호 : 사토장이 넓고 정지된 상태에서 일시에 적하하는 경우
2. 보통 : 사토장이 넓으나 움직이는 상태에서 적하하는 경우
3. 불량 : 사토장이 넓지않고 천천히 움직이는 상태에서 적하하는 경우

⑤ t_4의 값 (대기시간)

적재장소에 도착한 때로부터 적재작업이 시작될 때까지의 시간

〈표 5.4-21〉 덤프트럭 _ 대기시간 (t_4)

현 장 조 건	대기시간 (분)
적재장소가 넓어서 트럭이 자유로이 목적 장소에 진입할 수 있을 때 적재장소가 넓지는 않으나 목적 장소에 불편 없이 진입할 수 있을 때 적재장소가 좁아서 목적 장소에 진입하는데 불편을 느낄 때	0.15 0.42 0.70

⑥ t_5(적재함 덮개 설치 및 해체시간), t_6(세륜기 통과시간)의 값

〈표 5.4-22〉 덤프트럭 _ 적재함 덮개 설치 및 해체시간 (t_5)

구 분	인력에 의한 경우	자동덮개 시설의 경우
시 간 (분)	3.77	0.5

〈표 5.4-23〉 덤프트럭 _ 세륜기 통과시간 (t_6)

세륜시간 (min)	1.5

6) 롤러 [공통품셈 8-2-9]

① 기본식

$$Q = \frac{1{,}000 \cdot V \cdot W \cdot D \cdot E \cdot f}{N} \qquad A = \frac{1{,}000 \cdot V \cdot W \cdot E}{N}$$

Q : 시간당 다짐토량 (m³/hr)
A : 시간당 다짐면적 (m²/hr)
V : 다짐속도 (km/hr)
W : 롤러의 유효폭 (m)
D : 펴는 흙의 두께 (m)
E : 작업효율
f : 체적환산계수
N : 소요다짐횟수

[주] 다짐기계는 토질 및 지형조건에 따라 다음의 표를 참조하여 다짐효과를 얻을 수 있도록 선정하여야 한다.

② 다짐기계의 선정기준 :

〈표 5.4-24〉 다짐기계의 선정기준

다짐기계의 종 류	암 괴 호박돌 역	역질토	모 래	사질토	점 토 및 점질토	역이 섞인 점토 및 점질토	연약한 점토 및 점질토	단단한 점토 및 점질토
로 드 롤 러	B	A	A	A	B	B	C	C
자주식타이어롤러	B	A	A	A	A	A	C	B
탬 핑 롤 러	C	C	B	B	B	B	C	A
진 동 롤 러	A	A	A	A	C	B	C	C
콤 팩 터	A	A	A	A	C	B	C	C
래 머	B	A	A	A	B	B	C	C
불 도 저	A	A	A	A	B	B	C	A
습 지 불 도 저	C	C	C	C	B	B	A	C

[주] 1. 여기서 A는 효과적이고 적당한 방법이며, B는 따로 적당한 기계가 없을 때 사용하여야 하고, C는 부적당하다.
2. 로드롤러(머캐덤, 탠덤)는 노면 등의 마무리에 사용한다.
3. 타이어롤러로 하는 흙쌓기 부분의 다짐에는 일반으로 자주식을 사용하는 것이 경제적이나 지형이 복잡하고 여러 공구를 동시에 작업할 경우 등에는 견인식을 사용하는 것도 검토할 필요가 있다.
4. 불도저를 흙쌓기 비탈면의 다짐에 사용할 때에는 비탈면의 경사가 1 : 1.8보다 낮아질 경우에 능률적이다.
5. 래머, 콤팩터는 구조물의 뒤채움 등 국부적인 장소의 다짐에 사용한다.
6. 습지도저를 흙쌓기 비탈면의 다짐에 사용할 경우에는 q_c(콘지수)=4 이하의 대단히 연약한 점질토, 점토 등에 적용한다.

③ 유효다짐폭(W)과 다짐속도(V)

〈표 5.4-25〉 다짐기계의 유효다짐폭(W)과 다짐속도(V)

다짐기계	규격 (ton)	유효다짐폭 (m)	표준다짐속도 (km/hr)		
			노체, 축제, 노상	보조기층, 기층	표 층
머 캐 덤 롤 러	6 ~ 8 8 ~ 10 10 ~ 12 12 ~ 15	0.7 0.8 0.8 0.9	2.0	2.5	3.0
탠 덤 롤 러	5 ~ 8 8 ~ 10 10 ~ 14	1.1 1.1 1.2	2.0	–	3.0
타 이 어 롤 러	5 ~ 8 8 ~ 15 15 ~ 25	1.4 1.8 2.0	2.5	4.0	4.0
불 도 저	12 19	0.7 0.8	4.0	–	–
자주식, 양족식 롤러	19	1.8	4.0	–	–
진 동 롤 러 (자 주 식)	2.5 4.4 6.0 10.0	0.7 0.8 1.5 1.9	1.0 1.0 3.0 4.0	1.0 1.0 3.0 4.0	–

④ 소요다짐횟수(N) 및 다짐두께(D)

〈표 5.4-26〉 다짐기계의 소요다짐횟수(N) 및 다짐두께(D) _ 발췌

공 종	다짐두께 (cm)	다짐기계	규격 (ton)	다짐횟수	다짐도 (%)
노 체	30	진 동 롤 러 타 이 어 롤 러	10 8~15	6 4	90 이상
노 상	20	진 동 롤 러 타 이 어 롤 러	10 8~15	6 4	95 이상
보조 기층	15~20	진 동 롤 러 타 이 어 롤 러	10 8~15	8 4	95 이상
표 층	5	머 캐 덤 롤 러 타 이 어 롤 러 탠 덤 롤 러	8~10 8~15 10~14	2 10 4	96 이상

[주] 동상방지층, 입도조정기층, 기층(아스팔트 안정처리), 저수지, 축제 등은 품셈을 참고한다.

1. 다짐횟수는 동일지점을 하중륜이 통과한 횟수로 한다.
2. 다짐두께는 다져진 상태의 두께이다.
3. 다짐기계의 규격 및 조합은 보편화된 규격 및 조합방법을 기준한 것이다.
4. 성토용 다짐재료는 다짐이 용이한 실트질흙, 보조기층 재료는 부순 자갈을 기준한 것이다.
5. 다짐횟수는 보편화된 조건에서 표준적인 횟수를 정한 것이다.
6. 다짐횟수에 따른 다짐도는 다짐장비의 규격과 조합, 토질의 종류, 함수비, 입도분포 등에 따라 각기 상이하므로 실제 적용 과정에서는 공사규모, 현장조건 등에 따라 다짐 기계규격 및 조합방법을 결정하고 시험시공을 통하여 규정된 다짐효과를 얻도록 다짐횟수를 결정한다.
7. 다짐도는 최대건조 밀도에 대한 다짐 후 건조밀도의 백분율이다.

⑤ E의 값

〈표 5.4-27〉 롤러 _ 작업효율(E)

공 종	다짐기계	현 장 조 건		
		양 호	보 통	불 량
표 층	머 캐 덤 롤 러 타 이 어 롤 러 탠 덤 롤 러	0.75 0.65 0.60	0.55 0.45 0.45	0.35 0.25 0.30
기 층 보 조 기 층	진 동 롤 러 머 캐 덤 롤 러 타 이 어 롤 러	0.80 0.70 0.60	0.60 0.50 0.40	0.40 0.30 0.20
노 체 축 제 노 상	불 도 저 타 이 어 롤 러 진 동 롤 러 양족식롤러(자주식)	0.80	0.60	0.40

[주] 작업효율의 결정은 다음 사항을 고려하여 이들의 조건이 보통의 경우보다 좋은 때에는 양호측으로, 나쁠 때에는 불량측의 값을 택한다.
1. 흙쌓기 재료 또는 노반재료의 공급능력과 다짐 작업과의 균형 (평형 또는 공급능력이 상회하였을 때에는 작업효율은 양호)
2. 흙쌓기 재료 또는 노반재료의 토질, 함수비, 입도 배합 등의 적정
3. 작업현장에서의 작업방해의 정도
4. 작업현장의 요철(凹凸) 굴곡 등 지형상황

7) 플레이트 콤팩터 [공통품셈 8-2-10]

$$Q = \frac{1,000 \cdot V \cdot W \cdot D \cdot E \cdot f}{N} \qquad A = \frac{1,000 \cdot V \cdot W \cdot E}{N}$$

Q : 시간당 다짐토량 (m^3/hr)
A : 시간당 다짐면적 (m^2/hr)
V : 다짐속도 (km/hr)
W : 유효다짐폭 (m)
D : 펴는 흙의 두께 (m)
E : 작업효율
f : 토량환산계수
N : 소요다짐횟수

〈표 5.4-28〉 플레이트 콤팩터 _ 각종 계수(W, V, N, D)

규 격	유효다짐폭 (m)	표준다짐속도(km/hr)	소요다짐횟수 (회)	다짐두께 (cm)
1.5	0.45	1.0	3	10

[주] 다짐횟수는 보편화된 조건에서 표준적인 횟수를 정한 것으로써 다짐도에 따라 증감할 수 있다.

〈표 5.4-29〉 플레이트 콤팩터 _ 작업효율(E)

양 호	보 통	불 량
0.80	0.60	0.40

[주] 작업효율 결정은 다음 사항을 고려하여 이들의 조건이 보통의 경우보다 좋은 때에는 양호측으로, 나쁠 때에는 불량측의 값을 택한다.

1. 흙쌓기 재료 또는 노반재료의 공급능력과 다짐작업과의 균형 (평형 또는 공급능력이 상회하였을 때에는 작업효율은 양호)
2. 흙쌓기 재료 또는 노반재료의 토질, 함수비, 입도 배합 등의 적정
3. 작업현장에서의 작업방해의 정도
4. 작업현장의 요철(凹凸) 굴곡 등 지형상황

8) 경운기 [공통품셈 8-2-24]

$$Q = \frac{60 \cdot q \cdot f \cdot E}{Cm} \qquad Cm = \frac{L}{V_1} + \frac{L}{V_2} + t$$

Q : 시간당 작업량 (m^3/hr) L = 거리 (m)

q : 흐트러진 상태의 경운기 1회 적재량 (m^3)

f : 체적환산계수 V_1 = 적재시 속도 (m/분)

E : 작업효율 (0.9) V_2 = 공차시 속도 (m/분)

Cm : 1회 사이클 시간 t = 적재 적하시간 (분)

〈표 5.4-30〉 경운기 _ 적재 적하시간 및 속도

구분 / 종류	적재 적하 시간 (분)	평균 주행 속도 (m/분)					
		적 재			적 하		
		양 호	보 통	불 량	양 호	보 통	불 량
토 사 류	11	83	57	35	117	83	57
석 재 류	13						

[주] 1. 삽작업이 가능한 토석재를 기준한다.
2. 적재 적하는 2인을 기준한다.
3. 절취는 별도 계산한다.
4. 작업로에 따른 구분
• 양호 : 작업로가 구배가 없고 평탄할 때
• 보통 : 작업로가 약간 요철이 있는 경우
• 불량 : 작업로가 구배가 약간 있고(7%이하) 요철이 있는 경우

9) 이동식 임목파쇄기 [공통품셈 8-2-35]

① 93.25kW (피견인식)

$$Q\,(\text{시간당 작업량}) = 6.0\ (m^3/hr)$$

[주] 1. 생산능력 및 정산수량은 파쇄 후 생산량(파쇄량)으로 한다.
2. 장비의 운반비는 별도 계상한다.
3. 동력은 발전기 250kW 기준으로 한다.
4. 작업보조인부 필요시 보통인부 2인을 별도 계상한다.
5. 임목파쇄기에 목재를 투입할 시 굴삭기(0.7m^3)에 부착용 집게를 부착하여 투입하고 작업량은 임목파쇄기의 작업량에 준한다.

〈표 5.4-31〉 **피견인식** 임목파쇄기 _ 소모품 소모량

소 모 품	소 모 량	비 고
메인 파쇄기 날 분 쇄 기 날	0.00125 (개/hr) 0.005 (개/hr)	 42개

② 354.35~402.84kW (자주식)

$$Q = q \cdot K \cdot S \cdot E$$

Q : 임목파쇄기의 시간당 파쇄능력 (m^3/hr)　　E : 작업효율

q : 354.35kW의 시간당 표준파쇄량 (m^3/hr) = 26 (m^3/hr)

K : 임목파쇄기의 규격별 능력계수　　S : 임목파쇄기의 스크린계수

[주] 1. 생산능력은 파쇄 후 생산량(파쇄량)으로 한다.
2. 장비의 운반비는 별도 계상한다.
3. 작업보조인부 필요시 보통인부 1인을 별도 계상한다.
4. 임목파쇄기에 목재를 투입할 시 굴삭기($0.8m^3$)에 부착용 집게를 부착하여 투입하고 작업량은 임목파쇄기의 작업량에 준한다.

〈표 5.4-32〉 자주식 임목파쇄기 _ 규격별 능력계수(K)

규 격 / 계 수	354.35kW	402.84kW
K	1.0	1.5

〈표 5.4-33〉 자주식 임목파쇄기 _ 스크린계수(S)

규 격 / 계 수	50mm	75mm	100mm	125mm
S	0.8	1.0	1.1	1.3

〈표 5.4-34〉 자주식 임목파쇄기 _ 작업효율(E)

규 격 / 계 수	불 량	보 통	양 호
E	0.9	1.0	1.1

[주] 불량 : 뿌리류　　보통 : 팔레트류　　양호 : 가지, 잡목류

〈표 5.4-35〉 자주식 임목파쇄기 _ 소모품 소모량

소 모 품	규 격	소 모 율	비 고
햄 머	HD12 / 1Bolt	0.02 (개/hr)	20개 1조
햄 머 팁	78×74.5×41.5 / 1Hole	1 (개/hr)	20개 1조
스 크 린	6×8HL / 1	0.005 (개/hr)	2개 1조

10) 관리용 장비 [한국도로공사]

〈표 5.4-36〉 관리용 장비 _ 손료 및 운전경비 산정기준 [한국도로공사, 조경공사 적산기준] (시간당)

장 비 명	규 격	장비가격 (천원)	시간당손료 (10^{-7})	운 전 경 비		
				주연료 (ℓ)	잡재료 (%)	조종원 (인/일)
체인톱	3.5HP	450	3,432	0.7	20	–
동력전정기	22.5cc	600	3,432	0.7	20	–
예취기	33.6cc	550	3,432	0.5	20	–
소형 삭초기	5.5HP	550	3,432	0.7	20	–
중형 삭초기	6.2HP	850	3,432	1.0	20	–
대형 삭초기	15HP	6,200	3,432	2.4	20	–
동력 분무기	3.0HP	720	3,432	0.9	20	–
물탱크	5,500ℓ	38,257	2,045	9.3	30	1
작업용 차량	1.0Ton Wcap	15,000	2,901	1.04	38	1
작업용 차량	2.5Ton Wcap	42,200	2,901	2.9	38	1
수송용 차량	12인승	23,600	1,706	1.25	10	1

4.5 기계경비의 산정

기계경비는 조경 기술자들이 내역서 작성에서 특히 어려워하는 부분이다.

건설공사 기계는 현대화, 대형화되므로 생산성 향상과 시공품질을 적합하게 추구하는 효율적인 공사를 위해서는 적정한 기계 적용과 합당한 기계경비 산정이 특히 중요하다. 그러나 조경공사는 소규모의 산재된 작업현장에 적합한 적산기준이 반드시 고려되어야 한다. 표준품셈이 규정한 시공 규모별 소규모공사의 할증 등이 적절히 반영되어야 하며, 기계화 시공이 곤란하거나 부적합한 경우에는 경제성보다 우선하여 현장여건에 적합한 시공방법을 채택하여야 한다.

기계경비는 상각비 · 정비비 · 관리비 등 기계손료와 기계조종원의 노무비, 기계의 주연료 및 잡재료비 등으로 다음과 같이 구성된다.

〈표 5.4-37〉 기계경비의 구성

구 분	세 부 내 용		적용 항목
기계경비	기계손료	감가상각비 정비비 관리비	경비 항목
	운전경비	연료비 · 유지비 소모성 부분품비	재료비 항목
		운전노무비	노무비 항목
	운반비 (현장 반입 · 반출 비용) 조립 및 해체비 (필요한 경우만 적용)		경비 항목

1) 적산방법

① 경 비

기계손료는 상각비, 정비비, 관리비의 합계액으로서 관리비는 1일 8시간을 초과하는 경우라도 8시간으로 계상한다. 손료 산정은 내용시간, 연간표준가동시간, 상각비율, 정비비율, 연간관리비율을 기준으로 산출한 상각비계수, 정비비계수, 관리비계수를 합한 것이다. 시간당 손료는 기계가격에 시간당 손료계수를 곱하여 산정한다.

〈표 5.4-38〉 기계손료의 산정식

구 분	산 정 식
운전 시간당 상각비	$\frac{\text{취득가격} - \text{잔존가치}}{\text{경제적 사용시간}} = \frac{\text{취득가격}(1-0.1)}{\text{경제적 사용시간}}$
경제적 사용시간	경제적 사용년수 × 연간 표준운전시간
운전 시간당 정비비	$\frac{\text{취득가격} \times \text{정비비율}}{\text{경제적 사용시간}}$
운전 시간당 관리비	$\frac{\text{평균취득가격} \times \text{연간 관리비율}}{\text{연간 표준운전시간}}$
평 균 취 득 가 격	$\text{취득가격} \times \frac{1.1 \times \text{경제적 사용년수} + 0.9}{2 \times \text{경제적 사용년수}}$

[계산 예]

굴삭기(무한궤도) 0.2m^{3}의 경우 : 분류번호 0201-0020 (2020년 기준)
• 시간당 손료 = 장비 취득가격×시간당 손료계수 = 59,000,000원×(2,085×10^{-7}) ≒ 12,301(원/hr)

② 재료비

재료비는 기계의 운영에 필요한 주연료, 잡재료비 및 소모품비로 구성된다.

㉠ 휘발유 및 경유는 시간당 소비량을 말하며, 엔진부하율(Load Factor) 70~80%, 실작업시간은 50/60을 기준으로 산정한 것이다. 보조엔진에 사용되는 유류는 여기에 포함되어 있으며, 주연료에 휘발유, 중유로 표기되지 아니한 것은 경유를 말한다.(해상장비 포함)

㉡ 엔진유, 기어유, 유압유, 구리스, 넝마 등 잡재료는 크랑크케이스용량, 피스톤 및 링의 상태, 기어박스의 용량, 오일의 교환시간 등을 고려하여 보충량을 포함한 시간당 소비량을 주연료비의 비율로 표기한 것이다.

㉢ 삽날, 귀삽날, 타이어, 티스의 소모율은 잡품에 포함되었다.

㉣ 크러셔(정치식)의 운전경비는 크러셔(이동식)의 운전경비를 준용한다.

㉤ 불도저와 리퍼 또는 굴삭기와 브레이커를 조합하여 사용할 때는 불도저 또는 굴삭

기의 잡재료 비율을 16%로 계상한 후, 리퍼의 손료 또는 브레이커 손료 및 치즐 소모율을 추가하는 것이다.

ⓑ 타워크레인의 연료 소모량은 별도 계상한다.

③ 노무비

노무비는 운전사의 급여 또는 임금으로 구성된다.

㉠ 노임 : 통계작성 승인기관이 조사 공표한 노임단가

㉡ 작업시간 : 근로기준법에서 1일 8시간 기준이므로 시간당 노임은 1/8을 적용

㉢ 월급여(상여계수) : 상시 고용 기준이므로 상여금과 퇴직금의 합계 400%로 계상하여 월급여에 대한 계수인 16/12을 적용

㉣ 작업일수(휴지계수) : 월간 작업가능일의 보정계수로서 월 근무일 25일 중 악천후 등으로 작업이 불가능한 5일을 제외한 25/20를 적용

[계산 예]

굴삭기(무한궤도) 0.2m³의 경우 : 분류번호 0201-0020 (2020년 기준)
• 노무비 = 노임×수량×작업시간×월급여×작업일수 조종원 : 건설기계운전사 202,885원×1.0인×1/8×16/12×25/20 ≒ 42,267(원/hr)

2) 기계경비 산정 예시 (2020년 상반기 단가기준)

문제 : 10,000m³ 흙의 굴착, 유용성토, 정지전압공사의 m³당 단가를 산출하시오.

사용기계 조합은 불도저(무한궤도) 32ton으로 절토 및 정지전압, 적재는 차륜식 로더 2.29m³, 운반은 덤프트럭 15ton으로 시행하며, 작업세부조건은 다음과 같다.

모래질 흙(L=1.25, C=0.875)의 양호한 상태이며, 불도저의 운반거리는 20m로서 전진은 1단기어를 후진은 2단기어를 사용한다. 로더는 작업조건이 양호하고, 덤프트럭은 운반거리 10km로 미포장도로(적재 15km/hr, 공차 20km/hr)이며, 정지전압시 불도저 작업거리는 50m로 전진은 2단기어를 후진은 3단기어를 사용한다.

① **굴착** (불도저 32ton, 무한궤도형 : 분류번호 0101-0032)

$$Q = \frac{60 \cdot q \cdot f \cdot E}{Cm} \qquad Cm = \frac{L}{V_1} + \frac{L}{V_2} + t \qquad q = q_o \times e$$

Q : 시간당 작업량 (m^3/hr)

q : 삽날의 용량=5.5×0.96=5.28 (m^3)

$q_{\circ}$: 거리를 고려하지 않는 삽날의 용량=5.5 (m^3)

e : 운반거리계수=0.96

f : 체적환산계수=1/1.25=0.8

E : 작업효율=(0.85−0.05)=0.8

L : 운반거리=20(m)　　t : 기어변속시간=0.25(분)

V_1 : 전진속도=40(m/분)　　V_2 : 후진속도=58(m/분)

Cm : 1회 사이클 시간=20/40+20/58+0.25=0.5+0.34+0.25=1.09

∴ 시간당 작업량 Q =60×5.28×0.8×0.8/1.09 = 186.011

≒ 186.01 (m^3/hr)

• 기계경비

217,169,000원×계수 $1,811\times10^{-7}$ = 39,329.3원/hr

• 재료비

주연료 : 경유(저유황) 41.6ℓ ×1,161원 = 48,297.6원

잡재료 (주연료의 16%) : 48,297원×16% = 7,727.6원

소계 56,025.2원/hr

• 노무비

건설기계운전사 : 202,885원×1인×1/8×16/12×25/20 = 42,267.7원/hr

∴ m^3당 단가 (단가/작업능력)

기계경비 : 39,329원 ÷ 186.01m^3/hr ≒ 211원/m^3

재 료 비 : 56,025원 ÷ 186.01m^3/hr ≒ 301원/m^3

노 무 비 : 42,267원 ÷ 186.01m^3/hr ≒ 227원/m^3

계 739원/m^3

② 유용성토

㉠ 적재 (로더, 차륜식 2.29m^3 : 분류번호 0302−0229)

$$Q=\frac{3,600\cdot q\cdot K\cdot f\cdot E}{Cm} \qquad Cm=m\cdot \ell+t_1+t_2$$

Q : 시간당 작업량 (m^3/hr)　　q : 버킷용량=2.29(m^3)

K : 버킷계수=1.2 f : 체적환산계수=0.8

E : 작업효율=0.75

Cm : 1회 사이클 시간=1.8×8+6+14=34.4(초)

m : 계수(초/m) 타이어식=1.8(초/m)

ℓ : 편도 주행거리=표준 8(m)

t_1 : 버킷에 토량을 담는 데 소요되는 시간=6(초)

t_2 : 기어변환 등 기본시간과 다음 기계가 도착할 때까지의 시간=14(초)

∴ 시간당작업량 Q = 3,600×2.29×1.2×0.8×0.75/34.4 = 172.548

≒ 172.55 (m^3/hr)

- 기계경비

110,469,000원×계수 2,085×10^{-7}= 23,032.7원/hr

- 재료비

주연료 : 경유(저유황) 13.3 ℓ × 1,161원= 15,441.3원

잡재료 (주연료의 44%) : 15,441원×44%= 6,794.1원

소계 22,235.4원/hr

- 노무비

건설기계운전사 : 202,885원×1인×1/8×16/12×25/20= 42,267.7원/hr

∴ m^3당 단가 : (단가/작업능력)

기계경비 : 23,032원/hr ÷ 172.55m^3/hr ≒ 133원/m^3

재 료 비 : 22,235원/hr ÷ 172.55m^3/hr ≒ 128원/m^3

노 무 비 : 42,267원/hr ÷ 172.55m^3/hr ≒ 244원/m^3

계 505원/m^3

ⓛ 운반 (덤프트럭 15ton : 분류번호 0602-0150)

$$Q=\frac{60 \cdot q \cdot f \cdot E}{Cm} \qquad q=\frac{T}{r^t} \cdot L$$

Q : 시간당 작업량 (m^3/hr)

q : 흐트러진 상태의 덤프트럭 1회 적재량=15/1.7×1.25=11.02(m^3/대)

r^t : 자연상태에서 토석의 단위중량(습윤 밀도)=1.7(ton/m^3)

T : 덤프트럭의 적재용량=15(ton)

L : 체적환산계수에서의 체적변화율=1.25

f : 체적환산계수=1/1.25=0.8

E : 작업효율=0.9

Cm : 1회 사이클 시간=3.07+70+0.5+0.42+0.5+1.5=75.99(분)

$$n = \frac{Qt}{q \times k} = \frac{11.02}{2.29 \times 1.2} = 4.01$$

$$t_1 = \frac{Cms \cdot n}{60 \times Es} = \frac{34.4 \times 4.01}{60 \times 0.75} = 3.065 \fallingdotseq 3.07$$

t_2 =(10/15+10/20)×60=70

t_3(모래, 자갈, 호박돌의 토질로 작업조건 양호 기준)= 0.5

t_4(적재장소가 넓지 않으나 불편 없이 목적장소 진입 기준)= 0.42

t_5(자동덮개시설의 적재함 덮개 설치 및 해체시간)= 0.5

t_6(세륜기 통과시간)= 1.5

∴ 시간당작업량 Q =60×11.02×0.8×0.9/75.99 = 6.264

≒ 6.26(m^3/hr)

- 기계경비

81,472,000원×계수 2,279×10^{-7} = 18,567.4원/hr

- 재료비

주연료 : 경유(저유황) 15.9 ℓ× 1,161원 = 18,459.9원

잡재료 (주연료의 38%) : 18,459원×38% = 7,014.7원

소계 25,474.6원/hr

- 노무비

건설기계운전사 : 202,885원×1인×1/8×16/12×25/20 = 42,267.7원/hr

∴ m^3당 단가 : (단가/작업능력)

기계경비 : 18,567원/hr ÷ 6.26m^3/hr ≒ 2,965원/m^3

재 료 비 : 25,474원/hr ÷ 6.26m^3/hr ≒ 4,069원/m^3

노 무 비 : 42,267원/hr ÷ 6.26m^3/hr ≒ 6,751원/m^3

계 13,785원/m^3

③ **정지전압** (불도저 32ton, 무한궤도형 : 분류번호 0101-0032)

$$Q = \frac{60 \cdot q \cdot f \cdot E}{Cm} \qquad Cm = \frac{L}{V_1} + \frac{L}{V_2} + t \qquad q = q_o \times e$$

Q : 시간당 작업량 (m³/hr)

q : 삽날의 용량=5.5×0.84=4.62(m³)

q_o : 거리를 고려하지 않는 삽날의 용량=5.5(m³)

e : 운반거리계수=0.84

f : 체적환산계수=1/1.25=0.8

E : 작업효율=0.85−0.1=0.75

Cm : 1회 사이클 시간=50/52+50/78+0.25=0.96+0.64+0.25=1.85

∴ 시간당 작업량 Q =60×4.62×0.8×0.75/1.85 = 89.902

≒ 89.90 (m³/hr)

- 기계경비 (굴착과 동일) = 39,329원/hr
- 재 료 비 (굴착과 동일) = 56,025원/hr
- 노 무 비 (굴착과 동일) = 42,267원/hr

∴ m³당 단가 : (단가/작업능력)

기계경비 : 39,329원/hr ÷ 89.90m³/hr ≒ 437원/m³

재 료 비 : 56,025원/hr ÷ 89.90m³/hr ≒ 623원/m³

노 무 비 : 42,267원/hr ÷ 89.90m³/hr ≒ 470원/m³

계 1,530원/m³

④ 총비용 집계

〈표 5.4-39〉 기계경비산정 예시 – 총비용집계 [2020년 상반기 단가기준] (단위 : 원/m³)

명 칭	굴 착	유용성토		정지전압	계
		적 재	운 반		
기 계 경 비	211	133	2,965	437	3,746
재 료 비	301	128	4,069	623	5,121
노 무 비	227	244	6,751	470	7,692
계	739	505	13,785	1,530	16,559

5 수목 식재공사

Landscape Architecture

5.1 개 요

그림 5.5-1 수목 식재공사

조경공사에서 식물은 가장 중요한 소재 중 하나이며, 그 중에서도 수목과 잔디가 특히 중요한 요소이다. 수목은 그 형태가 다양하므로 엄밀하게 완전히 동일한 형태는 두 개가 존재하지 않는다. 이러한 사유로 조경수목의 정형화된 규격표시는 극히 곤란한 문제이며 현장의 수목검수시 이해관계자 간의 해석차이로 항상 논란이 존재하고 있다.

수목의 규격은 수고(樹高), 수관폭, 흉고(胸高)직경, 근원(根元)직경, 주립수 등으로 표시하고 있다. 대형목이나 특수목의 경우에는 동일한 흉고직경의 수목이라도 자연형과 전정(剪定) · 정지(整枝)상태, 지하고(枝下高)의 크기, 뿌리분의 유무 및 크기, 잎의 부착 유무 등에 따라 다를 수 있으므로 일반규격에 특이사항을 추가함이 보다 합리적일 것이다.

5.2 규격의 표시

수목 규격은 형상별로 측정하며, 규격 기준은 설계 규격의 ±10% 이내로 표준시방서에서 규정하고 있다.

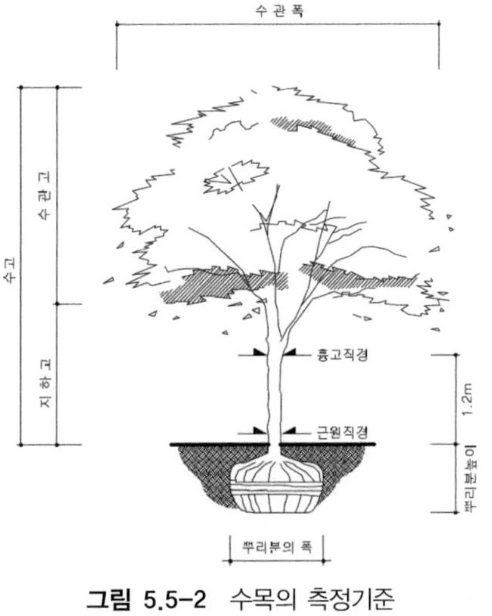

그림 5.5-2 수목의 측정기준

1) 측정기준

① **수고**(H : Height, 단위 : m) : 지표면에서 수관 정상까지의 수직거리로서, 수관 꼭대기에서 돌출된 웃자람가지(徒長枝)는 제외한다. 단, 수고보다 수관폭 또는 줄기의 길이가 더 클 때에는 그 크기를 기준 치수로 본다.

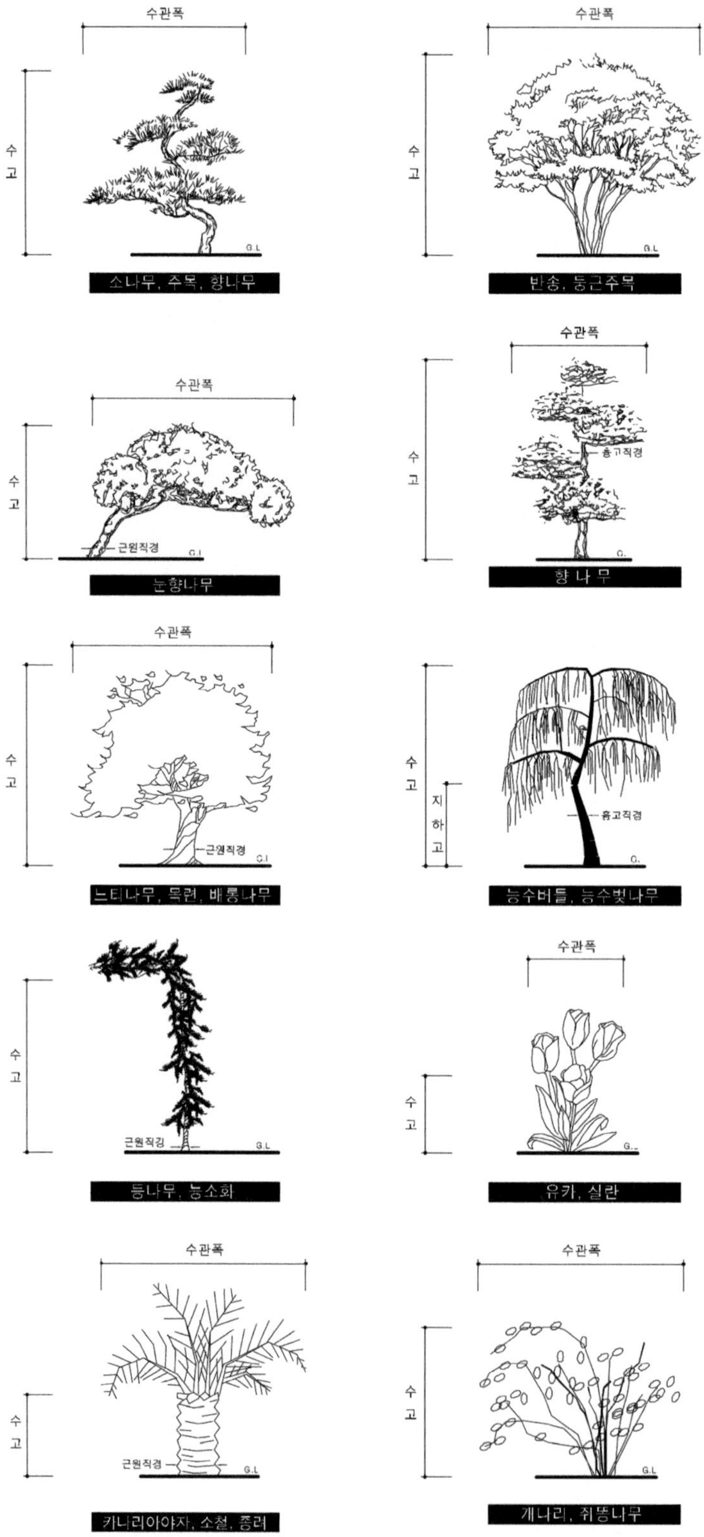

그림 5.5-3 수종별 측정기준

② **수관폭** (W : Width, 단위 : m) : 수관 투영면 양단 직선거리를 측정하는 것으로서 타원형 수관은 최소폭과 최대폭의 평균으로 한다. 불규칙한 형태의 교목, 관목 및 조형목도 이에 준하며 웃자람가지(徒長枝)는 제외한다.

③ **흉고직경** (B : Breast, 단위 : cm) : 지표면 1.2m 높이 부위 수간(樹幹) 직경으로서, 쌍간(雙幹)인 경우에는 각간 흉고직경을 합한 값의 70%가 당해 수목의 최대 흉고직경치보다 클 때에는 이를 채택하며, 작을 때에는 각간의 흉고직경 중 최대치를 채택한다.

④ **근원직경** (R : Root, 단위 : cm) : 지표면 부위 근간의 직경을 말하며, 측정 부위가 원형이 아닌 경우에는 최대치와 최소치의 평균값을 채택한다.

⑤ **지하고** (C : Canopy, 단위 : m) : 지표면에서 수간 최하단부의 돌출된 줄기까지 수직높이를 말한다. 가로수, 녹음수 등 직접적인 접근 이용으로 특별히 지하고를 규정할 필요가 있을 때 적용한다.

⑥ **형상** (F : Form) : 특수한 형상의 수목을 규정할 때에는 그 형태를 지정 표시한다. 조형수목, 특수목 등 특별한 조형미나 형상으로 다듬은 수목은 그 형태를 표시하여 일반적인 수목과 구분되도록 한다.

⑦ **주립수** (S : Stock, 단위 : 枝) : 근원부에서 줄기가 분기하는 수종은 수고와 수관폭 이외에 포기의 줄기 수를 규정할 필요가 있다. 이때 지정 규격 이상의 줄기수만을 규정하므로 발육이 불충분한 줄기는 제외한다.

⑧ **잔디** (단위 : m^2, 坪, 매) : 운반 및 사용에 적합하게 가로 · 세로 · 두께를 일정 규격으로 절단한 크기로 표시한다. 단 흙이 부착되지 않은 일명 스펀지 잔디는 두께를 표시하지 않는다.

5.3 표시방법

① **교목성 수목** : 수고와 흉고직경, 근원직경, 수관폭을 병용하며 추가로 지하고, 뿌리분의 크기 등을 지정하여 표시할 수 있다.

- 수고(H : m) × 흉고직경(B : cm) : 은행나무, 버즘나무, 왕벚나무, 히말라야시다 등
- 수고(H : m) × 근원직경(R : cm) : 단풍나무, 감나무, 느티나무, 모과나무 등
- 수고(H : m) × 수관폭(W : m) : 잣나무, 전나무, 섬잣나무, 독일가문비 등
- 수고(H : m) × 수관폭(W : m) × 근원직경(R : cm) : 소나무, 눈향 등

② **관목성 수목** : 수고와 수관폭, 주립수를 사용한다.

- 수고(H : m) × 수관폭(W : m) : 회양목, 수수꽃다리, 철쭉 등
- 수고(H : m) × 주립수(지) : 개나리, 쥐똥나무 등

③ **묘목** : 간장(幹長)과 근원직경에 근장(根長)을 병행하여 사용한다.

- 간장(H : cm) × 근원직경(R : cm) × 근장(R : cm)

④ **만경목** : 수고와 근원직경을 기준으로 사용한다.

- 수고(H : m) × 근원직경(R : cm) : 등나무 등

5.4 식재공사의 과정 및 방법

수목을 현재 위치에서 다른 장소로 옮겨 심는 작업을 이식(移植)공사라 한다. 이때 나무의 주위를 주의하여 파고 가급적 많은 흙을 뿌리에 부착하여 뿌리분의 손상 없이 옮겨야 한다.

운반 중 뿌리분의 보호와 뿌리분에 가해지는 충격 완화를 위하여 새끼나 녹화끈 등을 단단히 감아주며 뿌리분이 큰 경우에는 녹화마대, 비계목 등을 철선으로 감아서 보호할 수도 있다. 뿌리분 크기는 근원직경 비례로서 일반수목은 4배분, 이식이 어려운 수목은 5~6배분을 기준으로 한다.

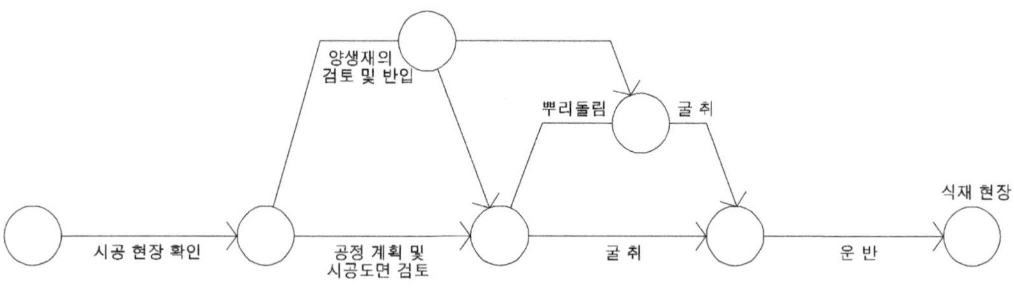

그림 5.5-4 수목 이식공사 표준 공정도

1) 기반공사

① 가지주 설치

굴취시 나무가 쓰러지거나 수목의 훼손이 우려되는 등 특별히 필요한 경우에는 굴취 전에 가지주(假支柱)를 세운다.

② 뿌리돌림

오랫동안 한 곳에 위치한 수목은 근원 가까이에 세근이 적어서 이식시 활착이 어렵다. 그러므로 원활한 이식과 활착 유도를 위한 사전 조치로 뿌리를 잘라주거나 박피를 실시하여 굴취할 뿌리분에 다량의 잔뿌리를 발생시킨다.

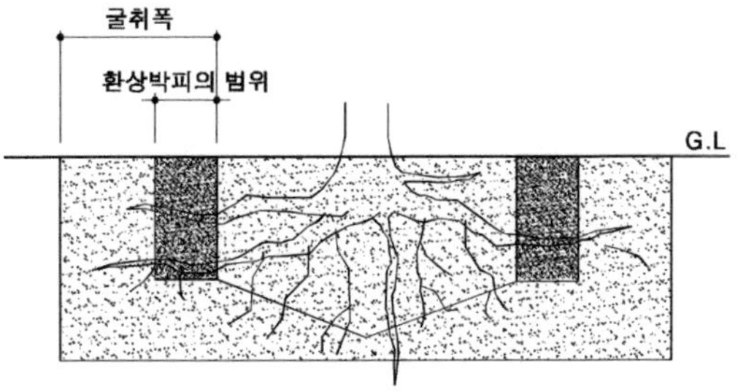

그림 5.5-5 뿌리돌림 단면도

이 조치는 수목의 생리적 특성에 따라 이식하기 수년~수개월 전에 실시한다. 생리적으로 이식이 어려운 수목이나 부적기 식재 및 노거목(老巨木) 이식에는 반드시 필요하며 전정과 가지주 설치가 병행되어야 한다.

③ 굴 취

굴취란 이식할 수목을 캐내는 작업으로 생리적 습성, 이식의 난이도 등에 의하여 굴착 범위, 크기, 시기, 굴취방법 등이 다를 수 있으나 일반기준은 다음과 같다.

- **구덩이 파기** : 이식에 적절한 분뜨기 작업을 위해 뿌리분 주변을 돌려 판다.
- **분뜨기** : 분을 뜰 때는 흙이 떨어지지 않도록 새끼, 가마니, 철사, 보습재, 기타 보상(補上) 재료로 고정하여 뿌리와 흙이 이완되지 않도록 견고하게 결속한다. 분뜨기의 모양과 크기는 수종, 수목의 규격, 뿌리의 발달 정도, 이식시기, 이동거리 등에 따라 다르게 적용한다.
- **전정(剪定)** : 굴취시 수목의 기본 수형이 훼손되지 않는 범위에서, 증산을 억제하고 운반이 용이하도록 가지 솎음을 실시하되, 전정의 강도는 수종과 이식시기 및 분의 상태에 따라 상이하다.
- **수간 보호** : 1.2m 정도 수간부에 보조목(말목)과 가마니 등을 고정하여 중장비 이동 및 상하차시 수간의 박피나 손상을 방지한다.

④ 운 반

운반을 위한 수목은 체인블록, 백호, 레커, 크레인 등의 상·하차 및 운반 등으로 뿌리, 줄기, 수형이 손상되지 않도록 다음과 같은 보호조치를 하여야 한다.

- 뿌리분의 보토를 철저히 하고, 세근이 절단되지 않도록 충격을 주지 않아야 한다.
- 수목의 줄기는 간편하게 결박한다.
- 비포장도로 등에서는 뿌리분이 충격을 받지 않도록 완충재로 흙 또는 가마니, 짚을 깔고 서행으로 운전한다.
- 수목과 접촉하는 고형부에는 완충재를 삽입한다.
- 수송 중 바람에 의한 증산을 억제하며, 강우로 인한 뿌리분의 토양 유실 방지를 위한 조치를 취하고, 증산억제제 등을 살포한다.
- 차량 용량의 적정 수량만을 적재하며, 이중적재를 금한다.

2) 수목 식재공사

수목 식재공사의 표준 공정과 각 공정별 작업내용은 다음과 같다.

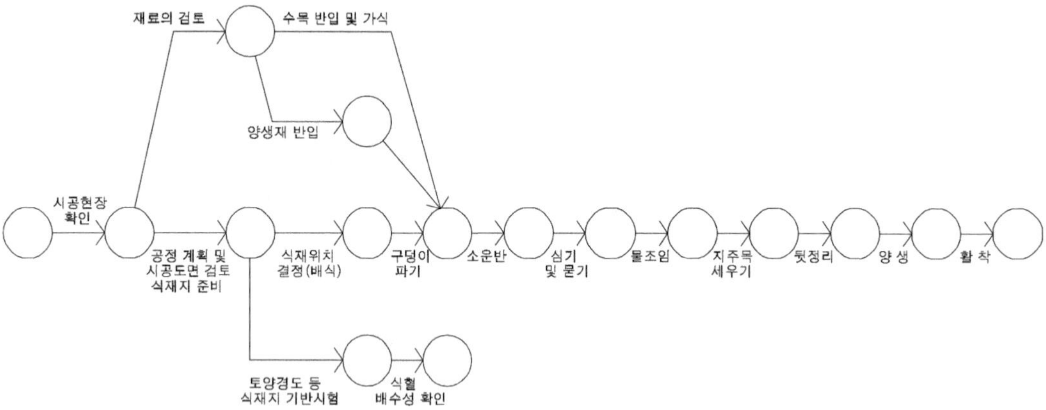

그림 5.5-6 수목 식재공사 표준공정도

① 가식(假植)

식물은 반입 당일 식재하는 것이 원칙이나 만일 그렇지 못할 경우에는 뿌리의 건조, 지엽의 손상 등을 방지하기 위하여 바람이 없고, 약간 습한 곳에 가식하거나 보호조치를 하여 다음날 식재를 완료한다.

② 식재구덩이 파기

구덩이 크기는 분의 1.5배 이상으로 한다. 구덩이는 수목의 생육에 해로운 불순물을 제거한 다음 바닥을 부드럽게 파고 좋은 흙으로 고른다. 배수가 불량한 지역은 충분히 굴토하고 자갈 등으로 배수층을 만든 후 객토한다.

③ 심 기

수목을 식재 위치에 소운반하고 뿌리분을 식재 구덩이에 넣은 후, 주변경관 등을 고려하여 보기 좋게 나무를 앉히는 것으로서, 최종 위치에 영구적으로 식재하는 작업이다. 여러 방향에서의 경관성과 식물의 생리적 특성을 고려하여 방향을 정한 후 정지·전정과 시비(施肥)를 병행한다. 식재구덩이 속에 수목을 앉힐 때에는 당초 수목이 심어져 있던 깊이만큼 심어지도록 주의한다.

④ 묻기(객토)

식재구덩이 파기시 토양이 배수가 불량한 점질토 등 수목 생육 조건에 지장을 초래할 우려가 있는 토양일 경우에는 구덩이에서 파낸 흙을 전부 버리고 양질의 토양을 수목의 뿌리분 주위에 객토하여야 한다. 객토용 토양은 불순물이 혼합되지 않은 배수가 양호한 사질양토가 적합하다.

⑤ 물조임

수목 앉히기가 끝나면 식재 구덩이에 물을 충분히 넣고 삽 등으로 주변 흙과 뿌리분이 밀착되도록 물조임을 실시한다. 이때 뿌리분이 움직이지 않도록 각별히 유의하며, 물이 완전히 스며든 다음 복토를 하고 물집을 만든다.

⑥ 지주 세우기

식재(植栽)수목은 바람이나 외부 충격에 안전하도록 지주를 설치한다. 지주는 통나무, 각목 또는 기타 재료(파이프, 와이어로프, 플라스틱)로서 수목과 지주목의 결박 부위는 완충재(고무, 목재, 새끼 등)로 수간의 손상을 방지한다. 지주의 종류는 설계서에 의하되 일반적 기준은 다음과 같다.

- **이각 지주, 단각 지주 :** 수고 2.5～3.0m 미만 수목이나 관목성 수목에 설치하는 방법으로 통나무나 각목 2개 또는 1개를 땅에 박고 양쪽을 연결하여 수목을 고정시킨다. 주로 이각 지주를 사용한다.
- **삼발이 지주 :** 교목성 수목에 가장 많이 사용하는 방법으로서 설치가 용이하고 지주 효과도 크지만 많은 면적을 차지하여 통행에 불편을 주는 단점이 있다.
- **삼각 지주 :** 가로수 등 통행량이 많고 협소한 곳에 설치한다.
- **사각 지주 :** 통행량이 많고 협소하며, 삼각 지주보다 더욱 견고하게 고정시킬 필요가 있는 곳에 설치한다.
- **버팀형 지주 :** 삼발이 지주와 비슷한 형태로 대형목의 지지에 쓰는 방법으로서 길이 5m 이상의 통나무 등으로 수목의 동체 부분을 고정한다.
- **연계형 지주 :** 동일한 규격의 수목이 연계 식재되어 있을 때 쓰는 방법으로 대나무 및 통나무를 수평으로 결속하고 중요 지점에 버팀형 지주를 고정시킨다. 소량으로

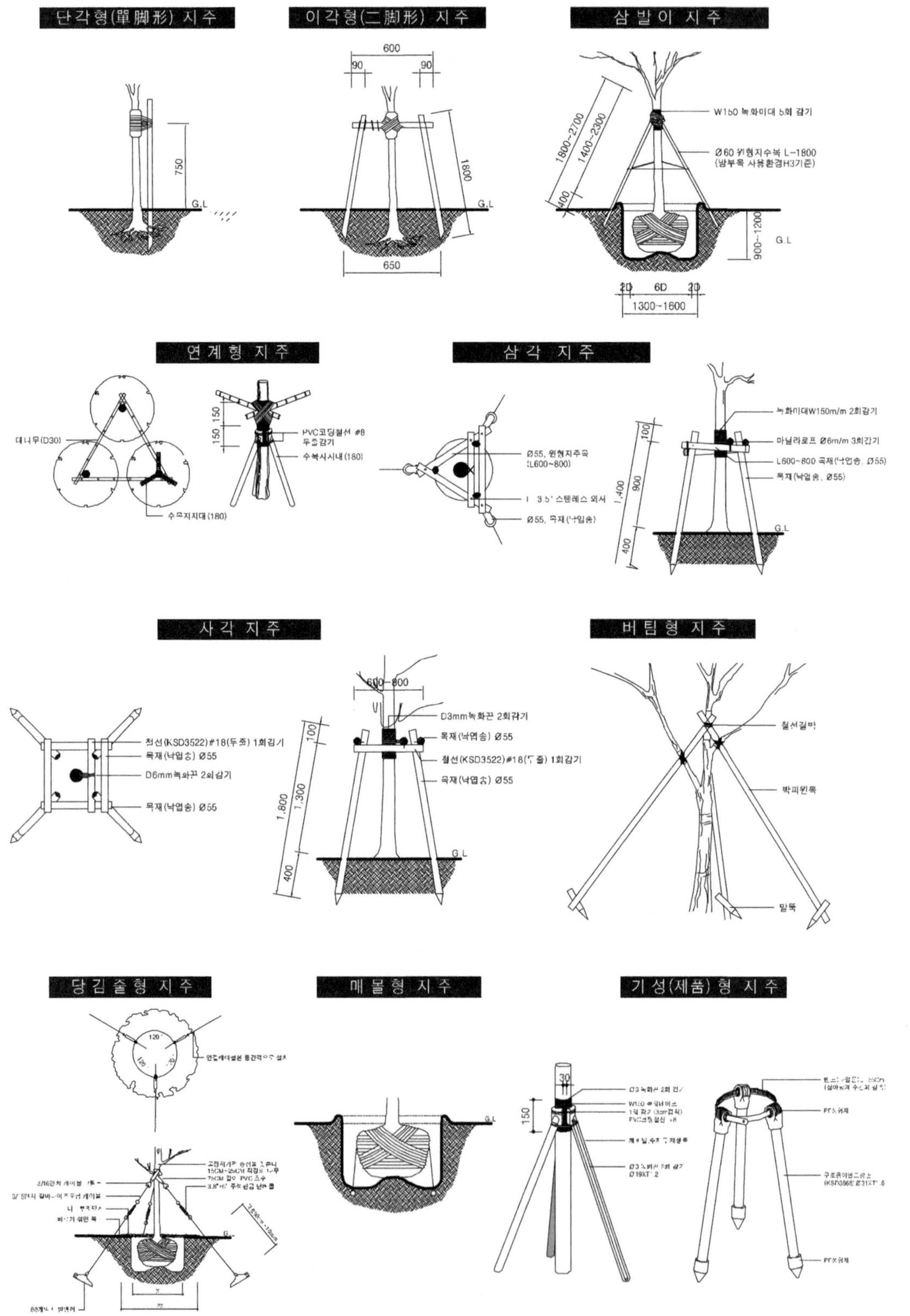

그림 5.5-7 각종 지주목 (예)

큰 효과를 거둘 수 있는 방법으로서 소나무나 군식에 주로 사용한다.

- **당김줄형 지주** : 통나무나 각목 지주는 설치가 용이하고 비용이 저렴하지만 경관을 해칠 우려가 있다. 또한 대형목은 지주목도 상대적으로 커지므로 시각적으로 더욱 혼란하며, 견고한 지지도 곤란하다. 이러한 결점을 보완한 철선(Wire Rope)지주는 시선 높이에 시각 인지물 설치로 통행인의 부상을 방지하여야 한다.
- **매몰형 지주** : 매몰형은 수목 식재 후 경관상 매우 중요한 위치에 사용하는 방법으로 수목 고정용 시설을 땅에 매립 설치한 후 와이어로프 등으로 수목을 위해하지 않는 방법으로 고정한다.
- **기성(제품)형 지주** : 동일 형태의 지주를 대량 생산 사용하므로 현장작업이 용이하며 외관도 아름답고 견고하여 주요 경관지역이나 가로수 등에 많이 사용된다.

⑦ 뒷정리

지주목 세우기까지의 식재 과정이 종료된 후 잔토깔기, 잡재료의 청소 등을 실시하여 식재 현장 주변을 깨끗이 정리한다.

5.5 품셈의 적용

1) 적용 범위

식재 및 굴취공사는 상록교목, 낙엽교목, 상록관목, 낙엽관목, 만경목, 지피식물, 기타 순으로 각 수종별 수량을 집계하고, 품셈에 의거하여 일위대가표를 작성한다.

지주목은 교목 중 지주목 설치 수목을 지주 형태별로 수량을 산출·집계하며, 유기질 비료 수량을 산출하고, 잔디 등 지피류의 면적은 수목식재로 인한 공제면적을 제외한다.

그림 5.5-8 수목 굴취공사

2) 품셈 기준

식재공사 품셈은 2013년 체제와 품셈이 전면 개정되고 2019년 또다시 재개정되었다. 식재기반조성의 신설 후 토공사편으로 이동하고, 흉고와 근원직경 기준이 통합되었으며, 2019년 식재공사가 전면적으로 재개정되었다.

시공 순서와 동일하게 식재기반조성, 뿌리돌림 및 수간보호, 굴취공사, 운반공사, 가식공사, 식재공사, 식재부대공사 순으로 적용한다.

① 식재 기반조성

1차적으로 부지조성 토공사와 절토면, 성토면 고르기로 정리된 지반 위에 2차적으로 식물의 식재를 위한 식재기반 조성공사를 [공통품셈 3-4-2(식재면 고르기)]에 의하여 다음과 같이 적용한다.

〈표 5.5-1〉 식재면 고르기 [공통품셈] (10m² 당)

구 분	단위	수 량
조 경 공	인	0.01
보 통 인 부	인	0.08

[주] 1. 본 품은 부토 및 면고르기가 완료된 상태에서 인력으로 잔돌제거 등 식재면을 정비하는 기준이다.
2. 본 품은 식재면고르기가 필요한 공종에 별도 계상한다.

② 뿌리돌림

뿌리돌림은 [공통품셈 4-3-1(뿌리돌림)]에 의하여 다음과 같이 적용한다. 근원직경 100cm 이상 규격은 비례로 가산하며, 규격 기준이 다른 경우 R=1.2B 상관관계로 환산 적용한다.

뿌리돌림에 소모되는 재료는 5배분 기준으로 실제 사용하는 녹화끈(6mm)을 적용한 [LH공사], [조경공사 적산기준]에 의하여 다음과 같이 준용하며, 공법·규격을 별도로 규정한 경우에는 그에 따른다.

가버팀대는 근원직경의 10배로 추정되는 수관의 투영면적 3m²당 1개 설치 기준인 [LH공사], [조경공사 적산기준]에 의하여 〈표 5.5-3〉과 같이 준용한다. 가버팀대는 외기에 접하므로 [공통품셈 2-2-3(구조물 동바리)]의 손율을 준용하되, 뿌리돌림과 연계작업이므로 설치품은 별도로 적용하지 않는다.

〈표 5.5-2〉 뿌리돌림 [공통품셈] (주 당)

근원직경 (cm)	조경공 (인)	보통인부 (인)	근원직경 (cm)	조경공 (인)	보통인부 (인)
3	0.03	0.01	36	1.86	0.22
5	0.06	0.01	42	2.04	0.25
7	0.11	0.01	48	2.32	0.28
9	0.17	0.02	54	2.79	0.33
11	0.23	0.03	60	3.07	0.36
13	0.30	0.03	66	4.18	0.50
15	0.37	0.05	72	4.65	0.55
18	0.56	0.06	78	5.21	0.62
21	0.65	0.08	84	6.51	0.78
24	0.74	0.09	90	7.06	0.85
30	1.58	0.19	100	7.90	0.95

[주] 1. 뿌리돌림은 수목 이식 전에 뿌리분 밖으로 돌출된 뿌리를 깨끗이 절단하여 주근 가까운 곳의 측근과 잔뿌리의 발달을 촉진시키는 작업이다.
2. 분은 근원직경의 4~5배로 한다.
3. 뿌리 절단 부위의 보호를 위한 재료비는 별도 계상한다.

〈표 5.5-3〉 뿌리돌림 소요자재 [LH공사, 조경공사 적산기준] (주 당)

근원직경 (R, m)	분 직경 (D, m)	분감기 기준 (가로감기)	1회 길이 (m)	감기 횟수 (회)	녹화끈 (m)	가버팀대 (개)
0.15	0.75	2줄 감기, 6cm 간격	2.36	6	28.32	1
0.18	0.90	〃	2.83	8	45.28	1
0.21	1.05	3줄 감기, 6cm 간격	3.30	9	89.10	1
0.24	1.20	〃	3.77	10	113.10	2
0.30	1.50	3줄 감기, 6cm 간격	4.71	13	183.69	2
0.36	1.80	〃	5.65	15	254.25	3
0.42	2.10	〃	6.59	18	355.86	5
0.48	2.40	〃	7.54	20	452.40	6
0.54	2.70	3줄 감기, 6cm 간격	8.48	23	585.12	8
0.60	3.00	〃	9.42	25	706.50	9
0.66	3.30	〃	10.36	28	870.24	11
0.72	3.60	〃	11.30	30	1,017.00	14
0.78	3.90	3줄 감기, 6cm 간격	12.25	33	1,212.75	16
0.84	4.20	〃	13.19	35	1,384.95	18
0.90	4.50	〃	14.13	38	1,610.82	21
1.00	5.00	〃	15.70	42	1,978.20	26

[주] 1. 분의 직경은 5배분(5R)기준이다.
2. 1회 가로감기 길이(분둘레) = D × 3.14
3. 가로감기 횟수(뿌리분 옆면 1/2D까지 6cm 간격 감기) = (1/2×D) ÷ 0.06
4. 녹화끈(6mm) 소요량 = 1회 감기길이 × 감기줄수 × 가로감기 횟수
5. 가버팀대(철재 ϕ48.6×2.4mm, 3m) = {(R × 10) / 2}^{2} × 3.14 ÷ 3.0(m^2)

③ 수간보호

수간보호는 [공통품셈 4-5-4(수간보호)]에 의하여 다음과 같이 적용한다.

수간보호에 소요되는 자재는 실제적인 녹화마대(#150) 2겹감기를 적용한 [LH공사], [조경공사 적산기준]을 다음과 같이 준용한다. 최근 수목보호전용 황토를 직접 바르거나 일체화된 수목보호전용 황토흡착포를 설치하기도 하므로 필요시 [LH공사], [조경공사 적산기준]을 참조 준용한다.

〈표 5.5-4〉 수간보호 [공통품셈] (주 당)

흉고직경 (cm)	조경공 (인)	보통인부 (인)	흉고직경 (cm)	조경공 (인)	보통인부 (인)
4 이하	0.04	0.01	20 ~ 24	0.49	0.21
5	0.05	0.02	25 ~ 29	0.67	0.29
6 ~ 7	0.07	0.03	30 ~ 34	0.88	0.38
8 ~ 9	0.11	0.05	35 ~ 39	1.00	0.44
10 ~ 11	0.15	0.06	40 ~ 44	1.12	0.49
12 ~ 14	0.21	0.09	45 ~ 49	1.24	0.54
15 ~ 17	0.29	0.13	50	1.31	0.57
18 ~ 19	0.37	0.16			

[주] 1. 본 품은 겨울철 환경에 적응할 수 있도록 녹화마대 등의 수간보호재로 교목의 줄기싸주기를 하는 기준이다.
2. 수간보호의 범위는 지표로부터 1.5m 높이까지의 수간에 모양을 내어 감싸주는 기준이다.
3. 재료량은 설계수량에 따라 별도 계상한다.

〈표 5.5-5〉 수간보호 소요자재 [LH공사, 조경공사 적산기준] (주 당)

근원 직경 (R, cm)	자재 산출 근거			자 재
	수간보호 둘레 (m)	수간보호 높이 (m)	대상면적 (거적, m^2)	녹화마대 (#150, m)
8	0.21	1.5	0.315	4.6
10	0.26	1.5	0.390	5.7
12	0.31	1.5	0.465	6.8
14	0.37	1.5	0.555	8.1
16	0.42	1.5	0.630	9.2
18	0.47	1.5	0.705	10.3
20	0.52	2.0	1.040	15.3
22	0.58	2.0	1.160	17.0
24	0.63	2.0	1.260	18.5
46	0.68	2.0	1.360	19.9
28	0.73	2.0	1.460	21.4
30	0.79	2.0	1.580	23.2
32	0.84	2.0	1.680	24.6
34	0.89	2.0	1.780	26.1
36	0.94	2.0	1.880	27.6
38	0.99	2.0	1.980	29.0
40	1.05	2.0	2.100	30.8
45	1.28	2.0	2.560	37.5
50	1.43	2.0	2.860	41.9
55	1.57	2.0	3.140	46.1
60	1.71	2.0	3.420	50.2

[주] 1. 둘레(흉고직경) = 근원직경(R) / 1.2 ×3.14 기준이다.
2. 잡품은 조경공 및 보통인부 합계의 3%를 적용한다.
3. 거적량은 설계도서에 따라 추가 계상할 수 있다.

④ 수목 굴취공사

교목 굴취공사는 성상별로 [공통품셈 4-3-2(굴취-나무높이)], [공통품셈 4-3-3(굴취-근원직경)], 관목은 [공통품셈 4-2-1(굴취)]에 의하여 다음과 같이 적용한다. 이때 "야생일 경우에는 굴취품의 20%까지 가산할 수 있다는 품셈주기에 의하여 야생수목이나 도시내 기존 가로수로서 통신관로 등으로 작업이 곤란한 경우에는 20% 할증을 적용한다"는 [LH공사], [조경공사 적산기준]을 준용한다. 근원직경 60cm 이상 규격은 품셈의 근원(흉고)직경 60(50)cm품을 기준값으로 나누고 5cm간격으로 구한 산출량을 적용하며, 관목도 필요시 동일 기준으로 준용한다.

주요발주처는 이 식품을 각각 규정[12]하고 있으나 생존을 고려한 작업상황에 적합하게

12) [공통품셈 제4장(조경공사)] 굴취품을 기준으로 야생수목은 공통적으로 120%를 적용하며, [LH공사]는 가식장 굴취품을 100% 적용하고 있다. [SH공사]는 가식장 운용시 자생수목과 정식수목의 가식과 재굴취품은 25%내외, 정식의 굴취품은 50%로 규정하고 있으며, [서울시 시설관리공단]은 가식 후 정식하는 경우 가식과 재굴취를 각각 교목은 50%, 관목은 30%로 규정하고 있다.

규정한 [조경공사 적산기준]을 다음과 같이 준용한다.

이 기준의 재굴취 품은 일반 수목 기준으로 식재 후 1년 이내는 뿌리분 골격이 존치된 상태이므로 재사용 기준인 50%를 적용하며, 2~4년은 뿌리분 작업이 일부 필요하므로 야생굴취 가산품을 역으로 준용하여 20%를 감한다. 식재 후 10년 경과하면 뿌리 분포가 광범위한 야생수목으로 간주하고, 5~9년은 일반 굴취품을 기준한다. 재굴취는 일반수목 보통분 기준으로 현장조건과 상황별로 많은 변수가 발생할 수 있으므로 기준의 변경이 필요한 경우 합리적으로 조정한다.

〈표 5.5-6〉 교목 _ 굴취(나무높이) [공통품셈] (주 당)

수고 (m)	조경공 (인)	보통인부 (인)	수고 (m)	조경공 (인)	보통인부 (인)
1.0 이하	0.06	0.01	3.1~3.5	0.13	0.03
1.1~1.5	0.07	0.02	3.6~4.0	0.15	0.04
1.6~2.0	0.08	0.02	4.1~4.5	0.17	0.04
2.1~2.5	0.10	0.03	4.6~5.0	0.19	0.05
2.6~3.0	0.11	0.03	비 고	분이 없는 경우 굴취품의 20%를 감한다.	

[주] 1. 본 품은 흉고직경 또는 근원직경을 추정하기 어려운 수종 기준이다.
2. 분은 근원직경의 4~5배로 한다.
3. 준비, 구덩이파기, 뿌리절단, 분뜨기, 운반준비 작업을 포함한다.
4. 분뜨기, 운반준비를 위한 재료비는 별도 계상한다.
5. 굴취시 야생일 경우에는 굴취품의 20%까지 가산할 수 있다.
6. 현장의 시공조건, 수목의 성상에 따라 기계사용이 불가피한 경우 별도 계상한다.
7. 굴취수목의 운반을 위하여 운반로를 개설하여야 하는 경우에는 그 비용을 별도 계상한다.

〈표 5.5-7〉 교목 _ 굴취(근원직경) [공통품셈] (주 당)

근원(흉고)직경 (cm)	조경공 (인)	보통인부 (인)	굴삭기 (hr)	크레인 (hr)
4 이하	0.08	0.02	–	–
5 (4이하)	0.10	0.03	–	–
6~7 (5~6)	0.17	0.04	–	–
8~9 (7~8)	0.27	0.07	–	–
10~11 (9)	0.15	0.06	0.49	–
12~14 (10~12)	0.26	0.08	0.59	–
15~17 (13~14)	0.40	0.10	0.71	–
18~19 (15~16)	0.51	0.11	0.81	–
20~24 (17~20)	0.67	0.13	0.95	0.19
25~29 (21~24)	0.90	0.16	1.15	0.23
30~34 (25~28)	1.12	0.19	1.35	0.27
35~39 (29~32)	1.35	0.22	1.55	0.31
40~44 (33~37)	1.57	0.25	1.74	0.35
45~49 (38~41)	1.80	0.28	1.94	0.39
50~54 (42~45)	2.02	0.31	2.14	0.43
55~59 (46~49)	2.25	0.34	2.34	0.47
60 (50)	2.38	0.36	2.46	0.50
비 고	– 분이 없는 경우 굴취품의 20%를 감한다.			

[주] 1. 본 품은 교목류 수종의 굴취 기준이다.

2. 분은 근원직경의 4~5배로 한다.
3. 준비, 구덩이파기, 뿌리절단, 분뜨기, 운반준비 작업을 포함한다.
4. 현장의 시공조건, 수목의 성상에 따라 기계사용이 불가피한 경우 별도 계상한다.
5. 분뜨기, 운반준비를 위한 재료비는 별도 계상한다.
6. 굴취시 야생일 경우에는 굴취품의 20%까지 가산할 수 있다.
7. 굴취수목의 운반을 위하여 운반로를 개설하여야 하는 경우에는 그 비용을 별도 계상한다.
8. 장비 규격은 다음을 기준으로 한다.
   - 근원직경 10~19cm : 굴삭기 0.4(m^3)
   - 근원직경 20~26cm : 굴삭기 0.6(m^3), 트럭탑재형 크레인 10(ton)
   - 근원직경 27~39cm : 굴삭기 0.6(m^3), 트럭탑재형 크레인 15(ton)
   - 근원직경 40~60cm : 굴삭기 0.6(m^3), 크레인(타이어) 25~50(ton)

〈표 5.5-8〉 관목 _ 굴취 [공통품셈] (10주 당)

구 분	단위	수 량 (나무높이)			
		0.3m 미만	0.3~0.7m 이하	0.8~1.1m 이하	1.2~1.5m 이하
조 경 공	인	0.07	0.14	0.22	0.34
보 통 인 부	인	0.01	0.03	0.04	0.06

[주] 1. 본 품은 근원부에서 분지되어 다년생으로 자라는 관목수종에 적용한다.
2. 본 품은 분 보호재(녹화마대, 녹화끈 등)를 활용하여 분을 보호하지 않은 상태로 굴취되는 작업을 기준한 것이다.
3. 나무높이가 1.5m를 초과할 때는 나무높이에 비례하여 할증할 수 있다.
4. 나무높이보다 수관폭이 더 클 때는 그 크기를 나무높이로 본다.
5. 굴취수목의 운반을 위하여 운반로를 개설하여야 하는 경우에는 그 비용을 별도 계상한다.
6. 녹화마대, 녹화끈을 사용하여 분을 보호할 경우 [공통품셈 4-3-2(굴취-나무높이)]를 적용한다.
7. 굴취시 야생일 경우에는 굴취품의 20%까지 가산할 수 있다.

⑤ 수목 분매기

수목 분매기 품은 굴취와 연계 작업이므로 별도로 반영하지는 않는다.

수목 분매기 자재는 근원직경(R) 5배 보통분 분경(D) 기준인 [LH공사], [조경공사 적산기준]의 분싸기, 분감기, 철선감기, 보호목, 발근촉진제 및 상처유합제(살균제) 적용 기준[13]에 의하여 다음과 같이 준용한다.

수목 운반에서 특수목 등 특별한 가설운반틀이 필요한 경우에는 H빔이나 판자 등을 설계도서에 의하여 별도 적용한다.

---

13)- 분싸기는 분 외부(옆면+윗면+아래면) 녹화마대 2회 감기로서 수목 규격 기준으로 녹화마대 규격(폭 300~600)을 연동하며, 10cm 겹침에 10% 할증을 추가한다.
- 분감기는 가로감기와 세로감기로 구분하며, 천연밴드(W25mm, 연신율 250%) 1줄 1회감기로서 할증 10%를 적용한다. 가로감기는 분 상단에서 하단방향 0.1m 간격으로 <그림 5.3-2> 분고의 Rh1 구간에만 시행하며, 세로감기는 뿌리분 상단면 가장자리를 0.2m 간격으로 분 전체를 세로방향으로 감는다.
- 철선감기는 소철선 #8(4mm, 10.1m/kg)을 분감기 길이 1/3에 2줄로 꼬아 감으며, 할증 3%를 적용한다. 운반시 뿌리분 보호용 비계목(원목, ∅0.09m×L0.25m)은 뿌리분 외경부의 위와 아래를 횡방향으로 50%, 수목주간 근원부에 종방향으로 둘레의 50%로 하되, 원목을 2등분하여 사용한다.
- 분매기 보호목은 근원직경 25cm이상 수목의 상하차와 운반시 뿌리분 보호를 위하여 비계목(ϕ0.09×L0.25)을 뿌리분 외경 상하와 근원부에 반영한 기준이며, H빔이나 판자 등 가설운반틀의 제작과 설치는 필요시 설계도서에 의하여 별도 적용한다.
- 약제는 발근촉진제와 상처유합제를 적용한다. 발근촉진제는 원액 1g/분 표면적(m^2) 1000배 희석 분표면살포, 상처유합제(살균제)는 원액 10g/근원직경(m) 500~1000배 희석 토양관주 및 옆면살포 기준이며, 굴취 연계작업이므로 분매기와 동일하게 별도의 품을 적용하지 않는다.

〈표 5.5-9〉 분매기 자재 소요량 [LH공사, 조경공사 적산기준] (주 당)

성상	구분		분규격 (5D)			자재							
						분싸기		분감기/철선감기					
	근원직경 (R,cm)	대표직경 (R,m)	직경 (m)	분체적 (m^3)	분표면적 (m^2)	녹화마대 (m)	규격	1회감기	천연밴드 (m)	철선 (kg)	보호목 (개)	발근촉진제 (g)	살균제 (g)
교목	4	0.04	0.20	0.004	0.129	1.4	#300	2.6	1.1	–	–	0.13	0.40
	5	0.05	0.25	0.007	0.202	2.2	〃	4.0	1.8	–	–	0.20	0.50
	6~7	0.065	0.325	0.016	0.341	3.8	〃	6.8	3.0	–	–	0.34	0.65
	8~9	0.085	0.425	0.035	0.583	6.4	〃	11.7	5.1	–	–	0.58	0.85
	10~11	0.105	0.525	0.066	0.890	9.8	〃	17.8	7.8	–	–	0.89	1.05
	12~14	0.13	0.65	0.126	1.365	10.0	#400	27.3	12.0	1.9	–	1.37	1.30
	15~17	0.16	0.80	0.234	2.067	15.2	〃	41.4	18.2	2.8	–	2.07	1.60
	18~19	0.185	0.925	0.362	2.764	20.3	〃	55.3	24.3	3.8	–	2.76	1.85
	20~24	0.22	1.10	0.610	3.908	28.7	〃	78.2	34.4	5.3	–	3.91	2.20
	25~29	0.27	1.35	1.127	5.887	25.9	#600	117.8	51.8	8.0	11	5.89	2.70
	30~34	0.32	1.60	1.876	8.269	36.4	〃	165.5	72.8	11.3	13	8.27	3.20
	35~39	0.37	1.85	2.900	11.055	48.6	〃	221.3	97.4	15.0	15	11.06	3.70
	40~44	0.44	2.20	4.877	15.633	68.8	〃	312.9	137.7	21.3	18	15.63	4.40
	45~49	0.47	2.35	5.944	17.838	78.5	#600	357.0	157.1	24.3	19	17.84	4.70
	50~54	0.52	2.60	8.050	21.835	96.1	〃	437.0	192.3	29.7	21	21.84	5.20
	55~59	0.57	2.85	10.602	26.236	115.4	〃	525.1	231.0	35.7	23	26.24	5.70
	60	0.60	3.00	12.366	29.070	127.9	〃	581.9	256.0	39.6	24	29.07	6.00
관목 (수관폭 W)	0.3 미만	0.03	0.15	0.002	0.073	0.8	#300	1.5	0.7			0.07	0.30
	0.3~0.7	0.03	0.15	0.002	0.073	0.8	〃	1.5	0.7			0.07	0.30
	0.8~1.1	0.04	0.20	0.004	0.129	1.4	〃	2.6	1.1			0.13	0.40
	1.2~1.5	0.05	0.25	0.007	0.202	2.2	〃	4.0	1.8			0.20	0.50

⑥ 수목 상하차 및 운반공사

수목 운반공사는 상하차와 운반으로 구성된다. 운반은 대운반과 소운반으로 구분되며, 여기에는 기계(차량) 운반공사를 기술한다.

수목 상하차는 [LH공사], [조경공사 적산기준]을 준용하여 관목과 근원직경 10cm 미만 교목은 인력, R10cm 이상 교목은 굴취 장비와 연계하여 트럭탑재형 크레인과 트럭크레인 상하차를 적재량에 따른 적재(T1)와 적하(T3) 시간을 동일하게 적용한다.[14)]

그림 5.5-9 수목 운반공사

14) 장비 상하차의 상차(하차)시간(T1, T3)은 묶는 시간(t1), 푸는 시간(t2), 선회시간(t3) 및 대기시간(t4)을 포함하며, 장비의 작업효율(0.9)을 적용한다. 선회시간(t3)은 [공통품셈 8-2-3(굴삭기)] cm의 180°를, 대기시간(t4)은 굴취 지점간의 이동 및 제장비의 이동을 위한 시간으로 [공통품셈 8-2-5(로더)]의 t2인 14초를 기준으로 하며, 근원직경 30cm 초과수목은 수목 규격의 증가에 따른 작업의 난이도 상승을 감안하여 조정 적용한다.

〈표 5.5-10〉 수목 상하차 - 인력 [LH공사, 조경공사 적산기준] (주 당)

구 분		1조당 구성인원			1회 운반량	비 고
		계	차상인부	운반인부		
교 목	R4	1	–	1	1	3개조 투입
	R5	1	–	1	1	
	R6~7	3	1	2	1	
	R8~9	3	1	2	1	
관 목	0.3 미만	1	–	1	6	
	0.3~0.7	1	–	1	6	
	0.8~1.1	1	–	1	4	
	1.2~1.5	1	–	1	2	
	1.6~2.0	1	–	1	1	
	2.1~2.5	3	1	2	1	

[주] 1. L1 (작업장거리) = 10m
2. L2 (평균운반거리) = 7m
3. L3 (상차, 수직높이 1m는 수평거리 6m로 환산) = 9m
4. t5 (인력운반) = (L2 + L3) × 2 ÷ ([공통품셈 제1편 1-5-1의 5.(인력운반 평균속도)] 보통 적용 1,500(m/hr)) = 76.80sec
5. CM = t1(묶는 시간) + t2(푸는 시간) + t5(인력운반)
6. tM = q × CM ÷ p (3개조 투입이므로 p = 3)

〈표 5.5-11〉 수목 운반 적용기준 [LH공사, 조경공사 적산기준] (주 당)

구 분		적재량 (주)	운 반 장 비	상하차 (sec)					상하차
				묶는 시간 (t1)	푸는 시간 (t2)	선회 시간 (t3)	대기 시간 (t4)	cms	
교 목 근 원 직 경 (R, cm)	4	243	트럭탑재형 크레인 10ton	30	30	76.8	–	136	인력1인, 3조
	5	178		38	38	76.8	–	152	
	6~7	130		52	52	76.8	–	180	인력3인, 3조
	8~9	88		65	65	76.8	–	206	
	10~11	55		70	70	36	14	190	트럭탑재형 크레인 10ton
	12~14	36		70	70	36	14	190	
	15~17	26		70	70	36	14	190	
	18~19	17		80	80	36	14	210	
	20~24	14		80	80	36	14	210	
	25~29	5	트럭탑재형 크레인 15ton	90	90	36	14	230	트럭탑재형 크레인 15ton
	30~34	4		90	90	45	15	240	
	35~39	2		90	90	45	15	240	
	40~44	2	트럭트레일러 20ton	100	100	50	20	270	크레인(타이어) 25ton
	45~49	2		110	110	60	30	310	
	50~54	1	트럭트레일러 30ton	120	120	90	30	360	크레인(타이어) 30ton
	55~59	1		140	140	90	30	400	크레인(타이어) 40ton
	60	1		150	150	90	30	420	크레인(타이어) 50ton
관 목 수관폭 (W, m)	0.3미만	1,963	트럭탑재형 크레인 10ton	30	30	76.8	–	136	1인, 3조, 1회 6주 운반
	0.3~0.7	1,250		30	30	76.8	–	136	1인, 3조, 1회 6주 운반
	0.8~1.1	625		45	45	76.8	–	166	1인, 3조, 1회 4주 운반
	1.2~1.5	394		45	45	76.8	–	166	1인, 3조, 1회 2주 운반

수목 운반은 [LH공사], [조경공사 적산기준]을 다음과 같이 준용한다.

수목 운반 적재량은 운반장비와 적재 중량 및 적재함(뿌리분 평적 기준) 규격을 감안하여 상기와 같이 적용한다. 적재장비는 굴취장비와 연계하여 트럭탑재형 크레인(10ton, 15ton)을 기본으로, 근원직경 40cm 이상 대형목은 트럭트레일러를 적용한다.

운반 평균주행속도는 [공통품셈 8-2-8(덤프트럭)]에 의하되, 수목과 뿌리분 보호를 위하여 저속주행[15] 을 기준으로 한다.

운반거리는 수목별 운반거리를 반영한 평균거리 적용이 원칙이지만 상황별 거리 산정이 어려운 경우에는 굴취~가식장 1km, 가식장~정식 0.3km를 기준으로 적용하고 시공 후 정산한다.

〈표 5.5-12〉 이식수목 운반 사례 [LH공사, 조경공사 적산기준] (주 당)

구 분		굴취~가식장 (1km)				가식장~정식 (0.3km)			
		t1, t3 적 재 기계효율	Cm	Q (주/hr)	hr/주	t1, t3 적 재 기계효율	Cm	Q (주/hr)	hr/주
교목 근원직경 (R, cm)	4	183.60	383.69	38.00	0.03	183.6	370.62	39.34	0.03
	5	150.31	317.11	33.68	0.03	150.31	304.04	35.13	0.03
	6~7	130.00	276.49	28.21	0.04	130.0	263.42	29.61	0.03
	8~9	100.71	217.91	24.23	0.04	100.71	204.84	25.78	0.04
	10~11	193.52	403.53	8.18	0.12	193.52	390.46	8.45	0.12
	12~14	126.67	269.83	8.01	0.12	126.67	256.76	8.41	0.12
	15~17	91.48	199.45	7.82	0.13	91.48	186.38	8.37	0.12
	18~19	66.11	148.71	6.86	0.15	66.11	135.64	7.52	0.13
	20~24	54.44	125.37	6.70	0.15	54.44	112.30	7.48	0.13
	25~29	21.30	59.09	5.08	0.20	21.30	46.02	6.52	0.15
	30~34	17.78	52.05	4.61	0.22	17.78	38.98	6.16	0.16
	35~39	8.89	34.27	3.50	0.29	8.89	21.20	5.66	0.18
	40~44	10.00	36.49	3.29	0.30	10.00	23.42	5.12	0.20
	45~49	11.48	39.45	3.04	0.33	11.48	26.38	4.55	0.22
	50~54	6.67	29.83	2.01	0.50	6.67	16.76	3.58	0.28
	55~59	7.41	31.31	1.92	0.52	7.41	18.24	3.29	0.30
	60	7.78	32.05	1.87	0.53	7.78	18.98	3.16	0.32
관 목 수관폭 (W, m)	0.3미만	247.19	510.87	230.55	0.004	247.19	497.80	236.60	0.004
	0.3~0.7	157.41	331.31	226.37	0.004	157.41	318.24	235.67	0.004
	0.8~1.1	144.10	304.69	123.08	0.008	144.10	291.62	128.59	0.008
	1.2~1.5	181.68	379.85	62.24	0.016	181.68	366.78	64.45	0.016

[주] 1. t2는 운반 1km기준인 굴취~가식장은 16.070이며, 운반 0.3km기준인 가식장~정식은 3.000이다.
2. 적재대기시간 t4는 [공통품셈 8-2-8(덤프트럭)]의 5.(t4)의 나. 목적장소에 불편없이 진입할 수 있을 때의 0.42분 적용 기준이다.

15) 야생수목 굴취 후 운반은 "토취장 또는 토사장 등 열악한 조건의 도로" 조건의 적재시 7km/hr, 공차시 8km/hr를 적용하고, 가식장 및 정식을 위한 운반 등은 "교차가 힘든 산간지도로 및 제방 등의 도로" 조건의 적재시 10km/hr, 공차시 15km/hr를 적용한다.

⑦ 수목 가식공사

수목의 가식은 반입과 식재시기가 불일치하거나, 반입 당일 식재가 곤란할 때 임시로 식재하는 것을 말한다. 일시적 가식을 제외하고 일정기간 이상 가식이 필요한 경우 반입 또는 이식수목의 반입반출이 용이하도록 지형에 맞추어 포지의 형태를 결정하며, 수종별 특성을 고려하여 가식한다.

가식장 소요면적은 필요시 [LH공사], [조경공사 적산기준]을 참고한다.

⑧ 수목 식재공사

수목 식재공사는 교목은 성상별로 [공통품셈 4-3-4(식재-나무높이)], [공통품셈 4-3-5(식재-흉고직경)]을, 관목은 식재 형태별로 [공통품셈 4-2-2(식재-단식)], [공통품셈 4-2-3(식재-군식)]에 의하여 다음과 같이 적용한다.

'나무높이에 의한 식재'는 지하고(枝下高)가 낮아 수고(H)×수관폭(W)으로 표시되는 수목에 적용하며, '흉고(근원)직경에 의한 식재'는 흉고직경(B) 또는 근원직경(R)으로 표시되는 수종에 적용한다. 이때 소나무, 대형목 등 수관폭과 근원직경(R)을 함께 표시하는 수종은 근원(흉고)직경에 의한 식재를 적용한다.

관목류는 수고(H)×수관폭(W)으로 표시되므로 수고를 기준으로 적용하되 수고 보다 수관폭이 더 클 때에는 수관폭을 적용한다.

군식 관목의 식재밀도는 설계도서에 의하되 특별히 규정하지 않는 경우 [LH공사], [조경공사 적산기준] 또는 [공통품셈 4-2-3(관목_식재-군식)]의 주⑧을 다음과 같이 적용 또는 준용한다.

〈표 5.5-13〉 관목군식 주당 소요면적 [공통품셈 / LH공사, 조경공사 적산기준] (단위 당)

규격 기준		품셈기준	LH공사 기준		규격 기준		품셈기준	LH공사 기준	
관목(W) (m)	초화류 규격	(주/m²)	소요면적 (m²)	(주/m²)	관목(W) (m)	초화류 규격	(주/m²)	소요면적 (m²)	(주/m²)
0.15	3"Pot	–	0.015	67	1.0		1	0.65	1.5
0.2	4"Pot	32	0.025	40	1.2	9 지	–	0.94	1.0
0.3	2 지	14	0.06	16	1.5	12 지	–	1.46	0.68
0.4	3 지	8	0.10	10	1.8		–	2.10	0.47
0.5	4 지	5	0.16	6	2.0		–	2.60	0.38
0.6	5 지	4	0.23	4	2.5		–	4.10	0.24
0.8	7 지	2	0.42	2	3.0		–	5.80	0.17

[주] 산출기준

- 주당 소요면적 산정 (A) = $0.6495W^2$
  - 주간거리 (L) = 0.866W
  - 수관폭 (W) = 1.1547L
- 수관길이가 수관폭보다 긴 눈향나무 등은 (수관폭+수관길이)/2로 계산한 면적을 적용한다.
- 초화류 및 가지수로 규격이 표시된 수종은 비고란의 규격에 해당하는 수관폭을 적용한다.

〈표 5.5-14〉 교목 _ 식재(나무높이) [공통품셈]

(주 당)

나무높이 (m)	인력 시공		기계 시공		
	조경공 (인)	보통인부 (인)	조경공 (인)	보통인부 (인)	굴삭기 (hr)
1.0 이하	0.07	0.06	–	–	–
1.1~1.5	0.09	0.07	–	–	–
1.6~2.0	0.11	0.09	–	–	–
2.1~2.5	0.15	0.12	0.10	0.06	0.19
2.6~3.0	0.19	0.14	0.11	0.07	0.23
3.1~3.5	0.23	0.17	0.13	0.07	0.26
3.6~4.0	0.29	0.20	0.15	0.08	0.31
4.1~4.5	0.33	0.23	0.16	0.09	0.35
4.6~5.0	0.38	0.27	0.17	0.10	0.40
비 고	– 지주목을 세우지 않을 때는 다음의 요율을 감한다. • 인력시공시 : 인력품의 10% • 기계시공시 : 인력품의 20%				

[주] 1. 본 품은 흉고 또는 근원직경을 추정하기 어려운 수종에 적용한다.
2. 재료소운반, 터파기, 나무세우기, 묻기, 물주기, 지주목세우기, 뒷정리 작업을 포함한다.
3. 식재 시 1회 기준의 물주기는 포함되어 있으며, 유지관리는 [공통품셈 4-5(유지보수)]에 따라 별도 계상한다.
4. 물주기를 위해 살수차 등의 장비가 필요한 경우 기계경비는 별도 계상한다.
5. 암반식재, 부적기식재 등 특수식재시는 품을 별도 계상할 수 있다.
6. 현장의 시공조건, 수목의 성상에 따라 기계 시공이 불가피한 경우는 별도 계상한다.
7. 굴삭기 규격은 $0.4m^3$를 기준으로 한다.

〈표 5.5-15〉 교목 _ 식재(흉고직경) [공통품셈]

(주 당)

흉고(근원)직경 (cm)	구 분			
	조경공 (인)	보통인부 (인)	굴삭기 (hr)	크레인 (hr)
4 (5) 이하	0.10	0.06	–	–
5 (6)	0.17	0.08	–	–
6~7 (7~8)	0.26	0.13	–	–
8~9 (9~11)	0.19	0.11	0.37	–
10~11 (12~13)	0.24	0.13	0.43	–
12~14 (14~17)	0.31	0.15	0.52	–
15~17 (18~20)	0.39	0.17	0.64	–
18~19 (21~23)	0.47	0.20	0.72	0.21
20~24 (24~29)	0.56	0.22	0.85	0.26
25~29 (30~35)	0.69	0.26	1.03	0.34
30~34 (36~41)	0.83	0.30	1.21	0.42
35~39 (42~47)	0.97	0.35	1.39	0.50
40~44 (48~53)	1.11	0.38	1.56	0.58
45~49 (54~59)	1.24	0.43	1.75	0.66
50 (60)	1.33	0.45	1.85	0.70
비 고	– 지주목을 세우지 않을 때는 다음의 요율을 감한다. • 인력시공시 : 인력품의 10% • 기계시공시 : 인력품의 20%			

[주] 1. 본 품은 교목류 수종에 적용한다.
2. 재료소운반, 터파기, 나무세우기, 묻기, 물주기, 지주목세우기, 뒷정리 작업을 포함한다.
3. 식재 시 1회 기준의 물주기는 포함되어 있으며, 유지관리는 [공통품셈 4-5(유지보수)]에 따라 별도 계상한다.
4. 물주기를 위해 살수차 등의 장비가 필요한 경우 기계경비는 별도 계상한다.
5. 흉고직경은 지표면에서 높이 1.2m 부위의 나무줄기 지름이다.
6. 암반식재, 부적기식재 등 특수식재시는 품을 별도 계상할 수 있다.
7. 현장의 시공조건, 수목의 성상에 따라 기계시공이 불가피한 경우는 별도 계상한다.
8. 장비의 규격은 다음을 기준으로 한다.
- 흉고직경 8~17cm : 굴삭기 $0.4(m^3)$, 크레인 ×
- 흉고직경 18~22cm : 굴삭기 $0.6(m^3)$, 트럭탑재형 크레인 10(ton)
- 흉고직경 23~34cm : 굴삭기 $0.6(m^3)$, 트럭탑재형 크레인 15(ton)
- 흉고직경 35~50cm : 굴삭기 $0.6(m^3)$, 크레인(타이어) 25~50(ton)

〈표 5.5-16〉 관목 _ 식재(단식) [공통품셈]

(10주 당)

구 분	단위	수 량 (나무높이)			
		0.3m 미만	0.3~0.7m 이하	0.8~1.1m 이하	1.2~1.5m 이하
조 경 공	인	0.19	0.24	0.40	0.57
보 통 인 부	인	0.06	0.08	0.13	0.18

[주] 1. 본 품은 근원부에서 분지되어 다년생으로 자라는 관목수종의 식재 기준이다.
2. 터파기, 가지치기, 나무세우기, 묻기, 물주기, 손질, 뒷정리 작업을 포함한다.
3. 나무높이가 1.5m를 초과할 때는 나무높이에 비례하여 할증할 수 있다.
4. 나무높이보다 수관폭이 더 클 때에는 그 수관폭을 나무높이로 본다.
5. 식재 시 1회 기준의 물주기는 포함되어 있으며, 유지관리는 [공통품셈 4-5(유지보수)]에 따라 별도 계상한다.
6. 물주기를 위해 살수차 등의 장비가 필요한 경우 기계경비는 별도 계상한다.
7. 암반식재, 부적기식재 등 특수식재는 품을 별도 계상할 수 있다.

〈표 5.5-17〉 관목 _ 식재(군식) [공통품셈]

(10주 당)

구 분	단위	수 량 (나무높이)			
		0.3m 미만	0.3~0.7m 이하	0.8~1.1m 이하	1.2~1.5m 이하
조 경 공	인	0.07	0.10	0.15	0.21
보 통 인 부	인	0.02	0.03	0.05	0.07

[주] 1. 본 품은 근원부에서 분지되어 다년생으로 자라는 관목수종의 식재 기준이다.
2. 터파기, 가지치기, 나무세우기, 묻기, 물주기, 손질, 뒷정리 작업을 포함한다.
3. 나무높이가 1.5m를 초과할 때는 나무높이에 비례하여 할증할 수 있다.
4. 나무높이보다 수관폭이 더 클 때에는 그 수관폭을 나무높이로 본다.
5. 식재 시 1회 기준의 물주기는 포함되어 있으며, 유지관리는 [공통품셈 4-5(유지보수)]에 따라 별도 계상한다.
6. 물주기를 위해 살수차 등의 장비가 필요한 경우 기계경비는 별도 계상한다.
7. 암반식재, 부적기식재 등 특수식재는 품을 별도 계상할 수 있다.
8. 군식은 일반적으로 20cm는 32주/m^2, 30cm는 14주/m^2, 40cm는 8주/m^2, 50cm는 5주/m^2, 60cm는 4주/m^2, 80cm는 2주/m^2, 100cm는 1주/m^2의 식재밀도 이상인 경우이다.

⑨ 식재 부대공사

식재 부대공사는 객토, 인공토 혼합, 시비, 지주, 부적기 식재시의 약제처리, 식재환경 개선용 통기시설 등이다.

식재 부대공사중 식재시 필요사항은 여기에서 기술하고 식재공사 이후의 관리공사는 [제22절 유지관리공사]를 참조한다.

객토는 양호한 토양으로 치환이 필요한 경우 적용하며, 객토량의 품셈기준은 2013년 품셈 개정시 삭제되었으므로 [2012년 토목, 건축품셈 4-4(식재)]의 객토량[16]을 준용하거나 규격별 분 크기 기준으로 계획하며, 기준 변경시 시공 후 정산한다.

16) 식재공사 품셈이 2012년까지 수고, 흉고직경, 근원직경, 관목류로 구분되어 있었으므로 흉고직경·근원직경이 단일화 된 현재의 분류에 의하여 수고, 흉고직경, 관목류로 구분하여 준용한다. 이때 교목은 흉고직경을 기준으로 적용하되 부득이한 경우 나무높이를 기준하고, 근원직경 표기 수목은 R=1.2B 상관관계로 환산한다. 객토시의 식재품은 품셈 주기에 의하여 10%를 가산하며, 토사운반 등에 소요되는 비용은 별도 계상한다.

〈표 5.5-18〉 객토량 – 나무높이에 의한 식재시 [2012년 토목, 건축품셈_발췌] (주 당)

나무높이 (m)	객토량 (m^3)	나무높이 (m)	객토량 (m^3)
1.0 이하	0.046	3.6 ~ 4.0	0.295
1.1 ~ 1.5	0.064	4.1 ~ 4.5	0.347
1.6 ~ 2.0	0.099	4.6 ~ 5.0	0.403
2.1 ~ 2.5	0.141	5.1 ~ 5.5	0.454
2.6 ~ 3.0	0.189	5.6 ~ 6.0	0.500
3.1 ~ 3.5	0.241		

〈표 5.5-19〉 객토량 – 흉고직경에 의한 식재시 [2012년 토목, 건축품셈_발췌] (주 당)

흉고직경 (cm)	객토량 (m^3)	흉고직경 (cm)	객토량 (m^3)
4 이하	0.125	18	1.698
5	0.167	19	1.915
6	0.217	20	2.149
7	0.276	21	2.402
8	0.345	22	2.673
9	0.423	23	2.964
10	0.513	24	3.275
11	0.614	25	3.608
12	0.727	26	3.961
13	0.853	27	4.337
14	0.992	28	4.736
15	1.146	29	5.158
16	1.314	30	5.604
17	1.498		

인공토양의 대규모 혼합은 기존토(30cm)와 부토(40cm)를 굴삭기(0.4m^3)로 떠서 흔들어서 섞는 [LH공사], [조경공사 적산기준]을 준용하여, m^3당 혼합(굴삭기 0.4m^3) 작업시간(Q)=41.47(m^3/hr)의 단위(m^3)당 작업시간 0.0241(hr/m^3)를 기준한다.[17)]

인공토양의 소규모 배합은 [건축품셈 9-1-1(모르타르 배합)]에서 체가름 제외품인 0.43(인/m^3)를 준용한 〈표 5.5-21〉, 혼합토 부설은 토공의 잔토처리를, 다짐은 [공통품셈 3-2-1(인력 흙 다지기)]를 준용한다.

인공토양 사용량 기준은 [SH공사][18)], [조경공사 적산기준]을 다음과 같이 준용하며, 수목의 원활한 생장을 위하여 토양개량제 객토시에도 일반수목과 동일 기준으로 유기물(비료)을 적용한다.

17) 굴삭기 작업의 Q=3600×q×k×f×E/cm에서 q=0.4, k=0.9, f=1/1.25=0.8, E=흐트러진 상태, 모래, 불량인 0.60, Cm=15(90°)를 적용하여 Q=3600×0.4×0.9×0.8×0.6/15=41.47(m^3/hr)으로 (m^3)당 작업시간은 0.0241(hr/m^3)이다.

18) [SH공사] 인공토양(토양개량제) 사용 기준은 '근원직경 15cm 이상 대형목 식재(이식)시 토양의 물리적, 화학적 성질 개선을 위하여 식재 식혈부에 인공토양(토양개량제)을 혼합하여 객토한다.'라고 하며 주기에서 '토양개량제로 객토시 생명정 및 유기질 비료는 제외한다'라고 규정하고 있다.

〈표 5.5-20〉 인공토양(토양개량제) [SH공사, 조경공사 적산기준] (주 당)

근원직경 (cm)	단 위	수 량
R15	kg	30
R20~25	kg	50
R30~35	kg	80
R40~45	kg	100
R50	kg	120

[주] 토양개량제로 객토시 생명정 및 유기질 비료는 제외한다.

〈표 5.5-21〉 인공토양 부설 [공통품셈 준용] (m^3 당)

구 분	규 격	단위	수 량
인공 토양 부설	보통 인부	인	0.20
혼합토양 부설 (단순배합)	보통 인부	인	0.43
혼합토양 부설 (선별 포함)	보통 인부	인	0.66

[주] 1. 인공토양 부설은 [공통품셈 3-1-2(인력굴착-토사)]의 주기인 현장내 잔토처리를 준용한 품이다.
2. 혼합토양 부설은 [건축품셈 9-1-1(모르타르 배합)]을 준용하여 일반적인 인력 배합은 모래체가름 제외 품을, 토양을 선별하는 경우에는 모래체가름 포함 품을 준용한 품이다.

시비 자재[19]는 유기질비료를 원칙으로 소나무와 대형목 등 주요수종은 생명정 또는 유기질비료를, 특별한 경우 고형비료를 적용한다. 시비량은 발주처마다 다르므로 수목생육의 적정 기준인 [LH공사], [조경공사 적산기준]을 다음과 같이 준용한다.

식재공사 주기에서 부대공종은 별도 적용으로 규정하므로 [공통품셈 4-5-10(교목시비)], [공통품셈 4-5-11(관목시비)]에 의하여 다음과 같이 적용한다.

〈표 5.5-22〉 수목 시비량 기준 [LH공사 준용, 조경공사 적산기준] (주 당)

성 상	규 격			시비량 (kg)
	수고 (H, m)	흉고직경 (B, cm)	근원직경 (R, cm)	
교 목	1.0 ~ 2.0	4 이하	7 이하	5
	2.1 ~ 3.0	5~7	8~9	10
	3.1 ~ 3.5	8~11	10~14	15
	3.6 ~ 4.0	12~17	15~24	20
	4.1 ~ 5.0	18~24	25~30	30
	5.1 ~ 6.0	25~29	31~39	40
	6.1 이상	30 이상	40 이상	50
관 목	0.5 이하			0.5
	0.6 ~ 1.0			1.0
	1.0 이상			2.0

[주] 1. 본 품은 일반적인 수목의 시비 기준량이다.
2. 수벽용 교목은 상기 기준량의 1/4을 적용하거나 수고 1.5m 이하인 경우에는 관목의 기준을 적용한다.
3. 독립수로 식재하는 관목은 교목의 기준을 적용한다.
4. 초화류는 $2kg/m^2$를 기준으로 한다.

19) 비료의 자재기준은 설계도서에 의하되, 별도 지정이 없는 경우 농진청 고시 「비료공정규격 설정 및 지정」 별표2. 보통비료의 공정규격 및 별표3. 부산물 비료의 지정 등에 적합한 제품으로 한다.

〈표 5.5-23〉 교목시비 [공통품셈] (10주 당)

구 분	단위	수 량 (근원직경 cm)					
		10 이하	11~20	21~30	31~40	41~50	51 이상
조 경 공	인	0.29	0.37	0.44	0.51	0.58	0.66
보 통 인 부	인	0.09	0.11	0.13	0.16	0.18	0.20

[주] 1. 본 품은 교목의 환상시비를 기준한 품이다.
2. 본 품은 터파기, 비료포설, 되메우기 작업을 포함한다.
3. 비료의 종류, 수량은 토양의 상태, 수종, 수세 등을 고려하여 결정한다.

〈표 5.5-24〉 관목시비 [공통품셈] (식재면적 100m² 당)

명 칭	단위	수 량
조 경 공	인	0.3
보 통 인 부	인	0.8

[주] 1. 본 품은 관목 군식의 경우에 적용한다.
2. 비료의 종류, 수량은 토양의 상태, 수종, 수세 등을 고려하여 결정한다.

식재 수목의 활착을 보조하는 지주(목)은 범용적 기준을 다음과 같이 적용하며, 지주 설치비는 식재 품에 포함되어 있으므로 별도 적용하지 않는다.

부적기 식재[20] 시에는 기상조건을 감안하여 발근촉진제와 증산억제제를 [SH공사], [조경공사 적산기준]에 의하여 다음과 같이 준용하며, 추가로 수간보호·방풍 등 작업을 시행할 수 있다.

식재환경 개선을 위한 통기·관수시설은 [SH공사], [조경공사 적산기준]에 의하여 가로수, 포장면 등의 R20 이상 대형목에 설치한다. 통기관 설치는 [LH공사], [조경공사 적산기준]에 의하여 통기관당 L=1.0m는 보통인부 0.016(인/개소), L=0.5m는 0.008(인/개소)를 준용한다.

〈표 5.5-25〉 지주(목) 설치기준 - 예시 [조경공사 적산기준] (주 당)

명 칭	기준 규격	수 목 규 격		
		수 고	근원직경	흉고직경
이 각 형	ϕ45 × L1200	3.0m 이하	6cm 이하	5cm 이하
삼발이 소형	ϕ45 × L1500	3.1 ~ 4.0m	7 ~ 11cm	6 ~ 9cm
삼발이 중형	ϕ60 × L1800	4.1 ~ 5.0m	12 ~ 25cm	10 ~ 20cm
삼발이 대형	ϕ60 × L2700	5.1m 이상	26cm 이상	21cm 이상

[주] 1. 지주(목)은 수목의 성상과 설치위치 등으로 규격과 형태를 조정하여 연계형, 철재형, 사각형, 당김줄형 등으로 변경 적용할 수 있다.
2. 관목의 지주는 필요시 수목의 성상과 설치형태 등에 의하여 이각형, 단주형, 연결형 등을 적용한다.
3. 삼발이 가로형이나 사각형 지주목은 포장지역의 수목보호덮개 설치 수목이나 미관이 요구되는 곳의 수목에 적용할 수 있다.
4. 대나무연결형 지주는 소나무나 외곽수림대 또는 식재형태상 군식으로 식재하여 연결형 지주가 필요한 경우 적용할 수 있다.
5. 매립형, 당김줄형 지주는 대형목이나 경관상 특별히 필요한 경우 적용할 수 있다.

20) 부적기 식재는 하절기(6~9월)를 말하며, 동절기(12~2월) 식재는 원칙적으로 금한다고 표준시방서에서는 규정하고 있다. 뿌리분의 크기는 적기에는 근원직경의 4배 이상, 부적기에는 근원직경의 6배 이상을 원칙으로 하며, 근원직경 25cm 이상 대형목은 뿌리돌림을 기 완료한 것이어야 한다.

〈표 5.5-26〉 발근촉진제 처리 [SH공사, 조경공사 적산기준]

(주 당)

성 상	흉고직경 (B, cm)	근원직경 (R, cm)	관수량 (ℓ)	원액량 (cc)	품/주 (인)
교목류	3 이하	4 이하	8	1.6	특별인부 0.02 보통인부 0.06
	4 ~ 5	5 ~ 6	21	4.2	
	6 ~ 9	7 ~ 12	66	13	
	10 ~ 12	13 ~ 15	180	36	
	13 ~ 15	16 ~ 20	384	76	
	16 이상	21 이상	609	121	
관목류			1.2	0.2	특별인부 0.01 보통인부 0.03

〈표 5.5-27〉 증산억제제 살포 [SH공사, 조경공사 적산기준]

(주 당)

수 고 (m)	주당 원액량 (ℓ)		비 고
	상록 교목	낙엽 교목	
1.6 ~ 2.5	0.06	0.03	· 식재 후 1회 실시
2.6 ~ 3.5	0.08	0.05	· 원액희석률은 10%
3.6 ~ 4.5	0.10	0.07	· 잎, 줄기의 전면에 살포
4.6 이상	0.14	0.10	· 처리품은 표준품셈 적용

[주] 식재부적기 기간 중 식재일로부터 10일 간격으로 관수하는 것을 원칙으로 하되 기상조건을 감안하여 실시한다.

〈표 5.5-28〉 식혈 개량표 [일본기준 준용, 조경공사 적산기준]

(주 당)

성 상	규 격	뿌리분			식 혈			배수층 (ℓ)	객토량 (m^3)	비료량 (g)	통기파이프	
		분경 (cm)	높이 (cm)	용량 (m^3)	분경 (cm)	높이 (cm)	용량 (m^3)				길이 (m)	개수 (EA)
교목 · 흉고 직경 (cm)	10 미만	33	25	0.017	69	45	0.120	30	0.073	180	0.6	2
	10~14	38	28	0.028	75	48	0.175	35	0.112	180	0.6	2
	15~19	47	33	0.061	87	56	0.329	59	0.209	231	0.6	2
	20~24	57	39	0.11	99	63	0.517	77	0.33	283	1.0	2
	25~29	66	45	0.17	111	69	0.747	97	0.48	283	1.0	2
	30~34	71	48	0.21	117	77	0.921	161	0.55	386	1.0	2
	35~44	90	59	0.40	141	90	1.574	234	0.94	449	1.0	3
	45~59	113	74	0.74	171	105	2.624	344	1.54	514	1.5	3
	60~74	141	91	1.32	207	129	4.373	673	2.38	1,029	1.5	4
	75~89	170	108	2.08	243	153	6.609	1,159	3.37	1,029	1.5	5
관목 · 나무 높이 (m)	0.3 미만	15	8	0.001	29	28	0.018	3	0.014	90	–	–
	0.3~0.4	17	10	0.002	33	31	0.036	4	0.020	90	–	–
	0.5~0.7	20	12	0.004	37	33	0.035	5	0.026	116	–	–
	0.8~0.9	22	13	0.005	41	36	0.047	7	0.035	116	–	–
	1.0~1.4	26	16	0.008	46	43	0.070	13	0.049	154	0.6	2
	1.5~1.9	30	19	0.013	54	48	0.108	18	0.077	154	0.6	2
	2.0~2.4	35	23	0.022	61	56	0.162	29	0.111	231	0.6	2
	2.5~2.9	40	26	0.032	69	61	0.225	37	0.156	231	0.6	2

[주] 1. 통기 · 관수시설은 가로수 및 인공지반과 포장면 등의 R20이상 대형목에 설치하며, 소형 교목과 관목 등은 특별히 필요한 경우 설치한다.

2. 통기관 설치품은 [LH공사] 기준을 준용하여 통기관당 보통인부 L=1.0m는 0.016(인/개소), L=0.5m는 0.008(인/개소)를 기준으로 한다.

6 지피 식재공사

Landscape Architecture

6.1 개 요

지피 식재(Ground Cover Planting)는 식물의 줄기가 넓게 퍼지는 성질로 지표를 평면적으로 낮게 덮는 식재 방법이다.

특히 잔디는 지표면을 경제적으로 피복할 수 있으므로 식재면의 녹화 및 골프장, 잔디구장, 잔디광장 등에 광범위하게 사용되는 조경공사의 필수적인 소재이다.

6.2 지피식물의 종류

과거에는 주로 잔디류와 소수의 지피식물만이 이용되었으나 최근에는 맥문동, 이끼류, 돌나물, 아이비(Ivy) 등 많은 종류와 수량이 식재되고 있다. 최근에는 시대적 흐름으로 야생초화류가 적극 개발 식재되므로 주변에서 더욱 빈번하게 관찰할 수 있다.

주요 지피식물의 종류 및 특성은 다음과 같다.

〈표 5.6-1〉 지피식물의 환경적 특성

종 류	양지	반음지	난지	한지	건지	습지	종 류	양지	반음지	난지	한지	건지	습지
잔디	◉	×	◉	○	◉	×	왜곰취	○	◉	○	×	×	○
양잔디	◉	△	△	◉	×	○	다이콘드라	○	◉	◉	×	×	○
꽃잔디	◉	○	○	×	○	×	뻗은 미나리아재비	○	◉	×	◉	×	○
선태류	○	◉	×	○	×	◉	모스프록스	◉	×	◉	○	○	×
고사리류	×	◉	○	○	×	◉	부귀초(Pachysandra)	○	◉	◉	○	○	○
속새	○	◉	○	◉	○	◉	양채송화	◉	×	◉	×	◉	×
석창포	○	◉	◉	○	×	◉	불갑초 (Sedum)	◉	◉	◉	◉	◉	×
타래붓꽃	◉	○	○	◉	◉	○	돌나물	◉	○	○	◉	◉	×
애기붓꽃	○	◉	◉	○	◉	×	범위귀	○	◉	◉	○	×	◉
금붓꽃	○	◉	◉	◉	○	◉	고려조릿대	○	◉	◉	○	○	○
엽란	×	◉	◉	○	×	◉	아이비	○	◉	◉	○	○	○
맥문동	△	◉	◉	○	×	◉	줄사철	◉	○	○	◉	○	○
대사초	○	◉	○	○	○	◉	소엽맥문동	○	◉	◉	◉	×	◉
길상초 (Reineckia)	○	◉	◉	○	○	○	바위취	○	◉	○	○	○	○
진보라아주가	◉	◉	◉	×	○	×	은방울꽃	○	◉	○	○	○	◉
클로버	◉	○	△	◉	×	◉	비비추	○	○	○	×	×	◉
옥잠화	○	◉	○	○	○	×							

[주] ◉ 최적 ○ 적합 △ 다소부적합 × 부적합

1) 잔 디

잔디는 지피성, 내답압성, 재생력 등의 특성을 지닌 초종(草種)으로서 통상 들잔디(Zoysia Japonica)를 지칭하고 있으나, 다음과 같이 잔디의 세부 종류 및 특성을 분류할 수 있다.

〈표 5.6-2〉 잔디의 종류 및 특성

구 분	종 류	특 성
한국잔디 (Korean Lawngrass Zoysia grass)	들잔디 (Zoysia Japonaca)	- 줄기가 드러누워 옆으로(Running) 퍼지며, 엽폭이 5mm 이상으로 넓으며, 우리나라의 대표 잔디이다. - 토양적응성 및 내한성이 매우 강하고 관리가 용이하다.
	비로드 잔디 (Zoysia Tenuifolia)	- 엽폭이 1~2mm로 가늘어 치밀한 잔디밭 조성이 가능하다. - 생육속도가 느리고 탯치 발생이 많은 단점이 있다. - 정원, 공원, 골프장 티, 그린, 페이웨이에 사용한다.
	금잔디 (Zoysia Matrella)	- 대전 이남지역 자생으로 치밀한 잔디밭 조성이 가능하다. - 내한성이 약하며, 내습성과 내음성이 비교적 강하다.
	갯잔디 (Zoysia Sinica)	- 줄기가 곧게 서는 성질이 있어 잔디용으로는 부적합하다. - 바닷가의 소금기가 적은 곳에 잘자라서 임해공업단지 등의 해안조경에 주로 사용한다.
한국잔디 (Korean Lawngrass Zoysia grass)	왕잔디 (Z. Macrostachya)	- 뿌리줄기가 옆으로 뻗으면서 마디에서 뿌리가 내린다. - 바닷가 모래땅에서 자라며, 중부 이남에 주로 분포한다.
	에메랄드잔디 (Z. japonica×tenuifolia)	- 들잔디와 금잔디의 교잡종으로 금잔디와 같은 성질과 모양이다. - 내한성이 강하여 경기지역에서 월동이 가능하다.
	녹세계(綠世界)	- 서울대학 농과대학에서 개발한 품종이다. - 품질이 우수하고 생활력 · 재생력 · 내한성이 강하다.
서양잔디 (American and European Lawngrass)	Kentucky Bluegrass (Poa Pratensis)	- 서양의 정원, 공원의 잔디밭을 이루는 대표적인 품종이다. - 한국에서는 농가의 담 밑이나 개울가의 습지에서 자생한다. - 한지형(寒地型) 잔디로 더울 때는 잘 자라지 못한다. - 병이 많이 발생하며, 서늘할 때 잘 자란다.
	Bent Grass (Agrostis sp.)	- 골프장에 이용되는 품종으로 병충해에 가장 약하다. - 한지형으로 서늘할 때 생육이 왕성하다. - 한국에서는 3~12월의 10개월 간 푸른 상태를 유지한다.
	Bermuda Grass (Cyndom Dactylon)	- 난지형 잔디로 5~9월의 약 5개월 간 푸르다. - 잔디 중 기는줄기의 생장이 가장 빠르나 내한성이 약하다. - 재생력이 강하고 병충해가 적다.
	Fescue Grass (Festuca sp.)	- 가장 내한성이 강하며, 서양잔디 중 질감이 가장 거칠다. - 파인 페스큐는 그늘에 강해 녹음수 하부용으로, 톨 페스큐는 토양조건에 잘 적응하여 시설용 잔디로 주로 이용한다.
	Rye Grass (Lolium sp.)	- 한지형 잔디로 기는 줄기가 없이 위로 서늘할 때 잘 자란다. - 건조토양에서 비교적 양호하며, 그늘도 비교적 잘 견딘다.
	Weeping love Grass	- 자연상태의 아름다움을 보기 위해 식재한다. - 도로변, 법면 등의 토양침식 방지용으로 주로 사용한다.

2) 야생초화류

야생초화류는 조경공사 하부식재용으로 많이 이용되고 있다. 환경에의 내성이 강하며, 향토적인 이미지와 느낌으로 우리 주변에 널리 사용되는 초종으로서 최근에 더욱 많은 종류와 수량이 식재되고 있다.

〈표 5.6-3〉 야생초화류의 종류 및 특성

구 분	종 류	특 성
숙근류	각시붓꽃 (Iris rossii)	- 전국에 자생하는 숙근성 다년초, 절화 · 분화 · 정원용으로 사용 - 4~5월에 자색으로 개화, 열매는 구형의 삭과로서 5~6월에 성숙
	구절초 (Chrysanthemum zawadskii)	- 전국에 자라는 다년생 초본으로 번식력이 왕성하여 군생이 특징 - 꽃은 8~10월 흰색, 분홍색의 타원형으로 줄기나 가지 끝에 핌 - 용도는 절화 · 분화 · 정원 · 지피의 조경용으로 사용
	금불초 (Inula britannica var. chinensis)	- 내한성, 내건성이 강하고, 잎은 호생하며 입자루가 없음. - 꽃은 7~9월 황색으로 개화. 가지 끝에 산방상으로 2~8개씩 핌 - 용도는 관상용(화단, 절화, 분화), 식용, 약용(꽃)
	눈개쑥부쟁이 (Aster hayatae)	- 한라산의 표고 1,200~1,500m 근처에서 자생 - 높이 5cm 정도이며, 개화기는 6~7월경임
	도라지 (Platycodon grandiflorum)	- 산야에 흔한 높이 40~80cm 다년초로 종자는 9월 상순에 성숙 - 잎은 장란형이며 어긋나거나 돌려나고 잎자루가 없음 - 꽃은 6~8월 백색, 보라색으로서 절화 · 분화 · 정원용으로 사용
	매발톱꽃 (Aquilegia buergeriana var. oxysepala)	- 충청도를 제외하고는 거의 전국에 자생하는 숙근성 다년초 - 꽃은 5~6월경 백색이 담긴 적갈색의 꽃이 아래로 향하여 핌 - 결실기는 7월 중순~8월이며, 용도는 분화 · 정원용으로 사용
	술패랭이꽃 (Dianthus superbus var. longicalycinus)	- 한반도 전역에 분포하는 내한성과 내건성이 강한 다년초 - 개화기는 5월 중순~8월 중순에 연분홍으로 핌 - 용도는 절화 · 분화 · 정원용으로 사용
	제비꽃 (Viola mandshurica)	- 풀밭에 자생하는 다년생 초본으로 용도는 분화 · 정원용으로 사용 - 높이 10~20cm. 잎은 뿌리에서 총생 - 꽃색은 보라색이 주종이고, 색이 다양하며 개화기는 3월 하순~4월경
	할미꽃 (Pulsatilla koreana)	- 제주도를 제외한 한반도 전역분포, 다년초로서 분화 · 정원용 - 잎은 뿌리에서 바로 나오며 깃털모양으로 깊게 갈라짐 - 꽃은 4~5월초 개화, 꽃받침 안쪽은 적자색 밖은 흰색털 밀생
	산 국 (Chyrysanthemum boreale)	- 전국에 자생하는 다년생 초본으로 결실기는 11월임 - 줄기 끝부분에 많은 가지가 갈라지고 그 끝에서 꽃이 핌 - 높이는 60~80cm, 꽃은 9~11월 황금색으로 가지 끝에 뭉쳐 핌
구근류	개상사화 (Lycoris aurea)	- 서남해안 내륙에 자생하는 다년생 초본 - 잎은 3~4월에 회청색으로 나며, 꽃은 7~9월 황색~등황색으로 개화 - 결실기는 11월로서 용도는 관상용(화단, 절화)과 약용
	참나리 (Lilium tigrinum)	- 전국에 자라는 다년초로서 용도는 분화 · 정원용으로 사용 - 잎은 호생 피침형으로 7~8월경 통모양의 꽃이 개화 진주황색 바탕에 흑자색 점이 분포하며, 결실기는 8월말~9월임

3) 맥문동

맥문동(Liriope Platyphylla)은 경기 이남지역의 숲속에 자생하는 상록 다년초로서 잎이 길며, 높이 10~30cm 정도로 자란다. 난초와 비슷한 형태로 초여름에 연한 보라빛 꽃이 피고 가을에는 검은색 열매를 맺는다. 유사종으로 잎이 좁고 짧은 개맥문동(Liriope Spicata)이 있다. 양지보다 음지에서 생육이 양호하다.

4) 아이비

아이비(Ivy)는 양송악이라고도 불리는 유럽원산 상록 만경식물로서 긴 것은 30m까지 자란다. 부착근이 있어서 벽에도 올릴 수 있으며, 음지에서도 잘 생육하지만 내한성이 약하다.

5) 이끼류

일본식 정원에서 흔히 쓰이는 소재로서 반음지의 공중습도가 높은 곳에서 생육이 잘 된다. 토양조건은 배수가 양호해야 하며, 저습지에서는 생육이 불가능하다.

6.3 식재공법

지피식물은 직접 붙이거나 씨를 파종한다. 직접 붙이는 방법은 평떼, 줄떼, 종자판 붙임이 있으며, 인력 파종법은 일반적인 조경공사에는 사용되지 않고 거의 종자살포공법(Seed Spray)을 사용한다.

그림 5.6-1 잔디식재

그림 5.6-2 초화류 식재

그림 5.6-3 식생매트 깔기

1) 떼붙임 공법

평떼공법(Sodding)은 잔디식재의 가장 보편적 공법이다. 잔디를 식재하는 전면적에 뗏장을 맞붙이는 방법으로서 조속한 기간에 양호하며 완전한 잔디밭을 조성하고자 할 때 시공한다.

줄떼공법(Vegetative Belt)은 일반지역의 잔디 식재시에 사용하는 공법으로 1/2줄떼, 1/3줄떼 등이 있다. 줄 사이를 뗏장 너비 또는 그 이상 너비로 떼어 뗏장을 이어 붙이는 방법으로, 통상 5~10cm 넓이 뗏장을 5cm, 10cm, 20cm 간격으로 5cm 이상 깊이의 골을 파고 식재한다.

2) 종자판 붙임공법

종자판 붙임공법(식생 매트공법)은 종자와 비료를 혼합한 잔디나 지피식물을 매트에 부착하거나 판상으로 제작하여 식재지에 피복 녹화하는 공법이다.

이 공법은 주로 성토 비탈면녹화 및 운동장 조성 등에 이용되어 왔으나 과거 잔디 및 초화류를 뗏장 또는 포트로 식재하던 형태에서 다소의 비용이 들더라도 미관을 고려하여 잔디광장 또는 미관적으로 중요한 공간 조성에 많이 이용되고 있다. 여름과 겨울철에도 시공이 가능하며 지표면 보호와 더불어 시공 직후부터 빠르게 미적 효과를 얻을 수 있는 장점이 있다.

3) 종자 살포공법

종자 살포공법(Seed Spray)은 공기압축기(Motor Gun)나 취부기(Hydro-Seeder) 등으로 종자를 뿜어 파종하는 공법이다. 넓은 경사면 등 대규모 면적에 주로 적용하는 공법으로서 다양한 방법과 제품이 개발 시공되고 있다.

이 시공법은 짧은 기간에 광대한 면적의 시공이 용이하며 암 비탈면, 마사토 비탈면 등에도 녹화가 가능하고, 파종 시기의 제한이 적으며, 시공 능률이 상당히 높다. 종자와 비료를 배양토에 섞어 동시에 뿜어 붙이는 공법은 표토층이 얕고 급경사면인 절토 비탈면에 적합하며, 종자와 비료만으로 뿜어 붙이는 공법은 토양조건이 양호한 성토 비탈면, 매립지 등에 적합하다.

6.4 품셈의 적용

1) 잔디붙임

① 적용 범위

잔디의 일반적인 규격은 30×30×3cm로서 1m^{2}당 11.11매가 소요되며, 10% 할증을 계상한다. 실제적으로는 21×21×3cm, 18×18×3cm 잔디를 시공하며, 최근에 이르러 실제적인 규격도 가격이 등재되고 있다. 그러나 상대적으로 비용이 비싸지므로 적용이 배제되지만 실제적인 적산으로의 개선이 필요하다.

잔디식재는 일반적으로 수목식재 면적을 공제하며, 잔디 소요량은 평떼는 식재면적의 100%, 1/2줄떼는 50%, 1/3줄떼는 33%가 필요하다.

② 품셈 기준

잔디붙임은 [공통품셈 4-1-1(잔디붙임)]에서 평떼, 줄떼로 구분하여 다음과 같이 적용한다. 들떼와 떼뜨기는 필요시 2005년 품셈을 참조한다. 잔디 운반 및 소운반 등은 수량산출으로 적용하되 필요시 2005년 품셈인 다음 내용을 참조 준용한다.

〈표 5.6-4〉 잔디붙임 [공통품셈] (100m² 당)

구 분	단위	수 량	
		줄 떼	평 떼
조 경 공	인	0.84	0.99
보 통 인 부	인	1.96	2.31

[주] 1. 본 품은 재배잔디를 붙이 기준이다.
2. 홈파기, 뗏밥주기, 물주기 및 마무리 작업을 포함한다.
3. 식재 시 1회 기준의 물주기는 포함되어 있으며, 유지관리는 [공통품셈 4-5(유지보수)]에 따라 별도 계상한다.
4. 줄떼는 10~30cm 간격을 표준으로 한다.
5. 떼의 운반비는 필요시 다음과 같이 별도 계상한다. [2005년 토목, 건축품셈]

구 분 \ 종 별	1/3 줄떼 적재량 (매)	평떼 적재량 (매)	싣고 부리기 시간 (분)	싣고 부리기 보통인부 (인)
지 게	30	10	2	1
리 어 카	150	50	5	2
우 마 차	480	160	13	2
경 운 기	570	190	16	2
2.5톤 트럭	1,500	500	20	5
6톤 트럭	3,600	1,200	50	5
8톤 트럭	4,800	1,600	60	5

2) 종자판 붙임공

① 적용 범위

과거 초화류를 포트로 식재하던 일률적 형태에서 다소의 비용이 투입되더라도 조속한 시공효과 및 경관성을 위하여 중요부 등에 적용하고 있다. 종자판 붙임공은 설계도서에 의하여 재료 혼합비율에 따라 단위면적(100m²)당 소요 재료량을 산출하고, 전체 면적의 10% 할증을 계상한다.

② 품셈 기준

종자판 붙임공은 2013년 품셈개정시 삭제되었으므로 필요시 [2012년 토목, 건축품셈 4-1-2(종자판 붙임공)]에 의하여 다음과 같이 준용한다.

〈표 5.6-5〉 종자판 붙임공 [2012년 토목, 건축품셈] (100m² 당)

규　　격	객토량 (m^3)	퇴비 (kg)	비료 (kg)	종자 (ℓ)	특별인부 (인)
폭 10cm, 두께 3cm (21줄)	0.756	17	13	1.3	5.46
폭 10cm, 두께 3cm (26줄)	0.936	20	15	1.5	6.76

[주] 본 품은 경사 10%, 비탈면 길이 10m일 경우이며, 경사가 급해짐에 따라 할증할 수 있다.

3) 종자 살포 및 파종

① 적용 범위

종자 살포와 파종량은 설계도서에 의하여 재료 혼합비율 및 내용에 따라 전체면적을 구하며, 단위면적($100m^2$)당으로 집계한다.

② 품셈 기준

초류종자 살포는 [공통품셈 4-1-2(초류종자 살포-기계살포)], 거적덮기는 [공통품셈 4-1-4(거적덮기)]에 의하여 다음과 같이 적용한다. 초류종자 파종은 2014년 품셈 개정시 삭제되었으므로 필요시 [2013년 토목, 건축품셈]을 참고 준용한다.

〈표 5.6-6〉 초류종자 살포(기계살포) [공통품셈] (100m² 당)

구 분	규 격	단위	수 량
조　경　공		인	0.07
보 통 인 부		인	0.04
취　부　기	11.94kW	hr	0.24
트　　　럭	4.5ton	hr	0.24
펌　　　프	ϕ50mm	hr	0.24

[주] 1. 본 품은 트럭에 종자살포기가 장착되어 살포하는 기준이다.
2. 재료배합, 종자살포 작업을 포함하다.
3. 살수양생 및 객토가 필요한 때는 별도 계상한다.
※ 초류종자 살포(기계 살포) 재료량 (100m² 당)
- 종자 : 2~3(kg)
- 비료(복합비료) : 10(kg)
- 피복재(파이버/펄프류) : 18(kg)
- 침식방지 안정제(합성접착제) : 5~15(kg)
- 색소(착색제) : 0.2(kg)

〈표 5.6-7〉 거적덮기 [공통품셈] (100m² 당)

구 분	단위	수 량
조　경　공	인	0.19
보 통 인 부	인	0.06

[주] 1. 본 품은 성토 또는 절토사면에 거적덮기를 설치하는 기준이다.
2. 거적깔기, 핀설치 및 고정 작업을 포함한다.
3. 재료량(거적, 고정핀, 착지핀, 매트고정판, 비닐끈 등)은 설계수량에 따라 별도 계상한다.

4) 초화류 식재

초화류 식재는 식재면적과 단위면적(m^2)당 수량으로 본수를 산출한다. 초화류 식재는 [공통품셈 4-1-3(초화류 식재)]에 의하여 다음과 같이 적용한다.

〈표 5.6-8〉 초화류 식재 [공통품셈] (100주 당)

구 분	단위	수 량		
		양 호	보 통	불 량
조 경 공	인	0.10	0.15	0.24
보 통 인 부	인	0.05	0.08	0.13

[주] 1. 본 품은 초화류 식재, 물주기 및 마무리를 포함한다.
2. 특수화단(화문화단, 리본화단, 포석화단)은 20%까지 가산할 수 있다.
3. 식재 시 1회 기준의 물주기는 포함되어 있으며, 유지관리는 [공통품셈 4-5(유지보수)]에 따라 별도 계상한다.
4. 초화류 식재품의 적용은 아래의 조건을 감안하여 적용한다.
- 양호 : 작업장소가 넓고 평탄하며, 식재의 내용이 단순하여 작업속도가 충분히 기대되는 조건의 경우
- 보통 : 작업장소에 교목류, 조경석 등 지장물이 있어 식재 작업에 지장을 받는 경우
- 불량 : 작업장소가 경사지로서 작업조건이 복잡한 경우, 도로변 · 하천변 · 절개지 등 안전사고의 위험이 있는 경우

5) 롤형 지피식물 식재

① 적용 범위

롤형 잔디와 초화류는 과거 사용이 제한적이었으나 조속한 시공효과와 경관성 향상을 위하여 그 적용이 확대되고 있다. 소요량은 설계도서에 의하며, 할증 10%를 적용한다.

② 품셈 기준

롤형 지피식물은 품셈개정시 삭제되었으므로 [2012년 토목, 건축품셈 4-4-7(롤형 지피식물 식재)]에 의하여 다음과 같이 준용한다.

〈표 5.6-9〉 롤형 지피식물 식재 [2012년 토목, 건축품셈] (m^2 당)

구 분	규 격	단위	잔 디		초화류
			운동장	녹지대	
롤 형 잔 디	65×154×2	Roll	1	1	–
롤 형 초 화 류	65×154×2	Roll	–	–	1
모 래	–	m^3	0.005	0.135	–
마 사 토	–	m^3	–	–	0.1
유 기 질 비 료	–	m^3	–	0.0065	0.005
무 기 질 비 료	21–17–17	kg	–	0.05	0.05
조 경 공	–	인	0.03	0.04	0.03
보 통 인 부	–	인	0.09	0.12	0.11
진 동 롤 러	자주식 2.5톤	hr	0.0058	–	–

[주] 1. 본 품의 운동장 잔디식재는 식재면 고르기, 잔디 소운반 및 깔기, 배토, 다짐을 기준한 것으로 배수층과 식재층 조성은 제외되어 있다.
2. 본 품의 녹지대 잔디 및 초화류 식재는 터파기, 지반 고르기, 잔토처리, 모래 또는 마사토 포설, 비료포설, 잔디 또는 초화류 소운반 및 깔기, 다짐을 기준한 것이다.
3. 관수는 별도 계상한다.

6) 녹지면 피복공사

녹지의 미관향상과 관리 편의를 위한 우드칩 포설은 [한국도로공사 유지관리품(짚싸주기 및 피복작업)]의 피복작업 품을 다음과 같이 준용한다.

〈표 5.6-10〉 피복작업(멀칭) [한국도로공사, 조경공사 적산기준] (m^2 당)

구 분	규 격	단위	수 량
우 드 칩	분쇄목 T10cm 기준	m^3	0.10
보 통 인 부		인	0.0105
소 운 반	L20m 리어카 기준	m^3	0.10

[주] 1. 피복(멀칭) 재료는 퇴비, 짚, 분쇄목 등을 사용하며, 피복두께는 10cm를 기준으로 한다.
2. 토공사의 면고르기가 완료된 토공면에 수목식재와 식재면 고르기 후 피복작업을 시행한다.

7) 잔디구장 조성

고도의 품질이 요구되는 축구장, 야구장, 잔디광장 등의 잔디밭 조성에 적용하며, 배수층과 식재층 및 식재, 파종, 롤형잔디 등을 피복하여 조성한다. 배수층은 100~200mm 두께의 여과골재를 고르게 깔고 토양분리포를 설치하며, 배수층을 표면 잔디층과 동일한 평탄도로 고른 후 롤러로 다짐한다. 식재층은 모래, 마사토와 유기질 또는 화학비료를 혼합한 배양토를 고루 펴고 기후조건, 관리여건, 관수시스템 등에 따라 잔디의 종류와 식재방법을 결정한다.

식재와 파종은 일반 기준에 따르며, 롤형잔디는 토심 100mm 이상 충분히 관수한 후 운동장을 2등분 또는 4등분하여 중앙에서 가장자리 방향으로 식재를 진행한다. 잔디는 세로방향으로 이어서 식재하며, 식재 중 잔디가 건조하지 않도록 수시 관수한다. 식재 후에는 상토와 동일한 골재를 5mm 두께로 배토하고 충분히 관수한 후 잔디면의 습기가 말랐을 때 롤러로 다짐한다.

잔디구장 식재층은 [2010년 조경공사 적산기준]에 기술된 다음 기준에 의한다.

- 기계혼합 (콘크리트믹서 $0.30m^3$) :

$$Q = 60 \times q^0(0.3) \times E(0.8) / 4 = 3.60\,m^3/hr$$

- 기계혼합시 소요 인력은 보통인부 0.5인/m^3를 기준한다.
- 식재층 포설 (습지불도저 4Ton) :

$$Q = 60 \times q(0.42) \times f(0.89) \times E(0.85) / C_m(1.72) = 10.95\,m^3/hr$$

- 식재층의 노면정리 및 다짐은 모터그레이더(3.6m)와 진동롤러(자주식 2.5Ton)로 포설하고 4회 다짐한다.

7 옥상 및 실내 조경공사

Landscape Architecture

7.1 개 요

옥상조경은 부족한 녹지 확충과 도시생태계 회복으로 건강하고 쾌적한 도시환경 개선, 에너지절약 등 많은 문제를 해결할 수 있는 현실적인 대안 중의 하나로 도입되고 있다. 특히 근자에는 옥상녹화를 적극 유도하는 등 건축물의 유형별로 적용 가능한 옥상녹화 시스템 개발과 다양한 지원으로 많이 시공되고 있다.

실내조경은 자연광이 유입되거나 인공광의 도입이 가능한 지하, 발코니, 베란다 등에 식물의 생장을 위한 기반조성과 식재용기, 플랜터, 첨경물 및 기타 시설 등을 조성하는 공사이다. 실내조경은 단순히 식물 생장만을 위한 공간이 아닌 자연을 느끼고 그 속에서 조경이 추구하는 인간 삶의 질 향상이란 궁극적 목적으로 추구되고 있다. 그러나 품셈은 그 한계성으로 옥상 및 실내조경의 별도 규정이 미약하므로 특별히 규정한 경우 외에는 일반 조경공사 기준에 운반공사를 추가 적용한다.

실내조경은 [조경공사 적산기준]에서 일반적 기준을 제시하므로 여기에서는 그 사항 위주로 기술한다.

그림 5.7-1 옥상 녹화공사

그림 5.7-2 실내 조경공사

7.2 옥상녹화공사

옥상녹화는 훼손된 도심지의 녹지와 생태계를 인공지반 위에 복원하는 의미로서 열섬 현상을 완화하고 건축물의 냉난방에 소요되는 에너지를 절약하는 효과도 거둘 수 있다. 옥상녹화 건물의 여름철 표면온도는 일반 옥상 보다 약 20℃가 낮으며, 건축물 옥상의 전면녹화시 연간 약 16.6% 에너지를 절감할 수 있다.

1) 옥상녹화의 효과

옥상의 조경과 녹화는 건축물 중량 허용에 따른 토심과 교목의 식재 여부로 구분된다. 옥상조경은 일반 조경의 개념과 유사하며, 옥상녹화는 최소한의 토심으로 지피식물이나 관목류의 피복 형태인 〈그림 5.7-1〉로 이해할 수 있다. 최근에는 옥상녹화시스템으로 접근하여 옥상조경을 그 한 가지 형태로 규정하고 있다.

〈표 5.7-1〉 옥상녹화의 효과

경제적 효과	사회적 효과	환경적 효과
– 지상의 의무조경 면적 대체 – 건물가치의 상승 – 냉 · 난방 에너지 절감 – 건축물의 보호 – 근무자의 생산성 향상	– 도시경관의 향상 – 휴식공간 제공 – 생활 및 근무환경 개선 – 정서적 안정 도모 – 도시민의 환경생태 교육장	– 환경미화 및 오염방지 – 기후조절 및 홍수조절 – 도시생태계의 복원 – 소음차단 및 감소 – 수자원의 활용

2) 옥상녹화시 고려사항

① 단면 구성

㉠ 허용하중

- 옥상녹화의 가장 중요한 요소로서 녹화유형 선정 및 공간연출의 기준
- 기둥과 보는 집중하중을 받는 식재기반과 시설물 설치시 반드시 고려

㉡ 식재기반 하부

- 단열 및 방수는 신축의 경우 외단열 공법이 좋고, 개축은 추가 고려가 필요
- 방수제는 내균열성, 방근성, 방부성, 탄력성 등을 고루 갖춘 노출형을 사용

㉢ 식재기반

- 식재기반은 배수층과 토양층으로 구성
- 수직 · 수평배수, 경사도, 배수구의 규격 · 수량, 배수로 · 배수시설 등이 필요
- 토양은 경량형으로서 통기성, 보습력, 보비력, 안정성, 시공성 등을 고려

㉣ 식생

- 수목은 양지와 음지, 인접 식생 및 각 식물의 생장과 발육특성을 고려하여 선정
- 특성상 속성수를 지양하고 천근성, 내건성, 내한성에 강한 수종을 선정

② 평면 구성

- 녹지 · 동선 · 수순환체계수립 및 시설물, 조명, 관수시설 설치
- 생물의 활동공간 확보를 위한 녹지순환체계
- 보행과 유지 관리를 고려한 동선순환체계
- 수분의 보유 및 증발에 적합한 수순환체계
- 기능과 더불어 점 · 선 · 면의 조화로 아름다운 조경미 연출

3) 옥상녹화의 유형

- **경량형** : 낮은 토심에 최소의 하중으로 지피식물 및 야생초화류를 식재하여 쾌적한 녹지 확보 및 건물의 냉·난방 에너지 절약 등 기능에 초점을 맞춘 시스템
- **혼합형** : 경량형 옥상녹화의 기능성에 활용성을 더하여 이용자의 휴식공간을 고려한 다양한 식재 및 수 공간 등의 설치가 가능한 시스템
- **중량형** : 높은 토심으로 교목 식재가 가능하지만 그에 따른 하중부담이 크며, 기능성보다는 이용에 비중을 두어 지상부 녹화와 동일한 형태를 옥상으로 옮긴 시스템

〈표 5.7-2〉 옥상녹화의 유형별 특징

구 분	경량형	혼합형	중량형
토 심	– 10~30cm 이하, 인공토양	– 30~50cm 내외	– 40~100cm 이상
수 종	– 지피식물 위주	– 지피, 관목 위주	– 지피, 관목, 교목 다층식재
특 징	– 저이용, 저관리형 – 접근이 어려운 곳	– 저관리의 지향 – 경량, 중량형의 혼합형	– 지속적, 집약적 관리 – 공간이용 및 접근 용이한 곳
구 조	– 구조적 제약이 있는 곳 – 신축건물과 기존건물	– 구조적 문제가 없는 곳 – 신축과 일부 기존건물	– 구조적 문제가 없는 곳 – 신축건물

〈표 5.7-3〉 옥상녹화의 유형별 적용가능여부

구 분	내 용	경량형	혼합형	중량형
유지관리	저 관 리	●	○	–
	관 리	○	●	●
적용방식	전면녹화	●	●	○
	부분녹화	○	●	●
적용대상	신축건물	●	●	●
	기존건물	●	○	–
경사유무	평탄지형	●	●	●
	경사지형	●	–	–
단열위치	외 단 열	●	●	●
	동적 단열	●	–	–
토양하중	경 량	●	○	–
	중 량	–	○	●
토 심	30cm 이하	●	○	–
	30cm 이상	–	○	●
식생종류	잔 디	–	○	●
	세 덤 류	●	●	●
	지피 식물	●	●	●
	관 목 류	–	●	●
	교 목 류	–	○	●

[주] ● 적용 가능 ○ 경우에 따라 적용 가능 – 적용 불가

중량형 혼합형 경량형

그림 5.7-3 옥상녹화 유형별 사례

4) 옥상녹화의 구성

① 시스템 구성

㉠ 건물기반 : 슬래브, 단열층, 방수층으로 구성

㉡ 식재기반

- 방근층 : 식물의 뿌리로부터 방수층과 건물을 보호
- 배수층과 토양필터 : 세립토양이 유출되지 않도록 하는 여과기능과 투수기능
- 육성토양 : 지속적 생장과 생존을 위한 중요부분으로서 총중량을 좌우

㉢ 식생층 : 기후, 일사, 바람 등에 생육이 가능한 수종 선정

② 방수 자재

일반적으로 건축물의 신축시 방수와 누름 콘크리트타설 후 옥상녹화를 시행하고 있다. 그러나 건축물의 유지관리 측면에서 문제 발생시 심각할 수 있으므로 옥상녹화시 가장 좋은 방법은 노출형 방수이다. 옥상녹화시 가능한 노출형 방수는 다음과 같다.

㉠ **방수시트** : PVC재질의 방수막으로 부패에 강하고 햇빛과 자외선에 균열이 없으며, 방근처리(Root Impervious Seal)로 뿌리가 침입하지 못하고, 일반제품 보다 30% 이상의 단열효과 및 어느 곳이든 시공이 가능한 장점이 있다.

㉡ **우레탄방수** : 폴리우레탄(Polyurethane) 재질의 노출용 방수제로서 내구성 · 내후성 · 기계적 물성 · 작업성 등을 갖춘 방수제이다. 우레탄 특유의 유연성 · 신축성으로 구조물에의 충격을 완화하며, 신축 · 보수 모두 적용이 가능하지만 가격이 비싸다.

③ 배수 자재

옥상녹화용 배수자재는 일반배수용과 저배수용이 있다. 저배수용은 우천시에는 배수기능을, 평상시는 물을 저수하여 수분을 공급하는 기능을 동시에 수행한다. 저배수용의 종류별 특징은 다음과 같다.

㉠ **저 · 배수용 단열판** : 고밀도 폴리스티렌(일명 스티로폼)의 규격 500×1000×T62~80이며 단열과 물리적 손상으로부터 방수층을 보호한다. 경사형은 16ℓ 평지형은 24ℓ 의 물을 간직하며, 혹한기에는 하부의 냉기를 차단하여 식물뿌리의 고사를 방지한다.

㉡ **세덤 (Sedum) 블록** : 고밀도 폴리에틸렌(HDPE) 패널로서 규격은 570×380×T80이며, 1.1kg/EA×4.6EA/m^2(5.06kg/m^2)이다. 세덤류의 생장에 적합하도록 제작되어 블록 높이 8cm 중 5cm까지 물을 저장할 수 있다.

㉢ **모듈 (Modular)배수판** : 고밀도 폴리에틸렌(HDPE) 재질로 배수, 방근, 여과기능이 일체화되고, 배수 · 통기 · 단열기능과 더불어 건기에는 저수된 수분을 공급한다.

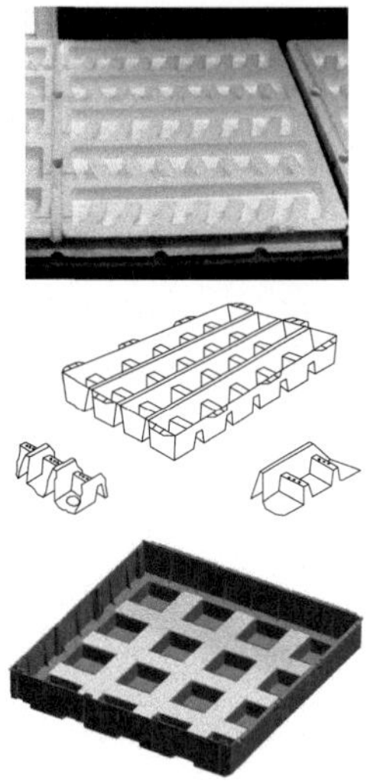

그림 5.7-4 저배수판

〈표 5.7-4〉 배수자재의 종류 및 특징

종 류		규 격	자 재 특 징
일 반 배 수 판	일반 배수판	350~500×H30	- 가격이 저렴하여 가장 일반적으로 사용 - 배수토양과 병행 사용이 가능
	드레인 매트	다양함	- 토목용 소재로서 다양한 크기와 두께가 있음.
일 반 시 스 템	OK 배 수 판	500×500×H30	- 수분저장성 및 조절기능이 우수
	투 수 펫	1000×300×H30	- 시공이 용이, 신속한 배수가 가능
저 배 수 시 스 템	저 · 배수용 단 열 판	1000×500×H62(80)	- 저수 · 배수 · 단열의 다기능 소재 - 저수공간의 볼륨이 큼 - 저토심은 배수토양을 충진하여 사용
	세 덤 블 록	570×380×H80	- 저수 · 배수 · 단열의 다기능 소재 - 저수공간의 볼륨이 큼. - 저토심은 배수토양을 충진하여 사용
	모듈 배수판	500×500×H100	- 배수 · 방근 · 여과의 일체화 소재 - 저수공간의 볼륨이 중간임. - 일체식으로서 관리 용이

일반 배수판 드레인 매트 OK 배수판 투수펫

그림 5.7-5 일반배수판의 종류

④ 시트 자재

투수시트(Stabil-Filter)는 폴리프로필렌과 폴리에틸렌으로 만든 부직포이다. 썩거나 찢어지지 않고 물의 투수 및 여과기능을 수행하여, 패널(Panel)에 양질의 물이 저장될 수 있도록 하며 배수구가 막히는 것을 방지한다. 그러므로 최소한 200g/m^2 이상으로서 압력에 찢어지거나 시트가 불투수층을 형성하는 것을 방지하여야 한다.

⑤ 도입 가능 식물

옥상녹화 식물은 열악한 환경조건인 기후, 일사, 바람에 대한 내건성, 내한성, 내후성, 내풍성, 내습성을 가져야 한다. 옥상녹화용 식생은 매우 제한적이며, 엄밀하게 구분하면 옥상녹화용 식생은 세덤류가 유일할 수 있다. 따라서 옥상녹화용 식생 소재의 다양화 및 대량공급에 대한 원예시장의 관심이 요구된다.

〈표 5.7-5〉 옥상녹화용 도입가능식물

지역	성상	종 류	지역	성상	종 류
중북부	초본류	부처손, 개부처손, 기린초, 섬기린초, 애기기린초, 바위채송화, 바위연꽃, 바위솔, 좀비비추, 애기원추리, 두메부추, 미역취, 한라구절초, 민들레, 벌개미취, 금꿩의다리, 아주가, 양잔디, 한국잔디류 등	남부	초본류	중북부의 초본류+수호초
				관목류	중북부의 관목류+산수국, 돈나무, 해당화, 꽝꽝나무, 섬백리향 등
				교목류	중북부의 교목류+비자, 개비자, 붉가시, 종가시나무 등
	관목류	정향나무, 철쭉류, 수수꽃다리, 화살나무, 매자나무, 사철나무, 갈기조팝나무, 눈향나무, 옥매, 옥향, 회양목 등	해안	초본류	남부의 초본류+세뿔석위, 애기석위 등의 상록성 양치류
				관목류	남부의 관목류+백량금, 자금우, 식나무, 팔손이, 다정큼나무 등
	교목류	팥배나무, 단풍나무, 섬잣나무, 신나무, 향나무 등		교목류	남부의 교목류+녹나무, 담팔수, 굴거리, 무화과, 참식나무 등

⑥ 토양 자재

토양은 식물을 건강하게 성장시키기 위한 가장 중요한 요소로서 특징은 다음과 같다.

〈표 5.7-6〉 인공토양의 종류 및 특징

구 분		특 징	장·단점
무기질 토 양	펄 라 이 트	- 초경량으로 배수력 증대 및 개선 - 척박지의 경도, 물성개선	- CEC가 없으며, 멀칭 필요 - 색상이 흰색으로 이질적임.
	인 공 화 산 석	- 중경량형으로 CEC가 높음 - 배수성, 투수성, 통기성 우수	- 높은 보비성을 가짐. - 색상이 자연스럽지 않음.
	발 포 유 리	- 배수성과 통기성이 우수	- 중경량형, 보수성이 낮음.
	목 탄 (숯)	- 투수성, 배수성, 통기성 우수 - 다공질의 친환경적 소재	- 대량수급이 어려움. - 가격이 비싸다.
	버미큘라이트 (질 석)	- 보온성, 보수성, 통기성 우수 - 가장 안정적 토양, 보비성 우수	- 시간의 경과에 따라 집적 · 흡착으로 배수성, 통기성 불량
유기질 토 양	피트 · 토탄 · 피 트 모 스	- 초경량형, 보수성 · 보비력 우수 - 토양개량제, 자연토양 혼합사용	- 시간의 경과로 부식되어 토양의 침하와 배수성 불량
	자 연 화 산 석 (Lava Stone)	- 배수성, 통기성, 보비력 우수 - 중량형의 저관리, 보급형 토양	- 색상이 자연스러움. - 산성비 중화, 보비력 극상

[주] CEC (양이온 치환용량, Cation Exchange Capacity) : 특정 pH에서 토양의 전기력에 의하여 다른 양이온과 교환이 가능한 형태

로 흡착된 양이온의 총량이며 양이온 교환용량이라고도 한다. 이는 영양분을 흡수하여 지닐 수 있는 능력으로서 이 용량이 크면 좋은 토양으로 간주된다. 토양 100g당 수소이온이 양이온으로 치환할 수 있는 자리의 수, 즉 음전하의 수와 같으며 mg당량(mille equivalent)으로 표시(me/100g)되며 요즘에는 cmoℓ/kg으로도 사용한다. 일반적인 사토계 토양은 3~15me/100g의 내외로 낮고, 점토나 버미큘라이트는 100me/100g 내외로 높은 편이다.

5) 옥상녹화공법 비교

옥상녹화는 그 한계성으로 지상부와는 다른 경량형 구조를 요구하고 있다. 그에 따라 경량형, 저관리형, 관리조방형(管理助幇形)으로서 빗물을 저수하여 별도 급수장치 없이 생존이 가능한 ART, 세덤, MRG공법 등이 개발 시공되고 있다.

ART공법 – 현대고등학교

Sedum공법 – 강화 관리실 지붕

MRG공법 – 서울여대

그림 5.7-6 옥상녹화공법별 사례

〈표 5.7-7〉 옥상녹화공법 비교표

구 분		A. A.R.T 녹화공법	B. Sedum 녹화공법	C. MRG 녹화공법	D. 일반 녹화방법	비 고
특 징		저관리형 단열공법	저관리형 조립공법	저관리형 모듈공법	관리형 시공공법	A는 멀칭 불필요 B, C, D는 별도 멀칭 필요
식재대상		야생초화, 세덤, 관목	야생초화, 세덤, 관목	야생초화, 세덤	야생초화, 세덤, 관목	A, B는 다양성 추구 가능 C, D는 수평적 단조로움
하중부담		보 통	우 수	우 수	우 수	A는 화산석으로 무거움
방 수	신 축 물 기 존 물	시트 설치 노출형 보강	고려 안 됨 고려 안 됨	시트 부착 노출형 보강	고려 안 됨 고려 안 됨	A, C는 모체방수 없이 시공 가능
배 수	수 직 시 스 템	양 호 양 호	양 호 양 호	미 흡 양 호	미 흡 없 음	C, D는 집중호우시 하중문제가 발생할 가능성 있음
토 양	보습력 통기성 보비력	우 수 우 수 우 수	양 호 우 수 양 호	미 흡 양 호 미 흡	미 흡 미 흡 미 흡	B, C, D는 표층의 멀칭 필요 C는 모듈 일체화로 통기성 우려 B, C, D는 보비력이 약함
단 열 성		우 수	양 호	미 흡	미 흡	
미 관 성		우 수	우 수	양 호	양 호	A는 토사와 유사한 형태임
경제성	시공비 유지관리	매우 고가 극저관리	고가 저관리	중가 저관리	중 · 저가 관리	야생초화 및 세덤 식재기준
공신력	기술력	유럽형의 국내화	유럽형의 도입	신기술 등록	없 음	
	국산화	재료기술 국산화	재료기술 국산화	재료기술 국산화	국산자재 사용	

① A.R.T 녹화공법

ART 녹화공법(Any Roof Top Greening System)은 기온차가 큰 동·하절기, 갈수기와 장마철의 집중호우 등 다양한 기후의 변화에서도 저관리로서 식물 생육이 가능한 경량형 옥상녹화 시스템이다.

㉠ 특징

- 평면, 경사형, 돔형의 모든 인공지반에 적용 가능.
- 기존·신축건물 및 콘크리트·금속·목재·단열재 등에 모두 시공이 가능.

㉡ 장점

- 저·배수 단열판 설치로 단열 및 보온효과 증대.
- 최저토심(10cm)의 조성이 가능하며, 방수층의 누름모르타르를 생략하여 하중의 부담이 적음.
- 자연화산석을 사용하므로 시비가 불필요하고 토양의 비산과 유실을 방지함.
- 자생초화 및 다양한 야생화의 식재가 가능하며, 유지관리 비용 부담이 적음.

② Sedum 녹화공법

경량형 녹화공법으로 살수, 시비, 전정 등 1년에 한 번 정도의 관리를 요한다. 장기간의 건조와 혹한에 견딜 수 있는 선태류·세덤(Sedum)류·잔디류를 식재하며, 기후조건이 맞을 경우에는 세덤의 혼파도 가능하다.

㉠ 세덤의 관리

- 세덤식재 후 1회 충분히 관수, 이후에는 관리가 불필요.
- 세덤혼파 후 충분한 관수 및 뿌리의 활착시까지 건조시 여러 회 관수가 필요.
- 세덤은 관리가 불필요한 강인한 식물이지만 식재 초기나 병충해 발생 등 특별한 관리요인 발생시 관리작업 수행.

〈표 5.7-8〉 세덤의 관리지침

관리구분	관리시기	횟 수	관리방법	비 고
관 수	식재 초기	1회		
시 약	병충해 발생시	발병시	해당 병해충약제 시약	청벌레, 진딧물
시 비	5월초, 1~2년	연 1회	유기질비료 살포(10g/m^2)	시비가 없어도 무방

㉡ 세덤혼파

- 세덤줄기를 2~3cm로 자른 절단 세덤 9종(0.1kg/m^2)을 혼파.
- 세덤혼파시 1m^2당 Sedum Telephium Herbsfreude 0.2주, 두메부추 0.5본 식재

③ MRG 녹화공법

- 일체화된 모듈형의 저수, 배수, 여과, 방근 기능의 일체화 시스템.
- 모듈 안에 세덤이나 초화를 식재하고 모듈을 끼워 맞추는 형식.
- 공기가 짧고 부분 보수 및 교체가 가능하지만 시공 후 모듈이 노출될 수 있음.

7.3 실내조경공사

1) 실내조경의 조성기준

① 환경기준

실내조경은 식물 특성과 대상지의 광선, 온도, 수분, 토양 등을 고려하여 공간 성격에 적합하여야 함은 물론 환경적, 심미적, 기능적이어야 한다.

실내조경은 관련공사의 설계도서(건축, 설비, 조명 등)를 참고하여 도입식물의 생육에 적절한 최소 광도를 확보하고, 이에 부합하는 식물재료로서 최저·최고온도 및 일교차 등 생육한계온도에 대한 유지관리계획이 확보되어야 한다. 도입식물의 수분요구도를 분석하여 적절한 관수방법과, 생존에 적합하도록 뿌리 생육에 대한 배수계획을 최우선적으로 수립하여야 한다.

② 식재용토

실내식물의 생장기반인 토양은 배수력과 보수력을 동시에 가져야 한다.

식재용토는 밭흙, 마사토, 화산회토, 모래, 부엽토, 바아크, 수태, 피트모스, 질석, 펄라이트 등을 식재용토와 장식용토를 적절하게 배치한다. 일반적으로 혼합토를 사용하며, 필요시 토양개량제를 적용하여야 한다.

2) 실내조경의 조성

① 적용 범위

식물재료는 도입공간별 생육환경에 적합한 교목, 관목, 지피류, 관엽식물, 수생식물, 난과식물 등 생물학적으로 생존 가능한 식물 및 인조식물을 구분하고 수량을 집계한다. 각 공간별 플랜터 등의 구조체 및 석탑, 석등, 조각, 물확, 석연지 등의 첨경물과 자연석, 경관석, 다양한 식물재료 및 구조체 등은 소요량을 집계 적용한다.

② 품셈 기준

식재 토양 및 식물재료는 [제3절 운반공사]의 소운반을 적용한다. 기반조성은 [제2절 토공사 및 기초공사], 급·배수는 [제14절 급배수공사]를 참고한다.

실내조경은 집약적인 균형과 아름다움의 표현으로 일반 식재와 비교시 많은 기술과 인력이 필요하므로 "특수화단은 20%까지 가산할 수 있다"는 주기에 의하여 일반 식재에 20%를 가산한 [조경공사 적산기준]을 다음과 같이 준용한다.

세부기준은 목본류와 지피 및 초화류의 2가지로 분류하고, 목본류는 근원직경과 나무높이에 의한 식재로 세분하며, 지피 및 초화류는 포트와 수고별 기준으로 다음과 같이 준용한다. 단, 인력시공 품을 준용하므로 기계시공인 목본류 R9~10은 인력시공 최대규격인 R8을 R10으로 환산하여 다음과 같이 준용한다.

〈표 5.7-9〉 실내조경 - 목본류, 근원직경 [공통품셈 준용, 조경공사 적산기준] (주 당)

근원직경 (R, cm)	단위	조 경 공	보통 인부
R5 이하	인	0.120	0.072
R 6	인	0.204	0.096
R 7~8	인	0.312	0.156
R 9~10	인	0.390	0.195

[주] 1. 본 품은 [공통품셈 4-3-5(식재-흉고직경)]을 기준으로 초화류 식재의 '특수화단은 20%까지 가산할 수 있다' 는 주기를 준용하여 20% 할증한 기준 품이다.
2. 소철, 파키라, 대만고무나무, 벤자민고무나무, 워싱토니아, 헤고, 왕대나무, 당종려, 먼나무, 녹나무 등에 적용한다.
3. 본 품은 소운반 환산거리 20m 기준으로서 기준거리 초과시에는 소운반을 별도로 계상하여야 한다.
4. 근원직경 R9~10은 인력시공 최대규격인 R7~8의 20% 할증량인 R8을 R10으로 환산한 품이며, 상기 규격을 초과하는 수목은 동일한 방법으로 환산하여 적용한다.

〈표 5.7-10〉 실내조경 - 목본류, 나무높이 [공통품셈 준용, 조경공사 적산기준] (주 당)

수고 (H, m)	단위	조 경 공	보통 인부
H1.0 이하	인	0.084	0.072
H1.1 ~ 1.5	인	0.108	0.084
H1.6 ~ 2.0	인	0.132	0.108
H2.1 ~ 2.5	인	0.180	0.144
H2.6 ~ 3.0	인	0.228	0.168

[주] 1. 본 품은 [공통품셈 4-3-4(식재-나무높이)]의 인력시공을 기준으로 초화류 식재의 '특수화단은 20%까지 가산할 수 있다' 는 주기를 준용하여 20% 할증한 기준 품이다.
2. 공작야자, 아레카야자, 관음죽, 아라우카리아, 남천, 후피향, 드라세나, 종려죽(7촉기준) 등에 적용한다.
3. 본 품은 소운반 환산거리 20m 기준으로서 기준거리 초과시에는 소운반을 별도로 계상하여야 한다.

〈표 5.7-11〉 실내조경 - 지피 및 초화류 [공통품셈 준용, 조경공사 적산기준] (주 당)

구 분			단위	조 경 공	보통 인부
식재형태	Pot	높이(H)			
군 식	3 ~ 5인치	H0.3 미만	인	0.0012	0.0006
	7인치 이상	H0.5 미만	인	0.0018	0.0010
	3 ~ 5인치	H0.3 이상	인	0.0084	0.0024
	7인치 이상	H0.5 이상	인	0.0120	0.0036
단 식	3 ~ 5인치	H0.3 미만	인	0.0018	0.0010
	7인치 이상	H0.5 미만	인	0.0029	0.0016
	3 ~ 5인치	H0.3 이상	인	0.0228	0.0072
	7인치 이상	H0.5 이상	인	0.0288	0.0096

[주] 1. 본 품은 소운반 환산거리 20m 기준이므로 기준거리를 초과하는 경우에는 소운반을 별도 계상한다.
2. 식재면적이 개소당 3.3m^2 미만이거나 단일 수종의 1.0m^2 미만 면적이 50%를 초과할 경우에는 본 품의 50%를 가산한다.
3. 특수한 수목이나, 특수한 효과의 연출이 필요한 경우에는 본 품의 50%까지 가산할 수 있다.

3) 실내조경의 유지관리

① 적용 범위

도입하는 실내식물 생육환경의 유지를 위한 관리작업에 적용한다.

실내조경은 그 특성에 알맞은 다양한 관리지침에 의하되 별도 지침이 없는 경우에는 [조경공사 적산기준]의 기준으로 다음의 관리작업을 수행한다.

② 품셈 기준

실내식물의 유지관리는 일상적인 유지관리와 수분 공급을 위한 관수 및 폐수처리로 구분된다. 실내식물의 유지관리는 지침서에 의하여 다음 표를 기준품으로 적용하고 현장 여건으로 조정할 수 있다. 단, 폐수처리는 배수구가 없으며 배수처리가 특별히 필요한 경우에만 적용한다.

〈표 5.7-12〉 실내식물 - 유지관리 [조경공사 적산기준] (m^2 당)

구 분	단위	보통 인부	비 고
적심 작업	인	0.005	년 6회 기준, 하엽제거 포함
정지 및 전정	인	0.012	년 2회 기준, 하엽제거 포함
병충해 방제	인	0.015	년 2회 기준
시 비	인	0.015	년 2회 기준
세 척 작 업	인	0.055	월 1회 기준

[주] 1. 유지관리에 필요한 잡재료비는 품의 5%를 가산한다.
2. 적심작업, 정지 및 전정작업은 하엽 제거를 포함하며, 하엽 제거를 포함하지 않을 때는 m^2당 0.001인을 공제한다.
3. 병충해방제는 발근촉진제, 성장촉진제 및 병충해의 방제를 목적으로 하는 경우에 적용한다.
4. 세척작업은 수목 잎의 미세먼지 등을 제거하는 작업으로서, 특별히 세척이 곤란한 지역 또는 특별한 세척이 필요한 경우에는 품을 50%까지 추가로 계상할 수 있다.

〈표 5.7-13〉 실내식물 - 관수 및 폐수처리 [조경공사 적산기준] (m^2 당)

구 분		단위	보통 인부	비 고
관 수	자동 관수	인	0.0006	1회 기준
	호스 관수	인	0.0035	1회 기준
	물통 관수	인	0.023	1회 기준
폐 수 처 리		인	0.017	배수구가 없는 경우
기계실 관리		인/회	0.200	자동관수 및 기타

[주] 1. 전체 면적 대비 교목성 수목이 m^2당 1~2주의 기준이며, 교목이 비례보다 많을 경우에는 상기품의 30%까지 가산하고, 지피 및 초화류로만 구성되어 있을 경우에는 상기품의 30%를 감한다.
2. 관수시 m^2당 일반적인 1회 관수기준이며, 특별히 추가적인 관수 또는 수시관수가 필요할 경우에는 품을 30%까지 가감할 수 있다.
3. 관수에 필요한 잡재료비는 품의 5%를 가산한다.
4. 기계실 관리는 자동 관수시설의 구동에 적용하며, 특별히 실내식물의 유지관리가 필요한 경우에도 적용할 수 있다.

8 비탈면 보호공사

Landscape Architecture

8.1 개 요

비탈면 보호공사는 절토 및 성토 등에 의한 인공비탈면이나 침식 등에 의한 자연비탈면에 인공재료나 식물재료 등을 이용하여 지표면의 안정과 식물군락의 조성 등으로 경관보전을 도모하는 공사이다. 자연환경의 재생과 복원 측면으로 많은 공법 · 기술이 개발되고 있으나 공식적인 표준품셈 항목으로는 아직 미진한 실정이다.

그림 5.8-1 비탈면 종자살포공사

8.2 공사의 종류

비탈면 보호공사는 구조물 보호공사와 식생 보호공사로 구분할 수 있다.

구조물 보호공사는 인공 또는 자연구조물 설치로 비탈면을 보호하는 공사로서 과거에 일반적으로 많이 시행하던 공법이다. 구조물 보호공사는 프리캐스트 콘크리트 블록 설치, 지압판블록(2020년 합성수지 법면보호블록 삭제 후 신설하였다) 설치, 비탈면 보강공, 보강토 옹벽, 돌망태 설치 등이 있으며, 암반이 안정적이어서 노출 마감할 때 시행하는 암반청소가 있다.

토목공사에서 주로 시행하는 구조물 보호공사인 비탈면 보강 및 점검로는 [토목품셈 3-5-5(비탈면 보강공)], [공통품셈 3-9-3(비탈면 점검로 설치)]를 참고 적용한다. 부대공사로 낙석방지망 설치 및 비탈면 점검로 설치 등이 있다.

식생 보호공사는 일반 식생 형태의 지피식재공사인 잔디, 종자판 붙임공, 종자살포공, 거적 덮기 등이 있으며, 비탈면의 식생보호공사인 천연섬유 사면 보호공, 암절개면 보호 식재공, 섬유대 호안공이 있다. 식생 보호공사는 생태측면이 부각되면서 많이 조성되고 있으며, 불가피하게 구조물 보호공사를 시행하는 경우에도 부가적으로 식생을 첨가하는 등 최근에는 생태측면이 더욱 중요하게 취급되고 있다.

이와 다른 방법으로 수직 또는 수직에 가까운 구조물 녹화 방법 또한 생태적 측면이 부각되면서 새로운 녹화방법으로 적용되고 있다.

8.3 품셈의 적용

1) 적용 범위

비탈면 보호공은 현장조건에 적합한 안전한 구조 비탈면을 조성하는 방법을 채택하고 비탈면의 수량을 산출한다. 도면상 평면적으로 산출할 경우 면적이 상이할 수 있으므로 필히 평면적에 기울기를 적용하고, 비탈면이 굴곡형인 경우 반드시 보정률을 적용하여야 한다.

2) 품셈 기준

① 구조물 보호공사

㉠ 프리캐스트 콘크리트 블록은 [공통품셈 3-5-1(프리캐스트 콘크리트 블록 설치)]에 의하여 다음과 같이 적용한다.

〈표 5.8-1〉 프리캐스트 콘크리트 블록설치 [공통품셈] (10m² 당)

시공 구분	운반방법 (조건)	비탈경사	특별인부 (인)	보통인부 (인)	크레인 (타이어) (hr)
인력	블록 중량이 50kg/개 미만으로서 평균 비탈 길이가 15m 이하인 경우	1:1.5 이상 1:1.0~1:1.5 미만 1:1.0 미만	0.85 0.94 1.03	0.99 1.10 1.21	– – –
기계	블록 중량이 50kg/개 이상인 경우 또는 50kg/개 미만에도 평균 비탈 길이가 15m를 초과하는 경우	1:1.5 이상 1:1.0~1:1.5 미만 1:1.0 미만	0.75 0.83 0.91	0.84 0.93 1.02	0.9 0.9 0.9

[주] 1. 본 품은 비탈면 보호를 위해 프리캐스트 콘크리트 블록을 이용하여 비탈틀을 설치하는 품이다.
2. 본 품은 소운반이 포함된 것이며, 속채움이 필요한 경우 품은 별도 계상한다.
3. 비탈틀을 고정하기 위한 유항(留杭)을 설치하는 경우는 보통인부 0.4인/10본당을 계상할 수 있다.
4. 본 품의 크레인(타이어) 규격기준은 15Ton이며, 시공 범위는 수직고 20m 이하를 기준한 것이므로 시공 범위를 초과할 때에는 달기중량, 작업반경 등에 따라 적합한 기종을 선정한다.

㉡ 2020년 신설 지압판블록은 [공통품셈 3-5-2(지압판블록 설치)]를 다음과 같이 적용한다. 유지보수편 [공통품셈 3-9-2(지압판블록 설치)]도 있으나 품이 상이하므로 유지보수시 또는 작업에 영향을 받는 비탈면 보강공사에 적용한다.

〈표 5.8-2〉 지압판블록 설치 [공통품셈] (개소 당)

구 분	규 격	단위	수 량
중급기술자		인	0.09
보링공		인	0.09
특별인부		인	0.18
보통인부		인	0.18
크레인		hr	0.73
고소작업차	5ton	hr	0.73
강연선 인장기	60ton	hr	0.55

[주] 1. 본 품은 비탈면에 앵커를 사용한 프리캐스트 콘크리트 블록(2ton 이하) 설치 기준이다.
2. 본 품은 비탈경사 1:1.5 이하, 수직고 30m까지 기준이다.
3. 본 품은 블록 인양 및 설치, 지압판 및 웨지 조립, 인장 작업을 포함한다.
4. 장비의 규격은 작업여건(작업범위, 위치 등)을 고려하여 변경할 수 있다.
5. 공구손료 및 경장비(절단기, 발전기 등)의 기계경비는 인력품의 6%로 계상한다.

㉢ 보강토 옹벽은 [공통품셈 3-6(보강토 옹벽)]의 패널설치, 블록설치, 버팀목 설치·해체에 의하여 다음과 같이 적용한다. 보강토옹벽 설치 후 뒤채움 및 다짐은 [공통품셈 3-6-4(뒤채움 및 다짐)]인 〈표 5.2-17〉을 적용한다.

〈표 5.8-3〉 보강토옹벽 _ 패널 설치 [공통품셈] (m^2 당)

구 분	규 격	단위	수 량
특 별 인 부		인	0.10
보 통 인 부		인	0.06
철 근 공		인	0.03
형 틀 목 공		인	0.04
크 레 인	10ton	hr	0.20

[주] 1. 본 품은 보강재(그리드)를 사용한 패널식 옹벽(1.5m×1.5m) 설치 기준이다.
2. 본 품은 패널 설치, 보강재 설치, 빗장고리 설치, 수평 및 수직채움재, 앵커철근 설치, 마감면 정리 작업을 포함한다.
3. 터파기 및 기초콘크리트 타설은 별도 계상한다.
4. 트럭이 필요한 경우 별도 계상한다.
5. 재료량(패널, 보강재, 빗장고리, 수평채움재, 수직채움재, 앵커철근)은 설계 수량에 따른다.

〈표 5.8-4〉 보강토옹벽 _ 블록 설치 [공통품셈] (m^2 당)

구 분	규 격	단위	수 량
특 별 인 부		인	0.21
보 통 인 부		인	0.09
크 레 인	10ton	hr	0.50

[주] 1. 본 품은 보강재(그리드)를 사용한 블록식 옹벽 설치 기준이다.
2. 본 품은 블록(기초블록, 마감블록 등) 설치, 유공관 및 보강재 설치를 포함한다.
3. 터파기 및 기초콘크리트 타설은 별도 계상한다.
4. 재료량(블록, 보강재, 쇄석, 유공관)은 설계 수량에 따른다.

〈표 5.8-5〉 보강토옹벽 _ 버팀목 설치 · 해체 [공통품셈] (m 당)

구 분	단위	수 량
형 틀 목 공	인	0.06
보 통 인 부	인	0.03

[주] 1. 본 품은 패널식 옹벽 하부에 지지하기 위한 버팀목 설치 및 해체 기준이다.
2. 본 품은 버팀목 제작 및 설치, 해체 작업을 포함한다.
3. 공구손료 및 경장비(절단기 등)의 기계경비는 인력품의 1%를 계상한다.
4. 재료량은 다음을 참고하여 적용한다.
• 각재(10cm×10cm) : 0.036(m^3)
※ 잡재료비는 주재료(각재)비의 2%로 계상한다.

㉣ 사면을 보호하기 위한 사면보호용 블록 설치는 하천 호안블록 설치품인 [토목품셈 2-3-2(블록붙이기-인력)]과 [토목품셈 2-3-3(블록붙이기-기계)]에 의하여 다음과 같이 준용한다.

〈표 5.8-6〉 블록 붙이기(인력) [토목품셈]

(m^2 당)

구 분	규 격	단위	수 량
특 별 인 부		인	0.076
보 통 인 부		인	0.066

[주] 1. 본 품은 하천제방에 인력으로 호안블록을 설치하는 기준이다.
2. 본 품은 호안블록 설치, 철물 연결 작업이 포함된 것이다.
3. 비탈면 고르기, 흙 채움 및 잔디심기가 필요한 경우에는 별도 계상한다.

〈표 5.8-7〉 블록 붙이기(기계) [토목품셈]

(m^2 당)

구 분	규 격	단위	수 량
특 별 인 부		인	0.017
보 통 인 부		인	0.007
크 레 인	10ton	hr	0.048

[주] 1. 본 품은 하천제방에 장비를 사용하여 호안블록을 설치하는 기준이다.
2. 본 품은 호안블록 설치, 철물 연결 작업이 포함된 것이다.
3. 비탈면 고르기, 흙 채움 및 잔디심기가 필요한 경우에는 별도 계상한다.
4. 현장여건에 따라 크레인을 굴삭기(규격 0.2m^3, 사용시간 0.063hr)로 적용할 수 있다.

㉤ 조경공사에서 첨경용으로 사용하는 매트리스형 돌망태, 돌망태형 옹벽(Gabion)은 [토목품셈 2-2-2(매트리스형 돌망태 설치)], [토목품셈 2-2-3(돌망태형 옹벽 설치)]에 의하여 다음과 같이 적용한다.
토목공사에서 주로 시공하는 사석 부설, 고르기는 [토목품셈 2-1-1(사석부설)], [토목품셈 2-1-2(사석고르기)]를, 돌망태는 [토목품셈 2-2-1(타원형 돌망태 설치)]를 참고 적용한다.

〈표 5.8-8〉 매트리스형 돌망태 설치 [토목품셈]

(m^2 당)

구 분	규 격	단위	수 량
석 공		인	0.027
특 별 인 부		인	0.010
보 통 인 부		인	0.010
굴 삭 기	1.0m^3	hr	0.025

[주] 1. 본 품은 매트리스형 돌망태(폭 200cm, 높이 30cm)를 설치하는 기준이다.
2. 본 품은 망태 조립 및 설치, 망태석 채움, 덮개 조립 작업이 포함된 것이다.
3. 필터매트 설치는 [공통품셈 5-2-1(매트부설)]을 따른다.

〈표 5.8-9〉 돌망태형 옹벽 설치 [토목품셈]

(m^3 당)

구 분	규 격	단위	수 량
석 공		인	0.190
특 별 인 부		인	0.134
보 통 인 부		인	0.117
굴 삭 기	0.6m^3	hr	0.281

[주] 1. 본 품은 높이 5m이하의 돌망태옹벽(Gabion 철망태)을 설치하는 기준이다.
2. 철망태의 조립 및 설치, 망태석 채움, 덮개조립 작업을 포함한다.
3. 터파기 및 지반고르기는 별도 계상한다.
4. 필터매트를 설치할 경우 [공통품셈 5-2-1(매트부설)]을 따른다.

② 식생 보호공사

㉠ 천연섬유 사면보호는 [공통품셈 3-5-3(천연섬유 사면보호공 설치)], 식생매트는 [토목품셈 2-3-1(식생매트 설치)]에 의하여 다음과 같이 적용한다.

〈표 5.8-10〉 천연섬유 사면보호공 설치 [공통품셈] (10m² 당)

구 분	단위	수 량
특 별 인 부	인	0.08
보 통 인 부	인	0.12

[주] 1. 본 품은 토공사면(비탈경사 1:1.0~1.5)에 천연섬유매트 설치 기준이다.
2. 본 품은 비탈경사 1:1.0~1:1.5 이하, 높이 30m 기준이다.
3. 본 품은 인력 흙고르기, 매트깔기 작업을 포함한다.
4. 비탈면 고르기는 별도 계상한다.

〈표 5.8-11〉 식생매트 [토목품셈] (m² 당)

구 분	규 격	단위	수 량	
			식생매트 설치	복 토
특 별 인 부		인	0.014	–
보 통 인 부		인	0.003	0.005
굴 삭 기	0.6 m³	hr	–	0.031

[주] 1. 본 품은 호안 등 사면에 식생매트를 설치하는 기준이다.
2. 인력 흙고르기, 식생매트 깔기, 복토 작업을 포함한다.
3. 매트부설 이외 기타 공종(종자살포, 잔디심기, 관수, 시비 등)은 별도 계상한다.

㉡ 암절개면 보호식재공은 [공통품셈 3-5-4(절토사면 녹화)]의 부착망 설치, 식생기반재 뿜어붙이기의 기계기구 설치 및 해체, 뿜어붙이기로 구분하여 다음과 같이 적용한다. 과거 녹생토로 불렸으나 1998년 특허 해제로 현재 많은 상품이 시공되므로 제품별 특성을 명확히 분석한 후 적용한다.

〈표 5.8-12〉 절토사면 녹화 _ 부착망 설치 [공통품셈] (10m² 당)

구 분	규 격	단위	수량 (뿜어붙이기 두께)	
			T10cm이하	T15cm
특 별 인 부		인	0.27	0.31
보 통 인 부		인	0.07	0.09
발 전 기	50kW	hr	0.23	0.31
크 레 인	5ton	hr	0.05	0.05
비 고	– 수직고 20m 이상인 경우 인력품에 다음 할증률을 가산한다. • 수직고 20~30m : 20% • 수직고 30~50m : 30% • 수직고 50m 이상 : 40%			

[주] 1. 본 품은 절토면의 식생기반제 뿜어붙이기를 위한 부착망 설치작업으로 철망(PVC코팅) 설치 기준이다.
2. 본 품은 부착망 펼치기, 앵커핀 및 착지핀 설치, 정리작업을 포함한다.
3. 면고르기가 필요할 경우 별도 계상한다.
4. 공구손료 및 경장비의 기계경비는 인력품의 2.5%를 계상한다.
5. 잡재료비는 재료비의 3%를 계상한다.

※ 재료량은 다음을 참고 적용한다. (재료 할증량은 포함되어 있다)
- 앵커핀(ϕ16×0.5m) : T10㎝ 이하=2.3(개), T15㎝=4.6(개)
- 착지핀(ϕ16×0.35m) : T10㎝ 이하=5.0(개), T15㎝=5.0(개)
- 부착망(ϕ3.2×58×58 PVC코팅) : T10㎝ 이하=13(개), T15㎝=13(개)
- 철선(#8 PVC코팅) : T10㎝ 이하=13(m), T15㎝=17(m)

〈표 5.8-13〉 절토사면 녹화 _ 기계기구 설치 및 해체 [공통품셈]

(회 당)

구 분	규 격	단위	수 량
특 별 인 부		인	2.00
보 통 인 부		인	0.50
크 레 인	5ton	hr	4.00

[주] 1. 본 품은 식생기반재 뿜어붙이기 작업을 위한 기계기구 설치작업 기준이다.
2. 본 품은 장비세팅, 배관연결, 시험운전, 작업 후 해체정리 작업을 포함한다.

〈표 5.8-14〉 절토사면 녹화 _ 식생기반재 뿜어붙이기 [공통품셈]

(10m² 당)

구 분	규 격	단위	수량 (뿜어붙이기 두께)			
			5cm	7cm	10cm	15cm
조 경 공		인	0.04	0.05	0.07	0.10
기 계 설 비 공		인	0.04	0.05	0.07	0.10
특 별 인 부		인	0.08	0.10	0.14	0.19
보 통 인 부		인	0.07	0.09	0.12	0.18
취부기(녹생토)	18.65kW	hr	0.28	0.36	0.51	0.75
공 기 압 축 기	21m³/min	hr	0.28	0.36	0.51	0.75
발 전 기	50kW	hr	0.28	0.36	0.51	0.75
트럭탑재형 크레인	5ton	hr	0.28	0.36	0.51	0.75
물 탱 크	5500ℓ	hr	0.28	0.36	0.51	0.75
덤 프 트 럭	6ton	hr	0.28	0.36	0.51	0.75
비 고	- 수직고 20m 이상인 경우 인력품에 다음 할증률을 가산한다. • 수직고 20~30m : 20% • 수직고 30~50m : 30% • 수직고 50m 이상 : 40%					

[주] 1. 본 품은 식생기반재와 종자를 혼합하여 비탈면에 뿜어붙이는 기준이며, 비탈면 녹화를 위한 유사공법에 적용할 수 있다.
2. 재료량은 각 공법의 설계기준에 따라 계상하며, 잡재료비는 재료비의 3%로 계상한다.
3. 공구손료 및 경장비의 기계경비는 인력품의 2%로 계상한다.

㉢ 기타 : 기타 녹화방법으로 [제6절 지피식재공사] 등의 다양한 녹화방법이 있으며, 식생이 활착할 수 있는 다양한 공법이 개발·시공되고 있다.

③ 벽면녹화

벽면녹화는 건축물의 외관, 옹벽, 시설물, 기타 구조물 등에 다양하게 시행되고 있다. 벽면의 녹화공법은 당김줄형, 격자형, 복합형 등이 있으며 벽면녹화는 반드시 관수시스템이 고려되어야 한다.

벽면녹화 항목으로 표준품셈에서 규정된 내용은 없으므로 [조경공사 적산기준] 또는 업체별 공표품을 참고한다.

그림 5.8-2 격자메시형 벽면녹화

9 생태 복원공사

Landscape Architecture

9.1 개 요

생태복원공사란 생태도시, 생태마을, 생태공원 및 기타 지역에 친환경기술을 적용하여 인공구역에서 자연형으로의 복원이 필요한 공간을 대상으로 하천, 수로, 인공호, 습지, 못, 여울, 도로(변), 산림, 숲, 등산로 등을 복원하는 공사이다.

생태복원은 품셈의 한계성으로 별도 기준이 없으며 [조경공사 적산기준]도 생태복원 공사의 일반적 기준만을 제시하므로 일반공사는 해당 공종을 참고하고, 여기에서는 생태 호안과 생태시설만 기술한다.

9.2 생태 호안

과거 우리의 기억 속에 존재하는 자연형 하천이 이상적인 생태호안으로, 토사 퇴적과 제방 설치 등으로 인한 삭막함을 식물로 완화하여 자연과의 조화를 도모하고자 할 때 적용한다. 물이 강하게 충돌하는 수충구는 굴곡이 풍부한 형태로 조성하고, 기초 보호 및 사면 피복이 가능하도록 계획한다. 호안의 조성이나 시공방법은 [조경설계기준] 및 도서에 의하며, 설계도서에 의하여 수량을 산출한다.

1) 식생 호안

식생호안은 조성 후의 사면 안정과 식물의 선정에 각별히 주의하여야 한다. 특히 하천법 개정 후 수목 식재로 인한 하천생태 변화의 지속적인 모니터링과 관리가 필요하다.

2) 식생시설 호안

생태호안의 식생용 시설에는 많은 종류가 있으며, 여러 가지 조합이 가능하다. 일반적으로 생태호안 수충구는 식생호안, 식생방틀+코이어롤, 식생방틀+조경석, 삼각방틀을 사용하며, 직선부는 코이어롤, 조경석+코이어롤을 사용한다. 사주부와 습지부는 포트코이어롤+욋가지, 포트코이어롤+코이어네트, 3단코이어롤+코이어네트 등을 사용하고, 기단부는 나무말뚝박기, 자연석쌓기, 돌망태놓기, 야자섬유말이, 목재방틀을 사용하며, 비탈바닥은 식생호안, 욋가지덮기, 갈대매트심기 등이 사용된다.

생태호안은 제작된 식생방틀·삼각방틀을 지반에 연결재로 고정한 후 조립된 방틀을 설치하고, 인위적인 힘에 의해 돌이 이탈하지 않도록 견고하게 잡석을 채운 뒤 복토를 실시한다. 석재는 크고 작은 자연석이 조화되고 석재 노출면은 조경효과가 큰 면이 보이도록 설치하며, 자연재해에 유리할 수 있도록 서로 맞닿는 면이 맞물려지게 놓아야 한다. 말뚝 시공시 균열이나 부분 파손 등으로 손상된 말뚝은 제거하고, 코이어롤·사면안정용 매트 등을 설치한 후 해당 식물을 식재한다.

9.3 생태 시설

산업의 발달 및 토지개발과 인구증가로 인한 환경오염, 식수원 오염, 생태계 파괴가 현대사회의 심각한 문제로 부각되고 있다. 미국에 사무국이 있는 「생태복원학회(SER)」에서는 생태복원을 "인간에 의하여 고유 생태계의 다양성과 동태에 가해진 피해를 수리하는 과정"으로 정의하고 있다. 이 정의에서 보이듯 생태복원은 하나의 과정으로서 모니터링을 통한 순응적 관리가 필요하다.

생태복원은 물, 산림, 기후변화, 생물의 다양성 등과 같은 환경문제와 직접적으로 깊은 관련이 있다. 습지를 포함하여 물이라는 자원은 환경에서 매우 중요하며, 산림 등 자연공간 또한 마찬가지이다. 생태·환경의 복원은 이러한 환경문제의 대응방안으로서 매우 유용하여 비점오염원관리, 생태공학적 기법 도입, 인공습지 개발 등으로 수질 개선, 동·식물의 서식처 제공 등 심미적·정서적 경관 창출이 가능하다.

1) 생태 연못

생태연못(둠벙)은 습지의 한 유형으로서 도시화로 훼손되거나 사라진 자연형 습지를 대신하여 다양한 생물종이 서식할 수 있도록 조성하는 공간이다. 생물서식처가 부족한 도시지역의 소규모 생물서식공간을 제공하는 생태연못은 생활 주변에서 자연을 접하며, 징검다리형 생태통로로서 도심 자연환경의 개선에도 일조할 수 있을 것이다. 생태연못의 유형, 저면처리 방법은 다음과 같다.

그림 5.9-1 생태연못 조성 사례

〈표 5.9-1〉 생태연못의 유형 [2010년 조경공사 적산기준]

대분류	소분류	특징
규 모	소규모 생태연못	학교 교정 등에 작고 간단하게 조성할 수 있는 생태연못으로서 주로 식물과 곤충, 어류의 서식을 목적으로 조성
	중규모 생태연못	학교나 주거단지 등에 조성할 수 있으며 식물, 곤충, 어류와 함께 양서류, 조류 등의 서식처를 제공
	대규모 생태연못	다양한 서식처를 제공하여 보다 많은 생물들이 서식할 수 있는 생태연못으로 포유류의 서식도 가능할 수 있는 등 다양한 기능을 수행
위 치	녹지가 풍부한 곳의 생태연못	녹지가 풍부한 곳의 생태연못은 작은 면적에서 부터 큰 면적에 이르기까지 다양하게 조성할 수 있으며, 주변 녹지와의 연결성 확보가 필요함
	녹지가 거의 없는 외딴곳의 생태연못	멀리 떨어져 있는 서식처와의 연결성을 증대하는 징검다리 역할을 수행할 수 있도록 생태연못을 큰 면적으로 조성함이 바람직함
	습지, 강/하천의 생태연못	수변의 생태연못은 가능한 한 육상생태계 면적을 많이 확보하여 수변에 서식하는 생물들이 휴식할 수 있는 공간의 다수 조성이 필요
목표종	잠자리 생태연못	적정한 수면적과 수초, 횃대 등이 다수 필요
	개구리 생태연못	개구리가 산란, 서식, 동면할 다양한 환경과 사람의 간섭을 최소화
	곤충 생태연못	화본과, 현화식물과 더불어 다양한 다공질 공간(돌, 나무 등)을 조성
	조류 생태연못	조류의 휴식공간과 식이식물을 다수 식재하고, 사람의 간섭을 최소화

[자료] 서울대학교, 「도시에 자연을 불러오기 위한 생태연못 조성 길라잡이」 2001.

〈표 5.9-2〉 생태연못과 인공습지의 저면처리방법 [2010년 조경공사 적산기준]

구 분	점토다짐	지오멤브레인 차수재			흙+벤토나이트 다짐	벤토나이트 MAT
		EVA	EPDM	HDPE		
시공방법	포설면 다짐 정리 → 양질 점토 포설 후 재다짐	포설면 다짐 정리 → 부직포 깔기 → 7~8cm 정도의 겹침에 가열 용접하는 방식으로 시트 부설 → 토사 피복			포설면 다짐 정리 → 흙과 벤토나이트 혼합·포설 및 다짐 → 토사 피복마감	포설면 다짐 정리 → 벤토나이트 매트 포설 → 토사 피복마감
특 성	자연재료를 이용하므로 가장 환경 친화적임.	주문생산가능, 신장률, 재단, 설치가 양호, 유기질, pH, 염분, 자외선 영향이 적음.	주문생산가능, 신장률, 재단, 설치가 양호, 유기질, pH, 염분, 자외선 영향이 적음.	공장생산품이므로 다양한 시공 형태로의 재단과 설치가 용이.	팽창성, 밀봉력 우수, 자연재료로서 환경친화적임.	흙+벤토나이트의 단점 보완제품. 간편한 시공과 균등 방수 효과가 우수.
장 점	가장 환경친화적이며 반영구적임.	작업 용이 및 동·식물·환경에 무해함.	곡선시공용이 및 작업용이, 동·식물·환경에 무해함.	구득 용이 및 시공비 저렴.	내구성, 자연친화성 우수, 환경에 무해, 하자보수용이.	시공성이 우수하고 동·식물·환경에 무해함.
단 점	대량구입곤란. 투수계수 높음. 탁도가 높음. 공사비고가임.	곡선시공불리. 내구성이 가장 낮음.	타자재 대비 고가임. 내구성이 비교적 낮음.	자외선에 노출시 파손됨. 내구성이 비교적 낮음.	벤토나이트의 품질에 따라 효과가 다를 수 있음.	하자보수가 어려움.
비 고	인공호수에는 시공 사례가 없음.	매립지용, 일산호수공원에 시공됨.	인공호수 및 저수지용으로 사용중.	소규모의 보편화 시공법.	대규모에 유리한 자연친화적 시공법.	건축, 토목의 구조체 방수에 양호.

2) 인공 습지

인공습지는 기존의 일반적인 습지가 가진 기능인 수질환경적 기능, 자연생태적 기능, 재난방제 기능을 수행하도록 조성하는 인위적인 습지로서 늪, 소택지, 습윤 초지, 하천을 따라 광범위하게 형성되는 습윤환경을 의미한다. 인공습지 내의 수리학적 특징은 유체의 흐름이 매우 느리고 저수위가 유지되므로 오염된 물이 습지를 통과하며 유기 및 무기성 고형물이 침강하여 자정된다는 것이다.

인공습지의 주요 구성요소는 식물 · 토양 · 수문이며 그 외에 수질정화의 기능을 수행하는 미생물과 소형 동물이 포함되어 침전 · 흡착 · 응집 · 분해 · 흡수 등의 복잡한 정화기능이 수행된다.

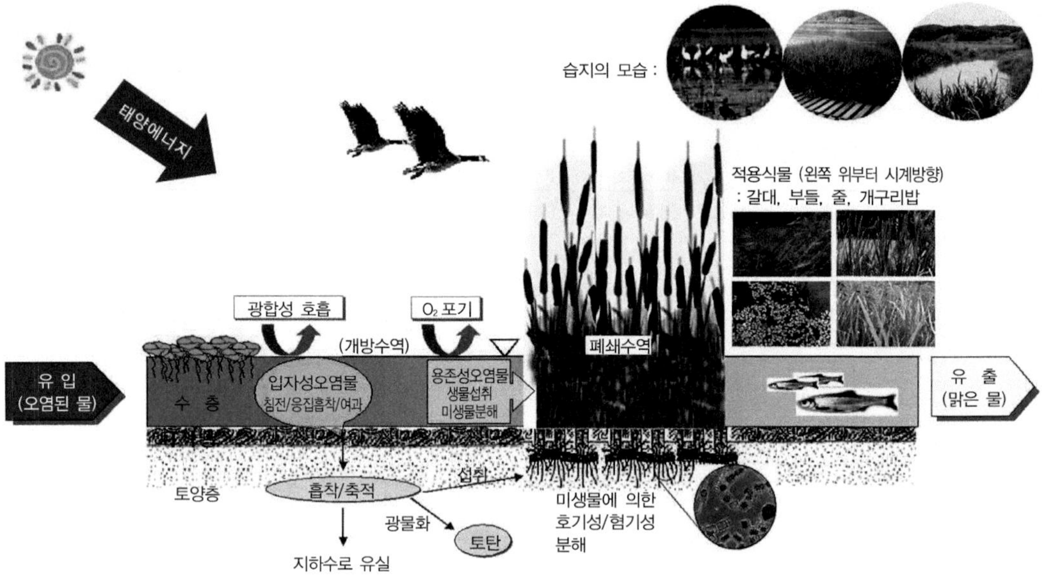

그림 5.9-2 인공습지 구성

① 인공습지의 종류

인공습지는 지표흐름형과 지하흐름형의 두 가지로 구분할 수 있다.

㉠ **지표흐름형** : 지표흐름형(Free Water Surface Flow System, FWS)은 유입수가 대부분 토양층의 상부를 흐르면서 오염원을 정화하는 시스템이다. 주로 북미 등에서 많이 사용하는 방법이다.

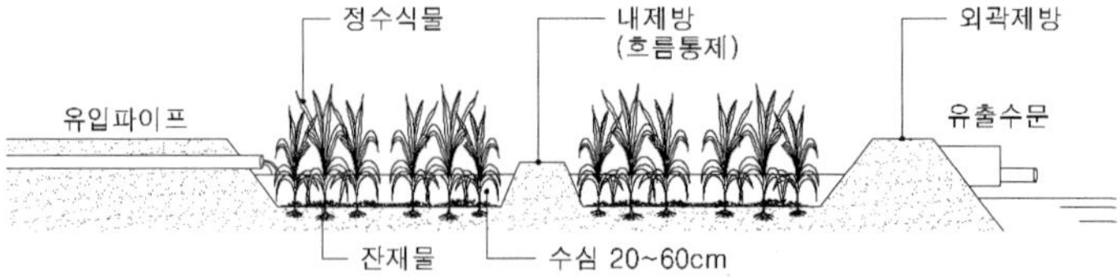

그림 5.9-3 지표흐름형 인공습지

㉡ **지하흐름형** : 지하흐름형(Subsurface Flow System, SFS)은 유입수가 여러 가지 크기의 자갈, 쇄석, 토양으로 이루어진 하부층으로 전부 흘러들어 표면의 흐름을 볼 수 없는 시스템이다. 주로 유럽 등에서 많이 사용하고 있는 방법이다.

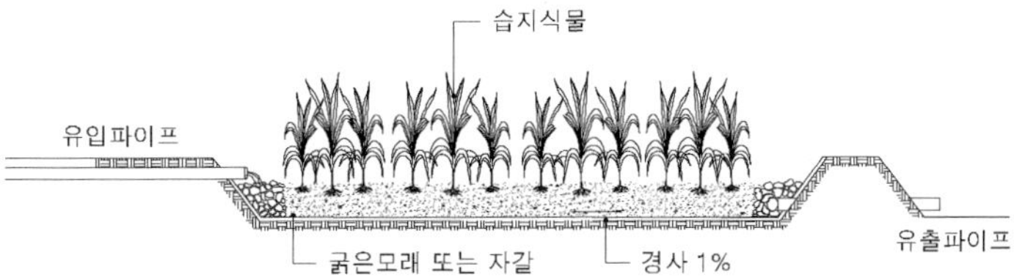

그림 5.9-4 지하흐름형 인공습지

② 인공습지의 조성 사례

유입 오염원의 저감시설은 미생물 접촉 침강지 ➜ 지표흐름 습지 ➜ 지하흐름 습지 순으로 조성하여 오염원을 저감할 수 있다.

미생물 접촉 침강지(침강지 ➜ 붓꽃 ➜ 창포습지)는 수생식물의 뿌리를 접촉여재로 미생물, 질소, 인 및 입자성 유입 오염물을 침강 제거하며, 수생식물로서 영양염류를 흡수 제거하는 기능을 수행한다.

그림 5.9-5 인공습지의 사례 (신정호)

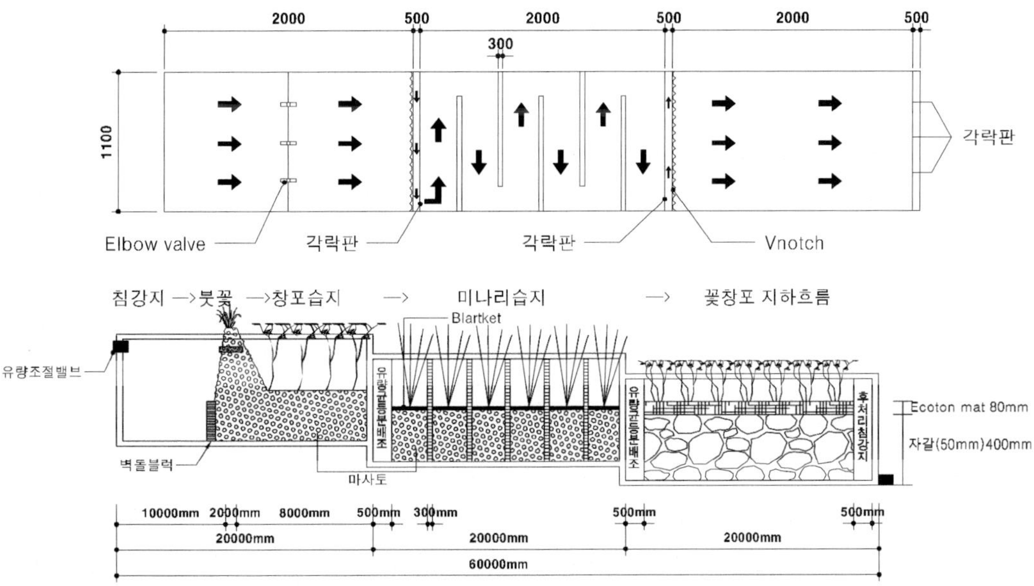

그림 5.9-6 유입오염 저감시설의 사례 (신정호)

지표흐름 습지(미나리 습지)는 수생식물에 의한 유기물, 질소, 인 등을 제거하는 구간으로서 유입수의 농도 변화 및 경관성을 고려하여 갈대, 노랑꽃창포, 꽃창포, 줄, 부들, 미나리 등을 식재한다.

지하흐름 습지(꽃창포 지하흐름)는 자갈층에 지하흐름을 유도하여 수생식물 오염물의 흡수, 자갈층에 의한 여과, 부착미생물에 의한 오염물 분해를 동시에 수행한다.

3) 비점오염 저감시설

오염원은 점오염원(Point Source)과 비점오염원(Nonpoint Source)으로 구분되며, 점오염원이란 대기오염 물질이나 산업폐수 등을 배출하는 공장처럼 일정한 위치에 있는 것을 말한다.

비점오염원이란 생활하수와 같은 점오염원과 달리 넓은 면적에 분포하는 오염원으로 도시, 농경지, 산림, 도로, 건축시설지, 초지, 하상퇴적물 등이 대표적이다. 비점오염원은 토지이용의 고도화로 발생량이 급증하였으며, 토지 불투수층 비율이 증가하여 비점오염 배출이 급증하였다.

① 관리의 필요성

산업화에 따른 토지이용 고도화로 비점오염 물질이 지속적으로 증가하였으나 점오염원 위주의 수질정책(하수처리장 및 하수관거 정비)으로 폭넓게 분포하는 비점오염원에 대한 관리의 필요성이 대두되었다. 또한 비점오염원은 특성상 저감시설의 설치 효과가 장기간이 필요하며, 시설 설치기준 및 관련연구가 미흡하지만 장·단기적인 관리 대책의 수립이 필요하다.

② 관리의 근거

㉠ **물환경보전법(구, 수질 및 수생태계 보전에 관한 법률, 2020년 5월 26일 개정)** : 1990년 8월 1일 법률 제4260호 제정되고, 지속 개정되고 있다. 국가 및 지자체에 관리책무가 부과되고 비점오염의 관리 근거가 규정되었으며, 권역별 관리계획에 포함된 예산의 지원 및 관리지역 지정제도가 도입되어 개발사업 및 사업장 관리가 수행되어야 한다.

㉡ **시행령·시행규칙안 마련(2019년 10월 15일 개정)** : 법 개정으로 부가 개정되었으며 법의 개정으로 지속 개정되고 있다. 주요내용은 신규 개발사업 및 사업장에 대하여 신고·방지시설 설치가 의무화되었다. 개발사업 중에서 도시개발·산업단지조성 등 환경영향평가대상 14개 사업과 제철, 섬유염색, 고무 등 부지면적 1만m^2 이상 12개 업종 사업장은 의무로 설치하여야 한다.

③ 특성, 종류, 설계기준

〈표 5.9-3〉 비점오염 저감시설의 특성

구 분	자 연 형	장 치 형
처 리 효 율	침전, 여과 등 물리적인 작용과 식물에 의한 흡수, 부착, 미생물 분해 등의 복합작용으로 제거 효율이 우수하다.	침전 및 여과작용으로 오염물을 제거하여 입자성 오염물질만 제거되므로 오염물질의 성상이 처리효율을 좌우한다.
시 설 규 모	적정 체류시간의 유지로 장치형에 비하여 다소 커진다.	물리적 처리방법으로 자연형에 비하여 조밀하다.
설 치 위 치	식생의 활착을 위하여 상부가 노출되어야 한다.	지하구조물로 설치할 수 있다.
경 관	수생식물의 식재로 경관이 우수하여 꽃밭과 같은 이미지가 연출된다.	인위적 구조물이므로 경관이 자연적이지 못하다.
생태적 효과	습지 형태이므로 수서곤충, 양서류, 파충류, 새 등의 서식처가 된다.	생태적 효과는 없다.
유 지 관 리	자연적 처리방법으로서 유지관리가 간단하다.	여재의 교체 등 유지관리가 번거롭다. 유지관리 미비시 처리효율이 급감한다.
시 설 비	장치형에 비해 매우 저렴하다.	복잡한 구조로 설치비가 매우 고가이다.
유 지 관 리 비	동력 사용이 없고, 식물이 자연생장하여 유지관리가 매우 경제적이다.	침전물질 인발, 여재 교체 등이 빈번하여 유지관리비가 매우 고가이다.

〈표 5.9-4〉 비점오염 저감시설의 종류

시 설 명		정 화 원 리	용 도
자연형	저 류 지	소규모 저수지 조성 (홍수유량 조절 가능)	농경배수지, 산업단지
	식생정화수로	수로에 식생조성으로 여과, 침전, 침투작용	도로, 건물, 농경배수
	인 공 습 지	자연습지의 원리를 이용한 오염된 물의 저류	경관의 다양한 활용
	식생 여과대	일정한 폭(10~20m)의 식생대 조성으로 하천 유역에서 유입되는 오염물질을 저감	도로, 산림지역, 농경지 등의 유역권
	침 투 도 랑	도랑을 판 후 자갈, 모래 등의 여재로 채움	협소부지의 침투성 높은 토양지역
	침투형 저류지	저류지와 같은 형태+바닥의 침투기능 침투기능으로 질소와 인의 추가 처리 가능	충분한 부지+침투성이 높은 토양지역
장치형	장치형 시설	시설부지가 적은 지역에서 정화시설물 이용	도시지역, 도로
기 타	장치형+저류지	장치형 시설+저류지 저류지의 면적을 줄일 수 있는 장점이 있음	소규모 저류지에 사용 다양한 조합가능

〈표 5.9-5〉 비점오염 저감시설 설계기준 [비점오염원 설치신고 업무처리지침]

자연형 시설	장치형 시설
• 주요 비점오염원 물질이 배출되는 토지 이용 면적을 대상으로 함 • 초기 강우량을 누적 유출고로 환산하여 최소 5mm 이상으로 설계 • V=5mm×A/1000 V : 처리대상 강우유출량(m^3) A : 처리대상 면적(m^2)	• 해당지역에서 표본 추출된 강우 자료가 전체 강우상의 확률빈도 80%에 해당하는 강우강도일 때를 최소기준으로 설계 • Q=1/360 · C · I · A Q : 계획 우수유출량(m^3/초) C : 유출계수 I : 유달시간(t) 내의 평균강우강도(5mm/hr 이상) A : 처리대상 면적(ha)

4) 인공 식물섬

호수 수면에 수생식물이 생장가능한 부유식의 인공 식물섬을 조성하여 생태계 복원, 수질개선 및 경관을 창출하는 방법이다.

인공 식물섬은 식재한 수생식물과 천이된 식물의 자연생장으로 수면 위에는 새로운 육상생태계가 어우러지고 수중에는 식물의 뿌리에 의한 수생생태계가 형성되어 어류의 산란·휴식처와 야생조류의 서식·휴식처 역할을 수행한다. 상부 육상생태계인 수생식물은 그 자체로 오염물질을 흡수·제거하지만 수중에 발달된 식물 뿌리와 공생하는 미생물에 의하여 추가로 오염물질의 분해가 가능하다.

또한 인공 식물섬은 주로 인공적으로 조성된 콘크리트 수로형 하천이나 호안의 혐오시설을 차폐하고 갈대, 꽃창포 등의 식물로 녹색공간의 자연친화적인 경관을 창출한다. 인공식물섬은 [(구) 건설신기술품셈 6-2]에 의하여 다음과 같이 적용한다.

그림 5.9-7 인공 식물섬 시공 직후

그림 5.9-8 인공 식물섬 시공 5년 후

〈표 5.9-6〉 인공식물섬 설치 [(구)건설신기술 품셈, 조경공사 적산기준] (개 당)

규 격	인공식물섬 (개)	설 치 품 (인)		
		작업반장	특별인부	보통인부
1 m²	1	0.10	0.10	0.20
2 m²	1	0.10	0.25	0.40
4 m²	1	0.10	0.45	0.60
8 m²	1	0.20	0.65	0.80
10 m²	1	0.20	0.85	1.00

[주] 본 표는 인공식물섬 설치품으로써 특수한 조건은 별도의 품을 적용할 수 있다.

〈표 5.9-7〉 인공식물섬 계류장치 [(구)건설신기술 품셈, 조경공사 적산기준] (개소 당)

구 분	와이어로프(m)		클립볼트(2개)		고정닻 (개)
	3.2	6.4	3.2	6.4	
수심 5m 이하	20	20	12	6	1
수심 5~10m	40	40	18	12	3
수심 10m 이상	80	80	22	14	4

[주] 1. 본 표는 인공식물섬 계류장치에 필요한 자재로서 일반적으로 사용하는 굵기를 나타내며, 와이어로프와 클립볼트는 스테인리스제(mm)로서 특수한 경우에는 현장여건에 따라 재료와 굵기를 조정한다.
2. 고정닻은 수심에 따라 5m 이하는 소형, 5~10m는 중형, 10m 이상은 대형을 사용한다.
3. 수심은 최대수심을 말하며, 최대수심에 비하여 일반수심이 현저히 낮을 경우는 자재를 조정할 수 있다.

〈표 5.9-8〉 인공식물섬 계류장치 설치 [(구)건설신기술 품셈, 조경공사 적산기준] (개소 당)

구 분	설 치 품 (인)			
	작업반장	특별인부	보통인부	잠수부
수심 5m 이하 (소형 고정닻)	0.2	0.3	0.5	–
수심 5~10m (중형 고정닻)	0.5	1.0	1.5	0.5
수심 10m 이상 (대형 고정닻)	1.0	1.0	3.0	1.0

[주] 1. 본 표는 인공식물섬 계류장치의 설치 품이다.
2. 수심은 최대수심을 말하며, 최대수심에 비하여 일반수심이 현저히 낮을 경우에는 조정할 수 있다.

5) 생태 통로

생물 이동을 위한 생태통로는 환경과 목표생물의 이동 습성에 적합하게 조성하는 생태시설로서 육교형과 박스형이 있다.

육교형 생태통로는 교량 등의 상부에 다층구조로 설치하므로 일반 녹지와 유사하다.

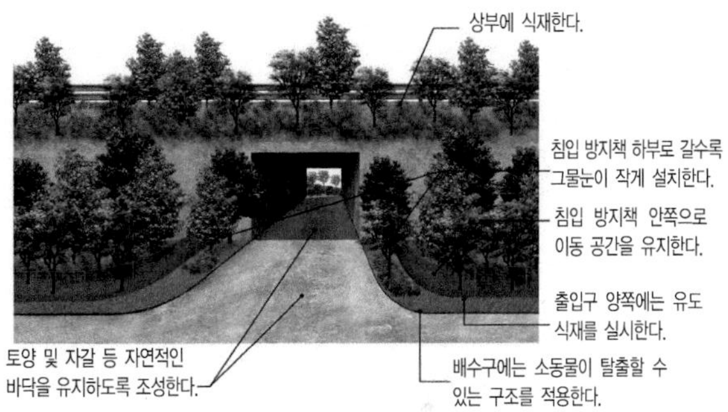

그림 5.9-9 박스형 통로의 기본구성

박스형 생태통로는 시종점부에 유도식재나 펜스설치로 동물이 원활하게 유입되도록 한다. 바닥 포장재료는 야생생물의 특성을 감안하여 수로 등 습한 곳과 건조한 지역을 동시에 확보한다.

생태통로 품셈은 식재 및 구조물 등을 참조 적용·준용하며, 자연환경보전법 시행규칙[시행 2019.12.20. 환경부령 제833호], '별표2, 생태통로의 설치기준(제28조 제2항 관련)'은 다음과 같다.

그림 5.9-10 박스형 통로 및 유도구조물 (양서류)

㉠ 설치지점은 현지조사를 실시하여 설치대상지역 중 야생동물의 이동이 빈번한 지역을 선정하되, 야생동물의 이동특성을 고려하여 설치지점을 적절하게 배분한다.

㉡ 생태통로를 이용하는 동물들이 통로에 접근할 때 불안감을 느끼지 아니하도록 생태통로 입구와 출구에는 원칙적으로 현지에 자생하는 종을 식수하며, 토양 역시 가능한 한 공사 중 발생한 절토(땅깎기공사로 발생한 흙)를 사용한다.

㉢ 생태통로 입구는 지형·지물이나 경관과 조화되게 설치하여 동물의 이동에 지장이 없도록 상부에 식생을 조성한다. 바닥은 자연상태와 유사하게 유지하도록 흙이나 자갈·낙엽 등을 덮는다.

㉣ 생태통로의 길이가 길수록 폭을 넓게 설치한다.

㉤ 장차 아교목층 및 교목층의 성장가능성을 고려하여 충분히 피복될 수 있도록 부엽토를 포함한 복토를 충분히 한다.

㉥ 생태통로 내부에는 다양한 수직적 구조를 가진 아교목·관목·초목 등으로 조성한다.

㉦ 이동 중 안전을 위하여 생태통로 내부에는 작은 동물이 쉽게 숨거나 그 내부에서 이동하기에 유리하도록 돌무더기나 고사목·그루터기·장작더미 등의 다양한 서식환경과 피난처를 설치한다.

㉧ 주변의 소음·불빛·오염물질 등 인위적 영향을 최소화하기 위하여 생태통로 양쪽에 차단벽을 설치하되, 목재와 같이 불빛의 반사가 적고 주변환경에 친화적인 소재를 사용한다.

㉨ 동물이 많이 횡단하는 지점에 동물들이 많이 출현하는 곳임을 알려 속도를 줄이거나 주의하도록 그 지역의 대표적인 동물 모습이 담겨 있는 동물출현표지판을 설치한다.

㉩ 생태통로 중 수계에 설치된 박스형 암거는 물을 싫어하는 동물도 이동할 수 있도록 양쪽에 선반형 또는 계단형의 구조물을 설치하며, 작은 배수로나 도랑을 설치한다.

㉪ 배수구 일부 지점에 경사가 완만한 탈출구를 설치하여 작은 동물의 이동이 용이하도록 하고, 미끄럽지 아니한 재질을 사용한다.

㉫ 야생동물을 생태통로로 유도하여 도로로 침입하는 것을 방지하기 위하여 충분한 길이의 울타리를 도로 양쪽에 설치한다.

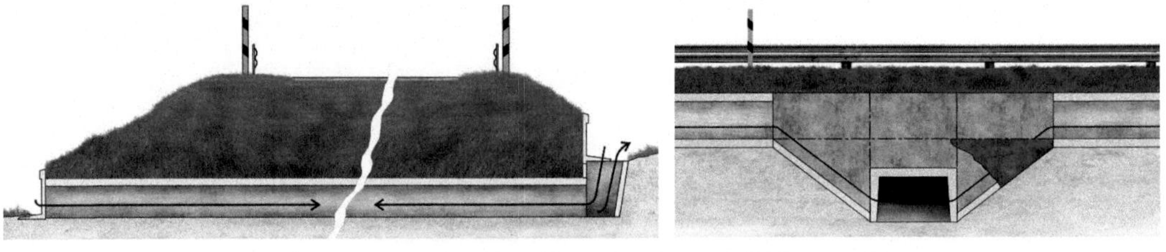

그림 5.9-11 양서·파충류의 박스형 통로 사례 (원흥이 방죽)

10 콘크리트공사

Landscape Architecture

10.1 개 요

시멘트와 물을 섞어 혼합한 것을 시멘트 풀(Cement Paste), 시멘트 풀과 잔골재를 혼합한 재료를 모르타르(Mortar)라 한다.

그림 5.10-1 철근콘크리트공사

콘크리트(Concrete)는 시멘트, 잔골재, 굵은 골재, 물 및 필요시 혼화재료를 혼합한 것 또는 그 경화물로서 라틴어의 「Concretus」에서 유래되었다. 콘크리트는 건축재 중 대량으로 사용되는 중요한 재료로서 내화성·차음성·내구성·내진성 등이 양호하고 다른 재료에 비하여 압축강도가 비교적 크다. 성분은 강알칼리성으로 철강재의 방청 등에 유효한 장점이 있으나, 무겁고 압축강도에 비하여 인장강도 및 휨강도가 작으며 건조수축성으로 균열이 생기기 쉽고 경화에 오랜 시간이 소요되어 시공일수가 길다는 단점도 있다.

보통 콘크리트의 용적 구성은 약 70%가 골재이고 나머지 30%가 시멘트 풀로서 콘크리트공사는 이를 원료로 계량과 배합, 비비기, 운반, 치기(打設), 다지기, 보양 등의 작업 공정이다. 철근은 콘크리트 구조체의 뼈대를 형성하여 콘크리트 강도를 향상시키는 보강재로써 콘크리트의 인장강도를 높이는 중요한 재료이다.

10.2 콘크리트의 특성 및 재료

콘크리트는 시멘트, 골재, 물 및 혼화재료로 구성되므로 굳지 않은 콘크리트와 굳은 콘크리트 특성의 이해가 필요하다.

1) 콘크리트의 특성

① 굳지 않은 콘크리트의 성질

굳지 않은 콘크리트(Fresh Concrete)란 비빔 직후부터 응결 과정으로 소정의 강도를 나타낼 때까지의 콘크리트를 말한다.

㉠ 반죽질기(Consistency) : 수량의 다소에 따른 반죽의 정도를 나타내는 굳지 않은 콘크리트의 성질인 컨시스턴시는 슬럼프 시험에 의하여 슬럼프 값으로 표시된다. 슬럼프 값은 높이 30cm 콘에 다져넣은 콘크리트가 무너진 높이를 cm로 표시하며, 슬럼프 시험은 한국산업규격(KS F 2402)에 따른다.

㉡ 작업성(Workability) : 반죽질기에 따른 작업의 난이도 및 재료분리에 저항하는 정도를 나타내는 굳지 않은 콘크리트의 성질을 말한다. 슬럼프 값이 큰 것일수록 작업성은 좋으나 강도를 위하여 반죽질기는 가능한 작은 것으로 한다.

㉢ 공기량 : AE제나 AE감수제로 적당량의 계획적 독립기포인 연행공기를 분포시키면 콘크리트의 작업성은 개선되고 수밀성이 높아져 동결융해(凍結融解)에 대한 내구성을 향상시킨다. 그러나 일반적인 갇힌 공기는 내구성에 전혀 효과가 없다.

㉣ 블리딩(Bleeding)과 레이턴스(Laitance) : 콘크리트 타설 후 시멘트·골재 등의 침하로 물이 분리·상승되어 표면에 떠오르는 현상을 블리딩이라고 하며, 블리딩으로 떠오르는 부유물질 등으로 표면에 얇은 층이 형성되는 것을 레이턴스라 한다. 콘크리트는 타설 후 블리딩으로 시멘트 풀 및 물이 분리하게 되며, 블리딩으로 레이턴스현상이 발생하여 시멘트 풀의 부착력과 수밀성의 저하로 콘크리트에 나쁜 영향을 준다.

㉤ 재료분리(Segregation Materials) : 콘크리트는 비중과 입자의 크기가 다른 여러 종류의 재료로 구성되므로 비비기, 운반, 다지기 등의 시공 중 재료별로 집중되는 현상을 재료분리라 한다. 블리딩도 재료분리의 일종으로 재료분리시험은 한국산업규격(KS F 2411)에 규정된 방법에 의한다.

㉥ 초기균열(Initial Crack) : 콘크리트를 거푸집에 타설한 후 응결 종료까지 발생하는 균열을 초기균열이라고 한다. 초기균열은 원인별로 침하 수축균열, 플라스틱 수축균열, 거푸집의 변형에 의한 균열, 진동·재하에 의한 균열 등으로 구분된다.

㉦ 응결(Setting)과 경화(Hardening) : 콘크리트가 유동적인 상태에서 형체를 유지할 정도로 엉키는 초기작용을 응결(凝結)이라 하고, 응결이 끝난 콘크리트가 굳어져 강도가 증진되는 현상을 경화(硬化)라 한다. 시멘트의 응결시간은 한국산업규격(KS)에서 1~10시간으로 정하고 있으나 실제는 2~4시간 정도이다.

② 굳은 콘크리트의 성질

㉠ 강도(强度, Strength) : 콘크리트의 강도는 일반적으로 압축강도로서 휨·인장·절단·부착강도 등은 압축강도로 판단이 가능하므로 압축강도가 콘크리트의 역학적 기능을 대표한다. 압축강도는 콘크리트 표준 양생 재령 28일을 기준으로 하며, 시험은 한국산업규격(KS F 2405)에 규정되어 있다. 인장강도는 압축강도의 1/10~13 정도이다.

㉡ 탄성(彈性, Elastic)과 소성(塑性, Plasticity) : 콘크리트는 완전탄성체가 아니므로 물체가 원래 상태로 돌아가는 탄성과 돌아가지 않는 소성에 대한 이해가 필요하다.

㉢ 중량(Weight) : 콘크리트의 중량은 주로 골재의 비중, 입도·입형, 최대치수, 배합, 건조상태별로 다르지만 보통콘크리트는 2.3ton/m^3, AE제 혼합시 2.2ton/m^3, 경량콘크리트는 약 2.0ton/m^3 이하이다.

㉣ 체적변화(Cubic Volume Change) : 콘크리트 체적은 수분과 온도에 의하여 변화하며, 체적의 변화는 구조물에 악영향을 끼친다. 콘크리트는 흡수하면 팽창하고, 건조하면 수축한다.

㉤ 크리프(Creep) : 콘크리트에 하중이 작용하면 순간적으로 변형하지만 일정 하중이 지속적으로 작용하면 콘크리트의 변형은 시간에 따라 증가한다. 이와 같이 지속적인 하중으로 콘크리트의 변형이 증대하는 현상을 크리프라 하고, 그 변형을 크리프 변형이라고 한다.

㉥ 수밀성(Water Tightness) : 콘크리트는 물을 접하면 흡수하고, 압력수가 작용하면 투수하게 된다. 콘크리트가 수밀성(水密性)이 있는 것은 투수성과 흡수성이 매우 작다는 것을 말한다. 수밀성은 동결융해 및 화학적인 침융작용(侵融作用)에 대한 내구성 등과 밀접한 관계가 있다.

㉦ 내화성(Refractoriness) : 콘크리트는 구조재 중에서 내화성(耐火性)이 우수하지만 고온에서는 강도 및 탄성계수가 저하되고 철근콘크리트는 철근과 콘크리트의 부착력이 저하되며, 흡수성이 증대되고 중성화가 빨라져 내구성이 떨어진다.

㉧ 내구성(Durability) : 공기중 탄산가스의 수화(水和, Hydration)로 알칼리성을 잃어가는 현상을 콘크리트의 중성화(Carbonation)라 한다. 이러한 중성화로 철근에 물과 공기가 침투하여 녹이 슬고 철근의 체적이 팽창하여 콘크리트가 파괴되므로 콘크리트의 중성화는 내구성에 중요한 문제이다. 이외에도 동결융해작용, 침식작용, 건습의 반복, 온도 변화, 염분에의 노출, 손식(損蝕, Erosion) 등이 내구성에 영향을 끼친다.

2) 시멘트

시멘트(Cement)란 물과 섞으면 굳는 무기물 접착물로써 19세기 초부터 재료의 고유명사로 사용하게 되었다. 시멘트는 보통 포대 단위로 무게는 40kg/포의 부피는 약 0.027m^3이고, 시멘트 1m^3 무게는 자연상태 1,500kg, 고결상태 3,150kg이 기준이다.

① 시멘트의 종류

시멘트의 종류는 매우 많으나 중요한 시멘트는 다음과 같으며, 일반적으로 사용되는 시멘트는 90% 정도가 보통 포틀랜드 시멘트이다.

㉠ **포틀랜드 시멘트(Portland Cement)**

- 보통 포틀랜드 시멘트(Normal Portland Cement)
- 중용열 포틀랜드 시멘트(Moderate Portland Cement)
- 조강 포틀랜드 시멘트(High-early-strength Portland Cement)
- 초조강 포틀랜드 시멘트(Superhigh-early-strength Portland Cement)
- 저열 포틀랜드 시멘트(Low-heat Portland Cement)
- 내황산염 포틀랜드 시멘트(Sulphate Portland Cement)

㉡ **혼합 시멘트(Blended Cement, Mixed Cement)**

- 고로 시멘트(Portland Beast-furnace Slag Cement)
- 실리카 시멘트(Silica Cement)
- 플라이애시 시멘트(Fly-ash Cement)

㉢ **특수 시멘트(Special Cement)**

- 초속경 시멘트(Regulated-set Cement)
- 알루미나 시멘트(Alumina Cement)
- 팽창 시멘트(Expansive Cement)
- 백색 시멘트(White Cement)
- 폴리머 시멘트(Polymer Cement)

② 시멘트의 성질

- **비중(比重, Specific Gravity) 및 중량(重量, Weight)** : 보통 포틀랜드 시멘트 비중은 한국산업규격(KS)에서 3.05 이상으로 규정하며 1,500kg/m^{3}를 표준으로 한다.
- **분말도(粉末度, Fineness)** : 분말도는 클링커(Clinker)를 분쇄한 입자의 고운 정도를 말하며, 한국산업규격(KS L 5201)에서 포틀랜드 시멘트는 2,800cm^2/g 이상으로 규정하고 있다.
- **수화(水和, Hydration) 및 풍화(風化, Weathering)** : 시멘트가 물과 접촉하여 응결·경화하는 현상을 수화라고 하며, 공기중의 수분 흡수로 변질되는 현상을 풍화라고 한다. 시멘트는 풍화 시 수화열이 감소되며, 물시멘트비가 높을수록 수화열은 높아진다.
- **안정성(安定性, Soundness)** : 시멘트의 경화 중 체적이 팽창하여 균열이나 뒤틀림 등이 생기는 정도를 안정성이라 한다. 시멘트의 안정성 시험은 한국산업규격(KS L 5107)에 규정되어 있다.
- **강도(强度, Strength)** : 강도는 시멘트가 경화하는 힘의 대소로서 강도의 시험은 한국산업규격(KS L 5105)에 규정되어 있다.

③ 시멘트의 저장

시멘트는 쉽게 풍화하므로 풍화되지 않게 저장하여야 한다. 시멘트가 풍화하면 응결이 늦어지고 경화 후의 강도가 저하되므로 가능한 한 3개월 이내에 사용하여야 한다. 시멘트는 방습구조의 보관창고에 저장하고, 포대(包袋)시멘트는 지상 30cm 이상 마루 위에 통풍이 되지 않도록 13포대 이하로 쌓는 등의 주의가 필요하다. 저장시 조금이라도 굳은 시멘트는 사용하지 않는 것이 좋다.

3) 골 재

골재(Aggregate)는 콘크리트 용적의 65~80%를 차지하므로 골재의 종류 및 재질에 따라 콘크리트의 성질이 크게 좌우된다. 골재는 생산방식에 의하여 일반적으로 사용하는 천연골재와 인공골재로 구분하고, 무게에 의하여 비중 2.0 이하의 경량골재와 비중 2.7 이상의 중량골재로 구분하며, 입자의 크기에 의하여 다음과 같이 잔골재와 굵은골재로 분류한다.

㉠ **잔골재(모래)** : 5mm체에 중량비로 85% 이상 통과하는 골재
㉡ **굵은골재(자갈)** : 5mm체에 중량비로 85% 이상 남는 골재

골재는 청정(淸淨) · 견경(堅硬)하고 물리적 · 화학적으로 안정적이어야 한다. 유동성이 좋고, 밀실(密實)한 콘크리트를 만들 수 있는 형태와 강도로서 유해량의 유기불순물 · 먼지 · 흙 · 염류 등이 포함되지 않고, 소요되는 내화성과 내구성을 가져야 한다.

4) 물

물은 기름, 산, 알칼리, 염류, 유기물 등 유해물이 포함되지 않은 식용으로도 사용이 가능할 정도의 청정한 것을 사용하여야 한다.

5) 혼화재료

혼화재료(混和材料)란 시멘트, 물, 골재 이외에 필요에 따라 모르타르나 콘크리트에 성분을 첨가하는 재료로서 굳지 않은 콘크리트나 경화한 콘크리트의 성질을 개선 · 향상시키기 위하여 사용된다. 혼화재료는 콘크리트용 표면활성제인 AE제, 단위수량을 감소시키는 감수제, 초기강도를 얻기 위한 촉진제, 응결과 경화를 늦추는 지연제, 응결시간을 빠르게 하는 급결제, 수밀성을 높이기 위한 방수제, 용적률 증가와 경량을 위한 발포제, 철근부식 억제를 위한 방청제 등이 있다.

10.3 콘크리트

콘크리트가 과거에 '공구리'라고 불렸듯이 천박한 재료인 양 사용되어 노출되어서는 곤란한, 그래서 꼭 무언가로 마감해야 하는 재료로 인식되어 왔다. 그러나 현대에 이르러 조소성과 마감의 기능을 동시에 충족시키는 물성을 살려 차츰 고급 마감재로서의 콘크리트를 인식하기에까지 이르렀으며, 이에 조경공사도 점차 노출콘크리트 사용이 증가하고 있다.

1) 콘크리트 배합

콘크리트 배합(配合, Mix Proportion)이란 콘크리트 조성재료인 시멘트, 잔골재, 굵은 골재, 물 및 혼화재료를 시공조건에 적합한 작업성(Workability), 내구성과 강도를 얻을 수 있도록 하는 혼합비율 선정방법을 말한다.

① 배합의 종류

콘크리트 배합은 계획배합, 현장배합, 중량배합, 용적배합으로 구분한다.

㉠ **계획배합(Specified Mix)** : 시방서 또는 책임기술자의 지시에 따라 실시되는 배합으로서 시방배합이라고도 한다.

㉡ **현장배합(Job Mix)** : 실질적인 현장 배합형태로서 표면수·흡수량 및 입도상태를 고려하여 시방배합을 현장에 적합하게 보정하는 배합을 말한다.

㉢ **중량배합(Weight Mix)** : 콘크리트 $1m^3$의 비빔에 소요되는 각 재료를 중량(kg)으로 측정·배합하는 가장 정확한 방법이다. 취급이 복잡하여 과거에는 실험실용으로 한정되었으나 기술의 발달로 사용이 증대하였다. 공장에서 제조·공급하는 레미콘이 대표적이다.

㉣ **용적배합(Volume Mix)** : 콘크리트 $1m^3$의 비빔에 소요되는 각 재료를 용적(m^3)으로 표시한 것으로서 절대 용적배합, 표준계량 용적배합, 현장계량 용적배합으로 구분한다.

- **절대 용적배합** : 콘크리트 $1m^3$에 소요되는 각 재료량을 절대용적(ℓ)으로 표시한 배합으로 각 용적배합의 기본이 된다.
- **표준계량 용적배합** : 콘크리트 $1m^3$에 소요되는 각 재료량을 표준계량 용적으로 표시한 배합으로서, 이때 시멘트는 $1{,}500kg/m^3$로 계산한다.
- **현장계량 용적배합** : 콘크리트 $1m^3$에 소요되는 재료 중 시멘트는 포대수, 골재는 현장계량용적(m^3)으로 표시하는 배합으로서 시멘트 : 모래 : 자갈의 배합비율로 표시한다. 전통방식 배합비로서 [2007년 건축품셈 6-1-1의 3(인력비빔타설)] 주기는 다음과 같으며, 구조상 중요하지 않은 경우에 사용한다.

〈표 5.10-1〉 용적배합 콘크리트 [2007년 건축품셈] (m³ 당)

배합비	재 료			손비비기 공	
	시멘트 (kg)	모래 (m³)	자갈 (m³)	콘크리트공(인)	보통인부(인)
1 : 2 : 4	320	0.45	0.90	0.9	1.0
1 : 3 : 6	220	0.47	0.94	0.9	0.9
1 : 4 : 8	170	0.48	0.96	0.9	0.7

② 배합 설계

콘크리트 배합설계(Mixing Design)란 시공 목적에 필요한 강도, 내구성, 수밀성 및 작업성(Workability)을 가진 콘크리트 배합을 경제적으로 결정하는 방법이다. 콘크리트 배합설계는 시험배합에 의한 방법, 계산에 의한 방법, 배합표에 의한 방법이 있으며, 시험배합에 의한 방법이 가장 실용적이고 합리적이다. 근래에는 레미콘을 많이 사용하므로 현장에서 배합설계를 직접 시행하지 않는 경우가 많다.

그림 5.10-2 슬럼프 실험

배합설계는 필요한 자료를 확보하고 그 자료로서 이상적인 콘크리트가 될 수 있도록 하여야 한다. 배합설계의 요소 및 순서는 다음과 같다.

- 콘크리트의 소요강도(설계기준강도, 배합강도) 결정
- 굵은골재의 최대치수 결정
- 슬럼프 값 결정
- 단위수량 결정
- 잔골재율 결정
- 물 · 시멘트비 결정
- 단위시멘트량 결정
- 공기량과 혼화재료의 단위량 결정

③ 배합 기준

표준계량에 의한 용적배합비가 $\ell : m : n$이고 물 · 시멘트비가 $X\%$일 때 콘크리트의 비벼내기를 각 재료의 실질용적 합계(공극이 없는 것)라고 가정하면 비벼내기량 V는 다음과 같다.

$$V = \frac{\ell W_c}{g_c} + \frac{m W_s}{g_S} + \frac{n W_g}{g_g} + W_c X$$

V : 콘크리트의 비벼내기량 (m^3)

W_c : 시멘트의 단위용적무게 (kg/m^3 또는 kg/ℓ)

W_s : 표면건조 내부포화상태 모래의 단위용적무게 (kg/m^3 또는 kg/ℓ)

W_g : 표면건조 내부포화상태 자갈의 단위용적무게 (kg/m^3 또는 kg/ℓ)

g_c : 시멘트의 비중 ∴ 시멘트 소요량 $C=\ell/V$ (ton)

g_s : 모래의 비중 ∴ 모래 소요량 $S=m/V$ (m^3)

g_g : 자갈의 비중 ∴ 자갈 소요량 $G=n/V$ (m^3)

〈표 5.10-2〉 콘크리트 재료의 비중 · 중량 · 실적률

재료 종별		비 중	표 준 계 량		보 통 현 장 계 량	
명칭	크기 (mm)		단위용적 무게 (kg/ℓ)	실적률 % (O/vℓ)	단위용적 무게 (kg/ℓ)	실적률 % (O/vℓ)
시멘트	–	3.15	1.50	47.6		
모 래	0.6 이하 1.2 이하 2.5 이하 5.0 이하	2.65	1.50 1.60 1.70 1.80	56.6 60.4 64.2 67.9	1.50×0.74 = 1.11 1.60×0.76 = 1.22 1.70×0.78 = 1.33 1.80×0.80 = 1.44	41.9 45.9 50.0 54.3
자 갈	20 이하 25 이하	2.65	1.65 1.70	62.3 64.2	1.65×0.95 = 1.57 1.70×0.95 = 1.62	59.1 60.9

[계산 예]

표준계량 용적배합비 ℓ : m : n=1 : 2 : 4, 물 · 시멘트비 60%, 슬럼프 19cm인 콘크리트 $1m^3$의 제조시 소요되는 각 재료의 필요량을 산출하시오. (단, 1.2mm 모래와 25mm 자갈 사용)

• 산출 : 시멘트 $1m^3$, 모래 $2m^3$, 자갈 $4m^3$를 혼합하면 1 : 2 : 4의 배합비가 된다.
각 재료의 절대용적(실용적)을 구하여 합하면 콘크리트 비빔량이 된다.

∴ 위의 표를 기준으로

• 시멘트 : 비중 g_c=3.15, 단위용적무게 W_c=1.5, $\ell\times\frac{W_c}{g_c}=1\times\frac{1.5}{3.15}=0.476m^3$

• 모래 : 비중 g_s=2.65, 단위용적무게 W_s=1.6, $m\times\frac{W_s}{g_s}=2\times\frac{1.6}{2.65}=1.207m^3$

• 자갈 : 비중 g_g=2.65, 단위용적무게 W_g=1.7, $n\times\frac{W_s}{g_s}=4\times\frac{1.7}{2.65}=2.566m^3$

• 물 : 비중 g_w=1.00, 단위용적무게 W_w=1.0, $W_c\times X=1.5\times0.6=0.9m^3$

합계=0.476+1.207+2.566+0.9=5.15(m^3)

∴ 1(m^3) 만드는데 필요량=5.15(m^3) 산출량을 1(m^3)로 환산하면

• 시멘트(C) : 1 / 5.15 = 0.1942(m^3)
• 모래(S) : 2 / 5.15 = 0.3884(m^3)
• 자갈(G) : 4 / 5.15 = 0.7770(m^3)
• 물(W) : 0.9 / 5.15 = 0.1748(m^3)가 필요하다.

④ **배합 결정 :** 배합설계는 적용과 진행으로 계획배합과 현장배합으로 구분한다.

㉠ 계획배합 : 콘크리트 배합설계의 제반 요소가 결정되면 참고자료로 재료의 배합을 가정하고, 이를 기초로 콘크리트 요구 성능을 만족시키는 시험비빔으로 계획배합을 결정한다. 시험비빔은 원칙적으로 실험실의 콘크리트 제작방법으로서 15~20 ℓ를 비비는 것이 보통이다. 계획배합의 표시법은 다음과 같다.

〈표 5.10-3〉 계획배합 표시법

배합강도 (kgf/cm^2)	슬럼프 (cm)	공기량 (%)	물·시멘트비 (%)	굵은골재 최대치수 (mm)	잔골재율 (%)	단위량 (kg/m^3)					
						물 W	시멘트 C	잔골재 S	굵은골재 G		혼화재
									mm~mm	mm~mm	

㉡ 현장배합 : 현장배합이란 계획배합에 일치하도록 재료의 상태와 계량 방법에 따라 현장에서 비율을 수정한 것을 말한다. 현장배합은 골재 함수량, 잔골재의 표면수에 의한 부풀림, 계량방법, NO.4체에 남은 잔골재의 양, NO.4체를 통과한 굵은골재 양을 고려한다. 기계화 시공으로 최근 현장배합은 거의 시행하지 않지만 레미콘이 곤란한 극소규모 등 특별한 경우에 한하여 시행하며, 발주처별 기준을 다음과 같이 적용한다.

〈표 5.10-4〉 콘크리트 표준배합(B배합) [LH공사, 조경공사 적산기준] (m^3 당)

골재최대치수(mm)	시멘트 (kg)	모 래 (kg)	자갈·부순돌 (kg)
25	346	828	1,011

[주] 단위중량은 모래 1,600(kg/m^3), 자갈 또는 부순돌 1,700(kg/m^3)이다.

〈표 5.10-5〉 인력 비빔 콘크리트 [서울시 산하구청, 조경공사 적산기준] (m^3 당)

콘크리트 종별	시멘트 (kg)	모 래 (m^3)	자 갈 (m^3)	
			∅25 (#57)	∅40 (#467)
1종(24MPa)	338.5	0.498	0.680	–
2종(21MPa)	309.3	0.505	0.689	–
3종(18MPa)	261.6	0.488	–	0.741
4종(14MPa)	211.0	0.507	–	0.737
5종(10MPa)	245.4	0.500	–	0.727

⑤ 배합 참고표

콘크리트 배합설계는 경험이 없는 상태에서 실시하기는 매우 어려우며, 경우에 따라 많은 시행착오를 반복하지 않으면 안 된다. 이러한 경우 기존의 자료 또는 문헌을 참고하며, 기준적인 배합표는 다음과 같다.

〈표 5.10-6〉 보통콘크리트 (굵은골재 최대치수 25mm 배합) (m³ 당)

기 호	설계기준 강도 (kg/cm²)	슬럼프 (cm)	물·시멘트비 W/C (kg)	단위 수량 W (kg)	단 위 시멘트량 C (kg)	절 대 골재량 S (kg)	단 위 잔골재량 S (kg)	단 위 굵은골량 G (kg)
P_1-25G-5	120	5	69	167	242	38	741	1,222
P_1-25G-8		8	69	173	251	38	734	1,206
P_1-25G-12		12	69	178	258	38	726	1,196
P_2-25G-5	160	5	59	167	283	36	692	1,238
P_2-25G-8		8	60	173	288	36	684	1,225
P_2-25G-12		12	60	178	279	36	676	1,214
P_3-25G-5	210	5	52	167	321	35	660	1,238
P_3-25G-8		8	52	173	333	35	652	1,220
P_3-25G-12		12	51	178	349	35	642	1,203

[주] 기호설명 : P_2-25G-8의 경우 P는 보통 콘크리트, 2는 160kg/cm²의 강도, 25는 골재 최대지수 25mm, G는 골재(gravel), 8은 슬럼프 8cm를 의미한다.

〈표 5.10-7〉 보통콘크리트 (굵은골재 최대치수 40mm 배합) (m³ 당)

기 호	설계기준 강도 (kg/cm²)	슬럼프 (cm)	물·시멘트비 W/C (kg)	단위 수량 W (kg)	단 위 시멘트량 C (kg)	절 대 골재량 S (kg)	단 위 잔골재량 S (kg)	단 위 굵은골량 G (kg)
P_1-40G-5	120	5	68	158	232	34	676	1,320
P_1-40G-8		8	68	167	245	34	663	1,299
P_1-40G-12		12	68	175	257	34	652	1,280
P_2-40G-5	160	5	63	161	255	34	665	1,304
P_2-40G-8		8	61	167	274	34	655	1,283
P_2-40G-12		12	63	175	278	34	647	1,267
P_3-40G-5	210	5	52	163	313	33	629	1,286
P_3-40G-8		8	50	169	338	33	616	1,262
P_3-40G-12		12	51	172	337	33	613	1,259

〈표 5.10-8〉 보통콘크리트 (굵은골재 최대치수 50mm 배합) (m³ 당)

기 호	설계기준 강도 (kg/cm²)	슬럼프 (cm)	물·시멘트비 W/C (kg)	단위 수량 W (kg)	단 위 시멘트량 C (kg)	절 대 골재량 S (kg)	단 위 잔골재량 S (kg)	단 위 굵은골량 G (kg)
P_1-50G-5	120	5	68	158	222	32	642	1,381
P_1-50G-8		8	68	167	238	32	631	1,349
P_1-50G-12		12	68	175	246	32	631	1,333
P_2-50G-5	160	5	63	161	243	30	597	1,404
P_2-50G-8		8	61	167	260	30	597	1,383
P_2-50G-12		12	61	175	272	30	597	1,362
P_3-50G-5	210	5	49	151	308	30	582	1,370
P_3-50G-8		8	49	156	318	30	576	1,354
P_3-50G-12		12	51	163	320	30	571	1,338

2) 비비기

재료는 혼합상태가 균등질로서 성형성(Plasticity)과 작업성(Workability)이 좋으며 큰 강도를 나타낼 수 있도록 충분히 비비는 것이 좋다. 그러나 과도하게 비비면 작업성이 나빠지고 재료 분리가 일어나며, AE콘크리트에서는 공기량이 감소하는 경우도 있다.

① 인력비비기

인력비비기는 삽비비기라고도 한다. 배합이 완전해도 비비기가 불충분하면 소요강도를 얻을 수 없으므로 소규모공사나 중요하지 않은 부위에 주로 사용된다. 비비기 작업은 수밀성을 가진 비비기판에서 실시하며, 비빈 콘크리트의 색깔이 고르고 균등질이 될 때까지 계속하여야 한다.

② 기계비비기

기계비비기는 믹서(Mixer)를 사용하여 비비는 작업을 말한다. 믹서는 재료를 연속으로 투입하여 비비는 연속믹서(Continuous Mixer), 재료를 낙하시켜 비비는 중력믹서(Gravity Mixer)가 있으며, 균등질의 콘크리트를 생산하기 위해서는 배치믹서(Batch Mixer)를 사용해야 한다. 배치믹서는 1회분 콘크리트를 비비는 기계로서 슬럼프가 적은 콘크리트 비비기에는 경사식 믹서가 효과적이며, 된반죽 콘크리트 비비기에는 강제식 믹서가 적당하다. 비비는 시간은 경사식일 때는 1분 30초 이상, 강제식일 때는 1분 이상을 표준으로 한다.

3) 운 반

비빈 콘크리트는 재료 분리 및 손실, 슬럼프(Slump) 감소를 방지할 수 있는 방법으로 신속히 운반하여 콘크리트 치기를 하여야 한다.

운반은 소량의 콘크리트를 단거리 운반할 때는 버킷(Bucket)이나 손수레를 사용하지만 대규모 공사나 공사의 종류에 따라서는 콘크리트 펌프(Concrete Pump), 벨트 컨베이어(Belt Conveyor), 슈트(Chute), 가공선 등을 사용한다. 콘크리트 운반 중 재료 분리가 일어났을 때에는 거듭 비비기로 균등질의 콘크리트를 유지하여야 한다.

4) 치 기

콘크리트 치기(打設)는 운반한 콘크리트를 거푸집 속에 집어넣는 작업으로서, 운반된 콘크리트는 재료의 분리 및 손실을 방지할 수 있는 방법으로 즉시 넣어야 한다. 일반적으로 콘크리트 치기 높이는 버킷(Bucket), 호퍼(Hoper) 등의 출구에서 1.5m 이내로 하며, 콘크리트 치기의 속도는 30분에 높이 1m를 표준으로 한다. 좁은 거푸집에 콘크리트를 넣을 때에는 가급적 직접 넣지 말고 고무슈트를 단 깔때기 등을 사용한다.

5) 다지기

콘크리트 치기 후 콘크리트를 넣은 콘크리트 내부의 공극을 없애기 위한 작업으로서 콘크리트의 강도, 수밀성, 내구성 증진에 영향을 미친다. 그러므로 콘크리트는 치기 작업 중이나 치기 직후에 봉다지기 및 진동으로 충분히 다져서 콘크리트가 철근 주위와 거푸집 구석구석까지 치밀하게 들어가도록 해야 한다. 봉다지기로 콘크리트를 치는 경우 각 층의 두께를 된반죽일 때 15cm 이하, 묽은반죽일 때는 30cm 이하로 한다. 한 대의 진동기로 다지는 콘크리트 용적이 소형일 때는 1시간에 4~8m^3, 2인이 취급하는 대형일 때는 1시간에 30m^3 정도이다.

6) 보 양

보양(保養)은 거푸집 속에 콘크리트를 치고 난 후 응결 · 경화가 완전히 이루어지도록 그 표면을 피복하고, 콘크리트 속에 있는 수분이 증발하지 않도록 방지하여 건조에 의한 수축으로부터 균열을 방지하고, 하중 · 진동 · 충격 등의 피해로부터 콘크리트를 보호하는 작업이다.

보양방법에는 습윤보양, 피복보양, 증기보양, 전기보양 등이 있다. 콘크리트는 일반적으로 습윤보양을 실시하며, 보양온도는 20℃ 전후가 적당하다. 대체로 35℃까지는 계속하여 습윤보양을 하면 온도가 높을수록 콘크리트 강도가 커진다.

콘크리트 보양의 일반적인 방법은 콘크리트치기 직후에 습한 짚, 포대, 모래 등으로 콘크리트 노출면을 덮거나 물을 뿌리는 방법으로서, 적어도 5일간 습윤상태로 보호해야 한다. 조강 포틀랜드 시멘트를 사용하는 경우에도 3일간은 습윤상태를 유지해야 하며, 물을 뿌려 양생하거나 어려운 경우에는 피막보양을 한다.

① **피막보양** : 아스팔트 유제, 비닐 유제 등의 막이 되는 보양제를 발라서 콘크리트를 피복하고 물의 증발을 억제하는 보양방법이다.

② **증기보양** : 거푸집을 빨리 철거할 필요가 있거나 단기간에 조기강도를 얻고자 할 때 고온, 고습, 고압의 증기로 콘크리트를 보양하는 것을 말한다.

③ **전기보양** : 콘크리트 속에 100~200V 전류를 48시간 이상 송전하여 전기저항으로 발생하는 열을 이용하여 보양하는 방법으로서 동절기(寒中) 등의 콘크리트 타설에 적합하다.

10.4 레미콘

레미콘(Remicon, Ready Mixed Concrete)은 성형성(Plasticity)이 있는 굳지 않은 상태 콘크리트로서 제조설비를 갖춘 공장에서 주문자가 요구하는 콘크리트를 소정의 시간에 특수한 운반차로 현장에 배달·공급하는 콘크리트이다.

그림 5.10-3 레미콘

레미콘은 현장이 협소하여 재료의 보관·비빔작업이 불편할 때, 적은 양의 콘크리트만이 사용되어 작업설비가 불편할 때, 기초나 지하 콘크리트공사를 할 때, 긴급공사로 가설공사의 시간적 여유가 없을 때, 대량으로 동질의 콘크리트를 요구할 때 더욱 효과적이다.

요즘은 편의성으로 대부분 레미콘을 사용하지만 운반중의 재료분리, 시간경과에 따른 강도저하 등에 주의해야 한다. 그러나 균일한 품질의 우수한 콘크리트를 얻을 수 있고 가설비, 기계손료, 인건비, 동력비 등이 감소하므로 경제성 및 품질 등을 현장타설 콘크리트와 비교하여 사용 여부를 결정한다.

10.5 철근 및 철망

철근과 철망은 콘크리트 속에 넣어서 콘크리트의 보강용으로 사용하는 강재로서 원형철근, 이형철근, 고강도철근, 피아노선, 용접철망, 철선, 강선이 있다.

1) 철근의 분류

철근에는 원형철근(圓形鐵筋, Round Steel Bar)과 이형철근(異形鐵筋, Deformed Steel Bar), 고강도철근(高强度鐵筋, High Tensile Bar)으로 분류된다. 원형철근은 표면이 매끈한 원형 봉강으로서 이형철근이 제조되면서 사용이 현저히 줄었다. 이형철근은 콘크리트와 철근의 부착을 돕기 위해 표면에 리브(Rib) 또는 돌기(Lug)를 형성한 봉강이며, 고강도철근은 니켈·망간·규소 등을 첨가하여 하이바(High Tensile Bar)라고 불리는 인장력이 큰 철근이다. 규격을 원형철근은 ϕ, 이형철근은 D로 표시한다. 이형철근의 규격은 한국산업규격(KS D 3504)에 규정되어 있으며, 규격기준을 [건축적산자료]에서 다음과 같이 분류하고 있다.

〈표 5.10-9〉 철근의 분류 [건축적산자료]

원형 철근			이형 철근			
직경 ϕ (mm)	단위중량 (kg/m)	단면적 (cm^2)	호칭명 D (mm)	단위중량 (kg/m)	공칭지름 (mm)	단면적 (cm^2)
ϕ6	0.222	0.2827	D 6	0.249	6.35	0.3167
ϕ9	0.499	0.6362	D10	0.560	9.53	0.7133
ϕ12	0.888	1.131	D13	0.995	12.7	1.267
ϕ13	1.04	1.327	D16	1.56	15.9	1.986
ϕ16	1.58	2.011	D19	2.25	19.1	2.865
ϕ19	2.23	2.835	D22	3.04	22.2	3.871
ϕ22	2.98	3.801	D25	3.89	25.4	5.067
ϕ25	3.85	4.909	D29	5.04	28.6	6.424
ϕ28	4.83	6.158	D32	6.23	31.8	7.942
ϕ32	6.31	8.042	D35	7.51	34.9	9.566
ϕ36	7.99	10.18	D38	8.95	38.1	11.40
			D41	10.5	41.3	13.40

2) 철근의 가공 · 조립

철근 가공은 상온에서 가공기를 사용하거나 적당한 온도를 가하는 절단기로서 설계도에 표시된 치수, 형상과 일치하도록 절단과 구부리는 작업을 말한다.

특히 이형철근은 리브(Rib) 때문에 곡방향에서는 강성이 다르므로 가공할 때 주의하여야 한다.

그림 5.10-4 철근 가공 · 조립

① 철근의 가공

㉠ 철근지름 ϕ25mm 이하는 상온에서, ϕ28mm 이상은 적당한 온도의 가열로 구부릴 수 있다.

㉡ 철근 말단부에는 갈고리(Hook)를 만든다. 구부림 각도, 지름 및 연장부의 가공은 〈표 5.10-10~12〉와 같다.

② 철근의 조립

철근은 조립하기 전에 부착된 녹이나 흙, 기름 등 철근과 콘크리트의 부착을 방해할 수 있는 모든 이물질을 깨끗이 청소한 후 사용한다. 철근은 설계도에 의하여 그 위치를 고정시키고 콘크리트 치기를 할 때 움직이지 않도록 견고하게 조립한다.

〈표 5.10-10〉 철근의 구부림 각도 및 지름

<table>
<tr><th>종별</th><th colspan="2">180˚</th><th colspan="2">135˚</th><th colspan="2">90˚</th></tr>
<tr><td rowspan="4">말단부</td><td colspan="2">철근지름 ϕ16mm 이상</td><td colspan="2">철근지름 ϕ13mm 이상</td><td colspan="2">철근지름 ϕ13mm 이하</td></tr>
<tr><td colspan="2">용도 : 주근</td><td colspan="2">용도 : 늑근 · 대근</td><td colspan="2">용도 : 경미한 바닥근 · 대근</td></tr>
<tr><td colspan="2">구부림 반지름 r ≧1.5d</td><td colspan="2">구부림 반지름 r ≧1.5d</td><td colspan="2">구부림 반지름 r ≧1.5d</td></tr>
<tr><td colspan="2">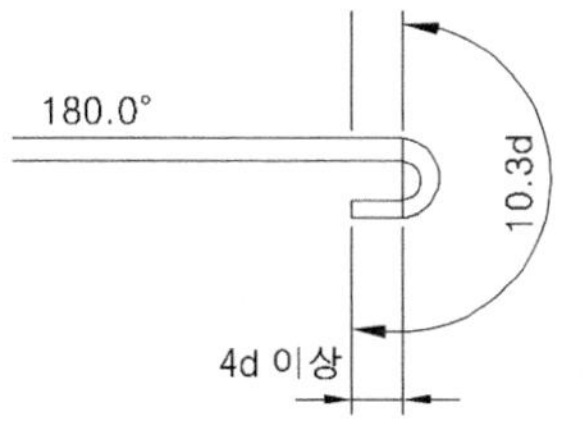</td><td colspan="2">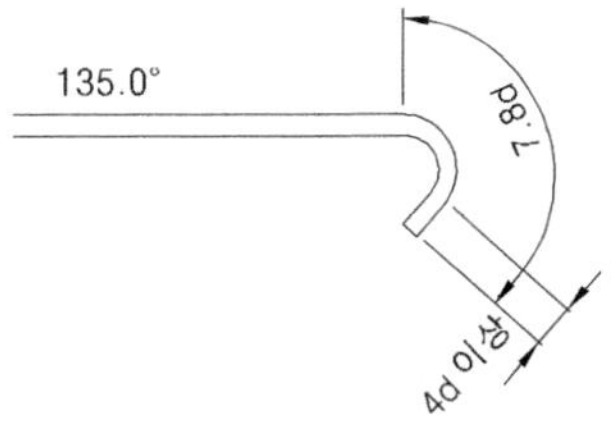</td><td colspan="2">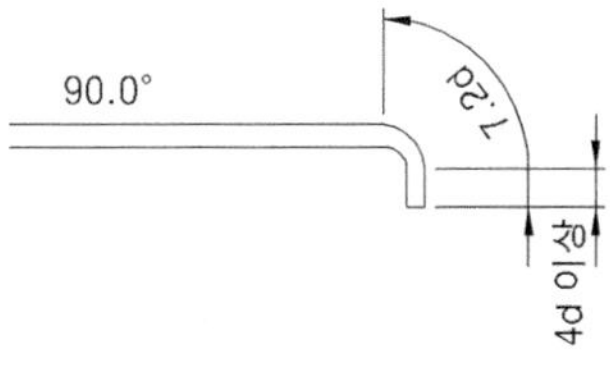</td></tr>
<tr><td rowspan="4">중간부</td><td colspan="3">철근지름 ϕ16mm 이상</td><td colspan="3">철근지름 ϕ16mm 이상</td></tr>
<tr><td colspan="3">용도 : 주근</td><td colspan="3">용도 : 주근</td></tr>
<tr><td colspan="3">구부림 반지름 r ≧6d</td><td colspan="3">구부림 반지름 r ≧6d</td></tr>
<tr><td colspan="3">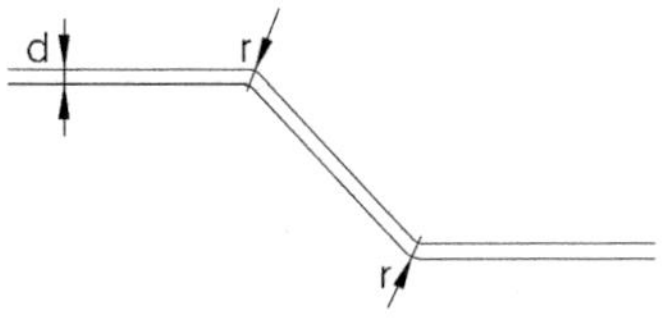</td><td colspan="3">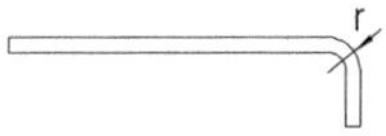</td></tr>
</table>

〈표 5.10-11〉 철근 중간부분 접어 구부림

<table>
<tr><th rowspan="2">구부림 각 도</th><th rowspan="2">사용 개소</th><th rowspan="2" colspan="2">구부림 그림</th><th colspan="3">보통 콘크리트</th><th rowspan="2">경량 콘크리트용 철근</th></tr>
<tr><th>모든 24 이하 철근</th><th>SR 30
SD 30
SRR 40</th><th>SD 35
SD 40
SDC 40</th></tr>
<tr><td>90˚</td><td></td><td>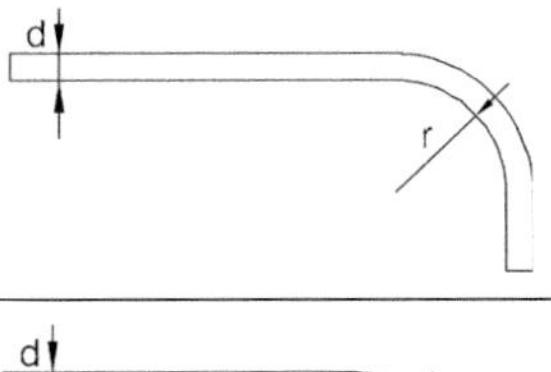</td><td>r</td><td>6d</td><td>8d</td><td>8d</td><td>8d</td></tr>
<tr><td>90˚ 미만</td><td></td><td>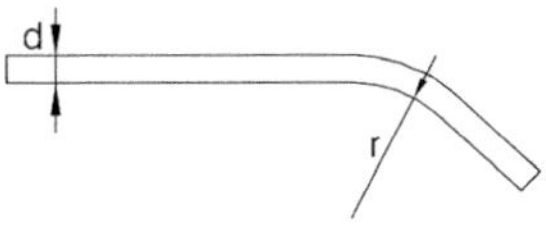</td><td>r</td><td>6d</td><td>8d</td><td>8d</td><td>8d</td></tr>
</table>

[주] 1. d는 철근의 호칭지름, r은 철근 구부림 안치수의 반지름, L은 갈고리 전체 부분의 길이이다.
2. 환봉의 끝은 반드시 갈고리를 붙이며, 이형철근의 끝 부분의 후크는 지시한 곳만을 붙인다.

〈표 5.10-12〉 철근 끝부분 접어 구부림

구부림 각 도	사용 개소	구부림 그림		보통 콘크리트			경량 콘크리트용 철근
				모든 24 이하 철근	SR 30 SD 30 SRR 40	SD 35 SD 40 SDC 40	
180°	 기둥 · 보의 13mm 주근 및 16mm 이상의 철근	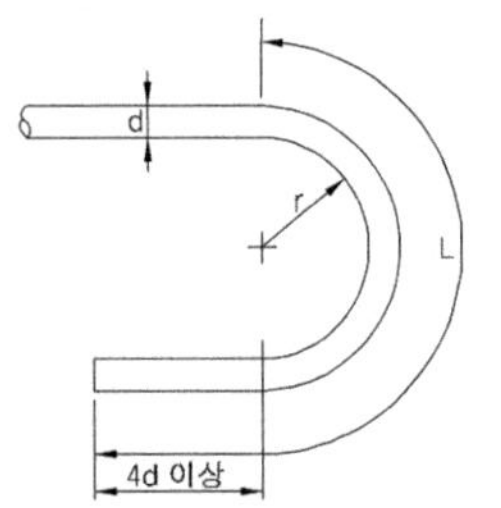	r	1.5d	2.0d	2.5d	2.5d
			L / 지름	10.28d	11.85d	13.42d	13.42d
			ϕ13	134mm	154mm	174mm	174mm
			ϕ16	165mm	190mm	215mm	215mm
			ϕ19	195mm	225mm	255mm	255mm
			ϕ22	226mm	261mm	295mm	295mm
			ϕ25	257mm	296mm	336mm	336mm
구부림 각 도	**사용 개소**	**구부림 그림**		**모든 24 이하 철근**	**SR 30 SD 30**	**SR 35 SD 40**	**경량 콘크리트용 철근**
135°	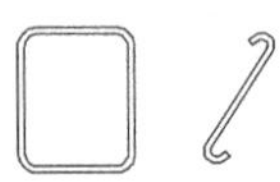 13mm 이하의 늑근 · 띠근 및 보조근 등	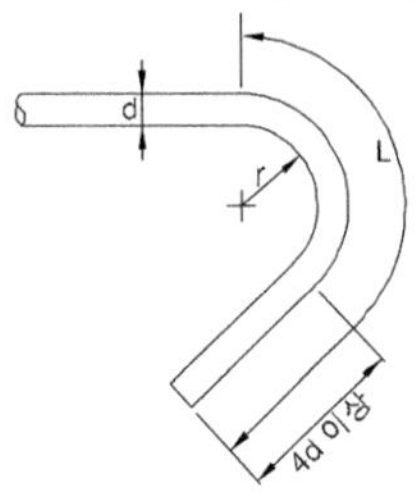	r	1.5d	2.0d	2.5d	2.5d
			L / 지름	8.71d	9.89d	11.07d	11.07d
			ϕ6	52mm	59mm	–	66mm
			ϕ9	78mm	89mm	–	100mm
			ϕ10	87mm	99mm	111mm	111mm
			ϕ13	113mm	129mm	144mm	144mm
90°	 13mm 이하의 구부림 각도 90° 일 때	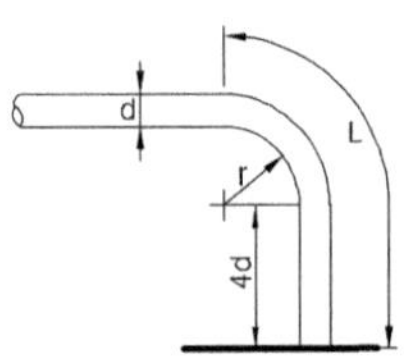	r	1.5d	2.0d	2.5d	2.5d
			L / 지름	7.14d	7.92d	8.71d	8.71d
			ϕ6	43mm	48mm	–	52mm
			ϕ9	64mm	71mm	–	78mm
			ϕ10	71mm	79mm	87mm	87mm
			ϕ13	93mm	103mm	113mm	113mm

3) 철 망

철망은 와이어라스(Wire Lath), 메탈라스(Metal Lath), 와이어메시(Wire Mesh)가 있으며 와이어라스와 메탈라스는 벽과 천장 등의 미장 바탕용으로 사용된다.

와이어메시는 철선을 직각으로 배열하고 각 교차점을 전기저항으로 용접한 것으로서 넓은 바닥판 또는 도로포장의 콘크리트 보강용으로 많이 사용된다.

10.6 거푸집

거푸집(Form)은 콘크리트 구조물의 형상과 치수로의 제작을 위하여 사용한다. 거푸집은 콘크리트에 직접 접촉하는 목재 · 강재의 막음재를 수평 또는 연직의 형판과 형판을 계획한 위치에 고정하기 위한 받침기둥(支柱), 샛기둥(間柱), 가새(斜柱), 꿸대(貫柱), 이음재, 가로띠장, 세로띠장 등의 동바리(Timbering)로 구성되어 있다.

거푸집은 콘크리트 시공에서 가장 중요한 부분으로, 거푸집 제작이 콘크리트 마감면의 품질을 결정한다고 할 수 있다.

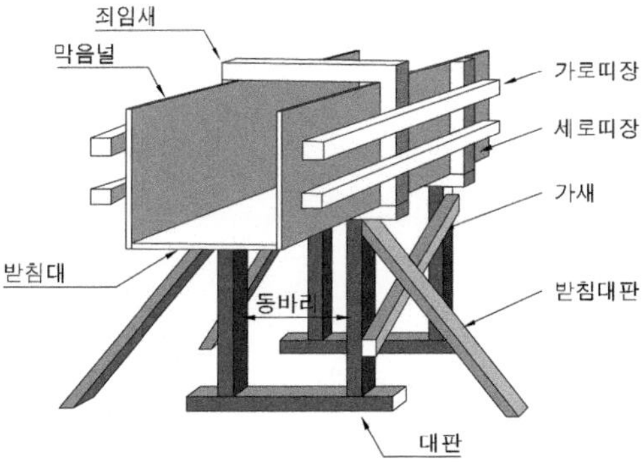

그림 5.10-5 거푸집 (Form)

그림 5.10-6 거푸집 설치

1) 거푸집 사용횟수

합판거푸집의 유형 · 구조별 사용횟수는 [공통품셈 6-3-1의 1(사용횟수)]에 의하여 〈표 5.10-38〉을 참조한다.

품셈기준이 난해한 경우 다음 [LH공사], [조경공사 적산기준] 구조물 및 적용 사례와 [건축적산자료]의 재료 및 용도별을 참조한다. 단, 2019년 품셈 개정으로 원형거푸집은 삭제되었으므로 합판거푸집을 적절하게 준용한다.

〈표 5.10-13〉 거푸집 사용횟수 – 구조물 및 적용 사례 [LH공사, 조경공사 적산기준]

구 분	사용횟수	구 조 물	적용사례
합판 거푸집	1회	노출콘크리트마감	
	2회	콘크리트면에 도장 등으로 마감하는 구조물, 복잡한 구조물	장식벽(도장마감)
	3회	지상부 콘크리트 면에 타일, 미장모르타르 등으로 마감공사를 하는 구조물, 약간 복잡한 노출구조물	플랜터(미장마감, 탄성도료마감 등), 콘크리트 계단(미장마감)
	4회	지상부 콘크리트면에 적벽돌, 산석 등으로 마감공사를 하는 구조물 및 지상부 노출구조물의 저판부 횡단배수구, 집수정 등 비교적 간단한 구조물	플랜터, 돌담, 놀이벽, 장식벽, 집수정, 계단기초 등
	6회	지하매설기초 등 극히 간단한 구조물	경계블록, 빗물받이, 관기초, 측구, 매립조경시설물 기초
원형 거푸집	2회 3회	부정형 정형	
제치장 요철 거푸집	5회	노출콘크리트마감(폼타이 사용)	

〈표 5.10-14〉 거푸집 사용횟수 - 재료 및 용도별 [건축적산자료]

구 분		사용횟수 (회)	비 고
재료별	목재 거푸집(조각널) 목재 거푸집(정착패널) 및 합판 거푸집 강재 거푸집	1~2 3~5 200	
용도별	반복 사용이 불가능한 복잡한 구조 제치장 콘크리트 철근 콘크리트 무근 콘크리트 기초 및 지중보	1 1~2 3 4 4~5	일반적인 경우 2회 사용

2) 거푸집 존치기간

합판거푸집 등은 일정 기간 떼어내지 않는 것이 유리하지만, 현장의 작업진행을 위해서는 빨리 제거하여야 한다. 고정빔(Fixed Beam), 라멘(Rahmen), 아치(Arch) 등은 크리프(Creep)에 의한 균열이 발생하지 않도록 콘크리트가 소정의 강도에 도달하면 가능한 한 빨리 떼어내는 것이 유리하다. 일반적인 거푸집 존치기간은 다음과 같다.

〈표 5.10-15〉 거푸집의 존치기간

종 별	최저기온	존치기간 (일)		비 고
		기초, 기둥 벽, 보 옆	바닥판 보 밑	
거푸집 존치기간	15℃ 이상 18℃ 이상	5 4	11 9	5℃ 이하는 1일을 0.5일로 간주하고, 0℃ 이하는 계산하지 않음.
받침기둥 제거기일	일반층 최상층	42 28	42 28	
	설계기준 강도	21	21	28일 강도로 상층, 하층을 지지하는 바닥판 보가 설계하중의 1.5배 이하일 때

10.7 품셈의 적용

1) 콘크리트

① 적용 범위

콘크리트는 배합종류, 배합비 등 규격별 정미량으로 실 체적을 산출한다.

콘크리트량 산출시 누락·중복에 주의하며, 이때 매설 철골재의 체적(대형 구조용관, 조립부재 등 별도)은 제외하지 않는다. 체적은 시공순서에 의하여 하부에서 상부 구조물 순으로 산출시 누락이나 중복 없이 정확한 수량을 산출할 수 있다.

콘크리트량이 많거나 소량이라도 그 품질상 필요한 경우에는 반드시 배합설계를 수행하여야 하며, 레미콘은 그 경제성 및 품질을 현장 콘크리트와 비교하여 사용여부를 결정하여야 한다고 품셈에서 기준으로 기술하고 있다.

㉠ **기초** : 연속기초와 독립기초

기초판의 콘크리트량을 계산하고, 모양과 크기가 같은 기초부의 개수를 곱한다. 기초부는 특별한 경우 이외에는 지반선 이하로 하고, 지하구조물이 있을 경우에는 구조물 바닥을 경계로 하여 아래 방법 중 하나로 산출한다.

- 연속기초 (V)=기초단면적×중심연장길이
- 독립기초 #1$(V)=\frac{h}{6}[(2a+a')b+(2a'+a)b']$
- 독립기초 #2$(V)=\frac{h}{3}[ab+a'b'+\sqrt{(a'b)\cdot(ab')}]$

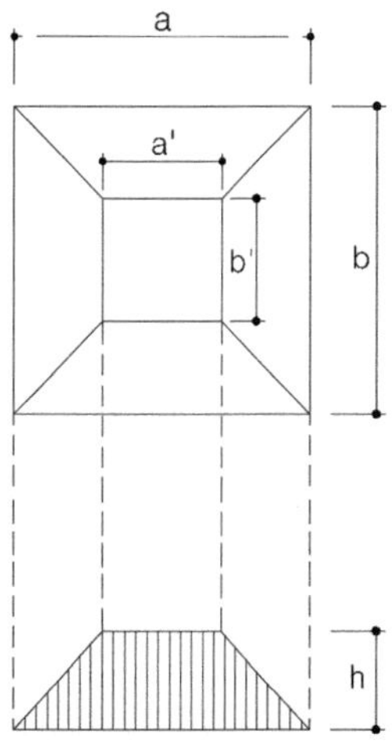

그림 5.10-7
독립기초 콘크리트

㉡ **기둥** : 기둥 단면적에 바닥판 두께를 뺀 층 높이를 곱하여 체적을 산출하고, 모양과 치수가 동일한 개수를 곱한다.

- 기둥 체적=단면적×바닥판 사이의 높이

㉢ **벽체** : 벽면적은 기둥 면적을 빼고, 높이는 바닥판 사이 또는 보 사이의 내부 거리로 한다.

- 벽체 체적=(벽체면적－개구부 면적)×벽두께

㉣ **보** : 보의 단면적은 보의 너비에 높이를 곱하여 구하고, 보의 길이는 기둥간 내부거리로 한다.

- 보 체적=보 단면적×보 길이

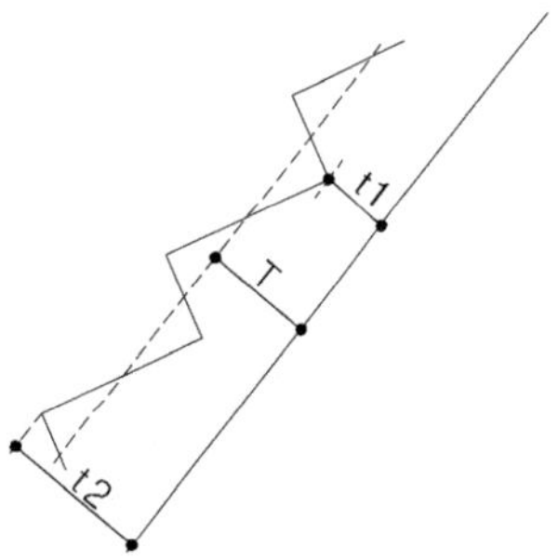

그림 5.10-8
계단의 평균두께

㉤ **바닥판** : 바닥판 전면적은 바닥 외곽선으로 둘러싸인 면적으로 하되, 개구부 면적은 제외한다.

- 바닥판 체적=바닥판 전면적×바닥판 두께

㉥ **계단** : 계단의 체적은 경사면적에 단의 평균 두께를 곱하여 산출한다.

- 계단 체적=계단 경사면면적×계단 평균두께
- 계단의 평균두께$(T)=(t^1+t^2)\ /\ 2$

㉦ **기타 구조물** : 길이에 단면적을 곱하거나 평면적에 두께를 곱하여 산출한다.

② 품셈 기준

㉠ 콘크리트 타설

콘크리트공사는 [공통품셈 6-1(콘크리트)]의 레디믹스트콘크리트 타설, 현장비빔 타설, 표면 마무리에 의하여 다음과 같이 적용한다.

〈표 5.10-16〉 콘크리트 _ 레디믹스트 콘크리트 타설 [공통품셈] (m³ 당)

유 형	구 분	규 격	단위	수 량		
				무근구조물	철근구조물	소형구조물
인력운반타설	콘크리트공		인	0.12	0.14	0.24
	보통 인부		인	0.15	0.16	0.30
장비사용타설	콘크리트공		인	0.06	0.07	0.09
	보통 인부		인	0.02	0.02	0.02
	굴 삭 기	0.6~0.8m³	hr	0.09	0.10	0.31
비 고	- 본 품의 타설유형은 다음의 경우에 적용한다. • 인력운반타설 : 인력운반 장비(손수레 등)로 콘크리트를 운반하여 시공하는 기준이다. • 장비사용타설 : 믹서트럭에서 콘크리트를 굴삭기로 공급받아 근접된 타설 위치에 직접 시공하는 기준이다.					

[주] 1. 본 품은 현장 내 콘크리트 운반, 타설, 다짐 및 양생준비를 포함한다.
2. 소형구조물은 개소별 소량(6m³ 이하)의 타설 위치가 산재되어 있는 경우에 적용한다.
3. 미장공에 의한 표면 마무리가 필요한 경우 [공통품셈 6-1-3(표면 마무리)]를 따른다.
4. 양생은 양생방법 및 시간을 고려하여 별도 계상한다.
5. 공구손료 및 경장비(콘크리트 진동기 등) 기계경비는 인력품의 2%로 계상한다.

〈표 5.10-17〉 콘크리트 _ 현장비빔타설 [공통품셈] (m³ 당)

유 형	구 분	단위	수 량		
			무근구조물	철근구조물	소형구조물
기계비빔타설	콘크리트공	인	0.15	0.17	0.24
	보통 인부	인	0.46	0.68	0.94
인력비빔타설	콘크리트공	인	0.85	0.87	1.29
	보통 인부	인	0.82	0.99	1.36

[주] 1. 본 품은 현장 내 콘크리트 운반, 타설, 다짐 및 양생준비를 포함한다.
2. 소형구조물은 소량의 콘크리트 구조물(인력비빔 3m³ 내외, 기계비빔 10m³ 내외)이 산재되어 있는 경우에 적용한다.
3. 미장공에 의한 표면 마무리가 필요한 경우 [공통품셈 6-1-3(표면 마무리)]를 따른다.
4. 콘크리트 용수를 현장에서 구득하기 어려운 경우에는 운반비를 별도 계상한다.
5. 양생은 양생방법 및 시간을 고려하여 별도 계상한다.
6. 비빔 및 타설에 필요한 장비(배합기, 진동기 등)의 기계경비는 별도 계상한다.

〈표 5.10-18〉 콘크리트 _ 표면마무리 [공통품셈] (100m² 당)

구 분	단위	수 량
미 장 공	인	0.34

[주] 본 품은 콘크리트 타설 후 쇠흙손을 이용하여 마감하는 기준이다.

㉡ 콘크리트 펌프차 타설

펌프차 타설은 기존의 1일 타설량에서 2017년 개정으로 콘크리트 수량, 진동기 사용, 레미콘 종류별, 시설 유형별, 믹서트럭 진입조건별, 작업계수별 기준을 적용하는 복합적 형태로 변경되었으므로 적용시 각별히 유의한다.

콘크리트 펌프차 타설은 [공통품셈 6-1-4(콘크리트 펌프차 타설)] 1. 적용범위, 2. 인력편성, 3. 작업소요시간, 4. 압송관 설치 및 철거, 5. 펌프차 수송비에 의한다.

1. 적용범위[21], 2. 인력편성은 다음과 같다.

〈표 5.10-19〉 콘크리트 펌프차 타설 _ 인력편성 [공통품셈] (1회타설 당)

구 분	단위	편성인력 (1회타설)			비 고
		$100m^3$ 미만	$200m^3$ 미만	$200m^3$ 이상	
콘 크 리 트 공	인	5	6	6	타설 / 진동기 / 면정리
특 별 인 부	인	2	2	3	타설보조 / 면정리 (배관타설시 1인 추가)
보 통 인 부	인	2	2	2	현장정리 / 보조

[주] 1. 본 편성인력은 콘크리트 진동기 사용 기준으로 진동기를 사용하지 않는 경우 콘크리트공과 특별인부를 각 1인 제외한다.
2. 공구손료 및 경장비(콘크리트 진동기 등)의 기계경비와 잡재료비는 인력품에 다음 요율을 적용한다.
- $100m^3$ 미만 : 인력품의 5%
- $200m^3$ 미만 : 인력품의 4%
- $200m^3$ 이상 : 인력품의 3%

[공통품셈 6-1-4(콘크리트 펌프차 타설)]의 3. 작업소요시간은 세분화되어 전체작업소요시간(T), 콘크리트 펌프차 운전시간(Tc), 작업계수(F), 타설준비 및 마무리시간(Tb)이며, 4. 압송관 설치 및 철거는 다음과 같다. 5. 펌프차 수송비는 별도 계상한다. (수송시 속도는 20km/hr로 한다)

가. 전체작업 소요시간(T) : 인력편성 노무비에 적용

$$T = Tc + Tb$$

Tc : 콘크리트 펌프차 운전시간

Tb : 인력에 의한 타설준비 및 마무리 시간

나. 콘크리트 펌프차 운전시간(Tc) : 콘크리트 펌프차 운전시간 적용

$$Tc = (t1 + t2 + t3 + t4)/F$$

t_1(펌프차 세팅) : 20min

t_2(펌프차 마감) : 20min

21)- 본 품은 콘크리트 펌프차($80m^3/hr$ 이상)를 활용한 콘크리트 타설에 적용한다.
- 펌프차 타설은 단일구조물의 1회 타설(셋팅 및 마감)을 기준으로 하며, 인접되어 있는 두개 이상의 구조물을 재셋팅하여 작업하는 경우 동일군으로 계상한다. 단, 펌프차의 타설범위(타설높이 및 수평거리)를 초과하여 재셋팅이 필요한 경우 '작업소요시간의 t3 (펌프차 이동 및 재셋팅)'을 콘크리트 펌프차 운전시간(Tc)에 반영한다.
- 본 품은 펌프차를 활용한 타설, 다짐, 양생준비 작업을 포함한다.
- 타설 후 별도의 표면 마무리가 필요한 경우 [공통품셈 6-1-3(표면 마무리)]를 따른다.
- 콘크리트 펌프차 규격은 타설높이 및 수평거리를 고려하여 선정한다.
- 배관타설은 붐 타설이 곤란한 경우, 혹은 현장조건 등에 따라 배관타설이 적당한 경우에 적용하며, 배관의 설치 및 철거는 [공통품셈 6-1-4(콘크리트 펌프차 타설)의 4. 압송관 설치 및 철거]를 따른다.
- 양생은 양생방법 및 시간을 고려하여 별도 계상한다.
- 와이어메시 등의 소모재료가 필요한 경우 별도 계상한다.

t_3(펌프차 이동 및 재세팅) : 30min/회당

t_4(펌프차 타설, min) : 기준시간 $\times f_1 \times f_2 \times$ 타설량

F(작업 계수)

- 펌프차 세팅 : 펌프차 현장진입 후 타설준비까지 소요시간
- 펌프차 마감 : 믹서트럭 마지막 차량 타설 후 차량마감 및 현장정리
- 펌프차 이동 및 재세팅은 타설 위치가 넓거나 산재하여 펌프차의 이동으로 재세팅이 필요한 경우에 적용하며, 펌프차 작업가능 수평거리를 고려하여 재세팅 횟수를 산정한다.
- 펌프차 타설(t_4)에 적용되는 기준시간, 시설유형(f_1), 믹서트럭 진입조건(f_2)은 다음을 적용한다.

〈표 5.10-20〉 콘크리트 펌프차 타설_기준시간 [공통품셈]

슬 럼 프	기준시간 (min)	
	무근콘크리트	철근콘크리트
8 ~ 12 cm	1.15	1.35
15 cm	1.10	1.25
18 cm 이상	1.00	1.15

[주] 기준시간은 콘크리트 1m³당 타설시간임

〈표 5.10-21〉 콘크리트 펌프차 타설 _ 시설유형 [공통품셈]

유 형	양 호	보 통	불 량	매우불량
f_1	1.0	1.20	1.40	4.0

[주] 1. 양호 : 매트기초 등 펌프차 작업에 제약이 없는 시설물
2. 보통 : 벽, 기둥, 보, 슬래브, 교대, 교각 등 펌프차 작업에 큰 지장이 없어 일반적인 시공이 가능한 시설물
3. 불량 : 옹벽, 줄기초, 슬래브 없는 월거더(Wall Girder) 구조의 기둥과 보 등 펌프차 작업에 제약을 받는 타설 부위가 좁거나 깊은 시설물
4. 매우불량 : 절 · 성토부 비탈면에 시공되는 구조물 등 펌프차 작업에 제약이 매우 큰 시설물

〈표 5.10-22〉 콘크리트 펌프차 타설 _ 믹서트럭 진입조건 [공통품셈]

유 형	양 호	보 통	불 량
f_2	1.0	1.20	1.40

[주] 1. 양호 : 대기공간이 충분히 넓어 믹서트럭 2대가 병렬로 타설준비가 가능하며 지속적인 타설을 수행하는 경우
2. 보통 : 믹서트럭이 1대씩 직렬로 대기하며 순차적으로 타설준비하여 타설하는 일반적인 경우
3. 불량 : 믹서트럭의 대기공간이 협소하고 진출입 길이가 길어 연속적인 타설이 어려운 경우

〈표 5.10-23〉 콘크리트 펌프차 타설 _ 작업계수(F) [공통품셈]

유 형	100m³ 미만	200m³ 미만	200m³ 이상
F	0.70	0.80	0.90

〈표 5.10-24〉 콘크리트 펌프차 타설 _ 타설준비 및 마무리시간(Tb) [공통품셈]

유 형	100m³ 미만	200m³ 미만	200m³ 이상
Tb (min)	25	35	45

[주] 1. 타설준비 작업 : 펌프차 세팅 전 작업인력에 의한 타설 위치 확인, 점검 등 작업에 소요되는 시간이다.
2. 마무리 작업 : 펌프차 타설 후 인력에 의한 양생준비 등 작업에 소요되는 시간이다.

〈표 5.10-25〉 콘크리트 펌프차 _ 압송관 설치 및 철거 [공통품셈] (m 당)

종 류	직 종	품 (인)		계 (인)
		설 치	철 거	
압 송 관	비 계 공	0.009	0.006	0.015

[주] 1. 압송관의 고정비계를 필요로 하는 경우에는 설치 및 철거비를 별도 계상한다.
2. 소운반은 별도 계상한다.

표준품셈의 콘크리트 펌프차 타설 각 기준을 종합하여 조경공사에 가장 보편적이고 표준적인 펌프차 설치 개소당 100~10m^3 수량 적용시의 기준시간은 〈표 5.10-27〉로 산출되고, 산출된 수량을 일위대가 적용이 가능하도록 펌프차 및 인력소요량으로 환산하면 〈표 5.10-26〉과 같이 정리된다.

〈표 5.10-26〉 콘크리트 펌프차 타설 - 종합환산 #1 [공통품셈 적용산출] (m^3 당)

유 형	구 분	규 격	단위	수 량 (개소당 타설량)			
				100m^3 기준	50m^3 기준	30m^3 기준	10m^3 기준
무근구조물 (슬럼프12이하)	콘크리트펌프차	80m^3/hr	hr	0.05610	0.07276	0.09498	0.20610
	콘크리트공		인	0.03765	0.05070	0.06805	0.15485
	특별 인부		인	0.01506	0.02028	0.02722	0.06194
	보통 인부		인	0.01506	0.02028	0.02722	0.06194
철근구조물 (슬럼프12이하)	콘크리트펌프차	80m^3/hr	hr	0.06295	0.07962	0.10184	0.21295
	콘크리트공		인	0.04195	0.05495	0.07235	0.15915
	특별 인부		인	0.01678	0.02198	0.02894	0.06366
	보통 인부		인	0.01678	0.02198	0.02894	0.06366
철근구조물 (슬럼프15)	콘크리트펌프차	80m^3/hr	hr	0.05952	0.07619	0.09841	0.20952
	콘크리트공		인	0.03980	0.05283	0.07019	0.15699
	특별 인부		인	0.01592	0.02113	0.02808	0.06280
	보통 인부		인	0.01592	0.02113	0.02808	0.06280

[적용범위] 1. 본 품은 100m^{3}미만 진동기 사용 펌프차 타설의 구조물/레미콘 종류 및 콘크리트 타설량 기준별 산출량이다.
2. 인력편성 주기에 따라 공구손료 및 경장비(콘크리트 진동기 등)의 기계경비와 잡재료비는 인력품에 5%를 적용한다.

〈표 5.10-27〉 콘크리트 펌프차 타설 - 종합환산 #2, 기준시간 [공통품셈 적용산출] (m^3 당)

유 형	구 분	규 격 (슬럼프)	단위	수 량 (개소당 타설량)			
				100m^3 기준	500m^3 기준	30m^3 기준	10m^3 기준
펌프차 운전시간 (Tc)	무근 구조물	12↓	min	3.36571	4.36571	5.69905	12.36571
	철근 구조물	12↓	min	3.77714	4.77714	6.11048	12.77714
	철근 구조물	15	min	3.57143	4.57143	5.90476	12.57143
인력 작업시간 (Tc+Tb)	무근 구조물	12↓	min	0.00753	0.01014	0.01361	0.03097
	철근 구조물	12↓	min	0.00839	0.01099	0.01447	0.03183
	철근 구조물	15	min	0.00796	0.01057	0.01404	0.03140

[품셈기준]
1. 인력편성은 1회 타설량 100m^3 미만 콘크리트 전동기 사용기준인 콘크리트공 5(인), 특별인부 2(인), 보통인부 2(인)으로서 주기에 의하여 공구손료 및 경장비(콘크리트 진동기 등)의 기계경비와 잡재료비는 인력품에 5%를 적용한다. 이때 전동기를 사용하지 않는 경우 콘크리트공과 특별인부 각 1인을 제외한다.

2. 작업소요시간 중 [적용기준]
– 전체작업 소요시간(인력편성 노무비에 적용) T=Tc+Tb
– 콘크리트 펌프차 운전시간(콘크리트 펌프차 운전시간 적용) Tc=(t1+t2+t3+t4)/F
• Tc(콘크리트 펌프차 운전시간) (20+20+30+t4)/0.7
• Tb(인력에 의한 타설준비 및 마무리 시간) : 25(100㎥ 미만)/35/45min(200㎥ 이상) 25min(100㎥ 미만)
• t1(펌프차 세팅) : 20min
• t2(펌프차 마감) : 20min
• t3(펌프차 이동 및 재세팅) : 30min(회당)
• t4(펌프차 타설, min) : 기준시간×f1×f2×타설량 기준시간 = 무근S12↓ 1.15, 철근S12↓ 1.35, 철근S15 1.25
• F(작업계수) : 0.70(100㎥ 미만)/0.80/0.90(200㎥ 이상) 0.70(1회타설량 : 100㎥ 미만)
• f1(시설유형) : 양호1.0, 보통1.2, 불량1.4, 매우불량4.0 1.2(보통)
• f2(믹서트럭진입 조건) : 양호1.0, 보통1.2, 불량1.4 1.2(보통)

㉢ 모르타르

모르타르는 [건축품셈 9-1-1(모르타르 배합)]에 의하여 다음과 같이 적용한다.

〈표 5.10-28〉 모르타르 배합 [건축품셈] (m^3 당)

구 분	단위	수 량	
		모래체가름 포함	모래체가름 제외
보 통 인 부	인	0.66	0.43

[주] 1. 본 품은 시멘트와 모래를 배합하는 기준이다.
2. 배합이 포함된 것이며, 비빔은 제외되어 있다.

[참고자료] 모르타르 배합 재료량
• 배합용적비 1 : 1 = 시멘트 1,093(kg) 모래 0.78(m^3)
• 배합용적비 1 : 2 = 시멘트 680(kg) 모래 0.98(m^3)
• 배합용적비 1 : 3 = 시멘트 510(kg) 모래 1.10(m^3)
• 배합용적비 1 : 4 = 시멘트 385(kg) 모래 1.10(m^3)
• 배합용적비 1 : 5 = 시멘트 320(kg) 모래 1.15(m^3)
※ 위 재료량은 할증이 포함된 것이다.

㉣ 부대공사

콘크리트 치핑은 이어치기 시 연결부의 인위적인 흠집으로 접착력을 높이는 방법이다. 치핑(현장용어 '하쓰리')은 [공통품셈 6-1-12(콘크리트 치핑)]에 의하여 다음과 같이 적용한다.

지수판은 염화비닐수지(PVC)가 일반적이며, 조인트부의 누수방지용으로 사용한다. 지수판 설치는 [공통품셈 6-3-9(지수판 설치)]의 PVC용접과 소켓 연결, 신축이음은 [공통품셈 6-3-10(신축이음-Expansion Joint)]의 다웰바 설치, 채움재 설치, 실링 마감에 의하여 다음과 같이 적용한다.

〈표 5.10-29〉 콘크리트 치핑(Chipping) [공통품셈] (m^2 당)

구 분	단위	인력 치핑	기계 치핑
특별 인부	인	0.23	0.13

[주] 1. 콘크리트 구조물 시공 이어치기 부위를 기준으로 한 것이다.
2. 본 품에는 준비, 청소, 정리품이 포함되어 있다.
3. 벽체, 천장 등 치핑을 위한 가시설물이 필요한 경우는 별도 계상한다.
4. 기계 치핑의 경우 기계경비는 별도 계상한다.
5. 공구손료는 인력품의 3% 내에서 별도 계상한다.

〈표 5.10-30〉 지수판 설치 _ PVC 용접 [공통품셈]

(m 당)

구 분	단위	수 량
특 별 인 부	인	0.151
보 통 인 부	인	0.116

[주] 1. 본 품은 PVC 용접기를 사용한 지수판 설치를 기준한 것이다.
2. 공구손료 및 경장비(PVC 용접기 등)의 기계경비는 인력품의 3%로 계상한다.
3. 재료량은 다음을 참고하여 적용한다. (m당)
- PVC 지수판(200×5t) : 1.04(m)
- PVC 용접봉 : 0.042(kg)
- 철선(#8) : 0.21(kg)

※ 재료량은 할증이 포함된 것이며, 설계에 따라 재료를 증감할 수 있다.

〈표 5.10-31〉 지수판 설치 _ 소켓 연결 [공통품셈]

(m 당)

구 분	단위	수 량
특 별 인 부	인	0.085
보 통 인 부	인	0.029

[주] 1. 본 품은 지수판 연결재(소켓)를 사용한 지수판 설치를 기준한 것이다.
2. 본 품은 지수판 절단 및 설치, 소켓 연결, 실란트 마감 작업이 포함된 것이다.

〈표 5.10-32〉 신축이음 설치 _ 다웰바 설치 [공통품셈]

(EA 당)

구 분	단위	수 량
형 틀 목 공	인	0.043
보 통 인 부	인	0.009

[주] 1. 본 품은 콘크리트 구조물의 신축이음부 설치를 기준한 것이다.
2. 다웰바의 설치 간격은 150mm를 기준한 것이다.
3. 녹막이 페인트 작업은 [건축품셈 11-2-6(녹막이 페인트칠)]을 따른다.

〈표 5.10-33〉 신축이음 _ 채움재 설치 [공통품셈]

(m^2 당)

구 분	단위	수 량
형 틀 목 공	인	0.029
보 통 인 부	인	0.006

[주] 1. 본 품은 콘크리트 구조물의 신축이음부 설치를 기준한 것이다.
2. 채움재(발포폴리스티렌)는 두께 20mm를 기준한 것이다.

〈표 5.10-34〉 신축이음 _ 실링 마감 [공통품셈]

(m 당)

구 분	단위	수 량
방 수 공	인	0.021
보 통 인 부	인	0.004

[주] 1. 본 품은 콘크리트 구조물의 신축이음부 마감을 기준한 것이다.
2. 본 품은 V커팅, 프라이머 바름, 백업재 삽입, 실링재 주입 작업이 포함된 것이다.
3. 공구손료는 인력품의 1%를 계상한다.

2) 철 근

① 적용 범위

철근은 종류별, 지름별로 총연장에 단위중량을 곱하여 총 중량을 구한다. 각 구조물 부위별로 기초, 기둥, 보, 바닥판, 벽체, 계단, 기타 순으로 누락 없이 산출한다.

철근은 정미량에 원형철근은 5%, 이형철근은 3%의 할증률을 가산하여 소요량으로 하며, 할증량은 고철 가격으로 재료비에서 공제함을 원칙으로 한다.

② 품셈 기준

철근의 현장가공 및 조립은 [공통품셈 6-2-1(현장가공 및 조립-토목)], [공통품셈 6-2-2(현장가공 및 조립-건축)]에 의하여 다음과 같이 적용·준용한다. 품셈에서[22] 토목은 시설종류별, 건축은 철근 굵기별로 구분하므로 13mm 이하의 다수 사용으로 중량 대비 가공조립이 상대적으로 많은 조경은 건축기준의 적용이 보다 합당하겠다.

포장공사 적용 와이어메시 바닥깔기는 [건축품셈 8-1-3(와이어메시 바닥깔기)]를 다음과 같이 적용한다.

〈표 5.10-35〉 철근 _ 현장가공 및 조립(토목, 건축) [공통품셈] (ton 당)

구조별	가 공		조 립		계	
	철근공 (인)	보통인부(인)	철근공 (인)	보통인부(인)	철근공 (인)	보통인부(인)
간 단	1.07	0.35	1.69	0.69	2.76	1.04
보 통	1.24	0.45	1.84	0.75	3.08	1.20
복 잡	1.51	0.50	1.92	0.80	3.43	1.30
매우 복잡	1.69	0.60	2.14	0.86	3.83	1.46

[주 - 토목] 1. 간단한 것이란 측구, 간단한 기초 및 중력식 옹벽 등을 말하며, 보통의 것이란 수문, 반중력식 옹벽 및 교대 등을 말하고, 복잡한 것이란 교량의 슬래브, 암거, 우물통, 부벽식 옹벽 등을 말하며, 매우 복잡한 것이란 구주식(기둥형) 교대, 교각, 지하철, 터널 등을 말한다.

2. 철골과 병용하는 가공 및 조립은 복잡한 가공 및 조립에 준한다.
3. P.C 강선인 경우에는 복잡한 가공 및 조립품의 40%까지 가산할 수 있다. 다만, 정착에 소요되는 기구의 손료는 노력품의 2%를 계상한다.
4. 가공은 절단, 절곡(밴딩) 등 철근의 변형을 요하는 작업이며, 철근가공에 사용되는 기계기구(철근가공기 등) 손료는 노력품(가공)의 2%를 계상한다.
5. 산재되어 있는 소형 구조물(콘크리트 $10m^3$ 미만)에서는 그 조립에 대한 노력품을 50%까지 가산할 수 있다.
6. 결속선은 0.9mm를 표준으로 하고, 간단한 구조에서는 5kg, 보통구조에서는 6.5kg, 복잡한 구조에서는 8kg을 표준 사용량으로 한다.
7. 수직고 7m 이상에서 크레인 등 장비사용시 기계경비는 별도 계상한다.

[주 - 건축] 1. 철골과 병용하는 가공 및 조립은 복잡한 가공 및 조립에 준한다.

2. P.C 강선인 경우에는 복잡한 가공 및 조립품의 40%까지 가산할 수 있다. 다만, 정착에 소요되는 공구의 손료는 인력품의 2%로 계상한다.
3. 가공은 절단, 절곡(밴딩) 등 철근의 변형을 요하는 작업이며, 철근가공에 사용되는 기계기구(철근가공기 등) 손료는 인력품

---

22)- 철근 현장가공 및 조립과 철근 공장가공 및 조립 2가지 품셈에서 공통으로 (토목)은 간단, 보통, 복잡, 매우복잡의 4단계 구분이며, (건축)은 보통, 복잡의 2단계로 구분하고 있다.

- 표준품셈에서 토목은 시설종별로 구분하고, 건축은 철근 굵기로 구분하여 철근 전체 중량에서 직경 13mm 이하 철근이 50% 이상인 경우 복잡을 적용한다. 이는 철근 ton당 가는 철근이 많을 경우 가공 및 조립품이 증가하는 기준이다.

의 2%로 계상한다.
4. 결속선은 0.9mm를 표준으로 하고, 보통구조에서는 6.5kg, 복잡한 구조에서는 8kg을 표준사용량으로 한다.
5. 복잡한 가공조립은 직경 13mm이하의 철근이 전 철근중량의 50% 이상인 경우를 말한다.
6. 산재되어 있는 소형구조물(콘크리트 $10m^3$ 미만)에서는 그 조립에 대한 인력품을 50%까지 가산할 수 있다.
7. 수직고 7m 이상에서 장비가 필요하다고 판단되는 구조물에서는 별도 계상할 수 있다.

〈표 5.10-36〉 철근 _ 공장가공(토목, 건축) [공통품셈] (ton 당)

구 조 별	단위	철 근 공	보통인부
간 단	인	0.18	0.03
보 통	인	0.23	0.03
복 잡	인	0.30	0.04
매 우 복 잡	인	0.38	0.06

[주 - 토목] 1. 본 품에는 가공 및 상차작업이 포함되어 있다.
2. 운반비는 별도 계상한다.
3. 공장관리비는 노무품의 60%까지 계상할 수 있다.
4. 철근 시공상세도(shop drawing) 작성비용은 별도 계상한다.
5. 간단한 것이란 측구, 간단한 기초 및 중력식 옹벽 등을 말하며, 보통의 것이란 수문, 반중력식 옹벽 및 교대 등을 말하고, 복잡한 것이란 교량의 슬래브, 암거, 우물통, 부벽식 옹벽 등을 말하며, 매우 복잡한 것이란 구주식(기둥형) 교대, 교각, 지하철, 터널 등을 말한다.
6. 철근가공에 사용되는 기계기구(철근가공기 등) 손료는 인력품의 2%로 계상한다.

[주 - 건축] 1. 본 품에는 가공 및 상차작업이 포함되어 있다.
2. 운반비는 별도 계상한다.
3. 공장관리비는 노무품의 60%까지 계상할 수 있다.
4. 철근 시공상세도(shop drawing) 작성비용은 별도 계상한다.
5. 복잡한 가공조립은 직경 13mm 이하의 철근이 전 철근중량의 50% 이상인 경우를 말한다.
6. 철근가공에 사용되는 기계기구(철근가공기 등) 손료는 인력품의 2%로 계상한다.

〈표 5.10-37〉 와이어메시 바닥깔기 [건축품셈] (m^2 당)

구 분	단위	수 량
특 별 인 부	인	0.006

[주] 1. 본 품은 와이어메시 (크기 1,800×1,800mm) 바닥 설치작업을 기준한 것이다.
2. 재료량은 다음을 참고한다. (m^2 당)
- 와이어메시 (규격 1,800×1,800mm) : 0.36(매)
- 잡재료 및 소모재료(결속선 등) : 주재료비의 3(%)

※ 위 재료량은 할증이 포함되어 있다.

3) 거푸집

콘크리트는 시멘트, 모래, 골재 등에 물을 첨가하여 구조물이 요구하는 크기와 형상의 거푸집에서 경화하므로 거푸집의 역할이 매우 중요하다.

노출콘크리트는 제치장 또는 제물치장 콘크리트와 혼용되어 표기되고 있다. 「제물」의 사전적 의미는 '딴 것이 섞이거나 덧붙어서 된 것이 아닌 순수하게 제대로 된 물건'으로 제물치장 콘크리트는 별도 마감하지 않는 콘크리트 그 자체로서, 콘크리트가 구조이면서 마감을 동시에 표현하는 것이다.

문양거푸집은 콘크리트의 노출은 동일하지만 콘크리트면에 일정한 문양으로 입체적인 무늬를 주기 위하여 사용한다. 거푸집의 단순한 기능수행에서 경관의 향상이라는 측면을 부가하여 경제적이고 시공성도 간편한 문양거푸집의 사용이 증가하였으며, 현재는 스티로폼형과 합성수지형으로 구분 · 사용되고 있다.

① 적용 범위

거푸집은 설계도서에 의하여 사용 장소별, 종류별로 그 실면적을 산출하며, 산출기준은 다음과 같다.

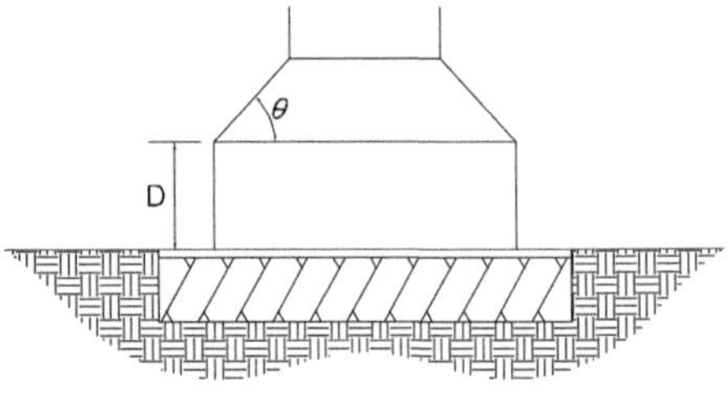

그림 5.10-9 기초부 거푸집 산출기준

㉠ 기초 : 기울기 30도 기준으로 분류
기울기 $\theta \geq 30°$는 경사면으로, $\theta < 30°$는 수직면(D)으로 면적을 산출한다.

㉡ 기둥 : 기둥의 범위는 윗층 바닥판 두께를 뺀 부분으로써 기둥높이는 바닥판 내부 사이의 높이를 말한다.

- 기둥면적 = 기둥 둘레길이×기둥높이

㉢ 벽체 : 벽면적은 기둥과 보의 면적을 뺀 것으로 한다.

- 벽체 = (벽면적 − 개구부 면적)×2(면)

㉣ 보 : 보의 밑 부분은 바닥판에 포함된다.

- 보 면적 = (기둥 간의 내부길이×바닥판 두께를 뺀 보의 옆면적)×2(면)

㉤ 계단 : 옥외계단은 챌면의 면적만을 계산한다.

- 계단 = 계단너비×챌면 층높이×계단수

㉥ 개구부 : $1m^2$ 이하의 개구부는 주위를 고려하여 거푸집 면적에서 제외하지 않는다.

㉦ 기초와 지중보, 지중보와 기둥, 기둥과 보, 큰 보와 작은 보, 기둥과 벽체, 보와 벽, 바닥판과 기둥의 접합부 면적은 거푸집 면적에서 제외하지 않는다.

㉧ 거푸집 할증 : 산재되어 있는 콘크리트 $10m^3$ 미만의 소형 구조물은 인력품을 30%까지 별도 가산할 수 있다.

② 품셈 기준

거푸집 적용기준은 거푸집 종류별로 재료의 사용횟수와 자재수량, 인력투입 기준과 수량 등으로 구분되므로 콘크리트 타설과 유사한 거푸집 기준으로 재료와 인력을 구분·적용한다.

합판거푸집은 [공통품셈 6-3-1(합판거푸집 설치 및 해체)]의 1. 사용횟수, 2. 자재수량, 3. 설치 및 해체에 의하여 다음과 같이 적용한다.

조경공사에 주로 사용되지 않는 2. 강재거푸집, 3. 유로폼, 4. 문양거푸집, 5. 합성수지(PE)원형 맨홀 거푸집, 6. 슬립폼, 7. 알루미늄폼, 8. 갱폼은 품셈 해당항목을 참조한다. 개정전 사용하던 목재거푸집, 원형거푸집, 터널폼은 [2016년 토목, 건축품셈]을 필요시 참고·준용한다.

〈표 5.10-38〉 합판거푸집 _ 사용횟수 [공통품셈]

사용횟수	유 형	구 조 물
1~2회	제물치장	제물치장 콘크리트
2회	매우복잡 /소규모	T형보, 난간, 복잡한 구조의 교각, 교대, 수문관의 본체 등 매우 복잡한 구조 소규모 : 조적턱, 창호턱 등 소규모로 산재되어 있는 구조물
3회	복 잡	교대, 교각, 패러핏, 날개벽 등 복잡한 벽체구조, 건축 라멘구조의 보, 기둥
4회	보 통	측구, 수로, 우물통 등 비교적 간단한 벽체구조, 교량 및 건축 슬래브
6회	간 단	수문 또는 관의 기초, 호안 및 보호공의 기초 등 간단한 구조

[주] 1. 사용횟수는 구조물 형상 또는 현장조건에 제한을 받는 경우에는 이를 고려하여 결정한다.
2. 제물치장의 경우 2회 사용 시 [공통품셈 6-3-1의 2(자재수량)]인 〈표 5.10-39〉를 참고한다.
3. 극히 간단한 구조에서는 6회 이상을 적용한다.
4. 현장 여건상 특수거푸집을 제작 사용할 경우 별도 계상한다.

〈표 5.10-39〉 합판거푸집 _ 자재수량 [공통품셈]

(m^2 당)

종 별	단위	수량	1회 사용 자재비의 %				
		1회	2회	3회	4회	5회	6회
합 판 각 재	m^2 m^3	1.03 0.038	55.0%	44.3%	38.0%	35.0%	32.7%
소 모 자 재 (박리재 등)	주자재비의 %	4.0%	7.0%	8.0%	9.0%	10.0%	11.0%

[주] 1. 자재수량은 설계조건에 따라 별도 계상할 수 있다.
2. 2회 이상에서는 1회 사용수량에 대해 해당 요율을 적용한다.
3. 제물치장에 소요되는 볼트, 나무덧쇠, 파이프 등은 별도 계상한다.
4. 폼타이(Form Tie)의 주기사항은 필요시 품셈을 참고 적용한다.

〈표 5.10-40〉 합판거푸집 _ 설치 및 해체 [공통품셈]

(m^2 당)

구 분	단위	유 형				
		제물치장	매우복잡 /소규모	복 잡	보 통	간 단
형 틀 목 공 보 통 인 부	인 인	0.23 0.14	0.18 0.05	0.16 0.04	0.11 0.03	0.10 0.02
비 고	- 제물치장의 경우 자재 1회 사용 기준이며, 2회 사용 시 본 품의 60%를 적용한다. - 본 품은 수직고 7m까지 적용하며, 이를 초과하는 경우 매 3m마다 인력품을 10%까지 가산한다. (현장 여건에 따라 장비가 필요한 경우 양중장비를 계상하고, 인력품을 가산하지 않는다.) - 지붕 슬래브 설치(경사도 20° 미만)에서는 인력품을 20% 가산한다.					

[주] 1. 본 품은 설치면적을 기준한 것이며, 합판거푸집(내수합판 12㎜ 기준)의 가공, 제작, 조립, 해체를 포함한다.
2. 본 품에는 청소, 박리제 바름 및 보수 품이 포함되어 있으며, 동바리 설치(재료 포함)는 제외되어 있다.
3. 곡면 및 특수형상 부분의 품은 별도 계상한다.
4. 공구손료 및 경장비 기계경비는 인력품의 1%로 계상한다.

11 목공사

Landscape Architecture

11.1 개 요

목재(木材, Wood)는 예전부터 구조용재, 가설용재, 가구용재, 수장재에 이르기까지 다양하게 쓰여 왔다. 그러나 현대에 이르러 철강 및 콘크리트 등의 사용이 증가하면서 구조재는 점차 감소되고 수장재로서의 역할이 증대되고 있다.

목재는 다른 재료가 갖고 있지 않는 특성이 있어서 많이 사용되는 재료이며, 특히 조경용 재료로서는 방부법의 발달로 옥외구조물에 많이 사용된다.

그림 5.11-1 목재데크 시공

그림 5.11-2 목공사 상세 1

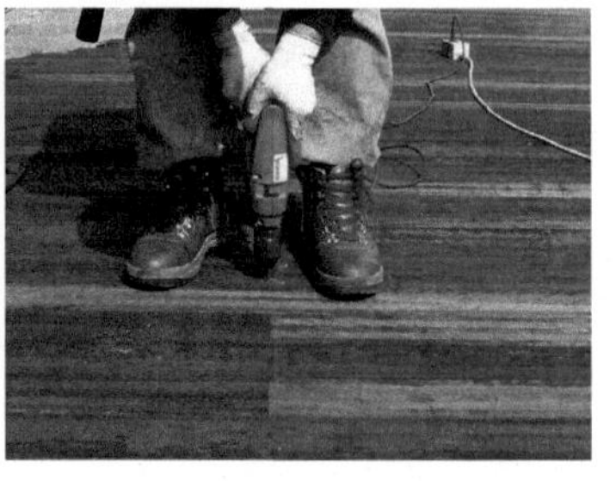

그림 5.11-3 목공사 상세 2

11.2 목재의 특성

1) 목재의 장·단점

① 목재의 장점

- 중량이 가볍고, 운반·가공이 쉽다.
- 비중에 비하여 강도·탄성·인성이 크고, 열·소리·전기 등의 전도성이 작다.
- 온도에 대한 팽창·수축이 비교적 작으며, 충격·진동의 흡수성이 크다.
- 외관이 아름답고, 가격이 저렴하며, 생산량이 많아 구입이 용이하다.
- 적당한 경도와 연도로 가공이 쉽고, 못질·접착이음 등의 접착성이 좋다.

② 목재의 단점

- 가연성으로서 화재에 취약하며, 크기에 제한을 받는다.
- 수분에 의한 팽창·수축 등으로 변형과 균열이 생기기 쉽다.
- 경도·응력이 작으며, 재질과 강도 등의 균질성이 적다.
- 부식성·흡수성이 크며, 이것에 의한 변형·왜곡·비틀림이 발생한다.

2) 목재의 분류

목재는 성장 · 재질 · 용도에 의하여 다음과 같이 분류되며, 일반적으로 사용하는 목재를 종합적으로 분류하면 다음과 같다.

〈표 5.11-1〉 목재의 종합적 분류

① 용도별 분류

㉠ 구조재 ㉡ 수장재 ㉢ 창호재 ㉣ 가구재

② 수종별 분류

㉠ 국내산

- 침엽수 : 소나무, 낙우송, 잣나무, 전나무, 가문비나무 등
- 활엽수 : 참나무, 느티나무, 박달나무, 자작나무, 오동나무, 단풍나무 등

㉡ 외국산

- 침엽수 : 미송, 삼나무, 전나무 등
- 활엽수 : 나왕(Lauan), 티크(Teak), 마호가니(Mahogany) 등

③ 제품별 분류

㉠ 합판, 보드(Board) : 합판, 목모 시멘트판, 섬유판, 칩보드(Chip Board)

㉡ 마룻널 : 플로어링(Flooring), 쪽매판(Floor Block), 쪽매널(Parquetry)

㉢ 루버 : 목제 루버, 합성수지제 루버

㉣ 소란(小欄) : 소란대(Boarder, Emboss)

㉤ 붙임널(무늬목)

④ 가공 집성재

㉠ **집성목재(集成木材, Glue-laminated Timber)** : 판재 · 각재를 섬유방향으로 평행하게 길이 · 너비 · 두께로 겹쳐 붙인 목재이다. 집성목재는 대단면 · 장대재 · 완곡재로 제작이 가능하며, 아름다운 외관과 균일한 품질의 비틀림 · 변형 등이 없는 인공목재이다. 집성목재가 합판과 다른 점은 섬유방향을 평향(平向)으로 접착하며, 박판(薄板)이 아니라는 점이다.

㉡ **단판적층재(單板積層材, Laminated Veneer Lumber)** : 단판의 섬유판을 평향으로 여러 장 겹쳐 접착한 목재이다. 합판이 판상재인데 비하여 단판적층재는 대체로 각재로서, 목재의 불균일성을 개선하고 뒤틀림이 적은 장대재(長大材)를 만드는데 적합하다.

3) 목재의 성질

목재의 특성은 물리적, 역학적, 화학적, 열과 전기 등에 대한 성질로 구분된다.

① 물리적 성질

㉠ **색상 · 광택 · 향기** : 목재는 다양한 색상과 광택을 보이며, 면을 대패질하면 절단면 방향으로 광택을 보인다. 광택은 일반적으로 재질이 치밀하고 단단할수록, 수선이 많을수록, 심재가 변재보다, 활엽수가 침엽수보다 좋다. 목재는 대체로 특유의 향기를 지니며 건조에 의하여 줄어든다.

㉡ **비중** : 목재의 비중은 동일한 수종이라도 생육지역 · 수령 · 밀도 · 부위별로 다르다. 일반적인 목재비중은 기건비중이며, 절대건조비중으로도 나타낼 수 있다. 목재의 기건비중은 0.9~0.3 정도이다.

㉢ **함수율** : 목재는 함수율에 의하여 생재(生材)와 기건재(氣乾材)로 구분된다. 생재는 벌채 직후의 목재로서 함수율은 60~100%(변재는 80~100%, 심재는 40~100%) 정도이고, 기건재는 생재를 대기 중에서 건조한 목재로서 함수율이 12~18% 정도이다. 목재가 건조하여 유리수가 증발되고 세포수만 존재하게 되는 시점을 섬유포화점(Fiber Saturation Point)이라 하고, 이때의 함수율은 30% 정도가 된다.

㉣ **수축률** : 목재의 수축률은 수종 · 비중에 따라 일정하지 않지만 일반적으로 널결 방향으로 6~8%, 곧은결 방향으로 3~4%, 섬유방향으로 0.1~0.3%로서 그 비율은 대체로 20 : 10 : 1~0.5이다.

② 역학적 성질

㉠ **비중 · 함수율** : 목재의 비중은 강도 등 역학적 성질과 밀접하므로 비중을 측정하면 목재의 역학적 성질을 추정할 수 있다. 일반적으로 비중이 큰 목재일수록 강도가

크며, 섬유포화점을 경계로 강도 등의 역학적 성질이 변화한다.

㉡ **강도** : 목재의 강도는 비중 · 함수율, 수종, 섬유의 결, 힘의 방향, 목재의 옹이 등에 따라 다르다. 목재의 압축 및 인장강도는 섬유 평행방향에서 가장 크고, 직각방향에서 가장 적다. 압축강도는 옹이가 있으면 감소하며, 휨강도는 압축 · 인장 · 전단 등 응력이 복합적으로 작용한다.

㉢ **경도** : 마멸에 대한 내부저항인 목재의 경도는 마구리면이 가장 높고 곧은결면과 널결면은 별로 차이가 없다. 일반적으로 비중이 큰 목재가 경도가 높고 마구리의 경도는 곧은결의 약 3배 정도이다.

㉣ **허용응력도** : 목재에 하중이 작용되었을 때 안정성에 지장이 없는 장기간 허용응력도는 압축 50~90kg/cm^2, 인장 또는 휨 60~125kg/cm^2, 전단 4~14kg/cm^{2}이며, 단기간의 허용응력도는 장기허용응력도의 1.5배 정도이다.

③ 화학적 성질

목재는 다른 재료에 비하여 산 · 알칼리에 의한 부식 등 변형이 적고, 목재를 가열하면 100℃ 내외에서 수분을 소실하고 160℃가 넘으면 점차 열분해를 시작하여 이산화탄소(CO), 메탄(CH_4), 수소(H_2) 등 휘발성 가스를 발산한다. 150℃에서 탄화작용으로 흑갈색으로 변색되고, 260℃에서 화원(火源)인 불길을 끌어당기는 인화점이 되며, 450℃ 이상이 되면 목재 자체에서 자연발화된다.

④ 기타 성질

㉠ **열전도율** : 목재는 조직 내의 공간으로 열의 전도가 늦다. 열전도율은 비중이 크고 함수율 증가에 따라 증가하며, 일반적으로 다공질의 목재가 낮다.

㉡ **전기저항** : 목재는 함수율이 높을수록 전기의 저항이 떨어진다. 전기저항은 비중이 작은 것이 큰 것보다, 변재가 심재보다, 침엽수가 활엽수보다, 직각방향이 섬유방향보다 크다. 목재는 공극에 의한 흡음효과로 방음용으로 적당하며, 흡음률은 비중이 작은 목재일수록 크다.

㉢ **음의 반사** : 목재에 광선이 투사되면 일부는 흡수하고 나머지는 반사한다. 목재는 목질부의 세포방사조직에 의하여 광택을 띠는데, 곧은결면이 널결면보다 크고 마구리면은 광택이 거의 없으며, 광택이 있을수록 반사가 크다.

㉣ **내구성** : 내구성은 충류, 균류, 풍화작용으로 인한 변질 등의 저항성을 말한다. 특히 문제가 되는 것이 흰개미 등의 충류가 침식하여 섬유를 절단하고, 곤충의 분비물에 의하여 썩는 것이다. 풍화에 의하여 내구성이 저하되며 특히 풍화가 진행되면 흡수하기 쉽고 균류의 생육으로 목재가 부패하기 쉽다.

㉤ **내연성** : 목재를 불연화(不燃化)할 수는 없으나 난연성(難燃性)으로 만들어 연소시간을 지연시킬 수 있다. 방화제 · 방화페인트 · 플라스터 · 모르타르 등의 주입 · 도포 ·

피복으로 불연성가스를 발생시키거나 연소에 필요한 공기를 차단하는 방법이다.

4) 목재 방부법

① 표면 탄화법

목재의 표면을 불에 그슬려 탄화시키는 방법으로 처리가 간단하고 가격이 저렴한 것이 장점이며, 탄화 부분의 흡수성이 커져 내부에 습기가 침입하기 쉬우므로 효과의 영속성이 적은 것이 단점이다. 벽판, 말뚝, 울타리 등 땅 속에 묻을 기둥 등에 주로 사용한다.

② 약제 도포법

외부의 습기, 균류, 충류의 침입 방지를 위하여 약제를 목재 표면에 칠하는 방법으로 충분히 건조가 이루어진 목재의 표면에 도포해야 하며, 만약에 내부에 습기가 잔류하면 내부로부터 부식이 진행되어 방부효과가 없어진다.

도포에 사용되는 약제는 페인트(Paint), 바니시(Varnish), 크레오소트(Creosote), 타르(Tar), 아스팔트(Asphalt) 등이 있으며, 방부 효과를 지속시키기 위해서는 4~5년마다 반복적으로 도포해야 한다.

③ 약제 주입법

㉠ 상압 주입법 : 방부제 속에 일정시간 목재를 침전시키는 방법으로 효과는 도포법보다 양호하다. 크레오소트(Creosote)를 많이 사용한다.

㉡ 가압 주입법 : 압력탱크 속에서 고압으로 방부제를 침투시키는 공법으로 외부에 노출되는 조경공사 특성상 가장 많이 사용하는 방법이다. 과거에 많이 사용하던 C.C.A(크롬, 구리, 비소화합물) 방부법은 환경에 유해하여 현재 사용하지 않으며, 환경에 유해하지 않은 자연성 물질로 방부하는 여러 방법이 있다.

목재의 증기건조 및 방부처리를 위한 운반비는 [LH공사] 기준을 준용하여 인천과 대전지역 중 가까운 지역 시설을 이용하며, 운반장비는 일반용 화물트럭 4.5ton을 1대(12m^3)로 계상하여 왕복운임을 적용한다.

11.3 목재의 사용

1) 치수 표시

목재 치수는 제재치수, 제재 정치수, 마무리 치수로 3종이 있으며, 통나무는 끝마무리 지름인 말구(ϕ)로 표시한다. 일반재는 제재치수나 정치수로 구분하며, 마무리 치수인 경우 건조, 수축, 대패질, 기타 여유를 두어 3~5mm 정도 더 크게 제재해야 한다.

① **제재 치수** : 톱날의 중심간 거리를 목재의 치수로 호칭한 것이다.

② **제재 정치수** : 제재하여 나온 목재 자체 정미 치수의 호칭이다.

③ **마무리 치수** : 제재목에 대패질 등 마무리 손질을 한 목재 치수의 호칭이다.

2) 목재의 규격

① **목재의 정척(正尺)** : 목재 길이 1.8m(6자), 2.7m(9자), 3.6m(12자) 등을 정척물이라 하고, 기타를 난척물이라 한다. 정척물 길이는 1자 단위로서 1.8m 미만인 것을 단척물, 3.6m보다 긴 것은 장척물이라고 한다.

② **각재의 단면** : 각재는 12cm, 10.5cm, 9cm 각재를 기본으로 그 4등분 정도 이하를 소각재, 1변 너비가 타 변의 2배 이상 큰 것을 대각재로 구분한다.

③ 조경공사의 목공사는 전통적으로 [LH공사], [조경공사 적산기준]의 기준을 준용하고 있다. 목공사는 목재 규격기준의 이해가 필요하다.

〈표 5.11-2〉 목재의 규격기준 [LH공사, 조경공사 적산기준]

형 상		규 격 기 준	
원 목	통 나 무	대 경 재 중 경 재 소 경 재	말구지름 : 30cm 이상 (60cm 이상) 말구지름 : 15~30cm 미만 (45~60cm 미만) 말구지름 : 15cm 미만 (45cm 미만)
	조 각 재	대 조각재 중 조각재 소 조각재	폭 : 30cm 이상 (60cm 이상) 폭 : 15~30cm 미만 (45~60cm 미만) 폭 : 15cm 미만 (45cm 미만)
제재목	판 재 류	좁은 판재 넓은 판재 두꺼운판재 사면 판재	두께 : 3cm 미만, 폭 : 12cm 미만 두께 : 3cm 미만, 폭 : 12cm 이상 두께 : 3cm 이상 폭 : 6cm 이상, 횡단폄 : 사다리꼴
	각 재 류	작은 각재	작은 정각재 : 횡단면이 사다리꼴 작은 평각재 : 횡단면이 직사각형
		큰 각 재	큰 정각재 : 횡단면이 정사각형 큰 평각재 : 횡단면이 직사각형

[주] 용어정의

1. 원 목 : 제재하지 아니한 통나무와 조각재
2. 조각재 : 최소 횡단면에 있어서 빠진 변을 보완한 네모꼴 4변의 합계에 대한 빠진 변의 합계가 100분의 80 이상인 둥근형태의 것.

   「조각재의 말구 두께 및 폭」은 그 조각재의 말구의 빠진 변을 보완한 네모꼴의 짧은 변을 두께로 하고 긴 변을 폭으로 한 것을 말한다.
3. 각재류 : 두께가 7.5cm 미만이고, 폭이 두께의 4배 미만인 것. 또는 두께 및 폭이 7.5cm 이상인 것
   - 작은 각재 (두께가 7.5cm 미만이고, 폭이 두께의 4배 미만인 것)
   - 큰 각재 (두께 및 폭이 7.5cm 이상인 것)
4. 판재류 : 두께가 7.5cm 미만이고, 폭이 두께의 4배 이상인 것

[주] 괄호 안 수치는 수입 열대산 활엽수에 적용

3) 목재의 재적계산

① 단위기준 (정부 규정과 시책이 변하였으나 전통적 방법은 다음과 같다.)

㉠ 미터법

- $1m^3 = 1m \times 1m \times 1m = 1{,}000dm^3 = 299.475$재(才)≒300재(才, 사이)
- $1dm^3$ (ℓ)$=1{,}000cm^2=0.2995$재(才)

㉡ 척관법

- 1재=1치×1치×12자=0.12세제곱척
- 1석=1자×1자×10자=10세제곱척=83.3재

㉢ 기타

- 1보드피트(Board Feet)=$1' \times 1' \times 1' = 0.703$재

② 재적 계산법

㉠ 통나무(원목)

- 길이×중앙 단면적
- 길이×{원구(元口)면적+말구(末口)면적}×1/2
- 길이×{원구면적+말구면적+(4×중앙단면적)}×1/6

〈표 5.11-3〉 통나무 재적 계산표 [산림청] (단위 : m^3)

길이 / 말구	0.9m (3척)	1.2m (4척)	1.5m (5척)	1.8m (6척)	2.1m (7척)	2.4m (8척)	2.7m (9척)	3.6m (12척)	4.5m (15척)	5.4m 18척)	6.3m (21척)	7.2m (24척)
4cm	0.001	0.002	0.002	0.003	0.003	0.004	0.004	0.006	0.007	0.009	0.016	0.022
6	0.003	0.004	0.005	0.006	0.008	0.009	0.010	0.013	0.016	0.019	0.031	0.041
8	0.006	0.008	0.010	0.012	0.013	0.015	0.017	0.023	0.029	0.035	0.051	0.065
10	0.009	0.012	0.015	0.018	0.021	0.024	0.027	0.036	0.045	0.054	0.076	0.095
12	0.013	0.019	0.022	0.026	0.030	0.035	0.039	0.052	0.065	0.078	0.106	0.131
14	0.018	0.024	0.029	0.035	0.041	0.047	0.053	0.071	0.088	0.106	0.142	0.173
16	0.023	0.031	0.038	0.046	0.054	0.061	0.069	0.092	0.115	0.138	0.182	0.221
18	0.029	0.039	0.049	0.058	0.068	0.078	0.087	0.117	0.146	0.175	0.227	0.274
20	0.036	0.048	0.060	0.072	0.084	0.096	0.108	0.144	0.180	0.216	0.278	0.333
22	0.044	0.058	0.073	0.087	0.102	0.116	0.131	0.174	0.218	0.261	0.333	0.398
24	0.052	0.069	0.086	0.104	0.121	0.133	0.156	0.207	0.259	0.311	0.394	0.468
26	0.061	0.071	0.101	0.122	0.142	0.162	0.183	0.243	0.304	0.365	0.459	0.545
28	0.071	0.094	0.118	0.141	0.145	0.188	0.212	0.282	0.353	0.323	0.530	0.627
30	0.081	0.108	0.135	0.162	0.189	0.216	0.234	0.324	0.406	0.486	0.605	0.714

- 통나무 재적계산법 (산림청)

–길이 6m 미만인 것.

$$D^2 \times L \times \frac{1}{10{,}000} \ (m^3)$$

–길이 6m 이상인 것.

$$\left(D + \frac{L' - 4}{2}\right)^2 \times L \times \frac{1}{10{,}000} \ (m^3)$$

D : 통나무의 말구지름 (cm)

L : 통나무의 길이 (m)

L' : 통나무의 길이로서 1m 미만의 끝수를 끊어버린 것 (m)

㉡ 제재목

- 길이×단면적 $= T \times W \times L \times \dfrac{1}{10,000}$ (m^3)

T : 제재목의 두께 (m)

W : 제재목의 폭 (m)

L : 제재목의 길이 (m)

㉢ 판재

판재는 쪽널을 펴서 $1m^2$되는 단위로 취급하며, 체적이 필요할 경우 연면적에 두께를 곱하여 계상한다.

4) 목재의 적용

목공사는 구조 목공사, 수장 목공사, 거푸집 목공사, 기초 목공사로 분류할 수 있다.

구조목공사는 목조의 뼈대를 만드는 공사이며, 수장목공사는 건축공사의 문지방이나 문틀 등의 인방공사이다. 거푸집 목공사는 철근콘크리트용 거푸집을 만드는 공사이며, 기초목공사는 다른 공사의 기초를 만드는 공사이다.

데크 및 구조제로 많이 사용되는 목재는 각각의 품셈 기준을 적용한다. 목재의 모듈화 포장인 우드블록은 포장공사편을 참조한다.

별도의 가공이 필요하지 않은 침목은 목재의 기본 속성인 부드러움과 오래 견딜 수 있는 내구성 소재이지만 실제적인 사용 후 평가는 타르 용탈로 부정적 의견이 많으므로 설계 · 시공에 신중을 기하여야 한다. 침목은 보통침목 · 분기침목 · 교량침목 · 이음매침목으로 구분된다. 가장 많이 사용하는 보통침목은 T150×240×L2500mm이며, 분기침목은 길이 L4600mm까지 있다.

침목의 외부공간 사용에는 다음과 같은 문제점이 있다. 첫째, 신품은 외관의 색상이 매우 진하고 약액 누출로 토양이나 수목의 뿌리에도 유해하다. 둘째, 현대화로 폐침목 생산이 급격히 감소하여 수급이 원활하지 않다. 셋째, 폐침목은 중고품으로서 품질의 차이가 매우 심하다. 그러므로 중고품 사용보다는 신품을 침목 형태로 가공한 후 크레오소트에 침전하고 외부에 일정기간 존치하여 제품 · 외관 · 색상이 우수한 제품을 만들어 사용하는 추세이다. 이렇듯 우수한 침목형 목재의 사용을 위해서는 시방과 예산 책정을 명확히 규정하여야 한다.

11.4 품셈의 적용

1) 적용 범위

목재의 수량은 종류, 재질, 치수, 용도별로 산출한다.

목공사의 수량은 목재와 시공에 소요되는 기타 재료(못, 볼트, 꺾쇠, 접착제)를 포함 · 산출하고, 거푸집은 콘크리트공사에서 계상한다.

2) 품셈 기준

[건축품셈 제4장(목공사)]는 구조목공사, 수장목공사, 부대목공사로 대별하고 있으나 건축공사 위주로 구성되어 있다.

조경공사용 목공사는 [LH공사]의 적용기준[23]과 전통적으로 준용하는 [LH공사], [조경공사 적산기준]의 품을 다음과 같이 준용한다.

목재데크는 [건축품셈 4-3(부대목공사)]의 -1 토대 설치, -2 목재데크틀 설치, -3 목재데크 설치에 의하여 다음과 같이 적용한다.

〈표 5.11-4〉 목재가공 및 설치 [LH공사, 조경공사 적산기준] (m^3 당)

구 분				건축목공 (인)	보통인부 (인)	적용사례
보통구조	통나무, 대조각재, 중조각재, 큰각재, 두꺼운판재, 사면판재가 80% 이상으로 가공정도가 적은 구조	설치 간단	하	6.285	0.682	
		설치 보통	중	7.274	0.786	
		설치 복잡	상	8.780	0.958	
중등구조	통나무, 대조각재, 중조각재, 대각재, 두꺼운판재, 사면판재가 50% 이상으로 가공정도가 중간인 구조	설치 보통	보통	10.612	1.156	
		설치 복잡	상	13.767	1.497	
상등구조	작은각재, 좁은판재, 넓은판재가 50% 이상으로 가공 정도가 많은 구조			16.975	1.848	앉음벽, 목재데크

〈표 5.11-5〉 토대 설치 [건축품셈] (m 당)

구 분	단위	수 량
건 축 목 공	인	0.073
보 통 인 부	인	0.025

23) - 목재의 가공 및 설치 품은 설계도면상의 마감 치수에 의하여 산출된 정미 소요량에 적용한다.
- 목재의 가공 및 설치 품은 단위목재 재적당 품으로 환산하여 사용 목재의 규격에 따라 6단계로 구분 적용한다.
- 평지가 아닌 상태에서 작업을 해야 하는 구조가 포함된 경우에는 필요시 비계공을 추가 적용한다.
- 목재의 조립에 사용되는 철물(못, 볼트, 나사못 등) 및 기타 재료는 별도로 산출하여 계상한다.
- 통나무(원목)의 단순한 가공 및 설치는 목재가공 및 설치의 보통구조(하)를 적용하고 여기에는 말뚝만들기, 껍질벗기기, 설치가 포함된 것으로 본다.

[주] 1. 본 품은 콘크리트 바닥면에 씰실러와 방부목으로 토대를 설치하는 기준이다.
2. 본 품은 앵커설치, 씰실러 깔기, 방부목 절단 및 설치 작업이 포함된 것이다.
3. 공구손료 및 경장비(절단기, 에어컴프레서 등)의 기계경비는 인력품의 2%를 계상한다.

〈표 5.11-6〉 목재데크틀 설치 [건축품셈]

(m^2 당)

구 분	단위	수 량
철 공	인	0.112
보 통 인 부	인	0.037

[주] 1. 본 품은 구조용각관(50×50mm)의 목재데크 바닥틀 설치작업을 기준한 것이다.
2. 본 품은 구조용각관 절단 및 설치작업이 포함되어 있다.
3. 목재데크틀 하부기초는 제외되어 있다.
4. 공구손료 및 경장비(절단기, 용접기, 발전기 등)의 기계경비는 인력품의 4%로 계상한다.

〈표 5.11-7〉 목재데크 설치 [건축품셈]

(m^2 당)

구 분	단위	수 량
건 축 목 공	인	0.167
보 통 인 부	인	0.056

[주] 1. 본 품은 바닥설치 작업을 기준한 것이다.
2. 본 품은 목재데크 절단 및 설치작업이 포함되어 있다.
3. 난간설치는 별도 계상한다.
4. 공구손료 및 경장비(절단기, 용접기, 발전기 등)의 기계경비는 인력품의 2%로 계상한다.
5. 잡재료 및 소모재료(데크 연결용 클립, 고정피스 등)는 주재료비의 6%로 계상한다.

조경공사용 목재는 "[목재의 방부 · 방충 처리기준] [24] 에 따른 방부처리 대상 자재(미송(햄록), 낙엽송 등)에 대하여 사용환경 범주에 적합한 처리가 된 자재를 반영하거나 또는 처리비용을 반영하여야 한다."는 [LH공사] '목재의 방부 및 건조' [25]를 준용한다. 이때 특별히 중요하지 않은 구조로 지면(H4)이나 수면(H5)에 닿는 경우 콜타르 칠은 [2014년 건축품셈 17-11(목재 방부제 칠)]에 의하여 다음과 같이 준용한다.

최근에는 통나무 말뚝을 기초용으로 사용하지 않으나 조경공사는 시설용으로 사용하므로 이때 준용하는 통나무 기둥은 [2007년 토목, 건축품셈 5-3(나무말뚝 만들기)]의 말뚝 다듬기와 껍질벗기기, [2007년 토목, 건축품셈 5-4(나무말뚝 박기)]의 작은 말뚝 박기에 의하여 다음과 같이 준용한다.

---

24) [국립산림과학원 고시 제2010-10호, (2010. 11. 30.)] 「목재의 방부·방충처리 기준」 [별표 1] 사용환경범주, 사용환경조건, 사용가능방부제 구분 [H3_야외 사용 목재(공중에 설치되는 목재), H4_지면에 닿는 목재, H5_수면에 닿는 목재]을 고려하여 구분 적용한다. 현재는 [국립산림과학원 고시 제2011-4호, 2011. 12. 23. 폐지제정]하였다.

25) - **목재의 증기건조처리** : 목재의 증기건조는 설계도면에서 특별히 지정한 경우에만 적용한다. 일반 목재에 증기건조 처리하는 경우 적용되는 재적은 가공 전 재적을 기준으로 산출한다.(할증포함)
- **목재의 방부처리** : 목재의 방부처리는 설계도서에서 지정한 방법에 의한다. 조경공사 목재시설물의 가압방부처리는 H3(야외사용 목재)와 H4(땅에 묻히는 목재)를 기준으로 한다.
- **목재증기건조 및 방부처리 운반비** : 증기건조 및 방부처리시설 이용을 위한 운반비는 현장에서 가장 가까운 시·도·군·구청소재지(서울특별시, 광역시 포함)로부터 현장까지의 수송에 필요한 경비를 계상한다. 운반장비는 일반화물트럭 4.5Ton(W2.0× L5.0×H1.2)을 1대($12m^3$)로 보고 왕복운임을 적용하며, 트럭 대수는 (목재량/$12m^3$)의 산출값 소수 이하를 올림하여 정수단위로 적용한다.

〈표 5.11-8〉 목재 방부제 칠 [2014년 건축품셈] (m² 당)

구 분	칠수량 (ℓ)		도장공 (인)	
	1회	2회	1회	2회
콜 타 르	0.210	0.246	0.016	0.018

〈표 5.11-9〉 나무말뚝 다듬기 [2007년 토목, 건축품셈] (10개 당)

말구 (cm)	9	12	15	18	21	24	27	30
길 이 (m)	~1.5	~3	~4	~5	~6	~7	~8	~12
형틀목공 (인)	0.15	0.17	0.22	0.30	0.40	0.50	0.60	0.70
보통인부 (인)	0.03	0.05	0.09	0.15	0.24	0.35	0.48	0.65

〈표 5.11-10〉 나무말뚝 껍질벗기기 [2007년 토목, 건축품셈] (말뚝길이 m 당)

말구 (cm)	9	12	15	18	21	24	27	30
보통인부 (인)	0.005	0.007	0.008	0.010	0.012	0.014	0.015	0.017

[주] 1. 말뚝에 쇠신, 쇠, 가락지를 댈 때는 개당 목공품 0.02인을 가산한다.
2. 기준말뚝을 정할 때는 한 개당 목공품 0.02인을 가산한다.
3. 심먹내기 품은 개당 목공품 0.023인을 가산한다.
4. 말뚝머리 자르기 품은 말뚝지름 12cm일 때 개당 0.02인, 말뚝지름이 12cm를 초과하는 경우 매 3cm 증가마다 0.01인씩 가산한다.

〈표 5.11-12〉 작은 말뚝박기(6할 박기) [2007년 토목, 건축품셈] (개 당)

길이 (m) \ 말구 (cm)	6	7.5	9	10.5
0.9	0.022인	0.025인	0.03인	0.035인
1.2	0.034	0.04	0.045	0.05
1.5	0.05	0.06	0.07	0.08
1.8	0.07	0.08	0.10	0.12
2.1	–	0.11	0.13	0.16
2.4	–	0.14	0.17	0.22
2.7	–	–	0.23	0.28
3.0	–	–	0.31	0.38
3.5	–	–	0.42	0.54
4.0	–	–	–	0.77
4.5	–	–	–	1.08

[주] 1. 본 품은 보통 토사질 상태일 때의 인력 말뚝박기를 기준한 것이며, 연토지질 상태인 경우에는 본 품의 20%를 감하고 자갈층에는 본 품의 30%를 가산한다.
2. 말뚝머리 자르기 품은 별도 가산한다.
3. 9할 박기인 경우에는 본 품의 30%를 가산한다.
4. 말뚝빼기는 본 품의 70%로 한다.

조경공사에 주로 적용되지 않는 [건축품셈 4-1(구조목공사)]의 먹매김, 마루틀 설치, 마루바탕 설치, 마룻널 설치와 [건축품셈 4-2(수장목공사)]의 벽체틀 설치, 칸막이벽틀 설치, 벽체합판 설치, 수장합판 설치, 커튼박스 설치는 품셈을 참고·적용한다.

12 자연석 및 석재공사

Landscape Architecture

12.1 개 요

석재는 자원이 풍부한 건설용 소재로서 자연상태 그대로 사용하거나 다양한 형태로 가공하여 강도 · 내구성 · 마모저항도 등에 따라 구조용, 포장용 및 구조물 외관의 장식용으로도 사용된다.

석재는 내마모성 · 압축강도가 크고 내수성 · 내구성 · 내화학성이 풍부하고 종류와 색조가 다양한 장점이 있다. 인장강도가 압축강도의 1/10~40로 낮고, 중량이 무거워 경비가 많이 들고, 가공성이 나빠 작업조건이 불리한 단점이 있다. 또한 자연석과 석재의 사용을 위한 채취는 자연을 파괴하며 유한한 자원의 한계로 자재조달의 제약이 뒤따른다. 이러한 문제점 보완을 위하여 타 재료를 사용하거나 석재 질감의 콘크리트, FRP, GRC 인조석 등이 개발 · 사용되고 있다.

12.2 석재의 분류

석재는 강도별, 형상별, 산지별, 이용별 등 복합적으로 분류하고 있다.

1) 강도별 분류

〈표 5.12-1〉 석재의 강도별 분류

종 류	상 태	일반적 분 류	작업의 난이도	참고사항			
				압축강도 (kg/cm^2)	겉보기비중 (ton/m^3)	흡수율 (%)	허용지지력 (ton/m^2)
연 암	약간 풍화	집괴암, 편마암, 석회암, 혈암, 사암, 역암	풍화상태로서 균열 약 10~30cm 정도, 화약 $100g/m^3$ 소요되는 것	100 이하	2.0 이하	15 이상	70 ~ 110
보통암	약간 풍화	석회암, 안산암, 분암, 점판암, 현무암	풍화는 없고 균열이 30~50cm 정도, 화약 $160g/m^3$ 소요되는 것	100 ~ 500	2.0 ~ 2.5	5 ~ 15	110 ~ 160
경 암	풍화 없음	화강암, 안산암, 결정편암, 사암, 규암, 섬록암	풍화되지 않은 1m 이내 균열상태, 화약 $250g/m^3$ 소요되는 것	500 ~ 1,500	2.5 ~ 2.7	5 미만	160 ~ 300
극경암	풍화 없음	경안산암, 각암, 경사암, 현무암	암질이 매우 단단하고, 화약 $250g/m^3$ 이상 소요되는 것	1,500 이상	–	–	300 ~ 650

2) 형상별 분류 [공통품셈 1-6-3(토질 및 암의 분류)]의 [주]

① 모암(母岩) : 석산에 자연상태로 있는 암

② 원석(原石) : 모암에서 1차 파쇄된 암석

③ 건설공사용 석재 : 석재의 품질은 그 용도에 적합한 강도를 갖고 균열이나 결점이 없고 질이 좋은 치밀한 것이며 풍화나 동결의 해를 받지 않은 것

④ 다듬돌(切石) : 각석(角石) 또는 주석(柱石)과 같이 일정한 규격으로 다듬어진 것으로서 건축이나 포장 등에 쓰이는 돌

⑤ 막다듬돌(荒切石) : 다듬돌을 만들기 위하여 다듬돌의 규격 치수 가공에 필요한 여분의 치수를 가진 돌

⑥ 견칫돌(間知石) : 형상은 재두각추체(栽頭角錐體)에 가깝고, 전면은 거의 평면을 이루며 대략 정사각형으로서 뒷길이(控長), 접촉면의 폭(合端), 뒷면(後面) 등이 규격화된 돌로서 4방락(四方落) 또는 2방락(二方落)의 것이 있으며, 접촉면의 폭은 전면 1변의 길이의 1/10 이상이라야 하고 접촉면의 길이는 1변의 평균 길이의 1/2 이상인 돌

⑦ 깬돌(割石) : 견칫돌에 준한 재두방추형(栽頭方錐形)으로서 견칫돌보다 치수가 불규칙하고 일반적으로 뒷면(後面)이 없는 돌로서 접촉면의 폭(合端)과 길이는 각각 전면의 1변 평균 길이의 약 1/20과 1/3이 되는 돌

⑧ 깬잡석(雜割石) : 모암에서 1차 폭파한 원석을 깬돌로서, 깬돌(割石)보다도 형상이 고르지 못한 돌로서 전면의 변의 평균 길이는 뒷길이의 약 2/3되는 돌

⑨ 사석(捨石) : 막 깬돌 중에서 유수에 견딜 수 있는 중량을 가진 큰 돌

⑩ 잡석(雜石) : 크기가 지름 10~30cm 정도의 것이 크고 작은 알로 고루고루 섞여 있으며 형상이 고르지 못한 큰 돌

⑪ 전석(轉石) : 1개의 크기가 0.5m^3 내·외의 정형화되지 않은 석괴

⑫ 야면석(野面石) : 천연석으로 표면을 가공하지 않은 것으로서 운반이 가능하고 공사용으로 사용될 수 있는 비교적 큰 석괴

⑬ 호박돌(玉石) : 호박형의 천연석으로서 가공하지 않은 지름 18cm 이상 크기의 돌

⑭ 조약돌(栗石) : 가공하지 않은 천연석으로서 지름 10~20cm 정도의 계란형 돌

⑮ 부순돌(碎石) : 잡석을 지름 0.5~10cm 정도의 자갈 크기로 작게 깬돌

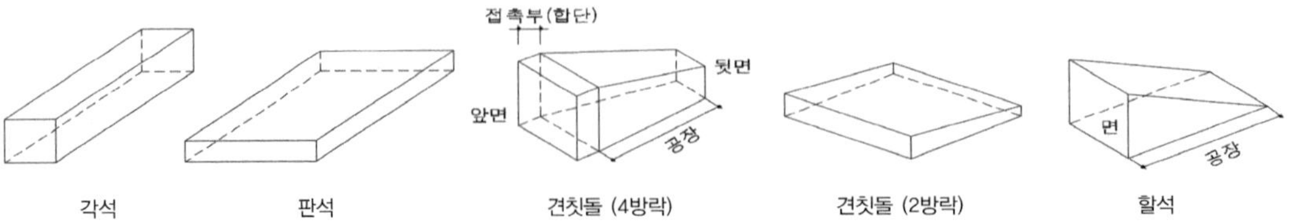

그림 5.12-1 형상별 석재의 종류

⑯ 굵은자갈(大砂利) : 가공하지 않은 천연석으로서 지름 7.5~20cm 정도의 돌
⑰ 자갈(砂利) : 천연석으로서 자갈보다 알이 작고 지름 0.5~7.5cm 정도의 둥근 돌
⑱ 력(礫) : 천연석으로서 굵은 자갈과 작은 자갈이 고루고루 섞여 있는 상태의 돌
⑲ 굵은모래(粗砂) : 천연산으로서 지름 0.25~2mm 정도 알맹이의 돌
⑳ 잔모래(細砂) : 천연산으로서 지름 0.05~0.25mm 정도 알맹이의 돌
㉑ 돌가루(石紛) : 돌을 부수어 가루로 만든 것
㉒ 고로슬래그 부순돌 : 제철소의 선철(銑鐵) 제조 과정에서 생산되는 고로슬래그를 0~40mm로 파쇄 가공한 돌

3) 산지별 분류

① 산석 : 산의 능선부에서 비바람에 마모되고 돌에 이끼가 끼어 있는 돌이다.
② 수석(하천석) : 유수에 의하여 표면이 마모되어 돌의 무늬와 석질이 뚜렷한 돌이다. 마모 정도에 따라 계곡부 돌은 표면이 다양하고, 강바닥 돌은 원형에 가깝다. 그러므로 정원 경관석은 계곡부 채취석, 수경용은 하천부 채취석을 주로 사용한다.
③ 해석 : 해변 지방의 돌은 파도 작용으로 연질부는 마모되고 경질부만 남아 모양과 무늬가 아름답다. 해석은 필히 염분을 제거한 후 사용하여야 한다.

4) 이용에 따른 분류

① 경석(景石) : 공간 구조상 주요지점에 경관미 증대를 위하여 1개나 2~3개를 배치한다.
② 군석(群石) : 크고 작은 돌을 조합하여 석산, 계곡 등의 분위기를 조성한다.
③ 수석 : 위치 및 크기에 관계없이 돌 1개가 지닌 형태, 질감, 색을 감상할 수 있다.
④ 징검돌 : 보행의 편의를 위하여 배치하며, 미관에도 큰 역할을 한다.

12.3 재료별 특성

조경용 석재는 자연석과 인조석으로 나눌 수 있으며, 자연석은 지질학적 형성의 진화 과정에 따라 화성암·수성암·변성암으로 구분할 수 있다.

1) 화성암

화성암(Igneous Rock)은 규산염을 주성분으로 화산의 마그마(Magma)인 용융체가 고결한 광물집합체로서 화강암, 안산암, 현무암, 감람석, 부석 등이 여기에 속한다.

① 화강암

화강암(花崗岩, Granite)의 주성분은 석영 · 장석 · 운모이며, 휘석 · 각섬석을 함유한 광물로서 쑥돌이라고도 한다. 화강암은 주성분의 종류별로 흑색 · 백색 · 분홍색의 반점무늬가 있고, 이들은 각종 건설공사에서 미적인 면에 작용한다.

화강암은 석질이 단단하고 내구성과 강도가 크고 외관이 수려하며, 절리가 비교적 커서 큰 판재를 생산할 수 있는 장점이 있으나 내화도가 낮아 가열시 균열이 생기고 대체로 비중이 상당히 무겁다. 화강암의 색상 및 외관은 백색계(흰바탕 흑색 반점), 적색계(분홍바탕 수정 반점), 녹색계(녹색바탕 흑색 · 백색 반점), 흑색계(흑색바탕 수정 반점)로 구분되며 같은 장소에서 채석되는 화강암도 색상 · 외관 · 석질이 다양할 수 있다.

화강암 명칭을 과거에는 채석지 지명으로 황등석 · 포천석 · 거창석 · 강화석 · 문경석 · 상주석 등으로 불렸으나 요즘은 주로 색상으로 회색계(회백색, 회색, 연분홍) · 황색계 · 적색계(연홍색, 홍색) · 청색계 · 흑색계(흑색, 진흑색) 등으로 불린다.

② 안산암 · 현무암

안산암(安山岩, Andesite)은 화성암 중에서 가장 흔하고 종류가 많으며 성질도 각각으로 색깔은 흑색, 갈색, 회색, 쥐색, 녹색 등이 있다. 강도 · 경도 · 비중이 크며, 내화적이고 석질이 극히 치밀하여 구조용 재료나 장식재로 널리 쓰인다.

현무암(玄武岩, Basalt)은 화산활동으로 분출된 마그마가 지표면 밖에서 굳어져 만들어진 암석이다. 대부분 가스가 빠져나가면서 생긴 크고 작은 구멍이 뚫려 있으며, 우리나라에서는 제주도에 많이 있다. 색은 검은색 · 암회색으로 입자가 잘고 치밀하며 석질이 견고하므로 토대석 · 석축 등에 주로 쓰인다. 근래에는 암면(岩綿)의 원료로서 중요도가 높아지고 있다.

2) 수성암

수성암(Aqueous Rock)은 지표의 암석이 풍화 · 침식 · 운반 · 퇴적으로 생성되며 석회암, 사암, 점판암, 응회암 등이 여기에 속한다.

① 석회암 · 사암

석회암(石灰岩, Lime Stone)은 화성암에 포함된 석회분이나 동 · 식물 잔해의 석회분이 물에 녹아 바닷물에 섞인 후 침전되어 굳은 백색 · 회백색의 암석으로, 석질은 치밀하지만 내산성 · 내화성 · 내후성이 부족하다. 주로 석회 · 시멘트의 원료로 사용되고 석재로는 도로포장의 골재용 정도이다.

사암(砂岩, Sand Stone)은 암석이 붕괴되면서 생긴 모래 · 자갈이 수중에 침전 · 퇴적되어 점토 및 탄소물질 등의 고결재에 의하여 경화 · 생성된 암석으로서 함유한 광물의 성분에 따라 석질 · 내구성 · 강도가 현저히 차이를 보인다. 사암 중 단단한 재료를 일부 선별하여 외부용 재료로 사용한다.

② 점판암 · 응회암

점판암(粘板岩, Clay Slate)은 진흙의 침전 · 압력으로 응결한 이판암(泥板岩)이 더 큰 압력을 받아 생성된 것이다. 청회색이나 흑색으로 흡수율이 작고 대기 중에서 변색 · 변질되지 않으며 석질이 치밀하다. 얇은 판으로 채집할 수 있어서 이를 천연슬레이트라 하여 지붕 · 외벽 · 바닥재 등으로 쓰인다.

응회암(凝灰岩, Tuff)은 화산에서 분출된 화산회 또는 화산사 등이 퇴적 · 응고된 것 또는 암석의 부스러기가 섞여 고결된 것으로서 회색 · 담회색 · 암회색 등이 있다. 가공은 용이하지만 흡수성이 높고 내수성은 크나 강도가 높지 않으므로 건축용 보다는 중량이 가볍고 가공성이 좋아 토목용 석재로 주로 사용된다.

3) 변성암

변성암은 화성암 · 수성암 또는 변성암으로부터 발생할 수 있다. 지반의 이동과 뜨거운 마그마 증기로 고온의 용액이 기존 암석 구조에 침투하여 형성되며, 변성작용의 주요한 형태는 접촉변성과 국부적 변성인 동력변성이 있다.

① 대리석

대리석(大理石, Marble)은 석회암의 변성작용으로 결정질이 뚜렷하게 된 변성암의 대표적인 석재로서 중국 운남성 대리부에서 많이 생산되어 대리석이라는 명칭이 사용되었다. 색조는 순수한 것은 백색이지만 주성분에 따라 여러 종류로 바뀐다. 강도는 매우 높지만 내화성이 낮고 쉽게 풍화되므로 실외용으로는 부적합하고, 석질이 치밀 · 견고하며 연마하여 아름다운 광택을 낼 수 있어서 장식용 석재로는 최고급 재료이다. 국내산은 색상과 품질이 좋지 않아 주로 외국산을 수입 · 사용한다.

② 사문암

사문암(蛇紋岩, Serpentine)은 주로 감람석(橄欖石)이 변질된 것이며, 섬록암(閃綠岩)이 변질된 것도 있다. 일반적 색조는 암녹색 바탕에 흑백색의 아름다운 무늬가 있고, 경질이지만 풍화성이 있어 외벽보다는 실내장식용으로서 대리석 대용으로 이용된다.

4) 인조석

인조석(人造石, Artificial Stone)은 대리석 · 사문암 · 화강암 등 쇄석을 종석(種石)으로 시멘트 · 수지에 광물질 안료를 넣고 물로 혼합 · 반죽한 후 진동기로 다져 경화한 후 씻어내기 · 갈기 · 잔다듬 등으로 마무리한 것을 총칭한다.

인조석은 창틀·계단용으로 사용하는 테라조(Terrazzo), 단열·흡음재로 사용하는 암면(岩綿, Rock Wool), 단열·보온재로 사용되었으나 근래에 인체의 유해성이 부각된 석면(石綿, Asbestos) 등이 있다.

그림 5.12-2 GFRC 인공폭포

인조석은 내식성·전기절연성이 양호하고 가볍고 강하며, 형상 연출이 자유롭고 단열성이 크다. 또한 재질이 반투명이며 다양한 표면마감이 가능하고 이온의 용출이 없다. 접착성이 강하고 열변형성이 낮으며 착색 및 경화시간 조절이 자유롭고 유지보수가 용이하다. 자외선에 약하여 장기간 노출시 색이 변질되고 투시성이 떨어지는 황변화 현상이 발생할 수 있으며, 착색 부분이 장기간 햇볕이나 물에 접할 때 탈색현상이 일어나므로 자연재료와 이질감이 크다. 적정 두께(통상 6mm) 이하는 강도가 필요한 구조에 부적합하고, 보강재로 사용되는 유리섬유는 불에 타지 않으므로 폐기가 곤란하며, 유리섬유에 노출시 피부 가려움을 유발하는 등의 단점이 있다.

인조암은 콘크리트로 석재 질감을 표현하기 위하여 다양한 방법으로 제작되므로 순수 재료로의 분류보다는 연출의도에 따라 복합재로 분류하는 것이 적절하다. FRP 등은 인공미로 자연스러운 연출의 한계성으로 이를 극복하기 위한 새로운 시도로 인조암이 대두되었다. 요즘은 우수한 제품이 다수 생산되지만 인공적인 재료의 한계성이 있으므로 이에 대한 깊은 이해가 필요하다.

조경공사에 주로 사용되는 인조석은 인조목, 조형물, 인조암, 인공폭포 등이다. 일반적으로 사용하는 탄소섬유를 혼입한 FRP(Fiber Reinforced Plastics), 유리섬유를 혼입한 GRC(Glass-fiber Reinforced Plastics)가 있다. 건식과 습식공법 모두 시공이 가능하며, 지지구조물과 인조암 패널의 일체화로 연결부의 하중을 전체적으로 분산하여 시공높이에 관계없이 시공이 가능하다.

12.4 공사의 종류

1) 자연석공사

석공사는 자연석의 질감, 색채, 광택, 무늬 등을 이용하여 자연형의 경관을 조성하기 위한 배석, 놓기, 쌓기, 계단 설치, 징검돌 놓기 등에 적용한다. 돌공사 재료는 깨지지 않고 자연형상 그대로 보존된 것으로서 일반적으로 이끼 등이 덧붙여진 대로 사용한다. 자연석은 2목도 이상 크기의 돌을 말한다.

① **자연석 놓기**

외관이 아름다운 자연석을 단독이나 무리로 설치하는 것으로써 크기, 외형 및 설치 위치 등 주변환경과의 조화를 고려한다. 자연석 놓기는 경관석 놓기와 징검돌 놓기로 구분하여 적용한다.

㉠ **경관석 놓기** : 석재 표면의 질감, 색채, 광택 등이 우수한 자연석을 단독 또는 무리지어 배석하는 방법으로 자연석의 크기, 외형 등 주변환경에 맞추어 선정한다.

㉡ **징검돌 놓기** : 징검돌 놓기는 보행 편의를 위하여 잔디가 심겨진 녹지, 연못, 계류 등을 건너는데 적합한 간격과 형식으로 지면에 안정되게 설치한다.

그림 5.12-3 경관석 놓기

그림 5.12-4 징검돌 놓기

② **자연석 쌓기**

자연석 쌓기는 호안, 축대, 벽천 등 수직적 구조물이 필요한 곳에 자연석을 수직 또는 수직방향의 사면이 형성되도록 설치한다.

근래에는 수직적 구조물이 특별히 필요하지 않더라도 시각적으로 돌담 등이 필요한 곳에 자연석을 쌓아 점경용으로 사용하기도 한다.

그림 5.12-5 자연석 쌓기

그림 5.12-6 돌담 쌓기

그림 5.12-7 산벽 쌓기

③ **돌틈 식재**

돌과 돌 사이 공간을 메워서 자연석 쌓기의 미적 경관 향상을 위하여 관목류, 고사리, 화훼류 및 이끼류 등과 필요시 교목을 식재할 수도 있다. 돌틈에 식재된 식물이 생육할 수 있는 양질의 토양을 사용하고, 대체로 쉽게 건조하므로 내건성이 강한 수종을 선정하며 충분한 수분이 공급되도록 한다.

2) 석재판 붙임

석재판은 구조물의 외관을 아름답게 꾸미면서 내구성이 있도록 질감과 색채가 우수한 원석을 가공하여 박판으로 제작한 것으로써 시공방법은 습식과 건식공법이 있다.

습식공법은 모르타르로 석재판을 붙이는 공법이며, 건식공법은 연결철물을 사용하는 앵커지지공법과 강재트러스에 석재판을 붙이는 강재트러스 지지공법이 있다.

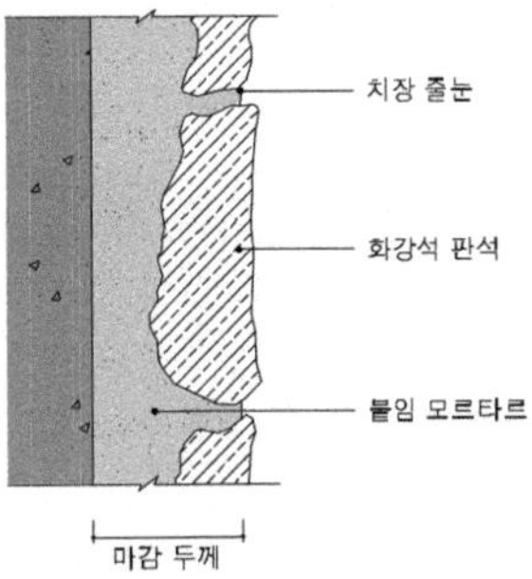

그림 5.12-8 화강석 습식붙임

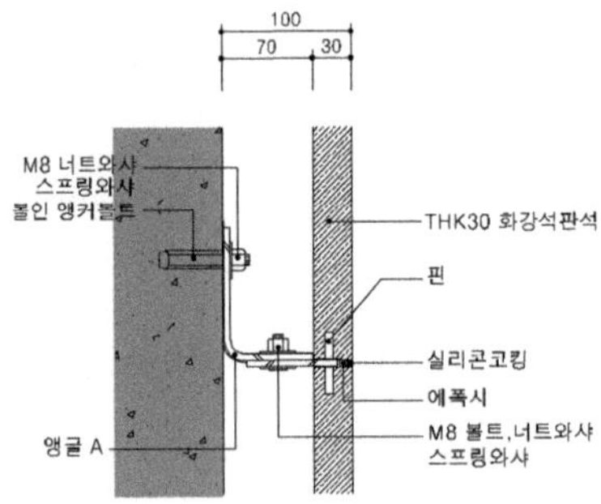

그림 5.12-9 화강석 건식붙임

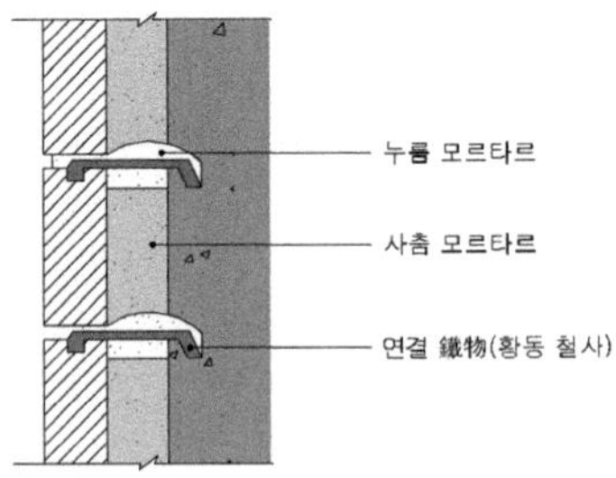

그림 5.12-10 대리석 붙임

3) 석재 다듬기

석재다듬기는 원석을 원하는 크기로 제작한 후 석재 표면을 마무리하는 작업이다. 손다듬기(Hand Tool Finish)와 기계다듬기로 구분되며, 마무리는 다음과 같이 세분된다.

① **혹두기** : 자연상태의 거친돌을 쇠메로 쳐서 대충 다듬는 정도의 돌표면 마무리로서 메다듬, 큰망치 다듬이 있다.

② **정다듬** : 정으로 쪼아 다듬는 돌표면 마무리로서 거친(큰) 정다듬, 중 정다듬, 고운(작은) 정다듬으로 세분된다.

③ **도드락다듬** : 도드락망치로 두들겨 다듬는 마무리로서 거친 도드락다듬, 중 도드락다듬, 고운 도드락다듬으로 세분된다.

④ **잔다듬** : 날망치로 찍어 다듬는 마무리로서 거친 잔다듬, 중간 잔다듬, 고운 잔다듬으로 세분된다.

⑤ **물갈기** : 금강사 숫돌 갈기, 기계갈기, 손갈기 등으로 세분된다.

⑥ **기타** : 원석을 기계로 켠 후 버너로 화기를 주어 마감하는 버너마감은 비용이 저렴하여 가장 많이 사용하며, 조경공사의 특이성으로 착암구멍 등을 미적으로 노출하는 원석켜기 마감, 기계로 켠 후 그대로 설치하는 기계켜기 마감 등이 사용되기도 한다.

4) 석축공사

석축은 비탈면 안정을 위한 시공법으로, 충분한 내구력을 유지할 수 있는 구조이어야 한다. 일반적으로 사용하는 석재는 충분한 내구성과 강도를 지닌 것이어야 하므로 주로 견칫돌을 사용한다.

석축은 크게 두 가지 방법으로 콘크리트와 모르타르를 사용하는 찰쌓기와 사용하지 않는 메쌓기가 있다. 찰쌓기는 석재의 뒷부분에 뒷채움 콘크리트를 사용하고, 석재면의 이음부는 줄눈 모르타르로 시공한다. 찰쌓기는 필수적으로 2~3m^{2}당 1개 비율로 지름 3~10cm의 물빼기용 배수관을 설치하여야 한다. 메쌓기는 석재간 맞물림으로 접합하고, 뒷부분에는 잡석이나 조약돌 등으로 뒷채움한다.

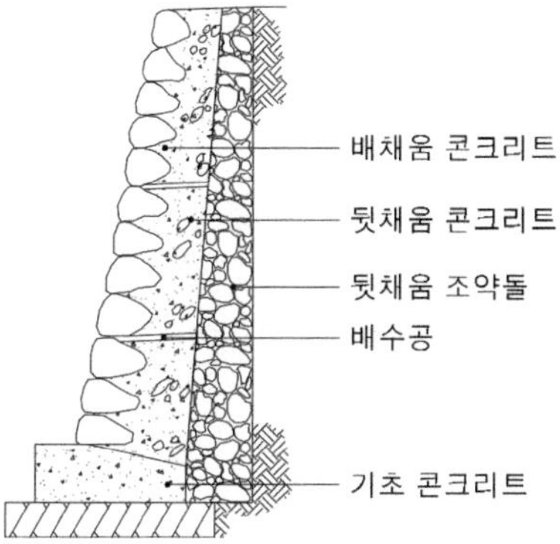

그림 5.12-11 찰쌓기

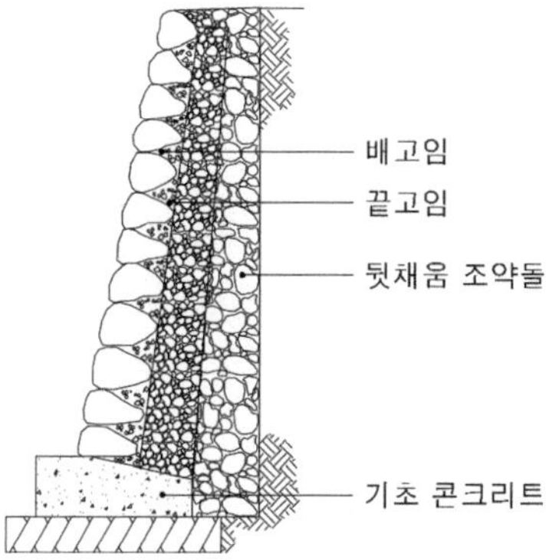

그림 5.12-12 메쌓기

5) 디딤돌 놓기

보행자를 위하여 공원, 정원, 계류, 연못, 보행자 공간, 녹지 등에 적절한 간격과 형식으로 배치한다.

디딤돌 재료는 평평한 자연석 또는 판석 등의 가공석과 전돌로 구분하고 재질, 크기, 모양 등은 설계도서를 따른다. 디딤돌은 일반적으로 상부 노출면이 평평하고 지름 또는 한 변의 길이가 30~60cm 정도의 석재를 주로 이용한다.

그림 5.12-13 디딤돌 놓기

그림 5.12-14 자연석 계단

그림 5.12-15 화강석 계단

6) 계단돌 놓기

계단돌은 보행 편의와 지형 극복을 위하여 비탈면에 일정한 간격으로 설치한다. 심한 경사면으로 구조적 문제가 예상되는 경우 콘크리트 및 모르타르로 보강한다.

계단돌 놓기는 중량(ton) 또는 단수를 설계도서에 의하되, 일반적 기준은 계단의 최고 기울기는 30~35°, 단의 높이는 15~18cm, 단의 너비는 25~35cm, 단의 폭은 1인용의 경우에는 60~80cm, 2인용은 120cm 정도가 최소기준이다.

12.5 품셈의 적용

1) 자연석 공사

① 적용 범위

자연석의 크기는 전통적으로 목도수로 호칭되며, 현대는 기계화로 평균 규격으로 호칭하고 목도수 및 중량은 부가표기하고 있다.

체적은 높이×폭×길이 또는 가로×세로×높이의 체적에 실체적률(실적률)을 곱하여 구할 수 있으며, 자연석의 실적률은 석재 형상별로 다를 수 있으나 일반적으로 자연석과 가공조경석 모두 약 70%의 평균적인 실체적률을 가진다. 자연석의 단위중량은 화강암 기준 2.65ton/m^3를 적용하며, 돌틈 식재는 쌓기 단위면적(m^2)당으로 설계도서에 명시된 수종별 수량을 집계한다.

중량은 자연석과 가공조경석 1개당 중량을 기준으로 평균 체적을 곱하여 전체 수량을 산출하거나, 체적에 단위중량을 곱하여 총 중량(ton)을 산출한다. 일반적으로 사용하는 자연석의 1개당 중량은 다음과 같다.

〈표 5.12-2〉 자연석의 중량 환산표

명 칭	호 칭	규격기준 (높이×가로×세로)	중량 (ton)
조 경 석	2 목도석	0.3×0.4×0.5	0.111
	4 목도석	0.4×0.5×0.6	0.223
	6 목도석	0.5×0.6×0.7	0.390
	8 목도석	0.5×0.6×0.75	0.417
	10목도석	0.5×0.7×0.8	0.519
	12목도석	0.6×0.7×0.85	0.662
	16목도석	0.6×0.8×0.9	0.801
	20목도석	0.7×0.85×1.0	1.104
	28목도석	0.8×0.9×1.1	1.469
스테시석	소형 스테시석	0.6×0.9×1.0	1.002
	중형 스테시석	0.7×1.0×1.3	1.668
	대형 스테시석	0.8×1.1×1.6	2.612

② 품셈 기준

건설현장이 기계화, 대형화, 대규모화되면서 품셈도 과거 인력시공에서 기계시공으로 변경되었으므로 일반적으로 기계사용 품을 적용한다.

정원석 시공은 조경석의 미관성 고려가 필요한 경우 [공통품셈 4-4-1(정원석 쌓기 및 놓기)], 단순한 형태인 긴 선형의 화단이나 수로 경계 등은 [공통품셈 4-4-2(조경유용석 쌓기 및 놓기)]에 의하여 다음과 같이 적용한다. 자연석의 인력시공이 특별히 필요한 경우 [2002년 토목, 건축품셈 4-6(정원석 석축공)]에 의하여 다음과 같이 준용한다.

돌틈 식재는 [공통품셈 4-2-2(관목_식재-단식)]의 〈표 5.5-16〉, [공통품셈 4-1-3(초화류 식재)]의 〈표 5.6-8〉에 의하여 적용한다.

〈표 5.12-3〉 정원석 쌓기 및 놓기 [공통품셈] (ton 당)

구 분	규 격	단위	수 량			
			쌓 기		놓 기	
			20ton 미만	20ton 이상	20ton 미만	20ton 이상
조 경 공		인	1.212	1.040	0.968	0.836
굴 삭 기	$0.7m^3$	hr	0.657	0.684	0.657	0.684

[주] 1. 본 품은 수석, 자연석 또는 조경석을 단독 또는 무리로 설치하여 미관이 고려된 경관(글자석, 상징석 등)을 조성하는 경우에 적용한다.
2. 본 품은 다짐 및 정지 작업을 포함한다.
3. 지형 등 작업의 난이도에 따라 20%까지 가산할 수 있다.
4. 공구손료는 인력품의 3%로 계상한다.
5. 사이목 식재는 별도 계상한다.

〈표 5.12-4〉 조경 유용석 쌓기 및 놓기 [공통품셈] (10ton 당)

구 분		규 격	단위	수 량
인 력	조 경 공		인	0.84
	석 공		인	2.51
장 비	굴 삭 기	$0.6\,m^3$	hr	5.88

[주] 1. 본 품은 조경석이나 현장유용석을 활용하여 긴 선형의 화단, 수로 경계 등의 수직방향의 사면을 조성하는 경우에 적용한다.
2. 본 품은 재료 소운반, 위치 선정, 쌓기 및 놓기, 다짐 및 정지 작업을 포함한다.
3. 운반비는 별도 계상한다.
4. 사이목 식재는 별도 계상한다.

〈표 5.12-5〉 정원석 석축공 [2002년 토목, 건축품셈] (ton 당)

구 분	공사 규모	조경공 (인)	보통인부 (인)
인 력 시 공	쌓 기	2.5	2.5
	놓 기	2.0	2.0

[주] 1. 본 품에는 다짐 및 정지품이 포함된다.
2. 운반비는 별도 계상한다.
3. 지형 등 작업의 난이도에 따라 20%까지 증감할 수 있다.
4. 본 품은 평지에 자연석 또는 수석을 기술적으로 배치하여 경관을 조성하는 경우이다.
5. 여기에 정원석이란 2목도 이상되는 돌을 말한다.

2) 석재판 붙임

① 적용 범위

석재별 판석붙이기 시공 면적을 계상한다. 재료별 할증률 적용기준에 의하여 석재판 붙임 정형물은 10%, 석재판 붙임 부정형물과 마름돌용 원석은 30%를 적용한다.

② 품셈 기준

석재판 습식공법은 [공통품셈 7-4-1(석재판 붙임 _ 습식공법)]에 의하며, 건식공법은 종류별로 [공통품셈 7-4-2(석재판 붙임 _ 앵커지지 공법)], [공통품셈 7-4-3(강재트러스 지지 공법)]에 의하여 다음과 같이 적용한다.

〈표 5.12-6〉 석재판 붙임 _ 습식공법 [공통품셈] (m^2 당)

구 분	단위	수 량			
		테라조판		화강석	
		바닥	계단부	바닥	계단부
석 공	인	0.26	0.29	0.31	0.35
보 통 인 부	인	0.12	0.13	0.14	0.16

[주] 1. 본 품은 모르타르를 사용한 바닥 및 계단부(계단챌판, 계단디딤판, 계단참)에 석재판을 붙이는 기준이다.
2. 모르타르 비빔, 모르타르 포설 및 고르기, 석재판 절단 및 붙임, 줄눈채움, 보양작업을 포함한다.
3. 공구손료 및 경장비(절단기 등)의 기계경비는 인력품의 1%로 계상한다.

〈표 5.12-7〉 석재판 붙임 _ 앵커지지 공법 [공통품셈] (m^2 당)

구 분	단위	수 량 (석재판 규격)	
		0.3m^2 이하	0.3m^2초과~0.8m^2이하
석 공	인	0.39	0.35
보 통 인 부	인	0.15	0.17

[주] 1. 본 품은 구조물 벽체에 앵커로 고정하여 석재판을 설치하는 기준이다.
2. 앵커 구멍뚫기, 지지철물 설치, 석재판 절단 및 설치, 줄눈코킹 작업을 포함한다.
3. 석재설치 후 보양을 하는 경우 [공통품셈 2-9-1(건축물 보양)]에 따른다.
4. 공구손료 및 경장비(절단기, 윈치 등)의 기계경비는 인력품의 3%로 계상한다.

〈표 5.12-8〉 석재판 붙임 _ 강재트러스 지지공법 [건축품셈] (m^2 당)

구 분	단위	수 량 (석재판 규격)			
		0.3m^2 이하		0.3m^2 초과~0.8m^2 이하	
		강재트러스 설치	석재판 붙임	강재트러스 설치	석재판 붙임
석 공	인	–	0.25	–	0.23
보 통 인 부	인	–	0.16	–	0.15
용 접 공	인	0.20	–	0.18	–
철 공	인	0.07	–	0.06	–

[주] 1. 본 품은 구조물 벽체에 강재트러스를 설치한 후 석재판을 설치하는 기준이다.
2. 앵커 및 지지철물 설치, 강재트러스 절단 및 용접, 석재판 절단 및 설치, 줄눈(코킹) 작업을 포함한다.
3. 석재설치 후 보양을 하는 경우 [공통품셈 2-9-1(건축물 보양)]에 따른다.
4. 공구손료 및 경장비(절단기, 용접기 등)의 기계경비는 인력품의 3%로 계상한다.

3) 석축공사

① 적용 범위

석축은 쌓기 방법별로 구분하고 기초부와 입면부를 분리 · 적용한다. 기초부는 설계도에 명시된 수량을 체적×길이로 산출하며, 입면부는 전면적을 계상한다.

② 품셈 기준

돌쌓기, 돌붙임은 방법별로 [공통품셈 7-1(돌쌓기)]의 메쌓기와 찰쌓기, [공통품셈 7-2(돌붙임)]의 메붙임과 찰붙임으로 구분하여 다음과 같이 적용한다.

〈표 5.12-9〉 돌쌓기 _ 메쌓기 [공통품셈] (m^2 당)

구 분	규 격	단위	수 량 (뒷길이)		
			35cm 이하	55cm 이하	75cm 이하
석 공		인	0.10	0.09	0.08
보 통 인 부		인	0.05	0.04	0.03
굴삭기+부착용집게	$0.6m^3$	hr	0.39	0.37	0.35

[주] 1. 본 품은 잡석을 채움재로 사용하는 깬돌 및 깬잡석의 골쌓기 기준이다.
2. 경사도가 1:1보다 급한 경우이며, 높이 3m 이하 기준이다.
3. 규준틀 설치, 돌쌓기, 잡석 채움, 배수파이프 설치 작업을 포함한다.
4. 기초다짐 및 뒤채움은 [공통품셈 3-2-2, 3(기초다짐 및 뒤채움)]을 따른다.
5. 굴삭기 규격은 작업여건(작업범위, 위치 등)에 따라 변경할 수 있다.
6. 재료량은 설계수량을 적용한다.

〈표 5.12-10〉 돌쌓기 _ 찰쌓기 [공통품셈] (m^2 당)

구 분	규 격	단위	수 량 (뒷길이)		
			35cm 이하	55cm 이하	75cm 이하
석 공		인	0.09	0.08	0.07
보 통 인 부		인	0.05	0.04	0.03
굴삭기+부착용집게	$0.6m^3$	hr	0.31	0.30	0.28

[주] 1. 본 품은 콘크리트를 채움재로 사용하는 깬돌 및 깬잡석의 골쌓기 기준이다.
2. 경사도가 1:1보다 급한 경우이며, 높이 3m 이하 기준이다.
3. 규준틀 설치, 돌쌓기, 콘크리트 채움, 배수파이프 설치, 줄눈메꿈 작업을 포함한다.
4. 기초다짐 및 뒤채움은 [공통품셈 3-2-2, 3(기초다짐 및 뒤채움)]을 따른다.
5. 굴삭기 규격은 작업여건(작업범위, 위치 등)에 따라 변경할 수 있다.
6. 재료량은 설계수량을 적용한다.

〈표 5.12-11〉 돌붙임 _ 메붙임 [공통품셈] (m^2 당)

구 분	규 격	단위	수 량 (뒷길이)		
			35cm 이하	55cm 이하	75cm 이하
석 공		인	0.13	0.12	0.11
보 통 인 부		인	0.04	0.03	0.02
굴삭기+부착용집게	$0.6m^3$	hr	0.25	0.24	0.22

[주] 1. 본 품은 잡석을 채움재로 사용하는 깬돌 및 깬잡석의 돌붙임 기준이다.
2. 경사도가 1:1보다 완만한 경우이며, 높이 5m 이하 기준이다.
3. 규준틀 설치, 돌붙임, 잡석 채움, 배수파이프 설치 작업을 포함한다.
4. 기초다짐 및 뒤채움은 [공통품셈 3-2-2, 3(기초다짐 및 뒤채움)]을 따른다.
5. 굴삭기 규격은 작업여건(작업범위, 위치 등)에 따라 변경할 수 있다.
6. 재료량은 설계수량을 적용한다.

〈표 5.12-12〉 돌붙임 _ 찰붙임 [공통품셈] (m^2 당)

구 분	규 격	단위	수 량 (뒷길이)		
			35cm 이하	55cm 이하	75cm 이하
석 공		인	0.11	0.10	0.09
보 통 인 부		인	0.04	0.03	0.02
굴삭기+부착용집게	$0.6m^3$	hr	0.22	0.21	0.20

[주] 1. 본 품은 콘크리트를 채움재로 사용하는 깬돌 및 깬잡석의 돌붙임 기준이다.
2. 경사도가 1:1보다 완만한 경우이며, 높이 5m 이하 기준이다.
3. 규준틀 설치, 돌붙임, 콘크리트 채움, 배수파이프 설치, 줄눈메꿈 작업을 포함한다.
4. 기초다짐 및 뒤채움은 [공통품셈 3-2-2, 3(기초다짐 및 뒤채움)]을 따른다.
5. 굴삭기 규격은 작업여건(작업범위, 위치 등)에 따라 변경할 수 있다.
6. 재료량은 설계수량을 적용한다.

[참고자료] 돌쌓기 규격별 소요량

구 분		단위	수 량 (뒷길이)						
			25cm	30cm	35cm	45cm	55cm	60cm	75cm
돌의 전면규격		cm	17×17	20×20	25×25	30×30	35×35	40×40	50×50
m^2 당 개 수		개	33	24	17	12	9	6	4
고임돌 (돌쌓기)	깬 잡 석	m^3	0.09	0.11	0.13	0.16	0.19	0.21	0.26
	깬 돌	m^3	–	0.10	0.12	0.15	0.18	0.20	0.25
틈메우기돌 (돌붙임)		m^3	– 고임돌(돌쌓기)의 15%까지 계상할 수 있다.						
채 움 콘 크 리 트		m^3	0.11	0.14	0.16	0.20	0.25	0.27	0.34
줄눈메꿈 모르타르		m^3	0.009	0.009	0.009	0.009	0.009	0.009	0.009

[주] 돌의 중량은 돌의 형상, 종류, 부피 등을 고려하고 [공통품셈 1-3-3(재료의 단위중량)]을 참고하여 계상한다.

4) 전석

① 적용 범위

전석은 수량을 설계도면에 의하여 품셈의 기준인 면적(m^2)으로 산정하며, 전석쌓기의 기초는 필요시 길이를 별도 집계한다.

전석(轉石, Boulder)의 사전적 의미는 「1개 크기가 $0.5m^3$ 이상되는 돌덩어리(석괴)」로서 '둥근 돌'이란 뜻도 있다. 일부에서 "계단식으로 돌을 쌓는 것"을 '전석쌓기'라고도 하는데 이는 잘못된 표현이다. 현장에서는 '전석쌓기'를 자연석과 발파석에 관계없이 큰 돌덩어리를 쌓는 것으로 사용되므로 '전석쌓기'라고만 표기하면 발파석을 쌓을 가능성이 많아 주의가 필요하다.

② 품셈 기준

전석 쌓기와 깔기는 [공통품셈 7-3-1(전석쌓기)], [공통품셈 7-3-2(전석깔기)]에 의하여 다음과 같이 적용한다.

〈표 5.12-13〉 전석 쌓기 [공통품셈] (m² 당)

구 분	규 격	단위	수 량
석 공 보 통 인 부 굴 삭 기	 0.6 m³	인 인 hr	0.13 0.02 0.43

[주] 1. 본 품은 굴삭기를 이용하여 전석(0.3m³~0.5m³ 급)을 쌓는 품이다.
2. 본 품은 전석쌓기, 고임돌 및 채움 콘크리트 시공이 포함된 것이다.
3. 기초 콘크리트, 고임돌 소요량은 별도 계상한다.
4. 기초 콘크리트 타설품은 별도 계상한다.
5. 장비의 규격은 작업여건(작업범위, 위치 등)에 따라 변경할 수 있다.
6. 재료량은 다음을 참고하여 적용한다. (m²당)
• 채움콘크리트 : 0.2(m³)

〈표 5.12-14〉 전석 깔기 [공통품셈] (m² 당)

구 분	규 격	단위	수 량
석 공 보 통 인 부 굴 삭 기	 0.6 m³	인 인 hr	0.06 0.02 0.17

[주] 1. 본 품은 굴삭기를 이용하여 전석(0.3m³~0.5m³ 급)을 바닥에 까는 품이다.
2. 본 품은 전석깔기, 고임돌 시공이 포함된 것이다.
3. 콘크리트, 고임돌 소요량은 별도 계상한다.
4. 콘크리트 타설품은 별도 계상한다.
5. 장비의 규격은 작업여건(작업범위, 위치 등)에 따라 변경할 수 있다.

5) 디딤돌 및 계단돌 놓기

① 적용 범위

디딤돌과 계단돌은 그 재질, 크기, 모양 등 설계도서에 따라 자연석, 가공석과 전돌로 구분하고 수량은 계량이 가능한 EA, m², m, 단 등으로 산출한다.

② 적용 품셈

자연석의 디딤돌과 계단돌 놓기는 [정원석 쌓기 및 놓기]의 놓기를, 토양 유실방지 등 미관보다는 기능적인 경우 [조경유용석 쌓기 및 놓기]를 적용한다. 특별한 경우의 인력시공은 [2002년 토목, 건축품셈 4-6(정원석 석축공)]의 놓기를 준용한다.

화강석 계단석은 보통 [공통품셈 4-4-1(정원석 쌓기 및 놓기)]의 놓기를 준용하며, 경계석과 유사한 경우 [토목품셈 1-10-2(보차도 경계석-화강암 설치)], [토목품셈 1-10-3(보차도 및 도로경계블록-콘크리트 설치)]를 준용한다.

6) 인조암

① 적용 범위

인공폭포, 인조바위 등 석재 인조물의 자재는 FRP, GRC(GFRC) 등이다. 과거 주로 사용되던 FRP는 유해성과 지속성 문제로 현재는 GRC가 주로 사용되고 있다.

인조암은 시공형태와 조성방법으로 패널형(Molde Casting)과 직조형(Rock Work)으로 구분된다. 패널형은 공장제작 패널을 현장 조립하는 공장제작 현장설치 형태이고, 직조형은 현장에서 직접 형태를 구성 제작한 후 뿜어붙이고 조각하는 일체화된 공정으로 구성 · 제작 · 설치한다.

인조암 표면 곡면율은 곡면 형태별로 20~60%를 주로 적용한다. 곡면율으로 굴곡과 바위 형태를 연출하며 단순 굴곡형 20%, 보통 굴곡형 40%, 복잡한 굴곡형 60% 곡면율을 적용하고, 적층형 석재 연출 등 매우 복잡한 굴곡형은 100% 또는 그 이상 곡면율도 적용된다. 적용 곡면율은 시공 후 실제 시공면적 측정으로 정산함을 원칙으로 한다.

② 적용 품셈

인조암은 공장제작 현장설치인 패널형과 공장형틀제작 현장 숏크리트(직조형)설치형으로 구분하여 표준품셈의 각 공종별 세부품을 적용 · 준용한다.

패널형 인조암의 현장 설치 세부공정은 인조암 설치, 메탈라스 설치, 인조암 면마감, 칠공사(바탕만들기, 기초도장, 도장후 퍼티 · 연마, 연출도장) 등으로 구분하여 각 공종별 세부 품셈을 적용 · 준용한다.

〈표 5.12-15〉 인조암(패널형) 공사 [품셈적용 산출, 조경공사 적산기준] (m^2 당)

구 분	명 칭	규 격	단위	수 량
인조암 설치	석 공		인	0.39
	보 통 인 부		인	0.06
	크 레 인	10 ton	hr	0.43
메탈라스 설치	메 탈 라 스	#900	m^2	2.20
	미 장 공		인	0.10
인조암 면마감	미 장 공	표면 마무리	인	0.0047
	미 장 공	모르타르 바름	인	0.108
	보 통 인 부	모르타르 바름	인	0.048
칠공사 (1) – 바탕만들기	퍼 티	외부용	kg	0.05
	연 마 지	#120~180	매	0.10
	도 장 공		인	0.012
	보 통 인 부		인	0.0012
칠공사 (2) – 기초도장	에멀션 페인트	KSM6010 1종2급	ℓ	0.256
	도 장 공		인	0.0648
	보 통 인 부		인	0.0312
칠공사 (3) – 도장후 퍼티 · 연마	퍼 티	외부용	kg	0.06
	연 마 지	#120~180	매	0.25
	도 장 공		인	0.006
	보 통 인 부		인	0.0012
칠공사 (4) – 연출도장	에멀션 페인트	KSM6010 1종2급	ℓ	0.296
	도 장 공		인	0.0792
	보 통 인 부		인	0.0144

[주] 공통사항
1. 본 품은 공장에서 제작된 인조암 패널형의 현장설치로써 경사지형에 계획의도에 의하여 인조암 패널을 거치한 후 메탈라스 설치, 면 마무리, 칠공사를 수행하는 품이다.
2. 인조암 패널의 곡면율에 따른 재료량은 계획에 의하여 20~100%를 적용하고 설치 후 정산을 원칙으로 한다.
3. 패널 부착을 위한 고정물의 제작 · 설치가 필요한 경우 별도 적용한다.

[주] □ 인조암 설치
1. 인조암 설치는 공장제작 120~160kg(약 40kg/m^2) 인조암 패널을 크레인, 윈치 등으로 거치한 후 용접 등으로 기반시설 또는 구조물과 인조암을 결합하는 작업이다.
2. 인조암 설치는 [공통품셈 7-3-1(전석쌓기)]에서 굴삭기는 크레인으로 변경적용하고 설치인부는 300% 할증 준용하였다.
3. 본 품은 사면길이 20m 경사도 1:20이하 기준으로 수직고 20m 이상인 경우 [공통품셈 3-5-4의 2. 나(절토사면녹화_식생기반제 뿜어붙이기)]의 비고를 준용하여 사면길이 20~30m는 20%, 사면길이 30~50m는 30%, 사면길이 50m 이상은 40% 인력품의 할증률을 가산한다.
4. 인조암 내부 공극에 콘크리트를 채우는 경우에는 1m씩 타설 기준으로 [2015년 토목품셈 6-1-3(비탈면 구조물 콘크리트 타설)]의 1 : 1.2보다 급한 경우인 (펌프차 0.26hr, 콘크리트공 0.29인, 보통인부 0.19인)/(m^{2}당)를 준용한다.

[주] □ 메탈라스 설치
1. 본 품은 메탈라스 2겹 설치(내부 1.36m^2, 외부 0.65m^2) 기준 품으로써 고정철물, 철근 및 채움 콘크리트 타설이 필요한 경우 별도 계상한다.
2. 본 품은 [2015년 건축품셈 14-4의 1(라스붙임-돌림띠)]에서 작업면의 굴곡 난이도를 고려하여 설치인부는 200% 할증 준용하였다.

[주] □ 인조암 면마감
1. 본 품은 현장에서 조립된 패널 연결부의 미관을 고려한 이음새 부분의 마감 작업이다.
2. 본 품에서 인조암 면마감 1차는 [건축품셈 9-1-4(표면 마무리)] 인력마감의 작업조건 대기 발생의 경우, 인조암 면마감 2차는 [건축품셈 9-1-2(모르타르 바름-3.6m 초과 2회)]의 원주바름면인 할증 20%를 준용하였으며, 공구손료 2%를 계상한다.

[주] □ 칠공사
1. 본 품은 조형 전문가에 의하여 조형미와 주변 환경에 조화되도록 기초도장 및 연출도장으로 자연스러운 색상을 연출하는 작업이다
2. 본 품은 [건축품셈 11-1-1(콘크리트 · 모르타르면 바탕만들기)]+[건축품셈 11-2-3(수성페인트-뿜칠 2회)]+[건축품셈 11-1-3(도장 후 퍼티 및 연마)]+[11-2-1(수성페인트-붓칠 3회)]에서 비고의 천장 기준으로 품을 20% 가산하였다.
3. 칠공사 (2)-기초도장, 칠공사 (4)-연출도장의 잡재료비는 주재료비의 6%를 계상한다.

현장 숏크리트형(직조형) 인조암은 가설 및 기초철골공사, 철근Cage 제작설치, 인조암 조형 및 조각, 도장 및 마감으로 대별하고 각 공종별 세부 품셈을 적용 · 준용한다.

가설공사는 인조암 설치의 작업기반으로 공사기간인 강관비계 3개월을 적용한다.

기초 철골공사는 안정된 옹벽이나 소일네일 등에 인조암 지지용 철재 구조물의 설치 작업이다. 인조암 고정이나 사면 안정에 특별한 구조가 필요한 경우 별도 계상한다.

철근Cage 제작설치는 공장제작 바위형태 골격을 형성할 철근Cage를 현장에 운반한 후 기초 철골에 연결하는 작업이다. 설치시 추가 장비 필요한 경우 별도 계상한다.

인조암 조형 및 조각은 기초뼈대인 철근Cage 상부에 구조용 숏크리트를 1차 뿜칠하고 미장용 숏크리트의 2차 뿜칠로 인조암 골격을 형성하며, 뿜칠면이 바위형태를 이루도록 콘크리트 면을 조각 및 질감으로 표현한 후 양생하는 작업이다.

인조암 도장 및 마감은 양생된 숏크리트에 프라이머를 바르고 바탕도장인 뿜칠 2회와 퍼티 · 연마 후 붓칠 3회의 세부도장으로 인조암을 섬세하게 연출하여 최종 완성 마감하는 작업이다.

〈표 5.12-16〉 인조암(직조형)공사 #1 – 가설 및 기초철골공사 [품셈적용 산출, 조경공사 적산기준] (m^2 당)

구 분	명 칭	규 격	단위	수 량
가 설 공 사	강 관 비 계	3개월	m^2	1.00
기초철골공사	ㄱ 형 강	50×50×T6.0	ton	0.0209
	잡철물제작 설치	보 통	ton	0.0199
	녹막이페인트칠	2 회	m^2	0.9435
	앵커 볼트 설치	ϕ16×L150	개소	1.00

[주] 공통사항

1. 본 품은 인조암 설치의 작업기반인 가설 강관비계 및 인조암의 조형적 연출을 위한 골격기반인 기초철골공사이다.
2. 사면 안정이 필요하거나 기초철골 고정에 특별한 구조가 필요한 경우에는 별도 적용한다.

[주] □ 기초철골공사

1. 본 품은 옹벽이나 소일네일 등에 인조암 설치를 위하여 ㄱ형강 철재 구조물으로 골격기반을 구성하는 작업이다.
2. 본 품은 ㄱ형강 50×50×T6.0 규격을 @1200으로 전후면과 측면부에 사선형으로 용접 고정하는 기준으로서 형강의 규격이나 간격이 변경되는 경우에는 설계에 의하여 변경한다.
3. 본 품의 잡철물 제작설치는 [건축품셈 8-4-1(각종 잡철물 제작 설치-보통)], 녹막이 페인트칠은 [건축품셈 11-2-6(녹막이 페인트칠)], 앵커볼트 설치는 [건축품셈 1-2-5(앵커 볼트 설치)]를 적용한다.

〈표 5.12-17〉 인조암(직조형)공사 #2 – Cage 제작설치 [표준품셈 준용, 조경공사 적산기준] (m^2 당)

구 분	명 칭	규 격	단위	수 량
철근 Cage 제작	이 형 철 근	ϕ10mm	ton	0.0043
	철근 공장 가공	매우복잡	ton	0.0042
	구 갑 망 설 치	2겹	m^2	1.00
	P E 망 설 치	1겹	m^2	1.00
철근 Cage 설치	고정철물(ㄱ형강)	50×50×T6.0	ton	0.0093
	잡철물제작설치	보 통	ton	0.008
	녹막이페인트칠	2회	m^2	0.42
	연결 Cage 제작	철근 Cage 제작	m^2	0.075
	부 착 망 설 치	T15cm	m^2	1.00

[주] 공통사항

1. 본 품은 인조암의 조형적 연출을 위한 조형기반인 Cage 제작 및 설치작업이다.
2. 본 품의 작업은 철근 Cage 제작 – 운반 – 철근 Cage 설치 순으로 진행한다.

[주] □ 철근 Cage 제작

1. 본 품은 인조암의 조형적 연출을 위한 철근 Cage(4×2m)의 공장가공 작업이다.
2. 철근 Cage는 상하 @250 간격, 좌우 @300 간격으로서 0.0043(ton/m^2)의 기준량을 적용한다.
3. 본 품의 철근가공은 3D기계에 의한 절곡으로 [공통품셈 6-2-3(철근_공장가공-토목)]의 매우복잡을 적용한다.
4. 철근 가공에 사용되는 기계기구 손료는 인력품의 2%로 계상한다.
5. 본 품의 구갑망 설치, PE망 설치는 [건축품셈 9-1-5(라스 붙임)]을 2겹, 1겹으로 준용한다.

[주] □ 철근 Cage 설치

1. 본 품은 인조암의 조형적 연출을 위하여 공장제작 된 철근 Cage를 현장에서 ㄱ형강 고정철물에 설치하는 작업이다.
2. 본 품은 Cage를 철 구조물에 붙이기 위한 연결철물을 포함하며, 연결 Cage(4×2)의 둘레 0.1m가 겹쳐지도록 계상된 기준이다.
3. 본 품의 잡철물제작 설치는 [건축품셈 8-4-1(각종 잡철물제작 설치-보통)], 녹막이페인트칠은 [건축품셈 11-2-6(녹막이페인트칠)], 연결 Cage는 제작된 철근 Cage의 연결용으로서 철근 Cage 제작과 동일하게 적용하며, 부착망 설치는 [공통품셈 3-5-4의 1(절토사면녹화_부착망 설치)]의 T15cm를 적용한다.
4. 본 품은 사면길이 20m 경사도 1:2 이하 기준으로 수직고 20m 이상인 경우 [공통품셈 3-5-4의 2. 나(절토사면녹화_식생기반제 뿜어붙이기)]의 비고를 준용하여 사면길이 20~30m는 20%, 사면길이 30~50m는 30%, 사면길이 50m 이상은 40% 인력품의 할증률을 가산한다.

〈표 5.12-18〉 인조암(직조형)공사 #3 - 인조암 조형 및 조각 [품셈적용 산출, 조경공사 적산기준] (m^2 당)

구 분	명 칭	규 격	단위	수 량
인조암뿜칠재 1차 (구조용)	레 미 탈	40kg/포 뿜칠용	kg	2.1367
	시 멘 트	40kg	kg	0.2136
	A R Glass	내알칼리성	kg	0.0358
	유 동 화 제		kg	0.4486
	C L A Y	2500CPS	kg	0.5982
	Sioxid L D	실리카흄	kg	2.9911
	보 통 인 부	모르타르비빔	인	0.033
	숏크리트 타설	T50mm	m^3	1
인조암뿜칠재 2차 (조형용)	레 미 탈	40kg/포 뿜칠용	kg	2.1367
	시 멘 트	40kg	kg	0.2136
	유 동 화 제		kg	0.4486
	C L A Y	2500CPS	kg	0.5982
	Sioxid L D	실리카흄	kg	2.9911
	보 통 인 부	모르타르비빔	인	0.033
	숏크리트 타설	T50mm	m^3	1
숏크리트 타설	취 부 기	18.65kW	hr	0.028
	공 기 압 축 기	21m3/min	hr	0.028
	발 전 기	50kW	hr	0.028
	트럭탑재형크레인	5ton	hr	0.028
	물 탱 크	5500ℓ	hr	0.028
	덤 프 트 럭	6ton	hr	0.028
	콘크리트 믹서	0.2m3 (3.5)	hr	0.028
	작 업 반 장		인	0.004
	콘 크 리 트 공		인	0.004
	기 계 설 비 공		인	0.004
	특 별 인 부		인	0.008
	보 통 인 부		인	0.007
뿜칠면 마감	견 출 공	콘크리트 면정리	인	0.0132
인 조 암 형상 조각	미 장 공		인	0.39
	연 마 공		인	1.17
	보 통 인 부		인	0.515
뿜칠면 양생	부 직 포		m^2	1.10
	보 통 인 부	양 생	인	0.002
	보 통 인 부	살 수	인	0.004

[주] 공통사항

1. 본 품은 인조암의 골격기반인 Cage에 숏크리트를 뿜어붙이고 인조암 조형면을 형성하는 작업이다.
2. 본 품의 작업은 철근 숏크리트 뿜칠 1차(구조용) - 숏크리트 뿜칠 2차(조형용) - 숏크리트 면마무리 - 인조암 형상 조각 - 뿜칠면 양생 순으로 진행한다.
3. 본 품은 사면길이 20m 경사도 1:2 이하 기준으로 수직고 20m 이상인 경우 [공통품셈 3-5-4의 2. 나(절토사면녹화_식생기반제 뿜어붙이기)]의 비고를 준용하여 사면길이 20~30m는 20%, 사면길이 30~50m는 30%, 사면길이 50m 이상은 40% 인력품의 할증율을 가산한다.

[주] ㅁ ㅁ 인조암 뿜칠재 1차(구조용), 2차(조형용)

1. 본 품은 Cage 등에 숏크리트를 뿜어 붙여 기반구조와 인조암의 조형면을 형성하는 재료이다.
2. 유리섬유는 구조용 뿜칠재에만 강도를 유지할 수 있도록 배합한다.
3. 본 품의 모르타르비빔은 [건축품셈 9-1-1(모르타르 배합)]을 적용한다.

[주] ㅁ' ㅁ' 숏크리트 타설 (구조용, 조형용)

1. 본 품은 설치된 Cage에 1차(구조용), 2차(조형용) 숏크리트의 현장 타설 작업에 적용한다.
2. 본 품은 [토목품셈 3-5-4의 2(식생기반제 뿜어붙이기)]의 T50mm을 준용한다.
3. 본 품은 작업특성에 의하여 재료 배합을 위한 콘크리트 믹서를 추가 적용한다. 인조암 전문가에 의한 조형미와 연출작업을 고려하여 작업반장을 추가하고, 조경공은 콘크리트공으로 대체하였다.
4. 잡재료비는 주재료비의 3%, 공구손료는 인력품의 2%로 계상한다.

5. 숏크리트 타설을 위한 기계기구 설치 및 해체는 [공통품셈 3-5-4의 2의 가(기계기구 설치 및 해체)]를 적용한다.

[주] □ 뿜칠면 마감
1. 본 품은 숏크리트 뿜칠면의 마무리 작업이다.
2. 본 품은 [건축품셈 9-2-1(콘크리트면 정리)] 3.6m 이하, 비고의 천장 기준으로 20%를 가산하였다.
3. 공구손료 및 경장비의 기계경비는 인력품의 3%로 계상한다.

[주] □ 인조암 형상 조각
1. 본 품은 인조암 형상으로 연출되도록 숏크리트 면을 조각하여 다듬는 작업이다.
2. 본 품은 [2013년 건축품셈 15-4-3(인조석테라조 현장바름 및 갈기)]의 손갈기 벽을 고급마감일 때의 6회 갈기를 적용하고, 주기의 원주바름면에 의하여 미장공 및 연마공의 품을 30% 가산하였다.

[주] □ 뿜칠면 양생
1. 본 품은 인조암의 양호한 형태적 구성으로 마감된 형상을 유지하기 위한 양생 작업이다.
2. 본 품은 [공통품셈 2-9-1(건축물 보양)] 콘크리트의 부직포양생+살수양생으로 실시하는 기준이다.

〈표 5.12-19〉 인조암(직조형)공사 #4 – 도장 및 마감 [품셈적용 산출, 조경공사 적산기준] (m^2 당)

구 분	명 칭	규 격	단위	수 량
칠 바탕만들기	퍼티	외부용	kg	0.05
	연마지	#120~180	매	0.10
	도장공		인	0.012
	보통인부		인	0.0012
프라이머 바름	프라이머	믹싱리퀴드	ℓ	0.60
	도장공		인	0.011
	보통인부		인	0.005
인조암 도장 (1)-바탕도장	에멀션 페인트	KSM6010 1종2급	ℓ	0.256
	도장공		인	0.00648
	보통인부		인	0.00312
도장 후 퍼티 · 연마	퍼티	외부용	kg	0.06
	연마지	#120~180	매	0.25
	도장공		인	0.006
	보통인부		인	0.0012
인조암 도장 (2)-마감도장	에멀션 페인트	KSM6010 1종2급	ℓ	0.296
	도장공		인	0.0792
	보통인부		인	0.0144

[주] 공통사항
1. 본 품은 인조암의 조형적 연출면 완성을 위하여 양생 숏크리트면을 조정하고 도장으로 인조암 형상을 최종 완성하는 작업이다.
2. 본 품의 작업은 칠 바탕 만들기 – 프라이머 바름 – 인조암 바탕도장 – 도장 후 퍼티 · 연마 – 인조암 마감도장 순으로 진행한다.
3. 특수한 형상의 마무리 가공이나 조각물 등은 별도 계상한다.

[주] □ 칠 바탕 만들기
1. 본 품은 인조암 바위 형상 및 재질을 연출하는 도장을 위하여 칠 바탕을 만드는 작업이다.
2. 본 품은 거친 숏크리트 면의 바탕처리, 퍼티 및 연마 작업으로서 [건축품셈 11-1-1(콘크리트 · 모르타르면 바탕만들기)]의 비고에 의하여 천장 기준으로 20%를 가산하였다.

[주] □ 프라이머 바름
1. 본 품은 인조암 형상 골격인 거친 숏크리트면의 바위 재질 형태로 순화를 위하여 칠 바탕에 프라이머를 칠하는 작업이다.
2. 본 품은 [건축품셈 6-1-2(방수프라이머 바름)]에서 방수공은 도장공으로 변경 준용하였다.
3. 공구손료는 인력품의 2%로 계상한다.

[주] □ 인조암 바탕도장, □ 인조암 마감도장
1. 본 품은 인조암 바위 재질의 전반적인 연출을 위한 바탕도장 및 마감도장 작업이다.
2. 본 품은[건축품셈 11-2-3(수성페인트-뿜칠 2회)], [건축품셈 11-2-1(수성페인트-붓칠 3회)]의 비고에 의하여 천장 기준으로 20%를 가산하였다.
3. 잡재료비는 주재료비의 6%로 계상한다.

[주] □ 도장 후 퍼티 · 연마
1. 본 품은 인조암 바위 재질의 최종적 연출을 위한 바탕도장면의 퍼티 및 연마 작업이다.
2. 본 품은 [건축품셈 11-1-3(도장 후 퍼티 및 연마)]의 비고에 의하여 천장 기준으로 20%를 가산하였다.

13 포장공사

Landscape Architecture

13.1 개 요

포장은 각종 재료로 내구성에 강한 지표면을 조성하므로 옥외공간의 용도별 기능과 미적인 분위기를 결정하는 중요한 요소이다.

포장재료는 전체 공간이 조화되도록 기능적 · 시각적 기능 등을 고려하여야 하며, 특히 포장면을 이용하는 교통의 양과 질에 대응하는 구조 · 재료라야 한다. 즉 보행용 포장면도 비상용 차량의 이용 빈도에 따라 포장면의 마모나 파손 정도가 다르므로 기능적 측면을 중요한 요소로 고려하여야 한다.

차량용 도로는 차량 통행이 주목적이므로 구조적 측면이 가장 중요하게 고려되어야 한다. 조경용 포장인 보행용 포장은 하중이 보다 중요하지 않으므로 구조적인 측면보다는 포장의 표면처리, 즉 포장 재료의 색채, 질감, 패턴 변화 등 다양한 재료와 공법으로 시공 및 개발되고 있다.

그림 5.13-1 차량 도로 포장

그림 5.13-2 보행자 도로 포장

그림 5.13-3 주차장 포장

13.2 포장재의 종류

1) 용도별 분류

① **차량 도로 포장** : 차량의 통행을 위주로 하는 도로로써 통과 차량의 종류, 통과대수, 통과속도 등에 따라 도로구조를 결정한다.

② **보행자 도로 포장** : 보행을 주된 목적으로 하는 도로 포장

③ **보행 광장 포장** : 보행자의 집산(集散)이 이루어지는 광장의 포장으로써 구조보다는 포장 표면의 색채 · 질감 · 포장패턴 등이 중요시 된다.

④ **관리용 도로 포장** : 보행자 전용 영역으로 관리차량이 정기적으로 통과하는 도로 포장

⑤ **자전거 도로 포장** : 자전거 위주의 도로 포장

⑥ **주차장 포장** : 차량의 주차를 위한 공간의 포장

⑦ **운동장 포장** : 정구장, 배구장, 배드민턴장 등 구기운동과 테니스장, 퍼팅연습장 등 다양한 운동장의 포장

2) 재료별 분류

① 인공 재료

㉠ 아스콘(Asphalt Concrete) 포장

㉡ 콘크리트 포장

㉢ 투수성(透水性) 포장 : 투수콘, 투수블록 등

㉣ 점토블록 포장

㉤ 콘크리트블록 포장

㉥ 잔디블록 포장

㉦ 타일(Tile) 포장

㉧ 고무칩, 고무블록 포장

㉨ 세라믹칩 등 기타 인공재 포장

② 자연 재료

㉠ 호박돌, 조약돌 포장

㉡ 자연석, 화강석 포장

㉢ 마사토 포장

㉣ 목재데크 포장

㉤ 우드칩 등 기타 자연재 포장

3) 포장재 선정 기준

조경용 포장재는 기능과 더불어 보행자가 안전하고 쾌적하게 보행할 수 있는 재료를 선정하여야 한다. 기술의 발달과 공사비 증대로 다양한 포장재가 개발 사용되므로 재료 선정에 신중하여야 한다. 포장재의 일반적인 선정 기준은 다음과 같다.

① 내구성이 있고, 시공비 · 관리비가 저렴한 재료

② 재료의 질감 · 색채가 아름다운 재료

③ 표면 청소가 간단하고, 탄력성이 양호하며, 표면 건조가 빠른 재료

④ 표면이 태양광선의 반사가 적고, 보행시 미끄럼이 적은 재료

⑤ 시공현장의 여건상 수급과 시공이 용이한 재료

13.3 포장공사의 종류

1) 아스콘 및 콘크리트 포장

포장의 기능이 최우선하는 곳에 일반적으로 사용되는, 주변에서 가장 널리 사용하고 있는 강성 포장재이다. 차량이 빈번하게 이용하거나 비상차량이 자주 이용하는 도로의 포장으로 사용되고 있으며, 도로·자전거도로·광장·주차장 등의 포장에도 자주 사용되고 있다.

아스팔트 콘크리트(아스콘) 포장은 아스팔트 유제(乳劑)에 석분과 쇄석 및 잔골재를 혼합하여 제조한 것으로서 포설 장비로 시공하므로 기층 형성이 까다로운 것이 단점이나 표면처리가 양호하며 포장면이 균일한 것이 장점이다. 시멘트 콘크리트 포장은 아스콘 포장에 비하여 시공이 간편하고 공사비가 저렴하지만 표면처리가 정교해야 하며 이음의 처리가 어려운 것이 단점이다.

아스콘과 콘크리트 포장의 구조 및 시공 단면은 다음과 같다.

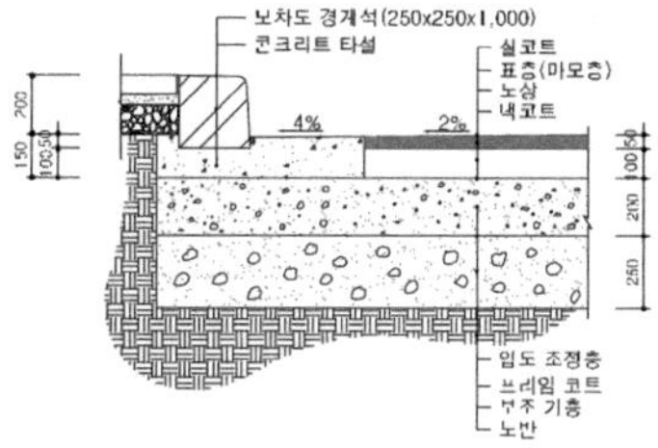

그림 5.13-4 아스콘 포장 단면

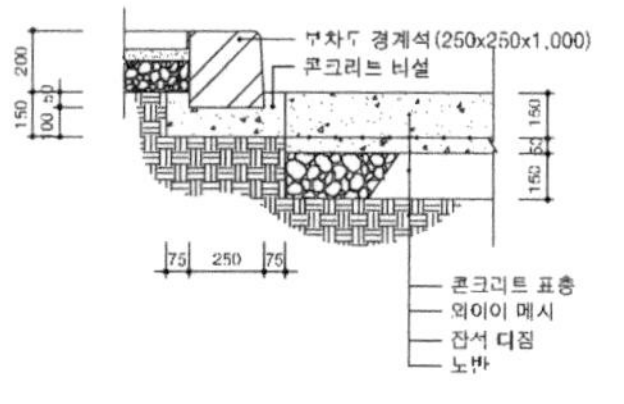

그림 5.13-5 콘크리트 포장 단면

① 노 상

노상(路床, Subgrade)은 포장 하부 약 1m의 흙 부분으로, 성토부는 성토 끝 마무리 면에서 절토부는 굴착한 면에서 하부 약 1m 부분이 노상에 해당된다. 그러므로 균등한 지지력을 얻기 위한 국부적인 노상토의 환토(換土) 부분이나 차단층 등은 노상에 포함된다. 노상토의 강도 특성은 CBR시험이나 평판재하시험에 의하여 판정된다.

② 보조기층

보조기층(補助基層, Subbase Course)은 기층과 노상 사이 층으로서, 기층의 하중을 분산시켜 노상에 전달하는 역할을 수행한다. 따라서 보조기층은 노상의 허용지지력 이하로 하중을 절감하고 분산하는데 충분한 강도와 두께 및 내구성을 가져야 하고, 노상토의 침투 방지와 동해를 방지하는 것으로서 일반적으로 시공현장 가까이에서 구할 수 있는 막자갈이나 모래 등이 많이 쓰인다.

보조기층은 시멘트 안정처리(Soil Cement) 또는 석회 안정처리를 하는 경우도 있다.

③ 기 층

기층(基層, Base Course)은 표층 바로 아래에 설치하는 층으로서 표층에서 전달되는 하중을 보조기층에 분산시키는 역할을 한다.

기층에는 입도조정, 시멘트 안정처리, 자갈 안정처리 등의 공법이 사용되며, 자갈 안정처리 기층을 블랙 베이스(Black Base)라 한다.

④ 표 층

표층(表層, Surface Course)은 포장의 가장 위 표면층으로써 교통 차량에 의한 전단, 마모 작용에 저항하여 빗물이 하부에 침투하는 것을 막는 기능을 수행한다. 또한 주행에 직접적인 영향을 끼치므로 평탄성과 미끄럼 방지 역할도 겸해야 한다.

아스팔트 포장 표층은 마모층(Wearing Course)과 중간층(Binder Course)으로 구분 · 시공하기도 한다.

⑤ 프라임 코트

프라임 코트(Prime Coat)란 입상 재료의 보조기층이나 기층 위에 아스팔트 콘크리트 포장층 포설 이전에 액체 아스팔트를 뿌리는 것을 말한다.

프라임 코트는 아스팔트 표면의 공극을 밀폐하여 밑에서 올라오는 수분을 차단하는 방수작용과 더불어 표면의 골재 입자를 결착하여 그 상층과의 결합을 증대하는데 목적이 있다.

⑥ 택 코트

택 코트(Tack Coat)는 기초 포장면과 포설하는 아스팔트 혼합물의 결합이 양호하도록 아스팔트 재료를 뿌리거나 발라주는 것을 말한다. 중간층 시공 후 즉시 마모층을 포설할 때에는 택 코트를 생략할 수 있으나 포장면의 먼지 등으로 접합면 아스팔트의 접착성이 약한 경우에는 반드시 택 코트를 하여야 한다.

⑦ 실 코트

실 코트(Seal Coat)는 아스팔트 포장면의 내구성, 수밀성과 미끄러움 저항의 증가를 위하여 아스팔트 재료와 골재를 살포하여 견고하게 만든 얇은 층을 말한다.

2) 투수콘 포장

아스팔트 유제에 다공질 재료를 혼합하여 표면수의 통과가 가능하게 한 포장으로써 투수콘 포장면은 가로수의 수분공급과 겨울철의 포장면 결빙을 방지할 수 있다. 시공 후 하자나 부분적인 보수공사가 어려운 단점이 있으나 표면 질감이 양호하고 자유로운 색상 주입이 가능하여 시각적인 효과도 우수하다.

공원이나 유원지의 도로, 주차장, 자전거 도로의 포장에 적합하다.

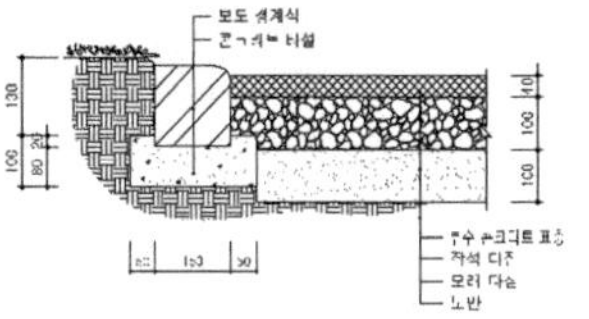

그림 5.13-6 투수콘 포장 단면

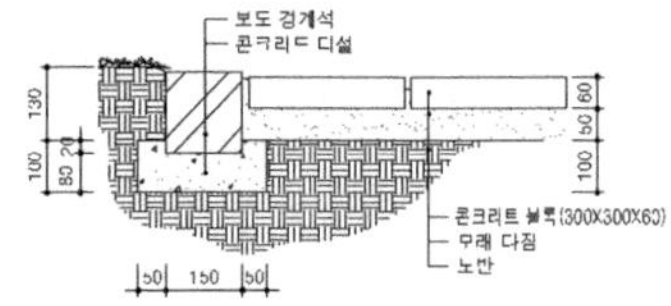

그림 5.13-7 보도블록 포장 단면

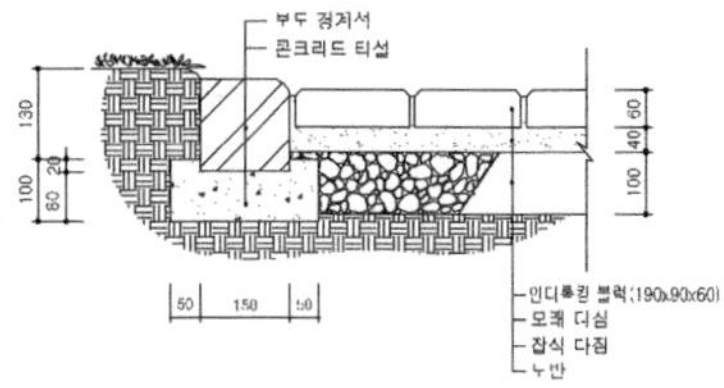

그림 5.13-8 소형고압블록 포장 단면

3) 콘크리트블록 포장

① 보도블록 포장

시멘트 콘크리트 포장보다 질감이 우수하고 시공과 보수가 비교적 용이하다. 대규모 보도에 적합하여 과거에 많이 이용하였으나 소형고압블록 개발 이후 현재는 다양한 블록 사용으로 이용이 미미하다.

지하매설물 등으로 인한 보수 및 교체가 편리하며, 블록 표면에 다양한 패턴의 문양과 색채로 시각적 효과를 증진시킬 수 있다.

② 소형고압블록 포장

소형고압블록(ILP, Interlocking Paver)은 고압으로 성형된 소형의 콘크리트블록을 표층에 포설하는 포장으로써 블록 상호간 맞물림(Inter-Locking)으로 교통하중을 분산시키는 우수한 포장방법이다.

소형고압블록 포장은 매우 밀도가 높은 고압 콘크리트를 사용하므로 구조적으로 견고하며, 다른 포장에 비하여 질감과 색채가 다양하여 포장 패턴의 구성이 매우 우수하다. 블록 표면의 질감과 색채가 타재료에 비하여 특히 다양하다. 최근 기술과 소재의 발달로 소형고압블록 형태의 투수블록도 다수 개발·시공되고 있으며, 가격 또한 저렴한 제품이 많이 개발되고 있다.

또한 지하매설물로 인한 보수와 교체공사 시 포장 해체 및 재포장이 용이하고, 연약지반에도 시공이 용이하며 유지관리비가 저렴한 장점이 있다. 보도와 일반 차도 기초는 일반적으로 모래를 포설하고, 차량의 지속적인 통행으로 하중 및 지내력이 필요한 경우 콘크리트 기층으로 보강한다.

그림 5.13-9 소형고압블록 포장

그림 5.13-10 점토벽돌 포장

그림 5.13-11 사고석 포장

4) 점토벽돌 포장

점토(Clay)란 암석의 장기간 풍화로 생성된 세립(細粒) 분상집합체(粉狀集合體)로서 물을 가한 습한 상태에서 가소성(Plasticity)을 나타내고, 이것이 건조하면 강성(Elasticity)을, 적당한 온도로 소성하면 소결(Sintering)하는 광물이다.

점토벽돌은 친근한 질감과 색채로 다양한 형태의 시각효과를 보이는 재료로써 미끄럼방지를 위한 표면처리도 훌륭하다. 포장방법은 소형고압블록과 동일하지만 차량 통행 등 하중과 지내력이 필요한 경우에는 기층의 보강과 더불어 필히 벽돌을 일정간격 이격하여 맞부딪힘으로 인한 파손을 최소화하여야 한다.

5) 기타 블록 포장

조경공사용 블록은 보도블록, 소형고압블록, 점토벽돌, 고무블록, 투수블록, 잔디블록, 우드블록 등 많은 제품이 시공되며 끊임없이 개발되고 있다. 이러한 포장용 블록은 주요 자재나 성질을 기준으로 명명·사용되므로 각 특성별 기준에 적합하여야 한다.

그림 5.13-12 고무블록 포장

그림 5.13-13 잔디블록 포장

그림 5.13-14 우드블록 포장

6) 화강석 포장

차도용은 사고석과 화강석판석 등이 주로 사용되고 보도용은 모르타르와 콘크리트의 사용 여부로 경화포장 및 자연형 포장으로 구분되며, 공통적으로 사고석·화강석포석·화강석판석·화강석 블록 등이 사용된다.

사고석 포장이란 정방형의 화강석을 포설하는 포장으로서 국내에서는 소포석, 코블스톤, 페이빙스톤, 사괴석 등이 사용되고 있다. 최근에는 그 사용용도가 보도, 차도 및 조경시설 등에 더욱 광범위하게 활용되고 있다.

화강석 포장은 석재의 색상과 가공으로 포장 패턴과 다양한 질감 연출이 가능한 시각적으로 효과가 우수한 포장 방법이다. 보도용은 통행이 비교적 잦은 주출입구와 광장 등 주요 경관부에 사용되며, 보행용은 차도용 보다 비교적 두께가 얇은데 이는 공사비 때문으로 생각된다.

7) 기타 석재 포장

화강석 이외의 석재를 편의상 기타 석재로 분류하였다. 기타 석재에는 자연석 · 호박돌 · 조약돌 · 콩자갈 · 타일 등이 있다.

자연석은 크기 순서대로 자연석, 호박돌, 조약돌, 콩자갈 등으로 명칭되며, 큰 석재는 자연형 산책로 등의 디딤돌로 많이 사용된다. 작은 석재는 시각적 질감이 우수하고 보행 촉감이 독특하여 조경용 포장에 많이 응용되며, 근래에는 친환경적으로 환경친화 개념에 걸맞은 지압보도 등으로 널리 활용되고 있다. 그러나 외국에서는 아름다운 자갈 모자이크를 쉽게 볼 수 있는 반면 우리는 많은 문제점을 지닌 포장기법으로 인식되므로 치밀한 시방과 내역으로 조성기준을 명확하게 제시할 필요가 있다.

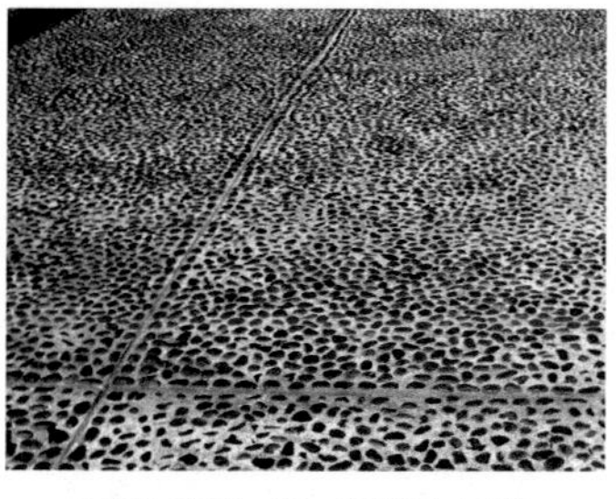

그림 5.13-15 조약돌 포장

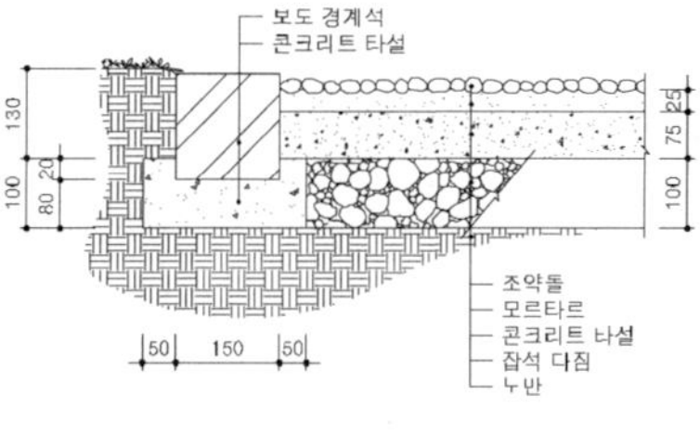

그림 5.13-16 조약돌 포장단면

그림 5.13-17 지압보도 포장

타일(Tile)은 점토나 암석 분말을 성형 · 소성하여 만든 박판 제품으로서 내장타일 · 외장타일 · 바닥타일 · 모자이크타일 · 테라코타 등으로 호칭하고, 소재의 질 및 흡수율로 자기질 · 석기질 · 도기질로 구분하며, 시유의 여부로 시유타일 · 무유타일으로 구분한다. 세라믹 제품은 표면이 미끄러운 특성으로 특히 겨울철에 위험할 수 있으므로 옥외공간 포장용은 표면에 요철이 있는 석재타일을 주로 사용한다.

타일 포장은 다양한 크기, 형태, 색채로서 외부환경의 영향이 적고 특별히 색채 등의 강조가 필요한 곳에 적합하며, 수경시설 등에는 청결의 유지가 필요하다. 최근에는 특히 외부환경의 질적 수준 향상으로 모자이크 타일 · 파타일 · 그림타일 · 조각타일 · 인쇄타일 등에 대한 관심이 높아지고 있다.

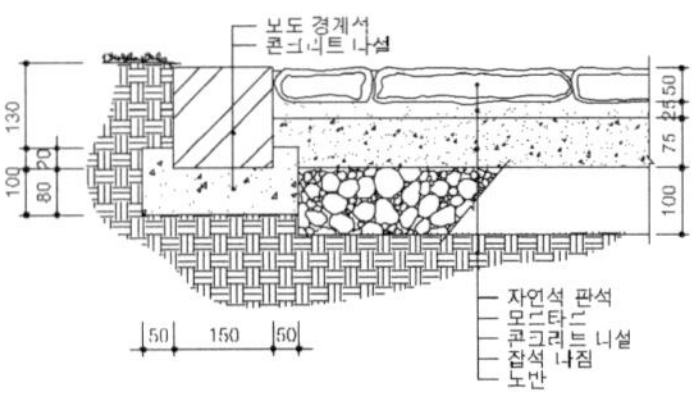

그림 5.13-18 자연석판석 포장 단면

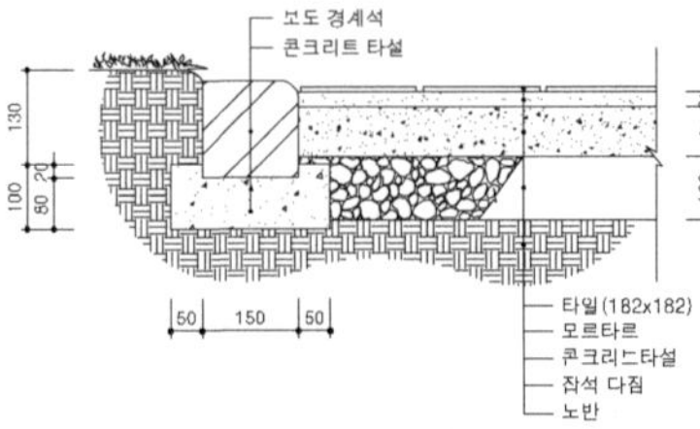

그림 5.13-20 타일 포장 단면

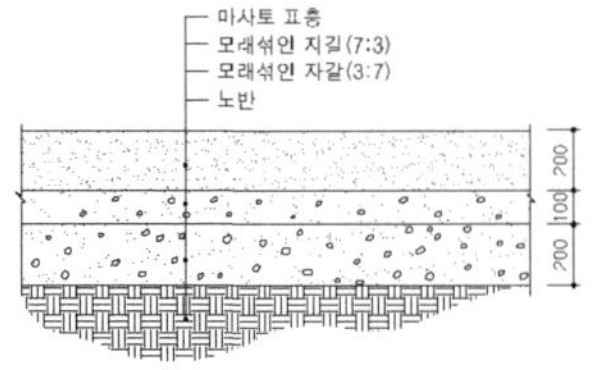

그림 5.13-22 마사토 포장 단면

그림 5.13-19 자연석판석 포장

그림 5.13-21 타일 포장

그림 5.13-23 마사토 포장

8) 흙고화 포장

포장재는 기능의 편의성뿐만 아니라 절대적인 권력의 상징으로도 이용되며, 최근에는 친환경 측면의 투수성이 부각되는 등 매우 민감한 환경의 구성요소로 자리하고 있다. 과거 궁궐·사찰 등의 포장재료는 주요부 박석포장 이외에는 대부분 흙다짐이었다. 흙포장은 자연스러운 배수와 편안한 촉감 및 주변과의 조화가 장점이지만, 유지관리에 많은 문제점이 있다. 이에 최근에는 흙포장의 장점을 부각하고 문제점을 보완한 다양한 기법이 개발되어 사용되고 있으나, 현장여건·기후조건 등으로 품질이 달라질 수도 있으며 배합이 충실하지 않을 경우 하자의 원인이 되므로 주의하여야 한다.

마사토 포장 중 가장 먼저 시행된 KAP공법은 일본이 개발한 기술로 흙(마사토, 해사, 모래섞인 흙)에 시멘트와 토양개량제를 물과 혼연·포설하는 일종의 Soil Cement이다. 강도가 높고 공사비가 저렴하므로 교통량이 적은 보행로에 적합하며, 과도한 이용구간은 배제하고 경계부 및 줄눈 부분은 특히 주의 시공하여야 한다.

마사토(흙고화) 포장은 운동장·산책로·보도 등 자연형 표토층을 조성할 필요가 있는 경우 주로 사용되며, 근래에는 마사토와 유사하게 혼합하여 자연 토양의 느낌을 부여하는 포장재가 다수 개발 시공되고 있다.

강회다짐은 생석회(生石灰)를 탄산가스가 없어질 때까지 구운 강회를 분말화한 소석회(消石灰)에 풍화토 또는 모래섞인 진흙을 물반죽하여 다지는 방법이다. 현재는 문화적 보존 가치가 있는 곳의 길, 지붕, 기단 등에 사용하고 있다.

9) 운동공간 포장

운동공간의 포장재는 잔디운동장, 마사토(흙고화) 및 이용편의와 관리성을 고려하여 인조잔디, 폴리우레탄, 고무칩 등이 사용되고 있다.

인조잔디는 기층 위에 특수매트가 부착된 인조잔디를 포장하는 공법으로 비교적 미끄러지지 않으며 부드러운 보행을 느낄 수 있는 포장이다.

폴리우레탄 포장은 수지를 도포 · 포설하는 공법으로서 탄력성이 있으므로 육상경기장, 롤러스케이트장 등의 운동공간이나 보행용 포장공간에 주로 이용한다.

그림 5.13-24 우레탄 포장

그림 5.13-25 고무칩 포장

그림 5.13-26 컬러세라믹 포장

10) 기타 포장

포장재는 본질적인 기능을 수행하면서 미의 향상을 추구하므로 기술의 발달과 투자 증대 등으로 나날이 새로워지고 있다.

그 중에서 특히 발전하고 있는 포장이 고무칩, 컬러세라믹 등 각종 칩을 이용한 현장 포설 방법으로 「미의 창출」이라는 조경의 궁극적인 목적 추구에 많은 도움이 되고 있다. 그러나 현장포설 포장법은 수려한 형태와 디자인을 구현하는 측면으로는 장점이 있으나 시공비가 비싸고 시공 이후 부분적인 보수가 어려운 큰 단점이 있으므로 정확한 기능과 목적으로 시공하여야 한다.

조경용 포장재는 많은 종류와 방법이 개발되고 있으나 무엇보다 우선적으로 시공성과 유지 관리성을 최우선으로 고려하고, 기능성과 심미성 등을 부여할 수 있도록 개발되고 시공되어야 한다.

13.4 품셈의 적용

1) 적용 범위

포장공사는 종류별로 포장과 경계석을 각각 구분하여 포장은 폭원에 총 연장거리를 곱한 면적인 구역(m^2)으로, 경계석은 총 연장 길이(m)로 산출한다. 이때 포장 재료의 변환지점은 경계석 등의 구분이 필요하며, 특히 녹지와 만나는 경계 등 포장면 끝단부는 지지할 수 있는 구조가 필요하다.

2) 품셈 기준

포장공사는 [토목품셈 제1장(도로포장공사)]를 기준으로 적용한다. 포장공사는 품셈 기준이 1일당 수행능력 형태이므로 단위에 주의한다.

토목 포장과 유사사항은 [토목품셈 제1장(도로포장공사)]의 공통사항, 동상방지층, 보조기층, 입도조정기층, 아스콘 포장, 콘크리트 포장, 교통시설공, 부대공을 보수공사는 [토목품셈 1-11(유지보수)]를 참고 · 적용한다.

① 포장 기반

원지반 다짐은 [공통품셈 8-2-9(롤러)]와 [공통품셈 8-2-10(플레이트 콤팩터)]를 기준한다. 그러나 이는 차량통행이 빈번한 도로 기준으로 "다짐횟수는 보편화된 조건에서 표준적인 횟수를 정한 것으로써 다짐도에 따라 증감할 수 있다."는 주기에 의한 [LH공사], [조경공사 적산기준]의 롤러와 콤팩터의 동시적용 기준[26]을 다음과 같이 준용한다.

〈표 5.13-1〉 포장 하부 원지반다짐 [LH공사, 조경공사 적산기준]

지반조건	다짐장비	규 격	다짐횟수 (회)	다짐효율
보 통	진동롤러 플레이트 콤팩터	자주식 2.5Ton 1.5 Ton	6 3	보 통 보 통
불 량	진동롤러 플레이트 콤팩터	핸드가이드식 0.7Ton 1.5 Ton	8 3	불 량 불 량

[주] 본 품의 원지반다짐 적용시 원지반 정리를 위한 보통인부 0.005(인/m^2)을 반영한다.

조경 포장 보조기층은 [토목품셈 1-3-1(인력식 소규모장비 포설)]에 의하여 다음과 같이 적용한다. 토목과 유사한 대규모 포장은 [토목품셈 1-3-3(기계포설-포장)]을 참조하며, 특별한 경우 인력시공은 [2008년 토목품셈 5-1-1(기초다짐 및 뒷채움)]의 자갈기초다짐인 보통인부 0.5(인/m^3)를 준용한다. 이때 보조기층용 자재는 [LH공사], [조경공사 적산기준]의 기준[27]인 124.1%를 적용한다.

---

26) 타공종과 동시작업 등 조건을 감안하여 주택건설사업 등에서는 불량을 적용한다. 또한 원지반 정리를 위한 보통인부 0.005(인/m^2)을 추가로 반영한다.

27) 입도조정 기층용 쇄석골재(40mm이하)는 [쇄석골재 다짐상태 단위중량(KSF 2312의 E다짐 95%의 입도조정기층준용)] / [쇄석골재 자연상태 단위중량] × [재료의 할증률 _ 부순돌·자갈·막자갈]을 적용하여 2.216 / 1.857 × 할증 1.04 = 1.241(124.1%)이다.

〈표 5.13-2〉 보조기층 _ 인력식 소규모장비 포설 [토목품셈] (일 당)

구 분	규 격	단위	수 량	시공량 (m^3)
특 별 인 부		인	1	150
보 통 인 부		인	3	
굴 삭 기	0.6 m^3	대	1	
진동롤러(핸드가이드식)	0.7 ton	대	1	
살 수 차	5,500 ℓ	대	0.5	
비 고	- 순수 인력 살수 시에는 살수품을 100m^2당 1인 가산한다.			

[주] 1. 본 품은 인력식 소형 다짐장비를 사용한 보조기층 포설을 기준한 것이다.
2. 본 품은 고르기 및 다짐 작업을 포함한다.
3. 장비는 현장여건 및 시험포장 결과에 따라 장비조합 및 규격을 변경하여 적용할 수 있다.
4. 두께 20cm일 때 100m^2당 살수량은 일반적으로 2ton을 표준으로 한다.

연약 포장 기반의 지반 보강은 염화마그네슘·염화칼슘이나 쇄석을 혼입하는 입도조정 또는 쇄석혼입 공법 등을 도입하고 각 공법별로 품셈을 준용한다. 이러한 공법의 적용이 곤란하거나 투수포장지반 등 특별한 지반 보강 필요시에는 고분자 재료 격자구조 셀의 공학적 특성으로 지반 지지력 및 전단강도를 극대화하는 3차원 복합구조체인 지오셀 지반보강을 다음과 같이 준용할 수 있다.

그림 5.13-27 지오셀 이미지

〈표 5.13-3〉 지오셀 지반보강 [공통품셈 준용, 조경공사 적산기준] (m^2 당)

구 분	규 격	단위	수 량
지 오 셀	D300*H180 기준	m^2	1.05
케 이 블 타 이	L780 옥외용	EA	2.60
고 정 클 립	ϕ13	EA	1.00
고 정 철 근	D13*L400 이형철근	EA	1.00
특 별 인 부	핀설치 포함	인	0.027
보 통 인 부	핀설치 포함	인	0.007

[주] 1. 본 품은 지오셀과 앵커핀 설치 등이 포함된 지반의 지오셀 보강품으로써 [공통품셈 3-5-4의 1(부착망 설치)] 10cm 이하를 준용하며 기계경비는 제외하였다.
2. 본 품은 자재 소운반, 지오셀 펼치기 및 앵커핀, 고정철근, 고정클립 설치 및 정리작업을 포함한다.
3. 면고르기기가 필요한 경우 별도 계상한다.
4. 잡재료비는 재료비의 3%를 계상한다.

포장공사에 포함되지 않는 모래기층은 [LH공사], [조경공사 적산기준]을 준용하여 [공통품셈 3-4-4(기초지정)] 모래지정에서 다짐을 제외한 〈표 5.13-6〉의 모래부설을 준용한다. 모래 재료량은 노상·노반재 할증률인 6%를 적용하되, 블록포장 하부 채움재는 10%를 적용한다.

충분한 기반조성이 곤란한 경우에는 [LH공사] 기준을 준용하여 콘크리트 표층 인력시공인 〈표 5.13-8〉을 동일기준으로 준용한다.

② 친환경 흙포장

마사토 포장은 주재인 마사토에 경화재를 혼합·포설·다짐하는 포장으로 전통공간, 자연형 보행로 및 운동시설 등에 주로 적용된다. 질감이 부드럽고 자연토양에 가까우나 보행량이 많거나 우수의 세굴 등 내구성 측면은 다소 불리한 포장공법으로서, [SH공사] 기준은 경사도 9%에서는 적용이 불가하다.

마사토 포장은 [LH공사], [조경공사 적산기준]을 다음과 같이 준용한다. 마사토 재료 기준은 117.65%이며, 마사토 포설은 [공통품셈 3-2-4(기초지정)]의 모래지정에서 다짐을 제외한 모래부설을 준용한다. 보조기층 자재는 [공통품셈 1-4-1의 2(노상 및 노반재료]의 자갈 할증 4%, 보조기층 부설은 인력 소규모 장비사용시공, 다짐은 원지반 보통과 포장면 보통 적용기준이다.

〈표 5.13-4〉 마사토 포장 [LH공사, 조경공사 적산기준] (m² 당)

종 별	규 격	단위	수 량	
			산책로용 (T100)	운동장용 (T150)
마 사 토	T150 mm	m^3	0.11765	0.1764
마 사 토 부 설	모래부설 준용	m^3	0.11765	0.1764
원 지 반 다 짐	보 통	m^2	1.00	1.00
포 장 면 다 짐	콤팩터 3회 / 4회	m^2	1.00	1.00

[주] 1. 본 품은 [LH공사]의 마사토다짐 품을 준용하였다.
2. 포장 높이 조절을 위한 굴착(터파기), 되메우기, 잔토처리는 별도 계상한다.
3. 본 품의 마사토량은 [토량=표면다짐면적×포장두께×토량변화율(1/C)], 토량변화율(C=0.85)의 117.65% 적용 기준이다.
4. 본 품의 마사토부설은 [공통품셈 3-2-4(기초지정_모래지정)]에서 다짐을 제외한 〈표 5.13-6〉 모래부설을 준용한다.
5. 포장 하부 원지반다짐은 보통(진동롤러 2.5Ton + 플레이트 콤팩터 1.5Ton) 기준이며, 포장면 다짐은 산책로용은 3회 운동장용은 4회 기준이다.
6. 보조기층은 [토목품셈 1-3-1(보조기층_인력식 소규모장비 포설)]인 〈표 5.13-2〉를 별도 적용한다.

흙고화(경화토) 포장으로 통칭되는 혼합토, 경화토, 황토 등은 황토나 마사토를 주재료로 자연토와 경화제를 혼합·포설·다짐하는 자연포장재로서, 함수율로 건식과 습식으로 구분된다. 건식(다짐식)공법은 함수율 13~15%의 장비전압으로 강도를 발현하며, 습식(유동식)공법은 함수율 25~29%의 미장 마감으로 강도를 발현한다. 흙고화 포장은 일반적으로 자재업체가 공표하는 현장시공가격을 적용한다.

모래막이로 구획되는 모래장은 안전과 유지관리에 문제점이 있지만, 시설비가 저렴하면서도 이용성 등에서 우수한 장점이 있다. 모래장의 모래량은 [면적×두께]로 산출 후 [공통품셈 1-4-4(재료의 할증)] 노상 및 노반재료의 모래인 6%를, 모래부설은 [공통품셈 3-2-4(기초지정)]의 모래지정에서 다짐을 제외 적용하는 [LH공사], [조경공사 적산기준]을 다음과 같이 준용한다. 이때 굴착, 잔토처리 등 토공은 산출으로 적용하며, 모래 운반비는 필요시 별도 계상한다.

〈표 5.13-5〉 모래장 [LH공사, 조경공사 적산기준] (m^2 당)

구 분	규 격	단위	수 량
모 래	T300mm	m^3	0.318
모 래 부 설		m^3	0.300

[주] 1. 본 품은 〈표 5.13-6〉의 모래부설을 T300으로 적용한 품이다.
2. 본 품의 모래량은 [공통품셈 1-4-1(재료의 할증률)] 2. 노상 및 노반재료의 모래에 의하여 6%를 적용하였다.
3. 본 품의 모래부설은 [공통품셈 3-2-4(기초지정)]의 모래지정에서 다짐을 제외한 모래부설을 준용한다.

〈표 5.13-6〉 모래부설 [LH공사, 조경공사 적산기준] (m^3 당)

종 별	규 격	단위	수 량
보 통 인 부		인	0.015
굴 삭 기	0.2 m^3	m^3	0.056

[주] 1. 본 품은 [LH공사]의 모래깔기 품을 준용하였다.
2. 본 품은 [공통품셈 3-2-4(기초지정)] 모래지정의 소운반, 고르기 및 다짐에서 다짐작업을 제외한 모래부설 품이다.

③ 콘크리트 포장

콘크리트 포장은 [LH공사], [조경공사 적산기준]을 준용하며, 철망은 #8×150×150 기준으로 콘크리트포장에 품이 포함되어 있으므로 자재비만 반영한다. 줄눈은 포장문양 등을 감안하여 수축·팽창줄눈을 동선부 4m, 광장 등은 6m 간격으로 줄눈판(판재 T10)을 다음과 같이 적용한다. 콘크리트포장 품에 포함되지 않은 거푸집과 절단 및 줄눈은 물량을 별도 집계하여 [토목품셈 1-7(포장절단 및 줄눈)]에 의하여 계상한다.

〈표 5.13-7〉 줄눈재 적용기준 [LH공사, 조경공사 적산기준]

구 분		줄눈재 (m^3/m^2)	산 출 근 거
동 선	보도용 (T100) 경차용 (T150) 차도용 (T200)	0.0003 0.0004 0.0006	• 폭원 3m, 4m 간격 설치 3/12 = 0.25(m/m^2), 할증 10% 0.275(m/m^2)
광 장	보도용 (T100) 경차용 (T150)	0.0004 0.0005	• 6m 간격 설치 12/36 = 0.33(m/m^2), 할증 10% 0.363(m/m^2)

[주] 줄눈재는 미송판재이며, 보도용일 때 H0.1×W0.01×L1.0=0.001(m^3/m) 기준이다.

조경공사의 일반적인 소규모 콘크리트 포장은 [토목품셈 1-6-2(표층포설-인력)]에 의하여 다음과 같이 적용하며, 대규모의 콘크리트 포장은 [토목품셈 1-6-3(표층포설-기계)]를 참조한다. 부대공사인 줄눈은 [LH공사]의 기준인 〈표 5.13-7〉을 준용하여 [토목품셈 1-7-1(콘크리트 포장 절단)], [토목품셈 1-7-3(줄눈설치)]를 적용한다. 포장두께 20cm 이하는 표준품셈의 포장두께별 시공량 비율로 T15cm는 75(m^3/일), T10cm는 50(m^3/일)을 적용하며, 현장 여건상 믹서트럭 후진진입 또는 경운기 등으로 운반은 시공량의 50%를 감하는 품셈 주기사항을 추가 적용하는 [LH공사], [조경공사 적산기준]을 준용한다.

〈표 5.13-8〉 콘크리트 포장 _ 표층포설(인력) [토목품셈] (일 당)

배치 인원 (인)		포장 두께	시 공 량 (m^3)	
			콘크리트 믹서트럭 직접 타설인 경우	콘크리트 믹서트럭 후진 진입 또는 경운기 등으로 운반인 경우
포 장 공 보 통 인 부	3 3	20 cm	100	좌측 시공량의 50%까지 감하여 적용한다.
		30 cm	150	
		40 cm	200	

[주] 1. 본 품은 콘크리트 포장의 인력포설에 대한 품으로, 비닐깔기 및 철망깔기, 콘크리트 포설, 양생 등이 포함된 것이며, 거푸집 설치 해체 및 줄눈작업은 포함되지 않은 것이다.
2. 양생에 필요한 재료비(비닐, 양생재 등) 및 철망재료비는 별도 계상한다.
3. 현장여건상 콘크리트믹서 트럭의 진입이 어려워 경운기 등 기타 방법으로 콘크리트를 운반하여야 하는 경우 소운반 비용은 별도 계상한다.
4. 현장여건상 재료수급이 원활치 않아 레미콘의 지속적인 공급이 어려운 경우, 두께 20cm는 10%까지, 두께 30cm는 20%까지, 두께 40cm는 30%까지 시공량을 감하여 적용한다. 단, 콘크리트 믹서트럭 후진진입 또는 경운기 등으로 운반인 경우는 적용하지 않는다.
5. 스크리드 등의 기계기구 손료는 인력품의 5%로 계상한다.
6. 잡재료는 인력품의 2%로 계상한다.
7. 콘크리트와 노반과의 접착부 처리품(모래층 깔기 등)은 별도 계상한다. 모래 부설시 일당 작업량은 보통 인부 2인 기준 두께 3cm시 660m^2, 두께 6cm시 410m^2이다.

〈표 5.13-9〉 콘크리트 포장 절단 [토목품셈] (일 당)

구 분	규 격	단위	수량	시 공 량 (m)	
				1차로	2차로
특 별 인 부		인	1	500	700
보 통 인 부		인	1		
커 터	320~400mm	대	1		
동 력 분 무 기	4.85kW	대	0.5		

[주] 1. 본 품은 콘크리트 표층 포장의 포장절단을 기준한 것이다.
2. 본 품은 포장절단, 절단면 물청소를 포함한다.
3. 절단 깊이는 1차 절단(50~75mm)을 기준한다.
4. 100m당 블레이드 0.31개, 물 3,000ℓ를 계상한다.

〈표 5.13-10〉 줄눈설치 [토목품셈] (일 당)

구 분	단위	수 량	시공량 (m)
특 별 인 부	인	3	900
보 통 인 부	인	2	

[주] 1. 본 품은 콘크리트 표층 절단면에 줄눈 설치를 기준한 것이다.
2. 본 품은 백업재 설치, 프라이머 및 줄눈재 시공을 포함한다.
3. 줄눈재, 백업재 등 부대 재료비는 별도 계상한다.

④ 저속도로 포장

아래의 〈표 5.13-11〉 블록규격별 적용사례 및 블록포장기준을 참조하여 [토목품셈 1-8(저속도로 포장)]의 -1 보도용 블록 설치, -2 보도용 투수콘 포설, -3 탄성재료 보도 포설에 의하여 다음과 같이 적용한다.

잔디블록 포장은 2019년 신설 [공통품셈 4-4-3(잔디블록 포장)]에 의하여 다음과 같이 적용한다.

〈표 5.13-11〉 블록 규격별 적용 사례 및 블록포장 기준 [LH공사, 조경공사 적산기준]

구 분	규 격	적 용 사 례
소형고압블록	T6~8cm	콘크리트 조립블록, 인조화강석블록, 황토조립블록, 점토바닥벽돌, 점토블록, 고무조립블록, 원주목포장
대 형 블 록	50×50×4.5cm	고무매트(500×500×T50)
보도용 콘크리트블록	30×30×6cm	장애인블록

[주] 1. 본 적용 사례는 [토목품셈 1-8-1(저속도로 포장_보도용 블록 설치)]의 소형고압블록, 대형블록, 보도용 콘크리트블록을 적용한다.
2. 소규모 포장 등 간섭이 많은 경우에는 품셈의 시공량 기준에서 "직선부(지장물이 면적 대비 5% 이상) 또는 곡선부"의 기준에 따라 시공량을 감하여 적용한다.
3. 단순한 문양의 반복이 아닌 복잡한 패턴(4색 이상) 또는 그림문양 등의 경우에는 [건축품셈 제3장(타일공사)]의 문양내기를 준용하여 35% 할증을 추가로 적용할 수 있다.
4. 경사지로 모래의 유실 및 이동이 우려되는 구간과 부등침하가 우려되어 콘크리트 기층 위에 블록을 포설하는 구간은 모래를 건비빔 모르타르(1:3)로 반영하며, 포장품은 동일하게 적용하되 [건축품셈 9-1-1(모르타르 배합)]의 배합품을 추가로 반영한다.

〈표 5.13-12〉 저속도로포장 _ 보도용 블록 설치 [토목품셈] (일 당)

배치 인원 (인)		사용 기계 (1대)		형 식	시 공 량 (m^2)	
		명 칭	규 격		직선부(지장물이 면적 대비 5% 미만)	직선부(지장물이 면적 대비 5% 이상) 또는 곡선부
특 별 인 부 보 통 인 부	2 4	플레이트 콤 팩 터 굴 삭 기	1.5ton $0.6m^3$	소형고압블록 (T6~8cm)	300	좌측 시공량의 40%까지 감하여 적용한다.
				대형블록 (50×50×4.5cm)	270	
				보도용콘크리트블록 (30×30×6cm)	370	

[주] 1. 본 품은 보도용 블록 포장의 모래포설 및 다짐과 블록 설치에 대한 품이다.
2. 잡재료는 인력품의 5%까지 계상할 수 있다.
3. 재료비(블록, 받침층 모래, 채움모래 등)를 별도 계상한다.
4. 기층에 콘크리트나 아스팔트 등의 안정처리 기층을 사용할 경우 별도 계상한다.
5. 본 품은 준비, 모래부설 및 고르기, 기타 정리품이 포함되어 있다.
6. 다짐 및 지반침하방지가 필요할 경우는 현장여건에 따라 별도 계상할 수 있다.
7. 본 품의 규격 및 품질은 관련 K.S 규정에 따른다.
8. 본 품은 마무리 작업에 필요한 블록 절단품이 포함되어 있으며, 절단시 그라인딩 장비를 사용할 경우 기계경비는 별도 계상한다.
9. 공구손료는 인력품의 3%로 계상한다.
10. 본 품의 100(m^2)당 재료비는 다음과 같다. (2016년 개정시 삭제되었음)
- 소형고압블록포장 : 블록 (T6~8cm) $108m^2$, 모래 (t4cm 기준) $4.4m^3$
- 대 형 블 록 포 장 : 블록 (50×50×4.5cm) 400개, 모르타르 $3m^3$
- 보도용콘크리트블록포장 : 콘크리트블록 (30×30×6cm) 1,100개, 모래 (줄눈간격 3mm) $0.2m^3$

〈표 5.13-13〉 저속도로포장 _ 보도용 투수콘 포설 [토목품셈] (일 당)

배치 인원 (인)		사용기계 (1대)		시공량 (m^3)
		명 칭	규 격	
특 별 인 부 보 통 인 부	1 3	플레이트 콤팩터 진동롤러(핸드가이드식) 굴 삭 기	1.5ton 0.7ton $0.6m^3$	400

[주] 1. 본 품은 보도용 투수 콘크리트 포장의 포설과 다짐, 양생에 대한 품이다.
2. 컬러투수콘 시공시 코팅품은 별도 계상한다.
3. 잡재료는 인력품의 5%까지 계상할 수 있다.

〈표 5.13-14〉 저속도로포장 _ 탄성재료 보도 포설 [토목품셈] (일 당)

배치 인원 (인)		사용기계 (1대) 명 칭	사용기계 (1대) 규 격	시공량 (m^2)
특별인부 (배합)	1	믹 서	0.2 m^3	180
보통인부 (배합)	2			
특별인부 (포설)	6			
보통인부 (포설)	2			
보통인부 (양생)	3			

[주] 본 품은 탄성 재료 보도 및 자전거도로 포장의 포설준비(면 정리), 배합, 포설, 양생에 대한 품이다.

〈표 5.13-15〉 잔디블록 포장 [공통품셈] (m^2 당)

구 분	규 격	단위	수 량
조 경 공		인	0.05
보 통 인 부		인	0.02
굴 삭 기	0.6m^3	hr	0.13
플레이트콤팩터	1.5ton	hr	0.04

[주] 1. 본 품은 모래를 부설하면서 대형잔디블록을 설치하는 기준이다.
2. 모래 부설, 다짐 및 고르기, 잔디블록 절단 및 설치, 잔디식재 작업을 포함한다.
3. 블록절단 시 절단기를 사용할 경우 기계경비는 별도 계상한다.
4. 굴삭기 및 다짐장비의 규격은 작업여건(작업범위, 위치 등)에 따라 변경할 수 있다.

화강석판석 포장 및 디딤돌 놓기는 [제12절 자연석 및 석재공사]를 참조한다. 화강석 블록·잔디보호블록·우드블록 등 블록형태 포장은 〈표 5.13-12〉의 보도용 블록포장을 준용하며, 흙고화 포장·마사토 포장 등 단일재로 생산·시공되는 포장은 〈표 5.13-13〉의 보도용 투수콘 포설을 준용한다. 컬러세라믹 포장 등 현장에서 시공하는 문양포장은 〈표 5.13-14〉의 탄성재료 보도 포설을 준용한다.

잔디보호용 블록포장은 주차장, 잔디광장, 옥상 등의 잔디 보호재로 자재 규격별 품을 적용하는 [LH공사] 기준을 다음과 같이 준용한다. HDPE 등 경량재질 매트는 [토목품셈 2-3-1(식생매트 설치)]를 준용하며, 야자섬유 매트는 동일 기준에서 복토는 제외하고 식생매트 설치만 다음과 같이 준용한다.

소형 콘크리트 잔디 블록은 [토목품셈 1-8-1(저속도로포장 _ 보도용 블록 설치)]인 〈표 5.13-12〉를 준용하되 잔디식재 공간 확보용 블록배열의 작업 난이도를 감안하여 지장물 5%이상 품을 적용한다. 대형 콘크리트블록은 개소당 100m^2 기준 인력과 기계 설치로 구분 [토목품셈 2-3-2(블록붙이기-인력)], [토목품셈 2-3-3(블록붙이기-기계)]를 준용하되, 기계 설치는 주기의 크레인(10Ton)을 굴삭기(무한궤도 0.2m^3)로 변경 적용하는 [LH공사], [조경공사 적산기준]을 준용한다.

블록 소요량은 [LH공사], [조경공사 적산기준] 할증률 4%를 기준하되, 소규모 포장면은 경계부 손실량을 고려하여 〈표 5.13-12〉 주⑩참조 2015년 품셈 소형고압블록 할증률인 8%를 적용할 수 있다. 잔디식재는 별도 적용한다.

〈표 5.13-16〉 야자섬유 매트 설치 [LH공사, 조경공사 적산기준] (m^2 당)

구 분	규 격	단위	수 량
특 별 인 부		인	0.014
보 통 인 부		인	0.003

[주] 1. 본 품은 [LH공사]의 야자섬유 식생매트 설치품으로써 [토목품셈 2-3-1(식생매트 설치)]에서 복토를 제외한 준용한 품이다.
2. 매트설치에는 소운반, 면고르기, 매트깔기 및 핀고정, 현장정리 품이 포함되어 있다.
3. 재료비는 별도 계상한다.

〈표 5.13-17〉 잔디보호 대형블록포장 – 인력 설치 [LH공사, 조경공사 적산기준] (m^2 당)

구 분	규 격	단위	수 량
특 별 인 부		인	0.076
보 통 인 부		인	0.066

[주] 1. 본 품은 [LH공사]의 대형 콘크리트블록 인력설치품으로 [토목품셈 2-3-2(블록붙이기-인력)]을 준용한 품이다.
2. 블록포장 외의 기타 공종(토공, 보조기층, 잔디심기, 다짐, 관수, 시비 등)은 별도 계상한다.

〈표 5.13-18〉 잔디보호 대형블록포장 – 기계사용 설치 [LH공사, 조경공사 적산기준] (m^2 당)

구 분	규 격	단위	수 량
특 별 인 부		인	0.017
보 통 인 부		인	0.007
굴 삭 기	무한궤도 $0.2m^3$	시간	0.063

[주] 1. 본 품은 [LH공사] 대형콘크리트블록 기계설치품으로써 [토목품셈 2-3-3(블록붙이기-기계)]를 준용한 품이다.
2. 블록포장 외의 기타 공종(토공, 보조기층, 잔디심기, 다짐, 관수, 시비 등)은 별도 계상한다.

인조잔디 포장은 기층 위에 미끄러지지 않는 인조잔디를 포장하는 운동과 부드러운 보행 포장재이다. 인조잔디 포장은 [건축품셈 5-1-2(바닥깔기 _ 카펫)]에서 펠트는 인조잔디의 속채움 충진재인 고무칩, 규사 등 지정 두께 포설로 내장공은 특별인부로 변경하여 다음과 같이 준용한다.

〈표 5.13-19〉 인조잔디포장 [건축품셈 준용, 조경공사 적산기준] (m^2 당)

구 분	규 격	단위	수 량
인 조 잔 디	지정규격 19~50mm	m^2	1.10
충 진 재	고무칩, 규사 등	m^2	1.10
접 착 제		kg	0.10
특 별 인 부		인	0.052
보 통 인 부		인	0.02

[주] 1. 본 품은 [건축품셈 5-1-2(카펫 설치)] 품에서, 펠트는 충진재로 내장공은 특별인부로 변경 준용하였다.
2. 본 품은 재료의 할증 및 소운반 품이 포함되어 있다.
3. 공구손료는 인력품의 3% 이내에서 계상한다.
4. 청소, 바탕처리 등이 포함되어 있다.

⑤ 경계 블록

화강석 경계석(경계블록), 콘크리트 조립블록, 적(점토)벽돌 등 포장 경계용 블록의 자재 소요량은 [LH공사], [조경공사 적산기준]을 다음과 같이 준용한다. 자재 할증량은 [LH공사]의 4%를 원칙으로 소규모인 경우 [2015년 토목품셈 12-3-3의 1(보도용 블록 포장)]의 소형고압블록 할증률인 8%를 적용한다.

〈표 5.13-20〉 조경경계재 자재소요기준 [LH공사, 조경공사 적산기준] (m 당)

구 분	규 격	경계높이×경계폭	정미량 (매/m)	비 고
녹지(조경) 경계블록	100×160×190	0.16×0.19	9.091	(0.1+0.01)
콘크리트 조립블록	68×60×208	0.06×0.208	12.82	(0.068+0.01)
점토 바닥 벽돌	114×55×230	0.055×0.23	8.065	(0.114+0.01)
적벽돌(모로세워깔기)	57×90×190	0.09×0.19	14.93	(0.057+0.01)
적벽돌(평깔기)	90×57×190	0.057×0.19	10.00	(0.09+0.01)
점토바닥벽돌-경계용	114×65,125×230	0.065,0.0125×0.23	8.065	(0.114+0.01)
점토바닥벽돌-배수용	114×60×230	0.06×0.23	8.772	(0.114)
목재경계블럭-원주목	D200이하	0.30×0.12	9.091	(0.12-0.01)

[주] 1. 본 기준은 줄눈모르타르 1cm 기준이다.
2. 목재경계블록은 모르타르가 없으며, 원주목의 중복부분을 반영한 기준이다.

녹지 · 포장 구획용 화강석 · 경계블록 경계재는 [토목품셈 1-10-2(보차도 경계석-화강암 설치)], [토목품셈 1-10-3(보차도 및 도로경계블록-콘크리트 설치]에 의하여 다음과 같이 적용한다. 인력설치는 [2008년 토목품셈 12-5-3(경계블록-인력설치)]를 준용한다.

경계블록은 [LH공사]의 "도심부 상가나 주택지 등 교통 및 작업조건이 어려운 경우, 일당 시공량의 20% 범위 내에서 감하여 적용할 수 있다."는 품셈 주기 작업조건 기준을 준용한다.

자재 할증량은 [LH공사] 기준인 경계석 3%, 경계블록 4% 적용을 원칙으로 한다.

〈표 5.13-21〉 보차도 경계석(화강암) 설치 [토목품셈] (일 당)

구 분	규 격	단위	수량	규 격	시 공 량 (m)	
					직선구간	곡선구간
				180×200×1,000mm	125	105
특 별 인 부		인	3	200×250×1,000mm	90	70
보 통 인 부		인	1	200×300×1,000mm	55	45
트럭탑재형 크레인	5ton	대	1	250×250×1,000mm	55	45
				210×300×1,000mm	55	45

[주] 1. 본 품은 화강암을 이용한 보차도 경계석을 시공하는 품으로, 신설공사를 기준한 것이다.
2. 본 품은 경계블록 설치 및 조정, 이음모르타르 바름을 포함한다.
3. 기초 콘크리트, 터파기, 되메우기, 잔토처리는 현장 여건에 따라 별도 계상한다.
4. 크레인의 규격은 현장 여건에 따라 변경할 수 있다.

〈표 5.13-22〉 보차도 및 도로 경계블록(콘크리트) 설치 [토목품셈] (일 당)

구 분	규 격	단위	수량	규 격	시 공 량 (m)	
					직선구간	곡선구간
				120×120×120×1,000mm	165	145
				150×120×120×1,000mm	160	140
특 별 인 부		인	3	150×150×120×1,000mm	155	135
보 통 인 부		인	1	150×150×150×1,000mm	135	115
트럭탑재형 크레인	5ton	대	1	150×170×200×1,000mm	125	105
				180×205×250×1,000mm	90	75
				180×210×300×1,000mm	55	45

[주] 1. 본 품은 콘크리트 블록을 이용한 보차도 및 도로 경계블록을 시공하는 품으로, 신설공사를 기준한 것이다.
2. 본 품은 경계블록 설치 및 조정, 이음모르타르 바름을 포함한다.
3. 기초 콘크리트, 터파기, 되메우기, 잔토처리는 현장 여건에 따라 별도 계상한다.
4. 크레인의 규격은 현장 여건에 따라 변경할 수 있다.

〈표 5.13-23〉 도로경계블록 - 인력설치 [2008년 토목품셈] (100m 당)

구 분	규 격	특별인부 (인)	보통인부 (인)
콘 크 리 트	120×120×120×1,000mm 150×150×120×1,000mm 150×150×150×1,000mm	5	7
합성수지유색	〃	1.8	3

[주] 1. 기초 콘크리트와 이음 모르타르는 현장여건(규격, 지반 등)에 따라 계상한다.
2. 본 품은 소운반품이 포함되어 있다.
3. 터파기, 되메우기, 잔토처리는 별도 계상한다.
4. 본 품은 제작품을 설치하는 품이다.
5. 합성수지 유색품은 국토교통부에서 신기술로 지정고시한 P.C 경계블록을 기준으로 콘크리트의 50%로 적용하고, 이와 유사한 공법에도 본 품을 준용할 수 있다.

녹지 · 포장을 구획하는 긴 형태의 화강석 · 경계블록 경계재 이외의 경계블록은 [2018년 건축품셈 8-1-3(치장쌓기 및 줄눈)]을 준용하되, 한 장소에서 쌓기가 아닌 지속적인 이동설치 및 높이 조정 등을 고려하여 50% 할증한 [LH공사], [조경공사 적산기준]을 다음과 같이 준용한다. 또한, 모래막이 등 표면 비노출형 경계블록은 [2018년 건축품셈 8-1-2(벽돌쌓기)]를 다음과 같이 준용한다.

〈표 5.13-24〉 조경경계블록 놓기 [LH공사, 조경공사 적산기준] (m 당)

공 종	규 격	단위	보통인부 (인)	조적공 (인)	줄눈공 (인)	비 고
건축품셈 8-1-3 치장쌓기	1.0B 3.6m 이하	천매	0.8500	2.1000	0.3500	10매/m 기준
조경경계블록 설치	한면치장 + 줄눈노출	m	0.0128	0.0315	0.0053	
건축품셈 8-1-2 벽돌쌓기	1.0B 3.6m 이하	천매	0.5200	1.4600	-	
조경경계블록 설치	비노출	m	0.0078	0.0219	-	

[주] 1. 본 품의 경계블록은 [2018년 건축품셈 8-1-3(치장쌓기 및 줄눈)]을 준용 환산하며, 한 장소에서의 쌓기가 아닌 지속적인 이동설치 및 높이의 조정 등을 감안하여 50% 할증을 반영한 품이다.
2. 본 품의 모래막이 등 표면 비노출 부분의 경계블록 설치는 [2018년 건축품셈 8-1-2(벽돌쌓기)]를 준용 환산하며, 한 장소에서의 쌓기가 아닌 지속적인 이동설치 및 높이의 조정 등을 감안하여 50% 할증을 반영한 품이다.

무노출형 또는 띠노출 포장마감은 포장재의 이탈방지를 위하여 포장 끝부분에서 외부방향 300mm까지 포장하부층 시공을 원칙으로 한다. 무노출형 또는 띠노출형 경계재인 엘브엣지 등의 설치는 [2015년 건축품셈 14-2(바닥줄눈대)]의 미장공을 보통인부로 변경 적용한 [LH공사], [조경공사 적산기준]을 다음과 같이 준용한다.

〈표 5.13-25〉 경계마감재 설치 (엘브엣지 철재 및 PE재 등) [LH공사, 조경공사 적산기준] (m 당)

구 분	규 격	단위	수 량
경 계 재	지정규격	m	1.05
보 통 인 부		인	0.05

[주] 1. 본 품은 [2015년 건축품셈 14-2(바닥줄눈대)]를 준용하되, 설치인부는 미장공을 보통인부로 변경 · 적용한 품이다.
2. 본 품은 상부 노출형 경계재인 엘브엣지 및 포장경계 고정을 위한 철물이나 PE 등 매립용 경계재 설치시 적용한다.
3. 경계재 자재의 할증은 [공통품셈 1-4-1(재료의 할증률)]에 의하여 적용한다.

수목보호홀 틀 · 덮개 설치는 표준품셈 유사공종을 준용한다. 수목보호 틀은 [토목품셈 1-10-3(보차도 및 도로경계블록-콘크리트 설치)]의 100×100×1,000mm 직선구간 환산품으로 170m 기준이며, 수목보호홀덮개는 [토목품셈 1-8-1(보도용 블록 설치)] 대형블록(50×50×4.5cm)의 다짐장비를 제외하고 굴삭기는 트럭탑재형 크레인(5ton)으로 대체한 [LH공사], [조경공사 적산기준]을 다음과 같이 준용한다.

〈표 5.13-26〉 수목보호홀 덮개 기본품 [LH공사, 조경공사 적산기준] (단위 당)

구 분	단위	특별인부 (인)	보통인부 (인)	트럭탑재형 크레인 (5ton,hr)
수목보호홀 틀	m	0.0176	0.0059	0.0471
수목보호홀 덮개	m^2	0.0074	0.0148	0.0296

[주] 1. 본 수목보호홀 틀 설치품은 [토목품셈 1-10-3(보차도 및 도로경계블록-콘크리트 설치)]를 100×100×100×1,000mm의 규격으로 비례 준용한 일당 170m 기준이다.
2. 본 수목보호홀 덮개 설치품은 [토목품셈 1-8-1(보도용 블록 설치)] 대형블록(50×50×4.5cm)에서 다짐장비는 제외하고 굴삭기는 트럭탑재형 크레인(5ton)으로 대체 준용한 기준으로서 1일 작업량은 270m^2 기준이다.

〈표 5.13-27〉 수목보호홀 덮개 면적기준 [LH공사, 조경공사 적산기준] (개소 당)

규 격	홀덮개 설치 (m^2)		받침틀 설치 (m)	
	산 식	면적	산 식	길이
1200×950 반원형	0.6×0.6×3.14/2+0.35×1.2	0.9852	1.2×3.14/2+0.35×2+1.2=	3.784
1200×1200 원형	0.6×0.6×3.14=	1.1304	1.2×3.14=	3.768
830×830 사각형	0.83×0.83=	0.6889	(0.83+0.83)×2=	3.32
1200×800 사각형	1.2×0.83=	0.96	(1.2+0.8)×2=	4.00
1200×1000 사각형	1.2×1.0=	1.20	(1.2+1.0)×2=	4.40
1200×1200 사각형	1.2×1.2=	1.44	(1.2+1.2)×2=	4.80
1500×1500 사각형	1.5×1.5=	2.25	(1.5+1.5)×2=	6.00

[주] 1. 본 수목보호홀 덮개 면적기준은 〈표 5.13-26〉 수목보호홀 덮개 설치 기준품을 적용하기 위한 규격별 설치 면적과 길이 기준이다.
2. 홀 덮개는 주철과 압연강재 재료의 구분 없이 동일 기준으로 적용한다.

⑥ 타일 공사

[건축품셈 제3장(타일공사)]는 [건축품셈 3-1(공통공사)]의 바탕고르기, 타일줄눈 설치, [건축품셈 3-2(타일붙임)]의 떠붙이기, 압착붙이기, 접착붙이기에 의하여 다음과 같이 적용한다. 타일의 바탕고르기는 필요시 적용하며, 타일붙임은 방법별로 품셈기준에 의하여 붙임재료 · 타일붙임 · 타일줄눈을 적용한다. 외부 공간 벽면은 떠붙이기를 바닥면은 압착붙이기를 기본으로, 특수한 경우 압착붙이기 바닥면과 접착붙이기 벽면을 적용한다. 타일 줄눈 간격별 타일매수 기준은 2012년 품셈 개정시 삭제되었으므로 생산업체 자재기준이나 2011년 품셈을 참조 준용한다.

품셈적용 세부사항은 [LH공사] 기준[28])을 준용 · 적용한다.

〈표 5.13-28〉 타일공사 _ 바탕고르기 [건축품셈] (10m² 당)

구 분	단위	수 량	
		벽	바 닥
미 장 공	인	0.47	0.35
보 통 인 부	인	0.16	0.12

[주] 1. 본 품은 타일공사 전 두께 24mm 이하(2회 바름)로 모르타르를 바르는 기준이다.
2. 본 품은 모르타르 비빔 및 바름, 쇠흙손 마감, 물매 맞추기를 포함한다.
3. 공구손료 및 경장비(비빔기 등)의 기계경비는 인력품의 2%로 계상한다.

〈표 5.13-29〉 타일공사 _ 떠붙이기 [건축품셈] (m² 당)

구 분		단위	수 량		
			0.04~0.10m² 이하	0.11~0.20m² 이하	0.21~0.40m² 이하
벽 면	타 일 공	인	0.155	0.138	0.126
	보 통 인 부	인	0.062	0.057	0.055
비 고	- 모자이크(유닛형) 타일 붙임은 본 품에 25%를 가산한다. - 특수타일(유도타일, 축광타일, 문양을 내기 위해 비규칙적으로 절단하여 시공되는 이형타일 등) 붙임은 품의 35~55%를 가산한다.				

[주] 1. 본 품은 타일의 모르타르 떠붙이기 기준이다.
2. 본 품에는 모르타르 비빔, 먹매김, 규준틀설치, 타일붙임, 줄눈파기 및 마무리 작업을 포함한다.
3. 특정 모양으로 형상화된 타일(부조타일, 벽화타일)을 붙이는 경우 별도 계상한다.
4. 공구손료 및 경장비(비빔기 등)의 기계경비는 인력품의 3%로 계상한다.
5. 붙임 모르타르 재료량은 다음을 참고한다. (m² 당)
- 바름두께 12mm : 붙임모르타르 0.014(m³)
- 바름두께 15mm : 붙임모르타르 0.017(m³)
- 바름두께 18mm : 붙임모르타르 0.020(m³)
- 바름두께 24mm : 붙임모르타르 0.026(m³)

※ 배합비 1:3 기준하며, 재료할증은 포함되어 있다.

---

28) 타일규격 0.03m² 이하(0.1×0.1, 0.1×0.2 등)인 경우 타일 붙임과 줄눈품을 45% 할증하며, 특수타일(유도타일, 축광타일, 문양형의 비규칙적 이형타일 등) 붙임은 품을 가산한다. 이때 줄눈모르타르는 백색시멘트를 사용하고, 붙임 및 줄눈모르타르의 혼화재(줄눈용 색소포함)는 타일접착용 혼화재 0.0062(kg/m²)를 반영하며, 타일붙임면 보양은 옥외공간이므로 [공통품셈 2-9-1(건축물보양-콘크리트면)]의 부직포양생인 보양면적 m²당 부직포 1.1m²와 보통인부 0.002인을 적용한다.

〈표 5.13-30〉 타일공사 _ 압착붙이기 [건축품셈]

(m^2 당)

구 분		단위	수 량		
			0.04~0.10m^2 이하	0.11~0.20m^2 이하	0.21~0.40m^2 이하
바 닥 면	타 일 공 보 통 인 부	인 인	0.122 0.032	0.108 0.029	0.098 0.028
벽 면	타 일 공 보 통 인 부	인 인	0.152 0.040	0.135 0.037	0.123 0.036
비 고	- 모자이크(유닛형) 타일 붙임은 본 품에 25%를 가산한다. - 특수타일(유도타일, 축광타일, 문양을 내기 위해 비규칙적으로 절단하여 시공되는 이형타일 등) 붙임은 품의 35~55%를 가산한다.				

[주] 1. 본 품은 타일의 모르타르 압착 붙이기 기준이다.
2. 본 품에는 모르타르 비빔, 먹매김, 규준틀설치, 타일붙임, 줄눈파기 및 마무리 작업을 포함한다.
3. 특정 모양으로 형상화된 타일(부조타일, 벽화타일)을 붙이는 경우 별도 계상한다.
4. 공구손료 및 경장비(비빔기 등)의 기계경비는 인력품의 3%로 계상한다.
5. 붙임 모르타르 재료량은 다음을 참고한다. (m^2 당)
• 바름두께 5mm : 바닥면=붙임모르타르 0.005(m^3), 벽면=붙임모르타르 0.006(m^3)
• 바름두께 6mm : 바닥면=붙임모르타르 0.006(m^3), 벽면=붙임모르타르 0.007(m^3)
• 바름두께 7mm : 바닥면=붙임모르타르 0.007(m^3), 벽면=붙임모르타르 0.008(m^3)

※ 배합비 1:2 기준하며, 재료할증은 포함되어 있다.

〈표 5.13-31〉 타일공사 _ 접착 붙이기 [건축품셈]

(m^2 당)

구 분		단위	수 량		
			0.04~0.10m^2 이하	0.11~0.20m^2 이하	0.21~0.40m^2 이하
벽 면	타 일 공 보 통 인 부	인 인	0.082 0.035	0.076 0.034	0.072 0.033
비 고	- 모자이크(유닛형) 타일 붙임은 본 품에 25%를 가산한다. - 특수타일(유도타일, 축광타일, 문양을 내기 위해 비규칙적으로 절단하여 시공되는 이형타일 등) 붙임은 품의 35~55%를 가산한다.				

[주] 1. 본 품은 타일의 접착제 붙이기 기준이다.
2. 본 품에는 먹매김, 규준틀 설치, 접착제 붙임, 타일붙임, 줄눈파기 및 마무리 작업을 포함한다.
3. 특정 모양으로 형상화된 타일(부조타일, 벽화타일)을 붙이는 경우 별도 계상한다.
4. 공구손료 및 경장비(비빔기 등)의 기계경비는 인력품의 3%로 계상한다.

〈표 5.13-32〉 타일공사 _ 타일 줄눈설치 [건축품셈]

(m^2 당)

구 분		단위	수 량		
			0.04~0.10m^2 이하	0.11~0.20m^2 이하	0.21~0.40m^2 이하
바 닥 면	줄 눈 공	인	0.016	0.013	0.011
벽 면	줄 눈 공	인	0.020	0.017	0.015

[주] 1. 본 품은 타일의 줄눈을 기배합된 줄눈재로 설치하는 기준이다. 줄눈재 도포 기준이다.
2. 본 품은 줄눈재 비빔, 줄눈 설치 및 마무리 작업을 포함한다.
3. 재료량은 다음을 참고한다. (m^2 당)
• 떠 붙이기 : 줄눈모르타르량 0.005(m^3)
• 압착붙이기 : 줄눈모르타르량 0.001(m^3)

※ 배합비 1:1 기준하며, 재료할증은 포함되어 있다.

14 급배수공사

Landscape Architecture

14.1 개 요

급수공사는 생활용수 공급을 위한 상수도시설, 조경용 식물의 생육과 성장을 위한 관수(Irrigation) 및 살수(Sprinkler)시설, 분수대 및 연못 등 수경시설의 급수를 위한 취수, 도수, 저수, 정화, 송수, 배수 등의 각종 시설공사이다. 급수용 배관재는 일반배관용 탄소강관에서부터 고강도 복합관까지 많은 종류가 있으나 조경공사는 상수도시설은 스테인리스 강관을 주로 사용하며, 관수 및 기타 시설은 목적별로 다양한 종류의 관을 사용한다.

그림 5.14-1 급수공사

그림 5.14-2 배수공사

배수공사는 물의 흐름을 통제 또는 저장하거나 원활히 흐르도록 유도하는 공사로서 표면배수(Surface Drainage)와 지하배수(Subsurface Drainage)로 구분한다. 배수용 배관재 또한 많은 종류가 있으나 조경공사의 배수용 배관재는 흄관, 파형 폴리에틸렌(P.E)관, 나선형 파형강관 등을 주로 사용하고 있다.

급배수공사는 품셈 편제와 항목이 2018년 전면 개정되었으므로 적용시 유의해야 한다.

14.2 급수시설의 종류

1) 취수시설

하천, 호소(湖沼), 저수지 및 지하수 등에서 원수를 얻기 위하여 설치하는 시설로서 취수문, 취수탑, 취부 펌프 등이 사용된다. 취수시설은 계획 용수량을 얻을 수 있는 구조이어야 하며, 조경 시설물용 용수는 다량의 원수가 필요하지 않으므로 지하수를 개발하여 취수 펌프로의 가압 사용이 일반적이다.

2) 도수, 송수 · 배수시설

도수시설은 원수를 취수 지점에서 정수장까지 전달하는 펌프와 도수관 등을 설치하는 공사이며, 송수 · 배수시설은 용수를 각 지역에 배분하기 위한 가압펌프, 도관설치공사를 말한다. 이 시설들은 부설 이전에 지형 · 지질 · 지반의 사전조사 및 적절한 관종 선정과 그에 따른 기초공과 이형관 보호 등의 세심한 배려가 필요하다.

① 관 선정

관은 주로 콘크리트관, 덕틸(Ductile), 주철관, 강관 등을 사용한다.

도수 및 송수관은 분기하지 않으므로 PS 콘크리트관이나 원심력 철근 콘크리트관을 사용하며, 다른 관에 비하여 내식성이 크지만 중량이 무겁고 진동에 대하여 이음이 약한 것이 결점이다.

관경은 계획수량이 원활히 유동할 수 있는 크기로 결정해야 한다. 자연유하식 관로는 주어진 시 · 종간의 낙차를 최대로 하여 유속을 크게 하면 관경이 적어지므로 관 부설비도 최소가 된다. 그러나 펌프 가압식의 경우에는 펌프 양정(楊程)과의 상관관계를 고려하여 관경을 결정한다. 즉 관경을 지나치게 작게 하면 부설비는 적게 드나 통수(通水)저항의 증대로 펌프의 양정(楊程)을 증가시켜 펌프설비비 및 동력비가 많이 든다. 반대로 관경을 크게 하면 펌프 관련 비용은 적게 들지만 부설비가 많이 든다.

국내에서 생산되는 KS 각종 관종 및 관경은 다음과 같다.

〈표 5.14-1〉 관종별 규격 [한국산업규격]

관종		규격	관경(mm)
주철관	수도용 입형 주철 직관	KS D 4310	80~1,000
	수도용 원심력 사형 주철관	KS D 4306	80~1,000
	수도용 주철 이형관	KS D 4309	80~1,000
	수도용 원심력 덕틸 주철관	KS D 4311	80~1,000
	수도용 덕틸 주철 이형관	KS D 4308	80~1,000
수도용 도복장 강관		KS D 3565	80~2,400
수도용 도복장 강관 이형관		KS D 3578	80~1,500
코어(Core)식 PS콘크리트관		KS F 4405	500~2,000
PS 실린더 콘크리트관		KS F 4406	500~2,000
배관용 탄소강관		KS D 3507	6~500
원심력 철근콘크리트관		KS F 4403	75~1,800
축전압 철근콘크리트관		KS F 4407	150~3,000
수도용 경질염화비닐관		KS M 3401	13~300
수도용 경질염화비닐 이음관		KS M 3402	13~300
수도용 폴리에틸렌관		KS M 3408	10~50

[주] 수도용 강관은 콜타르 에나멜 도복장 방법(KS D 8307)이 있음.

② 밸브 설치

㉠ 제수밸브 : 제수(制水)밸브는 관로에서 발생하는 사고시 단수나 수량 조절을 위하여

분기관이 있는 지역이나 필요한 장소에 설치한다.

㉡ 공기밸브 : 공기밸브는 관로 내의 공기를 배제하거나 흡인하기 위하여 관로 돌출부에 설치한다.

㉢ 배수밸브 : 배수밸브는 관로에 축적된 이토(泥土, 진흙)나 모래 등을 배출시키고, 동파 방지를 위하여 관 내부의 정체수를 배제시킨다. 그러므로 배수밸브는 관로의 가장 낮은 곳에 설치하는 것이 이상적이다.

③ 관로 매설

도로에 관을 매설할 때에는 노면하중을 고려하여 깊이를 결정하며, 노면하중을 고려할 필요가 없으면 해당 지역의 동결심도 보다는 깊게 설치하여야 한다.

급·관수 및 배수공은 동결심도 이하로 지표부터 관 상단까지의 매설심도를 유지하며, 매설심도는 [LH공사], [조경공사 적산기준]을 다음과 같이 준용한다.

〈표 5.14-2〉 전국 주요지역 동결지수표

지 역 명	지반고 (m)	동결지수 (℃ Day)	h_1 (cm)	h_2 (cm)
대 관 령	820.0	799	141	113
춘 천	74.0	457	105	86
수 원	36.9	445	104	84
서 울	85.5	409	99	81
인 천	68.9	373	94	77
청 주	59.0	350	91	75
대 전	77.1	346	91	74
전 주	51.2	218	71	59
대 구	57.8	190	66	55
광 주	70.9	168	61	52
경 주	39.0	118	50	43
부 산	69.2	64	36	32
충 무	32.2	54	32	29

[주] 1. 위 표에서 사용된 공식은 $h_1 = -b + 5.2\sqrt{F}$, $h_2 = \alpha\sqrt{F}$ 이다.
h = 동결깊이 (cm)
F = 공기 동결지수 (℃ Day)
α = 계수(3.7~5.2, 여기서는 4.0으로 한다.)
2. 위 공식에 의거 계산된 동결 깊이의 최대치를 h_1, 최소치를 h_2로 표시하고 있다.

〈표 5.14-3〉 관로매설 최소깊이 [LH공사, 조경공사 적산기준]

구 분	지 역	심 도
급 수 공	서울, 인천, 수원, 춘천, 충주, 청주, 제천 등 중부권	1.2m 이상
	대전, 천안, 안동 등 대전권	1.0m 이상
	강릉, 대구, 부산, 군산, 광주, 전주, 목포 등 남부·영동권	0.9m 이상
배 수 공		1.0m 이상

[주] 본 관로의 매설심도 최소깊이는 토목공사 보도부 기준을 준용한 것이다.

급배수관의 관로 및 관련시설물 설치를 위한 토공사는 관로계획도서 및 표준단면과 제반 지침에 의하며, 성토 및 부토 등이 고려된 마감면(FL)을 기준으로 한다. 터파기 등 토공사는 [LH공사] 기준을 준용하여 관로 및 시설 종류별로 규정된 다음 기준으로 하되 현장여건으로 조정할 수 있다. 이때, 조경공사는 대부분의 우수관로가 집수시설에 연결되는 지선이며 그 연장이 짧고 타 공종의 간섭이 많으므로 300mm 미만 관로는 연결관 적용을 원칙으로 한다.

관로 등의 터파기는 [LH공사] 기준을 준용하여 토공사 기준에 의하되 일반적인 경우 1:0.3 기울기로서 여유폭은 (관로+0.3m×2)를 기준으로 한다. 하수관 터파기에서 연결부는 종모양으로 터파기하되, 관기초를 설치하는 경우 예외로 한다. 조경시설물, 구조물, 급수관로 및 관련시설 등 기계사용 터파기시에는 바닥면 고르기를 위하여 절토면 고르기 50%품을 전 바닥에 대하여 적용하되, 관기초 설치시에는 적용하지 않는다.

부가하여 급배수관 설치시 설계도서 기준으로 안전과 사후 유지관리를 위하여 관의 기초와 경고테이프를 설치한다.

〈표 5.14-4〉 관로 토공사 적용기준 [LH공사, 조경공사 적산기준]

<table>
<tr><th rowspan="2">구 분</th><th colspan="2">관 로</th><th colspan="2">기타 시설</th></tr>
<tr><th>우수관로</th><th>상수관로</th><th>맨홀, 집수정 등</th><th>빗물받이</th></tr>
<tr><td>터 파 기</td><td>• 본관 : 기계
• 연결관 : 인력 30% + 기계 70%</td><td>기 계</td><td>기 계</td><td>인 력</td></tr>
<tr><td>되메우기 및 다짐</td><td colspan="2">• 바닥면 다짐 : 기계
• 관 상단까지 : 인력 되메우기 + 인력 흙다지기 (인력+기계)
• 나머지 : 기계되메우기 + 기계다짐</td><td>기 계</td><td>인 력</td></tr>
<tr><td>잔토처리</td><td colspan="3">• 인력 30% + 기계 70%</td><td>인 력</td></tr>
</table>

[주] 1. 기계 규격은 시공규모, 시공성, 현장여건 등을 감안하되 일반적으로 터파기 등 토공은 백호우($0.4m^3$), 다짐은 콤팩터 1.5톤 기준이다.
2. 콤팩터(1.5ton) 다짐 바닥면(m^2당) 작업조건은 보통, 다짐횟수 4회이며, 되메우기 흙(m^3)당 작업조건은 보통, 다짐횟수 3회, T=0.3(펴는 흙의 두께) 기준이다.

④ 관의 기초

연약지반이나 지층이 급변하는 급경사지에 관을 부설할 때는 자갈 등으로 관 하부의 연약지반을 1차적으로 충분히 다져야 한다. 이후 지반보강을 위한 콘크리트나 침목 기초 또는 환토기초를 설치하고, 관저 이하부를 관경 두께까지 자갈이나 양질의 모래로 치환하여 기초를 보강한다.

그림 5.14-3 관의 콘크리트 기초

14.3 배수시설의 종류

1) 표면 배수

지표면의 우수와 인접 지역에서 유입되는 표면수의 처리 시설이다.

그림 5.14-4 명거 배수

① 명거 배수

명거(明渠) 배수는 중력식 배수로 지표면에 배수로를 조성하는 방법이다.

콘크리트를 타설(打設)하여 배수로를 만들거나 반원형 U형측구(側溝)가 많이 사용된다. 배수로 표면에 조약돌이나 호박돌을 다져 내구력이나 표면 질감 등 미관성을 제고할 수도 있으며, 잔디를 식재하여 잔디수로를 조성할 수도 있다.

그림 5.14-5 배수판 설치공사

② 관거 배수

관거(管渠) 배수는 지표면에 발생하는 표면수 및 생활하수 등의 오수를 처리하기 위하여 밀폐된 도관을 매설하여 배수하는 방법이다. 배수관은 흄관(Hume Pipe)이 가장 보편적으로 사용된다.

2) 심토층 배수

심토층(心土層) 배수는 토양 공극의 수분량을 줄이거나 지하수위의 차단 또는 저하로 토질의 내구력을 증진하고, 지하수위를 낮춰 식물의 생육환경 개선이나 불안정한 지반을 안정시키기 위한 작업이다.

중력식 배수공법의 하나로 심토층 내의 과잉수 배수를 위하여 암거(暗渠)를 매설한다. 암거는 불투수층까지 굴착 후 배수판, 자갈 등 투수성 재료를 채우고 상부를 복토한다. 이때 투수성 재료의 저부에 유공관을 부설하면 더 큰 효과를 얻을 수 있으며, 유공관을 매설할 때는 토양이 유공관 기능을 저해하지 않도록 유공관을 부직포와 같은 필터(Filter)로 둘러싼다.

3) 배수 구조물

① 측 구

측구(側溝)는 도로와 평행하게 또는 물끊음이 필요한 곳에 설치하는 배수로를 말하며, 도로의 측면에 주로 설치된다. 일반적으로 콘크리트를 타설하는 L자형 측구로서 도로의 표면수를 집수하여 관거를 통하여 배수처리한다.

② 빗물받이

측구 등에서 유입되는 표면수를 배수관거 본관으로 유하시키기 위하여 설치하는 구조물로서 빗물받이 저부에 단차를 두어 토사 및 오물의 관거 유입을 차단한다. 토목공사는 콘크리트 타설이 많지만 조경공사는 콘크리트, PE제품 등 기성품 사용이 많으며 콘크리트를 타설하는 경우도 있다.

그림 5.14-6 L형 측구

그림 5.14-7 빗물받이

그림 5.14-8 맨홀

③ 맨 홀

맨홀(Manhole)은 관거 검사나 청소를 위하여 축조한 구조물로서 관거 내의 통풍, 환기 및 관거의 접합에도 유효하다.

〈표 5.14-5〉 맨홀의 치수, 형상, 용도

명 칭	치수 및 형상	용 도
1호 맨홀	내경 90cm 원형	관의 기점 및 600mm 이하의 관 중간점 또는 내경 450mm까지 관의 회합점
2호 맨홀	내경 120cm 원형	안지름 900mm 이하 관의 중간점 및 안지름 600mm 이하 관의 회합점
3호 맨홀	내경 150cm 원형	안지름 1,200mm 이하 관의 중간점 및 안지름 800mm 이하 관의 회합점
4호 맨홀	내경 160cm 원형	안지름 1,500mm 이하 관의 중간점 및 안지름 900mm 이하 관의 회합점
5호 맨홀	내부 210×120cm 각형	안지름 1,800mm 이하 관의 중간점
6호 맨홀	내부 260×120cm 각형	안지름 2,200mm 이하 관의 중간점
7호 맨홀	내부 300×120cm 각형	안지름 2,400mm 이하 관의 중간점

14.4 품셈의 적용

1) 적용 범위

배관공사는 [토목품셈 제6장(관부설 및 접합공사)]에서 공통사항, 주철관, 강관, PVC관, PE관, 원심력 철근콘크리트관, 기타 관, 밸브, 유지보수로 관의 종류별로 분류한다. [설비품셈]은 배관공사, 펌프 및 공기설비공사, 밸브설비공사, 위생기구설비공사, 기타공사, 유지보수공사로 분류 기술하고 있다.

조경공사의 배관공사는 유사한 토목품셈을 우선 준용하고 토목품셈의 적용이 곤란한 경우 설비품셈의 각 해당항목을 적용 또는 준용한다.

급배수공사의 관 부설은 설계도서에 의하여 길이를 구하고, 밸브류 등 부품을 산출 집계한다. 관 부설에서 부직포 깔기가 필요한 경우 [공통품셈 5-2-1(매트부설)]을, 모래, 자갈 등 기층은 [토목품셈 3-2-4(기초지정)]의 해당 항목을 적용한다.

조경공사의 사용이 적은 주철관은 필요시 품셈을 참고 적용한다.

2) 품셈 기준

① 공통사항

[토목품셈 6-1(공통사항)]의 적용범위는 다음과 같다.

본 장은 관로공사(상수, 하(오)수, 우수)의 신설 및 유지보수 공사를 대상으로 한다. 본 장은 관로공사의 부설, 접합, 검측 작업이 포함된 것이며, 토공사 및 포장공사, 복구공사는 제외되어 있다.

[토목품셈 6-1(공통사항)]의 적용기준은 다음과 같다.

관부설 및 접합 공사는 관 종류 및 시공유형별 부설, 접합 기준을 제시하고 있으며, 관의 재질과 접합 방식이 유사한 관에는 본 품을 적용할 수 있다. 주택가, 번화가 등 이와 유사한 현장에서 연속적인 작업이 불가능한 관부설 터파기 토공사는 [공통품셈 8-2-3(굴삭기)]의 2. 작업효율(E) 주⑦을 적용한다.

본 품은 토공사와 관부설 및 접합 공사가 병행 시공되는 작업을 기준한 것으로 택지개발공사, 농수로공사 등 이와 유사한 현장에서 토공사 작업에 직접적인 영향을 받지 않고 연속적인 관부설 및 접합 공사가 가능한 경우, 본 품(인력+장비)을 50%까지 감하여 적용한다. 현장에서 배관공(수도)에 의해 시행되는 상시적인 위치 확인(매설 위치 및 구배)작업은 포함되어 있으나, 도면작성 또는 성과 확인을 위한 별도의 측량 작업은 제외되어 있다.

② 스테인리스 강관

스테인리스 강관은 [설비품셈 1-3(스테인리스 강관)]의 용접접합, 용접배관, 프레스식 접합 및 배관, 주름관 접합 및 배관에 의하여 다음과 같이 적용한다.

〈표 5.14-6〉 스테인리스 강관 _ 용접접합 · 소모재료 [설비품셈] (용접개소 당)

규격 (mm)	용접접합	소모재료		규격 (mm)	용접접합	소모재료	
	용접공 (인)	용접봉 (kg)	Argon (ℓ)		용접공 (인)	용접봉 (kg)	Argon (ℓ)
ϕ6	0.036			65	0.119	0.168	343
8	0.040			80	0.135	0.213	430
10	0.045			90	0.151	0.257	565
15	0.050	0.007	64	100	0.167	0.313	699
20	0.057	0.013	95	125	0.199	0.443	1,098
25	0.066	0.020	129	150	0.231	0.601	1,285
32	0.077			200	0.295	1.007	2,170
40	0.084	0.040	191	250	0.359	1.455	3,060
50	0.099	0.055	265	300	0.423	2.070	3,945
비 고	- 자체 추진 고소작업대(시저형) 시공의 경우 20%를 감한다.						

[주 - 용접접합]

1. 본 품은 TIG용접으로 스테인리스강관을 접합하는 기준이다.
2. 공구손료 및 경장비(절단기, 자체 추진 고소작업대(시저형) 등) 기계경비는 인력품의 4%(인력시공), 13%(자체 추진 고소작업대(시저형) 시공)를 계상한다.
3. 용접접합에 필요한 부자재는 별도 계상한다.
4. 자체 추진 고소작업대(시저형)의 이동을 위한 크레인, 지게차 등의 비용은 별도 계상한다.

〈표 5.14-7〉 스테인리스 강관 _ 용접배관 [설비품셈] (m 당)

규격(mm)	배관공(인)	보통인부(인)	규격(mm)	배관공(인)	보통인부(인)
ϕ6	0.020	0.013	65	0.097	0.040
8	0.021	0.013	80	0.110	0.045
10	0.026	0.014	90	0.144	0.060
15	0.028	0.015	100	0.158	0.066
20	0.033	0.017	125	0.211	0.088
25	0.048	0.022	150	0.240	0.101
32	0.059	0.025	200	0.341	0.135
40	0.065	0.027	250	0.458	0.187
50	0.079	0.032	300	0.618	0.231
비 고	- 화장실 배관은 본 품에 20%, 기계실 배관은 본 품의 30%를 가산한다. - 옥외배관(암거내)은 본 품에 10%를 감한다. - 자체 추진 고소작업대(시저형) 시공의 경우 20%를 감한다.				

[주] 1. 본 품은 일반 배관용 스테인리스강관의 옥내일반배관 기준이다.
2. 인서트(거푸집용), 지지철물설치, 절단, 배관(가용접), 배관시험을 포함한다.
3. 밸브류 설치품은 [설비품셈 5-1-1(일반밸브 및 콕류 설치)]를 적용하고, 관이음부속류의 설치품은 본 품에 포함되어 있다.
4. 현장여건에 따라 콘크리트용 인서트를 사용할 경우 [건축품셈 8-1-4(인서트(Insert) 설치)]를 따른다.
5. 단열 지지대 및 관 지지대 설치 시에는 별도 계상한다.
6. Bending 가공이 필요한 경우에는 별도 계상한다.
7. 공구손료 및 경장비(절단기, 자체 추진 고소작업대(시저형) 등) 기계경비는 인력품의 2%(인력시공), 10%(자체 추진 고소작업대(시저형) 시공)를 계상한다.
8. 자체 추진 고소작업대(시저형)의 이동을 위한 크레인, 지게차 등의 비용은 별도 계상한다.

〈표 5.14-8〉 스테인리스 강관 _ 프레스식 접합 및 배관 [설비품셈] (m 당)

규격(mm)	배관공(인)	보통인부(인)	규격(mm)	배관공(인)	보통인부(인)
13SU	0.034	0.017	50	0.084	0.043
20	0.045	0.023	60	0.109	0.057
25	0.053	0.027	75	0.126	0.066
30	0.067	0.034	80	0.165	0.087
40	0.078	0.040	100	0.192	0.102
비 고	- 화장실 배관은 본 품에 20%, 기계실 배관은 본 품의 30%를 가산한다. - 옥외배관(암거내)은 본 품에 10%를 감한다. - 자체 추진 고소작업대(시저형) 시공의 경우 20%를 감한다.				

[주] 1. 본 품은 일반 배관용 스테인리스 강관의 옥내일반배관 기준이다.
2. 인서트(거푸집용), 지지철물설치, 절단, 배관 및 프레스 접합, 배관시험을 포함한다.
3. 밸브류 설치품은 [설비품셈 5-1-1(일반밸브 및 콕류 설치)]를 적용하고, 관이음부속류의 설치품은 본 품에 포함되어 있다.
4. 현장여건에 따라 콘크리트용 인서트를 사용할 경우 [건축품셈 8-1-4(인서트(Insert) 설치)]를 따른다.
5. 단열 지지대 및 관 지지대 설치 시에는 별도 계상한다.
6. Bending 가공이 필요한 경우에는 별도 계상한다.
7. 공구손료 및 경장비(절단기, 자체 추진 고소작업대(시저형) 등) 기계경비는 인력품의 2%(인력시공), 10%(자체 추진 고소작업대(시저형) 시공)를 계상한다.
8. 자체 추진 고소작업대(시저형)의 이동을 위한 크레인, 지게차 등의 비용은 별도 계상한다.

〈표 5.14-9〉 스테인리스 강관 _ 주름관 접합 및 배관 [설비품셈] (m 당)

규 격 (mm)	배관공 (인)	보통인부 (인)
ϕ 15	0.034	0.027
ϕ 20	0.039	0.031
비 고	- 자체 추진 고소작업대(시저형) 시공의 경우 20%를 감한다.	

[주] 1. 본 품은 스테인리스 주름관의 옥내일반배관 기준이다.
2. 인서트(거푸집용), 지지철물설치, 절단, 배관 및 접합, 배관시험을 포함한다.
3. 현장여건에 따라 콘크리트용 인서트를 사용할 경우 [건축품셈 8-1-4(인서트(Insert) 설치)]를 따른다.
4. 단열 지지대 및 관 지지대 설치 시에는 별도 계상한다.
5. 공구손료 및 경장비(절단기, 자체 추진 고소작업대(시저형) 등) 기계경비는 인력품의 2%(인력시공), 10%(자체 추진 고소작업대(시저형) 시공)를 계상한다.
6. 자체 추진 고소작업대(시저형)의 이동을 위한 크레인, 지게차 등의 비용은 별도 계싱한다.

③ 강관

강관은 [토목품셈 6-3(강관)]의 부설, 용접 접합[29], 절단과 [설비품셈 1-1(강관)] 용접접합, 용접배관, 나사식 접합 및 배관, 그루브조인트(Groove Joint)식[30]접합 및 배관에 의하여 다음과 같이 적용한다. 강관 도장은 필요시 품셈을 참고 적용한다.

설비품셈 옥외배관은 품셈 비고에 의하여 10% 감하여 적용한다.

29) 용접 접합의 벨엔드용접은 겹쳐 끼워서 접합하고, 베벨엔드용접은 수평으로 맞대어 접합하는 방법이다.

30) 그루브조인트 접합은 무용접의 형태로 유동식조인트재를 감싸서 접합하는 방법으로, 나사식 보다 비교적 간편하고 안정적인 방법이다.

〈표 5.14-10〉 강관 _ 부설 [토목품셈]

(본 당)

관경(mm)	배관공(수도)(인)	보통인부(인)	크레인(hr)	관경(mm)	배관공(수도)(인)	보통인부(인)	크레인(hr)
100이하	0.10	0.02	0.63	300	0.19	0.05	0.76
125	0.11	0.03	0.64	350	0.26	0.07	0.81
150	0.13	0.04	0.66	400	0.35	0.09	0.86
200	0.16	0.04	0.70	450	0.42	0.11	0.91
250	0.18	0.05	0.74	500	0.53	0.14	0.96
비 고	– 인력에 의한 부설을 수행하는 경우 다음 품을 적용한다. • 관경 80(mm) : 배관공(수도) 0.13(인), 보통인부 0.32(인) • 관경100(mm) : 배관공(수도) 0.16(인), 보통인부 0.40(인) • 관경125(mm) : 배관공(수도) 0.22(인), 보통인부 0.48(인) • 관경150(mm) : 배관공(수도) 0.28(인), 보통인부 0.56(인) • 관경200(mm) : 배관공(수도) 0.42(인), 보통인부 0.70(인) • 관경250(mm) : 배관공(수도) 0.56(인), 보통인부 0.84(인)						

[주] 관경 600~2,400(mm)는 품셈을 참고 적용한다.

1. 본 품은 직관(6m) 및 이형관, 곡관의 부설 작업을 기준한 것이다.
2. 터파기, 되메우기, 잔토처리, 물푸기 작업은 제외되어 있다.
3. 특수가공(분기개소 등), 계기측정(수압시험 등) 등이 필요한 경우에는 별도 계상할 수 있다.
4. 본 품의 크레인 규격은 다음을 참고하여 적용한다.
   • 관경 900(mm)까지 : 10톤급 트럭탑재형 크레인
   ※ 현장조건상 트럭탑재형 크레인의 적용이 어려운 경우, 동일한 규격의 크레인(무한궤도, 타이어)을 적용할 수 있다.

〈표 5.14-11〉 강관 _ 용접 접합 [토목품셈]

(개소 당)

관경 (mm)	벨엔드용접		베벨엔드용접	
	용접공 (인)	장비가동시간(hr)	용접공 (인)	장비가동시간(hr)
80	0.07	0.05	0.08	0.06
100	0.08	0.05	0.08	0.06
125	0.09	0.08	0.08	0.06
150	0.11	0.11	0.08	0.08
200	0.12	0.16	0.09	0.12
250	0.13	0.24	0.15	0.29
300	0.15	0.32	0.20	0.46
350	0.15	0.39	0.20	0.52
400	0.16	0.48	0.20	0.58
450	0.18	0.56	0.22	0.69
500	0.21	0.64	0.25	0.79
600	0.29	0.73	0.36	0.92

[주] 관경 700~2,400(mm)는 품셈을 참고 적용한다.

1. 본 품은 상수도용 도복장강관의 용접 접합을 기준한 것으로, 관경 600mm 이하는 외부용접, 700mm 이상은 내·외부용접을 기준한 것이다.
2. 본 품은 KS(KSD 3565) 규격을 기준한다.
3. 본 품은 강관접합 및 접합면 마무리가 포함된 것이다.
4. 본 품의 장비 가동시간은 발전기와 용접기를 사용하는 것을 기준한 것이며, 장비의 규격은 작업여건(작업범위, 위치 등)에 따라 변경할 수 있다.
5. 작업난이도에 따라 본 품(인력+장비가동시간)의 10% 범위 내에서 증감할 수 있다.

〈표 5.14-12〉 강관 _ 절단 [토목품셈] (개소 당)

관경 (mm)	용접공 (인)	관경 (mm)	용접공 (인)
80	0.08	300	0.20
100	0.08	350	0.26
125	0.09	400	0.31
150	0.10	450	0.36
200	0.13	500	0.41
250	0.16	600	0.46
비 고	- 금긋기 및 절단품은 본 품의 70%, 선단가공(Beveling)품은 본 품의 30%를 계상한다.		

[주] 관경 700~2,400(mm)는 품셈을 참고 적용한다.
1. 본 품은 상수도용 도복장강관의 산소+LPG를 사용한 절단을 기준한 것이다.
2. 본 품은 KS(KSD 3565) 규격을 기준한다.
3. 본 품은 금긋기, 절단 및 선단가공(Beveling) 작업이 포함된 것이다.
4. 공구손료 및 경장비(절단장비 등)의 기계경비는 인력품의 2%로 계상한다.

〈표 5.14-13〉 강관 _ 용접접합 [설비품셈] (용접개소 당)

규격 (mm)	용접공 (인)	규격 (mm)	용접공 (인)
ϕ15	0.036	100	0.152
20	0.043	125	0.184
25	0.052	150	0.216
32	0.062	200	0.281
40	0.070	250	0.345
50	0.085	300	0.409
65	0.105	350	0.456
80	0.121	400	0.519
비 고	- 자체 추진 고소작업대(시저형) 시공의 경우 20%를 감한다.		

[주] 1. 본 품은 아크용접으로 강관을 접합하는 기준이다.
2. 공구손료 및 경장비(절단기, 자체 추진 고소작업대(시저형) 등) 기계경비는 인력품의 3%(인력시공), 13%(자체 추진 고소작업대(시저형) 시공)를 계상한다.
3. 용접접합에 필요한 부자재는 별도 계상한다.
4. 자체 추진 고소작업대(시저형)의 이동을 위한 크레인, 지게차 등의 비용은 별도 계상한다.

〈표 5.14-14〉 강관 _ 용접배관 [설비품셈] (m 당)

규격(mm)	배관공(인)	보통인부(인)	규격(mm)	배관공(인)	보통인부(인)
ϕ15	0.029	0.022	100	0.155	0.065
20	0.033	0.023	125	0.200	0.081
25	0.043	0.026	150	0.236	0.093
32	0.051	0.029	200	0.365	0.138
40	0.057	0.031	250	0.489	0.181
50	0.074	0.037	300	0.634	0.232
65	0.088	0.042	350	0.765	0.277
80	0.113	0.051	400	0.907	0.327
비 고	- 화장실 배관은 본 품에 20%, 기계실 배관은 본 품의 30%를 가산한다. - 옥외배관(암거내)은 본 품에 10%를 감한다. - 자체 추진 고소작업대(시저형) 시공의 경우 20%를 감한다.				

[주] 1. 본 품은 배관용 탄소 강관의 옥내일반배관 기준이다.
2. 인서트(거푸집용), 지지철물설치, 절단, 배관(가용접), 배관시험을 포함한다.
3. 밸브류 설치품은 [설비품셈 5-1-1(일반밸브 및 콕류 설치)]를 적용하고, 관이음 부속류의 설치품은 본 품에 포함되어 있으

며, 용접접합품은 별도 계상한다.
4. 현장여건에 따라 콘크리트용 인서트를 사용할 경우 [건축품셈 8-1-4(인서트(Insert) 설치)]를 따른다.
5. 단열 지지대 및 관 지지대 설치 시에는 별도 계상한다.
6. 공구손료 및 경장비(절단기, 자체 추진 고소작업대(시저형) 등) 기계경비는 인력품의 2%(인력시공), 10%(자체 추진 고소작업대(시저형) 시공)를 계상한다.
7. 자체 추진 고소작업대(시저형)의 이동을 위한 크레인, 지게차 등의 비용은 별도 계상한다.

〈표 5.14-15〉 강관 _ 나사식 접합 및 배관 [설비품셈] (m 당)

규격(mm)	배관공(인)	보통인부(인)	규격(mm)	배관공(인)	보통인부(인)
ϕ15	0.033	0.029	32	0.062	0.037
20	0.038	0.030	40	0.069	0.039
25	0.051	0.034	50	0.092	0.046
비 고	- 화장실 배관은 본 품에 20%, 기계실 배관은 본 품의 30%를 가산한다. - 옥외배관(암거내)은 본 품에 10%를 감한다. - 자체 추진 고소작업대(시저형) 시공의 경우 20%를 감한다.				

[주] 1. 본 품은 배관용 탄소 강관의 옥내일반배관 기준이다.
2. 인서트(거푸집용), 지지철물설치, 절단, 나사홈가공, 배관 및 나사접합, 배관시험을 포함한다.
3. 밸브류 설치품은 [설비품셈 5-1-1(일반밸브 및 콕류 설치)]를 적용하고, 관이음부속류의 설치품은 본 품에 포함되어 있다.
4. 현장여건에 따라 콘크리트용 인서트를 사용할 경우 [건축품셈 8-1-4(인서트(Insert) 설치)]를 따른다.
5. 단열 지지대 및 관 지지대 설치 시에는 별도 계상한다.
6. 공구손료 및 경장비(절단기, 자체 추진 고소작업대(시저형) 등) 기계경비는 인력품의 2%(인력시공), 10%(자체 추진 고소작업대(시저형) 시공)를 계상한다.
7. 자체 추진 고소작업대(시저형)의 이동을 위한 크레인, 지게차 등의 비용은 별도 계상한다.

〈표 5.14-16〉 강관 _ 그루브조인트식 접합 및 배관(Groove Joint) [설비품셈] (m 당)

규격(mm)	배관공(인)	보통인부(인)	규격(mm)	배관공(인)	보통인부(인)
ϕ25	0.049	0.026	200	0.444	0.116
32	0.061	0.030	250	0.582	0.139
40	0.069	0.032	300	0.742	0.154
50	0.093	0.040	350	0.893	0.178
65	0.112	0.045	400	1.056	0.204
80	0.145	0.054	450	1.187	0.225
100	0.219	0.067	500	1.318	0.246
125	0.260	0.079	550	1.444	0.266
150	0.322	0.088	600	1.576	0.287
비 고	- 화장실 배관은 본 품에 20%, 기계실 배관은 본 품의 30%를 가산한다. - 옥외배관(암거내)은 본 품에 10%를 감한다. - 자체 추진 고소작업대(시저형) 시공의 경우 20%를 감한다.				

[주] 1. 본 품은 배관용 탄소 강관 및 배관용 스테인리스 강관의 옥내일반배관 기준이다.
2. 인서트(거푸집용), 지지철물설치, 절단, 그루브 홈가공, 배관 및 그루브 접합, 배관시험을 포함한다.
3. 밸브류 설치품은 [설비품셈 5-1-1(일반밸브 및 콕류 설치)]를 적용하고, 관이음부속류의 설치품은 본 품에 포함되어 있다.
4. 현장여건에 따라 콘크리트용 인서트를 사용할 경우 [건축품셈 8-1-4(인서트(Insert) 설치)]를 따른다.
5. 단열 지지대 및 관 지지대 설치 시에는 별도 계상한다.
6. 공구손료 및 경장비(절단기, 자체 추진 고소작업대(시저형) 등) 기계경비는 인력품의 2%(인력시공), 10%(자체 추진 고소작업대(시저형) 시공)를 계상한다.
7. 자체 추진 고소작업대(시저형)의 이동을 위한 크레인, 지게차 등의 비용은 별도 계상한다.

④ PE관

상수용 PE관은 [토목품셈 6-5(PE관)]의 -1 나사조임식 이음관 접합 및 부설, -4 버트융착 접합 및 부설, -5 새들분기관 전기융착 접합 및 부설에 의하여 다음과 같이 적용한다. 하수용 PE관은 [토목품셈 6-5(PE관)] -2 밴드접합 및 부설, -3 전기융착 접합 및 부설에 의하여 다음과 같이 적용한다.

새들분기관 전기융착 접합은 하수용으로도 사용되며, 다발관 등도 PE관을 준용한다.

PE관 생산 단위 6m와 조경공사는 단구간 연결공사임을 고려하여 접합 개소당을 m당 단위환산시 적용에 유의한다.

〈표 5.14-17〉 PE관 _ 나사조임식 이음관 접합 및 부설 [토목품셈] (개소 당)

규격 (mm)	배관공 (수도) (인)	보통인부 (인)	규격 (mm)	배관공 (수도) (인)	보통인부 (인)
15	0.06	0.01	32	0.10	0.03
20	0.06	0.02	40	0.11	0.03
25	0.09	0.02	50	0.14	0.03

[주] 1. 본 품은 PE관의 나사조임 접합을 기준한 것이다.
2. 본 품은 관부설 및 접합이 포함된 것이며 터파기, 되메우기, 잔토처리, 물푸기 작업은 제외되어 있다.

〈표 5.14-18〉 PE관 _ 버트융착 접합 및 부설 [토목품셈] (개소 당)

규격 (mm)	배관공 (수도) (인)	보통인부 (인)	규격 (mm)	배관공 (수도) (인)	보통인부 (인)
40	0.05	0.02	200	0.25	0.09
50	0.07	0.03	250	0.29	0.10
65	0.11	0.04	300	0.31	0.11
75	0.13	0.05	350	0.34	0.12
100	0.16	0.06	400	0.36	0.12
125	0.19	0.07	450	0.39	0.13
150	0.20	0.07	500	0.41	0.14

[주] 관경 550~800(mm)는 품셈을 참고 적용한다.
1. 본 품은 PE관의 양 끝단을 융착기에 의해 맞이음하는 접합을 기준한 것이다.
2. 본 품은 관부설 및 접합이 포함된 것이며 터파기, 되메우기, 잔토처리, 물푸기 작업은 제외되어 있다.
3. 본 품의 크레인은 5톤 트럭탑재형 크레인을 기준한 것이며, 현장여건에 따라 동급 또는 그 이상 규격(톤)의 크레인을 적용할 수 있다.
4. 공구손료 및 경장비(버트융착기 등)의 기계경비는 다음을 참고하여 적용한다.
   • 관경 300(mm) 이하 : 인력품의 15(%)
   • 관경 350~500(mm) : 인력품의 17(%)

〈표 5.14-19〉 PE관 _ 새들분기관 전기융착 접합 및 부설 [토목품셈] (개소 당)

규격 (mm)	배관공 (수도) (인)	보통인부 (인)	규격 (mm)	배관공 (수도) (인)	보통인부 (인)
75	0.10	0.05	200	0.15	0.07
100	0.11	0.06	250	0.18	0.09
150	0.13	0.06	300	0.20	0.10

[주] 1. 본 품은 이중벽 폴리에틸렌관 본체에 새들(Saddle) 분기관을 전기융착식 방법으로 접합하는 작업을 기준한 것이다.
2. 본 품의 관경은 분기관을 기준한 것이다.
3. 본 품은 본관 천공, 분기관 부설 및 접합 작업이 포함된 것이며 터파기, 되메우기, 잔토처리, 물푸기 작업은 제외되어 있다.
4. 공구손료 및 경장비(발전기, 융착기 등)의 기계경비는 인력품의 5%로 계상한다.

〈표 5.14-20〉 PE관 _ 밴드 접합 및 부설 [토목품셈] (개소 당)

관경 (mm)	배관공 (수도)(인)	보통인부 (인)	관경 (mm)	배관공 (수도)(인)	보통인부 (인)
50	0.06	0.03	200	0.19	0.10
75	0.08	0.04	250	0.23	0.12
100	0.11	0.06	300	0.26	0.13
150	0.15	0.08			

[주] 1. 본 품은 PE관(6m)의 밴드(조임식) 접합을 기준한 것이다.
2. 본 품은 관부설 및 접합이 포함된 것이며 터파기, 되메우기, 잔토처리, 물푸기 작업은 제외되어 있다.
3. 공구손료 및 잡재료는 인력품의 3%로 계상한다.
4. 접합재료(조임밴드)는 별도 계상한다.

〈표 5.14-21〉 PE관 _ 전기융착 접합 및 부설 [토목품셈] (개소 당)

관경 (mm)	배관공 (수도)(인)	보통인부 (인)	관경 (mm)	배관공 (수도)(인)	보통인부 (인)
150	0.18	0.09	350	0.30	0.15
200	0.21	0.10	400	0.33	0.16
250	0.24	0.12	450	0.36	0.18
300	0.26	0.13	500	0.40	0.20

[주] 관경 600~1,400(mm)는 품셈을 참고 · 적용한다.
1. 본 품은 PE관(6m, 개량형 PE관 포함)의 이음관을 활용한 전기융착 접합을 기준한 것이다.
2. 본 품은 관부설 및 접합이 포함된 것이며 터파기, 되메우기, 잔토처리, 물푸기 작업은 제외되어 있다.
3. 본 품의 크레인 규격은 5톤급 트럭탑재형 크레인을 적용한다.
4. 공구손료 및 경장비(발전기, 융착기 등)의 기계경비는 인력품의 7%로 계상한다.

⑤ PVC관

하수용에 주로 사용하는 PVC관은 [토목품셈 6-4(PVC관)]의 -1 TS 접합 및 부설, -2 고무링 접합 및 부설에 의하여 다음과 같이 적용한다.

〈표 5.14-22〉 PVC관 _ TS 접합 및 부설 [토목품셈] (개소 당)

관경 (mm)	배관공 (수도)(인)	보통인부 (인)	관경 (mm)	배관공 (수도)(인)	보통인부 (인)
50	0.07	0.03	100	0.11	0.06
75	0.09	0.05	150	0.18	0.10

[주] 1. 본 품은 PVC관(개량형 PVC관 포함)의 접착 접합을 기준한 것이다.
2. 본 품은 관부설 및 접합이 포함된 것이며 터파기, 되메우기, 잔토처리, 물푸기 작업은 제외되어 있다.

〈표 5.14-23〉 PVC관 _ 고무링 접합 및 부설 [토목품셈] (개소 당)

관경 (mm)	배관공 (수도)(인)	보통인부 (인)	관경 (mm)	배관공 (수도)(인)	보통인부 (인)
50	0.04	0.02	200	0.12	0.06
75	0.06	0.03	250	0.17	0.09
100	0.07	0.04	300	0.21	0.11
150	0.09	0.05			

[주] 1. 본 품은 PVC관(개량형 PVC관 포함)의 고무링 접합을 기준한 것이다.
2. 본 품은 관부설 및 접합이 포함된 것이며 터파기, 되메우기, 잔토처리, 물푸기 작업은 제외되어 있다.
3. 접합재료(고무링 등)는 별도 계상한다.

⑥ 원심력 철근콘크리트관(흄관)

원심력 철근콘크리트관은 [토목품셈 6-6(원심력 철근콘크리트관)]의 -1 고무링 접합 및 부설, -2 PP수밀밴드 접합 및 부설, -3 절단, -4 천공 및 접합에 의하여 다음과 같이 적용한다. 인력시공은 [2009년 토목품셈 19-4-1(인력부설 및 접합)]에 의하여 다음과 같이 준용한다.

〈표 5.14-24〉 원심력 철근콘크리트관 _ 고무링 접합 및 부설 [토목품셈] (본 당)

관경 (mm)	배관공 (수도)(인)	보통인부 (인)	크레인 (hr)	관경 (mm)	배관공 (수도)(인)	보통인부 (인)	크레인 (hr)
250	0.15	0.06	0.23	450	0.25	0.10	0.37
300	0.17	0.07	0.26	500	0.28	0.12	0.40
350	0.19	0.08	0.30	600	0.37	0.15	0.47
400	0.22	0.09	0.33				

[주] 관경 700~2,000(mm)는 품셈을 참고 · 적용한다.
1. 본 품은 원심력 철근콘크리트관(2.5m)의 소켓식 접합을 기준한 것이다.
2. 본 품은 관부설 및 접합이 포함된 것이며 터파기, 되메우기, 잔토처리, 물푸기 작업은 제외되어 있다.
3. 관절단은 [토목품셈 6-6-3(절단)]에 준하여 별도 계상한다.
4. 본 품의 크레인 규격은 다음을 참고하여 적용한다.
   • 관경 800(mm)까지 : 10톤급 트럭탑재형 크레인
   ※ 현장조건상 트럭탑재형 크레인의 적용이 어려운 경우, 동일한 규격의 크레인(무한궤도, 타이어)을 적용할 수 있다.
5. 이와 유사한 관(VR관 등)은 본 품을 준용할 수 있으며, VR관의 경우 트럭탑재형 크레인 규격은 600mm까지는 10톤, 700mm 이상은 15톤 트럭탑재형 크레인을 기준으로 한다.
6. 공구손료 및 잡재료는 인력품의 1%로 계상한다.
7. 접합재료(고무링)는 별도 계상한다.

〈표 5.14-25〉 원심력 철근콘크리트관 _ PP수밀밴드 접합 및 부설 [토목품셈] (본 당)

관경 (mm)	배관공(수도) (인)	보통인부 (인)	크레인 (hr)
400	0.17	0.08	0.30
600	0.33	0.16	0.44

[주] 관경 800~1,200(mm)는 품셈을 참고 · 적용한다.
1. 본 품은 원심력 철근콘크리트관(2.5m)의 PP수밀밴드 접합을 기준한 것이다.
2. 본 품은 관부설 및 접합이 포함된 것이며 관로의 터파기, 되메우기, 잔토처리, 물푸기는 제외되어 있다.
3. 관절단은 [토목품셈 6-6-3(절단)]에 준하여 별도 계상한다.
4. 본 품의 크레인 규격은 다음을 참고하여 적용한다.
   • 관경 800(mm)까지 : 10톤급 트럭탑재형 크레인
   ※ 현장조건상 트럭탑재형 크레인의 적용이 어려운 경우, 동일한 규격의 크레인(무한궤도, 타이어)을 적용할 수 있다.
5. 공구손료 및 잡재료는 인력품의 2%로 계상한다.
6. 접합재료(수밀밴드)는 별도 계상한다.

〈표 5.14-26〉 원심력 철근콘크리트관 _ 절단 [토목품셈] (개소 당)

관경 (mm)	배관공 (수도)(인)	보통인부 (인)	관경 (mm)	배관공 (수도)(인)	보통인부 (인)
300 이하	0.01	0.01	500	0.05	0.05
350	0.02	0.02	600	0.08	0.08
400	0.03	0.03	700	0.10	0.10
450	0.04	0.04	800	0.13	0.13

[주] 1. 본 품은 절단기(규격:40.64cm)를 사용한 원심력 철근콘크리트관 절단을 기준한 것이다.
2. 공구손료 및 경장비(절단기 등)의 기계경비와 잡재료비는 인력품의 6%로 계상한다.
3. 절단기 커터의 손료는 별도 계상한다.

〈표 5.14-27〉 원심력 철근콘크리트관 _ 천공 및 접합 [토목품셈] (개소 당)

구분		배관공(수도) (인)	보통인부 (인)
본관 (mm)	연결관 (mm)		
500 이하	150	0.04	0.04
	200	0.05	0.05
	250	0.07	0.07
	300	0.09	0.09
500 초과~900 이하	150	0.05	0.05
	200	0.07	0.07
	250	0.08	0.08
	300	0.10	0.10
900 초과~1200 이하	150	0.06	0.06
	200	0.08	0.08
	250	0.09	0.09
	300	0.11	0.11

[주] 1. 본 품은 원심력 철근콘크리트관의 천공을 기준한 것이다.
2. 본 품은 천공, 연결관(단지관 등) 접합이 포함된 것이며 터파기, 되메우기, 잔토처리, 물푸기 작업은 제외되어 있다.
3. 연결관으로 기타의 관(PVC관 등)을 사용하는 경우에도 동일하게 적용한다.
4. 공구손료 및 경장비(천공기 등)의 기계경비와 소모재료(비트 등)는 인력품의 5%로 계상한다.
5. 연결관 접합재료(모르타르, 단지관 등)는 별도 계상한다.

〈표 5.14-28〉 흄관 접합 및 부설 [2009년 토목품셈] (본 당)

관경(mm)	모르타르 1 : 2 (m^3)	비계공 (인)	A 종		B 종	
			배관공(인)	보통인부(인)	배관공(인)	보통인부(인)
250	0.004	–	0.25	0.93	0.15	0.88
300	0.0058	–	0.28	1.13	0.18	0.95
350	0.0065	0.10	0.30	1.20	0.20	1.08
400	0.0078	0.13	0.33	1.58	0.20	1.45
450	0.009	0.20	0.38	1.73	0.23	1.63
500	0.010	0.25	0.40	2.23	0.25	2.20
600	0.012	0.33	0.48	2.85	0.33	2.73

[주] 1. 본 품은 관길이 2.5m를 표준으로 한 것이며, A는 컬러식 접합을 말하고, B는 소켓식 접합을 말한다.
2. 관로의 터파기, 되메우기, 잔토처리, 물푸기 및 잡재료는 별도로 계상한다.
3. 본 품은 수압을 받지 않는 하수도공사를 기준한 것이며, 소운반을 포함한 것이다.
4. 이와 유사한 관은 본 품을 준용할 수 있다.

⑦ 기타 관

기타 관은 [토목품셈 6-7(기타 관)]의 -1 PC관 부설 및 접합, -2 파형강관 부설 및 접합에 의하여 다음과 같이 적용한다.

조경공사의 적용이 적은 유리섬유복합관, 강관압입추진공은 품셈을 참조 적용한다.

〈표 5.14-29〉 PC관 부설 및 접합 [토목품셈] (본 당)

관경 (mm)	배관공(수도) (인)	보통인부 (인)	크레인 (hr)
500	0.94	0.37	0.71
600	1.17	0.47	0.83

[주] 관경 700~1,500(mm)는 품셈을 참고 · 적용한다.
1. 본 품은 PC관(4m)의 소켓식 접합을 기준한 것이다.

2. 본 품은 관부설 및 접합이 포함된 것이며 터파기, 되메우기, 잔토처리, 물푸기 작업은 제외되어 있다.
3. 본 품의 크레인 규격은 다음을 참고하여 적용한다.
   • 관경 1,000(mm)까지 : 15톤급 트럭탑재형 크레인
   ※ 현장조건상 트럭탑재형 크레인의 적용이 어려운 경우, 동일한 규격의 크레인(무한궤도, 타이어)을 적용할 수 있다.
4. 공구손료 및 잡재료는 인력품의 1%로 계상한다.
5. 접합재료(고무링)는 별도 계상한다.

〈표 5.14-30〉 파형강관 부설 및 접합 [토목품셈] (본 당)

관경 (mm)	배관공(수도) (인)	보통인부 (인)	크레인 (hr)
250	0.04	0.02	0.12
300	0.06	0.03	0.13
400	0.10	0.05	0.16
450	0.12	0.06	0.17
500	0.13	0.07	0.18
600	0.17	0.08	0.20

[주] 관경 700~1,500(mm)는 품셈을 참고 · 적용한다.
1. 본 품은 파형강관(6m)의 커플링밴드 접합을 기준한 것이다.
2. 본 품은 현장 내 관절단, 관부설 및 접합이 포함된 것이며 터파기, 되메우기, 잔토처리, 물푸기 작업은 제외되어 있다.
3. 파형강관 8m 직관에서는 크레인(시간)을 10%까지 가산하여 적용할 수 있다.
4. 본 품의 크레인은 5톤 트럭탑재형 크레인을 기준으로 한 것으로, 현장여건을 고려하여 동급 또는 그 이상 규격(톤)의 크레인을 적용할 수 있다.
5. 공구손료 및 잡재료는 인력품의 2%로 계상한다.
6. 접합재료(커플링밴드)는 별도 계상한다.

⑧ 밸브

일반 밸브는 [설비품셈 5-1(밸브)] -1 일반밸브 및 콕류, -2 감압밸브장치 설치에 의하며, 특수(신축 및 진동흡수)이음은 [설비품셈 5-3(플렉시블 이음 및 팽창이음)]의 -1 익스팬션조인트 설치, -2 플렉시블커넥터 설치에 의하여 다음과 같이 적용한다.

제수변 밸브, 플랜지는 [토목품셈 6-8(밸브)]의 -1 주철제 게이트 제수밸브 부설 및 접합, -3 주철제 · 강관제 버터플라이 제수밸브 부설 및 접합, -7 플랜지 조인트 접합에 의하여 다음과 같이 적용한다.

조경의 적용이 적은 [토목품셈 6-8(밸브)]의 강관제 게이트 제수밸브 부설 및 접합, 부단수 할정자관 부설 및 접합, 부단수 천공 분기점 분기, 부단수 천공 새들분수전 분기점 분기, [토목품셈 6-9(유지보수)]의 관세척, 관세관, 수밀시험, 준설, CCTV조사는 필요시 품셈을 참고 적용한다.

〈표 5.14-31〉 일반밸브 및 콕류 설치 [설비품셈] (개 당)

규격 (mm)	배관공 (인)	보통인부 (인)	규격 (mm)	배관공 (인)	보통인부 (인)
15~25	0.050	–	125	0.278	0.121
32~50	0.074	–	150	0.343	0.147
65	0.108	0.073	200	0.471	0.188
80	0.141	0.083	250	0.616	0.230
100	0.214	0.105	300	0.788	0.261

[주] 1. 본 품은 설치위치 선정, 설치, 작동시험 및 마무리 작업을 포함한다.
2. 공구손료 및 경장비(전기드릴 등)의 기계경비는 인력품의 2%로 계상한다.

〈표 5.14-32〉 감압밸브장치 설치 [설비품셈] (조 당)

규격 (mm)	배관공(인)	보통인부 (인)	규격 (mm)	배관공(인)	보통인부 (인)
15	2.084	0.212	65	5.477	1.047
20	2.527	0.295	80	6.224	1.297
25	2.934	0.379	100	7.220	1.631
32	3.462	0.496	125	8.465	2.049
40	4.020	0.629	150	9.710	2.466
50	4.668	0.796	200	11.815	3.301
비 고	- 밸런스 파이프를 필요로 할 경우에는 30% 가산한다.				

[주] 1. 본 품은 밸런스 파이프를 필요로 하지 않는 기준이다.
2. 감압밸브, 게이트밸브, 글로브밸브, 스트레이너, 압력계, 안전밸브 등 바이패스 배관조립 및 설치, 배관시험을 포함한다.
3. 온도조절장치의 경우 본 품을 준용하여 적용할 수 있다.
4. 공구손료 및 경장비(전기드릴 등)의 기계경비는 인력품의 2%로 계상한다.

〈표 5.14-33〉 주철제 게이트 제수밸브 부설 및 접합 [토목품셈] (기 당)

관경(mm)	배관공 (수도)(인)	보통인부 (인)	크레인 (hr)	관경(mm)	배관공 (수도)(인)	보통인부 (인)	크레인 (hr)
50	0.06	0.03	0.32	250	0.21	0.11	0.67
80	0.09	0.04	0.38	300	0.23	0.12	0.69
100	0.10	0.05	0.45	350	0.39	0.20	0.72
125	0.11	0.06	0.47	400	0.51	0.26	0.75
150	0.13	0.06	0.49	450	0.63	0.32	0.78
200	0.20	0.10	0.64	500	0.73	0.37	0.81
비 고	- 인력에 의한 부설을 수행하는 경우 다음 품을 적용한다. • 관경 50(mm) : 배관공(수도) 0.05(인), 보통인부 0.10(인) • 관경 80(mm) : 배관공(수도) 0.10(인), 보통인부 0.15(인) • 관경100(mm) : 배관공(수도) 0.12(인), 보통인부 0.18(인) • 관경125(mm) : 배관공(수도) 0.14(인), 보통인부 0.20(인) • 관경150(mm) : 배관공(수도) 0.16(인), 보통인부 0.22(인)						

[주] 관경 600~1,500(mm)는 품셈을 참고 · 적용한다.
1. 본 품은 주철제 게이트 밸브의 플랜지 접합을 기준한 것이다.
2. 본 품은 밸브부설 및 플랜지접합이 포함된 것이며 터파기, 되메우기, 잔토처리, 물푸기 작업은 제외되어 있다.
3. 밸브접합관(신축관)의 플랜지 접합과 제수변실 설치는 별도 계상한다.
4. 본 품의 크레인 규격은 다음을 참고하여 적용한다.
• 관경 600(mm)까지 : 5톤급 트럭탑재형 크레인
※ 현장조건상 트럭탑재형 크레인의 적용이 어려운 경우, 동일한 규격의 크레인(무한궤도, 타이어)을 적용할 수 있다.
5. 공구손료 및 잡재료는 인력품의 2%로 계상한다.

〈표 5.14-34〉 주철제 · 강관제 버터플라이 제수밸브 부설 및 접합 [토목품셈] (기 당)

관경(mm)	배관공 (수도)(인)	보통인부 (인)	크레인 (hr)	관경(mm)	배관공 (수도)(인)	보통인부 (인)	크레인 (hr)
200	0.19	0.10	0.86	400	0.52	0.27	1.01
250	0.21	0.11	0.90	450	0.64	0.33	1.05
300	0.23	0.12	0.93	500	0.74	0.39	1.09
350	0.39	0.20	0.97	600	0.93	0.49	1.17

[주] 관경 700~2,400(mm)는 품셈을 참고 · 적용한다.
1. 본 품은 제수밸브의 플랜지 접합을 포함한 것이다.
2. 작업공간이 협소하여 장비투입이 불가능할 경우, 인력품을 별도 계상할 수 있다.
3. 밸브접합관(신축관)의 플랜지 접합과 관로의 토공, 제수변실 등은 별도 계상한다.
4. 본 품의 크레인 규격은 다음을 기준으로 한다.
• 관경 600(mm)까지 : 5톤 트럭탑재형 크레인
5. 현장조건상 본 품의 크레인 적용이 어려운 경우, 동급 또는 그 이상 규격(톤)의 크레인(무한궤도, 타이어)을 적용할 수 있다.

〈표 5.14-35〉 밸브 _ 플랜지 조인트 접합 [토목품셈]

(개소 당)

관경(mm)	볼트구멍		배관공 (수도)(인)	보통인부 (인)	관경(mm)	볼트구멍		배관공 (수도)(인)	보통인부 (인)
	지름 (mm)	수				지름 (mm)	수		
65	15	4	0.05	0.02	250	23	12	0.14	0.07
80	19	4	0.05	0.02	300	23	12	0.14	0.07
100	19	8	0.07	0.04	350	25	12	0.16	0.08
125	19	8	0.08	0.04	400	25	16	0.18	0.09
150	19	8	0.09	0.05	450	25	16	0.20	0.10
200	23	8	0.11	0.06	500	25	20	0.22	0.11

[주] 관경 600~2,400(mm)는 품셈을 참고 · 적용한다.
1. 본 품은 관의 접합부에 링 개스킷을 사용하는 볼트 체결 플랜지 접합을 기준한 것이다.
2. 본 품은 호칭압력 5(kg/cm^2)를 기준한 것으로, 이외 규격은 별도 계상한다.
3. 공구손료 및 경장비(전동렌치 등)의 기계경비는 인력품의 2%로 계상한다.

⑨ 펌프 및 방진가대

펌프, 방진가대는 [설비품셈 4-1(펌프)]의 -1 일반펌프 설치, -2 집수정 배수펌프 설치, [설비품셈 9-1-2(펌프 방진가대 설치)]에 의하여 다음과 같이 적용한다.

〈표 5.14-36〉 펌프 _ 일반펌프 설치 [설비품셈]

(대 당)

규 격	단위	기계설비공	보통인부
0.75kW 이하	인	0.766	0.254
1.5kW 이하	인	0.848	0.281
2.2kW 이하	인	0.977	0.324
3.7kW 이하	인	1.122	0.372
5.5kW 이하	인	1.352	0.448
7.5kW 이하	인	1.706	0.565
11kW 이하	인	2.144	0.710
15kW 이하	인	2.276	0.754
22kW 이하	인	3.677	1.218
37kW 이하	인	4.748	1.572
55kW 이하	인	7.638	2.530
75kW 이하	인	9.357	3.099

[주] 1. 본 품은 제작 및 조립이 완료된 상태의 일반펌프를 옥내에 설치하는 품이다.
2. 본 품은 소운반, 펌프 설치, 자동제어설비와의 결선, 펌프 시운전 및 교정 작업을 포함한다.
3. 본 품에는 펌프 기초 및 방진가대, 전기배선 및 입선, 펌프 주위 연결배관은 제외되어 있다.
4. 펌프 압력탱크, 펌프 운영을 위한 자동제어설비의 설치는 제외되어 있다.
5. 공구손료 및 경장비(윈치 등)의 기계경비는 인력품의 3%를 계상한다.
6. 본 품은 인력과 윈치설치 기준이며, 펌프 설치를 위해 장비를 사용할 경우 별도 계상한다.

〈표 5.14-37〉 펌프 _ 집수정 배수펌프 설치 [설비품셈] (대 당)

규 격	단위	기계설비공	보통인부
0.75kW 이하	인	1.325	0.471
1.5kW 이하	인	1.498	0.533
2.2kW 이하	인	1.660	0.590
3.7kW 이하	인	2.005	0.713
5.5kW 이하	인	2.420	0.861
7.5kW 이하	인	2.881	1.025

[주] 1. 본 품은 제작 및 조립이 완료된 상태의 수중펌프를 집수정에 설치하는 기준이다.
2. 본 품은 지지대 및 펌프 설치, 자동제어설비와의 결선, 펌프 시운전 및 교정작업이 포함된 것이다.
3. 본 품에는 기초, 전기배선 및 입선, 펌프주위 연결배관은 제외되어 있다.
4. 펌프 운영을 위한 자동제어설비의 설치는 제외되어 있다.
5. 공구손료 및 경장비(용접기 등)의 기계경비는 인력품의 3%를 계상한다.
6. 본 품은 인력과 윈치설치 기준이며, 펌프 설치를 위해 장비를 사용할 경우 별도 계상한다.

〈표 5.14-38〉 펌프 방진가대 설치 [설비품셈] (대 당)

규 격	단위	기계설비공	보통인부
0.75kW 이하	인	0.650	0.207
1.5kW 이하	인	0.675	0.215
2.2kW 이하	인	0.715	0.228
3.7kW 이하	인	0.759	0.242
5.5kW 이하	인	0.830	0.265
7.5kW 이하	인	0.891	0.284
11kW 이하	인	0.987	0.315
15kW 이하	인	1.021	0.326
22kW 이하	인	1.349	0.430
37kW 이하	인	1.566	0.499
55kW 이하	인	1.988	0.634
75kW 이하	인	2.378	0.758

[주] 1. 본 품은 펌프설치를 위한 방진가대 설치 품이다.
2. 본 품은 소운반, 방진가대 및 방진마운트 설치를 포함한다.
3. 방진가대 내에 콘크리트(모르타르) 충전이 필요한 경우 별도 계상한다.

⑩ 수전설치

음수전 등은 [설비품셈 7-2(수전)] -1 욕조수전 설치, -2 세면기수전 설치, -3 싱크수전 설치, 4. 손빨래수전 설치에 의하여 다음과 같이 적용한다.

조경공사의 수전은 음수기나 노출형 수도꼭지가 대부분이므로 욕조수전, 세면기수전, 싱크수전, 손빨래수전의 유사기준을 준용한다.

〈표 5.14-39〉 욕조수전 설치 [설비품셈] (개 당)

구 분	단위	욕조혼합수전		샤워헤드걸이	
		매립형	노출형	고정식	높이조절식
위 생 공	인	1.000	0.087	0.071	0.099
보 통 인 부	인	0.200	0.017	–	–

[주] 1. 본 품은 소운반, 연결구 플러그 제거, 니플조정, 실테이프 감기, 활자금 설치, 천공 및 목심설치, 호스 및 헤드 연결, 작동시험을 포함한다.
2. 욕조혼합수전(매립형)의 품은 매립 배관품이 포함되어 있다.

〈표 5.14-40〉 세면기수전 설치 [설비품셈] (개 당)

구 분	단위	수 량
위 생 공 보 통 인 부	인 인	0.139 0.028
비 고	- 냉수 또는 온수만 전용으로 하는 수전은 30% 감하여 적용한다.	

[주] 1. 본 품은 세면기 혼합수전 설치 품이다.
2. 본 품은 소운반, 연결구 플러그 제거, 실테이프 감기, 니플 및 앵글밸브 설치, 연결관 설치, 활자금 설치, 작동시험을 포함한다.
3. 살수전 설치품은 동일하게 적용한다.

〈표 5.14-41〉 싱크수전 설치 [설비품셈] (개 당)

구 분	단위	수 량
위 생 공 보 통 인 부	인 인	0.164 0.033

[주] 1. 본 품은 싱크 혼합수전(대붙이형) 설치 품이다.
2. 본 품은 소운반, 연결구 플러그 제거, 니플 및 앵글밸브 설치, 실테이프 감기, 연결관 설치, 싱크대 하부 보강판 및 패킹 설치, 작동시험을 포함한다.

〈표 5.14-42〉 손빨래수전 설치 [설비품셈] (개 당)

구 분	단위	수 량
위 생 공 보 통 인 부	인 인	0.087 0.017
비 고	- 냉수 또는 온수만 전용으로 하는 수전은 30% 감하여 적용한다.	

[주] 1. 본 품은 발코니 벽체에 벽붙이형 손빨래 혼합수전 설치 품이다.
2. 본 품은 소운반, 연결구 플러그 제거, 실테이프 감기, 니플 설치, 활자금 설치, 작동시험을 포함한다.

⑪ 조립식 구조물 설치공사

조립식 구조물 설치는 [공통품셈 6-7(조립식 구조물 설치공)]의 -1 U형플륨 설치, -2 중량구조물(낙차공 · 분수관 · L형플륨 기타) 설치, -3 조립식 PC맨홀 설치에 의하여 다음과 같이 적용한다.

〈표 5.14-43〉 조립식 구조물 설치공 _ U형플륨 설치 [공통품셈] (본 당)

구 분		규 격	단위	본당 중량 (kg)						
				50~ 150 미만	150~ 300 미만	300~ 500 미만	500~ 700 미만	700~ 900 미만	900~ 1100 미만	1100~ 1300 미만
인력	특별 인부		인	0.020	0.027	0.038	0.050	0.061	0.072	0.084
	보통 인부		인	0.015	0.020	0.028	0.036	0.045	0.053	0.062
장비	크 레 인	10ton	hr	0.129	0.141	0.154	0.180	0.193	0.206	0.231

[주] 1. 본 품은 플륨관 설치, 이음 모르타르 설치작업이 포함된 것이다.
2. 터파기, 기초(콘크리트, 자갈, 모래), 지반고르기, 되메우기 등은 별도 계상한다.
3. 크레인 규격은 작업여건에 따라 변경하여 적용할 수 있다.
4. 공구손료 및 소모재료(이음모르타르 등)는 인력품의 8%로 계상한다.

〈표 5.14-44〉 조립식 구조물 설치공 _ 중량구조물(낙차공 · 분수관 · L형플륨 기타)설치 [공통품셈] (개 당)

규격 (kg/개)	특별인부 (인)	보통인부 (인)	크레인운전 (hr)
850 ~ 1,150 미만	0.06	0.19	0.61
1,150 ~ 1,500 미만	0.07	0.24	0.76
1,500~2,000 미만	0.09	0.30	0.96
2,000~2,500 미만	0.11	0.38	1.20
2,500~3,000 미만	0.13	0.45	1.43
3,000~3,500 미만	0.15	0.53	1.67
3,500~4,000 미만	0.18	0.60	1.90

[주] 1. 본 품은 소운반을 포함한 품이며 터파기, 기초(콘크리트, 자갈, 모래), 지반고르기, 되메우기 등은 별도 계상한다.
2. 기구손료 및 이음 모르타르는 인력품의 2%까지 계상할 수 있다.
3. 본 품의 규격 및 품질은 관련 KS 규정에 따른다.
4. 본 품의 크레인 규격은 10ton을 기준한 것이다.

〈표 5.14-45〉 조립식 구조물 설치공 _ 조립식 PC맨홀 설치 [공통품셈] (개 당)

구 분	규 격	단위	수 량							
			D900		D1,200		D1,500		D1,800	
			하부구체+상판	연직구체	하부구체+상판	연직구체	하부구체+상판	연직구체	하부구체+상판	연직구체
특별 인부		인	0.48	0.25	0.64	0.33	0.80	0.41	0.96	0.46
보통 인부		인	0.23	0.12	0.30	0.15	0.38	0.19	0.48	0.23
크 레 인	10ton	hr	0.98	0.50	1.12	0.57	1.25	0.64	1.44	0.83

[주] 1. 본 품은 조립식 PC맨홀 설치를 기준한 것이다.
2. 본 품의 연직구체는 1개 설치기준으로 설치수량에 따라 추가 계상한다.
3. 본 품은 맨홀 설치 및 조정, 접합부 연결(고무링, 연결핀, 모르타르 등)을 포함한다.
4. 터파기, 지반고르기, 되메우기, 맨홀뚜껑 설치는 별도 계상한다.
5. 크레인 규격은 작업여건에 따라 변경할 수 있다.
6. 재료량은 별도 계상한다.

⑫ 소형 구조물공사

조경공사에 다수 사용되지만 품이 별도로 규정되지 않은 소형 구조물인 PE빗물받이, 집수정, 맨홀, 횡단배수구, 자갈 도랑, 자갈 집수정은 [LH공사], [조경공사 적산기준]을 다음과 같이 준용한다.

횡단배수구 등의 스틸그레이팅 및 압연강재 덮개는 규격별로 중량이 상이하나 단위 자재당 중량이 25kg 이하이며, 유사 작업이 반복되므로 [토목품셈 1-10-3(보차도 및 도로 경계블록(콘크리트) 설치]를 준용한다. 세부기준은 콘크리트 경계블록(120×120× 1000)의 직선시공량 품을 준용하되, 자재의 중량이 경량이므로 작업조건 매우 양호로 판단하고 일당 시공량을 20% 증가시켜 준용한다. 정방형 형태는 폭 400mm 내외 길이 기준로 변환 준용한다.

빗물받이와 집수정은 개소당, 횡단배수구는 연결부 m와 마구리 개소를 각각 적용하며, 받침틀은 배수구 덮개설치를 동일 기준으로 준용한다. 집수 유도 및 집수 우수의 배수 유도를 위한 자갈 도랑과 자갈 집수정은 다음과 같이 준용한다.

〈표 5.14-46〉 소형 배수구조물 덮개 설치 [LH공사, 조경공사 적산기준] (개소 당)

공 종	구 분	단위	수 량
맨홀뚜껑 및 받침틀 설치	보통인부	인	0.30

[주] 1. 본 품은 소운반이 포함된 것이며, 고정 콘크리트의 재료비는 별도 계상한다.
2. 우 · 오수맨홀, 상수도, 제수변실 등의 맨홀뚜껑(주철제, 콘크리트 제품) 설치품이다.

〈표 5.14-47〉 횡단배수구 덮개 설치 [LH공사, 조경공사 적산기준] (개소 당)

공 종	구 분	단위	수 량
배수구 덮개 설치 (받침틀 제외)	특 별 인 부	인	0.01515
	보 통 인 부	인	0.00505
	트럭탑재형 크레인(5ton)	hr	0.04040

[주] 1. 본 품은 소운반이 포함되어 있으며, 제작품을 설치하는 품이다.
2. 본 품은 [토목품셈 1-10-3(보차도 및 도로경계블록(콘크리트) 설치)]에서 작업조건이 매우 양호한 경우 일당 시공량의 20%를 증가시켜 적용할 수 있다는 주기를 적용한 품이다.

⑬ 급배수 부대공사

배수구는 [설비품셈 7-1-8(바닥배수구 설치)], 슬리브는 [설비품셈 9-3-1(슬리브 설치)], 콘크리트 구멍뚫기는 [설비품셈 9-3-2(배관을 위한 구멍뚫기)], 시운전은 [설비품셈 9-5-1(시운전)]에 의하여 다음과 같이 적용한다.

〈표 5.14-48〉 바닥배수구 설치 [설비품셈] (개소 당)

구 분	단위	수 량 (규격)		
		ϕ50mm	ϕ75mm	ϕ100mm
배 관 공	인	0.115	0.151	0.164
보 통 인 부	인	0.039	0.051	0.055

[주] 1. 본 품은 옥내 일반바닥배수구 설치기준으로 트랩이 포함된 것이다.
2. 본 품은 하부성형슬리브, 소운반, 바닥배수구 설치 및 통수시험 등이 포함된 것이다.

〈표 5.14-49〉 슬리브 설치 [설비품셈] (개소 당)

구 분		단위	수 량 (슬리브 규격 ϕmm)				
			25~50	65~100	125~150	200~250	300~400
바 닥	배 관 공	인	0.043	0.055	0.066	0.077	0.089
	보 통 인 부	인	0.022	0.029	0.035	0.041	0.047
벽 체	배 관 공	인	0.060	0.069	0.085	0.104	0.124
	보 통 인 부	인	0.012	0.018	0.029	0.047	0.072
비 고		- 단열재 설치구간에는 본 품의 20%까지 가산하여 적용한다.					

[주] 1. 본 품은 배관 사전작업으로 제작이 완료된 슬리브의 설치 기준이다.
2. 먹줄치기, 마킹, 슬리브 설치를 포함한다.
3. 공구손료 및 경장비의 기계경비는 인력품의 1%로 계상한다.
4. 방수층을 관통하는 지수판 부착형 슬리브는 별도 계상한다.

〈표 5.14-50〉 배관을 위한 구멍뚫기 [설비품셈] (개소 당)

개소		구분	단위	수량				
				25mm	50mm	75mm	100mm	150mm
콘크리트 두께 150mm	바닥	착암공	인	0.096	0.119	0.142	0.165	0.210
		보통인부	인	0.096	0.119	0.142	0.165	0.210
		코어드릴	hr	0.280	0.430	0.580	0.730	1.030
	벽체	착암공	인	0.123	0.152	0.181	0.211	0.268
		보통인부	인	0.123	0.152	0.181	0.211	0.268
		코어드릴	hr	0.360	0.550	0.750	0.930	1.320
콘크리트 두께 300mm	바닥	착암공	인	0.169	0.208	0.248	0.287	0.367
		보통인부	인	0.169	0.208	0.248	0.287	0.367
		코어드릴	hr	0.560	0.860	1.160	1.460	2.060
	벽체	착암공	인	0.216	0.266	0.317	0.368	0.469
		보통인부	인	0.216	0.266	0.317	0.368	0.469
		코어드릴	hr	0.720	1.100	1.490	1.870	2.640

개소		구분	단위	수량				
				200mm	250mm	300mm	350mm	400mm
콘크리트 두께 150mm	바닥	착암공	인	0.252	0.295	0.339	0.384	0.426
		보통인부	인	0.252	0.295	0.339	0.384	0.426
		코어드릴	hr	1.330	1.630	1.930	2.230	2.530
	벽체	착암공	인	0.322	0.377	0.434	0.491	0.544
		보통인부	인	0.322	0.377	0.434	0.491	0.544
		코어드릴	hr	1.710	2.090	2.470	2.860	3.240
콘크리트 두께 300mm	바닥	착암공	인	0.446	0.525	0.604	0.683	0.762
		보통인부	인	0.446	0.525	0.604	0.683	0.762
		코어드릴	hr	2.660	3.260	3.860	4.460	5.060
	벽체	착암공	인	0.570	0.671	0.772	0.874	0.975
		보통인부	인	0.570	0.671	0.772	0.874	0.975
		코어드릴	hr	3.400	4.170	4.940	5.710	6.470

[주] 1. 본 품은 코어드릴을 사용하여 철근콘크리트 슬래브를 하향으로 천공하는 작업에 적용한다.
2. 본 품은 코어드릴의 소운반, 천공 및 마무리를 포함한다.
3. 부산물 처리 및 반출품은 별도 계상한다.
4. 주재료비(다이아몬드 비트)는 별도 계상한다.
5. 철근탐색 및 시험천공작업은 별도 계상한다.

〈표 5.14-51〉 시운전 [설비품셈 발췌] (m 당)

명칭	적용	단위	배관공	비고
배관 계통	배관, 밸브류의 조정	인	0.026	주관 연장

[주] 1. 본 품은 난방 및 공조계통에 대한 설비를 완료하고 시운전 및 조정을 실시할 경우 적용한다.
2. 배관계통에 있어서 주관이란 시운전 및 조정을 요하는 보일러 또는 냉동기와 에어핸들링 유닛 또는 냉각탑(공냉식 옥외기 포함)을 연결하는 증기, 냉온수 및 냉각수 배관을 말하며 방열기 또는 팬코일 유닛을 설치하는 경우에는 입상관에서의 분기관 또는 수평 주기관에서의 분기관을 제외한다.

15 금속공사

Landscape Architecture

15.1 개 요

금속은 광석으로부터 필요한 물질을 제련(製鍊), 추출(抽出) · 정련(精練)으로 얻는 것으로서 일반적으로 철금속(Ferrous Metal)과 비철금속(Non-Ferrous Metal)으로 구분된다. 비중 5를 기준으로 가벼운 것은 경금속(Light Metal), 무거운 것은 중금속(Heavy Metal)으로 분류하여 알루미늄(Al), 마그네슘(Mg), 칼슘(Ca), 티탄(Ti), 나트륨(Na) 등은 경금속이고, 철(Fe), 동(Cu), 납(Pb), 니켈(Ni), 크롬(Cr), 아연(Zn) 등은 중금속이다.

그림 5.15-1 철금속의 용접공사

금속재료는 주로 구조용재로 사용되며 근래에는 단일체보다 합금으로 많이 사용되고 있다. 합금(合金)이란 하나의 금속에 다른 금속 또는 비금속을 가하여 금속적인 성질을 나타내는 것으로서, 현재 사용되는 모든 금속은 엄밀한 의미에서 합금이다. 조경공사는 강제품과 스테인리스 제품 등이 많이 사용되고 있다.

15.2 재료의 특성

1) 철금속

철강은 철(Fe) 이외에 소량의 탄소(C), 규소(Si), 망간(Mn) 및 인(P), 유황(S) 등의 불순물을 함유하고 있다. 그러므로 순수한 철을 만드는 것은 매우 어려운 일이며, 순철(純鐵)이라도 소량의 탄소를 포함하고 있다.

철강은 보통 순철, 탄소강, 주철, 강철로 구분하며, 이는 단순히 탄소량의 차이로 정한 것으로서 철강은 제선-제강-조괴-제조의 과정으로 생산된다. 고로(용광로)에서 선철(銑鐵)을 만드는 과정을 제선(製銑), 선철의 탄소량을 줄이고 불순물을 제거하는 제강(製鋼), 용융된 강을 주형에 주입하는 강괴(Ingot) 제작의 조괴(造塊), 강괴를 가열 · 압연하여 형강 · 강판 등의 제품을 만드는 제조(製造)이다.

① 선 철

선철(銑鐵)은 광석을 코크스·석회석과 혼합하여 용광로에 넣어 정제한 것으로 주철과 강철의 원료가 된다.

② 주 철

주철의 탄소량은 1.7~6.6%이지만 실용화되어 주로 사용하는 것은 탄소량 2.5~4.5%이다. 용융점 1,100~1,200℃로 선철에 고철을 섞어 용광로에서 재용해로 탄소 성분을 조절하여 제조한다. 주철은 용융점이 낮아 주조가 양호하고 복잡한 형상의 품질도 용이하게 제조할 수 있는 장점이 있으나 압연, 단조 등의 기계적 가공이 불가능하다. 주철은 내식성이 뛰어나므로 오수관 등의 제작 및 각종 철물, 방열기, 맨홀뚜껑 등 주로 강철을 쓰기에는 너무 비싼 경우 사용된다.

③ 강 철

강철은 탄소 함유량 0.04~1.7% 철로서, 재질이 유연하여 고온 가열시 단조가 용이한 저탄소 주철이다. 강도가 크고 주조성(鑄造性)이 좋으나, 내식성이 적은 것이 단점이다. 주로 구조용재 중에서 주철로는 강도가 불충분한 것에 사용된다.

④ 특수강

특수강(Special Steel)이란 탄소강에 특수한 성질 부여를 위하여 다른 금속을 첨가한 합금강으로서, 고강도의 구조용 특수강과 녹막이 등 특수용도용 특수강으로 구분한다.

구조용 특수강은 탄소강에 크롬(Cr), 니켈(Ni), 망간(Mn), 코발트(Co), 텅스텐(W), 몰리브덴(Mo), 규소(Si) 등을 첨가하고 담금질로 경화하여 인성을 높인 것이다. 특수용도용 특수강은 스테인리스강과 동강이 대표적이다.

스테인리스는 크롬·니켈 등을 함유하며, 탄소량이 적고 내식성이 강한 특수강이다. 전기저항이 크고 열전도율이 낮으며, 경도에 비하여 납땜이 가능할 정도로 가공성과 내식성이 매우 우수하다. 보통 스테인리스 스틸이라고 부르며, 조경용으로 많이 사용하고 있다.

동은 강에 구리(Cr)를 첨가하여 내식성을 증대한 연강(軟鋼)이다. 스테인리스강보다는 적지만 상당한 내식성이 있고 강도가 큰 내후성강(耐候性鋼)으로써 스테인리스강에 비하여 값이 싸고 염수에 어느 정도 내식성이 있어서 강판재, 지붕재 등으로 사용된다.

2) 비철금속

비철금속(非鐵金屬)은 동, 알루미늄, 아연, 연(납), 니켈, 주석 등이 있다. 비철금속은 특히 녹이 쉽게 나지 않는 장점으로 주로 장식 및 부속 철물류에 널리 이용되고 있다.

비철금속은 자체 색상이 매우 한정되어서 이를 보완하기 위하여 많은 종류의 표면착색이 요구되며, 타 재료에 비하여 다루기가 어렵다. 또 가공시간이 오래 걸리고 비교적 무거우며 생산량이 매우 한정되어 경제성이 낮은 단점이 있다.

① 동과 동합금

동은 구리라고도 하며 아름다운 색, 풍부한 가공성, 전기 및 열의 양도체로 우수하다. 순동(동의 80%)은 주로 전기공업에 사용되며, 우수한 내식성과 큰 전연성(展延性)으로 봉·판·관·선 등으로 주조하여 여러 형상으로 사용된다. 동은 건조한 공기 중에서는 산화하지 않으나 습기, 탄산가스(CO_2), 화장실의 암모니아, 시멘트 콘크리트 등 알칼리에는 약하다.

동합금은 여러 가지 종류가 있으나 구리(Cu)에 아연(Zn)을 혼합한 황동과 주석(Sn)을 혼합한 청동이 주로 사용된다. 동(구리)합금은 특히 강한 내식성과 아름다운 외관으로 건축물 내·외부 장식재로 주로 사용된다.

② 알루미늄과 알루미늄합금

알루미늄은 독특한 흰 광택의 대표적 경금속(강의 약 1/3)으로 광선 및 열 반사율이 크며, 열팽창계수가 강의 약 2배로 열전도율이 높고, 전연성·내식성·내구성이 우수하여 판·선·봉·박(箔) 등으로 제작할 수 있다. 그러나 산·알칼리·해수에는 약하므로 콘크리트·해수에 접하거나 흙에 매립되는 경우에는 사용을 금해야 한다. 근래에는 재활용이 가능한 구조재로 인정받아 천장·지붕의 마감재, 창호재 등으로 더 많이 사용되고 있다.

알루미늄합금은 알루미늄(Al)에 구리(Cu), 마그네슘(Mg), 망간(Mn), 규소(Si), 아연(Zn), 니켈(Ni)을 첨가한 합금으로 내식성·내구성이 뛰어나고 외부 도장이 가능하여 형틀재·장식재·창틀재로 주로 사용된다.

③ 기 타

아연(Zinc)은 내식성이 우수하고 대기 중에서도 광택을 유지하여 지붕재로 주로 사용되는 함석이 대표적이다. 아연합금은 아연에 알루미늄(Al), 구리(Cu), 마그네슘(Mg)을 첨가하여 용융점이 낮고 기계적 강도가 크며 내식성이 우수하다.

연(Lead)은 납이라고도 하며, 청백색의 광택이 있고 비중이 커서 무겁고 연질로써 전연성·가공성·주조성이 풍부하다. 방사선을 잘 흡수하여 방사선 차단용이나 차음용으로 주로 사용하며, 합금으로 땜납(Solder)이 있는데 이는 납과 주석(Sn) 합금으로서 관의 접합용으로 많이 쓰인다.

코발트(Cobalt)는 철과 비슷한 광택의 금속으로 대기중에서도 표면에 녹이 잘 끼지만 부식되지 않는다. 고온에서 내산화성·내식성·내마모성·기계적 성질이 뛰어난 것을 얻을 수 있으며, 화합물은 도자기·유리 등의 착색안료, 도금의 원료 등에 쓰인다.

④ 착색법

표면착색은 금속 표면에 적당한 색조를 주어 미감 증대와 동시에 소재의 방식, 장식성, 내마모성, 내열성을 갖도록 한다. 얻어지는 색의 농담은 처리시간, 약품의 농도, 배합률 등에 의하여 결정되며, 일반적으로 금속의 표면에 산화물, 탄산염, 황화물 등이 생기므로 장식용으로 사용된다.

녹청기법(綠靑技法, Partination)은 파티나(Patina)라고 부르기도 하며, 구리나 구리합금의 표면에 주로 녹색의 인공적인 녹을 진행시키는 착색법을 지칭하던 것으로 현재는 금속 표면의 화공약품을 통한 화학적 착색방법을 그 색상과 관계 없이 모두 파티네이션이라고 부른다. 방법은 용액에 담그기, 톱밥에 묻기, 천으로 감싸기, 붓으로 바르기, 용액의 증기 쏘이기 등 여러 가지가 있으나 현재 우리나라에서는 앞의 세 가지 방법이 많이 쓰인다.

양극산화법(兩極酸化法, Anodizing)은 일반적으로 알루미늄의 양극처리가 대부분이다. 전기도금과 공통점이 많고 알루미늄의 용도와 수요 확대로 구조물 등에 많이 이용되고 있다. 산화알루미늄 피막을 생기게 하여 염색과 더불어 내식성, 내마모성 효과를 거둘 수 있으며, 염료의 선택에 따라 어떠한 색이라도 염색할 수 있다.

3) 철제품의 종류

구조용 강재는 강괴(Ingot)를 원하는 형태로의 압연·성형한 재료로서 형강(형강, 경량형강, 철근, 용접철망, 봉강), 강판, 강관, 선재(철선, 와이어메시, 와이어로프, 용접봉), 금속성형 가공제품, 고정철물(볼트, 리벳 등), 장식철물 등이 있다.

철근과 와이어메시는 [제10절 콘크리트공사]를 참조한다.

① 형 강

형강(形鋼, Shape Steel)은 열간압연(Hot Rolling)하여 만든 특정의 단면 형상을 이루는 구조용(압연) 강재의 총칭으로서, 등변 및 부등변 ㄱ형강, I형강, ㄷ형강, T형강, H형강 등이 있다. 형강 규격은 한국산업규격(KS D 3502)에 규정되어 있으며, 형강의 종류별 모양과 치수는 〈표 5.15-1〉과 같다.

② 경량형강

경량형강(輕量形鋼)은 구조재의 무게를 감소시킬 목적으로 단면이 작은 얇은 강판을 가장 유효한 단면형상으로 만든 형강이다. 보통의 형강과 유사 기능을 수행하고 중량이 가벼워 일반 구조재·가설구조물 등에 주로 사용되며, 조경용 강재로 형강보다 더 많이 이용된다. 경량형강의 규격은 한국산업규격(KS D 3530)에 규정되어 있다.

경ㄷ형강, 경Z형강, 경ㄱ형강, 경리프ㄷ형강, 경리프Z형강, 경모자형강 등이 있다.

〈표 5.15-1〉 형강의 종류 · 모양 · 치수 [한국산업규격]

종 류	단면모양	기재방법	표준단면치수 범위 (mm)
등변ㄱ형강 (Eqal Angle, Eqal Legs Angle)	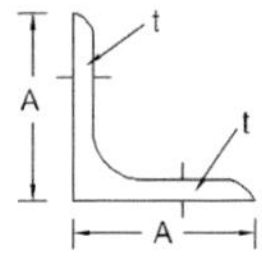	L–A×A×t	최소 : 25×25×3 최대 : 250×250×35
부등변ㄱ형강 (Uneqal Angle, Uneqal Legs Angle)	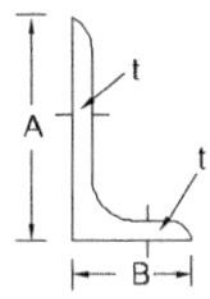	L–A×B×t	최소 : 90×75×9 최대 : 150×100×15
부등변 부등두께 ㄱ형강 (Unequal Length & Thickness Angle)	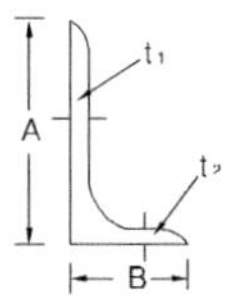	L–A×B×t_1×t_2	최소 : 200×90×9×14 최대 : 400×100×13×18
I형강 (I–Beam)	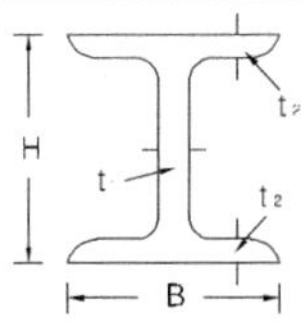	I–H×B×t_1×t_2	최소 : 100×75×5×8 최대 : 600×190×16×35
ㄷ형강 (Channel)	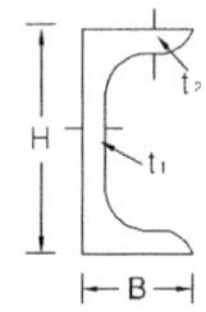	ㄷ–H×B×t_1×t_2	최소 : 75×40×5×7 최대 : 380×100×13×20
구평형강 (球平形鋼, Bulb Plate)	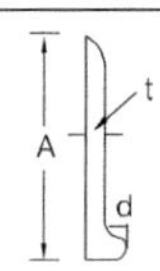	A×t×d	최소 : 180×9.5×23 최대 : 250×12×33
T형강 (T Shape Steel, Structural Tee)	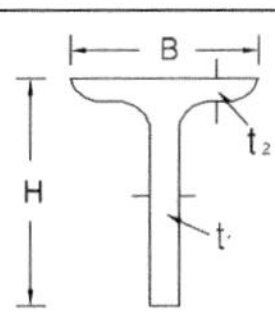	T–B×H×t_1×t_2	최소 : 150×39×12×9 최대 : 250×55×12×25
H형강 (H Shape Steel, Wide Flange Shape)	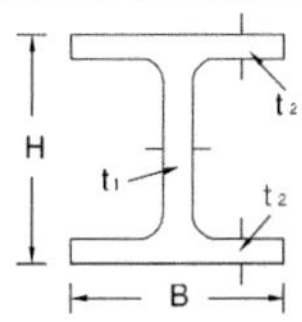	H–H×B×t_1×t_2	최소 : 100×50×5×7 최대 : 900×300×16×28

[주] 표준단면의 치수별 단면적, 단위 무게, 중심 위치, 단면 2차 모멘트, 단면 2차 반지름, 단면계수는 한국산업규격(KS D 3502)을 참조할 것.

③ 봉강 · 평강

봉강(棒鋼)은 압연에 의한 봉상(棒狀)의 각재로서 단면형에 따라 원형강(Round Steel Bar), 반원형강(Half-round Steel Bar), 각강(Square Steel Bar), 평강(Flat Steel Bar), 육각강

(Hexagonal Steel Bar), 팔각강(Octagonal Steel Bar)이 있으며, 주로 구조재 · 부품재로 사용된다. 봉강의 일종인 이형 · 원형철근은 [제10절 콘크리트공사]를 참고한다.

평강은 얇은 띠모양 형강으로, 한국산업규격(KS D 3052)에 규정되어 있다.

④ 강 판

강판(鋼板, Steel Plate)은 강괴를 압연하여 얇고 넓게 만든 철판으로서 판상 강재의 총칭이다. 강판은 두께별로 평강 · 후판 · 박판으로 구분하며, 주로 절단 · 용접으로 가공하여 구조재나 외장재로 사용된다. 주로 사용되는 것은 아연도강판, 비닐피복강판, 무늬강판, 스테인리스강판 등이다.

〈표 5.15-2〉 강판의 규격별 구분 (단위 : mm)

구 분	두 께	규 격 (폭×길이)
평 강	6 ~ 19	22×3,500~65×5,500
후 판	3.2 ~ 50	914×1,829~1,524~6,096
박 판	3.0 이하	1,829~3,048

⑤ 강 관

강관(鋼管, Steel Pipe)은 강철제 관으로서 강철관이라고도 한다. 구조용 강관은 주로 조경공사의 구조용 또는 배관용으로 사용된다.

외부 구조물공사에 주로 사용하는 구조재인 구조용 탄소강관의 규격은 한국산업규격(KS D 3566)에, 구조용 강관은 한국산업규격(KS D 3568)에 각각 규정되어 있다. 배관용 강관은 배관용 탄소강관, 압력배관용 탄소강관, 배관용 아크용접 탄소강관, 일반배관용 스테인리스강관, 배관용 스테인리스강관 등 여러 가지가 있으며, 각각 종류별로 한국산업규격에 규정되어 있다.

⑥ 선재제품

선재(線材, Wire Material)는 연강선재, 경강선재, 피아노선재, 아크(Arc)용접봉 선재로 분류된다.

철선은 연강선재를 상온으로 인발(引拔)하여 실모양으로 가늘게 만든 철사(鐵絲)라고도 부르는 강철선(鋼鐵線)이다. 종류는 보통철선, 어니얼링철선, 아연도철선 등으로 호칭방법은 지름 mm 단위로 표시하며, 규격은 한국산업규격(KS D 3552)에 규정되어 있다. 가시철선은 2가닥의 철선을 꼬아 그 사이에 짧은 철선가시를 넣은 것으로 철조망에 주로 사용하며, 규격은 한국산업규격(KS D 7001)에 규정되어 있다.

와이어메시(Wire Mesh)는 연강철선을 전기용접으로 정방형 · 장방형으로 만든 것이다. 와이어로프는 경강선을 소선(素線)으로 1줄의 스트랜드(Strand)로 만들고, 6줄의 스트랜드를 꼬아 만든 로프로서 규격은 한국산업규격(KS D 3514)에 규정되어 있다.

용접봉(鎔接棒, Welding Rod)은 아크용접봉과 가스용접봉으로 대별되는 금속 용접용 봉상(棒狀)의 접합용가재(接合熔加材)이다. 아크용접봉은 한국산업규격(KS D 7004), 가스용접봉은 한국산업규격(KS D 7005)에 각각 규정되어 있다.

⑦ 기타 철제품

기타 철제품은 고정철물, 각종 창호 및 장식철물 등이 있다. 고정철물은 철사못, 리벳, 볼트, 인서트, 익스팬션볼트, 스크루앵커, 철재핀, 꺾쇠, 띠쇠, 감잡이쇠 등이다.

볼트는 주로 이음과 기초 붙임 등에 앵커볼트, 육각볼트, U볼트 등이 일반적으로 사용되고 있다. 콘크리트 기초 및 석재 등에 사용하는 앵커볼트(Anchor Bolt), 구조물 또는 다른 재료의 접합에 사용하는 육각볼트, 중요한 구조 또는 미적 기능이 요구되는 곳에 사용하는 스테인리스볼트, 캡으로 보강한 캡볼트 등이 있다. 너트(Nut)는 볼트를 조이는 부재로서 주로 6각형이며, 와셔(Washer)는 볼트 · 너트를 사용할 때 조임의 강도를 보강하고 풀림 방지를 위하여 사용한다.

철사못은 철선으로 만든 못으로서 일반용 철못(KS D 3553), 콘크리트용 철못(KS D 7034), 나사못(KS D 1055, 1056)으로 대별되고 형상, 치수, 용도별 여러 종류가 있다. 나사못(Screw)은 볼트 · 너트의 사용 보다 강도의 필요성이 적은 경우에 사용하며 스테인리스, 황동 등이 많이 사용되고 있다.

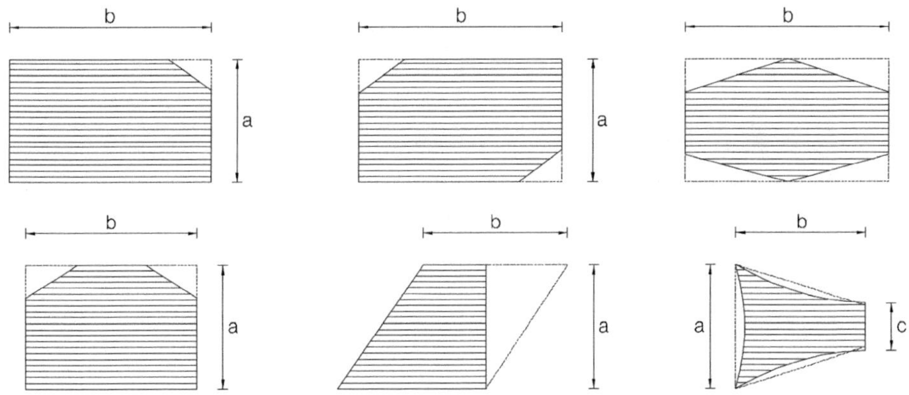

그림 5.15-2 철강재의 면적산출 기준

15.3 품셈의 적용

1) 적용 범위

철강재는 기둥, 벽체, 보, 바닥 및 지붕틀의 순서로, 주재와 부속재로 나누어 계산한다.

① 형강 · 강판 : 종류별, 단면 치수별로 구분하여 산출하고 중량으로 계산한다. 강판은 실제면적에 가까운 사각형, 삼각형, 평행사변형, 사다리꼴 형태 면적으로 계산한다.

이때 볼트, 리벳 구멍, 콘크리트 타설용 구멍은 특별히 큰 경우에 한하여 면적에서 공제한다.

② **볼트, 리벳** : 지름, 길이, 모양별로 개수 또는 중량으로 산출한다.

③ **강재의 중량** : 강재 중량은 생산자의 카탈로그(Catalogue) 또는 KS품인 경우 한국산업규격(KS D 3502)에 의한 강재의 제원표에 의하여 산정한다.

④ **발생재의 처리** : 소요 강재의 할증으로 발생되는 고철은 그 발생량의 70%를 고철의 도매가격으로 환산하여 그 대금을 미리 공제한다. 그러나 최근에는 작업으로 인한 유실과 미미한 공제액으로 고재처리를 생략하는 경우가 많아지고 있다.

- 공제금액 = (할증량 : 소요강재량 − 정미량) × 70% × 고철단가

2) 품셈 기준

① 철강재

잡철물 제작 · 설치는 세부 공정별 작업량의 산출이 어려운 시설물에 적용한다. 그러나 조경공사는 특성상 철골재, 철강재 등으로 명확히 규정하기 어려운 철재시설이 많으므로 〈표 5.15-4〉를 참조하여 적용기준을 규정한다.

일반적인 철재류의 제작 · 설치는 [건축품셈 8-4-1(각종 잡철물 제작 설치)]에 의하여 다음과 같이 적용한다.

〈표 5.15-3〉 각종 잡철물 제작 설치 [건축품셈] (철물ton 당)

구분		단위	소요량			비고
			철물제작	철물설치	제작설치	
재료	용접봉	kg	15.71	2.77	18.48	
	산소	ℓ	5,355	945	6,300	대기압 상태 기준
	아세틸렌	kg	2.40	0.40	2.80	
	유지	ℓ	(0.17)	–	(0.17)	• 필요할 때 계상
	볼트	개	(0.46)	–	(0.46)	• 필요할 때 계상
품	철공	인	21.80	5.85	27.65	• 사용소재에 따라 철판공
	비계공	인	(4.0)	(0.71)	(4.71)	• 필요할 때 계상
	보통인부	인	0.56	0.10	0.66	
	용접공	인	2.21	0.39	2.60	
	특별인부	인	0.63	0.11	0.74	
기타	용접기손료	시간	17.71	3.12	20.83	
	전력소모량	kWH	107.1	18.9	126	
비고	– 본 품은 간단한 구조를 기준한 것이므로 용접개소, 형상, 경량철재 등에 따라 재료 및 품을 간단은 100%, 보통은 120%, 복잡은 140% 범위 내에서 가산한다.					

[주] 1. 본 품은 일반 철재류의 잡철물 제작 설치에 대한 일반적 기준이며, 주자재(철판, 앵글, 파이프 등)는 별도 계상한다.
2. 본 품은 각종 잡철물을 제작 설치할 때의 품으로서 특수철물, 조형물 제작 및 설치시는 별도 계상할 수 있다.
3. 철물 제작 · 설치에 있어서 비계매기 또는 장애물 처리에 필요한 비계공은 필요할 때만 계상하며, 강판의 가공 설치에는 철공 대신 철판공을 적용한다.
4. 설치용 장비가 필요한 경우에는 별도 계상한다.
5. 철물설치는 제작된 철물을 반입 현장에 설치하는 것으로 필요할 때 계상한다.
6. 본 품은 소운반이 포함된 것이며, 공구손료는 인력품의 3%로 계상한다.

7. 잡철물의 구조별 구분은 다음과 같다.
   - 간단 구조 : 자재수나 용접 개소가 많지 않고, 간단히 제작 설치되는 잡철물류.
   - 보통 구조 : 자재수나 용접 개소가 보통이거나 경량 철재 또는 박판으로서 절단, 절곡, 용접 등 제작설치가 복잡하지 아니한 일반적인 잡철물류.
   - 복잡 구조 : 자재수나 용접 개소가 많고 형상이 복잡하거나 경량 철재 또는 박판으로 절단, 절곡, 용접 등 제작설치가 복잡한 잡철물류.
8. 본 품에서 잡철물의 예를 들면 다음과 같다.
   - 핏트 및 맨홀 뚜껑류 등
   - 계단 및 난간철물류 등 (설치는 제외)
   - P.D문, D.C문, 환기구 철물 등의 간이 창호류
   - Checked Plate, Expanded Metal류 등
   - 기타 철골공사에 해당되지 않는 철재품의 제작 및 설치
9. 산소량은 대기압 상태의 기준량이며, 압축산소는 35℃에서 150기압으로 압축용기에 넣어 사용하는 것을 기준한다.

〈표 5.15-4〉 잡철물 구조별 적용기준 [건축품셈, LH공사, 조경공사 적산기준]

구분	적용기준 [건축품셈]	적용사례 [LH공사]
간단 구조	자재수나 용접개소가 많지 않고 간단히 제작 설치되는 잡철물류	횡단배수구, 집수정, 경계마감재(철재), 배드민턴포스트, 앉음벽, 목재데크, 목재계단, 게이트볼장
보통 구조	자재수나 용접 개소가 보통이거나 경량 철재 또는 박판으로서 절단, 절곡, 용접 등 제작 설치가 복잡하지 아니한 일반적인 잡철물류	• 제작설치 : 단지유도표지판, 단지입구표지판, 단지내 시설표지판, 게시판, 지하주차장 표지판, 놀이터 안내판, 단지종합안내판, 채소원안내판, 텃밭안내판
복잡 구조	자재수나 용접 개소가 많고 형상이 복잡하거나 경량 철재 또는 박판으로 절단, 절곡, 용접 등 제작 설치가 복잡한 잡철물류	• 설치 : 단지내 안내판, 게시판 등 • 제작 설치 : 게이트볼장(STS)

② 스테인리스

스테인리스 강재(강판, 파이프 등) 잡철물제작은 일반 강재 잡철물제작품 중 철공과 용접공의 60%를 가산하고, 설치품은 일반 잡철물설치품을 동일 적용하는 [LH공사], [조경공사 적산기준]의 [잡철물 제작설치-스테인리스]에 의하여 다음과 같이 준용한다.

〈표 5.15-5〉 잡철물 제작 · 설치 – 스테인리스 [LH공사, 조경공사 적산기준] (ton 당)

구 분		단위	소 요 량			비 고
			스테인리스제작	스테인리스설치	제작 · 설치	
재료	용 접 봉	kg	15.71	2.77	18.48	KS E 4313 ϕ4.0 기준
	산 소	ℓ	19,605	3,459	23,064	6000ℓ (용접용)
	아세 틸렌	kg	2.40	0.40	2.80	AC98% (용접용)
품	철 공	인	34.88	5.85	40.37	필요시 철판공
	보통 인부	인	0.56	0.10	0.66	
	용 접 공	인	3.536	0.39	3.926	
	특별 인부	인	0.63	0.11	0.74	
기타	용접기손료	시간	17.71	3.12	20.83	교류
	전력소모량	kWH	107.1	18.9	126	

[주] 주기는 각종 잡철물 제작설치(철재)를 준용한다.

③ 철강(철골)재

철강재 가공조립은 "조경시설물의 본뜨기, 변형 잡기, 금 긋기, 가공 조립 등으로 하고, [2018년 설비품셈 제Ⅲ편 1-4-2(철골 가공조립)]에 의하여 부분 적용한다."는 [LH공사]의 [적용기준] 31) 을 동일하게 준용한다.

강재류 조립설치는 강재류의 현장가공 · 조립 및 현장세우기 품으로 [2018년 설비품셈 제Ⅲ편 1-4-7(강재류 조립 설치)]에 의하여 준용하며, 현장용접은 [건축품셈 1-2-4 (현장용접)]에 의하여 다음과 같이 적용한다.

여기에 미기술된 금속공사 관련은 [건축품셈 제1장(철골공사)]의 항목과 내용을 참조 적용 · 준용한다.

〈표 5.15-6〉 철골가공조립 (공장작업) [LH공사, 조경공사 적산기준] (ton 당)

구 분	규 격	단위	수 량		
			일반지주	데크류	베이스플레이트
철 골 공		인	16.30	14.87375	19.1525
비 계 공		인	3.00	3.00	3.00
보 통 인 부		인	0.25	0.25	0.25
산 소	6000ℓ (용접용)	병	0.75	0.75	0.75
아 세 틸 렌	AC98% (용접용)	kg	2.00	2.00	2.00

[주] 공구손료는 인건비의 3%를 적용한다.

〈표 5.15-7〉 철골가공조립 (Sus 등, 공장작업) [LH공사, 조경공사 적산기준] (ton 당)

구 분	규 격	단위	수 량	
			일반지주	베이스플레이트
철 골 공		인	22.82	26.8135
비 계 공		인	4.20	4.20
보 통 인 부		인	0.35	0.35
산 소	6000ℓ (용접용)	병	0.75	0.75
아 세 틸 렌	AC98% (용접용)	kg	2.00	2.00

[주] 공구손료는 인건비의 3%를 적용한다.

---

31) 조경시설물에 대한 철강재의 가공 및 조립품 적용은 공장제작 기준 전용접구조로 보며(철골공 8.15인/ton), 일반적인 조경시설물의 경우 아래 기준에 따라 적용하되, 시설물의 조건에 따라 품의 가감을 달리 적용하여야 한다. (잡소모품 및 부자재는 산소와 아세틸렌만 적용하며, 기계기구 손료는 인건비의 3%를 적용하고, Sus, Al, Brass재의 제품은 별도로 40%를 가산한다.)

- 일반적으로 50ton 이하인 것으로 보고 품 30%를 가산한다.
- 용접길이에 따른 품 가산은 120m미만으로 판단하여 품 0%를 가산한다.
- 작업의 난이도에 따른 품 가감은 구조가 단순 또는 보통이며, 종류가 많은 경우로 판단하여 품 0%를 가산한다.
- 제품 단위중량이란 면적당 단위중량을 기준으로 하며, 0.5ton 이하로 판단하여 품 70%를 가산한다.
- 제품 종류에 따른 품 가감은 일반적인 지주류의 품은 0%, 데크류 품은 보통구조로 판단하여 -17.5%, 베이스플레이트 품은 단순구조로 판단하여 35% 적용을 기준으로 한다.

〈표 5.15-8〉 강재류 조립 설치(현장조립설치) [LH공사, 조경공사 적산기준] (ton 당)

구 분	단위	수 량	
		1~5 ton	0.5ton 미만
기계 산업 기사	인	0.30	0.39
철 골 공	인	4.98	6.474
비 계 공	인	3.27	4.251
기 계 설 비 공	인	0.82	1.066
용 접 공	인	0.80	1.04

[주] 본 품은 [설비품셈 제Ⅲ편 1-4-7(강재류 조립 설치)]를 기준으로 0.5ton 미만은 품의 30% 할증을 적용한 품이다.

〈표 5.15-9〉 현장용접 [건축품셈] (각장 6mm 환산용접 길이 1m 당)

구 분	단위	수 량
용 접 공	인	0.04

[주] 1. 본 품은 철골부재를 CO_2 용접으로 반자동 용접하는 기준이다.
2. 본 품은 용접 준비, 용접 및 정리작업이 포함된 것이다
3. 공구손료 및 경장비(용접기 등)의 기계경비는 인력품의 4%로 계상한다.
4. 재료량은 다음을 참고하여 적용한다. (단위 : 각장 6mm 환산용접 길이 1m 당)
- CO_2 와이어 : 0.28(kg)
- 탄산 가스 : 0.14(kg)

④ 볼트설치

철골재 접합용의 고장력 볼트는 [건축품셈 1-2-3(고장력 볼트 본조임)]에 의하며, 일반 앵커볼트는 [건축품셈 1-2-5(앵커 볼트 설치)], 규격(∅8~13)은 [LH공사], [조경공사 적산기준]을 다음과 같이 준용한다.

〈표 5.15-10〉 고장력 볼트 본조임 [건축품셈] (강재 ton 당)

구 분	단위	30본/t 미만	50본/t 미만	70본/t 미만	90본/t 미만	110본/t 미만	110본/t 이상
철 골 공	인	0.43	0.52	0.59	0.66	0.72	0.74
특 별 인 부	인	0.12	0.14	0.16	0.18	0.20	0.20

[주] 1. 본 품은 철골세우기 완료 후 볼트 조임을 완료하는 작업을 기준한 것이다.
2. 본 품은 고장력 볼트의 본조임 및 조임검사가 포함된 것이다.
3. 공구손료 및 경장비(전기드릴 등)의 기계경비는 인력품의 3%로 계상한다.
4. 본 품은 철골설계수량 300ton 미만을 표준으로 한 것이며 300ton 이상은 품셈의 보정치를 적용한다.

〈표 5.15-11〉 앵커 볼트 설치 [건축품셈] (개 당)

구 분	단위	수 량					
		ϕ16 이하	ϕ20 이하	ϕ24 이하	ϕ28 이하	ϕ32 이하	ϕ40 이하
철 골 공	인	0.05	0.08	0.12	0.16	0.20	0.23
특 별 인 부	인	0.02	0.03	0.05	0.06	0.07	0.09

[주] 1. 본 품은 철골세우기를 위해 앵커볼트 설치를 기준한 것이다.
2. 본 품은 설치위치 확인, 앵커볼트 및 틀 설치가 포함된 것이다.
3. 별도의 철재틀이 필요한 경우에는 철물 제작품을 적용한다.
4. 일반철골공사에 적용하고 기계 설치에는 적용하지 않는다.
5. 공구손료 및 경장비(용접기 등)의 기계경비는 인력품의 2%로 계상한다.
6. 콘크리트 독립주 위에서나 기타 비계가 앙호치 못한 장소에서는 본 품의 20%까지 가산한다.

〈표 5.15-12〉 앵커볼트(∅8~13) 설치 [LH공사, 조경공사 적산기준] (개소 당)

구 분	규 격	철골공 (인)
샛기둥 및 경미한 것	∅8~13	0.06

⑤ 난간 및 울타리 설치

난간은 [건축품셈 8-2(난간)]의 -1 용접식 난간 설치와 -2 앵커고정식 난간 설치에 의하며, 철조망 울타리는 [건축품셈 8-4-2(철조망 울타리 설치)]에 의하여 다음과 같이 적용한다.

〈표 5.15-13〉 난간 _ 용접식 난간 설치 [건축품셈] (ton 당)

구 분	단위	주자재 제작 설치	규격자재 설치
용접공	인	9.73	6.02
특별인부	인	10.81	6.69
보통인부	인	3.16	1.95
비 고	– 경량철물(스테인리스)의 설치는 본 품의 25%를 가산한다.		

[주] 1. 본 품은 용접을 사용한 철재 난간 설치를 기준한 것이다.
2. 주자재 제작설치는 형상의 변화가 다양(진입램프 및 계단 등)하여 현장에서 주자재가 제작(절단, 가공, 용접 등)되어 설치되는 기준이다.
3. 규격자재 설치는 유사규격이 연속적으로 시공이 가능(외부발코니 등)하여 1차 제작되어 반입되는 기준으로, 현장에서 용접 접합 및 설치하는 기준이다.
4. 용접 부위의 갈기 및 재도장이 필요한 경우는 별도 계상한다.
5. 난간 설치에 있어 비계매기 또는 장애물처리에 필요한 경우 별도 계상한다.
6. 설치용 장비(크레인 등)가 필요한 경우 별도 계상한다.
7. 공구손료 및 경장비의 기계경비(용접기, 절단기 등)는 인력품의 2%, 잡재료(용접봉 등)비는 인력품의 2%를 적용한다.

〈표 5.15-14〉 난간 _ 앵커고정식 난간 설치 [건축품셈] (m 당)

구 분	단위	수 량
철공	인	0.042
보통인부	인	0.029

[주] 1. 본 품은 발코니 및 계단에 분체도장된 난간(공장제작)의 조립설치 작업을 기준한 것이다.
2. 본 품은 앵커 설치, 난간 연결 및 설치 작업이 포함되어 있다.
3. 공구손료 및 경장비(전동드릴 등)의 기계경비는 인력품의 3%로 계상한다.
4. 재료량은 다음을 참고한다. (m당)
- 앵커(ϕ10mm) 3.3(개)
- AL리벳(ϕ4.2mm) 0.7(개)

〈표 5.15-15〉 철조망 울타리 설치 [건축품셈] (경간 당)

구 분	규 격	단위	일자형 지주	Y자형 지주
특별인부		인	0.194	0.272
보통인부		인	0.084	0.118
굴삭기	0.2m^3	hr	0.222	0.253

[주] 1. 본 품은 철조망 울타리(높이 3m 이하, 경간 2m) 설치를 기준한 것이다.
2. Y자형 지주는 상부 원형 철조망 및 가시철선 설치 작업이 포함된 것이다.
3. 본 품은 터파기 및 되메우기, 지주 및 보조기둥 매립, 띠장 설치, 철조망 설치 작업이 포함된 것이다.
4. 본 품은 평지를 기준으로 지형에 따라서 품을 20%까지 가산할 수 있다.
5. 기초콘크리트의 제작 및 타설 작업은 별도 계상한다.
6. 공구손료 및 경장비(그라인더, 전동드릴 등)의 기계경비는 인력품의 3%로 계상한다.

16 조적공사

Landscape Architecture

16.1 개 요

조적공사는 벽돌쌓기(시멘트벽돌, 적벽돌, 내화벽돌, 특수 소성벽돌), 블록쌓기(시멘트블록, 특수블록) 및 이에 준하는 공사를 말한다. 조경공사는 그 규모와 형태상 플랜터, 담장, 가벽 등에 많이 적용되고 있다.

그림 5.16-1 벽돌 플랜터

그림 5.16-2 벽돌 난간

그림 5.16-3 벽돌 가벽

16.2 재료의 종류

조적공사용 주요 자재는 벽돌과 블록이며 일반적으로 크기가 작은 것을 벽돌, 큰 것을 블록으로 지칭하되 혼용되기도 한다.

1) 벽 돌

벽돌의 크기는 각국마다 차이가 있으나 일반적으로 길이가 너비의 두 배에서 줄눈을 가지는 형태이다.

① 시멘트벽돌

잔골재에 시멘트를 혼합하여 제조한 벽돌로서 강도는 약하지만 가장 저렴한 가격으로 제작이 가능한 제품이다. 건축공사에는 주로 내부 구조용으로 사용되며, 조경공사에는 구조적으로 중요하지 않은 구조체에 사용한다.

시멘트벽돌은 무공벽돌과 유공벽돌로 나누어지는데 거의 무공시멘트벽돌을 사용한다. 우리나라에서 주로 사용하는 벽돌은 표준형(190×90×57)과 기존형(210×100×60) 및 기타 규격의 벽돌이 있다. 허용오차는 +3, −2mm이며 비틀림이나 해로운 균열이나 흠이 없고, 흡수율 20% 이하, 압축강도가 80kgf/cm^2 이상이어야 하며, 한국산업규격(KS F 4004)에 규정되어 있다.

② **적벽돌**

일반적으로 지칭하는 적벽돌은 흙을 잘게 부수고 소요 형상으로 틀에 넣어 성형하여 약 1,000℃ 내외에서 소성한 것으로서 소성 정도에 따라 흡수성, 내화성, 강도에 차이가 있다. 또한 가열 온도에 의한 소성의 결과로 광채벽돌, 반광채벽돌, 보통벽돌, 생벽돌 및 기타 등으로 생산 구분된다.

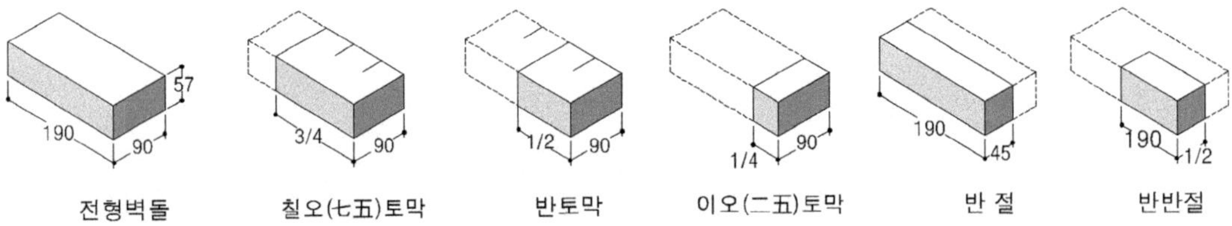

그림 5.16-4 벽돌의 크기 및 명칭 (단위 : mm)

③ **내화벽돌**

내화벽돌 규격은 보통 230×114×65mm이며, 1,580℃ 이상의 용해점을 지닌다. 제조 방법은 보통벽돌과 같으나 내화점토를 소성온도 1,200~1,500℃에서 구운 것으로 굴뚝 등의 시공시 내화모르타르와 같이 사용한다.

2) 블 록

시멘트블록은 기본형과 장려형이 있으며, 특수블록은 굴뚝블록, 경량기포 콘크리트(ALC)블록, 조립식 식생블록 등이 있다. 기술의 발달로 구조적으로 필요한 곳에 다수 설치하는 보강토블록 또한 특수블록의 한 종류로서 블록은 벽돌에 비하여 다양한 크기와 규격이 있다.

16.3 품셈의 적용

1) 적용 범위

쌓기는 설계도서에 의하여 벽돌과 블록의 종류별로 소요면적을 산출한다. 기존 품셈은 1,000매 단위였으나 2019년 m^{2}로 개정되어 1,000매 단위로 산출할 필요성이 없지만, 소운반은 여전히 1,000매 단위이므로 소운반 적용에는 산출이 필요하다.

모르타르량은 품셈의 참고자료에 의하므로 별도 산출할 필요가 없다.

2) 품셈 기준

① 벽돌쌓기 수량산출

벽돌 수량은 [2018년 건축품셈 8-1-1(벽돌쌓기 기준량)] 또는 [건축품셈 2-1-1(벽돌 쌓기)]의 참고자료 또는 산식[32)]으로 m^2당 벽돌쌓기 기준량을 곱하여 1,000매 단위로 소요량을 산출한다.

전술과 같이 품셈의 기준이 m^2당으로 변경되었으므로 소운반의 적용시에만 1,000매 단위로 소요량을 적용한다.

〈표 5.16-1〉 벽돌쌓기 기준량 [2018년 건축품셈] (m^2 당)

벽돌규격 (mm)	0.5B	1.0B	1.5B	2.0B	2.5B	3.0B
기본벽돌 190×90×57	75	149	224	298	373	447

[주] 1. 본 품은 정량을 표시한 것이며 벽돌의 할증률은 붉은벽돌일 때 3%, 시멘트 벽돌일 때 5%로 한다.
2. 본 품은 줄눈나비 10mm일 때를 기준으로 한 것이다.

② 벽돌쌓기

벽돌쌓기는 [건축품셈 2-1-1(벽돌 쌓기)], 치장쌓기 및 줄눈은 [건축품셈 2-1-2(치장쌓기 및 줄눈설치)], 아치쌓기와 치장줄눈은 [건축품셈 2-1-3(아치쌓기)], [건축품셈 2-1-4(아치쌓기 치장줄눈 설치)]에 의하여 다음과 같이 적용한다.

현재 품셈은 벽돌쌓기, 치장쌓기, 아치쌓기 이외는 모두 삭제되었으므로 특별한 형태 벽돌쌓기는 [건축품셈 2-1-1(벽돌 쌓기)]의 비고를 적용한다.

〈표 5.16-2〉 벽돌 쌓기 [건축품셈] (m^2 당)

구 분	단위	수 량 (높이 / 벽두께)					
		3.6m 이하			3.6m 초과		
		0.5B	1.0B	1.5B	0.5B	1.0B	1.5B
조 적 공	인	0.11	0.19	0.27	0.14	0.26	0.35
보 통 인 부	인	0.03	0.06	0.08	0.05	0.08	0.11
비 고	- 공간쌓기를 하는 경우 인력품의 10%를 가산한다. - 홈벽돌을 포함하여 쌓는 경우(홈벽돌 사용량 20% 기준) 인력품의 20%를 가산한다.						

[주] 1. 본 품은 시멘트 벽돌(19×9×5.7cm) 쌓기 기준이다.
2. 먹매김, 규준틀 설치, 정착철물 설치, 모르타르 비빔, 벽돌 절단 및 쌓기, 줄눈누르기 및 마무리 작업을 포함한다.
3. 공구손료 및 경장비(비빔기 등)의 기계경비는 인력품의 2%로 계상한다.

[참고자료] 벽돌쌓기 재료량 (m^2 당)
- 벽돌(19×9×5.7cm) : 0.5B=75(매), 1.0B=149(매), 1.5B=224(매)
- 모르타르 : 0.5B=0.019(m^3), 1.0B=0.049(m^3), 1.5B=0.078(m^3)

※ 모르타르의 재료량은 할증이 포함된 것이며, 배합비는 1:3이다.

32) 기존형(210×100×60), 벽두께 0.5B, 줄눈너비 10mm를 기준일 때 $1m^2$당 소요량 산출방법 [예시]

$$Q = \frac{1 \times 1}{(0.21+0.01) \times (0.06+0.01)} \fallingdotseq 65\ (\text{매})$$

〈표 5.16-3〉 치장쌓기 및 줄눈 설치 [건축품셈] (m^2 당)

구 분	단위	수 량 (높이 / 벽두께)					
		3.6m 이하			3.6m 초과		
		0.5B	1.0B	1.5B	0.5B	1.0B	1.5B
조적공	인	0.16	0.27	0.37	0.20	0.35	0.48
보통인부	인	0.06	0.10	0.13	0.07	0.13	0.17
줄눈공	인	0.05	0.05	0.05	0.07	0.07	0.07

[주] 1. 본 품은 치장벽돌(19×9×5.7cm)의 공간쌓기(한 면 치장) 기준이다.
2. 먹매김, 규준틀설치, 정착철물 설치, 모르타르 비빔, 벽돌 절단 및 쌓기, 줄눈파기, 치장줄눈 작업을 포함한다.
3. 공구손료 및 경장비(비빔기 등)의 기계경비는 인력품의 2%로 계상한다.

[참고자료] 치장쌓기 및 줄눈 재료량 (m^2 당)
- 벽돌(19×9×5.7cm) : 0.5B=75(매), 1.0B=149(매), 1.5B=224(매)
- 모르타르(쌓 기) : 0.5B=0.019(m^3), 1.0B=0.049(m^3), 1.5B=0.078(m^3)
- 모르타르(치장줄눈) : 0.5B=0.003(m^3), 1.0B=0.003(m^3), 1.5B=0.003(m^3)

※ 모르타르의 재료량은 할증이 포함된 것이며, 배합비는 쌓기 1:3 / 치장줄눈 1:1 이다.

〈표 5.16-4〉 아치쌓기 [건축품셈] (1,000매 당)

구 분	단위	수 량 (벽두께)	
		1.0B	1.5B
조적공	인	4.5	3.6
보통인부	인	2.2	2.0

[주] 1. 본 품은 기본벽돌(19×9×5.7cm)의 아치쌓기 기준이다.
2. 모르타르 배합 및 비빔, 먹매김, 아치벽돌쌓기, 줄눈파기 및 마무리작업을 포함한다.
3. 아치용 쌓기에 필요한 가설형틀 및 동바리는 별도 계상한다.
4. 공구손료 및 경장비(비빔기 등)의 기계경비는 인력품의 2%로 계상한다.

〈표 5.16-5〉 아치쌓기 치장줄눈 설치 [건축품셈] (1,000매 당)

구 분	단위	수 량 (벽두께)	
		1.0B	1.5B
줄눈공	인	0.4	0.3

[주] 1. 본 품은 아치쌓기 구간에 치장줄눈을 채우는 기준이다.
2. 모르타르 배합 및 비빔, 치장줄눈설치 및 마무리 작업을 포함한다.

[참고자료] 아치쌓기 및 치장줄눈 재료량 (1,000매 당)
- 모르타르(쌓 기) : 1.0B=0.310(m^3), 1.5B=0.340(m^3)
- 모르타르(치장줄눈) : 1.0B=0.019(m^3), 1.5B=0.013(m^3)

※ 재료량은 할증이 포함된 것이며, 배합비는 쌓기 1:2 / 치장줄눈 1:1 이다.

③ 벽돌 운반

벽돌 운반은 [공통품셈 1-5-1의 4(벽돌 운반)]에 의하여 다음과 같이 적용한다.

〈표 5.16-6〉 벽돌 운반 [공통품셈] (1,000매 당)

구 분	단위	층 수				
		1층	2층	3층	4층	5층
보통인부	인	0.44	0.56	0.74	0.96	1.19
비 고	- 리프트를 사용할 경우 보통인부 0.31(인)을 적용한다.					

[주] 본 품은 기본벽돌(19×9×5.7cm)을 인력으로 층별(층고 3.6m) 운반하는 기준이다.

④ 블록공사

블록은 [건축품셈 2-2(블록)]의 -1 블록쌓기, -2 블록 보강쌓기에 의하며, 경량기포 콘크리트(ALC) 블록쌓기는 [건축품셈 2-3(ALC)]의 -1 ALC블록 쌓기, -2 ALC패널 설치에 의하여 다음과 같이 적용한다.

〈표 5.16-7〉 블록쌓기 [건축품셈] (m² 당)

구 분		단위	수 량 (높이)			
			3.6m 이하		3.6m 초과	
			한면마감	양면마감	한면마감	양면마감
390×190×190	조 적 공	인	0.13	0.14	0.16	0.17
	보 통 인 부	인	0.07	0.06	0.09	0.08
390×190×150	조 적 공	인	0.11	0.12	0.14	0.15
	보 통 인 부	인	0.06	0.05	0.07	0.07
390×190×100	조 적 공	인	0.09	0.10	0.12	0.13
	보 통 인 부	인	0.05	0.05	0.06	0.06

[주] 1. 본 품은 콘크리트 블록을 막힌줄눈으로 쌓는 기준이다.
2. 먹매김, 규준틀 설치, 와이어 메시 삽입, 모르타르 비빔, 블록 절단 및 쌓기, 줄눈누르기 및 마무리 작업을 포함한다.
3. 공구손료 및 경장비(비빔기 등)의 기계경비는 인력품의 2%로 계상한다.

[참고자료] 블록쌓기 재료량 (m² 당)
- 모르타르 : 390×190×190mm=0.010(m³), 390×190×150mm=0.009(m³), 390×190×100mm=0.006(m³)

※ 재료량은 할증이 포함된 것이며, 배합비는 1:3이다.

〈표 5.16-8〉 블록 보강쌓기 [건축품셈] (m² 당)

구 분		단위	수 량 (높이)			
			3.6m 이하		3.6m 초과	
			한면마감	양면마감	한면마감	양면마감
390×190×190	조 적 공	인	0.14	0.15	0.18	0.19
	보 통 인 부	인	0.06	0.07	0.08	0.09
390×190×150	조 적 공	인	0.12	0.13	0.16	0.17
	보 통 인 부	인	0.05	0.06	0.07	0.08
390×190×100	조 적 공	인	0.10	0.11	0.13	0.14
	보 통 인 부	인	0.04	0.05	0.06	0.06
비 고		– 블록 매장마다(간격 400mm) 사춤을 하는 경우 인력품의 5%를 가산한다.				

[주] 1. 본 품은 콘크리트 블록 2장마다(간격 800mm) 사춤하는 통줄눈 쌓기 기준이다.
2. 먹매김, 규준틀설치, 모르타르 비빔, 철망 및 고정철물 설치, 철근 절단 및 설치, 블록 절단 및 쌓기, 모르타르 사춤, 줄눈누르기 및 마무리 작업을 포함한다.
3. 공구손료 및 경장비(비빔기 등)의 기계경비는 인력품의 3%로 계상한다.

[참고자료] 블록 보강쌓기 재료량 (m² 당)
- 모르타르 : 390×190×190mm=0.027(m³), 390×190×150mm=0.019(m³), 390×190×100mm=0.012(m³)

※ 재료량은 할증이 포함된 것이며, 배합비는 1:3이다.

〈표 5.16-9〉 ALC패널 설치 [건축품셈] (m² 당)

구 분	단위	수 량 (패널두께 mm)					
		75	100	125	150	175	200
조 적 공	인	0.14	0.16	0.18	0.20	0.23	0.25
보 통 인 부	인	0.04	0.05	0.07	0.08	0.09	0.11

[주] 1. 본 품은 경량 콘크리트 패널의 내벽설치 기준이다.

2. 먹매김, 패널 절단 및 설치, 충전재 주입 및 마무리 작업을 포함한다.
3. 부속철물 설치는 별도 계상한다.
4. 공구손료 및 경장비(절단기 등)의 기계경비는 인력품의 3%를 계상한다.

〈표 5.16-10〉 ALC블록 쌓기 [건축품셈] (m^2 당)

구 분		단위	수 량 (높이)	
			3.6m 이하	3.6m 초과
600×400×100mm	조 적 공	인	0.111	0.132
	보 통 인 부	인	0.071	0.090
600×400×125mm	조 적 공	인	0.131	0.157
	보 통 인 부	인	0.085	0.106
600×300×150mm	조 적 공	인	0.137	0.167
	보 통 인 부	인	0.092	0.113
600×300×200mm	조 적 공	인	0.143	0.179
	보 통 인 부	인	0.106	0.121

[주] 1. 본 품은 경량기포 콘크리트 블록(ALC블록)의 쌓기 기준이다.
2. 먹매김, 규준틀설치, 모르타르 비빔, 고정철물 설치, 블록 절단 및 설치, 줄눈누르기 및 마무리 작업을 포함한다.
3. 공구손료 및 경장비(비빔기 등)의 기계경비는 인력품의 3%로 계상한다.

[참고자료] 경량기포 콘크리트(ALC) 재료량 (m^2 당)
- 모르타르 : 600×400×100mm=6.0(kg), • 모르타르 : 600×400×125mm=7.0(kg),
- 모르타르 : 600×300×150mm=9.5(kg), • 모르타르 : 600×300×200mm=12.0(kg)

※ 재료량은 할증이 포함된 것이다.

⑥ 조립식 식생 블록쌓기

조경공사의 특징적 식생을 도입하기 위한 다양한 방법과 공법이 개발 · 시공되고 있다. 그 중 조립식 식생 블록은 필요시 [2010년 조경공사 적산기준]을 참조 · 준용한다. 시공기준으로 품셈을 산출 적용하되, 변경된 블록쌓기 품으로 준용한다.

조립식 식생 블록은 다른 구조적인 도움 없이 독립으로 지지되는 옹벽의 블록 가운데에서 식물 생육이 가능한 구조이다. 하단은 담쟁이 등 상향 넝쿨형 만경류 식재, 중단은 관엽 · 초화류 식재, 상단은 인동 · 줄사철 등 늘어지는 수종이나 철쭉류 · 눈주목 등 관목류로 연출하며, 식생은 별도 적용한다.

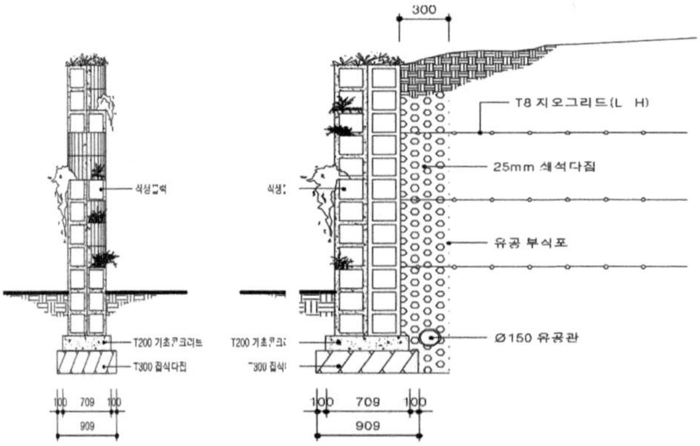

그림 5.16-5 식생 블록 단면 (담장/옹벽)

그림 5.16-6 식생 블록

17 방수공사

Landscape Architecture

17.1 개 요

그림 5.17-1 방수공사

방수공사는 각종 방수재료로 방수(Waterproof)층을 형성하여 콘크리트 등 구성부재를 불투수성(不透水性) 상태로 만드는 공사이다. 그러므로 방수층은 연속적인 형태의 얇은 막(膜, Membrane)을 형성하여 물의 이동을 방지하는 장치라 할 수 있다. 방수공사는 건물, 지하실, 지붕, 마루 등의 건축물과 연못, 폭포, 옹벽 등 구조물에 수분이 침투하지 못하도록 차단하는 역할과 실내의 습기 방지에 반드시 필요한 공사이다. 방수공사 품셈은 2018년 전면 개정되었으므로 품셈의 적용시 각별한 주의가 필요하다.

17.2 방수공법 · 재료

방수공법의 종류는 구조물 외부에 피막(皮膜)을 형성하는 공법을 막(膜, Membrane)방수라하여 아스팔트방수 · 도막방수 · 시트방수가 이에 해당된다. 이외에도 시멘트방수제를 모르타르나 콘크리트에 혼입하여 사용하는 시멘트 액체방수, 발수제(Water- repellant Agent)를 방수제로 시멘트에 혼입하거나 모르타르의 벽면 등에 발라 발수(撥水)하는 간단한 방수방법인 발수방수, 시멘트방수제로 철분(鐵粉)을 화학적으로 산화제와 섞어 만든 금속성 방수컴파운드라는 방수제를 사용하는 금속판방수, 실링(Sealing)재를 접합부에 충전(充塡)하여 틈새를 방수하는 방법인 실링방수가 있다.

1) 아스팔트 방수

아스팔트방수는 불투수성 역청재료인 아스팔트를 모체에 도포하여 방수하는 공법으로 시공 1횟수를 1층으로 하여 몇 층 방수로 호칭하고 있다. 펠트, 루핑 등 겹치는 겹수에 따라 몇 겹 조립 방수로 호칭되기도 한다.

① 재 료

㉠ 아스팔트(Asphalt) : 아스팔트는 천연 아스팔트와 인공 아스팔트가 있는데, 주로 사용하는 인공 아스팔트는 석유에서 정제한 잔유물을 처리하여 얻는다. 스트레이트 아스팔트(Straight Asphalt)와 블로운 아스팔트(Blown Asphalt)가 있다.

㉡ 아스팔트 프라이머(Asphalt Primer) : 블로운 아스팔트(Blown Asphalt) 50%에 용해제(솔벤트 나프타 30%, 가솔린 20%)를 묽게 탄 아스팔트 용액으로서 콘크리트 모르타르에 잘 침투되어 아스팔트 방수층과 모체와의 부착이 잘 되게 한다.

㉢ 방수지(Water Paper) : 아스팔트 펠트(Asphalt Felt), 아스팔트 루핑(Asphalt Roofing), 망형 루핑(Reticulate Roofing) 등이 있다.

㉣ 기타 : 아스팔트 유제(Asphalt Cream), 아스팔트 컴파운드(Asphalt Compound), 아스팔트 코킹제(Asphalt Caulking), 포졸란(Pozzolan) 등이 있다.

② 공 법

모체를 완전히 건조시킨 후 깨끗이 청소하고 바닥은 바탕 모르타르로 1/200 정도의 물매를 잡는다. 바탕 모르타르 위에 소요횟수 만큼 아스팔트 자재를 깔거나 도포한 후 그 위에 보호 모르타르를 바른다.

2) 시트 방수

시트방수는 합성수지 또는 개량아스팔트 등을 주원료로 적층(積層) 성형한 얇은 시트(Sheet)를 접착제나 토치(Torch)로 모체에 방수층을 형성시키는 것을 말한다. 시트방수는 물을 쓰지 않는 냉간 공법으로서 신축성이 크고, 방수성 · 내후성 · 내약품성 · 내알칼리성 · 내산성이 우수하며, 경량으로서 시공도 비교적 간편하다.

시트방수는 재료로 개량아스팔트 시트와 합성고분자계 시트로 구분할 수 있으며, 시트 방수 재료를 붙이는 방법은 전면접착 · 줄접착 · 점접착 · 들뜬접착(떼어붙이기)이 있다.

3) 도막 방수

도막방수는 합성고무나 합성수지의 유제(Emulsion) 또는 용제(Solvent)를 도포하여 방수피막 형성으로 방수층을 만드는 방수공법이다. 도막방수는 방수재 자체가 내약품성 · 접착성이 우수하고 신축성이 있으므로 굴곡 등 복잡한 부위나 수직부위 등에도 용이하고 신속하게 할 수 있다. 바탕면의 미세한 균열에도 견딜 수 있으며, 누수 등 결함의 발견이 용이하고 국부적으로도 보수가 가능한 장점이 있다.

도막방수는 에멀션(Emulsion)형 도막방수, 용제형 도막방수, 에폭시계 도막방수로 구분할 수 있다.

4) 시멘트 방수제

모르타르 또는 콘크리트에 액상, 분말상, 반죽상 방수제를 혼합한 후 물리적·화학적 작용으로 모체의 공극을 수밀하게 메워 방수성능을 나타내는 방수방법이다. 시공 편의성으로 조경공사에서는 시멘트 액체방수를 많이 사용하고 있다.

① 재 료

시멘트 방수제는 모르타르, 콘크리트 등의 방수작용 외에 급결성을 주는 것이 많으며 염화칼슘계, 지방산계, 규산계 등으로서 사용법으로 액체방수제, 분말방수제, 교질방수제 3가지로 구분되며 특성은 다음과 같다.

액체방수제는 모체에 방수액을 침투시키거나 혼합 시멘트 풀(Cement Paste) 또는 방수 모르타르를 반복으로 발라서 방수층을 형성하는 방법이다.

분말방수제는 분말 상태 방수제와 시멘트를 혼합한 방수모르타르에 소정의 물을 부은 반죽상태로 발라서 방수층을 형성하는 방법이다.

교질방수제는 시멘트에 방수제를 혼합한 반죽상태로 용기에 담아 운반과 저장이 간편하게 만든 것으로서 사용시 물을 가하여 적당한 농도로 풀어서 사용할 수 있도록 한 것이다.

② 공 법

㉠ 모체의 불량 부분, 거친면, 부착물 제거 등으로 표면을 보수하고 깨끗이 청소한다.
㉡ 방수액을 모체에 침투(도포 또는 살포)시킨다.
㉢ 방수액을 혼합한 물로 반죽한 시멘트 풀(Cement Paste)을 바른다.
㉣ 방수액을 혼합한 모르타르(1 : 1~1 : 3)를 바른다.
㉤ 방수 모르타르를 바른 후 보호층을 형성하면 더욱 효과적이다.

5) 방수공법의 비교

일반적으로 많이 사용하는 시트방수의 대표적인 아스팔트방수와 시멘트 액체방수의 공법을 비교하면 다음과 같다.

〈표 5.17-1〉 방수공법의 비교

구 분	모체와의 관계	신뢰성	보호층	온도의 변형	결합부 보수	시공성
아스팔트 방 수	모체 결함의 영향이 적다.	크다	보호층이 절대 필요하다.	크다.	발견 곤란, 보수비가 크다.	번거롭다.
시 멘 트 액체방수	모체 결함의 영향이 크다.	작다	보호층을 간략히 할 수 있다.	작다.	발견 용이, 보수비가 적다.	용이하다.

17.3 품셈의 적용

1) 적용 범위

방수공사는 시공 종류별로 공사에 필요한 실 면적을 산출한다. 이때 바탕층, 방수층 등을 구하고 방수층 누름의 면적이 상이하거나 방법별로 구분해야 하는 경우에는 각각의 층에 대하여 구분하여 산출 적용한다.

코킹 및 신축줄눈은 시공 장소별, 공정별로 연장 길이로 산출한다.

2) 품셈 기준

① 공통공사 - 방수 기반조성

효율적인 방수를 위한 기반조성 및 마감공사이다.

방수공사 기반 및 마감공사는 [건축품셈 6-1(공통공사)]의 -1 바탕처리, -2 방수프라이머 바름, -3 방수층보호재 붙임, -4 방수층 누름철물 설치에 의하여 다음과 같이 적용한다.

〈표 5.17-2〉 방수공사 _ 바탕처리 [건축품셈] (m^2 당)

구 분	단위	바 닥	수직부
방 수 공	인	0.036	0.040
보 통 인 부	인	0.015	0.017

[주] 1. 본 품은 방수공사를 위한 콘크리트 바탕면 처리를 기준한 것이다.
2. 본 품은 바탕면정리(견출 등), 퍼티, 모서리 처리 및 청소(살수 등) 작업이 포함된 것이다.
3. 공구손료 및 경장비(엔진송풍기, 그라인더 등)의 기계경비는 인력품의 6%로 계상한다.
4. 바탕처리에 사용되는 재료(퍼티, 방수테이프 등)는 별도 계상한다.

〈표 5.17-3〉 방수프라이머 바름 [건축품셈] (m^2 당)

구 분	단위	수 량
방 수 공	인	0.011
보 통 인 부	인	0.005

[주] 1. 본 품은 프라이머의 롤러 1층(회) 바름을 기준한 것이다.
2. 본 품은 보조붓칠 작업이 포함된 것이다.
3. 공구손료는 인력품의 2%로 계상한다.

〈표 5.17-4〉 방수층보호재 붙임 [건축품셈] (m^2 당)

구 분	단위	PE 필름		발포 PE시트	
		바 닥	수직부	바 닥	수직부
방 수 공	인	0.011	0.013	0.012	0.016
보 통 인 부	인	0.003	0.004	0.004	0.005

[주] 본 품은 방수층 보호재(PE필름, 발포 PE시트) 붙임을 기준한 것이다.

〈표 5.17-5〉 방수층 누름철물 설치 [건축품셈] (m 당)

구 분	단위	수 량
방 수 공	인	0.011
보 통 인 부	인	0.011

[주] 본 품은 시트 및 보호재 상부의 누름철물 마감 작업을 기준한 것이다.

② 도막 방수

도막방수는 [건축품셈 6-2(도막방수)]의 -1 도막바름, -2 보강포 붙임, -3 마감도료(Top-Coat) 바름에 의하여 다음과 같이 적용한다.

〈표 5.17-6〉 도막방수 _ 도막바름 [건축품셈] (m^2 당)

구 분	단위	바 닥	수직부
방 수 공	인	0.015	0.020
보 통 인 부	인	0.009	0.012

[주] 1. 본 품은 우레탄 고무계, 아크릴 고무계, 고무아스팔트계 등 도막 1층(회)을 형성하는 작업을 기준한 것이다.
2. 공구손료는 인력품의 2%로 계상한다.

〈표 5.17-7〉 도막방수 _ 보강포 붙임 [건축품셈] (m^2 당)

구 분	단위	바 닥	수직부
방 수 공	인	0.010	0.015
보 통 인 부	인	0.004	0.006

[주] 본 품은 방수층 보강에 사용되는 보강포(부직포 등) 1층(회) 붙임을 기준한 것이다.

〈표 5.17-8〉 도막방수 _ 마감도료(Top-Coat) 바름 [건축품셈] (m^2 당)

구 분	단위	바 닥	수직부
방 수 공	인	0.012	0.015
보 통 인 부	인	0.005	0.007

[주] 1. 본 품은 노출방수층의 마감도료(Top-Coat) 1층(회) 바름을 기준한 것이다.
2. 공구손료는 인력품의 2%로 계상한다.

③ 시트 방수

시트방수는 [건축품셈 6-3(시트방수)]의 -1 가열식 시트 붙임, -2 접착식 시트 붙임, -3 자착식 시트 붙임에 의하여 다음과 같이 적용한다.

〈표 5.17-9〉 시트방수 _ 가열식 시트 붙임 [건축품셈] (m^2 당)

구 분	단위	바 닥	수직부
방 수 공	인	0.060	0.080
보 통 인 부	인	0.030	0.040

[주] 1. 본 품은 토치로 가열하여 접착시키는 시트 1겹 붙임을 기준한 것이다.
2. 방수시트는 두께 2.5~3.0mm, 폭 1.0m를 기준한 것이다.
3. 공구손료 및 경장비(토치 등)의 기계경비는 인력품의 3%로 계상한다.

4. 재료량은 다음을 참고하여 적용한다. (m^2당)
• 시트 : 1.20(m^2)
※ 재료량은 할증이 포함된 것이며, 연료는 별도 계상한다.

〈표 5.17-10〉 시트방수 _ 접착식 시트 붙임 [건축품셈] (m^2 당)

구 분	단위	바 닥	수직부
방 수 공	인	0.034	0.046
보 통 인 부	인	0.020	0.025

[주] 1. 본 품은 전용 접착제로 접착시키는 시트 1겹 붙임을 기준한 것이다.
2. 방수시트는 두께 1.0~2.0mm, 폭 1.0m를 기준한 것이다.
3. 공구손료비는 인력품의 2%로 계상한다.
4. 재료량은 [건축품셈 6-3-1(가열식 시트 붙임)]인 〈표 5.17-9〉를 참고하여 적용한다.

〈표 5.17-11〉 시트방수 _ 자착식 시트 붙임 [건축품셈] (m^2 당)

구 분	단위	바 닥	수직부
방 수 공	인	0.026	0.036
보 통 인 부	인	0.016	0.020

[주] 1. 본 품은 자착형 시트 1겹 붙임을 기준한 것이다.
2. 방수시트는 두께 1.4~3.0mm, 폭 1.0m를 기준한 것이다.
3. 재료량은 [건축품셈 6-3-1(가열식 시트 붙임)]인 〈표 5.17-9〉를 참고하여 적용한다.

④ 시멘트 모르타르계 방수

모르타르 방수는 [건축품셈 6-4(시멘트 모르타르계 방수)]의 -1 시멘트 액체방수 바름, -2 폴리머 시멘트 모르타르방수 바름, -3 방수모르타르 바름, -4 시멘트 혼입 폴리머계 도막방수 바름에 의하여 다음과 같이 적용한다.

모르타르 방수용 모르타르는 2018년 개정시 비빔 포함으로 변경되었으므로, 비빔품은 제외하고 재료비만 별도 적용한다.

〈표 5.17-12〉 시멘트 모르타르계 방수 _ 시멘트 액체방수 바름 [건축품셈] (m^2 당)

구 분	단위	바 닥	수직부
방 수 공	인	0.075	0.060
보 통 인 부	인	0.040	0.030

[주] 1. 바닥은 "물뿌리기 → 시멘트 페이스트 1차 → 방수액 침투 → 시멘트 페이스트 2차 → 모르타르"을 기준한 것이다.
2. 수직부는 "물뿌리기 → 바탕접착제 → 시멘트 페이스트 → 모르타르"을 기준한 것이다.
3. 본 품은 비빔작업이 포함된 것이며, 모르타르 배합(시멘트, 모래)은 [건축품셈 9-1-1(모르타르 배합)]을 따른다.
4. 공구손료 및 경장비(비빔기 등)의 기계경비는 인력품의 3%로 계상한다.

〈표 5.17-13〉 시멘트 모르타르계 방수 _ 폴리머 시멘트 모르타르방수 바름 [건축품셈] (m^2 당)

구 분	단위	1 종	2 종
방 수 공	인	0.060	0.040
보 통 인 부	인	0.040	0.020

[주] 1. 1종은 모르타르 3층(회) 바름, 2종은 모르타르 2층(회) 바름을 기준한 것이다.
2. 본 품은 비빔작업이 포함된 것이며, 모르타르 배합(시멘트, 모래)은 [건축품셈 9-1-1(모르타르 배합)]을 따른다.
3. 공구손료 및 경장비(비빔기 등)의 기계경비는 인력품의 3%로 계상한다.

〈표 5.17-14〉 시멘트 모르타르계 방수 _ 방수모르타르 바름 [건축품셈] (m² 당)

구 분	단위	10mm 이하	15mm 이하	20mm 이하
미 장 공	인	0.047	0.056	0.073
보 통 인 부	인	0.035	0.043	0.048

[주] 1. 본 품은 벽돌, 콘크리트 바탕에 방수 모르타르 바름을 기준한 것이다.
2. 본 품은 비빔작업이 포함된 것이며, 모르타르 배합(시멘트, 모래)은 [건축품셈 9-1-1(모르타르 배합)]을 따른다.
3. 외벽은 높이에 따라 다음 할증률에 의한 품을 가산할 수 있으며 19층 이상은 매 3층 증가마다 4%씩 가산할 수 있다.
• 지하층 및 1~3층 : 0(%) • 4~6층 : 5(%) • 7~9층 : 8(%)
• 10~12층 : 12(%) • 13~15층 : 16(%) • 16~18층 : 20(%)
※ 층의 구분을 할 수 없는 건축물인 경우 1개 층의 층고를 3.6m로 기준하여 층수를 환산한다.
4. 공구손료 및 경장비(비빔기 등)의 기계경비는 인력품의 2%로 계상한다.

〈표 5.17-15〉 시멘트 모르타르계 방수 _ 시멘트 혼입 폴리머계 도막방수 바름 [건축품셈] (m² 당)

구 분	단위	노출 공법	비노출 공법
방 수 공	인	0.100	0.090
보 통 인 부	인	0.070	0.060

[주] 1. 노출공법은 마감도료(Top-Coat)를 포함한 것이다.
2. 본 품은 바탕처리, 프라이머바름 및 방수층 보호재 깔기가 제외되어 있다.
3. 공구손료는 인력품의 3%로 계상한다.
4. 재료는 별도 계상하며, 뿜칠 시공시에는 재료량을 10% 가산한다.

⑤ 기타 방수공사

기타 방수공사는 [건축품셈 6-5(기타방수)] -1 규산질계 도포방수 바름, -2 액상형 흡수방지방수 도포, -3 벤토나이트방수 붙임에 의하여 다음과 같이 적용한다.

〈표 5.17-16〉 규산질계 도포방수 바름 [건축품셈] (m² 당)

구 분	단위	바 닥	수직부
방 수 공	인	0.059	0.065
보 통 인 부	인	0.021	0.023

[주] 1. 본 품은 규산질계 도포 방수 2층(회) 바름을 기준한 것이다.
2. 본 품은 비빔작업이 포함된 것이며, 모르타르 배합(시멘트, 모래)은 [건축품셈 9-1-1(모르타르 배합)]을 따른다.
3. 공구손료 및 경장비(비빔기 등)의 기계경비는 인력품의 3%로 계상한다.

〈표 5.17-17〉 액상형 흡수방지방수 도포 [건축품셈] (m² 당)

구 분	단위	바 름		뿜 칠	
		1층(회)	2층(회)	1층(회)	2층(회)
방 수 공	인	0.014	0.021	0.011	0.017
보 통 인 부	인	0.003	0.005	0.003	0.004

[주] 1. 본 품은 구조물 외벽의 발수제 도포를 기준한 것이다.
2. 외벽은 높이에 따라 다음 할증률에 의한 품을 가산할 수 있으며 19층 이상은 매 3층 증가마다 4%씩 가산할 수 있다.
• 1~3층 : 0(%) • 4~6층 : 5(%) • 7~9층 : 8(%)
• 10~12층 : 12(%) • 13~15층 : 16(%) • 16~18층 : 20(%)
※ 층의 구분을 할 수 없는 건축물인 경우 1개 층의 층고를 3.6m로 기준하여 층수를 환산한다.
3. 크레인(고소작업차)을 사용하는 경우 기계경비는 별도 계상한다.
4. 뿜칠 시 공구손료 및 경장비(엔진식 도장기 등)의 기계경비는 인력품의 4%로 계상한다.
5. 재료는 별도 계상하며, 뿜칠시공시에는 재료량을 10% 가산한다.

〈표 5.17-18〉 벤토나이트방수 붙임 [건축품셈]

(m^2 당)

구 분	단위	벤토나이트 매트		벤토나이트 시트	
		바닥	수직부	바닥	수직부
방 수 공	인	0.038	0.043	0.027	0.032
보 통 인 부	인	0.013	0.014	0.009	0.011

[주] 1. 본 품은 지하구조물 외부에 벤토나이트 방수재 붙임을 기준한 것이다.
2. 본 품은 벤토나이트실 보강, 방수재 절단 및 설치, 조인트 테이프 붙임 작업이 포함된 것이다.
3. 공구손료 및 경장비(에어콤프, 화약총 등)의 기계경비는 인력품의 3%로 계상한다.
4. 재료량은 다음을 참고하여 적용한다. (m^2당) ※ 재료량은 할증이 포함된 것이다.

	단위	매트 바닥	매트 수직부	시트 바닥	시트 수직부
• 벤토나이트방수재 (매트 1219×4570×6.4㎜)	(m^2)	1.18	1.20	–	–
• 벤토나이트방수재 (시트 1220×6700×4.5㎜)	(m^2)	–	–	1.15	1.20
• 벤토나이트실재	(L)	0.45	0.50	0.15	0.42
• 벤토나이트알갱이	(kg)	3.38	1.46	0.80	0.80
• PE필름 (0.04mm)	(m^2)	1.20	1.20	0.60	0.80
• 카트리지 (화약)	(개)	10	10	10.5	10.5
• 콘크리트못 (32mm)	(개)	10	10	10.5	10.5
• 와셔	(개)	10	10	10.5	10.5
• 조인트테이프	(m)	–	–	1.10	1.10

⑥ 부대공사

방수 부대공은 [건축품셈 6-6(부대공사)]의 -1 수밀코킹, -2 줄눈 절단, -3 줄눈 설치에 의하여 다음과 같이 적용한다.

〈표 5.17-19〉 수밀코킹 [건축품셈]

(m 당)

구 분	단위	수 량
코 킹 공	인	0.025

[주] 1. 본 품은 전용건을 사용한 실링마감 작업을 기준한 것이다.
2. 본 품은 마스킹테이프 설치 및 제거, 실링재 충전 작업이 포함된 것이다.
3. 재료량은 다음을 참고하여 적용한다. (m당)
• 실링재 : 1.20(m)
※ 재료량은 할증이 포함되어 있다.

〈표 5.17-20〉 줄눈 절단 [건축품셈]

(m 당)

구 분	규 격	단위	수 량
방 수 공		인	0.005
보 통 인 부		인	0.001
커 터	320~400mm	hr	0.017

[주] 1. 본 품은 옥상 보호콘크리트의 절단을 기준한 것이다.
2. 본 품은 먹매김, 콘크리트 절단 작업이 포함된 것이다.
3. 공구손료 및 경장비(청소기 등)의 기계경비는 인력품의 2%로 계상한다.

〈표 5.17-21〉 줄눈 설치 [건축품셈]

(m 당)

구 분	단위	수 량
방 수 공	인	0.005
보 통 인 부	인	0.001

[주] 1. 본 품은 옥상 보호콘크리트의 줄눈 설치를 기준한 것이다.
2. 본 품은 프라이머 바름, 백업재 주입, 실링마감 작업을 포함한다.

18 미장공사

Landscape Architecture

18.1 개 요

미장공사는 벽, 바닥, 천장 등의 미화, 보호, 보온, 방습, 방음, 내화, 내마멸 등을 목적으로 적당한 두께로 마무리하는 방법이다. 조경공사는 주로 구조물이 아름답게 보이도록 모르타르, 석회, 인조석 등을 바르는 작업으로서 바탕처리, 미장바름, 마무리작업 등으로 구분된다. 특히 조경공사는 소규모 산재형이 많으므로 바름 면적을 정밀하게 계산하고 품셈의 적용에서 신중하여야 한다.

그림 5.18-1 미장공사

미장재료는 경화 후 마감층의 성능이 결함 없이 발휘되도록 단일재료보다 주로 복합재료를 사용하고 있다. 미장재료는 다양한 형태로 성형할 수 있고 가소성이 크며, 다른 재료와 혼합하여 내화 · 방수 · 단열효과를 낼 수 있으며, 마무리 방법이 다양하여 여러 형태로 디자인할 수 있고, 이음매가 없이 처리할 수 있는 장점이 있다. 그러나 균질성의 확보가 어렵고 대부분의 재료 혼합시 물을 사용하므로 경화시간이 길어 공기에 영향을 준다는 단점도 있다.

18.2 용어 및 재료

1) 용어의 정의

① 바탕 : 모르타르, 플라스터, 회반죽 등 미장재료를 바르기 위한 구조체 표면 두께를 균등하게 조정하는 작업

② 바탕처리 : 요철 또는 변형이 심한 개소를 고르게 덧바르거나 깎아내어 마감두께를 균등하게 조정하는 작업

③ 바탕누름 : 바탕의 흡수 조정 또는 막음을 목적으로 실러를 뿌리거나, 바르기 좋게 프라이머를 칠하는 작업

④ 손질바름 : 콘크리트나 블록면의 초벌바름하기 전 마감두께가 균등하도록 모르타르 등으로 요철을 조정하는 것

⑤ **고름질** : 바름이나 마감두께가 고르지 않거나 요철이 심할 때 초벌바름 위에 발라서 면을 바르게 고르는 것

⑥ **물축이기** : 모르타르, 석고 등 응결 · 경화에 필요한 물이 흡수되지 않도록 바탕면에 미리 물을 뿌리는 것

⑦ **덧먹임** : 바르기의 접합부 또는 균열의 틈새, 구멍 등에 반죽된 재료를 밀어 넣어 때우는 것

⑧ **눈먹임** : 인조석 갈아내기 또는 테라조 현장 바르기의 갈아내기 공정에서 작업면의 종석이 빠져나간 구멍 및 기포를 메우는 작업

2) 미장재료의 분류

미장재료는 구성재료와 경화기구(硬化機構)에 따라 분류할 수 있다. 구성재료에 따라 구분하면 다음과 같고, 경화기구에 따라 분류하면 〈표 5.18-1〉과 같다.

① **결합재(Binder)** : 자체가 물리적, 화학적으로 고화하여 미장바름 주체가 되는 재료로서 시멘트, 석회, 돌로마이트 플라스터, 점토 등이 있다.

② **골재(Aggregate)** : 결합재의 결점인 수축 · 균열과 점성의 부족을 보완하거나 응결 및 경화시간의 조절 또는 치장을 목적으로 사용하는 재료로서 모래 · 종석 · 경량골재 · 돌가루 등이 있다.

③ **혼화재(Admixture Additive)** : 방수 · 내화 · 단열 효과를 위하여 섞는 재료로서 착색재 · 촉진재 · 급결재 등이 있다.

④ **보강재(Reinforcement)** : 균열 방지를 위하여 사용하는 여물 · 풀 · 수염과 와이어라스 · 메탈라스 등이 있다.

〈표 5.18-1〉 미장재료의 경화기구에 따른 분류

구 분			내 용
기경성	진흙질		진흙, 새벽흙(砂壁土)
	석회질		회반죽, 회사벽, 돌로마이트 플라스터
수경성	석고질	석고플라스터	순석고 플라스터, 혼합석고 플라스터, 보드용 플라스터
		무수 석고	경석고 플라스터
	시멘트질		시멘트 모르타르
	인조석질		인조석 바름, 테라조 현장바름
화학경화성			2액형 에폭시수지 바닥마감재 등
고화성			용융 아스팔트 바닥마감재, 아스팔트 모르타르 등

[주] • 기경성(氣硬性) : 공기 중에서 완전히 경화하는 것.
• 수경성(水硬性) : 물과 화학반응하여 경화하는 것.
• 화학경화성(化學硬化性) : 사용재료 간의 화학반응으로 경화하는 것.
• 고화성(固化性) : 액체가 고체상태로 변화하는 물리적 현상으로 경화하는 것.

18.3 공사의 종류

1) 공법의 종류

① 시멘트 모르타르 바름 : 나무흙손 마무리, 쇠흙손 마무리, 물손질 마무리, 긁어내기 마무리, 줄긋기 마무리, 뿜칠 마무리, 시멘트 풀먹임 마무리, 모르타르 뿌리기 마무리
② 석회 바름 : 회반죽 바름 마무리, 회사벽 바름 마무리, 재사벽 바름 마무리
③ 인조석 바름 : 씻어내기, 잔다듬질, 물갈기
④ 테라조 현장 바름 : 현장갈기
⑤ 현장 모르타르 바름 : 쇠흙손 마무리

2) 시공방법

① 모르타르 바름

시멘트 모르타르(Cement Mortar)는 다른 미장재료보다 내구성 및 강도가 커서 가장 많이 사용하는 재료이다. 모래는 골재, 시멘트는 결합재로 혼합 후 물반죽으로 사용하는 시멘트 모르타르는 돌가루(石粉) · 플라이애시(Flyash) · 규산백토 · 소석회 등과 각종 합성수지계 혼화재를 혼합 사용하기도 한다. 시멘트 모르타르용 시멘트는 보통 포틀랜드, 고로, 실리카, 백색 포틀랜드 시멘트 등이 사용되며 모래는 깨끗하고 유기물질 · 유해한 흙 · 먼지 등이 함유되지 않은 양질의 것을 체로 쳐서 사용한다.

모르타르 바름은 크게 2가지 방법으로, 자체를 손질하여 마무리하는 것과 다른 재료를 덧입혀 마무리하는 것으로 나누어진다.

㉠ 자체 마무리법

- 나무흙손 마무리 : 흙손의 자국이 없는 평면이 되지만 거칠다.
- 쇠흙손 마무리 : 면은 매끈하게 되지만 흙손 자국이 나기 쉽다.
- 모르타르 긁어내기, 줄긋기 마무리 : 긁어내기는 모르타르를 바른 후 굳기 전에 쇠주걱 등으로 표면을 긁어 무늬를 만든다. 줄긋기는 바름면에 못 · 철사 등으로 줄을 그어 모양을 만든다.

㉡ 덧칠하는 방법

- 시멘트 뿜칠 : 모르타르를 묽게 한 후 색소, 석분 등을 혼입하여 바름면에 뿜어 붙이는 마무리법이다.
- 시멘트 죽먹임 : 시멘트를 물에 개어 콘크리트면 · 모르타르면에 헝겊으로 문질러 바르고 닦아내는 마무리법이다.
- 모르타르 뿌림 : 벽면 등에 모르타르를 대나무 주걱 또는 강철편으로 뿌려 거친 면을 만드는 방법이다.

② 회반죽 바름

회반죽(Lime Plaster)은 주원료인 소석회에 물을 가하고 여물·해초 등을 풀로 개어 반죽하거나 돌가루·모래 등을 혼합하여 바르는 미장재료로서 목조바탕, 콘크리트블록 및 벽돌바탕 등에 바른다. 회반죽은 타 재료에 비하여 다소 연질이고 건조에 많은 시일이 걸리지만, 외관이 온유하고 균열·박락(剝落) 우려가 없으며, 비교적 값이 저렴하다.

시공재료의 일반적 기준은 다음과 같으며 시공방법은 바름횟수는 3~4회, 바름두께의 표준은 12~18mm이다.

- **소석회** : 석회암($CaCO_3$)을 구운 생석회(CaO)에 물을 섞어 제조한다.
- **해초류** : 해초, 불가사리, 은행초 등을 건조하여 끓인 물을 사용한다.
- **여물** : 볏짚, 삼 등을 잘게 썬 섬유질 원료이다.

③ 돌로마이트 플라스터

돌로마이트 플라스터(Dolomite Plaster)는 돌로마이트에 모래·여물을 섞어 반죽하는 재료로서 필요에 따라 시멘트를 혼입할 때도 있다.

돌로마이트는 $CaMg[CO_3]_2$ 화학성분의 방해석군 탄산염광물로서 백운석 또는 고회석이라 부른다. 무색·흰색·갈색의 투명~반투명하고 유리광택을 내며 비중은 2.9이다.

돌로마이트 플라스터는 소석회 보다 점성이 높고 작업성이 좋고 변색·냄새·곰팡이가 없으며, 보수성이 크고 응결시간이 길어 작업도 용이하다. 회반죽에 비해 강도가 크고 착색이 쉬우나 건조·수축이 크므로 균열이 생기기 쉽고 수증기나 물에 약한 결점이 있다. 품질은 한국산업규격(KS F 3508)에 규정되어 있다.

④ 석고 플라스터

석고플라스터(Gypsum Plaster)는 석고를 주원료로 혼화재(돌로마이트 플라스터, 점토 등), 접착제, 응결시간조절재(아교질재 등) 등을 혼합하는 벽·천장 등의 미장재료이다. 품질은 한국산업규격(KS F 3507)에 규정되어 있다.

⑤ 인조석·테라조 바름

인조석(Artificial Stone)·테라조(Terrazzo) 바름은 모르타르의 바름 바탕에 시멘트, 종석(種石), 안료 등을 배합·반죽 후 바르고 씻어내기·갈기·잔다듬으로 천연 석재와 유사하게 마무리하는 것이다. 개념상 인조석은 저급·저렴하고 테라조는 고급·고가로 인식하지만, 인조석과 테라조의 차이는 재료, 용도, 마무리가 다를 뿐이다.

종석은 화강석·석회석·대리석·자연석 등을 잘게 부수어 단단하고 미려하며 지나치게 얇고 납작하지 않은 것을 사용한다. 안료는 무수용성(無水溶性)의 내식성이 있어야 하며 노랑은 황토·크롬황 등, 빨강은 주토(朱土)·산화철 등, 갈색은 앰버(Amber), 파랑은 코발트청·군청 등, 검정은 유연(油煙)·망간검정 등이 사용된다. 돌가루(石粉)는 시멘트와 종석만으로는 밀실하게 다지기 곤란하고, 부배합 시멘트가 건조·수축할 때 생기는 균열 방지를 위하여 혼입하는 것으로서, 시멘트와 같은 양 이하로 혼입한다.

인조석·테라조 바름의 시공방법은 다음과 같다.

㉠ 인조석 씻어내기

- 바탕 바름 마무리 후 목재 줄눈대를 모르타르(배합비 1 : 1)로 간격을 맞추어 고정한다.
- 바탕바름을 하고 뒤이어 인조석 바름(두께 4.5~7.5mm)을 한다.
- 인조석 바름이 응결한 후 분무기로 물을 뿜어 씻어서 종석이 도드라지게 한다.
- 인조석이 경화한 다음 줄눈대를 떼어낸다.
- 종석의 탈락부분, 줄눈 등을 보수, 정리, 청소한다.

㉡ 인조석 잔다듬질

- 인조석 씻어내기와 동일하게 충분히 경화한 다음, 물로 씻어내지 않고 돌다듬기처럼 망치로 잔다듬질을 한다.

㉢ 인조석 물갈기

- 마무리면의 수평·수직 및 줄눈 위치를 정한다.
- 황동제 줄눈대를 모르타르(배합비 1 : 1)로 수평·수직줄을 바르게 고정한다.
- 바닥에서는 시멘트 물먹임을 하고, 바탕 모르타르 바름을 한다.
- 바탕 바름에 뒤이어 인조석 바름을 한다. 인조석 바름은 줄눈면 보다 2mm 정도 높이 다져 바르고, 롤러로 전압(轉壓)한 후 다시 흙손으로 곱게 바른다.
- 초벌갈기는 1~3일 경과 후 모래를 뿌리며 물갈기를 한다.
- 물청소 후 마른 걸레로 닦은 다음 시멘트 죽먹임(인조석과 같은 빛깔)을 하며, 이때 결함 부분은 보수한다.
- 시멘트 물먹임을 하고 1~2일 경과 후 다시 물갈기를 한다.
- 물갈기 - 물청소 - 죽먹임 - 시멘트 물먹임의 공정을 1~2회 거듭하여 재벌갈기, 정벌(마무리)갈기를 도합 3회 이상 실시한다.
- 정벌갈기가 끝난 다음 충분히 물씻기 청소를 하여 마무리한다.
- 고급 테라조는 수산닦기, 왁스칠, 청소, 헝겊닦기 등을 한다.

㉣ 테라조 현장갈기

- 테라조 현장갈기 공정은 인조석 갈기와 동일하지만 물갈기 및 시멘트 죽먹임을 5회 이상 실시하고, 수산닦기·왁스먹임·헝겊닦기를 하는 점이 인조석 갈기와 다르다.

⑥ 흙바름

흙바름은 진흙·새벽흙(砂壁土)·모래·여물 등을 물반죽하여 바르는 것을 말한다.

진흙은 보통의 밭흙(火田土)이나 야산의 찰흙으로서 잔돌알·불순물이 혼입되지 않은 부드럽고 찰진 것을 쓴다. 최근에는 친환경적 개념으로 황토(黃土)를 채취하여 벽 등에 바르는 경우가 많다. 여물은 균열을 방지할 목적으로 볏짚을 잘라 진흙반죽에 혼입하며, 볏짚 대신 섬·가마니·새끼 등을 사용하기도 한다.

⑦ 기 배합재료

기 배합재료는 시멘트·골재·혼화재료·보강재료 등을 공장에서 배합한 분말체로서 물을 가하여 사용한다. 규격은 한국산업규격(KS F 4716)에 규정되어 있다.

18.4 품셈의 적용

1) 미장공사 일반

미장공사 품셈은 모르타르 바름 및 타설, 콘크리트면 마무리, 충전으로 구성되어 있다.

① 적용 범위

㉠ 기둥, 벽, 바닥, 천장 등 장소별, 종류별로 면적을 산출한다. 이때, 바름폭이 30cm 이하이거나 원주 바름일 때는 별도 집계한다.

㉡ 설계면적(마무리 표면적)으로 재료량을 구한다.

㉢ 미장용 모르타르량은 [2013년 건축품셈 15-1-2(모르타르)] 주기와 건축공사 표준시방서에 의한 다음 할증량을 가산한 소요량으로 한다.

〈표 5.18-2〉 모르타르 할증률 [2013년 건축품셈]

바름 바탕면	할증률 (%)	비 고
바 닥	5	
벽, 천 장	15	회사 모르타르 바름은 제외
나무졸대바탕	20	

② 품셈 기준

㉠ 모르타르의 배합 및 재료량은 [건축품셈 9-1-1(모르타르 배합)] 및 참고자료에 의하여 〈표 5.10-28〉과 같이 적용한다.

㉡ 미장용 모르타르량은 정미량에 〈표 5.18-2〉의 할증량을 계상한다.

㉢ 모르타르 바름, 타설은 [건축품셈 9-1(모르타르 바름 및 타설)]의 -2 모르타르 바름, -3 모르타르 타설, -4 표면마무리, -5 라스 붙임에 의하여 다음과 같이 적용한다.

〈표 5.18-3〉 모르타르 바름 [건축품셈] (m² 당)

구 분	단위	수 량 (높이 / 바름횟수)					
		3.6m 이하			3.6m 초과		
		1회	2회	3회	1회	2회	3회
미 장 공	인	0.05	0.07	0.10	0.07	0.09	0.13
보 통 인 부	인	0.02	0.03	0.05	0.03	0.04	0.06
비 고	- 바탕의 폭 30cm 이하이거나 원주 바름면일 때에는 본 품을 20% 가산한다.						

[주] 1. 본 품은 벽체에 바름 두께 24mm이하로 모르타르를 바르고 쇠흙손으로 마감하는 기준이다.
2. 바름 횟수에 따른 기준은 다음과 같다.
- 1회 : 바탕면에 페이스트를 바르고 정벌 바름하여 마무리하는 기준
- 2회 : 초벌바름 후 정벌 바름하여 마무리하는 기준
- 3회 : 초벌바름 후 재벌하고 정벌 바름하여 마무리하는 기준
3. 바탕 청소(물뿌리기), 페이스트 바르기, 모르타르 비빔 및 바름, 쇠갈퀴 긁기, 고름질, 쇠흙손마감을 포함한다.
4. 공구손료 및 경장비(비빔기 등)의 기계경비는 인력품의 2%로 계상한다.

〈표 5.18-4〉 모르타르 타설 [건축품셈] (10m³ 당)

구 분	단위	수 량
일반기계운전사	인	0.20
미 장 공	인	0.39
보 통 인 부	인	0.47
모르타르 타설장비	hr	1.17

[주] 1. 본 품은 모르타르 타설장비를 이용한 바닥 모르타르 타설 기준이다.
2. 준비작업(바탕청소, 보양 등), 압송관 조립 및 철거, 모르타르 타설 및 고르기 작업을 포함한다
3. 모르타르 타설장비의 기계조합은 다음을 기준으로 한다.
- 모르타르 펌프 : 37kW
- 믹 서 : 0.3m³
- 양 수 기 : 1.49kW
- 배관 파이프 : Ø50 - 2.6m

〈표 5.18-5〉 모르타르 바름 및 타설 _ 표면 마무리 [건축품셈] (100m² 당)

구 분	단위	수 량	
		인력마감	기계마감
미 장 공	인	0.30	0.22
비 고	- 현장 조건에 따라 작업대기 등이 발생되는 경우, 다음 할증까지 가산하여 적용한다. • 인력마감 할증 : 인력품의 55(%) • 기계마감 할증 : 인력품의 75(%)		

[주] 1. 본 품은 바닥 모르타르 타설 후 표면을 마감하는 것으로 연속적인 작업이 가능하여 대기시간이 발생되지 않는 기준이다.
2. 공구손료 및 경장비(미장기계 등)의 기계경비는 다음을 계상한다.
- 인력마감 기계경비 : 인력품의 0(%)
- 기계마감 기계경비 : 인력품의 9(%)

〈표 5.18-6〉 모르타르 바름 및 타설 _ 라스 붙임 [건축품셈] (10m² 당)

구 분	단위	수 량
미 장 공	인	0.14

[주] 본 품은 미장면 보강을 위해 미장 시 메탈라스 또는 유리섬유 메시를 붙이는 작업을 기준한 것이다.

ⓔ 콘크리트면 마감은 [건축품셈 9-2(콘크리트면 마무리)]의 -1 콘크리트면 정리, -2 부

분 마감, -3 전면 마감에 의하여 다음과 같이 적용한다.

콘크리트면 정리는 일명 견출(見出)이라 부르는 마감면 정리공사이다.

〈표 5.18-7〉 콘크리트면 마무리 _ 콘크리트면 정리 [건축품셈] (10m² 당)

구 분	단위	수 량 (높이)	
		3.6m 이하	3.6m 초과
견 출 공	인	0.11	0.14
비 고	- 천장은 본 품의 20%를 가산한다.		

[주] 1. 본 품은 콘크리트 바탕면에 연마기를 사용하여 면정리하는 기준이다.
2. 공구손료 및 경장비(연마기 등)의 기계경비는 인력품의 3%로 계상한다.

〈표 5.18-8〉 콘크리트면 마무리 _ 부분 마감 [건축품셈] (10m² 당)

구 분	단위	수 량 (높이)	
		3.6m 이하	3.6m 초과
미 장 공	인	0.12	0.16
보 통 인 부	인	0.05	0.07
비 고	- 천장은 본 품의 20%를 가산한다.		

[주] 1. 본 품은 콘크리트 바탕 전면에 시멘트페이스트로 부분마감하는 기준이다.
2. 홈메우기, 시멘트페이스트 바름, 붓칠 작업을 포함한다.

〈표 5.18-9〉 콘크리트면 마무리 _ 전면 마감 [건축품셈] (10m² 당)

구 분	단위	수 량 (높이)	
		3.6m 이하	3.6m 초과
미 장 공	인	0.17	0.22
보 통 인 부	인	0.07	0.09
비 고	- 천장은 본 품의 20%를 가산한다.		

[주] 1. 본 품은 콘크리트 바탕 전면에 시멘트페이스트로 전면마감하는 기준이다.
2. 홈메우기, 시멘트페이스트 바름, 붓칠 및 마무리 작업을 포함한다.

[참고자료] 전면 마감 재료량
- 시멘트 : 14.3(kg)
- 혼화재 : 22.7(g)

※ 혼화재는 필요에 따라 사용한다.

ⓜ 충전은 [건축품셈 9-3(충전)]의 창호주위 모르타르 충전, 주각부 무수축 모르타르 충전에 의하여 모르타르 충전, 무수축 모르타르 충전은 다음과 같이 적용한다. 창호주위 발포우레탄 충전, 우레탄폼 분사 충전은 품셈을 참고 적용한다.

〈표 5.18-10〉 모르타르 충전 [건축품셈] (10m 당)

구 분	단위	수 량
미 장 공	인	0.14
보 통 인 부	인	0.04

[주] 1. 본 품은 창문틀 주위에 모르타르를 사용하여 충전하는 기준이다.
2. 본 품은 바탕정리, 모르타르 비빔 및 충전, 마무리작업을 포함한다.
3. 방수 코킹은 [건축품셈 6-6-1(수밀코킹)]을 따른다.

4. 공구손료 및 경장비(비빔기 등)의 기계경비는 인력품의 2%로 계상한다.
5. 모르타르 재료량은 다음을 참고한다.
   - 시멘트 : 27.3(kg)
   - 모 래 : 0.06(m^3)

〈표 5.18-11〉 무수축 모르타르 충전 [건축품셈] (개소 당)

구 분	단위	400×400mm	500×500mm	600×600mm	700×700mm
미 장 공	인	0.16	0.20	0.23	0.27
보 통 인 부	인	0.05	0.06	0.07	0.09

[주] 1. 본 품은 철골세우기를 위해 기초부에 무수축 모르타르를 타설하는 것으로, 모르타르 두께는 50mm를 기준한 것이다.
2. 본 품은 설치 위치 확인, 형틀 설치, 모르타르 비빔 및 타설 작업이 포함된 것이다.
3. 재료량은 다음을 참고하여 적용한다. (개소당)
   - 400×400mm = 무수축 모르타르 15.6(kg)
   - 500×500mm = 무수축 모르타르 24.4(kg)
   - 600×600mm = 무수축 모르타르 35.1(kg)
   - 700×700mm = 무수축 모르타르 47.8(kg)

2) 특수 미장공사

특수 미장공사는 2014년 건축품셈이 개정되면서 모두 삭제되었으므로 문화재 품셈 또는 2013년 건축품셈을 준용한다.

문화재 품셈에 전통적 미장공사 방법인 한식흙벽바르기, 외엮기, 회벽바르기 및 강회모르타르, 양성바르기, 양토회반죽, 양토재사벽바르기, 회벽긁어내기, 재사벽표면 미장바르기 등이 있으므로 참고 준용한다.

[2013년 건축품셈]에서 회반죽은 [품셈 15-2-1(회반죽 바름)], 회사 모르타르는 [품셈 15-2-2(회사 모르타르 바름)], 한식 흙벽은 [품셈 15-3(특수 바름 - 한식 흙벽 바르기)]의 한식 흙벽 바르기, 외엮기, 흙벽 회반죽 마무리 - 정벌을 준용한다.

3) 석재뿜칠공사

석재뿜칠은 [건축품셈 11-3-3(콘크리트면 뿜칠)]에 의하여 다음과 같이 적용한다.

〈표 5.18-12〉 콘크리트면 뿜칠 [건축품셈] (100m^2 당)

구 분	규 격	단위	수 량
도 장 공		인	0.62
보 통 인 부		인	0.12
트럭탑재형크레인	5ton	hr	3.27

[주] 1. 본 품은 석재가 포함된 재료를 1회 뿜칠하는 것을 기준한 품이다.
2. 본 품은 공동주택의 외부 벽체 시공을 기준한다.
3. 본 품은 소운반, 비빔, 보양작업, 뿜칠 및 마무리 작업을 포함한다.
4. 공구손료 및 경장비의 기계경비는 인력품의 3%를 계상한다.

19 도장공사

Landscape Architecture

19.1 개 요

구조재의 용도상 필요한 물리·화학적 성질 강화 및 미관증진을 목적으로 재료표면에 도막(塗膜)을 형성시키는 재료를 도료(塗料)라 한다. 즉 도장공사는 도료를 사용하여 구조재의 내식성, 방부성, 내구성, 내후성, 내열성, 내화학성 등을 증가시키고 내마모성, 방수성, 방습성, 강도 등을 높이며 착색, 광택, 무늬 등으로 외관을 아름답게 한다.

그림 5.19-1 도장공사 (페인트칠)

공간의 훼손방지에 사용하는 낙서방지용 페인트 등 도료는 종류가 다양하고 제조사가 특유의 제품명으로 시판(市販)하는 등 구별이 곤란하므로 도장의 목적과 특성을 충분히 이해하고 적합한 도료를 선택하는 것이 중요하다. 도료는 한국산업규격(KS)제품으로서 제조사의 도료일람표(도료총람) 등에서 사용 목적에 적합한지를 충분히 분석한 후 사용하여야 한다.

19.2 도료의 구성

1) 도료의 구성

도료(塗料)는 도막형성(塗膜形成)의 요소(要素)와 조요소(助要素)로 구분되며, 도막형성 요소는 다시 주요소, 부요소, 안료로 구분된다.

도막형성 요소는 도막의 형성을 위하여 도료에 포함되는 성분, 즉 도포한 후 도막으로 남는 성분으로서 투명도료는 유류·수지 등의 도막형성 주요소와 건조재·가소재 등의 도막형성 부요소로 나눌 수 있다. 도막형성 요소는 도료의 가장 기본적인 성분이며 옻·기름·카세인·천연수지 등의 천연물부터 각종 합성수지나 섬유소 유도체까지 광범위하다. 안료(Pigment)는 도료에 색과 은폐력을 주는 불용성 미분말로서 유기·무기안료와 착색·체질안료가 있다.

도막형성 조요소는 도막의 형성을 도와주기 위해 도료에 포함되는 성분으로서 용제(溶劑, Solvent) 또는 희석제(稀釋劑, Thinner, Dilution)를 말한다. 용제는 도막 형성에 필요한 유동성을 얻기 위하여 배합하는 것으로서 알코올(Alcohol) · 케톤(Ketone) · 에스테르(Ester) · 탄화수소 등이며, 희석제는 점도(粘度)를 적게 하여 솔질이 잘 되게 하는 것으로서 휘발성 용제 또는 신전제(伸展濟)라고도 한다.

2) 도료의 원료

도료의 원료는 유지 · 수지 · 안료 · 용제 · 희석제 · 건조제 · 가소제 등으로 분류한다.

- **유지**(Fats and Oils) : 도장 후 공기 중의 산소와 화합하여 경화되고, 건조 후에는 견고한 도막을 형성하는 것으로 건성유인 아마인유, 대두유, 대마유, 어유와 이들을 정제한 높은 건조성 기름인 보일유가 있다.
- **수지**(Resin) : 용제나 유지에 용해되어 있으나 도장 후에는 도막의 일부가 되는 것으로서 천연수지와 합성수지로 대별되며 많은 종류가 있다.
- **안료**(Pigment) : 물 · 기름 · 기타 용제에 녹지 않는 착색분말로서 도료를 착색하고 유색의 불투명한 도막을 형성하여 도막의 기계적 성질을 보강하는 것으로서 색 및 성분상 여러 종류가 있다.
- **용제**(Solvent) : 도막의 주요소를 용해시키고 적당한 점도로의 조절 또는 도장하기 쉽게 하기 위하여 사용한다.
- **희석제**(Thinner) : 도료의 점도 저하와 증발 속도 조절용으로 사용하며 도료용 시너 · 래커용 시너 · 염화비닐 수지 도료용 시너 등 여러 종류가 있다.
- **건조제**(Dryer) : 도료의 건조 촉진용으로서 일반적으로 연 · 망간 · 코발트 산화물이나 염류 등이 사용된다.
- **가소제**(Plasticzer) : 건조된 도막에 탄성 · 교착성 · 가소성 등을 주어 내구력을 증가시키기 위하여 사용되며 프탈산티부틸 · 인산트리크레실 · 피마자유 등이 있다.

19.3 도료의 종류

도료의 종류는 매우 많아서 분류하는 방법도 여러 가지가 있다. 도료의 주요 종류는 다음과 같으며, 성분으로 분류하면 〈표 5.19-1〉과 같다.

① **용도에 의한 분류** : 목재용, 금속용, 콘크리트용, 내부용, 외부용 도료
② **상태에 의한 분류** : 된반죽, 중반죽, 용해조합, 분체, 에멀션 도료
③ **목적에 의한 분류** : 내열, 녹방지, 내산, 절연, 방부 도료
④ **방법에 의한 분류** : 솔칠, 뿜칠, 전기이동식, 침지, 정전도장용 도료
⑤ **경화구조에 의한 분류** : 상온건조, 가열건조, 자외선경화, 전자선경화 도료
⑥ **도막성상에 의한 분류** : 광택, 무광택, 투명, 불투명 도료

〈표 5.19-1〉 도료의 성분별 분류

구 분		내 용
페인트 (paint)	유성 페인트 수성 페인트	안료+보일드유(건성유+건조제)+희석제 안료+아교(阿嬌) 또는 카세인+물
바니시 (varnish)	유성 바니시 에나멜페인트 휘발성바니시	수지+건성유+희석제 유성바니시+안료 또는 유성페인트+수지 수지+휘발성용제+안료
합성수지 도료 (合成樹脂 塗料)	용 제 성 에 멀 션 형 무 용 제 형	합성수지+용제+안료 합성수지+유화제(乳化劑)+물+안료 중합제(重合劑)+안료
칠 (漆)	생 칠 (生漆) 정 칠 (精漆)	칠나무에서 채취한 그대로의 것 생칠을 가열 · 정제한 것

1) 페인트

① 수성 페인트

수성 페인트(Water Paint)는 물이 용제인 도료로서 수용성 교착제(水溶性 膠着濟)인 아교(Glue) · 아라비아고무(Arabia Gomme) · 전분(Starch) · 카세인(Casein) 등 수용액에 안료와 물을 반죽하여 칠하는 도료이다. 수성 페인트는 광택이 없으므로 외관은 온화하지만 내수성이 없어 실내용 도료로 적당하며, 희석재로 물을 사용하므로 독성과 화재에 안전한 저공해 및 무공해 도료이다.

유기질 도료는 분상 안료에 유기질 물감을 혼합한 도료로서 사용할 때 적당량의 물을 혼합한 후 채로 걸러서 도포하거나 뿌린다. 접착력이 약해 손이나 의복이 닿지 않는 곳, 습기가 없는 곳에만 쓰인다.

무기질 도료는 분상 안료에 무기질 물감을 혼합한 도료로 유기질 도료의 결함이 보충되어 가루가 떨어지거나 껍질이 벗겨지는 일이 없고, 방수성을 가지게 할 수 있다. 백색 시멘트 또는 마그네시아 시멘트를 교착제로 하여 물로 풀어서 노출부에 도포한다.

에멀션 페인트(Emulsion Paint)는 수성 페인트의 일종으로 수성 페인트에 합성수지와 유화제(乳化劑)를 섞은 것으로 수성과 유성 페인트 특징을 겸비한 유화액상 페인트이다. 실내와 실외에 모두 매우 광범위하게 사용되며, 먼지 등으로 인한 오염을 쉽게 제거할 수 있는 장점이 있다.

② 유성 페인트

유성 페인트(Oil Paint)는 보일드(Boiled)유에 안료를 혼합한 도료이다. 유성 페인트는 단순히 페인트라고 칭하기도 하는데, 이는 페인트란 뜻이 광의로는 도료 전반을 뜻하며, 협의로는 유성 페인트를 뜻하기 때문이다.

유성 페인트는 보일드유와 안료가 주성분으로서 건조가 빠르며 피막의 광택이 좋고, 내후성이 우수하며 도막의 경도가 크고 내마모성이 우수하다. 일반적으로 많이 사용하는 것으로 값이 저렴하지만 건조가 늦고, 내후성 · 내약품성 · 변색성 등의 결점으로 인하여 새로운 합성수지 도료와 대치된다. 조합 페인트의 품질은 한국산업규격(KS F 5312)에 규정되어 있다.

③ 에나멜 페인트

에나멜 페인트(Enamel Paint)는 유성 바니시에 안료를 혼합하여 만든 유색의 불투명 도료로서 보통 에나멜(Enamel)이라고도 하며, 유성 페인트와 유성 바니시의 중간성 도료이다. 특히 유성 바니시를 사용한 것을 유성 에나멜이라 하고 합성수지 바니시에 안료를 혼합한 것을 합성수지 에나멜이라고 한다.

에나멜 페인트는 건조가 빠르고 유성 페인트 보다 도막이 두껍고 튼튼하다. 색채 및 광택이 좋으며, 내수성 · 내열성 · 내유성 · 내약품성이 우수한 고급 도료이다.

2) 바니시

① 유성 바니시

유성 바니시(Oil Varnish)는 유용성 수지를 건성유에 가열 · 용해한 후 휘발성 용제로 희석한 무색 또는 담갈색의 투명 도료이다. 염료를 넣은 바니시 스테인은 유성 페인트 보다 내후성에 약하여 외부공간에는 별로 사용하지 않는다.

내수성 · 내마모성이 우수하여 목재 외부용으로 가장 많이 쓰이며, 품질은 한국산업규격(KS M 5603)에 규정되어 있다.

② 휘발성 바니시

휘발성 바니시는 수지류를 휘발성 용제에 녹인 것으로서 천연수지를 주체로 한 것을 래크(Lack)라 하고, 합성수지를 주체로 한 것을 래커(Lacquer)로 구분하고 있다.

래크(Lack)는 휘발성 용제로 녹인 투명도료로 피막은 유성 바니시보다 약하다. 래크 원료는 래크벌레의 대사기능에 의하여 나뭇가지에 분비한 노르스름한 진 같은 물질로서 주로 실내의 목재나 가구 등에 쓰인다.

래커(Lacquer)는 섬유소나 합성수지 용액에 수지 · 가소제 · 안료 등을 섞은 도료로서 클리어 래커(Clear Lacquer)와 래커 에나멜(Lacquer Enamel)이 있다. 래커는 건조가 빠르고, 도막이 견고하며, 광택이 좋고, 내마멸성 · 내수성 · 내유성 · 내후성 등이 강한 고급 도료로서 용도에 따라 금속용 · 목부용 · 외부용 · 솔칠용 등이 있다.

3) 합성수지 도료

합성수지 도료(Synthetic Resin Paint)는 합성수지를 주체로 만든 도료의 총칭이다. 합성수지 도료는 일반적으로 유성 페인트와 바니시에 비하여 건조가 빠르고 도막이 단단하며, 방화성 · 내산성 · 내알칼리성으로 콘크리트면 등에 사용이 가능하다. 특히, 투명 합성수지를 사용하여 색상을 선명하게 낼 수 있는 장점으로 많이 사용하는 도료이다.

합성수지 도료는 합성수지 페인트, 합성수지 바니시, 합성수지 수성 페인트, 페놀 수지 도료, 비닐계 수지 도료, 에폭시 수지 도료, 알키드 수지 도료, 폴리에스테르 수지 도료, 합성수지 에멀션 페인트 등으로 분류한다.

이 중 합성수지 페인트는 에멀션 페인트로 판매되는 외부도장에 많이 사용되는 도료이다. 에폭시 수지 도료는 단단하고 내마모성이 좋고 내산 · 내알칼리성이 특히 우수하여 콘크리트 등의 바탕면에 많이 사용된다. 합성수지 에멀션 페인트는 물을 용제로 희석하므로 냄새가 없어 화재와 폭발 위험이 없고 작업성이 좋으며 위생적이다. 내알칼리성이 강하여 콘크리트에 칠할 수 있는 장점으로 옥내 · 외에 널리 사용되고 있다. 품질은 한국산업규격(KS M 5320)에 규정되어 있다.

4) 특수 도료

① 방청 도료

방청도료(防靑塗料, Rustproof Paint)는 금속면의 보호와 부식방지, 즉 녹이 슬지 않게 할 목적으로 사용되는 특수도료로서 일명 녹막이 페인트라고도 한다.

방청도료는 광명단 도료, 방청산화철 도료, 알루미늄 도료, 역청질 도료, 워시프라이머, 징크로메이트, 규산염 도료 등이 있다.

그림 5.19-2 도장공사 – 녹막이 페인트칠

② 본타일

본타일은 합성수지와 체질안료를 혼합하여 입체무늬 모양을 내는 뿜칠용 도료로서 콘크리트 및 모르타르 바탕의 내 · 외부 벽면에 뿜칠로 요철무늬를 형성하는 도료이다. 종류로는 수성본타일, 아크릴본타일, 에폭시본타일, 탄성본타일이 있다. 탄성본타일은 경량기포 콘크리트의 외부 마감용 도료로 주로 사용되며, 수성본타일은 내부용이고, 기타는 내 · 외부용이다.

③ 단청 도료

단청 도료(丹靑塗料, Colorful Paint)는 각종 안료를 주로 아교풀에 묽게 개어 솔칠을 좋게 할 수 있도록 만든 도료이다. 안료는 자체만으로는 부착성이 없기 때문에 여기에 교액(膠液)인 아교풀 등을 사용하는 것으로서, 근래에는 수용성(수지) 도료가 개발되어 합성수지 접착제를 주로 이용한다. 단청 도료는 목재 내부를 보호하고 균열·부식을 방지하며, 화사하고 장엄하게 외관을 갖추는데 주로 쓰인다.

④ 기타 도료

특수 도료는 수행 기능별로 많은 도료가 있으나 일반적인 도료는 방화도료(防火塗料, Fire Retardant Paint), 발광도료(發光塗料, Luminous Paint), 방균도료(防菌塗料, Fungus Resistering Paint), 오일프라이머 오일퍼티 등의 유성바탕용 도료, 다채무늬도료(多彩紋塗料, Multi-color Spray Paint), 해머스톤도료, 예전부터 사용해 온 옻칠(Oriental Lacquer), 캐슈칠(Cashew Paint) 등이 있다.

19.4 도장방법과 소모품

도장은 현장별 도료의 칠방법으로 솔칠, 롤러칠, 문지름칠, 분칠(Spraying)이 있으며, 공장에서의 도장방법인 담금칠(侵漬法), 달굼칠(燒化法) 등이 있다.

1) 공 구

도장에 사용하는 기계·기구는 솔(Brush), 롤러(Roller), 뿜칠기(噴霧機, Spraygun) 및 전동박청기(電動剝靑機), 모래뿜칠기(Sand Sprayer, Sand Blower), 도치램프(Torch Lamp), 와이어 브러시(Wire Brush), 스크래퍼(Scraper) 등으로 녹을 제거한다. 또한 도장부의 건조 촉진을 위하여 적외선, 전열기 등을 사용한다.

2) 연마지

연마지(Sand Paper)는 종이나 천으로 된 것이 있으며, 각기 보통용과 내수용이 있다. 연마지(KS L 6003)는 FF·F #60~#120~#180~#240~#499 등이 있고, 조경공사에서는 #80 이상이 많이 쓰인다. 이 번호는 2.54cm(1 Inch)각의 체눈 수효, 즉 모래의 입도를 표시한 것이다.

19.5 품셈의 적용

1) 적용 범위

도장공사는 면의 평활도, 성질, 칠 종류, 품질(요구도) 등에 따라 재료와 품의 변화가 있다. 바탕재료별 도장횟수는 시방서에 의하되 특별한 규정이 없는 조경공사의 범용적 기준은 다음과 같다.

〈표 5.19-2〉 도장 횟수 기준

구 분	종 류	색 상	회 수
목 부	유성페인트	지 정 색	2~3 회
철 부	녹막이 페인트	적색(고유색)	1~2 회
〃	유성페인트	지 정 색	2~3 회
콘크리트부	외부용 수성페인트	지 정 색	1~2 회

[주] 칠두께 2mm일 때 기준임.

조경공사의 칠면적 산정은 특별히 곤란한 경우가 없으므로 도료의 종류별, 장소별로 칠하는 면의 실제 면적을 산출 적용한다. 요철부나 곡면 등은 펼쳐진 형태의 평면 환산 길이와 면적으로 계상하며, 특별히 면적계산의 산식이 필요한 경우 [2014년 건축품셈 17-1(칠면적 배수)]를 참조 준용한다.

2) 품셈 기준

칠공사는 [건축품셈 제11장(칠공사)]에 공통공사, 페인트, 스프레이로 구분하고 있다.

① 바탕 만들기

칠공사 기반인 바탕만들기와 퍼티 및 연마는 [건축품셈 11-1(공통공사)]의 -1 콘크리트·모르타르면 바탕만들기, -3 도장 후 퍼티 및 연마에 의하여 다음과 같이 적용하며, -2 석고보드면 바탕만들기는 품셈을 참고 적용한다.

바탕만들기의 목재면은 품셈 포함으로, 철재면은 공장가공제품 기준으로 2015년 품셈 개정시 삭제되었으므로 철재면은 [2014년 건축품셈 17-2-5(바탕 만들기)]를 다음과 같이 준용하며, 목재면은 오일스테인의 비고를 적용한다.

〈표 5.19-3〉 콘크리트 · 모르타르면 바탕만들기 [건축품셈] (m^2 당)

구 분	단위	수 량
도 장 공	인	0.010
보 통 인 부	인	0.001
비 고	- 천장은 본 품의 20%를 가산한다.	

[주] 1. 본 품은 하도 바름 전 콘크리트, 모르타르면의 바탕만들기를 기준한 것이다.
2. 본 품은 바탕 처리, 퍼티 및 연마 작업이 포함된 것이다.
3. 콘크리트 견출 및 마감미장, 프라이머 바름은 별도 계상한다.
4. 비계사용시 높이에 따라 다음 할증률에 의한 품을 가산할 수 있으며 19층 이상은 매 3층 증가마다 4%씩 가산할 수 있다.
   - 지하층 및 1~3층 : 0(%)
   - 4~6층 : 5(%)
   - 7~9층 : 8(%)
   - 10~12층 : 12(%)
   - 13~15층 : 16(%)
   - 16~18층 : 20(%)
5. 외벽에서 층의 구분을 할 수 없을 때에는 층고를 3.6m로 기준하여 층수를 환산하고 내벽 높이에서도 3.6m를 기준하여 환산 적용한다.
6. 재료량은 다음을 참고하며, 상세 수량은 도료 종류에 따라 제조사에서 제시하고 있는 수량을 적용할 수 있다.
   - 퍼티 : 0.05(kg)
   - 연마지(#120~180) : 0.1(매)
   ※ 위 재료량은 할증이 포함된 것이다.

〈표 5.19-4〉 바탕 만들기 - 철재면 [2014년 건축품셈] (m² 당)

구 분	규 격	단위	수 량
연 마 지	#180	매	0.25
도 장 공		인	0.015

[주] 1. 본 품은 재료의 할증 및 소운반품이 포함되어 있다.
2. 본 품의 재료 및 품은 녹막이 페인트칠 전 소재의 바탕 만들기에 소요되는 재료 및 품이다.
3. 공구손료는 인력품의 2%로 가산한다.
4. 특수 화학처리가 필요한 공법일 경우에는 인산염 처리의 경우 인산염 0.04(kg)과 도장공 0.017(인)을 적용하며, 프라이머 처리의 경우 프라이머 0.02(kg)과 도장공 0.017(인)을 적용한다.

〈표 5.19-5〉 도장 후 퍼티 및 연마 [건축품셈] (m² 당)

구 분	단위	수 량
도 장 공	인	0.005
보 통 인 부	인	0.001
비 고	- 천장은 본 품의 20%를 가산한다.	

[주] 1. 본 품은 하도 바름 이후의 퍼티 및 연마를 기준한 것이다.
2. 비계사용시 높이별 품할증은 [건축품셈 11-1-1(콘크리트 · 모르타르면 바탕만들기)]에 준하여 계상한다.
3. 재료량은 다음을 참고하며 상세수량은 도료 종류에 따라 제조사에서 제시하고 있는 수량을 적용할 수 있다.
- 철 재 면 : 퍼티 0.08(kg), 연마지 0.05(매)
- 콘크리트면 : 퍼티 0.06(kg), 연마지 0.25(매)

※ 위 재료량은 할증이 포함된 것이다.

② 녹막이 페인트

철재면의 녹막이 페인트는 [건축품셈 11-2-6(녹막이 페인트칠)]에 의하여 다음과 같이 적용한다. 바탕만들기는 주②와 같이 2015년 삭제되었으나 조경공사의 특성상 [2014년 건축품셈 17-2-5(바탕 만들기)]인 〈표 5.19-4〉를 필요시 준용한다.

〈표 5.19-6〉 녹막이 페인트칠 [건축품셈] (m² 당)

구 분	단위	수 량
도 장 공	인	0.015
보 통 인 부	인	0.003
비 고	- 천장은 본 품의 20%를 가산한다.	

[주] 1. 본 품은 철재면에 방청 페인트를 붓으로 1회 칠하는 기준이다.
2. 철재면 바탕만들기는 공장에서 기수행 후 반입된 기준으로 별도 계상하지 않는다.
3. 비계사용시 높이별 품할증은 [건축품셈 11-1-1(콘크리트 · 모르타르면 바탕만들기)]에 준하여 계상한다.
4. 재료량은 다음을 참고하며, 상세수량은 도료 종류에 따라 제조사에서 제시하고 있는 수량을 적용할 수 있다.
- 1회 : 녹막이페인트 0.080(ℓ), 시너 0.004(ℓ)
- 2회 : 녹막이페인트 0.161(ℓ), 시너 0.008(ℓ)
- 3회 : 녹막이페인트 0.182(ℓ), 시너 0.012(ℓ)

※ 위 재료량은 할증이 포함된 것이며, 각 횟수의 재료량은 합산한 누계 수치이다.
※ 잡재료비는 주재료(페인트 · 시너)비의 3%로 계상한다.

③ 유성페인트

유성페인트는 [건축품셈 11-2-4(유성페인트 붓칠)], [건축품셈 11-2-5(유성페인트 롤러칠)]에 의하여 다음과 같이 적용한다.

〈표 5.19-7〉 유성페인트 붓칠 [건축품셈]

(m² 당)

구 분		단위	수 량
바탕면	인 력		
철 재 면	도 장 공 보 통 인 부	인 인	0.020 0.004
콘크리트 · 모르타르면 석 고 보 드 면	도 장 공 보 통 인 부	인 인	0.024 0.004
비 고	– 천장은 본 품의 20%를 가산한다.		

[주] 1. 본 품은 유성페인트를 1회 칠하는 기준이다.
2. 콘크리트 · 모르타르면, 석고보드면의 바탕만들기는 [건축품셈 11-1-1(콘크리트 · 모르타르면 바탕만들기)]에 준하여 계상하며, 철재면 바탕만들기는 공장에서 기 수행 후 반입된 기준으로 별도 계상하지 않는다.
3. 비계사용시 높이별 품할증은 [건축품셈 11-1-1(콘크리트 · 모르타르면 바탕만들기)]에 준하여 계상한다.
4. 재료량은 다음을 참고하며, 상세 수량은 도료 종류에 따라 제조사에서 제시하고 있는 수량을 적용할 수 있다.
• 철재면 1회 : 조합페인트 0.081(ℓ), 시너 0.004(ℓ)
• 철재면 2회 : 조합페인트 0.166(ℓ), 시너 0.008(ℓ)
• 철재면 3회 : 조합페인트 0.246(ℓ), 시너 0.012(ℓ)
• 콘크리트 · 모르타르면, 석고보드면 1회 : 조합페인트 0.099(ℓ), 시너 0.004(ℓ)
• 콘크리트 · 모르타르면, 석고보드면 2회 : 조합페인트 0.199(ℓ), 시너 0.008(ℓ)
• 콘크리트 · 모르타르면, 석고보드면 3회 : 조합페인트 0.282(ℓ), 시너 0.012(ℓ)
※ 위 재료량은 할증이 포함된 것이며, 각 횟수의 재료량은 합산한 누계 수치이다.
※ 잡재료비는 주재료(페인트 · 시너)비의 4%로 계상한다.

〈표 5.19-8〉 유성페인트 롤러칠 [건축품셈]

(m² 당)

구 분		단위	수 량
바탕면	인 력		
철 재 면	도 장 공 보 통 인 부	인 인	0.011 0.002
콘크리트 · 모르타르면 석 고 보 드 면	도 장 공 보 통 인 부	인 인	0.013 0.003
비 고	– 천장은 본 품의 20%를 가산한다.		

[주] 1. 본 품은 유성페인트를 1회 칠하는 기준이다.
2. 본 품은 보조붓칠 작업이 포함된 것이다.
3. 콘크리트 · 모르타르면, 석고보드면의 바탕만들기는 [건축품셈 11-1-1(콘크리트 · 모르타르면 바탕만들기)]에 준하여 계상하며, 철재면 바탕만들기는 공장에서 기 수행 후 반입된 기준으로 별도 계상하지 않는다.
4. 비계사용시 높이별 품할증은 [건축품셈 11-1-1(콘크리트 · 모르타르면 바탕만들기)]에 준하여 계상한다.
5. 재료량은 [건축품셈 11-2-4(유성페인트 붓칠)]을 참고한다.
6. 석고보드면은 콘크리트면과 동일하게 적용한다.

④ 수성페인트

수성페인트(합성수지 에멀션 페인트)는 [건축품셈 11-2-1(수성페인트 붓칠)], [건축품셈 11-2-2(수성페인트 롤러칠)], [건축품셈 11-2-3(수성페인트 뿜칠)]에 의하여 다음과 같이 적용한다.

〈표 5.19-9〉 수성페인트 붓칠 [건축품셈]

(m² 당)

구 분	단위	수 량
도 장 공 보 통 인 부	인 인	0.022 0.004
비 고	– 천장은 본 품의 20%를 가산한다.	

[주] 1. 본 품은 수성페인트를 1회 칠하는 기준이다.
2. 바탕만들기는 [건축품셈 11-1(공통공사)]에 준하여 별도 계상한다.
3. 비계사용시 높이별 품할증은 [건축품셈 11-1-1(콘크리트 · 모르타르면 바탕만들기)]에 준하여 계상한다.
4. 재료량은 다음을 참고하며, 상세 수량은 도료 종류에 따라 제조사에서 제시하고 있는 수량을 적용할 수 있다.
• 1회 : 에멀션페인트 0.098(ℓ)
• 2회 : 에멀션페인트 0.197(ℓ)
• 3회 : 에멀션페인트 0.296(ℓ)
※ 위 재료량은 할증이 포함된 것이며, 각 횟수의 재료량은 합산한 누계 수치이다.
※ 잡재료비는 주재료(페인트)비의 6%로 계상한다.

〈표 5.19-10〉 수성페인트 롤러칠 [건축품셈] (m^2 당)

구 분	단위	수 량
도 장 공	인	0.012
보 통 인 부	인	0.002
비 고	- 천장은 본 품의 20%를 가산한다.	

[주] 1. 본 품은 수성페인트를 1회 칠하는 기준이다.
2. 본 품은 보조 붓칠 작업이 포함된 것이다.
3. 바탕만들기는 [건축품셈 11-1(공통공사)]에 준하여 별도 계상한다.
4. 비계사용시 높이별 품할증은 [건축품셈 11-1-1(콘크리트 · 모르타르면 바탕만들기)]에 준하여 계상한다.
5. 재료량은 [건축품셈 11-2-1(수성페인트 붓칠)]을 참고한다.

〈표 5.19-11〉 수성페인트 뿜칠 [건축품셈] ($10m^2$ 당)

구 분	단위	수 량
도 장 공	인	0.027
보 통 인 부	인	0.013
비 고	- 천장은 본 품의 20%를 가산한다.	

[주] 1. 본 품은 수성페인트를 1회 칠하는 기준이다.
2. 본 품은 보조 붓칠 작업이 포함된 것이다.
3. 공구손료 및 경장비(엔진식 도장기 등)의 기계경비는 인력품의 9%를 계상한다.
4. 보양작업은 별도 계상한다.
5. 바탕만들기는 [건축품셈 11-1(공통공사)]에 준하여 별도 계상한다.
6. 비계사용시 높이별 품 할증은 [건축품셈 11-1-1(콘크리트 · 모르타르면 바탕만들기)]에 준하여 계상한다.
7. 재료량은 다음을 참고하며, 상세 수량은 도료 종류에 따라 제조사에서 제시하고 있는 수량을 적용할 수 있다.
• 1회 : 에멀션페인트 1.27(ℓ)
• 2회 : 에멀션페인트 2.56(ℓ)
※ 위 재료량은 할증이 포함된 것이며, 각 횟수의 재료량은 합산한 누계 수치이다.
※ 잡재료비는 주재료(페인트)비의 6%로 계상한다.

⑤ 오일스테인칠

오일스테인칠은 [건축품셈 11-2-7(오일스테인칠)]에 의하여 다음과 같이 적용한다.

〈표 5.19-12〉 오일스테인칠 [건축품셈] (m^2 당)

구 분	단위	수 량
도 장 공	인	0.021
보 통 인 부	인	0.004
비 고	- 바탕처리용 스테인 필러는 별도 가산하고, 품은 m^2당 도장공 0.021~0.03인을 가산한다.	

[주] 1. 본 품은 목재면에 오일스테인을 붓으로 1회 칠하는 기준이다.
2. 비계사용시 높이별 품할증은 [건축품셈 11-1-1(콘크리트 · 모르타르면 바탕만들기)]에 준하여 계상한다.
3. 재료량은 다음을 참고하며, 상세 수량은 도료 종류에 따라 제조사에서 제시하고 있는 수량을 적용할 수 있다.
• 1회 : 오일스테인 0.091(kg), 시너 0.008(ℓ), 퍼티 0.006(kg)
• 2회 : 오일스테인 0.150(kg), 시너 0.018(ℓ), 퍼티 0.006(kg)

※ 위 재료량은 할증이 포함된 것이며, 각 횟수의 재료량은 합산한 누계 수치이다.
※ 잡재료비(가솔린, 넝마)는 주재료(오일스테인, 시너)의 6%로 계상한다.

⑥ 에폭시 페인트칠

에폭시 페인트칠은 [건축품셈 11-2-8(에폭시 페인트칠)]에 의하여 다음과 같이 적용한다.

〈표 5.19-13〉 에폭시 페인트칠 [건축품셈] (m^2 당)

구 분	단위	에폭시 코팅 (롤러칠)	에폭시 라이닝 (레기칠)
도 장 공	인	0.039	0.044
보 통 인 부	인	0.008	0.023

[주] 1. 본 품은 콘크리트 바닥면에 에폭시 페인트를 칠하는 기준이다.
2. 본 품은 하도 1회, 퍼티 및 연마, 에폭시 페인트 2회칠을 기준으로 한 것이다.
3. 본 품은 바닥정리, 퍼티 및 연마, 보조 붓칠 작업이 포함된 것이다.
4. 하도 전 바탕만들기는 [건축품셈 11-1-1(콘크리트 · 모르타르면 바탕만들기)]에 준하여 별도 계상한다.
6. 에폭시 코팅의 재료량은 다음을 참고하며, 상세수량은 도료종류에 따라 제조사에서 제시하고 있는 수량을 적용할 수 있다.
• 에폭시페인트 0.53(ℓ), 프라이머 0.19(ℓ), 시너 0.125(ℓ)
※ 위 재료량은 할증이 포함된 것이다.

⑦ 스프레이 도장

스프레이는 [건축품셈 11-3(스프레이)]의 -1 무늬코트칠, -2 탄성코트칠에 의하여 다음과 같이 적용한다.

〈표 5.19-14〉 스프레이 _ 무늬코트칠 [건축품셈] (m^2 당)

구 분	단위	수 량
도 장 공	인	0.056
보 통 인 부	인	0.011
비 고	– 천장은 본 품의 20%를 가산한다.	

[주] 1. 본 품은 콘크리트, 모르타르 벽면에 무늬코트를 칠하는 기준이다.
2. 본 품은 하도 2회(롤러칠), 퍼티 및 연마, 무늬코트 1회(스프레이칠), 상도코팅 1회(롤러칠) 칠을 기준으로 한 것이다.
3. 본 품은 보조 붓칠 작업이 포함된 것이다.
4. 공구손료 및 경장비(에어컴프레서, 스프레이건 등)의 기계경비는 인력품의 1%를 계상한다.
5. 보양작업은 별도 계상한다.
6. 하도 전 바탕만들기는 [건축품셈 11-1-1(콘크리트 · 모르타르면 바탕만들기)]에 준하여 별도 계상한다.

〈표 5.19-15〉 스프레이 _ 탄성코트칠 [건축품셈] (m^2 당)

구 분	단위	수 량
도 장 공	인	0.044
보 통 인 부	인	0.009
비 고	– 천장은 본 품의 20%를 가산한다.	

[주] 1. 본 품은 콘크리트, 모르타르 벽면에 탄성코트를 칠하는 기준이다.
2. 본 품은 하도 1회(롤러칠), 퍼티 및 연마, 탄성코트 1회(스프레이칠), 상도코팅 1회(롤러칠) 칠을 기준으로 한 것이다.
3. 본 품은 보조 붓칠 작업이 포함된 것이다.
4. 공구손료 및 경장비(에어컴프레서, 스프레이건 등)의 기계경비는 인력품의 1%를 계상한다.
5. 보양작업은 별도 계상한다.
6. 하도 전 바탕만들기는 [건축품셈 11-1-1(콘크리트 · 모르타르면 바탕만들기)]에 준하여 별도 계상한다.

⑧ 기타 칠공사

낙서방지용 페인트는 [건축품셈 11-2-9(낙서방지용 페인트칠)], 걸레받이용 페인트는 [건축품셈 11-2-10(걸레받이용 페인트칠)]에 의하여 다음과 같이 적용한다.

〈표 5.19-16〉 낙서방지용 페인트칠 [건축품셈] (m^2 당)

구 분	단위	수 량
도 장 공	인	0.031
보 통 인 부	인	0.007

[주] 1. 본 품은 낙서방지용 페인트를 롤러로 2회 칠하는 기준이다.
2. 본 품은 마스킹 테이프 붙이기, 퍼티 및 연마, 보조 붓칠 작업이 포함된 것이다.
3. 하도 전 바탕만들기는 [건축품셈 11-1-1(콘크리트 · 모르타르면 바탕만들기)]에 준하여 별도 계상한다.
4. 재료량은 다음을 참고하며, 상세수량은 도료 종류에 따라 제조사에서 제시하고 있는 수량을 적용할 수 있다.
• 낙서방지용 아크릴수지 0.22(ℓ), 시너 0.05(ℓ), 퍼티 0.06(kg), 연마지(22.8×28cm) 0.50(매)
※ 위 재료량은 할증이 포함된 것이다.

〈표 5.19-17〉 걸레받이용 페인트칠 [건축품셈] (m^2 당)

구 분	단위	수 량
도 장 공	인	0.067
보 통 인 부	인	0.011

[주] 1. 본 품은 걸레받이용 페인트를 붓으로 2회 칠하는 기준이다.
2. 본 품은 마스킹 테이프 붙이기, 퍼티 및 연마, 보조 붓칠 작업이 포함된 것이다.
3. 하도 전 바탕만들기는 [건축품셈 11-1-1(콘크리트 · 모르타르면 바탕만들기)]에 준하여 별도 계상한다.
4. 재료량은 다음을 참고하며, 상세수량은 도료 종류에 따라 제조사에서 제시하고 있는 수량을 적용할 수 있다.
• 낙서방지용 아크릴수지 0.26(ℓ), 시너 0.05(ℓ), 퍼티 0.06(kg), 연마지(22.8×28cm) 0.50(매)
※ 위 재료량은 할증이 포함된 것이다.

목재의 보존을 위한 목재면 칠방부는 [2014년 건축품셈 17-11(목재 방부제 칠)]인 〈표 5.11-8〉에 의하여 준용한다.

마감면 미화를 위한 석재뿜칠인 콘크리트면 뿜칠은 [건축품셈 11-3-3(콘크리트면 뿜칠)]인 〈표 5.18-12〉에 의하여 적용한다.

기존 건축물과 시설물의 재도장 바탕만들기는 [제21절 철거 및 보수공사편에 기술된 [건축품셈 12-1-2(기존건축물의 바탕만들기)]인 〈표 5.21-16〉을 적용한다.

20 유리 및 기타공사

Landscape Architecture

20.1 유리공사

그림 5.20-1 유리 가벽

유리(琉璃, Glass)는 철·시멘트와 더불어 중세기부터 사용된 건축의 기본적인 재료로 우리가 매일 접하는 친근한 재료이다. 유리는 균일한 품질로 대량생산이 가능하며 광선을 투과하는 반영구적인 내구성의 불연재로서 에칭(Etching), 착색(Stained), 컬러링 등의 다양한 표현이 가능한 장점과, 충격과 연소에 약하여 파손되기 쉽고 단열·차음효과가 다른 재료에 비하여 떨어지는 단점이 있다.

유리는 색·형태·질감에서 자유로우며, 실용성과 조형성을 동시에 만족시킬 수 있는 최적의 소재이다. 근대에 이르러 제조기술의 발달로 결점이 보완된 유리가 개발되면서 더욱 다양한 용도로 널리 적용되고 있으므로 우수한 재료인 유리 사용을 폭넓게 고려할 필요성이 있다.

1) 유리의 특성

유리의 주성분은 규산(SiO_2), 소다(Na_2O), 석회(CaO)이고, 기타 성분은 붕산, 인산, 산화마그네슘, 알루미나, 산화아연 등을 소량 함유하고 있으며, 유리에 특수성을 부여하기 위하여 산화제, 환원제, 청징제, 착색제, 탈색제 등을 첨가하기도 한다. 유리의 성질은 그 성분에 따라 큰 차이가 있으며, 물리적·화학적 성질은 조성과 열처리에 의하여 크게 달라진다.

① 역학적 성질

㉠ **비중** : 성분에 따라 2.2~6.3의 범위이며, 보통의 판유리는 2.5 내외이다.

㉡ **경도** : 성분과 열처리에 따라 다르지만 일반적으로 4.5~5.5 정도이다.

㉢ **강도** : 조성과 열처리 및 두께와 관계가 있다. 압축강도는 5,000~12,000kg/cm^2, 인장강도는 300~800kg/cm^2, 휨강도는 250~750kg/cm^{2}이다.

㉣ **선팽창계수** : 보통의 판유리는 20~400℃에서 8~11×10^{-6}이다.

② 물리적 성질

㉠ **열 · 전기에 대한 성질 :** 일반적으로 열전도율 및 열팽창률이 작고 비열은 크므로 부분적으로 급히 가열하거나 냉각하면 파괴되기 쉽다. 전기에 대하여 건조상태에서 부도체이지만 공중의 습도가 많게 되면 유리의 표면에 습기가 흡착되어 절연성이 적어진다.

㉡ **빛에 대한 성질 :** 유리의 성분 · 두께 · 표면의 평활도 · 맑은 정도 및 광선의 파장에 따라 달라진다. 굴절률은 1.5~1.9(보통의 판유리는 1.5 정도)이고, 납을 함유하면 높아진다. 유리는 빛의 정반사와 난반사(확산반사)가 있으며 입사각(入射角)이 클수록 확산도는 적어지고, 반사는 굴절률과 입사각에 비례하여 증대한다.

㉢ **흡수 및 투과 :** 일반적인 깨끗한 유리의 흡수율은 2~6% 정도로서 흡수율은 두꺼울수록, 불순물이 많을수록, 착색이 진할수록 높아진다. 투과율은 투사각이 0도(유리면에 직각)일 때 최고 92%이며, 일반적으로 약 90%의 광선을 투과한다.

③ 화학적 성질

㉠ **물의 작용 :** 유리가 장기간 외기에 노출되면 대기 중의 수분 · 탄산가스 · 아황산가스 · 암모니아가스 등의 풍화작용으로 유리 표면에 기름이 번지거나 횟가루가 돋아날 수 있다.

㉡ **화학작용과의 관계 :** 유리는 약한 산에는 견디지만 염산 · 황산 · 및 가성소다 · 가성칼리 등에 침식되어 성분 중의 규산분을 잃게 된다. 유리를 침식시키는 것은 불화수소인데 이 성질을 이용하여 유리기구에 눈금이나 마크 등을 만든다.

2) 유리의 종류

유리의 종류는 화학적 성분 및 용도에 따라 매우 다양하지만 일반적인 판유리와 성형유리로 대별된다. 성형유리는 유리블록, 프리즘유리, 스테인드유리 등이며 판유리의 종류는 다음과 같다.

- **일반유리 :** 보통판유리, 무늬유리, 연마판유리, 형판유리, 골판유리, 망입유리, 색유리, 에칭유리, 거울유리
- **특수유리 :** 반사유리, 매직유리, 스팬드럴유리
- **열처리유리 :** 강화유리, 곡면유리
- **복합유리 :** 복층유리, 접합유리

① 보통 판유리

건축물 창호 등에 통상적으로 사용되는 판유리(Sheet Glass)로서, 그 표면이 제조된 그대로의 평활면인 맑은판유리(투명판유리)와 한 면을 규사 등으로 갈거나 부식 등에 의하

여 불투시형으로 가공된 서리판유리(흐린판유리)로 구분된다.

일반 창호용의 2~3mm 판유리를 얇은판유리 또는 박판유리(薄板琉璃)라 하고, 6mm 이상 것을 두꺼운 판유리 또는 후판유리(厚板琉璃)라고 한다. 유리는 9.29m^2(100ft^2)의 1상자 단위로 판매되며, 보통판유리의 규격은 한국산업규격(KS L 2001)에 규정되어 있다.

② 기타 일반유리

㉠ 무늬유리(Embossed Glass) : 투명판 유리의 한 면에 여러 모양의 무늬를 만들어 제작한 것으로 규격은 한국산업규격(KS L 2005)에 규정되어 있다.

㉡ 형판유리(Patterned Glass, Rolled Glass) : 한 면 또는 양면에 각종 무늬가 있는 반투명 판유리로서 모양에 따라 줄무늬형, 바둑판무늬형, 다이아몬드형, 주름형 등이 있다.

㉢ 연마판유리(Polished Plate Glass) : 후판유리의 한면이나 양면을 연마 · 가공하여 평활하게 만든 판유리로서, 고급건축물의 외부창 유리로 쓰인다.

㉣ 망입유리(Wire Glass) : 유리 내부에 금속망을 삽입 · 압착 성형한 판유리로서 철망유리 또는 그물유리라고도 한다. 망입유리는 유리 파편이 발생하므로 상해 · 도난 · 화재방지용 · 외부장식용으로 사용된다. 규격은 한국산업규격(KS L 2006)에 규정되어 있다.

㉤ 색유리(Colored Glass) : 판유리에 착색제를 넣어 만든 유리로서 투명품과 불투명품이 있고, 내부까지 착색된 포트메탈유리(Pot Metal Glass)와 표면에 얇은 막을 처리한 케이스트유리(Cased Glass, Color Coating Glass)가 있다.

㉥ 에칭유리(Etching Glass) : 후판(厚板) 유리면에 그림 · 무늬 · 모양 · 문자 등을 화학적으로 새긴 유리로서, 일명 조각유리라고도 하며 주로 장식용으로 쓰인다.

㉦ 거울유리(Mirror Glass) : 판유리 뒷면에 수은과 합금인 아말감(Amalgam)을 도포하여 전반사되는 유리로서, 규격은 한국산업규격(KS L 2104)에 규정되어 있다.

③ 특수유리

㉠ 반사유리(Reflectorized Glass) : 특수기체 표면처리로 일정 두께의 반사막을 입힌 판유리이다. 이 유리는 광선을 면한 쪽에서는 불투명하여 건축물에 사용하였을 때 낮에는 내부에서 투명하게 보이고 밤에는 외부에서 투명하게 보인다.

㉡ 매직유리(Magic Glass) : 판유리에 얇은 은막(Silverfoil) 등의 반사성 금속 피막을 입힌 유리로서 매직거울(Magic Mirror)이라고도 하며, 밝은 쪽에서는 반사되고 어두운 쪽에서는 투시되는 성질을 가지고 있다.

④ 열처리 · 복합유리

㉠ 강화유리(Tempered Glass, Strong Glass) : 판유리의 열처리 후 유리에 공기를 뿜어 급랭 강화시킨 유리로서, 강화안전유리(Tempered Safety Glass) 또는 강철유리(Steel Glass)라고 하며, 규격은 한국산업규격(KS L 2002)에 규정되어 있다. 휨 · 충격 · 압축 등은 보통유리의 2~6배이고, 예리한 파편 없이 알갱이 모양으로 파손되어 안전유리라고도 한다. 그러나 강화열처리 후에는 절단 · 구멍뚫기 등 재가공이 극히 곤란하며, 특히 12mm는 절단이 불가능하므로 열처리 이전에 가공이 완료되어야 한다.

㉡ 복층유리(Pair Glass) : 2~3장 유리를 일정한 간격으로 둘레에 틀을 끼워 내부를 기밀하게 만들고, 깨끗한 공기 등을 넣은 판유리이다. 보통 페어글라스라 부르고, 이중유리(Double Glass) 또는 겹유리라고도 한다.

㉢ 접합유리(Laminated Glass) : 2장 또는 그 이상의 판유리 사이에 플라스틱필름(Plastic Film)을 넣고 고열로 접착하여 파손 시에도 그 파편이 분리되지 않도록 만든 안전유리의 일종이다. 접합안전유리(Laminated Safe Glass) 또는 합판유리(Laminated Glass)라 부르며, 안전성이 요구되는 장소 또는 방범 · 방탄용 유리로 사용된다. 규격은 한국산업규격(KS L 2004)에 규정되어 있다.

⑤ 성형유리

㉠ 유리블록(Glass Block) : 사각형, 원형의 상자형태를 고열로 용착(溶着) 일체화하고, 내부에는 0.5기압 정도의 공기를 봉입(封入)하여 제작한다. 모양에 따라 정방형 · 장방형 · 둥근형 · 이형 등이 있다. 규격은 한국산업규격(KS F 4903)에 규정되어 있다.

그림 5.20-2 유리블록 시설물

㉡ 프리즘유리(Prism Glass) : 프리즘의 이론을 응용한 유리제품으로 한 면은 톱니 모양의 돌기가 있고 다른 면은 평활한 판유리로 되어 있다.

㉢ 스테인드유리(Staned Glass) : 색유리를 쓰거나 색을 칠하여 무늬 및 그림을 나타내거나 색유리를 도안에 따라 절단하여 I자형 납살에 끼워 납접한 것이다.

㉣ 기타 유리 : 벽돌 또는 타일 모양 유리 성형품으로 장식벽 등에 사용하는 유리벽돌(Glass Brick)과 유리타일(Glass Title), 유리를 섬유형태로 뽑아 천장재로 사용하는 유리섬유(Glass Wool), 유리를 분말로 카본(Carbon) 발포제를 섞어 가열 발포한 후 서서히 냉각하여 만든 폼유리(Form Glass) 등이 있다.

3) 품셈의 적용

① 적용 범위

유리 수량은 생산 정미면적에 가장 가까운 큰 규격으로 산출한 매수에 할증률 1%를 가산하여 구한다. 이때 소요량이 많을 경우 주문생산과 비교하여 경제적인 것을 택하며, 특수유리 등도 규격품을 적용하거나 특수한 경우 주문 생산한다.

유리공사는 제품과 설치품을 견적으로 계상하는 경우가 많으나 유리량을 산출할 때는 유리끼우기의 홈 깊이(일반 7.5mm)를 더하여 산출하여야 한다.

② 품셈 기준

유리 및 유리제품은 보통 주문제작에 의하므로 품셈은 최소 기준으로 기술하고 있다. 그러므로 가능한 한 주문 제작설치하며 품셈은 [건축품셈 10-3(유리)]의 -1 창호유리 설치, -2 커튼월유리 설치에 의하여 다음과 같이 적용한다.

유리블록은 [2013년 건축품셈 17-3(유리블록 쌓기)], 유리닦기는 [2013년 건축품셈 17-2(유리닦기)]에 의하여 다음과 같이 준용한다.

〈표 5.20-1〉 창호유리 설치 [건축품셈] (m² 당)

구 분		단위	수 량								
			3mm 이하	5mm 이하	9mm 이하	12mm 이하	16mm 이하	18mm 이하	22mm 이하	24mm 이하	28mm 이하
판유리	유리공	인	0.072	0.083	0.095	0.124	–	–	–	–	–
	보통인부	인	0.011	0.013	0.015	0.017	–	–	–	–	–
복층유리	유리공	인	–	–	–	0.103	0.113	0.118	0.120	0.124	0.133
	보통인부	인	–	–	–	0.016	0.017	0.018	0.019	0.020	0.021

[주] 1. 본 품은 일반창호의 유리끼우기 기준이다.
2. 본 품은 유리끼우기, 누름대 설치, 실링재 도포, 유리닦기 및 마무리 작업을 포함한다.
3. 특수창호 및 특수유리(접합유리, 3중유리 등)인 경우에는 별도 계상한다.

〈표 5.20-2〉 커튼월유리 설치 [건축품셈] (m² 당)

구 분	단위	수 량					
		12mm 이하	16mm 이하	18mm 이하	22mm 이하	24mm 이하	28mm 이하
유리공	인	0.120	0.131	0.137	0.139	0.145	0.155
보통인부	인	0.020	0.021	0.022	0.023	0.024	0.025

[주] 1. 본 품은 커튼월 프레임에 구조용실란트를 사용하여 복층유리를 부착하는 기준이다.
2. 본 품은 노튼테이프 설치, 유리 붙이기, 구조실란트 및 방수실링재 도포, 유리닦기 및 마무리 작업을 포함한다.
3. 특수창호 및 특수유리(접합유리, 3중유리 등)인 경우에는 별도 계상한다.
4. 비계매기에 대한 품 또는 고소작업차 기계경비는 별도 계상한다.
5. 외벽의 높이에 따라 다음 할증률에 의한 품을 가산할 수 있으며 19층 이상인 경우 매 3층마다 4%씩 가산할 수 있다.
- 1~3층 : 0(%)
- 4~6층 : 5(%)
- 7~9층 : 8(%)
- 10~12층 : 12(%)
- 13~15층 : 16(%)
- 16~18층 : 20(%)

〈표 5.20-3〉 유리블록 쌓기 [2013년 건축품셈] (개 당)

규 격	단위	유 리 공
240×240×95	인	0.05
145×300×95	인	0.04
115×115×95	인	0.025

[주] 1. 틀(철틀, 콘크리트틀, 힘살 등)이 필요한 경우에는 재료 및 품을 별도 가산한다.
2. 보강철근, 줄눈 및 쌓기, 모르타르, 방수제 등의 재료는 설계 수량으로 별도 계상하되 품은 본 품에 포함되어 있다.
3. 본 품에는 소운반품이 포함되어 있다.

〈표 5.20-4〉 유리닦기 [2013년 건축품셈] (m^2 당)

구 분	단위	수 량	비 고
넝 마	kg	0.04	유리 양면
가 루 분	g	15.0	
보 통 인 부	인	0.055	

20.2 플라스틱

플라스틱(Plastic)이란 원래 가소성(Plasticity)이란 말에서 유래한 것으로 가소성을 가진 고분자화합물을 총칭한 것이다. 합성수지(合成樹脂, Synthetic Resins)는 풍부한 가소성으로 플라스틱과 같은 뜻으로 쓰이는 경우가 많다.

1) 플라스틱의 종류와 특징

플라스틱은 성질과 성상으로 여러 종류로 구분되지만 열에 대한 성질로서 열가소성 수지와 열경화성 수지의 2가지로 대별되며, 특징 및 용도는 〈표 5.20-5〉와 같다.

① **열가소성 수지(熱可塑性 樹脂, Thermoplastic Resin)** : 가열하거나 용제(溶劑)에 녹여 가공할 수 있는 수지류로서 열가소성 플라스틱이라고도 한다. 이 수지는 몇 번이라도 가열하여 모양을 만들 수 있으며 식으면 굳어진다. 즉 열경화성 수지와 달리 가열 후 식어도 화학구조의 변화 없이 물리적으로만 변한다.

그림 5.20-3 플라스틱 놀이시설

그림 5.20-4 플라스틱 조형물

그림 5.20-5 플라스틱 솔라블럭

② 열경화성 수지(熱硬化性 樹脂, Thermosetting Resin) : 가열이나 용제에 반응하여 다시 용해되지 않는 수지류로서 열경화성 플라스틱이라고도 한다. 이 수지는 열과 압력을 가하면 가소성으로 원하는 형태로 만들 수 있으나, 식었다 굳으면 수지의 화학적 구조가 달라져 다시 열을 가해도 부드러워지지 않는다.

〈표 5.20-5〉 플라스틱의 종류별 특징 · 용도

종 류		특 징	주 용 도
열가소성 수지	아크릴수지	투광성이 크고, 내후성이 양호, 착색이 자유롭다.	채광판, 유리 대용품
	염화비닐수지	강도 · 전기절연성 · 내약품성 양호, 가소재에 의해 유연고무와 같은 품질이 되며, 고온 · 저온에 약하다.	바닥타일, 시트, 파이프, 조인트재, 접착제, 도료
	초산비닐수지	무색투명, 접착성 양호, 각종 용제에 가용, 내열성이 부족하다.	도료, 접착제, 비닐론 원료
	비닐아세틸수지	무색투명, 밀착성이 양호하다.	안전유리 중간막, 접착제, 도료
	메틸메타크릴수지	무색투명, 강인하고, 내약품성이 상당히 크다.	방풍유리, 광조장식, 조명기구
	스티롤 수지	무색투명, 전기절연성 · 내수성 · 내약품성이 크며, 폴리스티렌 수지라고도 한다.	창유리, 파이프, 벽타일, 발포보온판, 채광용
	폴리에틸렌수지	물 보다 가볍고 유연 · 내열성이 낮은 것도 있다. 내약품성 · 전기절연성 · 내수성이 매우 양호하다.	건축 성형품, 방수필름, 벽재 · 발포보온관
	폴리아미드수지	강인하고 잘 미끄러지며 내마모성이 크다. 나일론 수지라고도 한다.	건축물 장식용품
	셀룰로이드	투명, 가소성 · 가공성 양호, 내열성이 없다.	대용유리, 수통 파이프
열경화성 수지	페놀 수지	강도 · 전기절연성 · 내산성 · 내열성 · 내수성 모두 양호하지만 내알칼리성이 약하다.	벽, 덕트, 파이프, 접착제, 발포보온판, 배전판
	요소 수지	대체로 페놀수지의 성질과 유사, 무색으로 착색이 자유롭고 내수성이 약간 약하다.	마감재, 조작재, 가구재, 도료, 접착제
	멜라민 수지	요소수지와 같으나 경도가 크고 내수성은 약하다.	마감재, 조작재, 가구재, 전기부품
	알키드 수지	접착성이 좋고 내후성이 양호, 성형이 가능하며 전기적 성능이 우수하다.	도료, 접착제
	폴리에스테르수지	전기절연성 · 내열성 · 내약품성이 좋고, 제압성형이 가능하며, 유리섬유를 보강재로 하면 강하다.	창틀, 덕트, 파이프, 도료, 욕조, 대성형품, 접착제
	실리콘 수지	열절연성이 크고, 내약품성 · 내후성 · 전기적 성능이 우수하다.	방수피막, 발포보온판, 도료, 접착제
	에폭시 수지	금속의 접착성이 크고, 내약품성이 양호하며, 내열성이 우수하지만 다소 고가이다.	금속도료, 접착제, 보온보냉재, 내수피막
	폴리우레탄수지	열절연성이 크고, 내약품성이 있으며, 내열성이 우수하다.	보온보냉재, 접착제, 내수피막, 도료
	규소 수지	내열성 · 전기절연성 · 발수성이 양호하며, 다소 고가이다.	전기부품, 기름 발수재
	푸란 수지	내약품성 · 접착성이 양호하며, 흑색이다.	금속도료, 금속 접착제

2) 플라스틱의 장 · 단점

① 플라스틱의 장점

- 중량이 가볍고 강도가 크며, 유리와 같은 파쇄성이 없다.
- 형상, 색채가 자유롭고, 종류가 다양하며, 대량생산이 가능하다.
- 전성 · 연성 · 전기절연성이 우수하며, 내수성 · 내식성이 풍부하다.
- 타재료와의 적층 · 집성이 용이하며, 수지 배합에 따라 특성을 조절할 수 있다.

② 플라스틱의 단점

- 무기재료에 비하여 내화성 · 내열성이 부족하다.
- 팽창 · 수축이 크며, 정전기를 일으키기 쉽다.
- 경도 · 강도 · 탄성계수 · 내후성이 작다.
- 종류가 많고 배합별 재료특성이 다르므로 특성의 파악이 곤란하다.

3) 주요 플라스틱 제품

① 바닥 판재

㉠ 염화비닐 타일(Polyvinyl Chloride Tile) : 염화비닐에 가소제를 섞어 연질로 만든 후 충전제로 석분 · 석면 · 코르크분말 등을 혼합하고 안료를 섞어 가열하면서 롤러로 압연 · 성형한 것이다. 탄력성 · 내마모성 · 내약품성이 좋아 바닥판과 계단의 논슬립용으로 사용되는 플라스틱타일, 비닐아스타일, 논슬립 등이 있다.

㉡ 비닐 시트(Polyvinyl Chloride Sheet) : 염화비닐과 초산비닐의 공중합체(共重合體)로서 석면 · 펄프 등의 충전제와 안료를 혼합하여 열압 · 성형한 시트로서, 부드럽고 보행의 촉감 · 미감 · 탄력 · 마모가 좋아 바닥의 마감재로 많이 쓰인다.

㉢ 비닐 타일(Vinyl Tile) : 아스팔트 · 합성수지 · 석면 · 광물분말 · 안료 등을 혼합 · 가열하여 시트형으로 30cm각 정도로 절단한 판이다. 촉감 · 미감 · 탄력 · 내화학성 · 내마멸성이 우수하여 자국이 빨리 회복되므로 바닥의 마감재로 많이 쓰인다.

㉣ 아스팔트 타일(Asphalt Tile) : 아스팔트와 수지를 원료로 석면 및 기타 충전재와 안료를 혼합하고 착색 · 열압 후 30cm각으로 절단한 것이다. 내화학성 · 내마멸성이 우수하고 자국이 바로 회복되므로 바닥재로 주로 쓰이는 아스타일 등이 있다.

㉤ 스펀지 시트(Sponge Sheet) : 염화비닐 수지를 원료로, 가소제 · 충전제 · 발포제 등을 혼입하여 스펀지층 위에 염화비닐의 착색막을 붙인 것으로 단열성 · 방음성이 우수하므로 바닥 및 내벽재로 많이 쓰인다.

㉥ 리놀륨, 리놀륨 타일(Linoleum Tile) : 리놀륨은 아마인유(亞麻仁油) 산화물인 리녹신(Linoxyn)에 수지 · 고무질 물질 · 코르크분말 · 안료 등을 섞어 두꺼운 시트로 압연 · 성형한 제품으로서 부드럽고 탄력성이 있으므로 바닥재 및 벽의 수장재로 쓰

인다. 리놀륨 타일은 30~90cm각으로 절단한 것으로서 바닥재로 쓰인다.

② 관(Pipe)

㉠ 경질 염화비닐관(Polyvinyl Pipe) : 염화비닐에 안정제·안료를 첨가 가열한 후 압축·성형하여 만든 관으로서 급·배수관 및 전선관 등에 주로 이용한다.

㉡ 폴리에틸렌 수지관(Polyethylene Resin Pipe) : 폴리에틸렌 수지를 압축·성형한 제품으로 고압압축은 부드럽고 저압압축은 약간 경질이다. 급·배수관 및 전선관 등에 사용되며, 내열성이 있으므로 가격이 비싼 편이다.

㉢ 염화비닐 튜브(Polyvinyl Tube) : 연질 비닐을 압축·성형한 것으로 강관의 녹막이 방지 피복제 및 미관 보존 등에 사용한다.

③ 판상 제품

㉠ 폴리에스테르 강화판(Polyester Hard Board) : 유리섬유를 폴리에스테르 수지와 혼합하여 가압·성형한 판 형태로 평판과 골판이 있다. 알칼리에는 약하나 저항성과 내구성이 좋아 수장재 및 설비재로 사용한다.

㉡ 폴리에스테르 치장판(Polyester Decorated Board) : 합판·하드보드 등에 0.5~1mm 폴리에스테르 수지를 입힌 판으로서, 경도는 크지만 열과 습기에 약하여 천장재 및 내벽판으로 사용되며 외장용은 부적당하다.

㉢ 아크릴 평판 및 골판(Acrylate Board & Acrylate Corrugated Board) : 입상(粒狀) 아크릴 원료에 안료를 혼합하여 열압·성형한 반투명판이다. 평판·골판으로의 성형이나 색의 다양한 연출이 가능하므로, 채광판·지붕재·장식재 등에 사용되며 아크릴골판은 휨강도 및 투명도가 좋아 지붕재에 많이 사용된다.

㉣ 멜라민 치장판(Melamine Board) : 두꺼운 종이에 페놀수지를 침투시키고 압력을 가하여 성형한 판으로서 내열성·내수성이 약하여 내장재·가구재로 사용된다.

㉤ 염화비닐 평판 및 골판(Polyvinyl Chloride Board & Polyvinyl Chloride Corrugated Board) : 입상의 염화비닐 원료를 가열하고 롤러를 통과시켜 투명평판·착색골판·무늬판·골판 등으로 만든 것으로서 천장재·내벽재로 쓰인다.

㉥ 폴리스티렌 평판(Polystyrene Board) : 폴리스티렌 수지를 가열하여 틀에 주입·성형한 것으로서 투명판은 채광판으로 쓰이고, 착색판은 내장재·장식재로 쓰인다.

④ 레더 및 필름

㉠ 비닐 가죽(Vinyl Leather) : 염화비닐에 가소제·안료·안정제를 혼합한 후 롤링으로 표면을 가죽 모양 레더스킨(Leather Skin)으로 만들거나 색채·모양·무늬 등을 자유롭게 할 수도 있다. 벽지·천장지 등으로 사용된다.

㉡ 염화비닐 필름(Polyvinyl Chloride Film) : 염화비닐에 가소제를 혼합하여 롤러에 통과시켜 만든 엷은 막으로서 연질품 · 경질품이 있다. 커튼 · 방수막으로 사용된다.

㉢ 수지 가공지 : 크라프트지(Craft Paper)와 같은 두꺼운 종이에 수지를 칠하여 방습 · 방수의 효과를 위해 만든 것으로서 방수지로 사용한다.

⑤ 다포질 제품

㉠ 플라스틱 스펀지(Plastic Sponge) : 각종 합성수지를 해면(海綿)형 다공상(多孔狀)으로 만들어 단열성과 흡음률이 커서 단열재 · 흡음재로 많이 사용된다. 종류는 염화비닐스펀지(상품명 스티로폼), 폴리우레탄폼, 합성고무스펀지 등이 있다.

㉡ 허니콤(Honey-comb) : 얇은 염화비닐판이나 페놀수지액에 적신 크라프트지 등을 여러 겹 겹치거나 벌집 모양으로 만든 제품을 총칭한다. 허니콤은 단열과 흡음이 좋고 코어(Core)로서 강도가 충분하여 주로 천장 · 벽체의 구성재 및 흡음재로 사용된다.

⑥ 합성수지 섬유제품

㉠ 염화비닐리덴 섬유(Polyvinylidene Fiber) : 염화비닐에서 얻은 염화비닐리덴을 용해하여 실로 만들고 직물로 짠 것이다. 천과 망사로 된 것이 있는데, 강도 · 내수성 · 내화학성 · 난연성이 있어서 벽지 등에 사용된다.

㉡ 비닐계 섬유(Polyvinyl Fiber) : 염화비닐제품과 폴리비닐 알코올 제품이 있으며, 내열성은 좋으나 수축성이 큰 것이 단점이다. 직물용으로 망사 · 커튼 · 스크린 등에 사용된다.

㉢ 폴리에스테르 섬유(Polyester Fiber) : 나일론과 비슷한 성질로 실내장식재 등에 주로 사용된다.

⑦ 도장 마감재료

㉠ 비닐 모르타르(Vinyl Mortar) : 염화비닐을 녹인 용액이나 초산비닐에멀션 등을 시멘트 모르타르에 혼합하여 바르면 광택과 인장강도 · 접착성 · 방수성이 증대되나 내구성은 불명확하다. 바닥에 바르면 탄성이 있어 보행의 촉감이 좋아진다.

㉡ 플라스틱 라이닝(Plastic Lining) : 플라스틱 필름을 연속적 또는 두껍게 바르는 형태로서 내식성 · 내수성으로 수조 등의 내벽 또는 지하실 방수 등에 사용된다.

㉢ 합성수지 스프레이 코팅재 : 알키드수지 · 아크릴수지 · 에폭시수지 · 작산비닐수지 등을 용제에 녹이고 착색제를 혼입하여 만든 도료의 일종으로서 내화학성 · 내후성 · 방수성 및 치장효과가 있어서 내외장 도장재료로 사용된다.

⑧ 기 타

㉠ 플라스틱 건축용 제품으로 신축줄눈대(Expansion Joint), 조이너(Joinner), 필름(Film), 욕조(Bathtubs), 창(Sash), 문(Door) 등에 사용되고 있다.

㉡ 조경용 제품으로 인조석, 놀이시설, 체육시설 및 지붕재, 포장재, 가공재, 조명등과 소품 등에 매우 다양하게 사용되며, 많은 제품의 개발로 더욱 다양하고 빈번하게 사용될 것으로 판단된다.

20.3 막구조

① 막구조(Membrane Structure)는 코팅된 직물(Coated Fabrics)을 주재료로 초기장력을 주고 외관의 강성을 늘림으로서 외부하중에 대하여 안정된 형태를 유지하는 구조물이다. 막(Membrane) 자체의 인장력으로 힘을 전달할 수 있게 하는 형태저항형 구조로서, 막의 인장력으로 구조물 외관의 강성을 주어 외부하중에 대하여 안정된 형태를 유지하는 구조물이다.

그림 5.20-6 막구조 휴게시설

② 막구조는 다른 재료로는 표현이 불가능한 독특한 형태를 연출할 수 있는데, 이는 막구조만이 지닌 연성(Flexibility)으로 팽팽한 긴장감이 있기 때문이다. 막구조는 햇살에 반사되면 알루미늄이나 스테인리스판과 같이 반짝이는 속성이 있으며 가장 따뜻하고 부드러운 느낌의 재료이다.

③ 막구조는 자기를 나타내면서도 투과하는 반투수성 재료이다. 밝은 대낮의 따가운 햇살을 부드럽게 만들고, 한밤의 은은한 달빛을 잔잔하게 전달하며, 조명의 불빛에 따라 출렁이는 감성을 가지고 있다. 따라서 막구조는 그 자체가 지닌 연성, 경량성, 높은 빛 투과율, 손쉬운 해체 및 보수의 용이성 및 조명에 의한 야경 연출 등으로 매력적인 조경재료이다.

④ 현재 막구조용 재료는 폴리에스테르(Polyester)를 기본으로 한 PVC, PVA제품과 유리섬유에 코팅(Teflon, Silicon 등)한 재질 등이 있다. 일반 PVC재는 인장력이 약하고 광선에 의한 물성이 쉽게 변질되어 조경용으로는 주로 난연성 PVA제품이 사용되고 있다. 불연성 유리섬유 코팅제품은 재단시 공해물질인 유리섬유가 노출될 우려가 있다.

⑤ 막은 보통 섬유+코팅으로 사용하는데 섬유조직은 물리적 강도를 코팅면은 화학적 성질을 좌우하며, 막섬유는 경사·위사방향의 이방향성으로 조직의 대각선 방향에 대한 하중에는 매우 약하다. 막은 먼지에 쉽게 오염되는 단점이 있으므로 가급적 우수에 의하여 먼지가 제거될 수 있는 형태이어야 한다.

⑥ 공장에서 많은 부분을 제작하여 현장에서 설치하는 준조립식 공법(Semi-prefabrication)이므로 짧은 공기와 공사시행시 분진이나 소음이 적으며, 공사비가 저렴하고 겨울철에도 시공이 가능하다. 자연광으로 필요한 조도를 얻으므로 자원과 관리비용을 절감할 수 있다.

⑦ 음향적 특성으로는 막구조는 주파수대역 500~2,000Hz에서 매우 높은 반향효과를 지니고 있다. 이는 연설과 음악연주의 음향을 볼품없게 만드는 기하학적 형태로서 무대 등에서는 장애요인으로 작용한다. 막구조는 음을 100Hz에서 5dB, 5,000Hz에서 30dB의 저감효과를 보인다.

⑧ 막구조는 대공간의 시설 또는 구조물의 필요성과 아름다운 조형미, 건축물의 경량화를 추구하기 위한 목적으로 첨단소재를 바탕으로 탄생하였다. 이제는 세계 어느 곳에서나 막구조물을 볼 수 있게 되었고, 막구조를 연구하는 많은 학자와 기술진에 의하여 반영구적인 소재들이 개발되고 있다.

20.4 접착제

그림 5.20-7 철물과 석재의 접합

접착제(接着劑, Adhesive Agent)란 재료를 견고하게 접합시킬 수 있는 능력을 가진 물질의 총칭으로서 교착제(Sticking Agent)라고도 한다. 주로 목재 등 유기재료 접합에 사용되어 왔으나 근래에 금속·유리·시멘트도 접합할 수 있는 합성수지계 접착제 개발으로 건설용 복합재의 생산 등에 폭넓게 사용되고 있다.

접착제는 접합면에 잘 밀착되는 유동성과 고화(固化)시 체적수축 등에 의한 내부변형이 없이 진동·충격의 반복에도 잘 견디며, 내수성·내알칼리성·내산성·내열성·내후성과 취급이 용이하고 독성이 없으며 값이 저렴한 것이 우수한 제품이라 할 수 있다.

1) 접착제의 분류

접착제는 일반적으로 주결합체의 종류에 따라 다음과 같이 분류할 수 있다.

- 동물질 접착제 : 동물아교, 알부민, 카세인 등
- 식물질 접착제 : 전분(쌀, 밀가루)풀, 콩(대두)풀, 덱스트린, 해초풀 등
- 광물질 접착제 : 규산소다, 아스팔트접착제, 땜납 등
- 고무계 접착제 : 천연고무, 네오프렌, 치오콜 등
- 합성수지계 접착제 : 에폭시 수지, 페놀 수지, 비닐 수지, 요소 수지, 멜라민 수지, 실리콘 수지, 아크릴 수지 접착제 등
- 섬유소계 접착제 : 초화면 접착제, 나트륨칼폭시 메틸셀룰로오스 등

2) 접착제의 특성

① 동물질 접착제

- 동물아교(Animal Gule) : 수교(獸膠)라고도 한다. 동물의 가죽·근육 또는 뼈 등을 석회수처리 후 물에 끓여 교분(膠分)만을 뽑아낸 것이다. 봉형과 판형의 제품으로, 빛깔이 맑고 깨끗하면 상품이고 흑갈색이 하급품이다. 고체상의 아교를 물에 담가 불린 후 끓여서 균질액이 되게 사용하며, 접착력은 양호하지만 내수성은 작다.
- 알부민(Albumin) : 가축의 혈액에서 알부민(단백질의 일종)을 분리·건조하여 만든 반투명한 황갈색의 딱딱한 물질이다. 알부민은 물에 녹는 단백질이지만 가열하면 불용화될 때의 응고작용으로 높은 접착력과 내수성을 발휘한다. 물에 녹여 사용하며, 암모니아수·석회 등을 첨가하면 더욱 좋은 접착제가 될 수 있다. 합성수지 접착제 생산 후 사용법이 복잡하고 내수성도 작아 잘 사용되지 않는다.
- 카세인(Casein) : 우유 중에 포함된 소석회와 결합된 상태의 단백질로서 적당량의 물을 섞으면 점성의 풀이 된다. 카세인에 소석회·소다염 등과 물을 혼합하여 사용하며, 산·젖산(乳酸)을 이용하면 질이 좋아진다. 내수성과 접착력이 좋으나 합성수지계 접착제 생산 후에는 거의 사용되지 않는다.

② 식물질 접착제

- 전분풀(Starch Paste) : 쌀·밀·감자·고구마·옥수수 등의 가루를 물에 타서 가열하여 만든 것으로서, 가정용과 직물용으로 사용되며 내수성이 없어서 옥외용으로는 부적합하다.
- 콩풀(Soybeam Paste) : 콩기름을 추출한 후 잔류액을 가열하여 분말화한 것으로서, 카세인 보다 값이 싸고 내수성은 좋지만 접착력이 약하여 접착제의 증량재(增量材)로만 사용된다.
- 덱스트린 접착제(Dextrin Adhesive) : 전분에 황산(黃酸)을 넣고 건조 후 가열하여 만들며, 덱스트린을 호정(糊精)이라고도 한다. 전분의 가수분해 중간체로 물에 녹은 점성물(粘性物)을 주제로 하는 접착제로서, 흡수성이 없고 냉수·알코올에는 녹지

않지만 물을 넣어 끓이면 풀이 된다. 직물의 풀먹임 등에 사용된다.

- 해초풀 (海草糊, Seaweed Glue) : 바닷말(海藻) · 도박(銀杏草) · 청각(靑角) 등을 말린 후 끓인 풀로서 옛날부터 제지 · 직물의 마무리에 쓰였으며, 미장재에 첨가하여 접착력의 증가용으로 쓰인다.

③ 광물질 접착제

- 규산소다 접착제 (Sodium Silicate Adhesive) : 규산소다가 주제인 접착제로 수분이 증발하면 고화(固化)되고, 짙은 수용액이 조청과 유사하여 물유리(Water Glass)라고도 부른다. 다공질 재료의 접착에 쓰이며, 점착력이 커서 인조석 · 유리 · 도자기의 접합 또는 내화 및 내산성이 있는 도료의 제조 등에도 쓰인다.
- 아스팔트 접착제 (Asphalt Adhesive) : 아스팔트를 주제로 용제를 넣고 광물질 분말을 첨가한 풀 모양의 접착제로서 아스팔트 시멘트(Asphalt Cement)라고도 한다. 아스팔트 타일 · 비닐타일 · 비닐시트 · 루핑 · 펠트 · 발포단열재 등의 접착제로 쓰인다.
- 땜납 (Solder) : 금속 접착용으로 용융점이 낮고 융착성이 좋은 납과 주석의 합금이다. 피착금속보다 용융점이 낮아 유동성이 좋으며 주석 90%의 것이 좋다.
- 연납 (Soft Solder) : 비교적 순도가 높은 유연한 납으로 연질납이라고도 한다. 연납으로 400℃ 이하의 온도에서 납땜인두로 땜하는 것을 땜질(Soldering)이라 한다.

④ 고무계 접착제

- 천연고무 (Natural Rubber) : 열대산 고무나무의 수액인 라텍스(Latex)를 응고한 후 벤졸(Benzol)이나 석유 에테르(Ether) 등으로 용해하여 접착제로 사용한다. 가죽 · 천 · 종이 · 펠트 · 목재 · 플라스틱 보드 등의 접착에 사용되지만 내수성은 작다.
- 네오프렌 (Neoprene) : 미국 듀폰(Dupont)사 제품인 합성고무의 상품명으로 고무와 금속과의 접착 또는 콘크리트 · 유리 · 천 · 가죽 등의 접착에 사용된다. 석유계의 기름에 녹지 않는 등 천연고무 보다 우수한 점이 많다.
- 치오콜 : 알칼리성 다황화물(多黃化物)과 폴리할로겐(Polyhalogen) 탄화수소의 반응으로 얻어지는 고무상의 고분자물로 내유성과 내약품성이 우수하다. 줄눈재 또는 구멍을 메우는데 사용된다.

⑤ 합성수지계 접착제

- 에폭시수지 접착제 (Epoxy Resin Paste) : 비스페놀(Bisphenol)과 에피클로로히드린(Epichorohydrin) 반응으로 얻어지며, 내수성 · 내습성 · 내약품성 · 전기절연성이 우수하다. 다양한 종류를 강하게 접착하지만 피막이 다소 단단하고 유연성이 부족하며 값이 비싼 것이 결점이다. 주로 금속 · 플라스틱 · 도기 · 유리 · 목재 · 천 · 콘크리

트 등의 접착에 사용한다.

- **비닐수지 접착제**(Vinyl Resin Paste) : 초산비닐수지 또는 초산비닐과 염화비닐의 합체 접착제로서 용액형과 에멀션(Emulsion)형이 있으며, 에멀션형은 카세인의 대용품으로 널리 쓰인다. 값이 싸고 작업성이 좋으며 다양한 종류를 접착하는 장점으로 가장 많이 사용되는 접착제 중의 하나이다. 목가구, 창호, 종이나 천의 도배, 논슬립 등의 접착에 주로 사용된다.
- **페놀수지 접착제**(Phenol Resin Paste) : 페놀수지의 초기축합물(初期縮合物)을 주성분으로 메탄올(Methanol)이나 변성알코올에 녹여서 경화제와 증량제(규조토, 목분 등)를 혼합한 접착제로서 주로 합판·목재제품 등에 사용된다. 접착력·내열성·내수성은 우수하지만 유리나 금속의 접착에는 적당하지 못하다.
- **요소수지 접착제**(Ureaformaldehyde Resin Paste) : 요소와 포름알데히드의 초기축합물을 탈수 후 축합한 접착제로서, 주로 목재 접착이나 합판제조 등에 사용된다.
- **멜라민수지 접착제**(Melamine Resin Paste) : 멜라민수지와 포름알데히드 반응으로 얻어지는 액상접착제로 내수성·내열성이 좋고, 목재와의 접착이 우수하여 내수합판 등의 접착제로 쓰인다.
- **실리콘수지 접착제**(Silicon Resin Paste) : 실리콘수지를 알코올·벤졸 등에 녹여 만드는 접착제로서 특히 내수성이 우수하다. 유리섬유판·텍스·피혁류 등 모든 재료의 접착에 사용할 수 있다.

⑥ 섬유소계 접착제

- **초화면 접착제**(Cellulosic Paste) : 초화면(硝化綿)을 아세톤(Acetone) 등으로 용해한 것으로서, 금속·유리·가죽·목재·천 등을 접착하는 속건 접착제이다.
- **나트륨칼폭시 메틸셀룰로오스**(C.M.C) : 알칼리섬유소를 모노크롤(Monochloral)과 작산소다로 처리하여 종이·천 등의 접착에 사용되는 백색의 무독한 분상체이다.

20.5 실링재

실재(Seal Materials)는 퍼티·코킹재·실링재의 총칭으로, 건축용재의 공장생산화로 더욱 주목받는 재료이다. 사용시에는 페이스트(Paste) 상태로 유동적이나 공기 중에서 경화하여 탄성이 풍부한 고무상의 고상체가 된다.

실재는 재료간을 충실히 접착·충진하고 연속적인 방수층을 형성하며 조인트에 움직임(Movement)이 생겨도 변형되지 않고, 태양광선이나 풍우 등의 영향에도 기능을 유지할 수 있어야 한다.

1) 퍼 티

퍼티(Putty)는 탄산칼슘, 연백(鉛白), 아연화 등의 충전재를 아마인유 등의 건성유로 반죽한 것으로서 현장에서는 '빠데'라고 부르고 있다.

건성유로서 아마인유 · 동백유 등의 식물성유는 값이 비싸고, 어유는 저렴하지만 끈적거리고 고약한 냄새가 나기 쉬워서 요즘은 대부분 합성수지를 사용한다.

종류로는 유리공사에 사용되는 유리퍼티, 도장공사에 사용되는 도장퍼티, 각종 배관의 접합부에 사용되는 붉은퍼티 등이 있다.

① 유리퍼티

유리퍼티(Glass Putty)는 호분(Gohum)에 아연화나 연백(鉛白)을 혼합한 후 아마인유 · 동유 · 마실유 · 어유 등의 건성유로 반죽한 것이다. 퍼티는 공기에 닿으면 건조되고 오래되면 부스러지므로 마무리 후 페인트칠 등으로 공기를 차단하면 퍼티의 수명을 연장시킬 수 있다.

② 도장퍼티

도장퍼티(Coating Putty)는 호분(胡粉)과 아마인유를 중량비 10 : 1 비율로 혼합 후 아연화 페인트를 추가로 혼합하여 만든 것이다. 목부 유성페인트 도장시 바탕 건조 후 구멍 · 옹이 · 균열 · 흠 등의 충전용으로 사용한다. 도장퍼티는 주로 눈먹임(Wood Filling)에 사용하는 불포화 폴리에스테르 퍼티와 하드오일 퍼티가 있고, 주로 바탕 만들기에 사용하는 페인트 퍼티와 캐슈수지 퍼티가 있다.

③ 붉은퍼티

붉은퍼티(Red Putty)는 광명단 · 주토(Ferric Oxide) 등을 아마인유로 반죽한 것이다. 가스관 · 배수관 접합부에 삼실(痲絲)이나 삼섬유(痲織絲)로 감은 후 붉은퍼티칠을 하면 방수 · 방청 등의 충전재가 된다.

2) 코킹재

코킹재(Caulking Materials)는 유지천연수지와 합성고무(부틸고무) · 실리콘고무 · 폴리우레탄수지 등 합성수지 전색제(展色劑) 및 석면 · 탄산칼슘 · 활석 같은 충전재(充塡材)를 혼합한 후 용제(메틸벤젠, 납사 등)와 가소제 등을 섞어서 적합한 조성(組成)으로 만든 것이다. 따라서 코킹재는 여러 가지가 있다.

코킹재는 실링재(Sealing Materials)와 같은 뜻의 용어로 부재간 접합부에 충전하여 기밀 · 수밀하는 재료이다. 각종 재료의 접합부 · 줄눈 · 익스팬션 조인트(Expansion Joint)에 사용되고, 균열 · 보수재료로도 사용된다.

주로 사용되는 코킹재는 유성코킹재(Oil Caulking Materials)로 유지 · 천연수지 · 합성수지에 충전재인 탄산칼슘 · 석면 · 착색재 등을 이겨서 만들어 실(Seal)재의 주체가 되며, 접착성 · 가소성 · 유연성이 풍부하여 벽체나 구멍 등의 충전 또는 익스팬션 조인트 · 창호틀 등에 쓰이고 있다. 반면에 전색제(Vehicle)로서 유지나 수지 대신에 블로운 아스팔트를 사용한 것을 아스팔트 코킹재라 하며, 이는 값은 저렴하지만 흑색이고 고온에 녹기 쉬워 주로 평지붕의 비막이용 등에 사용된다.

3) 실링재

실링재(Sealing Materials)란 각 접합부의 틈이나 줄눈을 충전하여 기밀성 · 수밀성을 높이는 재료를 말한다. 실(Seal)이란 틈서리의 밀봉(密封)을 뜻하는 것으로서, 실제는 퍼티 · 코킹재 · 실링재의 총칭이지만, 코킹재와 구별하기 위하여 실링재라 한다.

실링재는 사용시 페이스트(Paste) 상태로 유동성이 있지만 공기 중에서 시간이 경과하면 탄성이 풍부한 고무상의 고상체로 된다. 접착력이 크고 수밀성 · 기밀성이 풍부하여 충전재로 가장 적당한 재료이다.

① 2액형 실링재

2액형 실링재(Two-part Liquid Type Sealing Compound)는 다황화물(多黃化物) 액상 폴리머(Polymer)에 카본블랙(Carbon Black)과 기타 미량의 배합재를 더한 것을 전색제로 하고, 이산화연 등의 경화제를 혼합한 가소제를 섞어 만든 재료이다. 전색제와 가소제를 분리하여 각각 다른 용기에 넣고 사용할 때 혼합하여 사용하는 것을 2액형(液形)이라 말한다. 2액형 실링재는 온도 변화에도 안정적이며, 탄력성 · 내수성 · 내약품성 · 내유성 · 밀착성이 우수하다. 고온다습할 때는 경화가 촉진되지만 저온 · 저습한 경우는 경화가 지연된다.

② 1액형 실링재

1액형(液形) 실링재(One-part Liquid Type Sealing Compound)는 2액형 실링재와 달리 현장에서 혼합할 필요 없이 바로 사용할 수 있게 된 실링재이다. 내후성 · 내구성은 유성코킹재, 2액형 실링재 보다 우수하다. 1액형 실링재는 보통 실리콘 실링재(Silicone Sealing Materials)가 널리 사용되고 있다. 이는 1액형 무용제형으로 실리콘수지에 실리카 분말과 탄산칼슘 등의 안료를 섞어서 만든 것으로서, 특히 기온의 영향을 별로 받지 않고 광범위한 온도범위(−40~160℃)에서 탄력성을 유지하며, 반복되는 접합부 틈의 신축에도 견딘다. 실리콘 실링재는 건축구성재의 줄눈부분, 창호 주위의 충전 및 유리끼우기 등에 사용된다.

21 철거 및 보수공사

Landscape Architecture

21.1 개 요

보수공사란 기존의 시설물 등을 정비·보완하는 공사로서 대규모의 보수공사와 소규모 수선공사를 포함하는 개념이다. 철거공사란 보수공사 중에 발생되는 각종 시설물, 포장, 경계석, 펜스 등의 갱신을 위하여 폐기 또는 재사용을 위한 공사이며, 폐기물처리란 철거 잔재물의 재활용 또는 일정지역에 매립·매설 등으로 버리는 행위이다.

그림 5.21-1 철근콘크리트 철거공사

개발 등으로 기존 시설물의 재정비가 많아지면서 불가피하게 철거 및 보수공사가 수반되며, 특히 최근에는 기계화의 복합공정으로 적산업무에서 가장 복잡하고 어려운 공사 중 하나이다.

21.2 폐기물의 단위중량

1) 단위중량

재료의 단위중량은 [공통품셈 1-3-3(재료의 단위중량)]인 〈표 3.3-5〉에 따르며, 자주 사용되는 폐재료의 기본 단위중량은 다음과 같다.

- 목재(건조목) : 0.42~0.70 ton/m^3
- 목재(생나무) : 0.80 ton/m^3
- 스테인리스 : 7.70~7.93 ton/m^3
- 강, 주강, 단철 : 7.85 ton/m^3
- 철근콘크리트 : 2.40 ton/m^3
- 무근콘크리트 : 2.30 ton/m^3
- 시멘트모르타르 : 2.10 ton/m^3
- 역청 포장 : 2.35 ton/m^3
- 혼합폐기물(가구 등 생활쓰레기) : 0.70 ton/m^3
- 기타 구조물(PC블록, 경계석 등) : 2.30 ton/m^3

2) 수량 산출

폐기물의 단위량 및 중량은 설계도서(측량 또는 실측도면)에 의하되 설계도서 등으로 분석이 곤란한 경우 [조경공사 적산기준]의 아스콘 포장 12.5cm, 투수콘 포장 7cm, 보도

콘크리트 포장 5~10cm(7cm 기준), 차도 콘크리트 포장 10~20cm(15cm 기준)를 기준으로 계상하고 시공 후 정산한다.

일반적인 건축물은 [2017년 토목, 건축품셈 1-31(환경관리비)]의 기준 및 단위당 폐기물 발생량인 〈표 3.3-13〉에 의하여 적용하고 별도 발주 후 정산한다.

21.3 품셈의 적용

1) 철거 공사

① 포장 절단 및 깨기

포장면 절단은 포장재별로 콘크리트는 [토목품셈 1-7-1(콘크리트 포장 절단)]인 〈표 5.13-9〉, 아스팔트는 [토목품셈 1-7-2(아스콘 포장 절단)]에 의하여 다음과 같이 적용한다.

일정규모 이상의 포장파쇄 기계시공은 [서울시 산하구청]의 소형장비 사용을, 특별한 경우 굴삭기의 1시간당 작업량 Q (m^3/hr)를 다음과 같이 준용한다. 소규모 포장 파쇄는 인력 시공인 [2007년 토목품셈 12-25-2(포장파괴)]를 준용한 [서울시 산하구청], [조경공사 적산기준]을 다음과 같이 준용한다. 이때 기계의 운용이 다른 경우 [공통품셈 제8장(건설기계)]에 의하여 기계를 조합 적용한다.

〈표 5.21-1〉 아스콘 포장 절단 [토목품셈] (일 당)

구 분	규 격	단위	수 량	시공량 (m)
특별인부		인	1	500
보통인부		인	1	
커터	320~400mm	대	1	
동력분무기	4.85kW	대	0.5	

[주] 1. 본 품은 아스팔트 포장의 절단을 기준한 것이다.
2. 포장두께 20cm 이하를 기준한다.
3. 100m당 블레이드 0.27개, 물 2,000ℓ를 계상한다.

〈표 5.21-2〉 포장 깨기 - 소형장비 사용 [서울시 산하구청, 조경공사 적산기준] (m^3 당)

구 분	규 격	단위	수 량	
			콘크리트	아스팔트
착암공		인	0.41	0.33
보통인부		인	0.21	0.16
소형 브레이커	25kg급	hr	1.68	1.26
공기압축기	3.5m^3/min	hr	0.48	0.30

[주] 1. 잡재료비는 노무비의 1%를 계상한다.
2. 소형 브레이커에 부착 사용하는 에어호스(1.91cm×50cm)는 브레이커와 동일한 수량을 계상한다.

〈표 5.21-3〉 포장 깨기 - 굴삭기 사용 [서울시 산하구청, 조경공사 적산기준] (m^3/hr 당)

구 분	규 격	단위	굴삭기 작업량 (Q)		
			$0.2m^3$	$0.4m^3$	$0.7m^3$
콘크리트 포장깨기	굴삭기+브레이커	m^3/hr	1.75	3.30	4.60
아스팔트 포장깨기	굴삭기+브레이커	m^3/hr	4.10	6.90	16.00

[주] 1. 본 포장깨기 굴삭기 사용의 시간당 작업량 Q는 [서울시 산하구청]의 굴삭기를 사용한 포장깨기의 기준이다.
2. 본 굴삭기 사용 작업은 (굴삭기 + 브레이커) 조합으로 소모재인 치즐을 적용하며, 치즐은 0.008(EA/hr)를 적용한다.

〈표 5.21-4〉 포장파괴 [서울시 산하구청, 2007년 토목품셈, 조경공사 적산기준] (m^3 당)

구 분	아스팔트	콘크리트
특별 인부 (인)	1.52	1.80

[주] 1. 잡재료비는 노력비의 5%까지 계상할 수 있다.
2. 브레이커 사용은 [토목품셈 제8장 기계화시공]에 의한다.

② 포장면 철거

블록의 재사용 등을 위한 철거는 [토목품셈 1-11-20(보도용 블록 포장 철거)]의 '유용할 목적으로 철거를 실시할 경우 [토목품셈 1-8-1(보도용 블록 설치)]품의 50%로 계상한다'에 의하며, 동일 기준으로 경계석도 [토목품셈 1-10-2(보차도 경계석(화강암) 설치)], [토목품셈 1-10-3(보차도 및 도로경계블록(콘크리트) 설치]를 다음과 같이 준용한다. 폐기용 철거는 건설기계의 기계화시공을 원칙으로 한다.

〈표 5.21-5〉 유용목적 철거 - 블록 및 경계석 [토목품셈 준용, 조경공사 적산기준] (단위 당)

종 별	규 격	단위	특별인부(인)	보통인부(인)	기계경비(hr)
소형고압블록	T60~80	m^2	0.00333	0.06667	0.01333
대 형 블 록	50×50×T45	m^2	0.00370	0.00741	0.01482
보 도 블 록	300×300×T60	m^2	0.00270	0.00541	0.01081
화강석경계석	200×250×1000	m	0.01667	0.00556	0.04444
	200×250×1000R	m	0.02143	0.00714	0.05714
	200×300×1000	m	0.02727	0.00909	0.07273
	200×300×1000R	m	0.03333	0.01111	0.08889
도로 경계석	150×150×1000	m	0.01111	0.00370	0.02963
	150×150×1000R	m	0.01304	0.00435	0.03478

[주] 1. 본 품은 [토목품셈 1-11-20(보도용 블록 포장 철거)]의 '유용할 목적으로 철거를 실시할 경우 [토목품셈 1-8-1(보도용 블록 설치)] 품의 50%로 계상한다'에 의한 기준이며, 경계석도 [토목품셈 1-10-2(보차도 경계석(화강암) 설치)], [토목품셈 1-10-3(보차도 및 도로경계블록(콘크리트) 설치]를 동일기준으로 준용한 품이다.
2. 본 품 블록철거의 잡재료비는 인력품의 5%까지 계상할 수 있으며, 공구손료는 인력품의 3%로 계상한다.
3. 블록의 기계경비는 굴삭기(0.6m^3), 경계석의 기계경비는 트럭탑재형 크레인(5Ton)이다.

③ 헐기 및 부수기

구조물 철거는 [건축품셈 12-3(구조물 헐기 및 부수기)]의 -1 콘크리트구조물 헐기(소형장비), -2 콘크리트구조물 헐기(대형장비), -3 철골재 철거, -4 석축벽돌 헐기에 의하여 다음과 같이 적용한다.

〈표 5.21-6〉 콘크리트구조물 헐기(소형장비) [건축품셈]

(m^3 당)

구 분	규 격	단위	공압식		전기식	
			무근	철근	무근	철근
착 암 공		인	0.57	0.62	0.78	0.92
보 통 인 부		인	0.37	0.45	0.33	0.39
소형 브레이커	1.3m^3/min	hr	1.00	3.20	3.77	4.40
공 기 압 축 기	3.5m^3/min	hr	0.50	1.60	–	–

[주] 1. 본 품은 소형브레이커(공압식 또는 전기식)을 사용한 콘크리트 구조물 헐기 작업을 기준한 것이다.
2. 철근 절단이 필요한 경우 별도 계상한다.
3. 소형브레이커의 규격은 다음을 기준으로 한다.
• 소형브레이커 공압식 : 1.3m^3/min
• 소형브레이커 전기식 : 1.5kW
4. 잡재료비(치즐 등)는 인력품의 1%로 계상한다.

〈표 5.21-7〉 콘크리트구조물 헐기(대형장비) [건축품셈]

(m^3 당)

구 분	규 격	단위	장애물 미제거	장애물 제거
용 접 공		인	–	0.02
보 통 인 부		인	0.06	0.08
굴삭기+압쇄기	1.0m^3	hr	0.20	–
굴삭기+브레이커+압쇄기	1.0m^3	hr	–	0.29

[주] 1. 본 품은 대형장비를 사용하여 철근콘크리트 구조물 헐기 및 부수기 작업을 기준한 것이며, 폐기물 상차 및 운반은 별도 계상한다.
2. 본 품은 기준높이 10m 이하일 때의 품이며 그 이상일 때의 작업안전설비 및 특수조건에 대한 품은 별도 계상한다.
3. 장애물 미제거 시 굴삭기+브레이커가 필요한 경우 [공통품셈 8-2-15(대형브레이커)]를 참조하여 별도 계상한다.
4. 공사장의 보호 및 안전시설 설치비는 별도 계상한다.
5. 공구손료 및 경장비(살수장비 등)의 기계경비는 인력품의 6%로 계상한다.
6. 장애물 제거(철근, 파이프 등) 시 재료량은 다음을 참고한다. (m^3 당)
• 산소(대기압상태기준) : 135(ℓ)
• 아세틸렌 : 0.05(kg)
※ 산소량은 대기압상태의 기준량이며, 압축산소는 35℃에서 150기압으로 압축용기에 넣어 사용하는 것을 기준한다.

〈표 5.21-8〉 철골재 철거 [건축품셈]

(ton 당)

구 분		단위	수 량
해 체	용 접 공	인	2.20
	보 통 인 부	인	1.00
뒷 정 리	보 통 인 부	인	0.20
소 모 재	산 소	병	0.70
	아 세 틸 렌	kg	2.50
	L. P. G.	kg	2.00

[주] 1. 해체 및 운반에 필요한 기계손료, 운전경비 및 운반에 필요한 품은 별도 계상한다.
2. 아세틸렌(산소포함) 또는 L.P.G 중 한 가지만 선택 사용한다.
3. 산소량 규격은 대기압상태를 기준하며, 당위 '병'은 35℃에서 150기압으로 압축용기에 넣어 사용하는 것을 기준한다.

〈표 5.21-9〉 석축벽돌 헐기 [건축품셈]

구 분	단위	할석공 (인)	보통인부 (인)
메쌓기 뒷길이 45~60cm	m^2	–	0.2
메쌓기 뒷길이 60~90cm	m^2	–	0.3
찰 쌓 기	m^2	–	0.6
절석(마름돌) 쌓기	m^3	0.1	1.1
벽 돌	m^3	0.1	1.0

[주] 1. 본 품은 기준높이 3.6m일 때의 인력헐기를 기준한 것이며, 그 이상일 때의 작업 안전설비 및 특수 조건에 대한 품은 별도 계상한다.
2. 발생품을 재사용코자 할 때나 제자리 고르기를 할 경우는 별도 계상한다.
3. 본 품은 부수기 내의 장애물 제거(철근, 파이프 등) 및 공구손료가 포함되어 있다.
4. 잡재료는 인력품의 5% 이내에서 계상한다.

④ 구조체 철거

건축구조물 철거는 [건축품셈 12-2(분별해체공사)]의 -1 건축물 구조체별 철거, -2 기존 방수층 및 보호층 철거, -3 석면건축자재 해체 에 의하여 다음과 같이 적용, 준용한다.

목구조는 [2016년 건축품셈 18-1의 1(목조건물 철거)], 재래난간 펜스철거는 [토목품셈 1-11-13(재래난간 철거공)]에 의하여 다음과 같이 적용한다.

〈표 5.21-10〉 건축물 구조체별 철거 [건축품셈] (m² 당)

구조별	공정별 \ 구분	건축목공 (인)	기와공 (인)	함석공 (인)	보통인부 (인)
지 붕	기 와	–	0.01	–	0.02
	지 붕 틀	0.04	–	–	0.02
	함 석	–	–	0.02	0.02
천 장	반 자 틀	0.05	–	–	0.025
	텍 스, 합 판	0.015	–	–	0.03
	회반죽, 플라스터	–	–	–	0.12
벽	목 조, 간 막 이	0.06	–	–	0.03
	텍 스, 합 판	0.01	–	–	0.02
	외 역 은 벽	–	–	–	0.03
	회 반 죽 벽	–	–	–	0.04
	타 일 까 내 기	–	–	–	0.20
	벽 지 떼 내 기	–	–	–	0.01
바닥 및 수장부분	마루틀 및 마룻널	0.20	–	–	0.10
	모르타르, 회반죽, 플라스터	–	–	–	0.12
	리 노 륨	–	–	–	0.03
	타일떼어내기(도자기류)	–	–	–	0.20
비 고	– 해체재를 재사용하지 아니하는 때에는 건축목공, 기와공, 함석공을 본 품의 60% (보통인부는 100%)를 적용한다.				

[주] 본 품은 해체재(건축목공, 기와공, 함석공이 철거하는 부재)를 일부 재사용할 때의 품이다.

〈표 5.21-11〉 기존방수층 및 보호층 철거 [건축품셈] (m² 당)

구 분	규 격	단위	수 량
착 암 공		인	0.06
보 통 인 부		인	0.22
소형 브레이커	1.3m³/min	시간	0.10
공 기 압 축 기	3.5m³/min	시간	0.05

[주] 1. 본 품은 아스팔트 8층 방수를 보수하기 위하여 방수층을 철거하는 품으로 누름 콘크리트층의 파쇄, 방수층 철거, 폐자재 소운반 및 정리품이 포함되어 있다.
2. 소규모공사(개소당 작업면적 40m² 미만)인 경우는 장비 사용기간 및 품을 40% 범위 내에서 가산할 수 있다.
3. 누름 콘크리트 두께 8cm 기준이다.

〈표 5.21-12〉 석면건축자재 해체 [건축품셈] (m² 당)

구 분	석면해체공	보통인부
내 장 재	0.120	0.017
외 장 재	0.045	0.011
뿜 칠 재	0.500	–

[주] 1. 본 품은 석면이 함유된 자재를 해체하는 품으로 적용기준은 다음과 같다.
- 내장재는 건축물의 내부 천장재, 내벽체, 칸막이재 철거를 기준한 것이다.
- 외장재는 슬레이트 지붕재 해체를 기준한 것이다.
- 뿜칠재는 철골내화 피복재를 기준으로 한 것으로 철골면의 하부면, 측면부, 상부면 등의 해체공사와 철재로 시공된 천장면에 부착되어 있는 뿜칠재의 해체를 기준한 것이다.

2. 뿜칠재의 경우 콘크리트면에 부착된 석면 뿜칠재의 해체는 본 품의 20%를 할증하여 적용할 수 있다.
3. 본 품은 비닐보양재(내장재, 뿜칠재), 오염제거구역 설치 및 해체가 포함된 것이며, 보양막(외장재) 설치 및 해체품은 제외되어 있다.
4. 본 품은 일일 작업시간 6시간을 기준한 것이다.
5. 석면자재의 해체 작업 시 소요되는 기계경비 및 재료비, 소모품비는 별도 계상한다.
6. 실내 고소작업 및 실외 비계설치를 위한 가설재의 설치는 별도 계상한다.

〈표 5.21-13〉 목조건물 철거 [2016년 건축품셈] (연건평, m² 당)

구 분	건축목공 (인)
해체재를 재사용치 않을 경우	0.12~0.20
해체재를 일부 재사용할 경우	0.20~0.45
이축할 경우	0.30~0.54

[주] 1. 본 품에는 보통인부 품이 포함되어 있다.
2. 본 품은 와가(瓦家)를 기준으로 한 것이다.

〈표 5.21-14〉 재래난간 철거공 [토목품셈] (일 당)

구 분	배치인원 (인)		시공량 (m)	
			규 격	철 거
횡 재 부	용 접 공 보 통 인 부	3 6	강 재 난 간	100
	용 접 공 보 통 인 부	2 4	경량형 강제난간	100
	보 통 인 부	2	알루미늄합금제난간	10
속 주	보 통 인 부	13	강 재 난 간	10
	보 통 인 부	13	경량형 강제난간	10
	보 통 인 부	10	알루미늄합금제난간	10

[주] 1. 횡재부는 입목, 종재 등 1식을 포함한 것을 말한다.
2. 속주(束柱)는 지목 콘크리트에 세워 횡재부를 지지하고 있는 부재를 말한다.
3. 발생재 운반비는 개개의 발생량으로 산출한다.
4. 발생된 강재, 알루미늄재의 운반은 지정지로 한다.
5. 사용 재료는 다음과 같다. (횡재부 10m당)
- 강 재 난 간 : 산소 1.8(m³), 아세틸렌 0.8(kg)
- 경량형 강제 난간 : 산소 1.2(m³), 아세틸렌 0.8(kg)
- 알루미늄합금제난간 : 산소 1.2(m³), 아세틸렌 0.8(kg)

※ 산소량은 대기압상태의 기준량이며, 압축산소는 35℃에서 150기압으로 압축용기에 넣어 사용하는 것을 기준한다.

2) 보수 공사

기존도로의 굴착 후 소규모 포장복구는 [토목품셈 1-11-5(소파보수-포장복구)]에 의하여 다음과 같이 적용하며, 도로 파손에 의한 소규모 포장복구는 [토목품셈 1-11-6 (소파보수-도로복구)]를 참조 적용한다.

기존 시설물의 재도장 바탕만들기는 [건축품셈 12-1-2(기존 건축물의 바탕만들기-재도장시)]에 의하여 다음과 같이 적용한다.

〈표 5.21-15〉 소파보수(포장복구) [토목품셈] (일 당)

구 분	규 격	단위	A-Type		B-Type		C-Type	
			수량	시공량 (m^2)	수량	시공량 (m^2)	수량	시공량 (m^2)
포 장 공		인	3	110	3	45	3	20
보 통 인 부		인	1		1		1	
굴 삭 기	$0.18m^3$	대	1		1		1	
로더 (타이어)	$0.57m^3$	대	1		1		–	
진동롤러(진동+타이어)	2.5ton	대	1		1		–	
진동롤러(핸드가이드식)	0.7ton	대	–		–		1	
플레이트 콤팩터	1.5ton	대	–		–		1	
아스팔트스프레이어	400 ℓ	대	1		1		1	
트 럭	2.5ton	대	2		2		2	

[주] 1. 본 품은 상하수도 등 공사 후 임시 되메우기한 상태에서 발생되는 일정구간 포장복구와 기존도로 유지보수를 위한 포장복구 기준이다.
2. 본 품은 굴착, 골재치환 및 다짐, 유제살포, 기층 및 표층 포설 및 다짐을 포함한다.
3. 트럭은 다음의 작업에 적용한다.
 • 2.5(ton) 1대 : 아스팔트 및 소모자재 운반
 • 2.5(ton) 1대 : 공구 및 경장비 운반
4. 현장 여건별 적용기준은 다음표를 기준한다.
 • A Type (포장시공시간 7시간 이상) : 보수 개소가 작업구간에 밀집(연결)되어, 운반장비를 활용한 시공 장비의 이동 및 작업대기로 인한 포장 시공시간 손실이 미미한 경우
 • B Type (포장시공시간 5시간 이상) : 보수 개소가 작업구간에 부분적으로 산재하여, 운반장비를 활용한 시공 장비의 이동 및 작업대기가 발생되는 경우
 • C Type (포장시공시간 3시간 이상) : 보수 개소가 작업구간에 산발적으로 발생하여, 운반장비를 활용한 시공 장비의 이동 및 작업대기가 빈번히 발생되는 경우
 ※ '포장 시공시간'은 작업 준비, 절삭, 포장 및 다짐, 마무리를 포함하며, 작업 중 운반장비에 의한 현장이동(이동준비 및 운반시간), 작업대기(교통상황, 자재수급 지연 등)의 시간을 제외한다.
5. 현장별 시공여건에 대한 시공량의 할증은 다음표(할증계수)를 참고하여 적용한다.
 • A Type : 개소당 평균 시공면적 $8m^2$ 이하 0.85, $16m^2$ 이하 0.92, $24m^2$ 이하 1.00, $48m^2$ 이하 1.09, $48m^2$ 초과 1.18
 • B Type : 개소당 평균 시공면적 $5m^2$ 이하 0.85, $10m^2$ 이하 0.92, $20m^2$ 이하 1.00, $30m^2$ 이하 1.09, $30m^2$ 초과 1.18
 • C Type : 개소당 평균 시공면적 $3m^2$ 이하 0.85, $6m^2$ 이하 0.92, $12m^2$ 이하 1.00, $18m^2$ 이하 1.09, $18m^2$ 초과 1.18
6. 작업시 공사 시방에 따라 장비 조합을 변경할 수 있다.

〈표 5.21-16〉 기존건축물의 바탕만들기(재도장시) [건축품셈] (m^2 당)

구 분	페인트면 긁어내기	수성페인트면 긁어내기	철재면 청소		
			약품사용	가솔린사용	녹제거
특별인부 (인)	0.10	0.08	0.08	0.05	0.20

[주] 1. 본 품은 기존 건축물의 재도장시 바탕처리를 기준한 것이다.
2. 자재(소다, 수산 등)는 별도 계상한다.

3) 수목 제거

수목 제거는 현장내 지정수목 또는 수형이나 생육상태가 불량한 수목의 제거공사로서 수목 제거를 위한 벌목(나무 베기, 잔가지 정리, 반출을 위하여 이동 가능한 크기로 분할 및 자른 가지의 집재 포함)과 운반 및 폐기처리를 말하며, 특별히 필요한 경우 수목의 뿌리분 굴취, 제거 뿌리분 상하차 운반 및 폐기처리까지 포함할 수 있다.

토지 이용 등을 위한 기존 수림대의 수목제거(벌목)는 [공통품셈 3-7-1(벌목)]의 〈표 5.2-5〉에 의하며, 뿌리뽑기는 2020년 개정된 [공통품셈 3-7-2(뿌리뽑기)]의 〈표 5.2-6〉에 의하여 적용한다.

수목제거는 [서울시 도시기반시설본부 (4. 수목제거공사)]를 기반으로 일부 부적합한 사항은 변경 준용한 [조경공사 적산기준]을 다음과 같이 준용한다.

항목의 세부적용에서 벌근은 일반적인 현장 제거와 여건상 현장에서 제거가 불가능한 경우 타지역 반출 후 제거의 2가지로 구분 규정한다. 제거수목 규격은 흉고직경(B)으로 8cm부터 30cm까지는 2cm단위, 30cm이상은 5cm단위로 규정한다.

준용기준에서 벌목은 산림청 임업과의 기술벌목(수목 재적에 의한 벌목)을 준용하되, 집재인부는 [서울시 도시기반시설본부] 기준의 산림에서 벌목 후 산재된 나무를 모으는 작업으로 판단되므로 동일하게 제외한다. 수목폐기물은 지상부와 지하(벌근)부로 구분하며, 폐기물 처리 및 운반비는 별도 계상한다.

수목제거 중 현장의 직접 제거는 도로, 공원, 녹지대, 주택가 등 도시지역에서의 작업여건이 산림 면적당 입목본수 대가 적용이 부적합한 단순 공정이므로, 굴취품의 보통인부만을 적용한 [서울시], [SH공사] 기준에서 벌근 55cm 이상 규격은 50cm 기준 정확한 비례산출량으로 계산한 [조경공사 적산기준]의 기준을 다음과 같이 준용한다.

수목제거 중 타지역 반출 제거는 현장에서 직접 처리가 곤란하여 수목을 타지역으로 반출한 후 제거하는 공정으로서 벌근굴취, 수목 상하차 및 운반, 벌목으로 이루어진다. 타지역 반출 제거시 벌근굴취 품은 뿌리분이 없는 굴취임을 감안하여 굴취(인력)품의 50%를 적용한 [서울시], [SH공사]의 기준에서 벌근굴취는 [공통품셈]의 50% 정확한 산출량으로, 55cm 이상 규격은 50cm 기준 비례산출량으로 정확히 계산한 [조경공사 적산기준]의 기준을 다음과 같이 준용한다.

수목제거에서 발생하는 폐기물은 지상부와 지하(벌근)부로 구분되며, 산출식에 의한 수량인 [서울시], [SH공사], [조경공사 적산기준] 기준에 의하여 다음과 같이 준용한다. 수목폐기물 규격기준은 지상부는 흉고직경, 벌근부는 근원직경이므로 적용시 유의한다. 임목 폐기물 처리 및 운반비는 별도 집계 적용한다.

〈표 5.21-17〉 수목제거 - 교목, 현장내 [조경공사 적산기준 / 서울시, SH공사 준용] (주 당)

흉고직경 (B)	보통인부 (벌근,인)	벌목부 (벌목,인)	보통인부 (보조,인)	기계톱손료 (hr)	연료 (ℓ)	
					휘발유	오일
8이하	0.07	0.011	0.044	0.093	0.065	0.026
10	0.08	0.016	0.064	0.135	0.194	0.039
12	0.08	0.023	0.092	0.185	0.129	0.053
14	0.10	0.034	0.136	0.278	0.194	0.080
16	0.11	0.043	0.172	0.347	0.242	0.100
18	0.13	0.061	0.244	0.494	0.345	0.143
20	0.13	0.073	0.292	0.589	0.412	0.170
22	0.16	0.098	0.392	0.788	0.551	0.228
24	0.16	0.114	0.456	0.913	0.639	0.264
26	0.19	0.146	0.584	1.172	0.820	0.339
28	0.19	0.166	0.664	1.335	0.934	0.387
30	0.22	0.210	0.840	1.680	1.176	0.487
35	0.25	0.311	1.244	2.492	1.744	0.722
40	0.28	0.522	2.088	4.177	2.923	1.211
45	0.31	0.698	2.792	5.586	3.910	1.619
50	0.36	1.028	4.112	8.226	5.758	2.385
55	0.396	1.270	5.080	10.167	7.116	2.948
60	0.432	1.634	6.536	13.078	9.154	3.792
65	0.468	1.877	7.508	15.019	10.513	4.355

[주] 1. 벌근은 [공통품셈 4-3-3(굴취-근원직경)]의 보통인부만을 적용한 수량이며, 55이상은 50을 기준한 환산 수량이다.
2. 벌근 이외는 다음을 기준으로 산출된 수량이다.
- 벌목공 1일 1인 벌목재적 : 1.43(m^3)
- 시간당 작업능력 : 1일 작업능력(1.43m^3) / 8(hr) = 0.175(m^3/hr)
- 주당 벌채시간 : 벌목재적 / 시간당 작업능력 0.175(m^3/hr)
- 주당 기계손료 : 시간당 손료 × 주당 벌채시간
- 1일 연료 소요량(산림청 훈령) : 휘발유 5.6ℓ, 오일 2.32ℓ
- 시간당 작업능력 : 1일 소요량 / 8hr
- 주당 소요량 : 시간당 사용량 × 주당 벌채시간
- 시간당 손료(기계톱) : 1/100 × 기계가격 × 시간당전손료율(%) = 1/100 × 420,000원 × 0.1147 = 482(원/hr)

〈표 5.21-18〉 수목제거 - 관목, 현장내 [조경공사 적산기준 / 서울시, SH공사 준용] (주 당)

수 고 (H, m)	보통 인부 (벌근)	수 고 (H, m)	보통 인부 (벌근)
0.3 미만	0.001	1.2 ~ 1.5	0.006
0.3 ~ 0.7	0.003	1.6 ~ 2.0	0.008
0.8 ~ 1.1	0.004	2.1 ~ 2.5	0.010

[주] 관목 벌채는 [공통품셈 4-2-1(관목-굴취)]의 보통인부만을 적용한 수량이며, 1.6 이상은 1.5를 기준한 환산 수량이다.

〈표 5.21-19〉 수목제거 - 교목, 타지역 반출 제거 [조경공사 적산기준 / 서울시, SH공사 준용] (주 당)

흉고직경 (B)	벌근굴취 (인)		벌목부 (벌목, 인)	보통인부 (보조, 인)	기계톱손료 (hr)	연료 (ℓ)	
	조경공	보통인부				휘발유	오일
8이하	0.135	0.035	0.011	0.044	0.093	0.065	0.026
10	0.130	0.040	0.016	0.064	0.135	0.194	0.039
12	0.130	0.040	0.023	0.092	0.185	0.129	0.053
14	0.200	0.050	0.034	0.136	0.278	0.194	0.080
16	0.255	0.055	0.043	0.172	0.347	0.242	0.100
18	0.335	0.065	0.061	0.244	0.494	0.345	0.143
20	0.335	0.065	0.073	0.292	0.589	0.412	0.170
22	0.450	0.080	0.098	0.392	0.788	0.551	0.228
24	0.450	0.080	0.114	0.456	0.913	0.639	0.264
26	0.560	0.095	0.146	0.584	1.172	0.820	0.339
28	0.560	0.095	0.166	0.664	1.335	0.934	0.387
30	0.675	0.110	0.210	0.840	1.680	1.176	0.487
35	0.785	0.125	0.311	1.244	2.492	1.744	0.722
40	0.900	0.140	0.522	2.088	4.177	2.923	1.211
45	1.010	0.155	0.698	2.792	5.586	3.910	1.619
50	1.190	0.180	1.028	4.112	8.226	5.758	2.385
55	1.309	0.198	1.270	5.080	10.167	7.116	2.948
60	1.428	0.216	1.634	6.536	13.078	9.154	3.792
65	1.547	0.234	1.877	7.508	15.019	10.513	4.355

[주] 1. 벌근굴취는 [공통품셈 4-3-3(굴취-근원직경)]의 50% 적용 수량이며, 55 이상은 50을 기준한 환산 수량이다.
2. 벌근굴취를 제외한 항목은 (수목제거 - 교목, 현장내)와 동일 기준으로, 동일하게 적용하다.

〈표 5.21-20〉 임목폐기물량 - 지상부 [서울시, 조경공사 적산기준] (주 당)

흉고직경 (cm)	지상부량 (kg)	흉고직경 (cm)	지상부량 (kg)	흉고직경 (cm)	지상부량 (kg)	흉고직경 (cm)	지상부량 (kg)
4 이하	2	13	42	22	150	35	380
5	3	14	49	23	164	40	633
6	6	15	63	24	179	45	915
7	8	16	72	25	194	50	1,271
8	12	17	81	26	210	55	1,709
9	16	18	100	27	226	60	2,238
10	22	19	112	28	243	65	2,865
11	27	20	124	29	261	70	3,600
12	36	21	137	30	279		

[주] 1. 임목폐기물의 처리 및 운반비는 총괄적으로 별도 집계하여 폐기물 처리한다.
2. 지상부 중량은 다음 산식에 의한 계산량이므로 특별한 규격은 산식으로 계산하여 적용한다.

- 지상부 중량 (kg) = $K \times 3.14 \times (B/2)^2 \times H \times W \times (1+P)$

  K = 수간형상계수 (0.5)
  B = 수목 흉고직경 (m)
  H = 수목의 높이 (m)
  W = 수간의 단위체적당 중량 1,200(kg/m^3)
  P = 지엽의 과다에 의한 보합률 (0.2)

〈표 5.21-21〉 임목폐기물량 – 벌근부 [서울시, SH공사, 조경공사 적산기준] (주 당)

근원직경 (cm)	벌근량 (kg)	근원직경 (cm)	벌근량 (kg)	근원직경 (cm)	벌근량 (kg)	근원직경 (cm)	벌근량 (kg)
4 이하	0.5	13	16.7	22	81.1	35	326.6
5	0.9	14	20.9	23	92.7	40	487.6
6	1.6	15	25.7	24	105.3	45	694.3
7	2.6	16	31.2	25	119.1	50	952.4
8	3.9	17	37.4	26	133.9	55	1,267.6
9	5.5	18	44.4	27	149.9	60	1,645.7
10	7.6	19	52.3	28	167.2	65	2,092.4
11	10.1	20	60.9	29	185.8	70	2,613.4
12	13.1	21	70.5	30	205.7		

[주] 1. 임목폐기물의 처리 및 운반비는 총괄적으로 별도 집계하여 폐기물 처리한다.
2. 벌근 중량은 다음 산식에 의한 계산량이므로 특별한 규격은 산식으로 계산하여 적용한다.
- 벌근 중량 (kg) = W(kg) × 20(%, 실제 계측수량 비율) = $595.27D^3$ × 20(%) = $119.05D^3$(kg)
  뿌리분중량 W = V(m^3) × 뿌리분의 단위중량 1,300(kg/m^3) = $0.4579D^3$ × 1,300 = $595.27D^3$(kg)
  뿌리분체적 V = $3.14D^2/4 \times D/2 + 3.14D^2/4 \times D/4$(뿌리분형상)/3 = $0.4579D^3$
  뿌리분직경 D = 근원직경의 4배 (m)

4) 문화재 공사

문화재공사의 품은 문화재청의 전신인 문화재관리국이 1998년 발간한 [문화재수리 표준품셈 및 실무요약]을 한동안 개정없이 사용하였으며, 2011년 제정된 「문화재수리 등에 관한 법률」에 의하여 식물을 제외한 [문화재수리 표준품셈] 제16장과, 제17장으로도 분류하는 [문화재수리(식물) 표준품셈]으로 구분 고시하고 있다. 제정된 법률을 기반으로 2011~2019년 수차례 개정되었으며, 2016년 개정시 재검토기간을 3년으로 예고 시행하고 있으므로 [문화재수리 표준품셈]은 적용시 유의한다.

[문화재수리 표준품셈] 중 식물관련으로 제17장으로도 분류되는 [문화재수리(식물) 표준품셈] 및 조경공사와 유사점이 있어서 준용할 수 있는 제3장 기초공사, 제6장 전돌공사, 제10장 수장공사, 제11장 석공사, 제16장 보존처리공사의 일부 항목은 필요시 [문화재수리 표준품셈] 또는 [조경공사 적산기준]을 참고한다.

22 유지 관리공사

Landscape Architecture

22.1 개 요

유지 관리공사는 공사종류로 수목과 시설물 유지관리로 나눌 수 있으며, 공사기간으로 준공 전과 준공 후 유지관리로 나눌 수 있다. 과거에는 신설공사에 집중하여 유지관리가 등한시 되었으며 유지 관리공사를 수행할 때에도 수목의 생존에만 치중하였으나, 차츰 유지관리의 중요성이 부각되면서 현재는 시설물 및 포장 등의 유지관리도 중요한 공사로 인식되고 있다. 2013년 식재공사 품셈이 개편되고 기후변화 등으로 준공전 유지관리의 필요성도 대두되었으므로 적용에 각별히 유의하여야 한다.

이 장에서는 수목의 유지관리공사 위주로 논하며, 시설물 유지관리는 각 해당 공종과 [제21절 철거 및 보수공사]편을 참조한다.

22.2 유지관리의 방법

수목과 잔디 등은 살아 있는 생물이므로 양호한 발육상태 유지를 위하여 필수적으로 관리가 필요하며, 최근에 많은 기술개발과 투자로 관리방법이 개발 · 세분화되고 있다.

수목과 잔디 유지관리로 구분 기술하므로 초화류 등은 필요시 적절히 준용한다.

1) 수목 유지관리

① 관수 및 배수

관수는 지면과 엽면(葉面)관수로 구분하여 실시하되 토양의 건조 한발시에는 지속적으로 관수하고 시간은 구름낀 날 외에는 일출 · 일몰 전후를 원칙으로 한다. 물받이는 수관폭의 1/3 정도 또는 뿌리분 크기보다 약간 크게, 높이 10cm 정도 흙으로 쌓아서 관수시 물이 다른 곳으로 흐르지 않게 고이도록 한다.

그림 5.22-1 수목 관수

우기에 수일간 물이 배수되지 않아 수목의 생육에 지장을 초래할 수 있는 장소 등에는 지표면 배수 또는 심토층(心土層) 배수 등으로 배수가 원활하도록 조치하여야 한다.

② 시 비

시비(施肥)는 설계도서, 시방서 및 유지관리계획서에서 규정한 성분의 비료를 기준량 만큼 주되 이때 비료가 직접 뿌리에 닿지 않도록 한다.

기비(基肥)는 늦가을 낙엽 후 땅이 얼기 전인 10~11월 또는 잎이 피기 전인 2~3월 시비하며, 지효성의 퇴비나 소형 복합비료가 이용된다.

추비(追肥)는 수목 생장기인 4~6월에 주로 속효성인 화학비료를 시비한다.

③ 병충해 방제

병충해 방제는 예방, 구제, 수간주사로 구분 시행한다.

그림 5.22-2 병충해 방제

예방은 식재 환경을 정비하고 적정한 비배(肥培)관리로 병충해를 받지 않도록 건강한 생육을 위한 예방조치이다.

구제(驅除)는 병충해가 발생한 식물을 방제하는 방법으로 초기에 약제를 살포하여 조기 구제토록 하고, 전염성이 강한 병원은 줄기를 잘라내거나 더욱 심한 경우 굴취 · 소각하여야 한다. 병충해의 구제를 위한 약제는 살충제와 살균제를 사용하되 사용약제, 살포량, 살포 시기, 약제의 희석배율 등은 병충해 종류와 살포 목적별로 시방서 및 약제 사용기준에 의하여 이행한다.

수간(樹幹)주사는 병충해의 피해목이나 수세가 쇠약한 나무의 회복을 위한 방법으로 주입 시기는 수액 이동이 활발한 5월초~9월말 사이의 증산작용이 활발한 맑은 날에 실시한다.

④ 가지치기

가지치기는 골격결정, 안전도모, 건강유지, 모양다듬기, 활착증진, 크기조절, 개화결실의 조절 목적으로 전지와 전정으로 구분하여 시행한다.

그림 5.22-3 가로수 전지 · 전정

전지(剪枝)는 원하는 수형으로 조형하기 위하여 근본이 되는 골격의 유도 작업으로서, 낙엽 후 휴면기 또는 동해 우려가 없는 수액 유동 직전인 초봄이 적기이다.

전정(剪定)은 수목의 가지와 줄기의 일부를 절제하여 수관내 일조 부족을 방지하고 통풍을 원활하게 하며, 도장(徒長)을 억제하고 수세의 균형을 유지하여 수종 고유의 아름다운 수형 형성에 목적이 있다.

⑤ 수목 보호

수목 보호는 줄기싸기, 뿌리덮개, 방풍, 방한으로 구분 시행한다.

줄기싸기는 이식 수목이 밀식되어 자라온 지하고가 높은 나무의 수분증산을 억제하고, 태양 직사광선으로부터 줄기 보호 및 수피의 갈라짐(割裂)과 병충해 침입을 방지하기 위하여 마포(痲布), 유지(油紙), 새끼 등으로 감싸준다. 최근에는 수목보호전용 황토를 직접 바르거나 일체화된 수목보호전용 황토흡착포를 설치하기도 한다.

뿌리덮개는 관수한 수분이나 토양 중의 수분증발을 억제하고 잡초의 번무를 방지하기 위하여 뿌리 주위의 풀을 베어 뿌리 부분을 덮어주거나 짚, 우드칩(Wood Chip), 왕겨 등을 덮어준다.

방풍(防風)은 바람이 계속 부는 시기나 고층건물 주변 등 바람이 심한 지역에 식재할 경우, 수분의 증발을 억제하기 위하여 바람막이나 줄기 및 가지를 줄기 감싸주기 요령에 의하여 처리한다.

방한(防寒)은 동해 우려가 있는 수종과 온난한 지역에서 생육한 수목을 한랭지역에 시공하였거나 지형·지세 등으로 동해가 예상되는 수목에 시행한다. 방한은 기온이 5℃ 이하로 예상될 때 동해방지를 위한 짚·마대 싸기, 토양의 동결과 관목류의 동해방지를 위한 방한덮개, 한풍해를 방지하기 위한 방풍조치 등을 취한다.

⑥ 치료 및 환경개선

수목에 상처가 생기면 스스로 아물기도 하지만 부후균(腐朽菌)이 침입하여 썩으면서 구멍(空洞)이 생기고 심한 경우 고사(枯死)하므로 이러한 경우 외과적 치료를 실시한다. 토양·지반 및 뿌리 환경이 불량한 경우 생육환경의 개선이 필요하다.

시행 시기는 연중으로 수술 및 작업이 가능하지만 수액의 유동이 중지되는 가을~봄 사이가 최적기이다. 외과적 치료는 다음의 종류와 방법으로 시행한다.

㉠ 부패부 제거 : 병충해의 피해, 기상적 피해, 인위적 피해로 수피에 상처가 발생하면 대부분 자연 치유되지만, 부후균으로 상처가 확대되면 공동(空洞)이 생긴다. 이때 상처 부위를 정리하며 예리한 칼로 부패부를 도려내는 작업이다.

㉡ 살균처리 : 부패부 제거 후 부후균의 균사가 잠재하는 부위에 살균제를 처리하는데 에틸알코올, 포르말린 등이 효과적이다.

㉢ 살충처리 : 부패부에는 하늘소류, 바구미류, 나무좀류, 심식충류, 개미류, 바퀴벌레류 등 각종 해충이 서식하므로 스미치온, 다이아톤 등 침투 이행성이 좋은 농약으로 처리한다. 충분한 약제가 목질부에 침투되어야 하므로 여러 번 반복 처리함이 좋다.

㉣ **방부처리 :** 살충 · 살균 처리 후 노출되면 또 다시 부후균의 침입으로 부패되기 쉬우므로 방부처리가 필요하다. 잔효성이 긴 무기화합물은 유지성이 좋으나 독성이 높아 처리 과정에 주의가 필요하다.

㉤ **방수처리 :** 목질부에 물이나 습기가 차면 부후균에 의한 부패 위험성이 크므로 방수처리한다. 주로 인공수지를 이용하며 접착력 · 침투력이 좋은 것을 선택하되, 방수제는 일광에 노출될 경우 산화되므로 주의하여야 한다.

㉥ **공동(空洞) 충전 :** 제거된 부패 부위에는 우레탄폼, 콘크리트, 아스팔트, 목재, 고무밀납 등으로 구멍을 메운다.

㉦ **매트처리 :** 공동충전 후 목질 노출부를 매트 처리하면 빗물, 습기 등과 더불어 인위적인 피해를 방지할 수 있다.

㉧ **인공수피 :** 처리 약제 등의 노출로 인한 산화나 변질 방지를 위하여 공동 충전물과 형성층 사이에 수피와 유사하게 성형처리 마감하는 공정이다.

㉨ **쇠조임(Bracing) 작업 :** 줄기가 갈라졌거나 갈라질 우려가 있는 경우 쇠붙이로 연결하여 피해를 방지하는 작업이다.

생육환경 개선작업은 토양제거 및 뿌리조사, 뿌리박피 및 단근처리, 토양소독, 유합조직 연고처리, 토양개량, 유공관 및 코어설치 등으로 구분되며, 뿌리의 발육환경이 불량한 때 발육환경을 개선 또는 회복하는 작업이다.

2) 잔디 유지관리

① 제초

제초는 가급적 잡초 발생 초기에 즉시 시행하여야 한다. 제초작업은 인력이나 약제를 사용하여 잡초 뿌리 및 지하경(地下莖)을 완전히 제거하며, 제거된 잡초는 잔디밭이나 식재지역 밖으로 반출 처리한다. 특히 숙식성(宿植性)의 클로버와 쑥은 지하경의 근원부를 여러 차례 반복 제거하여야 한다.

그림 5.22-4 제초 작업

② 잔디깎기

들잔디는 잎 길이가 3~6cm 정도, 기타 잔디류는 생장의 지장이 없는 범위 내에서 수시로 실시한다. 잔디를 자주 깎을수록 잡초 발생량이 적어지므로 가능한 한 자주 실시한다.

그림 5.22-5 잔디 깎기

③ 뗏밥주기

잔디 생육에 의한 지하경의 지표면 노출을 막아주고 지표면을 평탄하게 하며 잔디의 생육을 돕기 위하여 뗏밥을 준다. 뗏밥 시기는 한지형(寒地形) 잔디는 봄·가을에 주고, 난지형(暖地形) 잔디는 늦봄~초여름에 잔디의 생육이 왕성할 때 1~2회 준다. 뗏밥의 두께는 보통 2~4mm 정도로서 뗏밥을 다시 줄 때는 최소 15일이 지나야 하며, 봄철에 두껍게 한 번에 주는 경우에는 5~10mm 정도를 준다.

④ 유지관리 기준

잔디 유지관리는 [조경공사 적산기준]의 기준에 의하되, 유지관리의 시행횟수는 지역·기후·토양·생육상태 등의 제반 조건에 의하여 조정할 수 있다.

경기장용 잔디의 유지관리기준은 [조경공사 적산기준]을 참조 준용한다.

〈표 5.22-1〉 난지형 잔디(관상용) 유지관리기준 [조경공사 적산기준] (회/연간)

구 분	기 준	연간	시행 시기 (회)											
			1월	2월	3월	4월	5월	6월	7월	8월	9월	10월	11월	12월
관 수	10mm/m²	14				1	3	3	2	3	2			
잔디깎기	예고 40mm	15					1	4	4	4	2			
시 비	30g/m²	3				1		1		1				
제 초	인력+약제	5					1	1	1	1		(1)		
배 토	5mm/회	2						1		1				

[주] 1. 본 기준은 조경용 난지형 잔디의 관리표준으로 현장의 여건에 따라 30%까지 가감할 수 있다.
2. 관수의 빈도는 기상조건, 토양조건, 관리요구도 등을 고려하여 정하여야 하며, 관수시각은 되도록 오전 6~10시를 택하되 한여름 고온기에 잔디가 심하게 건조한 경우에는 오후 4~6시 사이에 관수한다. 잦은 관수보다는 1회 관수 시 10mm 이상 충분히 주어야 한다.
3. 잔디깎기는 한 번에 초장의 1/3 이상을 깎지 않도록 하여야 하며, 깎은 잔디 예지물은 수거하여 제거하여야 한다.
4. 시비는 잔디용 입제복합비료(11-5-7) 30g/m² 기준으로서 엽색이 옅어지거나 생육이 부진할 때를 기준으로 하되, 가능하면 제초작업 후 비오기 직전에 시비하고 불가능시에는 시비 후 충분히 관수를 실시하여 피해를 입지 않도록 한다.
5. 제초는 약제와 인력을 병행하거나 인력 제초를 기준으로 한다. 4월초 발아 전 제초제를 전면 살포하여 일년생 잡초의 발아 억제 작업이 꼭 필요하다.
6. 배토는 선별한 가는 모래를 사용하고, 배토 후 비질(브러싱, Brushing), 관수 및 롤러를 사용하여 배토사가 충분히 잔디 사이에 충진될 수 있도록 하여야 한다.
7. 본 유지관리기준 중 잔디깎기, 시비, 제초의 연간작업 횟수는 일상적인 잔디유지관리를 적용범위로 하며, 공사와 관련한 준공 전·후 관리는 [유지관리비 계상기준]을 준용한다.
8. 시행시기의 (1)은 서리 오기 직전인 동계를 맞이하는 시점에 시행하는 수량이다.

〈표 5.22-2〉 한지형 잔디(관상용) 유지관리기준 [조경공사 적산기준] (회/연간)

구 분	기 준	연간	시행 시기 (회)											
			1월	2월	3월	4월	5월	6월	7월	8월	9월	10월	11월	12월
관 수	10mm/m²	44			2	3	5	7	7	7	7	5	1	
잔디깎기	예고 40mm	20			1	3	3	2	1	1	3	3	2	1
시 비	30g/m²	4				1	1				1	1		
제 초	인력+약제	5				1	1		1		1	1		
배 토	5mm/회	2					1					1		

[주] 1. 본 기준은 일반적인 가로변 조경용 한지형 잔디의 관리표준을 나타낸 것으로 현장의 여건에 따라 가감할 수 있다.

2. 관수의 빈도는 기상조건, 토양조건, 관리요구도 등을 고려하여 정하여야 하며, 관수시각은 되도록 오전 6~10시를 택하되 한여름 고온기에 잔디가 심하게 건조한 경우에는 오후 4~6시 사이에 관수한다. 잦은 관수보다는 1회 관수 시 10mm이상 충분히 주어야 한다.
3. 잔디깎기는 한 번에 초장의 1/3 이상을 깎지 않도록 하여야 하며, 깎은 잔디 예지물은 수거하여 제거하여야 한다.
4. 시비는 잔디용 입제복합비료(11-5-7) 30g/m^2 기준으로서 엽색이 옅어지거나 생육이 부진할 때를 기준으로 하되, 가능하면 제초작업 후 비오기 직전에 시비하고 불가능시에는 시비 후 충분히 관수를 실시하여 피해를 입지 않도록 한다.
5. 제초는 약제와 인력을 병행하거나 인력 제초를 기준으로 한다. 4월초 발아 전 제초제를 전면 살포하여 일년생 잡초의 발아 억제 작업이 꼭 필요하다.
6. 배토는 선별한 가는 모래를 사용하고, 배토 후 비질(브러싱, Brushing), 관수 및 롤러를 사용하여 배토사가 충분히 잔디 사이에 충진될 수 있도록 하여야 한다.
7. 본 유지관리기준 중 잔디깎기, 시비, 제초의 연간작업 횟수는 일상적인 잔디유지관리를 적용범위로 하며, 공사와 관련한 준공 전·후 관리는 [유지관리비 계상기준]을 준용한다.

22.3 품셈의 적용

1) 적용 범위

유지관리공사는 식재공사, 시설물공사, 포장공사로 구분 집계한다.

[LH공사]에서 목재재도장을 2018년 하반기부터 적용하는 등 시설물 유지관리공사도 최소기준으로 도입이 필요하며, 포장공사도 이용자 민원 등의 발생시 조치가 필요하므로 최소의 적용기준이 필요하다. 이때 시설의 부분적인 보수·보완으로 개량이 곤란한 경우 보수공사를 실시한다.

식재공사 품셈개정 이전에는 작업내용이 구체적이지 않아 식재공사와 유지관리공사의 범위와 적용기준이 모호하였으나, 2013년 개정시 식재공사는 1회 물주기(물죽쑤기)만 포함되고 식재공사 이후 유지관리공사를 별도 적용하도록 구체화되었다. 그러므로 유지관리공사는 준공후 유지관리는 물론 준공전 유지관리도 반드시 별도로 적용하여야 한다. 그러나 2013년 식재공사 품셈에서 식재 유지관리공사는 별도 적용으로 개정되었음에도 불구하고 적용기준은 아직 준비단계이며, 구체적인 적용 사례는 [LH공사] 이외에는 아직 적용이 미미하다.

그러므로 유지관리공사를 지속 적용중인 [LH공사]의 2020년 최근 기준을 준용하며, 품셈개정 이전부터 유지관리공사를 별도 시행하고 있는 [LH공사]도 기준을 거의 매년 개정하고 있으므로 2020년 기준을 충분히 분석하여 유지관리공사를 적용함이 필요하다. 항목별 세부내용은 식재공사 품셈 개정전인 2012년 기준과 표준품셈 기준이 유지관리 별도 수행으로 개정된 후 2013년, 2014년, 2016년, 2017년, 2018년, 2019년의 세부개정내용을 참고한다.

최종적으로 유지관리공사에 특별히 추가 또는 제외할 항목을 정한 후 법규나 규약의 개정 또는 신규 적용사항을 재검토하여 확정하며, 시공시에는 계약내용 및 시행여부와 시행량으로 정산한다.

〈표 5.22-3〉 유지관리비 계상기준 #1 – 2020년 [LH공사]

구 분		실시회수		대 상	적용기준	비 고
		공사 중	준공 후			
예 찰 보 고		–	상반기 1회 하반기 1회	녹지 면적	원형지 제외	
수목	전 정	–	3년간 2회 (주택) 2년간 1회 (단지)	지정 수종		
	수간 보호	–	1회	지정 수목	짚싸기, 바람막이	선택공종
	관 수	–	(활착관수) 1년차 연간 3회 2년차 연간 2회 3년차 연간 1회			
		–	(긴급관수) 1회			발주시 포함
	수목 시비	–	녹지내 2회	교목 H2.0~4.0	고형복합비료 210g	
					부산물비료 5kg	선택공종
				교목 H4.0이상	고형복합비료 270g	
					부산물비료 10kg	선택공종
		–	가로수 2회	교목 H4.0미만	고형복합비료 90g	선택공종
				교목 H4.0이상	고형복합비료 135g	
	수목진단·처방		(정기진단 · 처방) 연간2회			
			(긴급진단 · 처방) 1회			발주시 포함
	병해충방제	–	(정기방제) 연간2회	교목, 관목의 100%		
			(긴급방제) 1회			발주시 포함
			수간주사	소나무류		선택공종
	관목 제초	기간내 5,9월 포함횟수	연간 2회	관목식재 면적		
	가로수분제초	기간내 5,9월 포함횟수	연간 2회	가로수분 면적		
	지주목재결속	–	연간 1회	교목의 50%		
	지주목 해체		1회	지주목 수량의 100%		선택공종
잔디	시 비	–	연간 1회	잔디식재면적	복합비료 21–17–17 1회 사용량 30g/m^2	선택공종
	제 초	기간내 5월 포함횟수	연간 1회			
	깎 기	기간내 6~10월 포함횟수	연간 5회			

(표 계속)

〈표 5.22-3〉 유지관리비 계상기준 #1 – 2020년 [LH공사]

구 분		실시회수		대 상	적용기준	비 고
		공사 중	준공 후			
초화류	거적 덮기	–	1회	지정 초화류		선택공종
	시 비	–	연간 2회	초화류 식재면적	복합비료 21-17-17 1회 사용량 30g/m^2	선택공종
	제 초	기간내 5,9월 포함횟수	연간 2회			
	관 수	–	(활착관수) 1년차 연간 3회 2년차 연간 2회 3년차 연간 1회			
		–	(긴급관수) 1회			발주시 포함
목재 재도장			연간 1회	목재데크, 휴게시설(일부)	목재 면적	

[주] 1. 전정은 조형수목(주목, 향나무, 소나무, 반송 등), 생울타리(측백 등) 회양목, 옥향 등 일정한 형태와 무늬를 유지하기 위하여 식재 부위 전체를 지속적으로 다듬어야 하는 수종과 가로수 등 부정아 제거가 필요한 수종으로서 설계에 반영한 수목을 대상으로 한다. (단, 생태적 배식 및 산지내 식재된 수목은 제외)
2. 교목수량 적용시 수벽용 교목(H1.5m 미만)은 기준량의 1/4을 적용한다.
3. 참나무(잡목류 H1.0m 내외)는 관목수량으로 적용한다.
4. 만경류는 초화류에 의하되 제초만 반영한다.
5. 선택공종은 당해 식재지역내 척박한 토질여건 및 동절기 이상한파 등 수목생육환경 개선을 위하여 꼭 필요할 경우 식재공사 준공시 설계변경을 통하여 추가 시행할 수 있다.
6. 권장지역을 벗어나 식재 시 겨울의 추위 피해가 우려되는 수종(배롱나무, 감나무 등)은 짚싸기, 도로변 염해가 예상되는 지역의 관목(영산홍, 회양목 등)은 바람막이 설치, 동해 피해가 예상되는 지역의 지피류는 거적덮기를 반영한다.
7. 수간주사(아바멕틴 5cc)를 12월~2월 사이에 소나무에 실시하되, 나무의사의 진단결과에 의한다.
8. 관리공사 준공 이후 지주목 해제 요청을 예방하기 위하여 관리공사 준공시점에 지주목 해제여부를 확정하기 위한 지자체, 관리사무소 등 관리주체와 사전 협의한다.
9. 공사 중 유지관리는 분할 할 수 있는 구간(개방구역)에 대한 기성 완료 후 공용개방 된 공원 및 녹지를 대상으로, 현장여건 및 공기연장 등에 따라 고용개방일+4주 후부터 준공 시까지 제초 · 깎기 실시 월 포함 횟수를 반영하여 시행한다.[공용개방 사유발생 시 개방일(구역 및 대상 포함) 지정 및 시행근거(향후 관리계획 등 포함) 마련]
10. 공사 중 또는 준공 후 지자체 인수인계, 집단민원 방생 등의 불가피한 사유로 유지관리 항목별 횟수 및 기간의 증감이 꼭 필요할 경우 식재유지관리공사에 반영하여 시행할 수 있다.
11. 목재 재도장은 목재데크, 휴게시설(앉음벽, 평의자, 등의자, 그네의자, 야외테이블, 평상, 선베드 등 이용자의 직접적인 접촉이 많은 시설)의 내구성 증대 및 민원예방을 위하여 시설물의 목재 부위를 재도장하는 것으로서 기성제품의 경우 목재의 종류, 표면 마감도료 등을 확인하여 오일스테인 도장이 가능한 경우 재도장을 반영한다.
12. 실제 도장이 가능한 면적을 기준으로 하며(매립부, 하단 배면부 등 제외), 현장여건에 따라 필요 시 설계서에 반영된 기준 면적을 추가 적용하고 (정산)할 수 있다.

[참조사항]

- 2019년 적용(2020년 대비) : 수목진단 · 처방, 지주목 해체 = 적용 없음, 예찰보고 월1회(3~10월).
  - 수목진단 · 처방 : 2020년 나무의사제도 시행으로 적용기준 개정
  - 지주목 해체 : 관리공사 이후 지주목 해체 요청이 빈번하여 관리공사 완료시 협의사항으로 2020년 선택공종 등록
  - 예찰보고 : 2017년부터 시행하던 예찰보고의 월1회(3~10월)적용인 년8회에서 2020년 연2회로 변경
- 2017년 적용(2020년 대비) : 실시회수의 공사중, 수간주사 = 적용 없음, + 2019년 내용
  - 실시회수의 공사중 : 2018년부터 준공전 유지관리공사 시행
  - 수간주사 : 2018년부터 소나무의 수간주사 시행

〈표 5.22-4〉 유지관리비 계상기준 #2 – 2012~2016년 [LH공사]

<table>
<tr><th colspan="3" rowspan="2">구 분</th><th colspan="3">2012년 까지</th><th colspan="3">2016년 시행</th></tr>
<tr><th>실시회수</th><th colspan="2">대 상</th><th>실시회수</th><th colspan="2">대 상</th></tr>
<tr><td rowspan="2">전 정</td><td colspan="2">교 목</td><td rowspan="2">2회
(2년×연 1회)</td><td colspan="2" rowspan="2">식재수량의 20%</td><td rowspan="2">2회
(2년×연 1회)</td><td colspan="2" rowspan="2">지정수목</td></tr>
<tr><td colspan="2">관 목</td></tr>
<tr><td colspan="3">수 간 보 호</td><td>–</td><td colspan="2">–</td><td>준공 후 1회</td><td colspan="2">지정수목 ▼</td></tr>
<tr><td rowspan="2">병충해
방 제</td><td colspan="2">교 목</td><td rowspan="2">4회
(2년×연 2회)</td><td colspan="2">교목의 20%</td><td rowspan="2">6회
(2년×연 3회)</td><td colspan="2">교목의 100%</td></tr>
<tr><td colspan="2">관 목</td><td colspan="2">관목의 50%</td><td colspan="2">관목의 100%</td></tr>
<tr><td rowspan="6">시 비</td><td rowspan="4">교
목</td><td rowspan="2">녹지내</td><td rowspan="2">녹지내 2회
(2년×연 1회)</td><td>H2~4m</td><td>유 · 비 5kg</td><td rowspan="2">녹지내 2회
(2년×연 1회)</td><td>H2~4m</td><td>고 · 비210g
부 · 비 5kg▼</td></tr>
<tr><td>H4m 이상</td><td>유 · 비10kg</td><td>H4m이상</td><td>고 · 비270g
부 · 비10kg▼</td></tr>
<tr><td rowspan="2">가로수</td><td rowspan="2">가로수 2회
(2년×연 1회)</td><td>H4m 미만</td><td>고 · 비 6개</td><td rowspan="2">가로수 2회
(2년×연 1회)</td><td>H4m미만</td><td>고 · 비 90g▼</td></tr>
<tr><td>H4m 이상</td><td>고 · 비 9개</td><td>H4m이상</td><td>고 · 비135g▼</td></tr>
<tr><td colspan="2">잔 디</td><td rowspan="2">2회
(2년×연 1회)</td><td colspan="2">잔디의 100%</td><td rowspan="2">2회
(2년×연 1회)</td><td colspan="2">잔디의 100% ▼</td></tr>
<tr><td colspan="2">초화류</td><td colspan="2">초화의 100%</td><td colspan="2">초화의 100% ▼</td></tr>
<tr><td rowspan="3">관 수</td><td colspan="2">교 목</td><td rowspan="3">–</td><td colspan="2" rowspan="3">–</td><td rowspan="3">4회
(2년×연 2회)</td><td colspan="2">교목의 100%</td></tr>
<tr><td colspan="2">관 목</td><td colspan="2">관목의 100%</td></tr>
<tr><td colspan="2">초화류</td><td colspan="2">초화의 100%</td></tr>
<tr><td colspan="3">가로수분 제초</td><td>–</td><td colspan="2">–</td><td>4회
(2년×연 2회)</td><td colspan="2">가로수분 면적</td></tr>
<tr><td colspan="3">지주목 재결속</td><td>준공후 2회</td><td colspan="2">교목의 50%</td><td>준공 후 2회</td><td colspan="2">교목의 50%</td></tr>
<tr><td rowspan="3">제 초</td><td colspan="2">관 목</td><td rowspan="3">4회
(2년×연 2회)</td><td colspan="2">–</td><td rowspan="3">4회
(2년×연 2회)</td><td colspan="2">관목의 100%</td></tr>
<tr><td colspan="2">초화류</td><td colspan="2">초화의 100%</td><td colspan="2">초화의 100%</td></tr>
<tr><td colspan="2">잔 디</td><td colspan="2">잔디의 100%</td><td colspan="2">잔디의 100%</td></tr>
<tr><td>깎 기</td><td colspan="2">잔 디</td><td>4회
(2년×연 2회)</td><td colspan="2">잔디의 100%</td><td>4회
(2년×연 2회)</td><td colspan="2">잔디의 100%</td></tr>
</table>

[주] 시비의 유 · 비는 유기질비료, 고 · 비의 2012년은 고형비료 2016년은 고형복합비료, 부 · 비는 부산물비료이며, ▼는 선택공종이다.

- 선택공종은 당해 식재지역내 척박한 토질여건 및 동절기 이상 한파 등 수목생육환경 개선을 위하여 꼭 필요할 경우 식재공사 준공 시 설계변경을 통하여 추가 시행할 수 있다.

1. 전정은 조형수목(주목, 향나무, 소나무, 반송 등), 생울타리(측백 등) 회양목, 옥향 등 일정한 형태와 무늬를 유지하기 위하여 식재 부위 전체를 지속적으로 다듬어야 하는 수종과 가로수, 부정아 제거가 필요한 수종으로서 설계에 반영한 수목을 대상으로 한다. (단, 생태적 배식 및 산지내 식재된 수목은 제외)
2. 교목수량 적용시 수벽용 교목(H1.5m 미만)은 기준량의 1/4을 적용한다.
3. 참나무(잡목류 H1.0m 내외)는 관목수량으로 적용한다.
4. 만경류는 초화류에 의하되 제초만 반영한다.

[참조사항]

- 2013년 적용(2016년 대비) : 전정은 준공후 1회
- 2014년 적용(2016년 대비) : 수간보호, 시비, 가로수분제초 = 적용 없음
- 규격 세분 (2014년부터 추가사항)
  - 교목전정 (3종류) : B10(R12, H3.8) 이하, B11~20(R13~24, H4.0~4.9), B21(R25, H5.0) 이상
  - 관목전정 (2종류) : H0.9m 미만, H0.9m 이상 (단, 수수꽃다리, 남천, 무궁화는 제외하고 $100m^2$로 집계)
  - 제 초 (2종류) : 지장물 지역 제초(관목 및 초화류, 수목보호홀 덮개 구간 등), 일반잔디지역

2) 품셈 기준

수목 유지관리공사 중 뿌리돌림, 수간보호는 [제5절 수목식재공사]의 〈표 5.5-3〉, 〈표 5.5-4〉를 참고한다.

식재공사 품셈 기준은 식재시 1회 물주기만 포함되어 있으므로 준공 후 유지관리는 물론 공사중의 준공 전 유지관리도 반드시 반영되어야 한다.

① 전 정

전정은 [공통품셈 4-5-1(일반전정)], [공통품셈 4-5-2(가로수 전정), [공통품셈 4-5-3(관목전정)]으로 구분하여 다음과 같이 적용한다.

관목전정 품셈은 단순 규정하므로 종류별, 규격별 세분한 [한국도로공사 유지관리품], [2010년 조경공사 적산기준]을 참고하여 다음과 같이 준용한다.

〈표 5.22-5〉 일반전정 [공통품셈] (주 당)

구 분			규격	단위	수 량 (흉고직경 cm)					
					10 이하	11~20	21~30	31~40	41~50	51 이상
인력시공	낙엽수	조 경 공		인	0.06	0.10	0.16	–	–	–
		보통 인부		인	0.02	0.03	0.04	–	–	–
	상록수	조 경 공		인	0.05	0.09	0.15	–	–	–
		보통 인부		인	0.02	0.03	0.04	–	–	–
기계시공	낙엽수	조 경 공		인	–	0.05	0.07	0.11	0.17	0.27
		보통 인부		인	–	0.01	0.02	0.04	0.06	0.10
		크 레 인	5ton	hr	–	0.15	0.26	0.46	0.79	1.39
	상록수	조 경 공		인	–	0.04	0.06	0.09	0.14	0.22
		보통 인부		인	–	0.01	0.02	0.03	0.05	0.08
		크 레 인	5ton	hr	–	0.14	0.24	0.42	0.73	1.28

[주] 1. 본 품은 수목의 정상적인 생육장애요인의 제거 및 외관적인 수형을 다듬기 위해 수행하는 전정 기준이다.
2. 작업준비, 전정, 뒷정리 작업을 포함한다.
3. 조형적인 관리가 필요한 수목(디자인 전정 등)은 별도 계상한다.
4. 전정 후 외부 운반 및 폐기물처리비는 별도 계상한다.
5. 공구손료 및 경장비(전정기 등)의 기계경비는 인력품의 2.5%로 계상한다.

〈표 5.22-6〉 가로수 전정 [공통품셈] (주 당)

구 분		규격	단위	수 량 (흉고직경 cm)					
				10 이하	11~20	21~30	31~40	41~50	51 이상
강전정	조 경 공		인	0.09	0.13	0.18	0.22	0.27	0.32
	보통 인부		인	0.21	0.31	0.42	0.52	0.63	0.89
	크 레 인	5ton	hr	0.36	0.48	0.62	0.76	0.89	1.03
약전정	조 경 공		인	0.06	0.09	0.12	0.15	0.19	0.22
	보통 인부		인	0.13	0.20	0.28	0.36	0.43	0.51
	크 레 인	5ton	hr	0.20	0.30	0.41	0.53	0.64	0.75

[주] 1. 본 품은 가로수(낙엽수)를 전정하는 기준이다.
2. 강전정은 수목의 정상적인 생육장애요인의 제거를 위해 굵은 가지(주간)까지를 잘라내는 기준이고, 약전정은 외관적인 수형을 다듬는 기준이다.
3. 준비, 전정 및 전정 후 뒷정리(적재 및 적상) 작업을 포함한다.

4. 교통정리(신호수) 등 안전관리를 포함한다.
5. 전정 후 외부 운반 및 폐기물처리비는 별도 계상한다.
6. 공구손료 및 경장비(전정기 등)의 기계경비는 인력품의 2.5%로 계상한다.

〈표 5.22-7〉 관목 전정 [공통품셈] (식재면적 $10m^2$ 당)

구 분	단위	수 량 (나무높이)	
		0.9m 미만	0.9m 이상
조 경 공	인	0.02	0.03
보 통 인 부	인	0.04	0.07

[주] 1. 본 품은 군식으로 식재된 관목의 전정 기준이다.
2. 본 품은 작업준비, 전정 및 전정 후 뒷정리 작업을 포함한다.
3. 공구손료 및 경장비(전정기 등)의 기계경비는 인력품의 3.5%를 계상한다.
4. 본 품은 인력에 의한 작업을 기준한 것이며, 고소작업차가 필요한 경우 기계경비는 별도 계상한다.
5. 전정 후 외부 운반 및 폐기물처리비는 별도 계상한다.

〈표 5.22-8〉 관목 전정 · 정형 [한국도로공사, 2010년 조경공사 적산기준] (주 당)

구 분 \ 수 고		30cm 미만	30cm 이상	60cm 이상	90cm 이상	120~150cm
상록조형	조 경 공	0.0075	0.009	0.0125	0.020	0.0325
	보통인부	0.0025	0.003	0.004	0.005	0.00116
독 립 수	조 경 공	0.002	0.002	0.0025	0.004	0.011
	보통인부	0.0003	0.0005	0.001	0.0015	0.0022
생울타리	조 경 공	0.0005	0.001	0.0015	0.002	0.0025
	보통인부	0.0002	0.0003	0.0004	0.00045	0.0005
군 식	조 경 공	0.001	0.00125	0.0016	0.0022	0.0025
	보통인부	0.0003	0.0004	0.0005	0.0006	0.002
총 생 목 근간전지	조 경 공	–	–	–	–	–
	보통인부	0.001	0.002	0.003	0.005	0.010

[주] 1. 상록 조형목은 눈향, 눈주목, 꽝꽝나무, 둥근소나무, 반송, 옥향, 둥근향나무 등의 수관다듬기 및 정형작업에 적용한다.
2. 수고보다 수관폭이 더 클 때에는 수관폭을 수고로 본다.
3. 수고가 1.5m 이상일 때에는 크기에 따라 품을 가산할 수 있다.
4. 소나무류의 순자르기는 수작업을 원칙으로 하며 30%까지 그 품을 증가할 수 있다.
5. 생울타리는 차폐식재, 경계식재, 시선유도를 위하여 수목 상호간 연계 식재된 수벽형태를 말한다.
6. 군식이라 함은 식재공간에 화목류 등을 집단(Mass)으로 식재하여 집단미를 나타내기 위하여 식재된 것을 말한다.
7. 총생목 근간전지는 맹아지(경1cm 이내) 5가지 기준이며, 가지수 및 크기에 따라 품을 가산할 수 있다.
8. 동력전정기(Trimmer) 사용시는 조경공의 30%를 적용하고 기계경비는 별도 계상한다.
9. 동력전정기(3.5HP) 작업능력은 4,000(주/일)이다.
10. 생울타리 전정은 수벽의 상단, 전면, 후면 전정을 원칙으로 한다.
11. 공구손료는 조경공(총생목은 보통인부)의 3%를 적용한다.(인력)

② 제초 및 풀깎기(삭초)

제초, 잔디깎기, 예초는 [공통품셈 4-5-7(제초)], [공통품셈 4-5-8(잔디깎기)], [공통품셈 4-5-9(예초)]에 의하여 다음과 같이 적용한다.

〈표 5.22-9〉 제초 [공통품셈]

(100m² 당)

구 분	단위	수 량	
		일반 잔디지역	지장물 지역
조 경 공	인	0.07	0.10
보 통 인 부	인	0.35	0.51

[주] 1. 본 품은 인력으로 잡초를 제거하는 기준이다.
2. 지장물 지역은 정기적으로 제초작업이 진행되지 않아 대상지역 잡초의 밀도가 높거나, 지장물(초화류, 관목류 등)이 많은 지역을 의미한다.
3. 제초 및 뒷정리를 포함한다.
4. 외부 운반 및 폐기물처리비는 별도 계상한다.

〈표 5.22-10〉 잔디깎기 [공통품셈]

(100m² 당)

구 분		단위	수 량	
			배부식	핸드가이드식
기계사용 잔디깎기	특별인부	인	0.09	0.02
모으기 및 제거	보통인부	인	0.03	0.03
비 고	- 정기적인 잔디깎기 작업이 진행되지 않아 대상지역 잔디의 밀도가 높고 길이가 길게 자란경우 본 품을 10%까지 가산한다.			

[주] 1. 본 품은 기계를 사용하여 잔디를 깎는 기준이다.
2. 잔디깎기, 풀 모으기 및 적재 작업을 포함한다.
3. 외부 운반 및 폐기물처리비는 별도 계상한다.
4. 기계경비는 다음의 요율을 계상한다.
• 배부식 기계 : 기계사용 잔디깎기 품의 10%
• 핸드가이드식 기계 : 기계사용 잔디깎기 품의 15%

〈표 5.22-11〉 예초 [공통품셈]

(100m² 당)

구 분		규 격	단위	수 량
기계사용 풀깎기	특별인부		인	0.11
풀 모으기 및 제거	보통인부		인	0.04
비 고	- 경사도 25도 이상 경사구간에서는 할증률 10%를 적용한다. - 정기적인 예초작업이 진행되지 않아 대상지역 풀의 밀도가 높고 길이가 길게 자란 경우 본 품을 10%까지 가산한다.			

[주] 1. 본 품은 배부식 기계를 사용하여 풀을 깎고 제거하는 기준이다.
2. 풀 모으기 및 제거는 인력에 의한 풀 모으기 및 적재작업을 기준하며 외부 운반, 폐기물처리비는 별도 계상한다.
3. 기계경비는 기계사용 풀깎기 인력 품의 10%를 계상한다.

③ 관 수

관수는 [공통품셈 4-5-5(인력관수)], [공통품셈 4-5-6(살수차관수)]에 의하여 다음과 같이 적용한다.

품셈의 인력관수는 주기가 없으며 살수차에 의한 관수는 [주] ①② 항목만 기술되어 있으므로, 주기를 세분하고 수고에 의한 관수와 도랑식 관수를 추가한 [한국도로공사 유지관리품 (관수)], [조경공사 적산기준]을 다음과 같이 적용 및 준용한다. Q.C밸브관수는 [서울시 도시기반시설본부(관목 및 잔디관수-Q.C사용)], [조경공사 적산기준]에 의하여 다음과 같이 준용한다.

〈표 5.22-12〉 인력관수 [공통품셈 / 한국도로공사, 조경공사 적산기준]

(주 당)

구 분	단위	수량 (흉고직경)				
		10 미만	10~20 미만	20~30 미만	30~40 미만	40 이상
보 통 인 부	인	0.03	0.04	0.06	0.08	0.10

[주] 표는 동일하며, 주기는 한국도로공사 유지관리품 및 조경공사 적산기준의 내용이다.

1. 관수량은 10cm 미만은 20(ℓ), 10~20cm 미만은 45(ℓ), 20~30cm 미만은 120(ℓ), 30~40cm 미만은 230(ℓ), 40cm 이상은 300(ℓ)를 적용한다.
2. 본 품은 독립수에 적용한다.
3. 물받이의 크기는 근원직경의 6배, 높이 10cm의 원형을 기준으로 한다.
4. 공구손료는 인건비의 3%를 적용한다.
5. 물 운반거리는 100m를 기준으로 하고, 100m 초과마다 인력품을 10%씩 가산할 수 있다.
6. 관수량의 산출(ℓ) : $(1.5B \times 6/2)^2 \pi \times 3cm \times 10^{-3}$
7. 흉고직경을 측정할 수 없는 수목은 근원직경을 측정 흉고직경으로 환산하여 적용한다. (B=R/1.2)

〈표 5.22-13〉 살수차 관수 [공통품셈 / 한국도로공사]

(식재면적 $100m^2$ 당)

살수차 규격 (ℓ)	보통인부 (인)	살수차 운전시간 (hr)
1,800	0.23	0.84
3,800	0.12	0.66
5,500~6,500	0.05	0.36

[주] 주기는 품셈 주기인 ①②항에 ③이하의 세부사항을 추가한 한국도로공사 유지관리품의 내용이다.

1. 살수차의 운전시간에는 급수시간 및 1회당 5km까지의 이동시간을 포함한다.
2. 이동거리가 5km를 초과하는 매 5km마다 1,800~3,800ℓ 규격은 $0.07hr/100m^2$, 5,500~6,500ℓ 규격은 $0.04hr/100m^2$를 가산한다.
3. 관수량은 3,000(ℓ)로 한다.
4. 물 운반거리가 500m 이상이고 작업량이 300주 이상일 때에 적용한다.
5. 1,800ℓ 미만과 7,000ℓ 이상일 때는 규격에 따라 품을 가감할 수 있다.
6. 살수차의 운전경비는 별도 계상한다.

[계산 예]

살수차의 운전시간 : T=S/100(A+q+t)+L/v

- T : 살수차의 관수에 필요한 시간 (hr, 이동의 손실시간 포함)
- S : 살수 대상 면적 (m^2)
- A : $100m^2$당 관수의 실작업시간 ($hr/100m^2$)
- q : 관수량 ($m^3/100m^2$) (표준 $0.5 \sim 1.0m^3$)
- t : 급수에 필요한 시간 (hr/m^3)
- L : 일당 평균 이동거리(km)×시공일수
- v : 이동속도 (km/hr) (표준 300km/h)

• 급수시간 : 급수의 준비시간을 포함하여 급수방법별로 수도는 $0.4(hr/m^3)$, 소화전 · 관수차는 $0.2(hr/m^3)$, 자급중 가까운 곳은 $0.2(hr/m^3)$를 먼 곳에서 수급할 경우에는 [기계경비]를 산출 적용한다.

〈표 5.22-14〉 수고에 의한 관수 – 관목류 [한국도로공사, 조경공사 적산기준]

(주 당)

구 분	수 고 (m)				
	0.3 미만	0.3~0.5	0.6~0.8	0.9~1.1	1.2~2.0
보통인부 (인)	0.0018	0.0025	0.003	0.0045	0.008
관 수 량 (ℓ)	1	2	4	8	13

[주] 1. 물받이 조성을 원칙으로 한다.

2. 공구손료는 인건비의 3%를 적용한다.
3. 물 운반거리는 100m를 기준으로 하고, 100m 초과마다 인력품을 10%씩 가산할 수 있다.
4. 관수량의 산출(ℓ) : $(최대높이(cm)/2/2)^2 \pi \times 3cm \times 10^{-3}$
5. 열식된 관목의 관수품은 〈표 5.22-15〉의 도랑식 관수품을 적용한다.
6. 물받이의 크기는 수관폭의 1/3, 높이 10cm 정도로 한다.

〈표 5.22-15〉 도랑식(골) 관수 [한국도로공사, 조경공사 적산기준] (식재면적 100m² 당)

구 분	단위	수 량
보 통 인 부	인	0.4

[주] 1. 골관수는 묘상이 조성된 묘포장 관수에 적용한다.
2. 물 운반거리가 소운반거리(20m)를 초과하면 운반비를 별도 계상한다.
3. 도랑식 물집 조성을 원칙으로 한다.
4. 관수량의 산출(ℓ) : 면적(m^2)×0.03×1,000(ℓ/m^3)
5. 공구손료는 인건비의 3%를 적용한다.

〈표 5.22-16〉 관목 및 잔디관수 (Q.C사용) [서울시 도기본, 조경공사 적산기준] (m² 당)

구 분	규 격	보통인부 (인)
관 수	Q.C 사용	0.0012

④ 시 비

수목 시비는 [공통품셈 4-5-10(교목시비)]의 〈표 5.5-23〉, [공통품셈 4-5-11(관목시비)]의 〈표 5.5-24〉에 의하며, 잔디 시비는 [공통품셈 4-5-12(잔디시비)]에 의하여 다음과 같이 적용한다.

〈표 5.22-17〉 잔디시비 [공통품셈] (10,000m² 당)

명 칭	단위	수 량
조 경 공	인	0.4
보 통 인 부	인	1.4
트 럭 (2.5ton)	시간	2.6

[주] 1. 본 품은 화학비료의 살포가 300~700kg/10,000m²인 때를 표준으로 한다. 다만, 현장조건, 살포조건에 따라 살포량이 다를 때는 본 품의 20% 범위 내에서 증감할 수 있다.
2. 비료량은 별도 계상한다.

⑤ 수목 진단 · 처방

병충해 방제(살포, 수간주사) 이전에 실시하는 나무의사의 수목진단 · 처방에 적용한다.

2019년 농약허용물질 목록관리제도(PLS, Positive List System)의 시행과 2020년 「산림보호법」에 의한 나무의사 제도로 병해충의 피해 발생 또는 예상시 작물보호제(농약) 처리는 반드시 나무병원에서 나무의사의 진단과 처방이 필요하다. 나무의사 제도에 의하여 함께 도입된 수목치료기술자는 나무의사의 진단 · 처방을 나무에 예방 · 치료하는 전문가이다.

수목진료 설계기준은 엔지니어링 사업대가의 실시설계 요율을 적용하고, 기본진단이 포함되는 설계는 엔지니어링 사업대가의 기본설계+실시설계 요율을 합산 적용한다.

수목 진단 · 처방은 [수목진료 표준품셈 Ⅱ. 1-1-1(진단 · 처방)]에 의하여 다음과 같이 적용함을 원칙으로 한다. 나무의사의 일반진단 기준 및 경비(교통비, 진단서 발급비)는 산림청의 [수목진료 표준품셈 Ⅱ. 1-1(진단 · 처방 및 설계기준율)] 일반진단기준 200%를 적용하는 [LH공사] 기준을 준용하여 다음과 같으며, 일반진단 기준을 초과하는 경우에는 별도 적용할 수 있다.

〈표 5.22-18〉 수목진료 _ 진단(일반, 정밀) [수목진료 표준품셈] (회 당)

대분류	소분류	수량	비 고
① 인 건 비	나 무 의 사	0.5 인	현장 진단
	나 무 의 사	0.5 인	보고서작성
② 경 비	여 비 교 통 비	1 일	공무원여비규정의거 (일비, 식비, 숙박비, 교통비)
	진단서발급비		
	분석비(검사비)		
	장 비 사 용 료		
3. 소계			①+②
④ 일반관리비	③ × 6%(기타용역)		
⑤ 이 윤	(③+④)×10%(용역업)		
6. 공급가액			①+②+③+④+⑤
⑦ 부가가치세	⑥×10%		
8. 합계			⑥+⑦

[주] 1. 일반진단기준 : 3수종 이내 또는 면적 100m^2 이내
- 5수종 이내 또는 면적 300m^2 이내 : 150%
- 7수종 이내 또는 면적 500m^2 이내 : 200%
- 일반진단기준을 초과하는 경우 별도 책정.

2. 인건비는 '나무의사'를 적용한다.
3. 경비 - 여비교통비 : 공무원 여비 규정을 준용함.
- 진단서발급비 : 20,000원 기준함.
- 분석비(검사비) : 분석에 필요한 경우 별도 책정.
- 장비사용료 : 장비사용에 필요한 경우 별도 책정.
- 기타 : 별도 책정.

4. 일반관리비는 국가를 당사자로 하는 계약에 관한 법률 시행규칙 제8조 제1항 의거 기타용역 6% 초과하지 못한다.
5. 이윤 국가를 당사자로 하는 계약에 관한 법률 시행규칙 제8조 제2항 의거 용역 10% 초과하지 못한다.

〈표 5.22-19〉 수목진단 · 처방 [LH공사, 조경공사 적산기준] (회 당)

분 류	일반진단기준 100%	일반진단기준 150%	일반진단기준 200%	비 고
나 무 의 사	0.5 인	0.75 인	1.0 인	현장 진단
	0.5 인	0.75 인	1.0 인	보고서작성

[주] 1. 본 품은 나무주사 및 현장조제 및 정리의 품을 포함한다.
2. 각 재료비는 별도 계상한다.
3. 원거리작업, 계속이동작업, 분산작업의 경우 50%까지 가산할 수 있다.
4. 잡재료비는 재료비의 2%, 공구손료는 노무비의 3%까지 계상할 수 있다.

⑥ 병충해 방제

표준품셈의 약제살포 기준은 2019년 개정된 [공통품셈 4-5-13(약제살포-기계)], [공통품셈 4-5-14(약제살포-인력)]으로 구분하여 다음과 같이 적용한다.

〈표 5.22-20〉 약제살포(기계) [공통품셈] (약제살포량 1,000ℓ 당)

구 분	규 격	단위	수 량
조 경 공		인	0.43
보 통 인 부		인	0.64
동 력 분 무 기	4.85kW	hr	1.52
덤 프 트 럭	2.5ton	hr	2.18

[주] 1. 본 품은 배합된 액체형 약제를 동력분무기를 사용하여 수목류에 살포하는 기준이다.
2. 본 품은 약제배합, 살포 및 뒷정리 작업을 포함한다.
3. 작업여건(동력분무기의 살포범위를 벗어나는 경우)에 따라 고소작업차가 필요한 경우에는 기계경비를 별도 계상한다.

〈표 5.22-21〉 약제살포(인력) [공통품셈] ($100m^2$ 당)

구 분	단위	수 량
조 경 공	인	0.05

[주] 1. 본 품은 배합된 액체형 약제($100m^2$당 20L)를 인력으로 잔디에 살포하는 기준이다.
2. 약제배합, 살포 및 뒷정리 작업을 포함한다.

그러나 2020년 「산림보호법」의 나무의사제도 시행으로 표준품셈은 원론적 기준이며, 일반적 기준인 나무의사의 진단·처방에 의한 약제살포는 [수목진료 표준품셈 Ⅱ. 1-2(치료)] 33) 를 적용하거나 이를 준용한 [LH공사], [조경공사 적산기준]의 적용이 보다 타당할 것이다.

그러므로 [수목진료 표준품셈 Ⅱ. 1-2(치료)]에 의하여 [LH공사], [조경공사 적산기준]에서 적용하는 대표적 치료법인 병해충 방제(살포), 수간처리-나무주사는 다음과 같이 적용하며, 기타 항목은 [수목진료 표준품셈]을 참고 적용한다.

약제살포의 소요재료 및 수간주사 재료는 [수목진료 표준품셈]을 기준하되 약제살포 소요재료는 흉고(근원)직경기준, 수간주사 재료는 제품(아바멕틴 유제 5ml)을 규정한 [LH공사] 기준 34) 을 다음과 같이 준용한다.

33) [수목진료 표준품셈 Ⅱ. 1-2(치료)] 세부항목은 ①-① 병해충 방제(살포), ①-② 병해충 방제제 수간처리 _ 병충해 방제제 나무주사, 병충해 방제제 수간 도포처리, 천공성해충 방제제 수간 훈증처리, 천공성해충 방제용 수간 끈끈이 롤트랩 설치, ②-① 병해충 방제제 토양처리 _ 토양 관주처리, 병해충 방제제 토양혼화 처리, ②-② 영양공급 _ 엽면시비, 영양제 나무주사, 생리증진제 처리, 유기질 비료 처리, ②-③ 수세회복처리 _ 토양물리성 개선, 숨틀 설치, 토양 피복처리, ②-④ 뿌리수술 _ 토양제거 및 뿌리조사, 단근 및 뿌리 박피처리, 토양소독 및 발근제 처리, 유합조직 형성 촉진제 처리, ②-⑤ 외과수술 _ 부후부 제거, 살균처리, 살충처리, 방부처리, 공동충전, 공동해체, 매트처리, 방수처리, 인공수피처리, 산화방지처리, 토양습기 차단처리, ②-⑥ 가지치기 및 수목정리 _ 고사지 및 위험지 제거, 낙엽활엽수 수관솎기, 고사목 및 위험목 제거, 경합목 및 지장목 제거, 상록침엽수 수관솎기, 주변 생육지장 식생 제거 _ 대나무류 제거, 덩굴류 제거, 잡목(관목)류 제거, ②-⑦ 안전대책 및 보호시설 _ 지지대 설치, 줄당김 설치, 쇠조임 설치, ②-⑧생육환경개선 _ 콘크리트제거 및 천공(코아드릴) 및 참고자료로 구성되어 있다.

34) [LH공사]의 약제살포 소요재료는 2가지로서 기존부터 적용하던 제초, 증산억제, 발근촉진, 성장촉진제 등의 처리에 적용하는 기준과 [수목진료 표준품셈]의 기준을 조경용 수목의 일반적 수고를 적용한 병충해 방제의 약제살포 소요재료 기준의 2가지를 적용하고 있다. 첫째의 기존기준은 약제량이 다소 과소하며 나무의사 제도의 기준보다 과소한 기준의 2가지를 같이 적용할 사유가 없으므로 신설된 [수목진료 표준품셈]의 준용기준을 적용하였다.

〈표 5.22-22〉 병해충 방제(살포) [수목진료 표준품셈]

(100ℓ 당)

구 분	나무의사 (인)	수목치료 기술자 (인)	보통인부 (인)	동력분무기 (hr)	방제차량 (hr)
수 량	0.02	0.146	0.073	0.152	0.218

[주] 1. 대상별 적용 기준살포량 : 단목–100%, 공원 및 녹지–50%, 가로수–50%, 수림지–40%.
2. 철쭉, 회양목 등 관목류의 살포량은 식재면적 m^2당 2ℓ로 한다.
3. 살포량은 방제대상별 나무의사의 처방에 따라 가감할 수 있다.
4. 본 품은 장비정리, 약제조제 및 희석의 품을 포함한다.
5. 원거리작업, 계속이동작업, 분산작업의 경우 50%까지 가산할 수 있다.
6. 잡재료비는 재료비의 2%, 공구손료는 노무비의 3%까지 계상할 수 있다.
7. 작업높이가 지상에서 5m 이상일 때에는 건설표준품셈의 위험 할증률(고소작업)을 계상할 수 있다.
8. 약제량은 별도 계상하며, 약제의 종류에 따라 혼용할 수 있는 약제(전착제 포함)는 혼용하여 살포하는 것으로 한다.
9. 장비사용시 별도 계상할 수 있다.

〈표 5.22-23〉 병해충 방제제 나무주사 [수목진료 표준품셈]

(천공 당)

구 분	나무의사 (인)	수목치료기술자 (인)	보통인부 (인)
수 량	0.001	0.006	0.002

[주] 1. 본 품은 나무주사 및 현장조제 및 정리의 품을 포함한다.
2. 각 재료비는 별도 계상한다.
3. 원거리작업, 계속이동작업, 분산작업의 경우 50%까지 가산할 수 있다.
4. 잡재료비는 재료비의 2%, 공구손료는 노무비의 3%까지 계상할 수 있다.

〈표 5.22-24〉 그루당 살포약량 [수목진료 표준품셈]

(단위: ℓ)

수고 / 직경cm	3m	6m	9m	12m	15m	18m	21m	24m	27m	30m	33m	36m	39m	42m	45m	48m
10	10	20	30	40	–	–	–	–	–	–	–	–	–	–	–	–
15	15	30	45	60	75	–	–	–	–	–	–	–	–	–	–	–
20	20	40	60	80	100	120	–	–	–	–	–	–	–	–	–	–
25	25	50	75	100	125	150	175	–	–	–	–	–	–	–	–	–
30	30	60	90	120	150	180	210	240	–	–	–	–	–	–	–	–
35	35	70	105	140	175	210	245	280	315	–	–	–	–	–	–	–
40	40	80	120	160	200	240	280	320	360	400	–	–	–	–	–	–
45	45	90	135	180	225	270	315	360	405	450	495	–	–	–	–	–
50	50	100	150	200	250	300	350	400	450	500	550	600	–	–	–	–
60	60	120	180	240	300	360	420	480	540	600	660	720	780	–	–	–
70	70	140	210	280	350	420	490	560	630	700	770	840	910	980	–	–
80	80	160	240	320	400	480	560	640	720	800	880	960	1040	1120	1200	–
90	90	180	270	360	450	540	630	720	810	900	990	1080	1170	1260	1350	1440
100	100	200	300	400	500	600	700	800	900	1000	1100	1200	1300	1400	1500	1600
120	120	240	360	480	600	720	840	960	1000	1200	1320	1440	1560	1680	1800	1920
140	140	280	420	560	700	840	980	1120	1280	1400	1540	1680	1820	1960	2100	2240
160	160	320	480	640	800	960	1120	1280	1440	1600	1760	1920	2080	2240	2400	2560
180	180	360	540	720	900	1080	1260	1440	1620	1800	1980	2160	2340	2520	2700	2880
200	200	400	600	800	1000	1200	1400	1600	1800	2000	2200	2400	2600	2800	3000	3200

[주] 1. 대상별 적용 기준살포량 : 단목–100%, 공원 및 녹지–50%, 가로수–50%, 수림지–40%.
2. 철쭉, 회양목 등 관목류의 살포량은 식재면적 m^2당 2ℓ로 한다.

〈표 5.22-25〉 약제살포 약제량 [LH공사, 조경공사 적산기준] (주 당)

구 분	규 격		약제량 (희석액) (ℓ/주)
교 목	B11 미만 (R13 미만)		5.0
	B11~21 미만 (R13~25 미만)		7.5
	B21~31 미만 (R25~37 미만)		25.0
	B31~41 미만 (R37~49 미만)		35.0
	B41~51 미만 (R49~61 미만)		45.0
	B51 이상 (R61 이상)		75.0
관 목	단 식	0.9 미만	0.4
		0.9 이상	0.5
	군 식		0.125

⑦ 방풍벽 및 잠복소 설치

방풍벽은 [공통품셈 4-5-15(방풍벽 설치-거적세우기)]에 의하여 다음과 같이 적용하며, 잠복소(벌레집)는 [한국도로공사 유지관리품(잠복소 설치)], [조경공사 적산기준]에 의하여 다음과 같이 준용한다.

〈표 5.22-26〉 방풍벽 설치(거적세우기) [공통품셈] (10m 당)

구 분	단위	수 량 (설치높이)	
		H 0.45m	H 0.9m
조 경 공	인	0.05	0.07
보 통 인 부	인	0.03	0.04

[주] 1. 본 품은 도로 인접구간에 식재된 관목의 염해방지 및 방풍을 위해 거적을 세워 설치하는 기준이다.
2. 본 품은 지지대 및 지지철선 설치, 거적 설치, 고정 및 마무리 작업을 포함한다.
3. 본 품은 신호수 및 교통정리 등 안전관리를 포함한 것이다.

〈표 5.22-27〉 잠복소 설치 [한국도로공사, 조경공사 적산기준] (주 당)

구 분	흉고직경 10cm까지	흉고직경 11~20cm	흉고직경 21~30cm	흉고직경 31~50cm
보통인부 (인)	0.02	0.03	0.04	0.08
거적 (50×90cm)	0.5	1.0	1.5	2.0
비닐끈 (cm)	132	264	396	660

[주] 흉고직경 50cm 이상의 수목은 직경의 크기에 따라 품을 가산할 수 있다.

⑧ 지주목 재결속 및 해체

지주목 재결속은 유지관리공사 기간인 2~3년 동안 식재수목의 50%에 대하여 매년 1회 실시하는 [LH공사]의 기준으로 다음과 같이 준용한다.

지주목 해체는 공사 중 또는 준공 후 인수인계, 집단민원 발생 등의 불가피한 사유가 있는 경우 식재유지관리공사에 반영하는 [LH공사] 기준을 다음과 같이 일부 준용한다. 소나무 등 3~11주 군식을 각각 산출하는 경우 LH공사 기준을 참고하며, 일반적으로는 별도 산출하지 않는 유사값의 삼발이 중형으로 준용한다.

〈표 5.22-28〉 지주목 재결속 [LH공사 일부준용, 조경공사 적산기준] (주 당)

종 별		단위	수 량	
			조경공	보통인부
지주목 재결속		인	0.003	–
지주목 해체	가로지지대 (교목군식용)	인	0.010	0.006
	가로지지대 (대형목용)	인	0.011	0.007
	삼발이(소형), 기타 소형	인	0.019	0.011
	삼발이 (중형)	인	0.039	0.017
	삼발이 (대형)	인	0.069	0.026

⑨ 예찰보고

예찰보고는 녹지 현황의 분석으로 유지관리공사 적용여부 및 시행시기 판단을 위하여 2017년부터 [LH공사]에서 신설 시행하고 있다.

2020년 현재 예찰보고 시행 발주처는 [LH공사]가 유일하며 그마저도 식재공사에만 한정되고 있다. 이에 발주되는 모든 조경공사의 유지관리공사 및 예찰보고 범위 확대가 필요하겠다.

[LH공사] 기준을 준용하는 경우에도 유지관리공사 기준을 매년 개정하고 있으므로 적용시점에 유지관리기준의 재검토가 필요하다. 2017년 신설부터 2019년까지 예찰보고 적용기준은 3월~10월까지 월 1회 실시하며, 1회 적용품은 유지관리공사 시행 녹지면적 15,000m^{2}까지 중급기술자 2인으로 하고, 15,000m^2 초과 10,000m^{2}마다 1인을 추가 규정하였다.

2020년 현재 [LH공사] 예찰보고 적용기준은 주택부문과 단지부문 2가지로 구분하여 준공 후 2~3년간 상반기 1회, 하반기 1회로 매년 2회 다음의 품으로 시행하고 있다.

〈표 5.22-29〉 예찰보고 [LH공사, 조경공사 적산기준] (회 당)

구 분		규 격	단위	수 량
주택부문	녹지면적 3,000m^2 미만	초급 기술자	인	0.50
	녹지면적 3,000~7,000m^2 미만	초급 기술자	인	1.00
	녹지면적 7,000~15,000m^2 미만 15,000m^{2}초과 10,000m^{2}마다	초급 기술자 초급 기술자	인 인	2.00 1.00
단지부문	녹지면적 30,000m^2 이하 30,000m^2 초과 20,000m^{2}마다	초급 기술자 초급 기술자	인 인	2.00 1.00

[주] 기준수림 등 원형지 녹지면적은 수목 예찰면적에서 제외한다.

제6장

적산 연습

Landscape Architecture

1 조경계획도 (예시)

2 조경공사 내역서 작성

3 공종별 수량산출

4 적산문제 연습

1 조경계획도 (예시)

Landscape Architecture

1.1 교목 식재 계획도

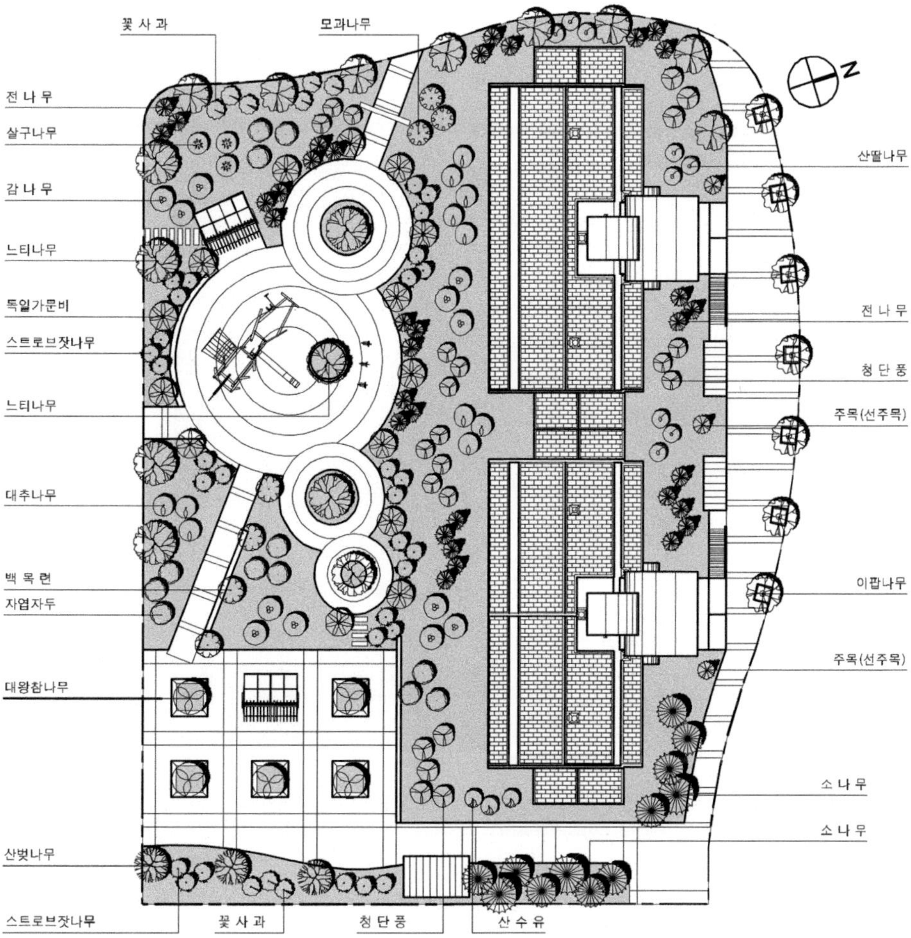

1 교목식재 계획도

SCALE : 1/500

■교목식재 수량표

명 칭	규 격	단위	수 량	비 고	명 칭	규 격	단위	수 량	비 고
소나무(대)	H6.0xW3.0xR30	주	3		감나무	H3.0xR10	주	12	
소나무(소)	H5.0xW2.5xR20	주	9		모과나무	H3.0xR10	주	3	
독일가문비	H3.5xW1.8	주	14		자엽자두	H3.0xR10	주	12	
전나무	H3.0xW1.5	주	34		청단풍(대)	H3.5xR12	주	8	
스트로브잣나무	H3.0xW1.5	주	30		청단풍(소)	H2.5xR8	주	14	
주목(선주목)	H2.0xW1.0	주	3		매화나무	H3.0xR8	주	11	
느티나무	H4.0xR15	주	8		살구나무	H3.0xR8	주	3	
이팝나무	H4.0xR15	주	15		꽃사과	H3.0xR8	주	9	
산벚나무	H4.0xB12	주	3		산딸나무	H3.0xR8	주	9	
대왕참나무	H4.0xR20	주	5		산수유	H2.5xW1.5xR8	주	3	
백목련	H3.5xR12	주	4		교목계		주	212	

1.2 관목/지피 식재 계획도

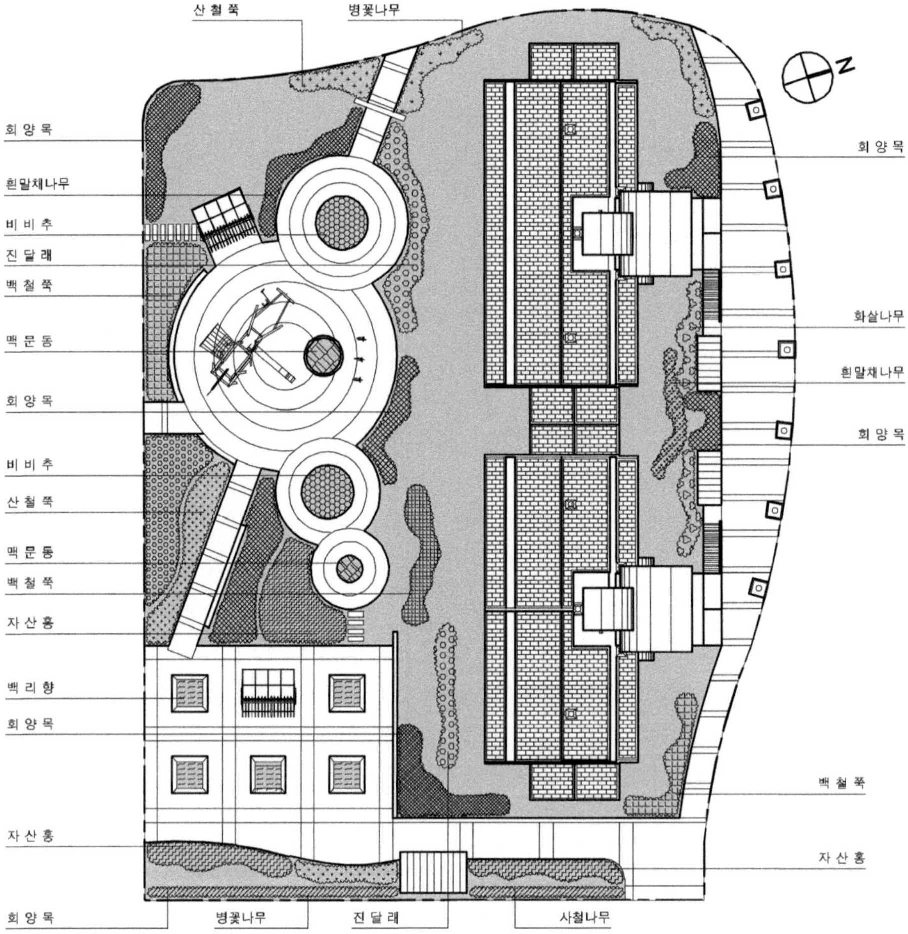

① 관목식재 계획도
SCALE : 1/500

■관목/지피식재 수량표

명 칭	규 격	단위	수 량	비 고	명 칭	규 격	단위	수 량	비 고
회 양 목	H0.3xW0.3	주	1800	16주/m²	자 산 홍	H0.4xW0.4	주	1000	9주/m²
사 철 나 무	H1.2xW0.4	주	100	9주/m²	진 달 래	H0.4xW0.3	주	600	16주/m²
병 꽃 나 무	H1.2xW0.6	주	400	4주/m²	맥 문 동	10cm(3-5분얼)	본	600	36본/m²
흰 말 채 나 무	H1.0xW0.4	주	200	9주/m²	비 비 추	8cm(2-3분얼)	본	800	36본/m²
화 살 나 무	H0.8xW0.4	주	200	9주/m²	백 리 향	8cm	본	1000	36본/m²
산 철 쭉	H0.4xW0.4	주	700	9주/m²	잔 디 (평 떼)	0.3x0.3x0.03	m²	499.6	
백 철 쭉	H0.4xW0.4	주	1100	9주/m²					

1.3 시설물 계획도

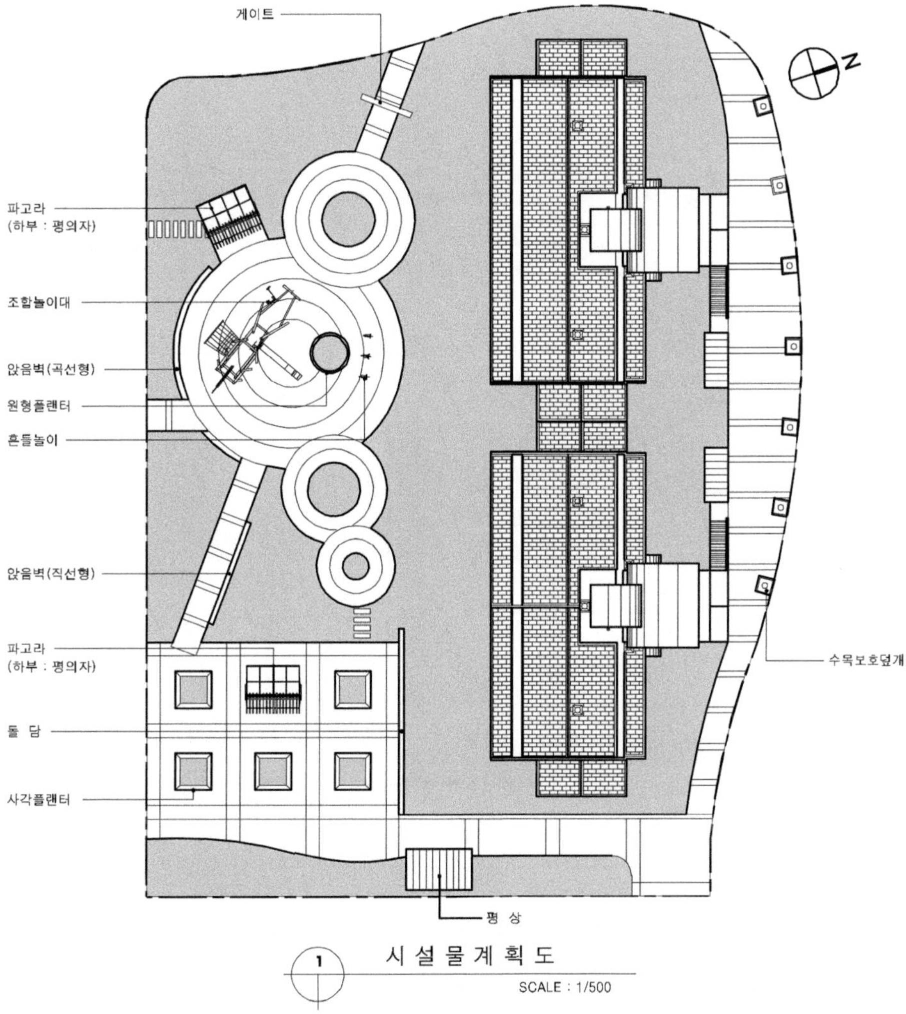

1 시 설 물 계 획 도

SCALE : 1/500

■시설물 수량표

명 칭	규 격	단위	수 량	비 고
앉음벽(직선형)	H450	m	8.0	
앉음벽(곡선형)	H450	m	14.4	
평 상	5000x3000	개소	1	
파 고 라	4250x3500xH3350	개소	2	
평 의 자	1570x460xH420	개소	6	
조 합 놀 이 대	9750x4040xH2790	개소	1	

명 칭	규 격	단위	수 량	비 고
흔 들 놀 이	740x350xH810	개소	3	
게 이 트	H3000	개소	1	
돌 담	H700	m	14.0	
원 형 플 랜 터	R1500	개소	1	
사 각 플 랜 터	3000x3100xH500	개소	5	
수목보호덮개	1200x1200	개소	7	

1.4 포장 계획도

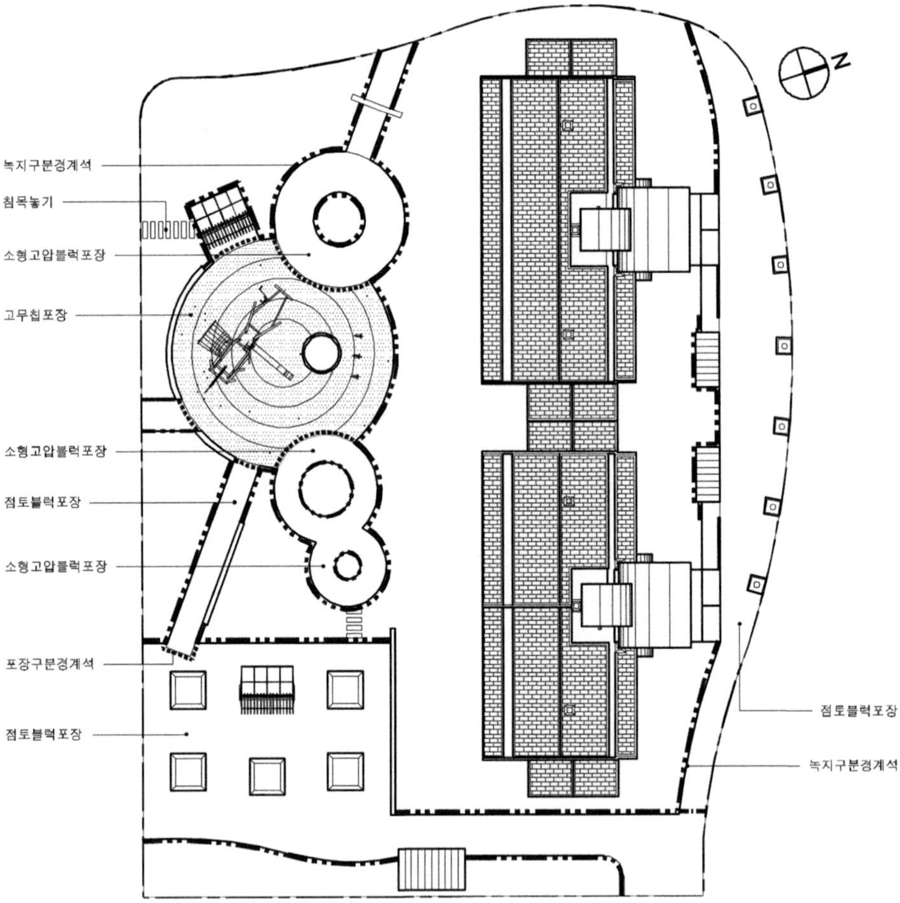

1 포 장 계 획 도

SCALE : 1/500

■ 포장 수량표

명 칭	규 격	단위	수 량	비 고
점토블럭포장	230x114xT60	m^2	605.80	
소형고압블럭포장	220x110xT60	m^2	125.90	
고무칩포장	T75	m^2	197.83	
침목놓기	1200x350xT100	m	7.73	W1200
녹지구분경계석	150x150xL1000, 직선	m	170.9	
녹지구분경계석	150x150xL1000, 곡선	m	97.4	
포장구분경계석	100x100xL1000, 직선	m	6.7	
포장구분경계석	100x100xL1000, 곡선	m	27.1	

2 조경공사 내역서 작성

Landscape Architecture

예시도 기준 내역서 작성 실례로서 최종 구성 순서로 작성되었으므로 작업은 역순으로 공종별 수량산출, 기계경비 산출, 기계시공비 산출, 기초일위대가, 단위일위대가, 공종별 내역서, 순공사비, 총공사비의 순으로 작성한다.

2.1 총괄내역서(총공사비)

2020년 조경공사, 공사기간 6개월, 5억 미만, 조달청 기준 〈표 2.3-3〉참조

비 목			금 액	구성비	비 고
순공사원가	재료비	직접 재료비	내역금액		
		간접 재료비			
		[소계]			
	노무비	직접 노무비	내역금액		
		간접 노무비		직접노무비×11.5%	50억 미만, 6개월
		[소계]			
	경비	기 계 경 비	내역금액		
		산재 보험료		노무비×3.73%	2020년
		고용 보험료		노무비×0.87%	7등급 미만
		건강 보험료		직접노무비×3.335%	2020년
		노인장기요양보험료		건강보험료×10.25%	2020년
		연금 보험료		직접노무비×4.5%	2020년
		퇴직공제부금비		직접노무비×2.3%	3억 이상 적용
		건설기계대여금 지급보증 수수료		(재료비+직노+기계경비)×0.18%	종합 조경공사
		산업안전보건관리비		(재료비+직노+관급자재)×1.85%	5억 미만
		환경 보전비		(재료비+직노+기경)×0.3%	조경공사
		하도급대금 지급보증 수수료		(재료비+직노+기경)×0.081%	2020년
		기 타 경 비		(재료비+노무비)×5.5%	50억미만, 6개월
		[소계]			
순공사비(계)					
일 반 관 리 비				계×6.0%	50억 미만
이 윤				(계+일반관리비-재료비)×15% 이내	50억 미만
공급가액					
부 가 가 치 세				공급가액×10%	일반공사
도급공사비					
지급 자재대					
총공사비					

2.2 총괄표(순공사비)

공 종	규 격	단위	수량	단 가	금 액	비 고
1. 식 재 공 사		식	1			
2. 시설물공사		식	1			
3. 포 장 공 사		식	1			
계	직접공사비					

2.3 공종별 내역서

1) 식재공사

공 종	규 격	단위	수 량	단 가	금 액	비 고
소나무(대)	H6.0×W3.0×R30	주	3			
소나무(소)	H5.0×W2.5×R20	주	9			
독일가문비	H3.5×W1.8	주	14			
전 나 무	H3.0×W1.5	주	34			
스트로브잣	H3.0×W1.5	주	30			
주목(선주목)	H2.0×W1.0	주	3			
느 티 나 무	H4.0×R15	주	8			
이 팝 나 무	H4.0×R15	주	15			
산 벚 나 무	H4.0×B12	주	3			
대왕참나무	H4.0×R20	주	5			
백 목 련	H3.5×R12	주	4			
감 나 무	H3.0×R10	주	12			
모 과 나 무	H3.0×R10	주	3			
자 엽 자 두	H3.0×R10	주	12			
청단풍 (대)	H3.5×R12	주	8			
청단풍 (소)	H2.5×R8	주	14			
매 화 나 무	H3.0×R8	주	11			
살 구 나 무	H3.0×R8	주	3			
꽃 사 과	H3.0×R8	주	9			
산 딸 나 무	H3.0×R8	주	9			
산 수 유	H2.5×W1.5×R8	주	3			
회 양 목	H0.3×W0.3	주	1,800			
사 철 나 무	H1.2×W0.4	주	100			
병 꽃 나 무	H1.2×W0.6	주	400			
흰말채나무	H1.0×W0.4	주	200			

(표 계속)

공 종	규 격	단위	수 량	단 가	금 액	비 고
화 살 나 무	H0.8×W0.4	주	200			
산 철 쭉	H0.4×W0.4	주	700			
백 철 쭉	H0.4×W0.4	주	1,100			
자 산 홍	H0.4×W0.4	주	1,000			
진 달 래	H0.4×W0.3	주	600			
맥 문 동	10cm (3–5분얼)	본	600			
비 비 추	8cm (2–3분얼)	본	800			
백 리 향	8cm	본	1,000			
잔디 (평떼)	0.3×0.3×0.03	m^2	499.6			
이각지주목	L1200	조	20			
삼발이지주목	L1800	조	173			
사각지주목	L1800	조	7			
연결지주목	L2500	조	12			
유기질비료	–	kg	9,763.3			
소 계						

2) 시설물공사

공 종	규 격	단위	수 량	단 가	금 액	비 고
앉음벽(직선형)	H450	m	8.0			
앉음벽(곡선형)	H450	m	14.4			
평 상	5000×3000	개소	1			
파 고 라	4250×3500×H3350	개소	2			
평 의 자	1570×460×H420	개소	6			
조 합 놀 이 대	9750×4040×H2790	개소	1			
흔 들 놀 이	740×350×H810	개소	3			
게 이 트	H3000	개소	1			
돌 담	H700	m	14.0			
원 형 플 랜 터	R1500	개소	1			
사 각 플 랜 터	3000×3100×H500	개소	5			
수목보호덮개	1200×1200	개소	7			
소 계						

3) 포장공사

공 종	규 격	단위	수 량	단 가	금 액	비 고
점토블록포장	230×114×T60	m^2	605.8			
소형고압블록포장	220×110×T60	m^2	125.9			
고 무 칩 포 장	T75	m^2	197.8			
침 목 놓 기	1200×350×T100	m^2	7.7			
녹지구분경계석	150×150×L1000, 직선	m	170.9			
녹지구분경계석	150×150×L1000, 곡선	m	97.4			
포장구분경계석	100×100×L1000, 직선	m	6.7			
포장구분경계석	100×100×L1000, 곡선	m	27.1			
소 계						

2.4 내역서 작성의 팁

① 상기의 총괄내역서는 공사금액별, 기간별, 공사종류별로 정해진 요율이 적용되며, 〈표 2.3-3〉과 같이 매년 또는 연 2회 고시되는 요율을 적용하므로 발주시기에 맞추어 적용한다.

② 총괄표, 공사별내역서 작성의 단가 및 금액은 편의상 단일 단가 및 금액으로 표기하였으나 실제로는 재료비, 노무비, 경비로 분류 적용된다.

③ 수량산출, 기계경비 및 기계시공비 산출, 자재 및 노무비 단가조사서를 작성하고 산출서와 단가조사서에 의하여 품셈 또는 본 서 제5장 기준으로 기초일위대가표 및 단위일위대가표를 작성한 후 공사별내역서를 작성할 수 있다.

④ 내역서의 소수위는 제3장 〈표 3.3-1〉을 기준으로 적용한다.

3 공종별 수량산출

Landscape Architecture

3.1 식재공사

1) 지주목 산출

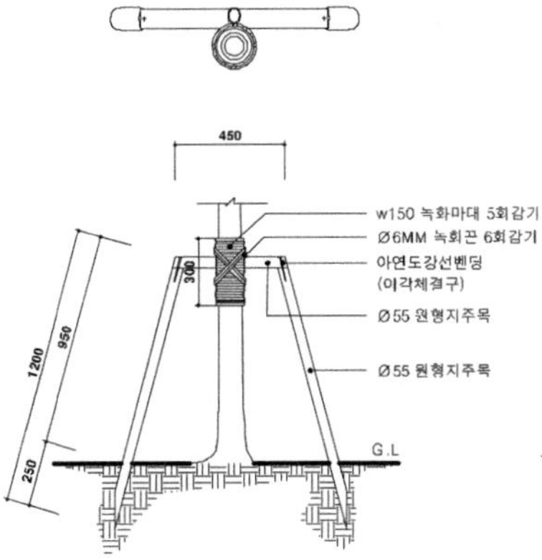

① 이각지주목 상세도

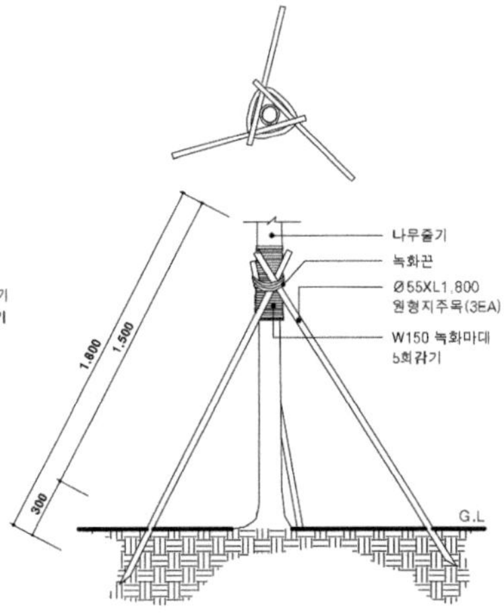

② 산발이지주목 상세도

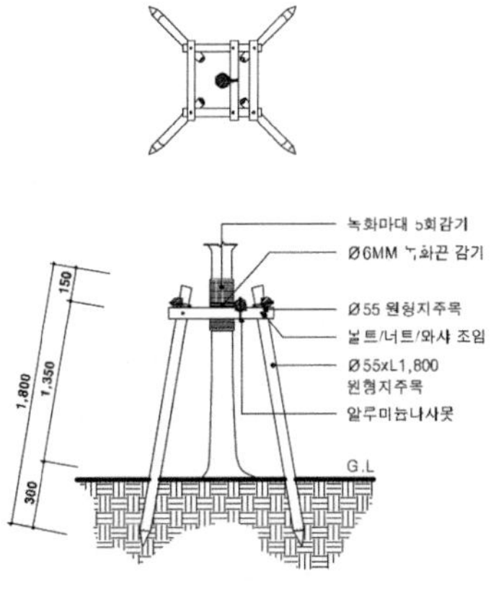

③ 사각시주목 상세도

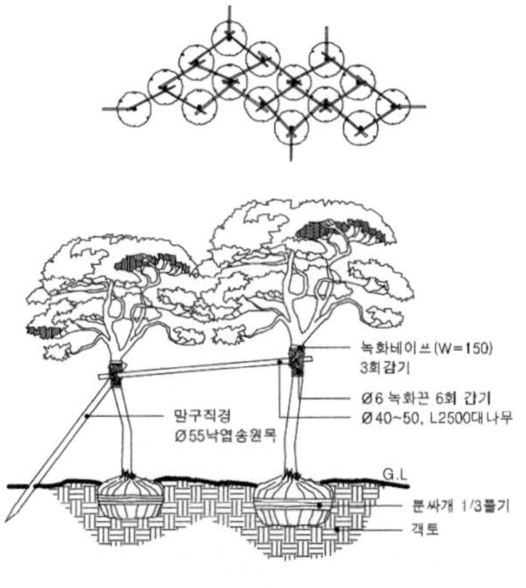

④ 연결시주목 상세도

공 종	규 격	지주목 사용기준	단위	수 량	비 고
이각지주목	L1,200	H2.0~H3.0 미만	조	20	
삼발이지주목	L1,800	H3.0 이상	조	173	
사각지주목	L1,800	가로수 수목	조	7	수목보호홀 덮개
연결지주목	L2,500	소나무	조	12	

2) 유기질비료 산출

(단위 : kg)

구 분			수량(①)	단위량(②)	시비량(①×②)	비 고
교 목	H1.0~2.0	R7 이하	3	5	15	
	H2.1~3.0	R8~9	113	10	1,130	
	H3.1~3.5	R10~14	53	15	795	
	H3.6~4.0	R15~24	40	20	800	
	H4.1~5.0	R25~30	3	30	90	
	H5.1~6.0	R31~39	–	40	–	
	H6.1 이상	R40 이상	–	50	–	
교목 계			2,830			
관 목	H1.0 미만		5,400	1.0	5,400	군식
	H1.0 이상		700	2.0	1,400	〃
관목 계			6,800			
지피류	Pot 식재		66.67	2.0	133.3	kg/m^2
지피류 계			133.3			
총 계			9,763.3			

[주] 상기 기준은 〈표 5.5-22〉 수목시비량 기준 적용

3) 잔디면적 산출

(단위 : m^2)

구 분		수량(①)	단위량(②)	공제량(①×②)	비 고
교 목	소나무 외 20종	212	1/10	21.20	0.1m^2/주
교목 계		21.20			
관 목	수관폭 W0.3	2,400	1/16	150	16본/m^2
	수관폭 W0.4	3,300	1/9	366.67	9본/m^2
	수관폭 W0.6	400	1/4	100	4본/m^2
관목 계		616.67			
지피류	Pot 식재	2,400	1/36	66.67	36본/m^2
지피류 계		66.67			
총 계		704.54			

[주] 잔디면적 산출식 = (녹지면적) – (공제면적)
= 1204.09(Auto CAD면적산출) – 704.54
= 499.55m^2 ≒ 499.6m^2

3.2 휴게시설공사

1) 앉음벽(직선형)

① 설계도

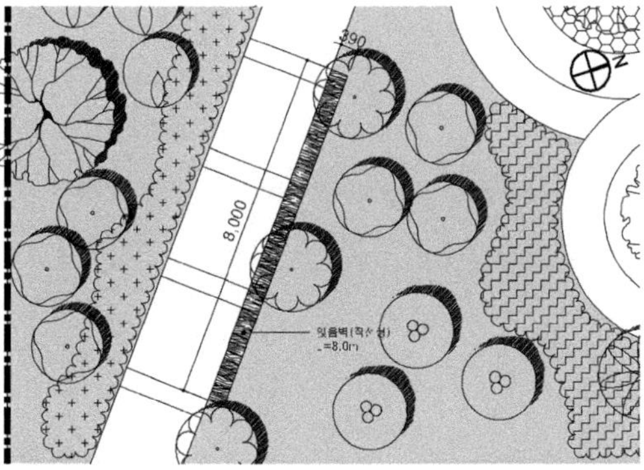

앉음벽(직선형) 평면도
SCALE : NONE

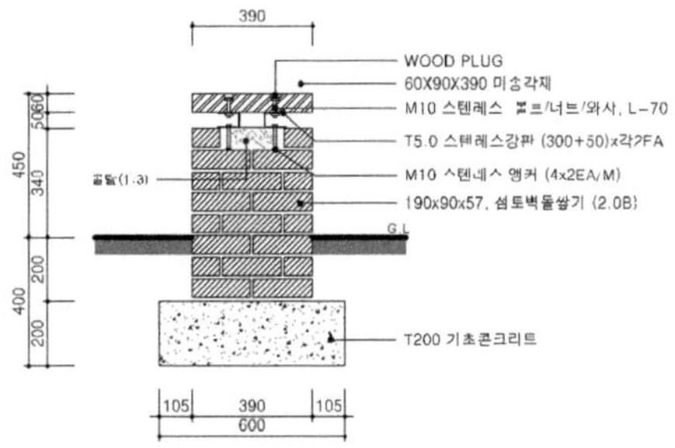

앉음벽(직선형) 단면도
SCALE : NONE

② 시방서

- 토공, 거푸집, 콘크리트 등은 각각의 표준시방에 의하여 시공한다.
- 목재의 규격, 마감 및 철재와의 결합은 가능한 한 공장에서 1차 제작한 제작품을 현장에서 설치한다.
- 시공 후 부분침하가 발생하지 않도록 기초부를 충분히 다진 후 설치시 줄눈 부위가 포장면과 일치하여 시각적으로 불량하지 않아야 한다.
- 점토벽돌 줄눈은 10mm의 일정한 간격을 유지하고, 치장줄눈은 점토벽돌과 유사한 색상으로 마감처리한다.

③ 수량산출

(m 당)

번호	공 종	규 격	단위	산 식	수량	비 고
				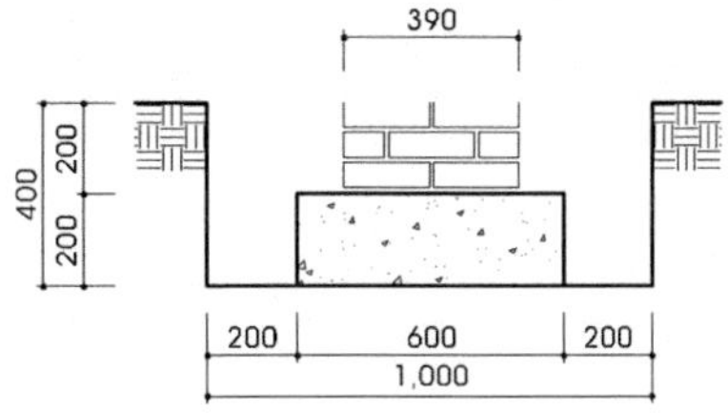		

(표 계속)

번호	공 종	규 격	단위	산 식	수량	비 고
1	터 파 기	인 력	m^3	(1.0×0.4×1.0)=	0.400	
2	잔 토 처 리	인력, 현장내	m^3	[(0.6×0.2)+(0.39×0.2)]×1.0=	0.198	
3	되메우고다짐	인 력	m^3	터파기-잔토처리=	0.202	
4	레 미 콘 타 설	25-21-12 소형구조물	m^3	(0.6×0.2×1.0)=	0.120	
5	합 판 거 푸 집	6회, 소형	m^2	(0.2×2×1.0)=	0.40	
6	모 르 타 르	1 : 3	m^3	(0.21×0.067×1.0)=	0.014	
7	벽돌치장쌓기	2.0B, 양면	m^2	(0.54×1.0)=	0.54	점토벽돌
8	스테인리스판	T5.0	kg	(0.3+0.05+0.05+0.3)×1.0×T5.0×7.93 (kg/m^2)=27.755, 27.755×1.1=	30.53	할증 10%
9	잡철물제작설치	스테인리스, 간단	ton	(0.3+0.05+0.05+0.3)×1.0×T5.0×7.93 /1000 (kg/m^2)=	0.028	
10	스테인리스앵커	M10	EA	(2×4)×1.0=8, 8×1.05=	8.40	할증 5%
11	볼 트 설 치	D16 이하	개소	8	8.00	
12	스테인리스볼트/너트/와셔	M10×L70	EA	(2×10)=20, 20×1.05=	21.00	할증 5%
13	볼 트 설 치	D16 이하, 목재면	개소	20	20.00	
14	미 송 각 재	상 품	m^3	(0.06×0.09×0.39×10EA)=0.021, 0.021×1.05=	0.022	할증 5%
15	목 재 방 부	가압방부	m^3	목재 총량과 동일	0.022	
16	목재가공조립	구조체, 뼈대	m^3	목재 정미량과 동일	0.021	
17	목 부 칠 공 사	바탕+스테인2	m^2	[(0.06+0.06+0.09)×0.39+(0.06×0.09×2)] ×10EA=	0.93	

2) 앉음벽(곡선형)

① 설계도

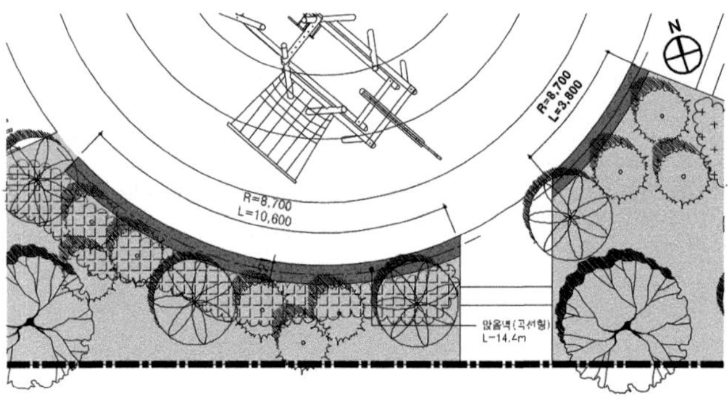

① 앉음벽(곡선형) 평면도
SCALE : NONE

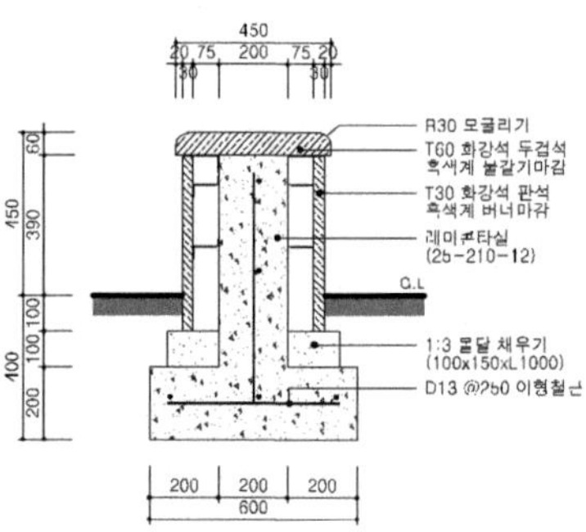

② 앉음벽(곡선형) 단면도
SCALE : NONE

② 시방서

• 토공, 거푸집, 콘크리트, 철근 등은 각각의 공사시방에 의하여 시공한다.

- 시공 후 부분 침하가 발생하지 않도록 기초부를 철저히 하고 재료 및 이음에 일정 간격으로 유의하여 시각적으로 불량하지 않도록 한다.
- 설치 위치는 설계도면에 의하되 지형, 위치 등 특별한 변경사항이 발생할 경우에는 감독자의 승인을 받아 변경한다.
- 마감재료는 시공 이전에 감독자에게 견본품 또는 분할도로 승인을 득하여야 하며, 줄눈은 일정한 간격을 유지하여 시각적으로 저해되지 않도록 시공한다.
- 판석은 건식으로 콘크리트 벽면과 평활하게 시공하고, 석재 사이에는 코킹으로 처리하여 틈이 노출되지 않도록 한다.

③ 수량산출

(m 당)

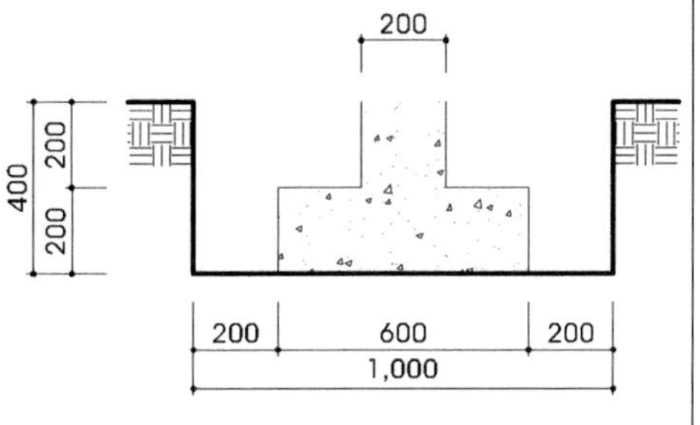

번호	공 종	규 격	단위	산 식	수량	비 고
1	터 파 기	인 력	m^3	(1.0×0.4×1.0) =	0.400	
2	잔 토 처 리	인력, 현장내	m^3	[(0.6×0.2)+(0.2×0.2)]×1.0=	0.160	
3	되메우고다짐	인 력	m^3	터파기-잔토처리=	0.240	
4	레미콘 타설	25-21-12 소형구조물	m^3	[(0.6×0.2)+(0.2×0.59)]×1.0=	0.238	
5	합판 거푸집	6회, 소형	m^2	(0.2×1.0×2)=	0.40	지하부
6	합판 거푸집	4회, 소형	m^2	(0.59×1.0×2)=	1.18	지상부
7	이 형 철 근	D13	kg	[(0.5+0.69)×4+(1.0×5)]×0.995(kg/m)=9.71, 9.71×할증 1.03=	10.00	할증 3%
8	철근가공조립	복잡, 소형	ton	[(0.5+0.69)×4+(1.0×5)]×0.995/1000(kg/ton)=	0.010	
9	모 르 타 르	1 : 3	m^3	(0.1×0.15×1.0×2)=	0.03	
10	화강석 판석	흑색계, T30, 버너	m^2	(0.49×1.0×2)=0.98, 0.98×할증 1.1=	1.08	할증 10%
11	화강석두겁석	흑색계, 물갈기 T60×W450	m	1.0	1.00	
12	화강석판붙임	벽, 건식	m^2	(0.49×1.0×2)=	0.98	
13	화강석판붙임	습식, 바닥	m^2	(0.45×1.0)=	0.45	

3) 평상

① 설계도

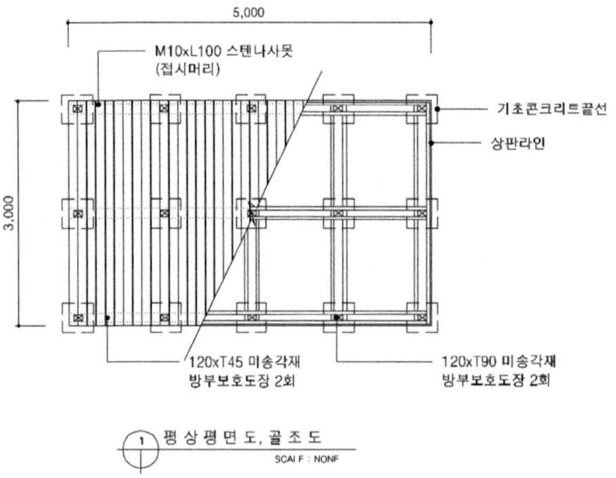

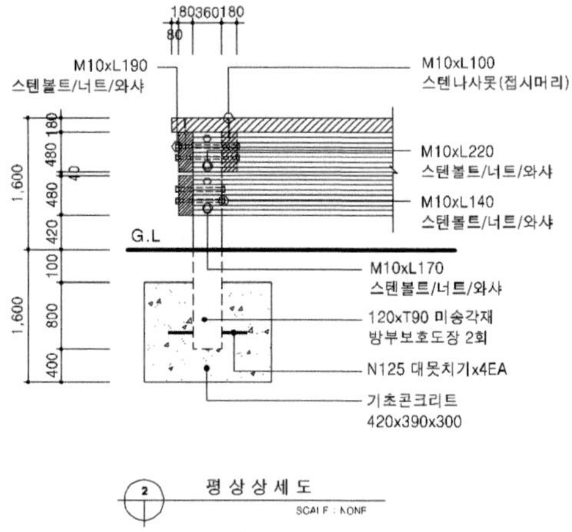

② 시방서

- 토공, 거푸집, 콘크리트 등은 각각의 공사시방에 의하여 시공한다.
- 시공 후 부분 침하가 발생하지 않도록 기초부를 철저히 하고 재료 및 이음에 일정 간격으로 유의하여 시각적으로 불량하지 않도록 한다.
- 설치 위치는 설계도면에 의하되 지형, 위치 등 특별히 변경이 필요한 경우 감독자의 승인을 받아 변경한다.
- 목재는 재료의 뒤틀림이 없는 것으로서 설치 시 수직 · 수평을 정확하게 맞추어 곧은 형태의 직선으로 시공한다.
- 경사면 및 포장구간에 설치할 경우 포장 후의 상단 높이에 맞추어 기초 부위를 시공하여 포장 상단에서의 높이가 설계도면과 동일하게 시공되도록 한다.

③ 수량산출

(개소 당)

번호	공 종	규 격	단위	산 식	수량	비 고
	기초=15EA			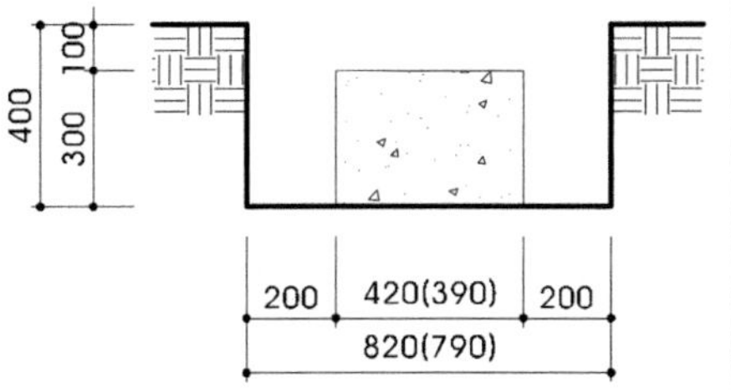		
1	터 파 기	인 력	m^3	(0.82×0.79×0.4)×15EA=	3.887	
2	잔 토 처 리	인력, 현장내	m^3	[(0.42×0.39×0.3)+(0.09×0.12×0.1)]×15=	0.753	
3	되메우고다짐	인 력	m^3	터파기-잔토처리=	3.134	
4	콘크리트타설	인력, 소형	m^3	(0.42×0.39×0.3)×15EA=	0.737	
5	합판 거푸집	6회, 소형	m^2	(0.42+0.39)×0.3×2×15EA=	7.29	
6	미 송 각 재	상 품	m^3	1.1645×할증 1.05= (0.12×0.09×0.655)×15+[0.12×0.045× (3.0×12+5.0×8+3.0×40)=1.1645,	1.223	할증 5%
7	목 재 방 부	가압방부	m^3	목재 총량	1.223	
8	목재가공조립	구조체, 뼈대	m^3	목재 정미량	1.165	
9	목부 칠공사	바탕+스테인2	m^2	[(0.12+0.09)×0.655×15×2면]+[(0.12+0.045)× 76×2면]+[(0.12+0.045+0.045)×3.0×40EA)+ +[0.12×0.045×(12+8+40)×2면]=	55.05	
10	스테인리스볼트/너트/와셔	M10×L220	EA	2×15=30, 30×할증 1.05=	31.50	할증 5%
11	스테인리스볼트/너트/와셔	M10×L190	EA	2×15=30, 30×할증 1.05=	31.50	할증 5%
12	스테인리스볼트/너트/와셔	M10×L170	EA	2×10=20, 20×할증 1.05=	21.00	할증 5%
13	스테인리스볼트/너트/와셔	M10×L140	EA	2×6=12, 12×할증 1.05=	12.60	할증 5%
14	볼 트 설 치	D6 이하	개소	(30+30+20+12)=	92.00	
15	철 못	N125	kg	4×15×15.6/1000(kg/본)=0.936, 0.936×할증 1.05=	0.98	할증 5%
16	스테인리스 나사못	M10×L100	EA	2×6×40=480, 480×할증 1.05=	504.00	할증 5%

4) 평의자

① 설계도

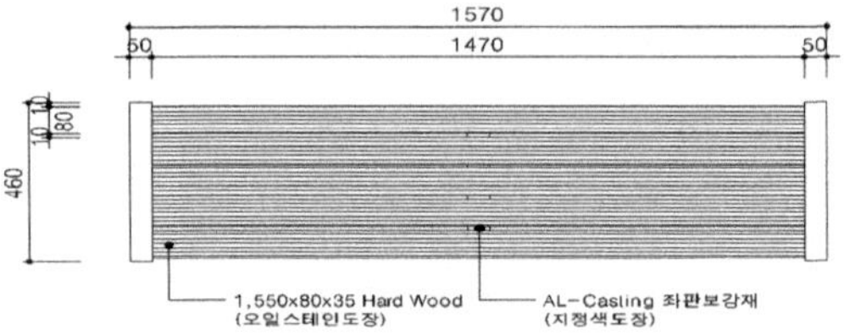

평의자 평면도
SCALL : NONL

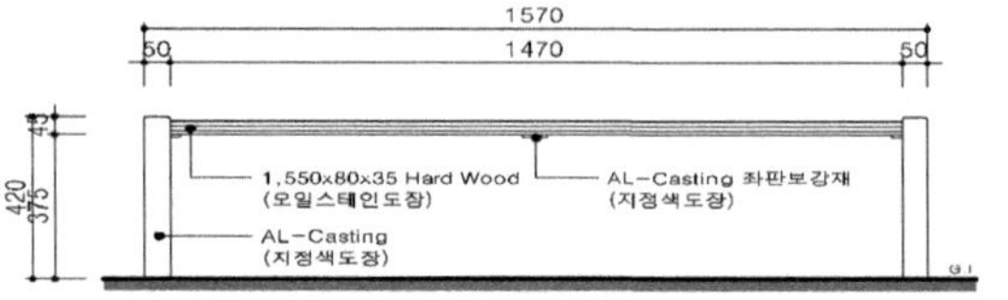

평의자 정면도
SCALL : NONL

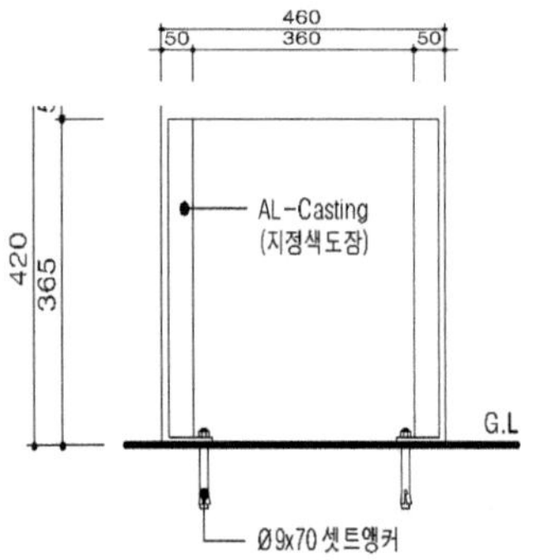

평의자 측면도
SCALE : NONE

평의자 예시도
SCALE : NONE

② 시방서

- 토공, 거푸집, 콘크리트 등은 각각의 공사시방에 의하여 시공하며, 기초는 포장재에 세트앵커로 흔들림 없이 견고하게 고정시킨다.
- 목재는 옹이, 균열, 부패 등이 없고 지정색상으로서 도장으로 얼룩이 생기거나 진득거림이 없고 색이 묻어나지 않아야 한다.
- 목재의 모서리는 곡면가공하며, Casting은 스크랩 등의 안전사고에 대비하여 그라인더로 처리하고 도장하여 미관적으로 불량하지 않아야 한다.
- 현장여건 등으로 사양이 보강된 새로운 제품으로의 변경이 필요한 경우에는 사전에 감독자에게 견본을 제출하여 승인을 득한 후 변경할 수 있다.

③ 수량산출

(개소 당)

번호	공 종	규 격	단위	산 식	수량	비 고
1	세 트 앵 커	ϕ9×70	set	(2×2)=4, 4×할증 1.05=	4.20	할증 5%
2	볼 트 설 치	D16 이하	개소	(2×2)=	4.00	
3	평 의 자	1570×460×H420	조	1	1	설치 포함

5) 퍼걸러

① 설계도

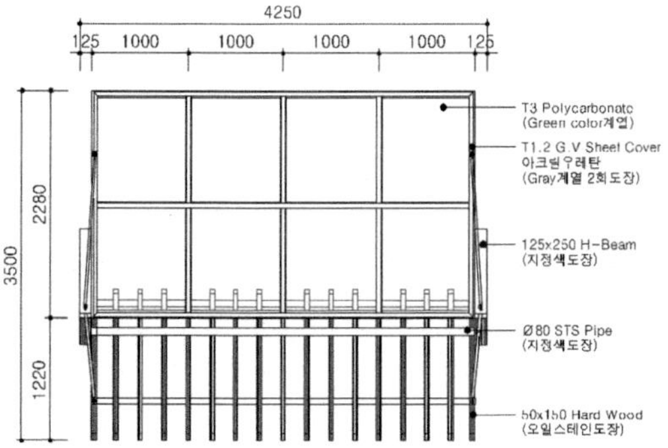

1 파고라 평면도
SCALE : NONE

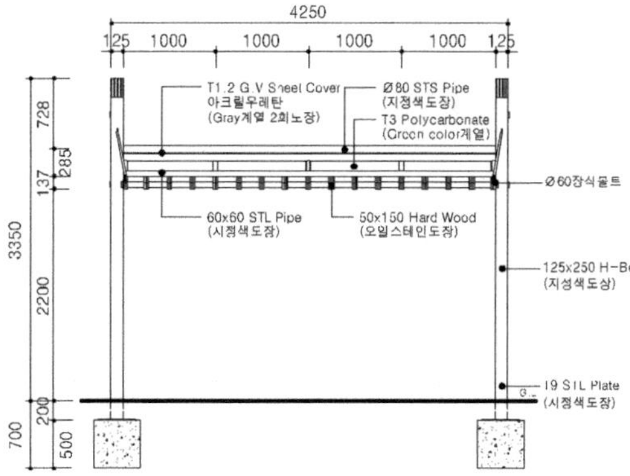

2 파고라 입면도
SCALE : NONE

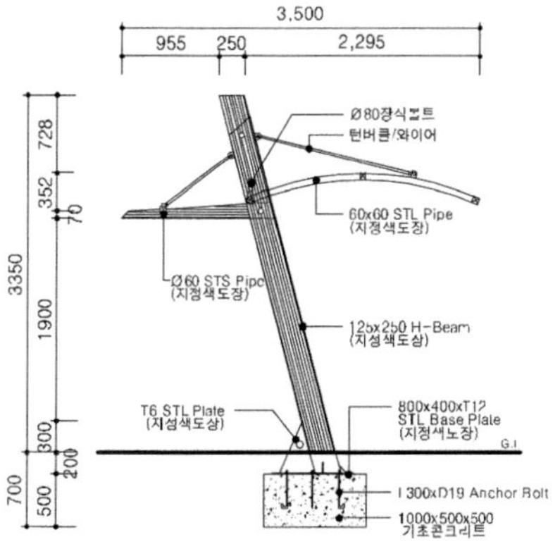

3 파고라 측면도
SCALE : NONE

4 파고라 예시도
SCALE : NONE

② 시방서

- 토공, 거푸집, 콘크리트 등은 각각의 공사시방에 의하여 시공한다.
- 목재는 옹이, 균열, 부패 등이 없고 지정색상으로서 도장으로 얼룩이 생기거나 색이 묻어나지 않아야 한다.
- 목재의 모서리는 곡면가공하며, 철재는 절단 및 스크랩 등의 안전사고에 대비하여 그라인더로 처리하고 도장하여 미관적으로 불량하지 않아야 한다.
- 현장여건 및 일부 사양이 보강된 새로운 제품으로 변경이 필요할 경우에는 사전에 감독자에게 견본을 제출하여 승인을 득한 후 변경할 수 있다.
- 설치 위치는 설계도면에 의하되 지형, 위치 등 특별한 변경이 필요한 경우 감독자의 승인을 받아서 변경하여야 한다.

- 부재는 공장에서 정밀절단, 천공하여 제작한 후 현장에 반입된 부재는 가급적 빠른 시간 내에 설치를 완료한다.
- 경사면에 설치할 경우 포장 후의 높이에 맞추어 기초 부위를 시공하여 포장면에서의 높이가 설계도면과 동일하게 시공되도록 한다.

③ 수량산출

(개소 당)

번호	공 종	규 격	단위	산 식	수량	비 고
	기초=2EA			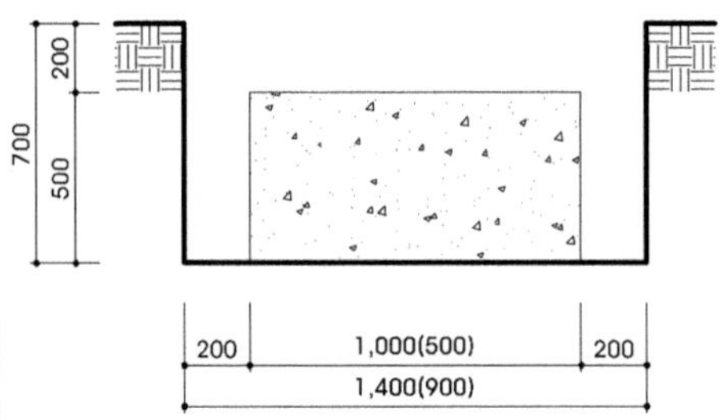		
1	터 파 기	인 력	m^3	(1.4×0.9×0.7)×2EA=	1.764	
2	잔 토 처 리	인력, 현장내	m^3	(1.0×0.5×0.5)×2EA=	0.500	
3	되메우고다짐	인 력	m^3	터파기-잔토처리=	1.264	
4	콘크리트타설	인력, 소형	m^3	(1.0×0.5×0.5)×2EA=	0.500	
5	합판 거푸집	6회, 소형	m^2	(1.0+0.5)×H0.5×2면×2EA=	3.00	
6	앵 커 볼 트	D19×L300	set	(3×2×2개소)=12, 12×할증 1.05=	12.60	할증 5%
7	볼 트 설 치	D19, 철재면	개소	(3×2×2개소)=	12.00	
8	사각 퍼걸러	4250×3500 ×H3350	조	1	1	설치 포함

3.3 유희시설공사

1) 조합놀이대

① 설계도

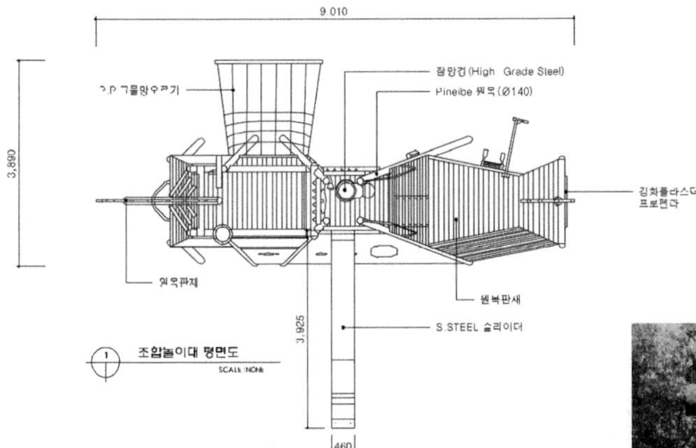

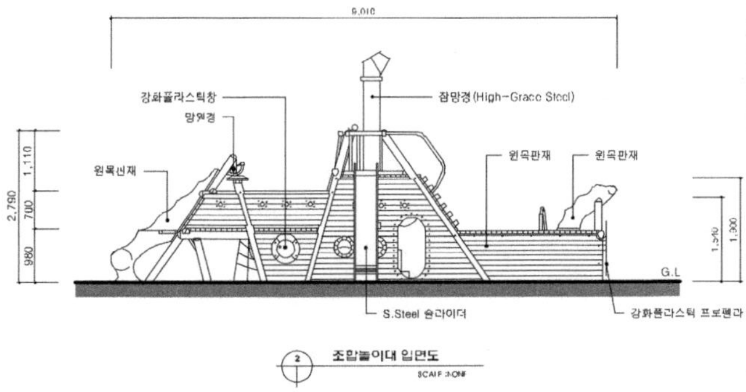

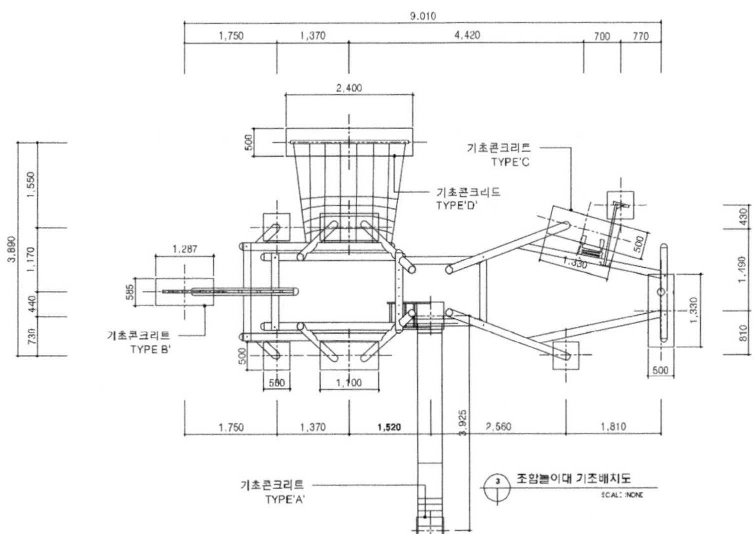

② 시방서

- 토공, 거푸집, 콘크리트 등은 각각의 공사시방에 의하여 시공한다.
- 목재는 옹이, 균열, 부패 등이 없고, 용도에 적합한 강도의 지정색상으로 사용한다.
- 목재 모서리, 기둥 상부 및 철재 체결부는 절단, 스크랩 등의 안전사고에 대비하여 부드럽게 처리하고, 칠한 부분은 미적으로 불량하지 않아야 한다.
- 현장여건 또는 일부 사양이 보강된 새로운 제품으로 변경이 필요할 경우에는 사전에 감독자에게 견본을 제출하여 승인을 득한 후 변경할 수 있다.
- 설치 위치는 설계도면에 따르되 지형, 위치 등 특별한 변경이 필요한 경우 감독자의 승인을 받아서 변경하여야 한다.
- 부재는 공장에서 정밀절단, 천공하여 제작한 후 현장에 반입된 부재는 가급적 빠른 시간 내에 설치를 완료하여야 한다.
- 시공 후 이용에 의한 풀림이 없도록 주의하며, 부분 파손 또는 손상시 보수를 위한 분해조립이 가능하도록 체결하여야 한다.

③ 수량산출

(개소 당)

번호	공 종	규 격	단위	산 식	수량	비 고
		X	Y	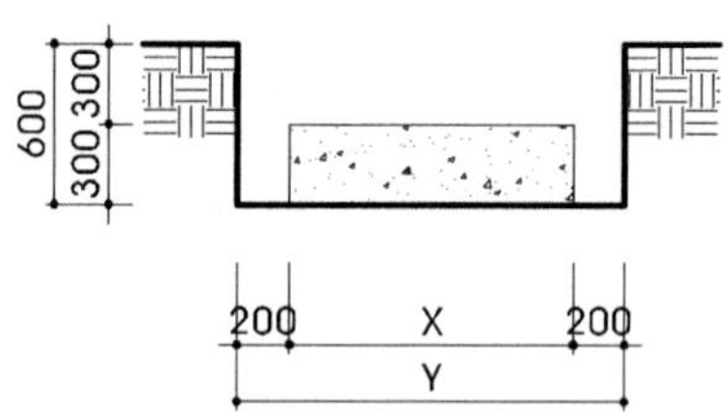		
	기초A=5EA,	500×500	900×900			
	기초B=3EA,	500×1,100	900×1,500			
	기초C=2EA,	500×1,330	900×1,730			
	기초D=1EA,	500×2,400	900×2,800			
1	터 파 기	인 력	m^3	(0.9×0.9×0.6×5EA)+(0.9×1.5×0.6×3EA)+(0.9×1.73×0.6×2EA)+(0.9×2.8×0.6×1EA)=	8.240	
2	잔 토 처 리	인력,현장내	m^3	(0.5×0.5×0.3×5EA)+(0.5×1.1×0.3×3EA)+(0.5×1.33×0.3×2EA)+(0.5×2.4×0.3×1EA)=	1.629	
3	되메우고다짐	인 력	m^3	터파기-잔토처리=	6.611	
4	콘크리트타설	인력, 소형	m^3	(0.5×0.5×0.3×5EA)+(0.5×1.1×0.3×3EA)+(0.5×1.33×0.3×2EA)+(0.5×2.4×0.3×1EA)=	1.629	
5	합판 거푸집	6회, 소형	m^2	[(0.5+0.5)×0.3×2면×5EA]+[(0.5+1.1)×0.3×2면×3EA]+[(0.5+1.33)×0.3×2면×2EA]+[(0.5+2.4)×0.3×2면×1EA]=	9.82	
6	조합 놀이대	9750×4040×H2790	EA	1	1	설치 포함

2) 흔들놀이

① 설계도

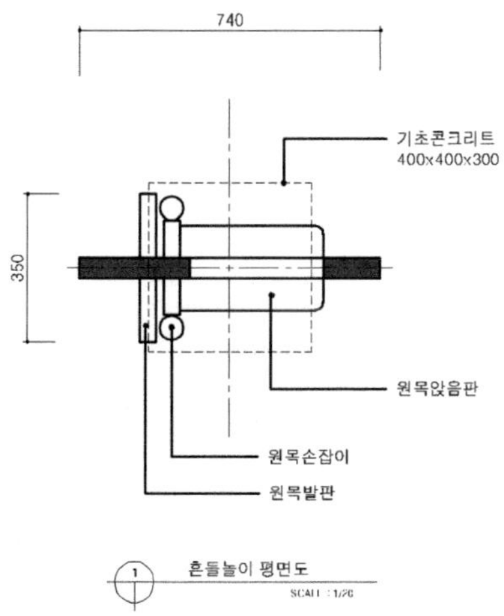

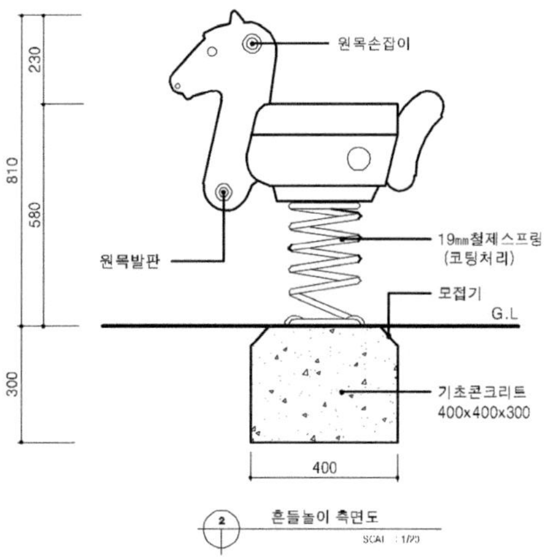

② 시방서

- 토공, 거푸집, 콘크리트 등은 각각의 표준시방에 의하며, 기초콘크리트 측면이 노출되지 않도록 주의하고 상단부는 모접기로 안전사고를 방지한다.
- 목재는 옹이, 균열, 부패 등이 없고 적합한 강도의 원목 자연질감 및 색상으로 한다.
- 흔들놀이의 발판이 지면에서 25~30cm에 설치되도록 시공한다.
- 고강도 스프링의 표면은 우레탄 코팅으로 마감하며, 흔들림에 의한 파손이나 손상을 최소화할 수 있도록 기초부와 상부 구조물의 연결을 정확하게 시공한다.

③ 수량산출

(개소 당)

번호	공 종	규 격	단위	산 식	수량	비 고
	기초=1EA			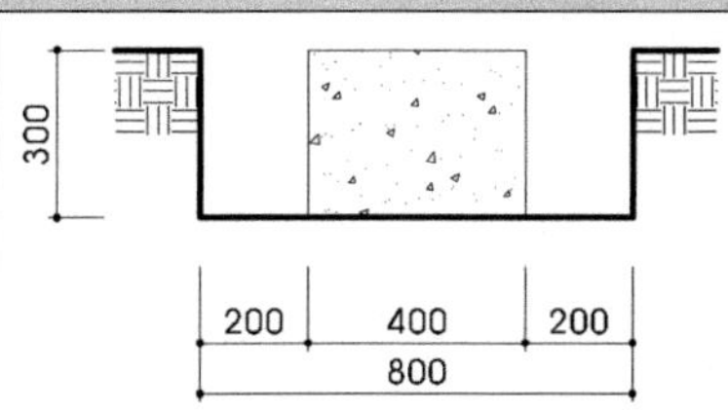		
1	터 파 기	인 력	m^3	(0.8×0.8×0.3)=	0.192	
2	잔 토 처 리	인력, 현장내	m^3	(0.4×0.4×0.3)=	0.048	
3	되메우고다짐	인 력	m^3	터파기-잔토처리=	0.144	
4	콘크리트타설	인력, 소형	m^3	(0.4×0.4×0.3)=	0.048	
5	합판 거푸집	6회, 소형	m^2	(0.4×0.3)×4면=	0.48	
6	흔 들 놀 이	740×350×H810	조	1	1	설치 포함

3.4 조경시설공사

1) 게이트

① 설계도

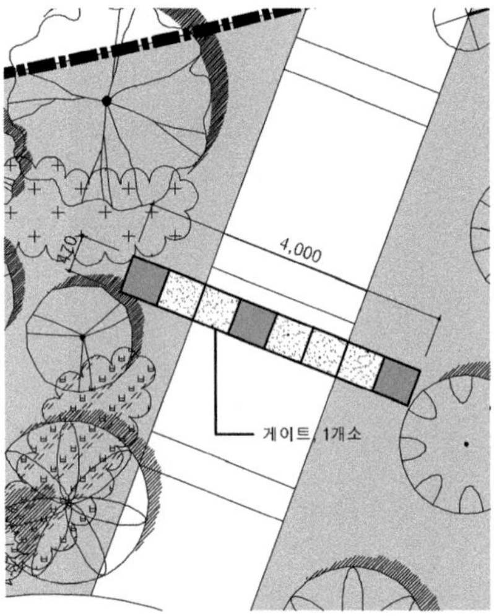

1 게이트 평면도 SCALE 1/100

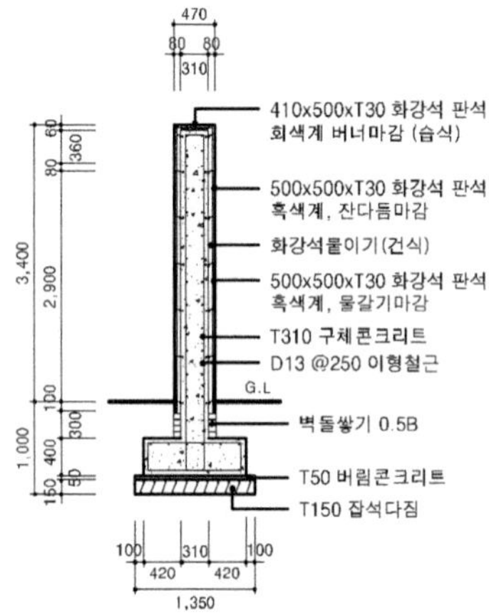

2 게이트 측면도 SCALE 1/100

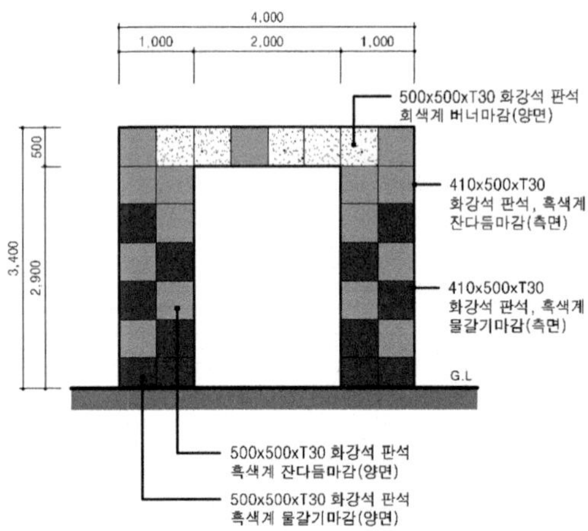

3 게이트 정면도 SCALE 1/100

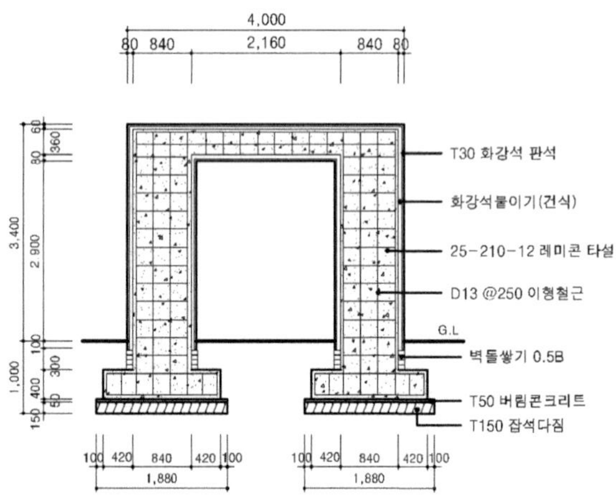

4 게이트 입면도 SCALE 1/100

② 시방서

- 토공, 기초, 거푸집, 콘크리트 등은 표준시방서에 의하며, 기초는 동결심도 이하로 충분히 다져서 부등침하가 발생하지 않도록 하고 특히 성토지반은 20cm 단위로 층 다짐을 실시한다.
- 설치 위치는 설계도면에 따르되 지형, 위치 등 특별한 변경이 필요한 경우 감독자의

승인을 받아서 변경하여야 한다.

- 사용하는 석재는 적합한 강도와 내구성, 내수성, 내마모성으로서 균열 · 풍화가 없이 외관이 아름다운 양질의 것이어야 한다.
- 마감재료는 사전에 감독자에게 견본품 또는 분할도를 제출하여 승인을 득한 후 시공하며, 줄눈은 일정한 간격을 유지하여 시각적으로 저해되지 않도록 시공한다.
- 판석은 콘크리트면과 평활하게 건식으로 시공하고, 석재 사이는 코킹으로 처리하여 틈이 노출되지 않도록 한다.

③ 수량산출

(개소 당)

번호	공 종	규 격	단위	산 식	수량	비 고
	기초=2EA 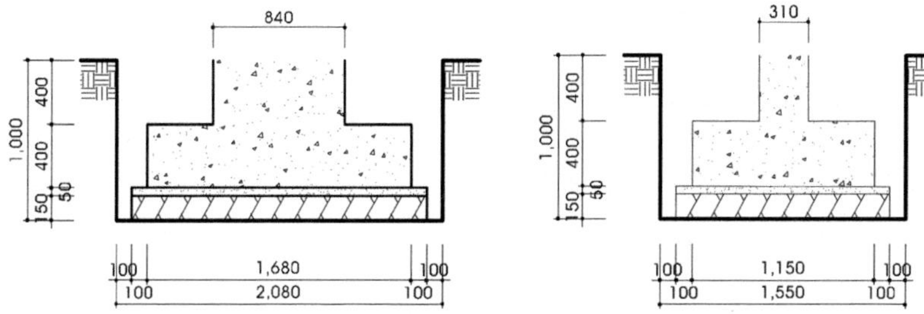					
1	터 파 기	인 력	m³	(2.08×1.55×1.0)×2EA=	6.448	
2	잔 토 처 리	인력, 현장내	m³	[(1.88×1.35×0.2)+(1.68×1.15×0.4) +(0.84×0.31×0.4)]×2EA=	2.769	
3	되메우고다짐	인 력	m³	터파기−잔토처리=	3.679	
4	잡 석 다 짐	인 력	m³	(1.88×1.35×0.15)×2EA=	0.761	
5	콘크리트타설	인력, 소형	m³	(1.88×1.35×0.05)×2EA=	0.254	
6	레미콘 타설	25-21-12 철근구조물	m³	[(1.68×1.15×0.4)+(0.84×0.31×3.38)]×2EA +(3.84×0.31×0.36)=	3.734	
7	합판 거푸집	6회, 소형	m²	[(1.68+1.15)×0.4×2면]×2EA=	4.53	
8	합판 거푸집	4회, 일반	m²	[(0.84+0.31+0.84)×3.74×2면]+(0.31× 3.38×2면)+[(0.36+0.31+0.36)×2.16]=	19.21	
9	이 형 철 근	D13	kg	[(2.7×8×2)+(3.76×4×2)+(8.3×4×2)+ (7.9×2)+(1.9×14×2)=208.68m 208.68×0.995(kg/m)=207.637 207.637×할증 1.03=	213.87	할증 3%
10	철근가공조립	보통, 소형	ton	철근정미량/1000=	0.208	
11	벽 돌 쌓 기	0.5B, 소량	m²	[(1.0+0.47)×2×0.3×2=	1.76	
12	화강석 판석	회색계, T30, 버너	m²	(0.5×0.5×5×2)+(0.41×0.5×8)=4.14, 4.14×1.1=	4.55	할증 10%

(표 계속)

번호	공 종	규 격	단위	산 식	수량	비 고
13	화강석 판석	흑색계, T30, 잔다듬	m^2	(0.5×0.5×15×2)+(0.41×0.5×18)=11.19, 11.19×할증 1.1=	12.31	할증 10%
14	화강석 판석	흑색계, T30, 물갈기	m^2	(0.5×0.5×12×2)+(0.41×0.5×12)=8.46, 8.46×할증 1.1=	9.31	할증 10%
15	화강석판붙임	습식, 바닥	m^2	(4.0×0.41)=	1.64	
16	화강석판붙임	건식, 벽	m^2	(화강석판석－습식) (4.14+11.19+8.46－1.64)=	22.15	

2) 돌담

① 설계도

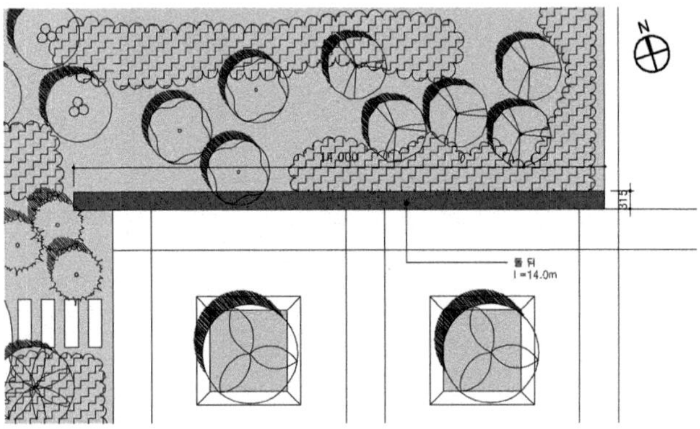

1 돌담 평면도 SCALE : NONE

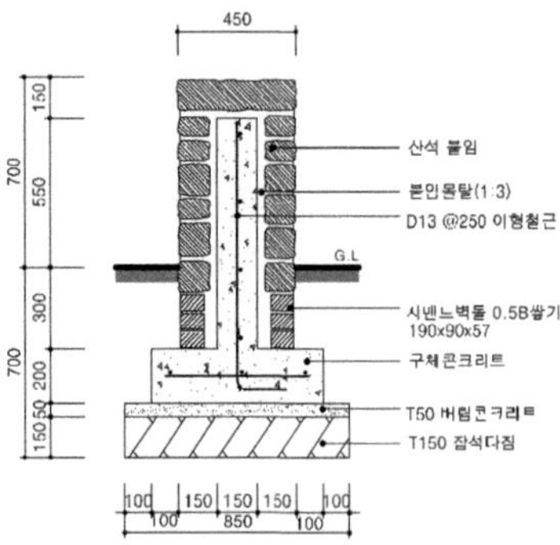

2 돌담 단면도 SCALE : NONE

② 시방서

- 토공, 기초, 거푸집, 콘크리트 등은 각각의 시방에 의하여 시공한다.
- 설치 위치 및 높이는 도면에 의하여 수평과 수직을 정확히 이루도록 시공하며 지형, 위치 등 특별한 변경이 필요한 경우 감독자의 승인을 득한 후 시공하여야 한다.
- 사용하는 석재는 적합한 강도와 내구성, 내수성, 내마모성으로서 균열 · 풍화가 없는 외관이 아름다운 양질의 것이어야 한다.
- 산석의 붙임모르타르는 산석면보다 20mm 내외 안쪽으로 마감되도록 줄눈을 마감한다.

③ 수량산출

(m 당)

번호	공 종	규 격	단위	산 식	수량	비 고
				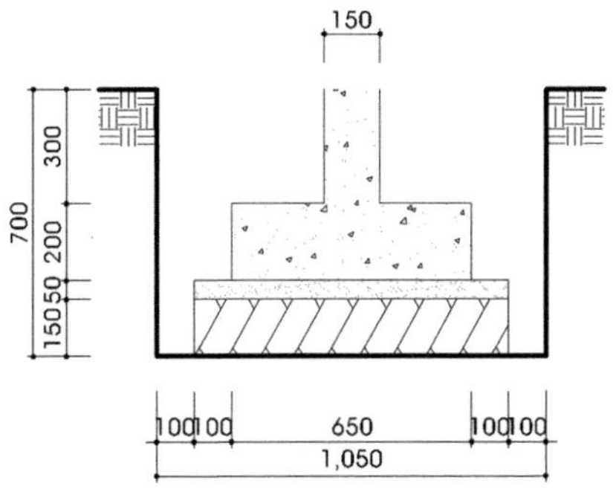		
1	터 파 기	인 력	m^3	(1.05×0.7×1.0)=	0.735	
2	잔 토 처 리	인력, 현장내	m^3	(0.85×0.2+0.65×0.2+0.15×0.3)×1.0=	0.345	
3	되메우고다짐	인 력	m^3	터파기−잔토처리=	0.390	
4	잡 석 다 짐	인 력	m^3	(0.85×0.15×1.0)=	0.128	
5	콘크리트타설	인력, 소형	m^3	(0.85×0.05×1.0)=	0.043	
6	레미콘 타설	25−21−12 소형 구조물	m^3	[(0.65×0.2)+(0.15×0.85)]×1.0=	0.258	
7	합판 거푸집	6회, 소형	m^2	(0.2×1.0)×2=	0.40	
8	합판 거푸집	4회, 소형	m^2	(0.85×1.0)×2=	1.70	
9	이 형 철 근	D13	kg	[(0.55+0.95)×4+(1.0×7)]×0.995=12.935, 12.935×할증 1.03=	13.32	할증 3%
10	철근가공조립	보통, 소형	ton	철근정미량/1000=	0.013	
11	벽 돌 쌓 기	0.5B, 소량	m^2	(0.2×1.0×2)=	0.40	
12	모 르 타 르	1 : 3	m^3	(0.85+0.45+0.85)×0.15×1.0× 실적률 40(%)=	0.129	
13	산 석	T50~100	m^2	(0.8+0.45+0.8)×1.0×0.15×실적률 60(%) ×2.65(ton/m^3)=0.4889, 0.4889×할증 1.1=	0.538	할증 10%
14	산 석 붙 임	거친돌, 0.3m^3 이하	m^2	(0.8+0.45+0.8)×1.0=	2.05	모르타르 제외

3) 사각 플랜터

① 설계도

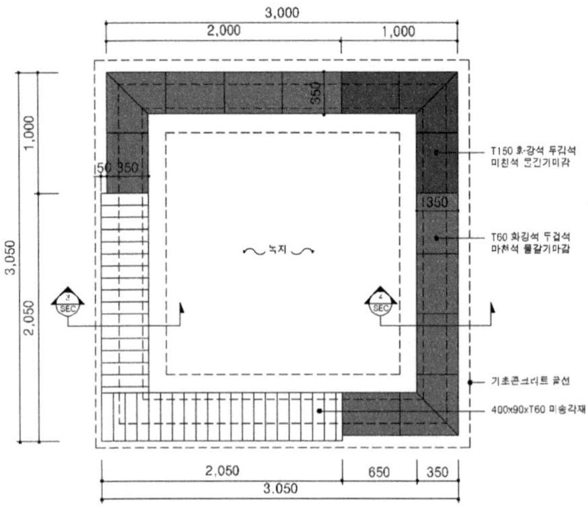

1 사각플랜터 평면도
SCALE : NONE

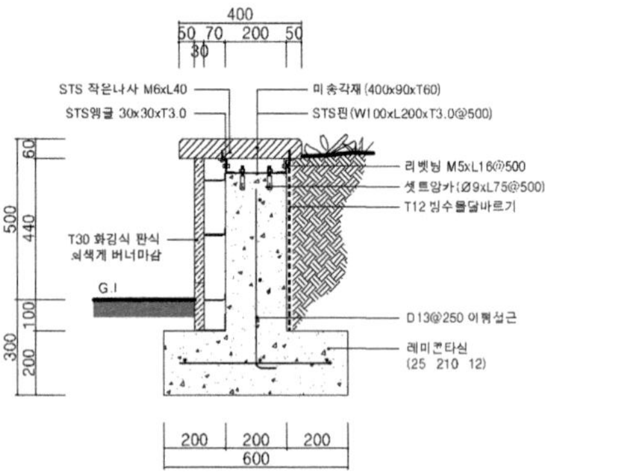

3 사각플랜터 단면도(1)
SCALE : NONE

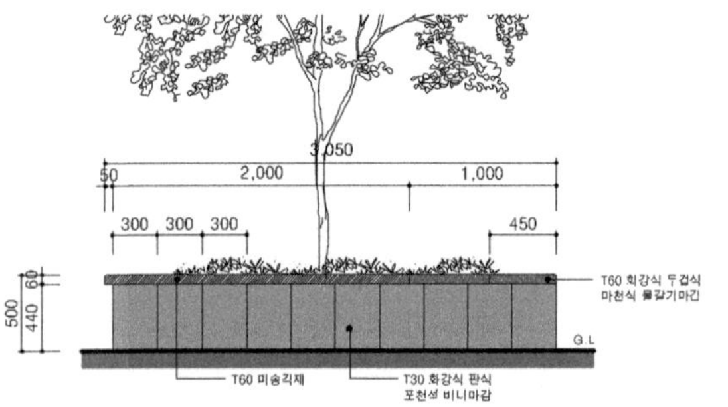

2 사각플랜터 입면도
SCALE : NONE

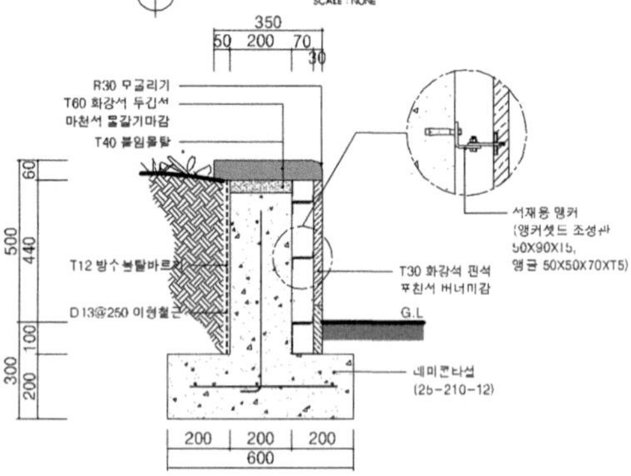

4 사각플랜터 단면도(2)
SCALE : NONE

② 시방서

- 토공, 거푸집, 콘크리트 등은 표준시방에 의하며 목재 및 석재의 모서리는 안전사고 및 미관을 고려하여 곡면가공으로 처리한다.
- 목재는 옹이, 균열, 부패 등이 없고 적합한 강도의 지정색상으로서, 도장으로 얼룩이 생기거나 진득거림이 없고 색이 묻어나지 않아야 한다.
- 석재는 단지 전체에 동일 석종은 유사 색상의 자재를 사용하며, 줄눈은 일정 간격을 유지하여 시각적으로 저해되지 않도록 바닥면과 평활하게 견고히 고정하고, 석재 사이는 코킹으로 처리하여 틈이 노출되지 않도록 한다.
- 플랜터 내 토양이 관수나 강우시 밖으로 넘쳐나오지 않도록 토양안정 후 플랜터의 최상부보다 30~50mm 정도 낮게 처리하여야 한다.

③ 수량산출

(개소 당)

번호	공 종	규 격	단위	산 식	수량	비 고
	중심=10.4m 내벽=9.6m			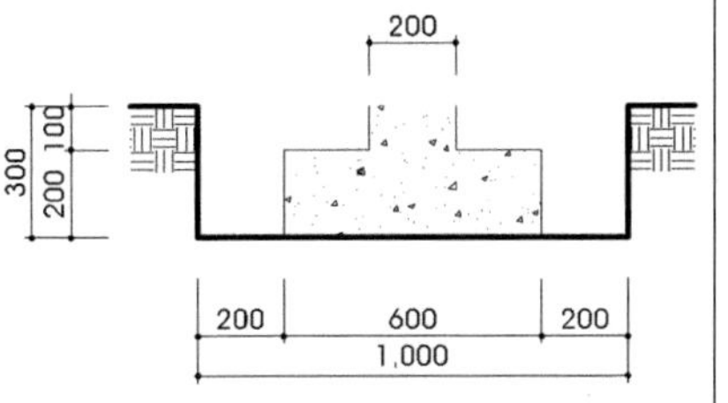		
1	터 파 기	인 력	m^3	(1.0×0.3×10.4)=	3.120	
2	잔 토 처 리	인력,현장내	m^3	[(0.6×0.2)+(0.2×0.1)]×10.4=	1.456	
3	되메우고다짐	인 력	m^3	터파기-잔토처리=	1.664	
4	레미콘 타설	25-21-12 소형구조물	m^3	[(0.6×0.2)+(0.2×0.5)]×10.4=	2.288	
5	합판 거푸집	6회, 소형	m^2	(0.2×10.4×2면)=	4.16	
6	합판 거푸집	4회, 소형	m^2	(0.5×10.4×2면)=	10.40	
7	이 형 철 근	D13	kg	[(0.5+0.64)×4+(1.0×5)]×10.4×0.995 (kg/m)=98.926, 98.926×할증 1.03=	101.89	할증 3%
8	철근가공조립	보통, 소형	ton	철근정미량/1000=	0.099	
9	방수모르타르바름	T12, 벽	m^2	(0.54×9.6)=	5.18	
10	스테인리스앵글	30×30×T3.0	kg	[3.6×4×0.06×23.809(kg/m^2)]=20.571, 20.571×할증 1.05=	21.60	할증 5%
11	스테인리스 판	T3.0	kg	[0.1×0.2×9EA×23.809(kg/m^2)=4.285, 4.285×할증 1.1=	4.71	할증 10%
12	잡철물제작 설치	스텐, 보통	kg	스테인리스정미량 (20.571+4.285)=	24.86	
13	세 트 앵 커	ϕ9×L70	조	(2×9)=18, 18×할증 1.05=	18.90	할증 5%
14	볼 트 설 치	D16 이하	개소	(2×9)=	18	
15	스테인리스 작은나사	M6×L40	EA	(21+17)×2×2=152, 152×할증 1.05=	159.60	할증 5%
16	리 벳 팅	스테인리스 M5×16	개소	(9×2)=	18.00	
17	미 송 각 재	상 품	m^3	(0.4×0.09×0.06×38EA)=0.0821, 0.0821×할증 1.05=	0.086	할증 5%
18	목 재 방 부	가압방부	m^3	목재 총량	0.086	
19	목재가공조립	구조체, 뼈대	m^3	목재 정미량	0.082	
20	모 르 타 르	1 : 3	m^3	(0.2×0.04×6.7)=	0.054	
21	화강석 판석	회색계 T30, 버너	m^2	(0.54×12.0)=6.48, 6.48×할증 1.1=	7.13	할증 10%
22	화강석두겁석	흑색계, T60	m	(2.0+1.0)×2=	6.00	물갈기
23	화강석두겁석	흑색계, T150	m	(1.0+1.0)=	2.00	물갈기
24	화강석판붙임	건식, 벽	m^2	(0.54×12.0)=	6.48	
25	화강석판붙임	습식, 바닥	m^2	(0.35×6.7)=	2.35	

4) 원형 플랜터

① 설계도

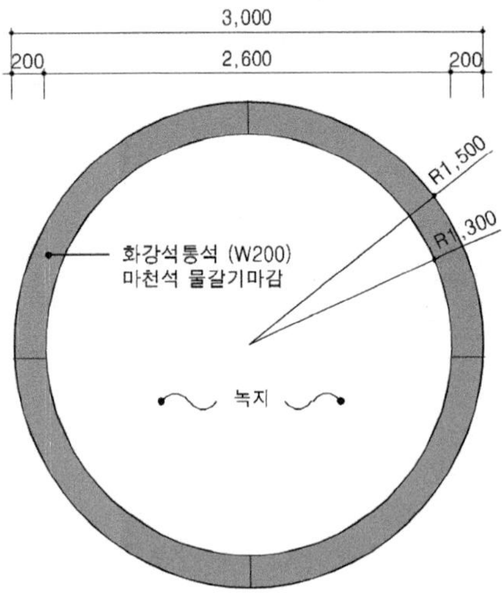

① 원형플랜터 평면도 SCALE : 1/60

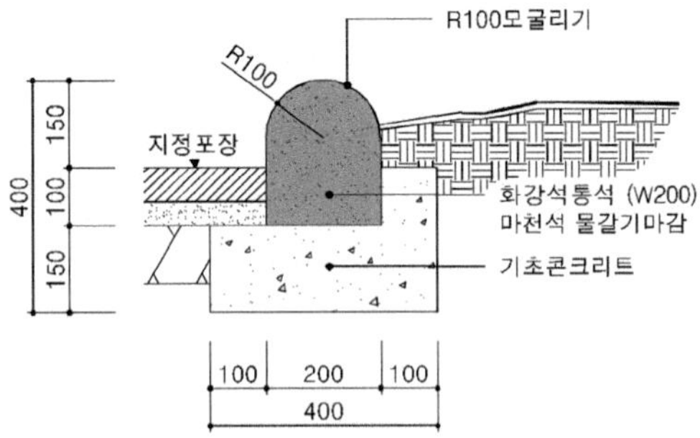

② 원형플랜터 단면도 SCALE : 1:20

② 시방서

- 토공, 거푸집, 콘크리트 등은 표준시방에 의하여 시공한다.
- 석재는 단지 전체에 동일 색상의 자재를 사용하여 바닥면과 평활하게 견고히 시공하며, 줄눈은 일정간격으로 코킹하여 틈이 노출되지 않도록 한다.
- 플랜터 내 토양이 관수나 강우시 밖으로 넘쳐나오지 않도록 토양안정 후 플랜터의 최상부보다 30~50mm 정도 낮게 처리하여야 한다.

③ 수량산출

(개소 당)

번호	공 종	규 격	단위	산 식	수량	비 고
	L=8.80m			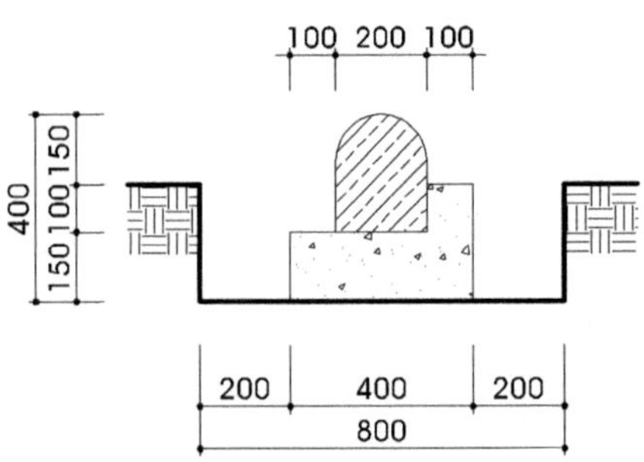		

(표 계속)

번호	공 종	규 격	단위	산 식	수량	비 고
1	터 파 기	인 력	m^3	(0.8×0.4×8.80) =	2.816	
2	잔 토 처 리	인력, 현장내	m^3	[(0.4×0.15)+(0.3×0.1)]×8.80 =	0.792	
3	되메우고다짐	인 력	m^3	터파기-잔토처리 =	2.024	
4	콘크리트타설	인력, 소형	m^3	[(0.4×0.15)+(0.1×0.1)]×8.80 =	0.616	
5	원형 거푸집	3회, 소형	m^2	(0.15+0.25)×8.80 =	3.52	
6	화강석가공석	200×250×1000R	m	(2×1.5×3.14) =	9.42	흑색계
7	경계석 설치	200×250 화강석	m	(2×1.4×3.14) =	8.80	

3.5 포장공사

1) 블록 포장

① 설계도

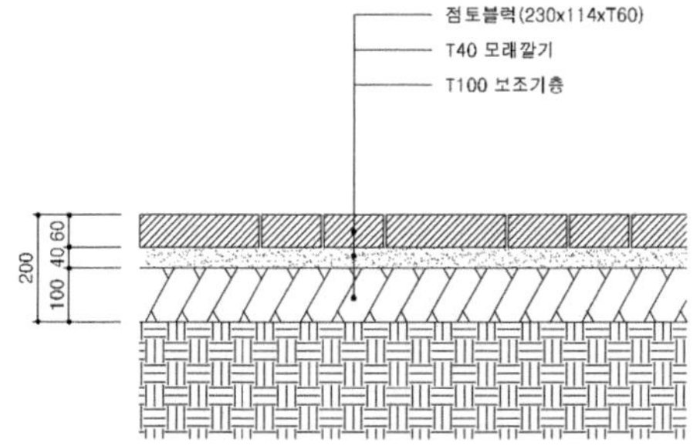

점토블록포장

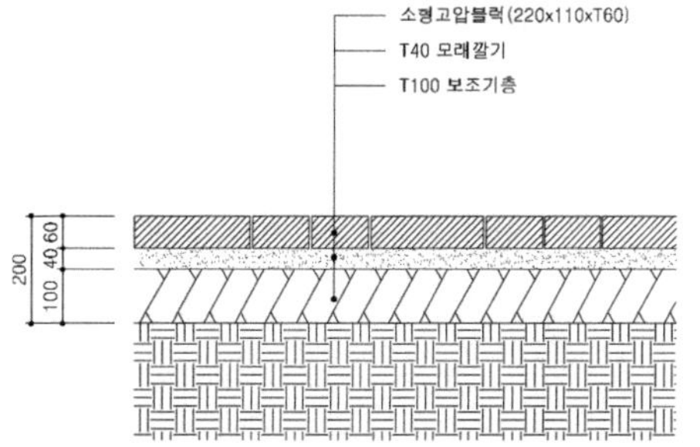

소형고압블록포장

② 시방서

- 모래포설시 30~50mm 두께로 모래를 깔고 적당량의 물을 살포한 후 평면진동기를 사용하여 3~4회 충실히 다진다.
- 모래로 수평을 맞춘 후 기준점을 기준으로 기준벽돌을 놓은 후 넓은 공간에는 5m 간격으로 기준이 되는 실줄을 설치하고 블록을 포설한다.
- 블록 간격은 3~5mm의 일정간격을 유지하도록 설치한 후 가는 모래를 표면에 골고루 깔고 벽돌 사이에 모래가 완전히 채워지도록 빗자루로 쓸어 넣는다.
- 블록 시공시 물의 흐름은 건물을 향하지 않도록 하되 불가피한 경우에는 물이 건물 주위에 도달하기 전에 차단할 수 있도록 배수구를 설치한다.

③ 수량산출 - 점토/소형고압 블록포장

(m² 당)

번호	공 종	규 격	단위	산 식	수량	비 고
1	터 파 기	기계+인력	m^3	(1.0×1.0×0.2)=	0.200	
2	잔 토 처 리	기계+인력	m^3	(1.0×1.0×0.2)=	0.200	
3	보조기층부설	T100	m^3	(1.0×1.0×0.1)=	0.100	
4	모 래	양질토	m^3	(1.0×1.0×0.04)=0.04, 0.04×할증 1.1=	0.044	할증 10%
5	점토/소형고압블록	지정규격	m^2	1.0×할증 1.08=	1.08	할증 8%
6	점토블록포장 소형고압블록포장	T60	m^2	1.0=	1.00	

2) 고무칩 포장

① 시방서

- 원지반과 보조기층에 적당량의 물을 살포하며 평면진동기를 사용하여 각각 3, 4회 충실히 다진다.
- 콘크리트 상부면의 배수를 고려한 물매작업을 시행하며 프라이머 도포시 접착력을 저해할 수 있는 이물질을 깨끗이 제거한 후 시공한다.
- 프라이머 도포 후 장시간이 경과하면 탄성층과 하지층의 접착력이 약화되므로 당일에 한 구역의 프라이머와 탄성층의 시공을 완료한다.
- 바인더의 종류, 배합량, 배합시간으로 탄성층 품질이 달라지므로 혼합과정을 철저히 관리하고 배합이 완료되면 즉시 포설한다.
- 컬러칩 포설시 미관과 파손에 중대한 영향을 끼칠 수 있는 접합부나 경계부에 특히 주의하며, 컬러칩이 밀착될 수 있도록 충실히 다져서 접착하여야 한다.
- 시공시의 통행 통제 및 시공 완료 부분은 최소한 24시간 이상 경과로 완전히 경화된 후에 보행하도록 조치한다.

② 수량산출

(m² 당)

번호	공 종	규 격	단위	산 식	수량	비 고
1	터 파 기	기계+인력	m^3	(1.0×1.0×0.25)=	0.250	
2	잔 토 처 리	기계+인력	m^3	(1.0×1.0×0.25)=	0.250	
3	보조기층부설	T100	m^3	(1.0×1.0×0.1)=	0.100	
4	레미콘 타설	25-18-8 무근구조물	m^3	(1.0×1.0×0.1)=	0.100	
5	와이어메시깔기	#8×150×150	m^2	(1.0×1.0)=	1.00	
6	고무칩 포장	T50	m^2	(1.0×1.0)=	1.00	

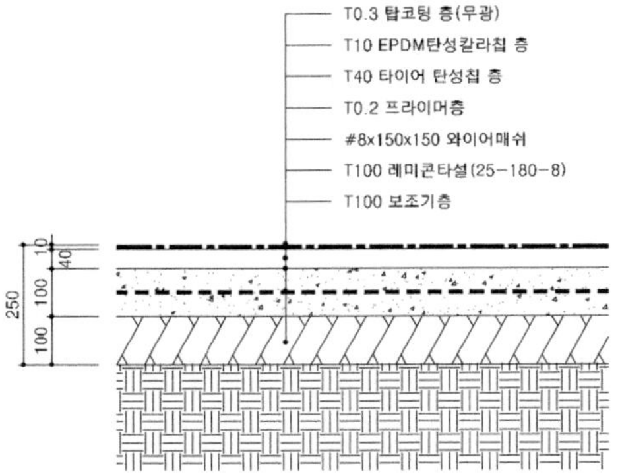

고무칩포장

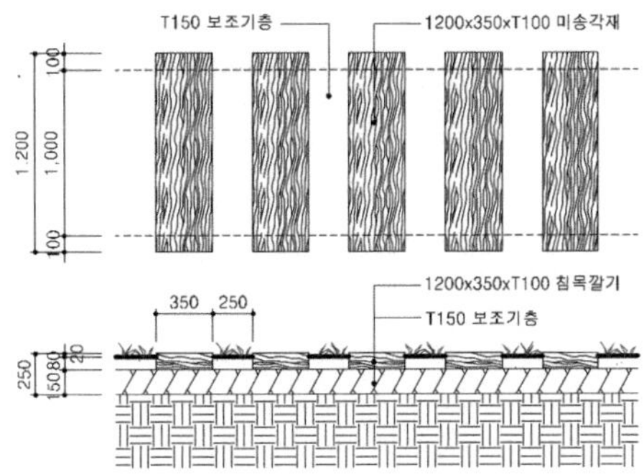

침목놓기

3) 침목 놓기

① 시방서

- 원지반과 보조기층에 적당량의 물을 살포하며 평면진동기를 사용하여 각각 3, 4회 충실히 다진다.
- 목재는 옹이, 균열, 부패 등이 없고, 품질이 균일하며 용도에 적합한 강도이어야 한다.
- 미송각재로 침목의 분위기를 연출하도록 크레오소트에 일정기간 침전 후 약 30일간 제거 및 탈색으로 침전된 크레오소트가 용탈되지 않도록 처리하여 사용한다.
- 침목 사이에 토양을 채울 때에는 포장면과 층이 지도록 침목의 상단부보다 10mm 정도 낮게 채워서 다져진 후 20mm의 높이 차이를 유지하도록 한다.

② 수량산출

(m 당)

번호	공 종	규 격	단위	산 식	수량	비 고
1	터 파 기	인 력	m^3	(1.2×1.0×0.25)/1.2=	0.250	
2	되메우고다짐	인 력	m^3	(1.2×0.08×0.25/0.6)/1.2=	0.033	
3	잔 토 처 리	인력, 현장내	m^3	터파기-되메우기=	0.217	
4	보조기층부설	T150	m^3	(1.2×1.0×0.15)/1.2=	0.015	
5	미 송 각 재	상 품	m^3	(1.2×0.1×0.35/0.6)/1.2=0.0583, 0.0583×1.05=	0.061	할증 5%
6	목 재 방 부	크레오소트	m^3	목재총량	0.061	
7	목재가공조립	구조체, 뼈대	m^3	목재 정미량	0.058	

4) 경계석

① 단면도

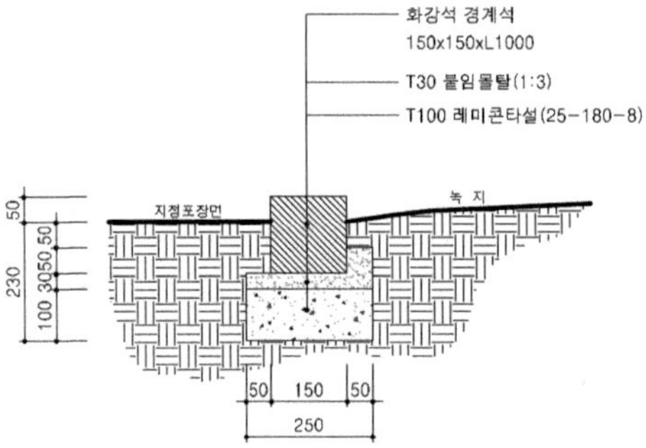

녹지구분 경계석

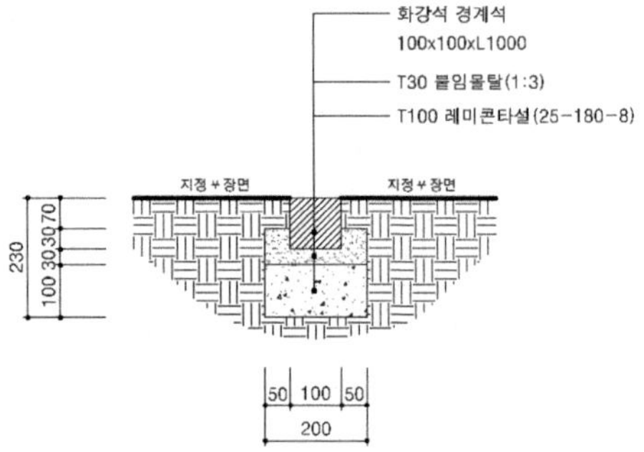

포장구분 경계석

② 시방서

- 원지반은 적당량의 물을 살포하면서 평면 진동기로 3회 이상 충실히 다진다.
- 화강석 경계석은 균열이나 결점이 없어야 한다.
- 설치 위치는 설계도면에 의하되 지형, 위치 등 특별한 변경사항이 발생할 경우에는 감독자의 승인을 받아서 변경하여야 한다.
- 서로 다른 재료의 경계부에는 재료가 섞이지 않도록 높이를 조절하며, 줄눈은 일정 간격을 유지하여 시각적으로 저해되지 않도록 시공한다.
- 경계석은 평탄성을 유지하고, 녹지부 토양이 관수나 강우시 밖으로 넘치지 않도록 토양안정 후 경계석보다 30~50mm 정도 낮게 유지되어야 한다.

③ 수량산출 – 녹지구분 경계석 (직선/곡선)

(m 당)

번호	공 종	규 격	단위	산 식	수량	비 고
1	터 파 기	인 력	m^3	(0.65×0.23×1.0)＝	0.100	
2	잔 토 처 리	인력, 현장내	m^3	[(0.25×0.13)＋(0.2×0.05)＋(0.15×0.05)]×1.0＝	0.050	
3	되메우고다짐	인 력	m^3	터파기–잔토처리＝	0.050	
4	레미콘 타설	25–18–8 무근구조물	m^3	(0.25×0.1×1.0)＝	0.025	
5	합판 거푸집 합판 거푸집	6회 일반 3회 소형	m^2	(0.1×1.0×2면)＝	0.20	직선 곡선
6	모 르 타 르	1 : 3	m^3	(0.25×0.03×1.0)＋(0.05×0.05×1.0)＝	0.010	
7	화강석경계석	150×150 ×1000	EA	1.0	1.00	직선/곡선
8	경계석 설치	150×150 화강석	m	1.0	1.00	직선/곡선

④ 수량산출 - 포장구분 경계석 (직선/곡선)

(m 당)

번호	공 종	규 격	단위	산 식	수량	비 고
1	터 파 기	인 력	m^3	(0.6×0.03×1.0)+(0.1×0.2×1.0)=	0.038	
2	잔 토 처 리	인력, 현장내	m^3	(0.2×0.03×1.0)+(0.1×0.2×1.0)=	0.026	
3	되메우고다짐	인 력	m^3	터파기-잔토처리=	0.012	
4	레미콘 타설	25-18-8 무근구조물	m^3	(0.2×0.1×1.0)=	0.020	
5	합판 거푸집 합판 거푸집	6회 일반 3회 소형	m^2	(0.1×1.0×2면)=	0.20	직선 곡선
6	모르타르	1 : 3	m^3	(0.2×0.03×1.0)+(0.05×0.03×1.0×2)=	0.009	
7	화강석경계석	100×100 ×1000	EA	1.0	1.00	직선/곡선
8	경계석 설치	100×100 화강석	m	1.0	1.00	직선/곡선

3.6 수량산출의 팁

① 수량산출시의 소수위는 [공통품셈 1-2-2(설계서의 단위 및 소수의 표준)]으로 정해져 있으며, 본 서 제3장 〈표 3.3-1〉에 기술되어 있다.

② 이는 건설공사 일반사항을 기준한 것으로서 건축은 개수 단위로 집계하며, 토목은 전체적인 수량을 내역서에서 총괄 합산하므로 품셈기준이 적합할 것이다. 조경공사는 건축공사와 유사한 형태로 단위 일위대가를 사용하므로 토목처럼 총괄집계는 하지 않으며, 상기 기준으로 계상시 소량을 사용하는 경우 상당량이 수량 산출에서 제외될 수도 있다.

③ 그러므로 조경공사의 산출에서는 일반적으로 m^3, ton 등 대량 수량은 소수 3위를 m^2, kg, m, EA 등 소량 수량은 소수 2위를 기준으로 계상할 때 적정 수량 산출과 공사비의 계상이 가능할 것이다.

④ 단, 이는 단위일위대가 수량산출을 말하며, 일반적인 조경공사 총괄표 작성시에는 〈표 3.3-1〉를 참조하여 설계서의 단위 및 소수의 표준을 준수하여야 한다.

4 적산문제 연습

Landscape Architecture

4.1 필기 문제

문제 01 다음은 표준품셈에 대한 설명이다. 가장 적합한 설명은 어느 것인가?

가) 품셈이란 단위물량당 소요되는 재료와 노무자의 수를 산정하기 위한 기준이다.
나) 품셈은 현장조건에 따른 변동이 불가능하여 일정한 공사비 산출이 가능하다.
다) 품셈의 적용은 특수한 공법과 공종에 한하여 공사비 산출에 적용한다.
라) 품셈에 적용되는 노무비 단가는 각 지역의 실정에 적합하도록 차등 적용한다.

해설 건설공사에서 품셈이란 사람이나 기계 등으로 공사 목적물의 완성을 위한 단위규격당 소요량을 나타내는 것으로서 일반적인 재료 · 노무 · 기계 사용의 종류 및 소요량을 표시한 것이다. 정답) 가

문제 02 다음 중 공사의 예정가격을 산정하기 위한 서류에 포함되지 않는 것은 어느 것인가?

가) 수량 산출서 나) 특기 시방서
다) 개략 공사비 라) 예정 공정표

해설 개략공사비는 공사의 기획이나 계획단계에 준비하는 것으로 예산내역서, 일위대가표 및 각종 산출서가 준비되어야 한다. 정답) 다

문제 03 다음은 수목 굴취공사의 품셈에 대한 설명이다. 적합하지 않은 것은 어느 것인가?

가) 수목의 굴취공사는 수목의 수고, 근원(흉고)직경을 기준으로 계상한다.
나) 굴취시 분의 크기는 근원직경 6배를 기준으로 한다.
다) 분 뜨기, 운반준비를 위한 재료비는 별도 계상한다.
라) 굴취시 야생일 경우에는 굴취품의 20%를 가산한다.

해설 수목의 굴취시 분은 근원직경의 4~5배를 기준으로 한다. 정답) 나

문제 04 초화류 파종과 식재품은 관목류나 잔디 식재와 다르게 적용하여야 한다. 다음의 초화류 식재품에 대한 설명 중 적합한 내용은 어느 것인가?

가) 초류종자 살포는 단위면적(m^2)당 종자의 무게(g)를 산정하여 $100m^2$당 파종공을 산정한다.
나) 초화류 식재는 단위면적(m^2)당 식재품을 적용한다.
다) 초화류 식재는 조경공과 보통인부를 기준으로 한다.
라) 초류종자 살포는 조경공을 기준으로 한다.

해설 초류종자 살포는 조경공과 보통인부를 적용하며, 초화류 식재는 단위면적(m^2)당 식재주수 산출 후 1본당 식재품을 적용하며, 초화류 식재와 초류종자 살포의 적용인부는 조경공과 보통인부이다. 정답) 다

문제 05 다음은 터파기 품셈에 대한 설명이다. 가장 적합하게 설명한 항목은 어느 것인가?

가) 흙막이가 없는 터파기 높이 1m의 경우 여유폭은 20cm를 확보하여야 한다.
나) 터파기 지반에 용수(湧水)가 있는 경우에는 품의 20%를 가산한다.
다) 터파기의 여유폭을 둘 경우에는 안식각(安息角)을 고려하지 않아도 좋다.
라) 주변에 장애물이 있거나 협소한 독립기초 터파기는 품의 20%를 가산한다.

해설 협소한 장소, 용수가 있는 경우, 주위에 장애물이 있을 때의 터파기는 품의 50%까지 가산한다. 터파기의 여유폭은 거푸집 작업을 위한 공간으로서 1m까지는 직각터파기를, 1m 이상은 1 : 0.3의 안식각을 고려한다. 정답) 가

문제 06 도장(칠)공사의 품 산정에서 천장을 칠하는 경우의 할증률은 어느 것인가?

가) 품의 10%를 가산한다.
나) 품의 20%를 가산한다.
다) 품의 30%를 가산한다.
라) 품의 50%를 가산한다.

해설 천장은 표준품에서 20%를 가산한다. 정답) 나

문제 07 8ton 덤프트럭에 자연상태의 사질양토를 굴착하여 적재하려 한다. 덤프트럭 1회 적재량은 얼마인가? 단, 사질양토로서 단위중량=1,700kg/m^3, 토량변화율 L=1.25, C=0.85일 경우.

가) 4.00m^3 나) 4.71m^3
다) 5.00m^3 라) 5.88m^3

해설 8,000/1,700×1.25=5.88
q=T/r_t×L r_t : 자연상태 토석의 단위중량(kg)
T : 덤프트럭의 적재중량(kg) L : 토량변화율 정답) 라

문제 08 수목 시비작업의 품 산정방법에 대한 설명 중 적합한 것은 어느 것인가?

가) 교목과 관목으로 구분하여 1주당 시비 품셈을 산정한다.
나) 교목은 1주당, 관목은 100주당 시비 품셈을 산정한다.
다) 교목과 관목 모두 식재면적 100m^2당 시비 품셈을 산정한다.
라) 교목은 10주당, 관목은 식재면적 100m^2당 시비 품셈을 산정한다.

해설 교목과 관목이 단목으로 식재된 경우 교목시비품을 적용하고, 관목시비는 관목 군식의 경우에만 적용한다. 교목시비는 10주당, 관목시비는 식재면적 100m^2당 기준으로 적용된다. 정답) 라

문제 09 목재 5m^3는 몇 사이(才)인가?

가) 500 사이(才) 나) 1,000 사이(才)
다) 1,500 사이(才) 라) 2,000 사이(才)

해설 1재=0.00334m^3이므로 1m^3는 299.4재를 편의상 300재로 계상할 수도 있다. 그러므로 5×300(재/m^3)=1,500재이다. 정답) 다

문제 10 조경공사에 필요한 재료비의 계상에 대한 설명 중 가장 적합한 항목은 어느 것인가?

가) 식재공사에 필요한 지주목은 간접재료비에 해당된다.
나) 목공사에 필요한 접착제는 직접재료비에 해당된다.
다) 재료의 구입과정에서 발생되는 운임, 보험료, 보관비는 경비에 계상한다.
라) 작업에서 발생하는 부산물 중 강재의 할증분은 재료비에서 전액 공제한다.

해설 지주목, 가설창고, 가설사무소 등은 간접재료비이며, 재료 구득에 따른 제 비용은 재료비에 계상하고, 부산물은 할증분의 70%를 고재비로 공제한다. 정답) 가

문제 11 다음은 노무비에 대한 설명이다. 적합하지 않은 항목은 어느 것인가?

가) 노무비는 직접노무비와 간접노무비로 구성된다.
나) 직접노무비는 현장노무비의 노임, 상여금, 퇴직급여 충당금이 포함된다.
다) 간접노무비는 현장사무소 직원, 본사 직원의 급여로 구성된다.
라) 간접노무비는 직접노무비 합계액에 대한 간접노무비의 비율로 산정한다.

해설 간접노무비는 직접 공사현장에 종사하지는 않으나 작업현장에서 보조작업에 종사하는 노무자, 종업원, 현장감독자 등의 기본급과 제수당, 상여금, 퇴직급여 충당금액의 합계액이다. 정답) 다

문제 12 다음은 떼붙임의 품셈기준이다. 적합하지 않은 항목은 어느 것인가?

가) 평떼의 경우 1m²당 할증 10%를 포함하여 30cm×30cm×30cm 규격의 잔디 11매가 소요된다.
나) 떼붙임의 식재 품셈은 100m²를 기준으로 작성한다.
다) 평떼와 줄떼의 할증은 소요량의 10%를 동일하게 적용한다.
라) 잔디의 떼붙임은 조경공과 보통인부를 기준으로 수량을 산정한다.

해설 30cm×30cm×30cm 규격의 잔디 11매는 정미량으로서 할증 10%를 별도 계상하여야 한다. 정답) 가

문제 13 표준형 벽돌(190×90×T57)을 이용하여 조적공사를 하려고 한다. 1.5B쌓기로 쌓을 때 1m²에 소요되는 벽돌의 양은 얼마인가?

가) 75매　　나) 149매
다) 224매　　라) 299매

해설

(m² 당)

구 분(mm)	0.5B	1.0B	1.5B	2.0B	2.5B	3.0B
190×90×57 (표준형)	75	149	224	298	373	447
210×100×60(기존형)	65	130	195	260	325	390

품셈 기준은 2012년까지 표준형과 기존형이 있었으나 2013년 개정으로 표준형만 있다.
품셈에 상기 m²당 표준형의 소요량이 참고자료에 있으며, 줄눈을 포함하여 계상할 때
$\{1/[(0.19+0.01)\times(0.057+0.01)]\}\times 3 = 223.88 \fallingdotseq 224$매 정답) 다

문제 14 다음은 잡철물 제작설치 품셈의 설명이다. 적합하지 않은 것은 어느 것인가?

가) 소요강재의 총 중량을 산출하여 적용한다.
나) 기계의 기구손료는 재료비의 3%를 계상한다.
다) 복잡한 구조물의 설치는 기본 품셈의 140%를 계상한다.
라) 철물의 제작과 설치에서 비계설치가 필요하면 비계공을 별도로 계상한다.

해설 기계의 기구손료는 노무비의 3%를 계상하며, 간단은 100%, 보통은 120%, 복잡은 140%를 계상한다.

정답) 나

문제 15 조경수목의 측정은 수목의 형상별로 구분하여 측정하는데 규격의 증감 허용한도는 설계 규격의 몇 % 이내 까지 허용하는가?

가) +3%, −3%
나) +5%, −5%
다) +10%, −10%
라) +20%, −20%

해설 수목의 규격은 수목 형상별로 구분하여 측정하며, 표준시방서의 규격 한도는 일반적으로 설계 규격의 ±10% 이내로 한다.

정답) 다

문제 16 금속공사에서 강판의 수량산출 방법으로 적합한 방법은 어느 것인가?

가) 강판의 종별 및 단면 치수별로 구분하여 중량으로 산출한다.
나) 강판의 종별 및 단면 치수별로 구분하여 면적으로 산출한다.
다) 강판은 총 소요 강재량에서 설계의 정미수량을 공제한 수량으로 산출한다.
라) 강판의 발생재는 총 소요 강재량에서 할증량을 공제한 수량으로 산출한다.

해설 종류별, 단면 치수별로 구분하여 총연장을 산출하고 중량으로 계산한다. 강판은 실제면적에 가까운 사각형, 삼각형, 평행사변형, 사다리꼴 형태의 면적으로 계산한다. 이때 볼트, 리벳 구멍 및 콘크리트 타설용 구멍은 큰 경우에 한하여 면적에서 공제한다.

정답) 가

문제 17 다음 수목 중 흉고직경 기준으로 품셈을 적용하는 수종은 어느 것인가?

가) 회양목
나) 메타세쿼이아
다) 눈주목
라) 겹철쭉

해설 회양목, 눈주목, 겹철쭉은 관목류의 품을 적용한다.

정답) 나

문제 18 다음은 일반관리비에 대한 설명이다. 가장 적합한 내용은 어느 것인가?

가) 공사현장과 기업의 유지관리에 필요한 비용이다.
나) 재료비, 노무비, 경비의 합계액에 일정비율을 곱하여 계상한다.
다) 총 공사비 원가계산방식에 있어 이윤 산정에는 포함되지 않는다.
라) 일반관리비 비율은 공사예정 금액이 증가할수록 비율이 높아진다.

해설 일반관리비는 원가에 제외된 임원급료, 사무실 직원급료, 제수당, 퇴직급여 충당금, ... 차량비, 시험연구개발비, 보험료 등이다. 기업의 유지 및 관리 활동의 비용으로서 이윤 산정에 포함되며, 공사비가 증가할수록 비율은 낮아진다.

정답) 나

문제 19 조경 수목의 흉고직경 측정에서 쌍간일 경우의 측정 방식으로 가장 적합한 것은 어느 것인가?

가) 흉고직경의 크기가 가장 큰 쪽의 규격을 채택한다.
나) 각 간의 흉고직경의 합계를 규격으로 한다.
다) 각 간의 흉고직경의 합한 값의 70%를 규격으로 한다.
라) 각 간 흉고 직경의 합한 값의 평균치를 규격으로 한다.

해설 쌍간(雙幹)일 경우에는 각간 흉고직경을 합한 값의 70%가 당해 수목의 최대 흉고직경치 보다 클 때에는 이를 채택하며, 작을 때에는 각간의 흉고직경 중 최대치를 채택한다. 정답) 다

문제 20 덤프트럭의 기계경비 산정에 있어 1회 사이클시간(Cm)에 포함되지 않은 것은 어느 것인가?

가) 적재시간 나) 왕복시간
다) 세륜기통과시간 라) 정비시간

해설 Cm=t1+t2+t3+t4+t5+t6 t1 : 적재시간 t2 : 왕복시간 t3 : 적하시간 t4 : 대기시간 t5 : 적재함덮개 설치 및 해체시간 t6 : 세륜기통과시간 정답) 라

문제 21 다음의 항목 중 경비에 해당하는 항목이 아닌 것은 어느 것인가?

가) 품질관리비, 가설비 나) 도서인쇄비, 연구개발비
다) 보험료, 특허권 사용료 라) 일반관리비, 이윤

해설 경비는 순공사 원가에서 재료비와 노무비를 제외한 금액으로 기업의 유지를 위한 관리활동 부분에서 발생하는 일반관리비와 기업의 부가가치를 추구하는 이윤은 경비에 속하지 않는다. 정답) 라

문제 22 자연석 쌓기 $10m^2$를 평균 뒷길이 60cm로 쌓을 때 공사에 소요되는 자연석의 중량은 얼마인가? 단, 자연석의 단위중량은 $2.65ton/m^3$, 공극률 30% 기준일 때.

가) 3.34ton 나) 4.77ton
다) 11.13ton 라) 15.90ton

해설 공극률이 30%이므로 실적률은 70%이며,
자연석 쌓기량 $=10m^2 \times 0.6m \times$ 실적률 $0.7 \times 2.65(ton/m^3) = 11.13ton$ 정답) 다

문제 23 표준품셈의 수목 유지관리공사 기준으로 틀린 것은 어느 것인가?

가) 교목의 전정은 일반전정과 가로수전정으로 구분하고, 일반전정은 상록수와 낙엽수 및 인력시공과 기계시공으로, 가로수는 강전정과 약전정으로 세분된다.
나) 관수는 인력관수와 살수차 관수로 구분하여 인력관수는 흉고직경 10cm단위로 세분하며, 살수차 관수는 살수차 규격별 식재면적당 기준으로 적용한다.
다) 제초 및 풀깎기는 제초, 잔디깎기, 풀깎기로 구분하여 적용한다.
라) 약제살포는 수목류 및 잔디로 구분하고, 수목류는 1m단위로 세분하여 적용한다.

해설 수목류 약제살포는 2013년 품셈까지는 2m 미만과 2m 이상으로 구분되어 있으며, 2014년 개정되면서 살포하는 약제 m^3당으로 변경되었다. 정답) 라

문제 24 돌공사의 품셈 작성시 현행 품셈의 기준으로 적합하지 않은 기준은 어느 것인가?

가) 돌쌓기 - 메쌓기, 찰쌓기
나) 돌붙임 - 메붙임, 찰붙임
다) 산석쌓기 및 깔기 - 산석쌓기, 산석깔기
라) 석재판붙임 - 습식공법, 앵커지지공법, 강재트러스 지지공법

해설 표준품셈 돌공사는 4가지 기준으로서 가) 나) 라) 3가지와 전석쌓기 및 깔기의 전석쌓기, 전석깔기의 기준이 수록되어 있다. 정답) 다

문제 25 다음은 관목류 식재 품셈에 대한 해설이다. 적합하지 않은 기준은 어느 것인가?

가) 수목의 높이를 기준으로 한다.
나) 수목의 높이가 수관폭보다 클 때에는 그 수관폭을 수목의 높이로 한다.
다) 관목류의 식재는 단식과 군식으로 구분 적용한다.
라) 식재시 지주목을 세우지 않을 때에는 식재품의 20%를 감한다.

해설 식재시 객토할 때는 식재품의 10%를 증가한다는 내용은 2013년 품셈 개정시 삭제되었다. 관목류는 지주목을 세우지 않는다. 정답) 라

문제 26 다음은 재료의 할증률이다. 목재 중 각재의 할증은 몇 %를 계상하여야 하는가?

가) 3% 나) 5%
다) 10% 라) 20%

해설 목재의 할증에서 각재은 5%이고, 판재는 10%이다. 각 재료별 할증은 〈표 3.3-3〉참고. 정답) 나

문제 27 기계의 시공능률산정 기본식 (Q=n×q×f×E)에서 사용되는 변수에 대한 설명 중 틀린 것은 어느 것인가?

가) n=시간당 작업량 사이클 수
나) q=1회 작업 사이클당 소요시간
다) f=토량환산계수
라) E=작업효율

해설 q=1회 작업 사이클당 표준 작업량
Q=시간당 작업량(m^3/hr 또는 ton/hr) 정답) 나

문제 28 설계서의 금액산정에 적용되는 금액의 단위 중 적합지 않은 것은 어느 것인가?

가) 설계서의 총액은 1,000원 이하는 버린다.
나) 설계서의 소계는 10원 미만은 버린다.
다) 일위대가표 계의 금액란은 1원 미만은 버린다.
라) 일위대가표의 금액란은 0.1원 미만은 버린다.

해설 설계서의 소계와 금액은 1원 미만 버림. 정답) 나

문제 29 시공 중 발생하는 고재처리에 대한 설명으로 적합한 것은 어느 것인가?

가) 수량산출시 계상한 할증분 수량으로서 내역서에서 공제한다.
나) 발생량을 금액으로 환산하여 직접재료비를 감하여 적용한다.
다) 시멘트 공포대는 발생량의 50%를 공제한다.
라) 강재작업 부산물은 발생량 전량을 공제한다.

해설 사용고재 및 발생재는 그 대금을 설계 당시 미리 공제하며, 사용고재(시멘트 공대 및 공드럼 제외)는 90%, 강재 스크랩은 70%, 기타 발생재는 발생량을 공제한다. 정답) 가

문제 30 다음은 공사비의 적산에 있어서 할증률 적용에 관한 설명이다. 적합지 않은 것은 어느 것인가?

가) 조경용 수목은 5%의 재료 할증을 계상한다.
나) 잔디는 10%의 재료 할증을 계상한다.
다) 재료 할증은 수량계산시 산정하고, 할증된 수량에 대한 품은 계상하지 않는다.
라) 정상 공기 내에 완공이 불가능하여 야간작업을 시행하여야 할 경우에는 품의 50%까지 계상한다.

해설 수목의 할증률은 10%이다. 정답) 가

문제 31 자연상태의 사질토를 불도저를 이용·절취하여 사토하려 할 때 시간당 작업량을 구하기 위한 토량환산계수(f)는 얼마인가? 단, 사질토의 L값=1.25, C값=0.95일 때 기준.

가) 1　　나) 1.25
다) 0.8　　라) 1.05

해설 흐트러진 상태에서 f=1이며, 자연상태에서 f=1/L로 계산한다. 따라서 f=1/1.25=0.8 정답) 다

문제 32 다음은 산업재해보상 보험료에 대한 설명이다. 적합하지 않은 것은 어느 것인가?

가) 보험료의 산출은 노무비 총액에 일정요율을 곱하여 산정한다.
나) 경비항목에 포함하여 계상한다.
다) 일반관리비 산정시 제외하여 계상한다.
라) 법령에 의하여 강제적으로 가입되는 항목이다.

해설 일반관리비 산정시 포함하여 계상한다. 정답) 다

문제 33 다음의 기계경비 구성항목 중 운전경비에 속하지 않은 항목은 어느 것인가?

가) 연료비　　나) 정비비
다) 운전노무비　　라) 소모부품비

해설 정부가 제정한 표준품셈상의 건설기계 경비 산정기준에 의한 비용을 말하는 것으로 상각비(償却費)는 경비, 유류와 소모품은 간접재료비, 운전사·조수의 노임은 직접노무비에 해당한다. 정답) 나

문제 34 다음은 공사 발주자가 공사의 발주를 준비하기 위한 예정가격의 산정 순서이다. 올바른 과정은 어느 것인가?

가) 현지조사→설계도작성→수량산출→시방서작성→단가결정→공사비산정→예가결정
나) 현지조사→설계도작성→수량산출→단가결정→공사비산정→시방서작성→예가결정
다) 현지조사→설계도작성→수량산출→단가결정→시방서작성→공사비산정→예가결정
라) 현지조사→설계도작성→시방서작성→단가결정→수량산출→공사비산정→예가결정

해설 시방서가 먼저 작성되어야만 특기사항에 따른 재료의 단가를 결정할 수 있다. 정답) 가

문제 35 공사현장 내에서 토공사를 시행할 때 표준품셈에서 규정하고 있는 소운반 거리에 포함되는 것은 다음 중 어느 것인가?

가) 수평거리 50m 이내의 운반거리　　나) 수평거리 30m 이내의 운반거리
다) 수직고 3m 이내의 운반거리　　라) 수직고 10m 이내의 운반거리

해설 일반적으로 품에 포함된 소운반 거리는 20m 이내이며, 경사면의 소운반 거리는 직고 1m를 수평거리 6m로 환산하므로 수직고 3m는 수평거리 18m이다. 정답) 다

문제 36 다음 공사비 구성항목 중 순공사원가에 포함되지 않은 것은 어느 것인가?

가) 간접노무비　　나) 기타경비
다) 일반관리비　　라) 기술료

해설 순공사원가는 재료비, 노무비, 경비이다. 재료비는 직접재료비와 간접재료비로, 노무비는 직접노무비와 간접노무비로, 경비는 직접경비와 기타경비로 구분된다. 직접경비는 18개 항목, 기타 경비는 7개 항목으로서, 기술료는 직접경비이다. 정답) 다

문제 37 건설기계경비 산정에서 기계손료 항목에 포함되지 않는 것은 어느 것인가?

가) 소모부품비　　나) 감가상각비
다) 정비비　　라) 관리비

해설 기계손료는 감가상각비, 정비비, 관리비가 있으며 소모부품비, 운전노무비, 연료비, 전력비, 윤활유비는 운전경비에 포함된다. 정답) 가

문제 38 수목 식재공사시 지주목을 세우지 않을 경우 품의 계상은 어떻게 적용하는 것이 적합한가?

가) 조경공의 품만 계상하고, 보통인부의 품은 삭제한다.
나) 조경공의 품은 100%로 계상하고, 보통인부의 품은 30%를 감한다.
다) 조경공의 품은 30%를 감하고, 보통인부의 품은 100%로 계상한다.
라) 식재품의 20%를 감한다.

해설 2012년 품셈기준은 인력품의 20%를 감한다.
2013년 개정된 품셈기준은 인력시공시는 10% 기계시공시는 인력품의 20%를 감한다. 정답) 라

4.2 실기 문제

문제 39 원지반 토양의 모래질흙 3,000m³, 점질토 2,000m³를 굴착하여 6m³ 적재 덤프트럭으로 현장에 반입하고 다질 경우, 소요 덤프트럭 대수와 다진 후의 성토량은 얼마인가?
단, 토량변화율은 모래질흙 L=1.25 C=0.88 점질토 L=1.30 C=0.99이다.

해설 운반토양을 구할 때는 L값을, 성토량을 구할 때는 C값을 적용한다.
① 덤프트럭 운반대수
(3,000m³×1.25+2,000m³×1.30)÷6m³=1,058 ∴ 정답 : 1,058대
② 성토량
3,000m³×0.88+2,000m³×0.99=4,620m³ ∴ 정답 : 4,620m³

문제 40 다음 그림의 A지역 원지반을 굴착 · 운반하여 B, C지역에 성토할 때 잔토량(잔여량)을 구하시오. 단, 소수위는 절사할 것.
단, 모래 L=1.2 C=0.90 점토 L=1.32 C=0.92

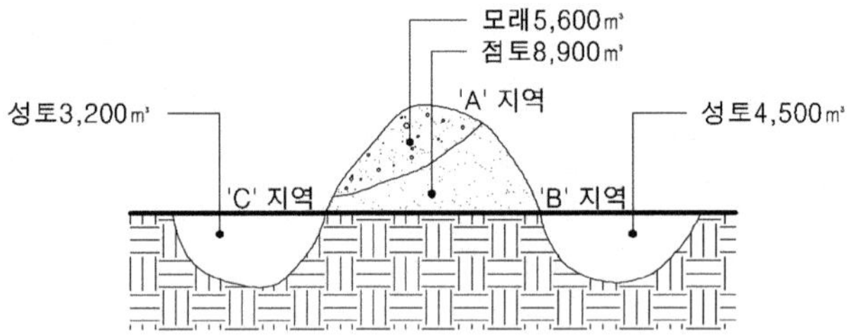

해설 모래가 상층에 있으므로 모래부터 굴착하여 성토하고, 나머지를 점토로 성토한 후 사토량을 구한다. 이때 운반토양의 토량변화율은 L값을 적용하고, 성토량을 구할 때는 C값을 적용한다.
① 모래의 성토량은 5,600×0.90=5,040m³이므로
부족 성토량은 (3,200+4,500)−5,040=2,660m³이다.
② 나머지 2,660m³는 점토 성토이므로 이를 원지반 토량으로 환산할 때는 C값으로 나눈다.
2,660m³÷0.92≒2,891m³
③ 점토의 잔토량은 8,900m³−2,891m³=6,009m³ ∴ 정답 : 6,009m³

문제 41 계획지반고보다 2.0m 낮은 부지 500m²를 점토질로 성토할 때, 성토에 필요한 흙의 토량이 얼마인지 원지반의 토량으로 산출하시오. 단, 토량변화율 L=1.2 C=0.8일 경우

해설 대지면적에 성토두께를 곱하면 성토량이 산출되며, 필요한 성토량를 구할 때는 C값을 적용한다.
500m²×2.0÷0.8=1,250 ∴ 정답 : 1,250m³

문제 42 다음 그림은 담장구조물 단면도이다. 담장길이 20m를 축조할 경우 필요한 m당 토공, 잡석지정, 콘크리트, 합판거푸집의 수량을 산출하시오. 단, 수량의 할증은 계상하지 않는다.

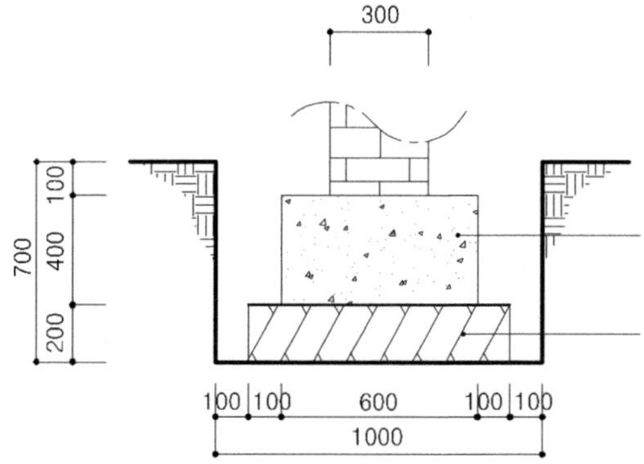

해설 수량산출은 시공의 순서로 산출할 경우 항목의 누락이 없이 산출될 수 있다.
그러므로 터파기, 잔토처리, 되메우기, 잡석지정, 콘크리트, 거푸집의 순서로 산출하는 것이 누락을 방지할 수 있는 일반적인 방법이다.

① 터파기량 : 1.0×0.7×1.0=0.70 ∴ 정답 : 0.70m^3

② 잔토처리 : (0.8×0.2×1.0)+(0.6×0.4×1.0)+(0.3×0.1×1.0)=0.43 ∴ 정답 : 0.43m^3

③ 되메우기 : (터파기-잔토처리)=0.7-0.43 ∴ 정답 : 0.27m^3

④ 잡석지정 : 0.8×0.2×1.0=0.16 ∴ 정답 : 0.16m^3

⑤ 콘크리트 : 0.6×0.4×1.0=0.24 ∴ 정답 : 0.24m^3

⑥ 합판거푸집 : 0.4×1.0×2=0.8 ∴ 정답 : 0.80m^3

문제 43 다음 그림과 같은 단면을 가진 독립기초를 인력으로 터파기할 때 토량을 산출하시오. 단, 소수위는 3위까지 구하고 미만은 절사할 것. (단위 : mm)

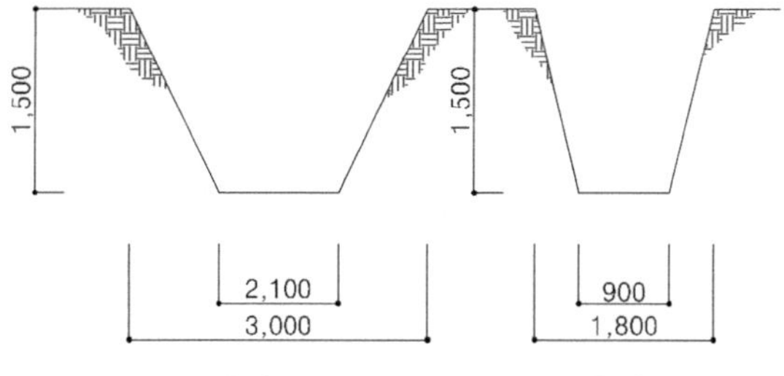

〈 정면도 〉 〈 측면도 〉 (단위 : mm)

해설 적산의 내용 중 독립기초 마름모형의 터파기 산식은 암기가 꼭 필요하다.

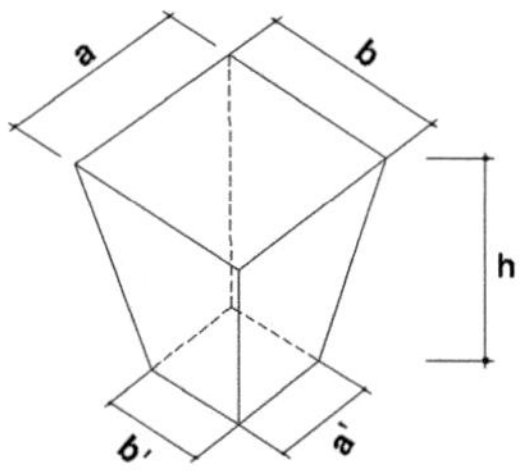

a=3.0m
a'=2.1m
b=1.8m
b'=0.9m
h=1.5m

• 산식 : 터파기량(A)= $\frac{h}{6}[(2a+a')b+(2a'+a)b']$

A=(1.5/6)×[(2×3.0+2.1)×1.8+(2×2.1+3.0)×0.9]=5.265 ∴ 정답 : 5.265m^3

문제 44 시멘트 800포대를 저장하려 할 때 필요한 가설창고의 면적은 얼마인가? 단, 소수위 1위까지 구하고 4사 5입할 것.

해설 시멘트 저장에 필요한 암기사항은 최대 13단까지 쌓을 수 있으며, 0.4(m^2/포)의 저장에 필요한 바닥면적이라는 점이다.

$$A = 0.4 \times \frac{N}{n}$$

A = 저장면적
n = 쌓기 단수 (최대 13단)
N = 저장할 시멘트량 (포)
0.4 = 시멘트 1포당 면적 (m^2)

A = 0.4×(800/13) = 24.6

∴ 정답 : 25m^2

문제 45 다음 도면은 식재대의 플랜터 단면도이다. 1m당 수량산출서를 구하시오. 단, 소수위 3위까지 구하고 미만은 절사하며 재료의 할증은 고려하지 않는다.

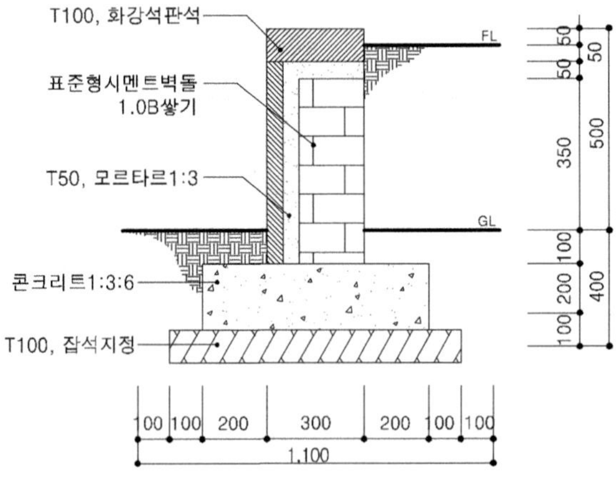

해설 터파기는 1m 높이까지는 일반토사일 경우 직각터파기로서 여유폭 20cm로 시행하며, 표준형 벽돌 190×90×57의 1.0B 소요매수는 149(매/m^2)이다.

① 터파기 : 1.1×0.4×1.0 = 0.44m^3 ∴ 정답 : 0.44(m^3)
② 잔토처리 : (0.9×0.1×1) + (0.7×0.2×1.0) + (0.3×0.1×1.0) = 0.26 ∴ 정답 : 0.26(m^3)
③ 되메우기 : (터파기-잔토처리) = 0.44-0.26 ∴ 정답 : 0.18(m^3)
④ 잡석지정 : 0.9×0.1×1.0 = 0.09 ∴ 정답 : 0.90(m^3)
⑤ 콘크리트 타설 : 0.7×0.2×1.0 = 0.14 ∴ 정답 : 0.14(m^3)
⑥ 합판거푸집 : 0.2×1.0×2 = 0.4 ∴ 정답 : 0.40(m^2)
⑦ 벽돌쌓기 1.0B : 0.45×1.0×149(매/m^2) = 67.05 ∴ 정답 : 0.067(천매)
⑧ 모르타르 1 : 3 : (0.5+0.2)×0.05×1.0 = 0.035 ∴ 정답 : 0.035m^3
⑨ 화강석 판석 : T50 : 0.5×1.0 = 0.5
: T100 : 0.3×1.0 = 0.3 ∴ 정답 : T50 : 0.5m^2, T100 : 0.3m^2
⑩ 화강석 판붙임 (습식, 벽) : 0.5
(습식, 바닥) : 0.3 ∴ 정답 : 습식-벽 : 0.5m^2, 습식-바닥 : 0.3m^2

문제 46 현장에 반입된 벽돌을 지게를 이용하여 수평이동 10m+4층+수평이동 30m로 이동하여 작업장으로 인력운반하려 한다. 1인이 1일 운반할 수 있는 작업량은 몇 매인가? 단, 소수위는 절사할 것.

- 지게 1회 운반량 : 50kg
- 적재, 적하 소요시간 : 2분
- 왕복평균 운반속도 : 양호(3,000m/hr)
- 벽돌 무게 : 2(kg/매)
- 1일 실작업 시간 : 450분
- 1층 높이 : 3m 기준

해설 4층의 수직 높이는 9m이며, m당 수평거리 환산시 6m를 곱하여 계산한다.

$$Q=\frac{VT}{120L+Vt}q$$

Q : 1일 운반량
q : 1회 운반량(kg) : 50
T : 1일 실 작업 시간(분) : 480–30 = 450
L : 운반 거리(m) : 10 + (9×6) + 30 = 94m
t : 적재 · 적하 소요 시간(분) : 2
V : 왕복 평균 운반 속도(m/hr) : 3,000

$$Q=\frac{3,000\times450}{120\times94+3,000\times2}\times\frac{50}{2}=1,953.125 ≒ 1,953$$

∴ 정답 : 1,953(매)

문제 47 용량 1.53m^{3}의 차륜식 로더를 이용하여 흐트러진 상태로 산적된 사질토를 덤프트럭에 적재할 때 시간당 작업량을 구하시오. 단, 현장작업 조건은 양호한 상태임.

해설 구하는 Q와 기준이 되는 q 모두 흐트러진 상태이므로 토량변화율은 1.0이다.

$$Q=\frac{3,600\cdot q\cdot K\cdot f\cdot E}{Cm}$$

$$Cm=m\cdot \ell+t_1+t_2$$

Q : 운전시간당 작업량 (m^3/hr)
q : 버킷용량 (m^3) : 1.53
K : 버킷계수 : 1.2
f : 체적환산계수 : 1
E : 작업효율 : 0.75
Cm : 1회 사이클 시간 (초)
m : 계수 (초/m) 무한궤도식은 2.0, 차륜식은 1.8
ℓ : 편도 주행거리 (표준 8m)
t_1 : 버킷에 토량을 담는 데 소요되는 시간 (6초)
t_2 : 기어변환 등의 시간 (14초)

$$Cm=m\cdot \ell+t_1+t_2=1.8\times8m+6+14=34.4$$

$$Q=\frac{3,600\times1.53\times1.2\times1.0\times0.75}{34.4}=144.1(\text{m}^3/\text{hr})$$

∴ 정답 : 144.1(m^3/hr)

문제 48

다음 도면은 정지공사 계획평면도이다.

계획부지를 10m×10m 크기의 구형으로 나누어 각 점의 표고를 측정한 결과 도면과 같은 수치를 얻었다. 이 구획을 표고 15m로 19ton급 무한궤도형 불도저를 이용하여 정지공사 수행시 아래의 조건으로 토공량, 시간당 작업량, 공사기일을 산출하시오. 단, 소수위는 3위까지 구하고 미만은 절사할 것.

•현장조건

- 운반거리 : 50m
- e(운반거리계수) : 0.84
- 토량변화율 : L값=1.25, C값=0.85
- q°(운반거리 고려 않을 때의 작업량) =3.2
- E(작업효율)=0.8
- V^1(전진)=40(m/분)
  V^2(후진)=46(m/분)
- t (기어변속시간)=0.25(분)

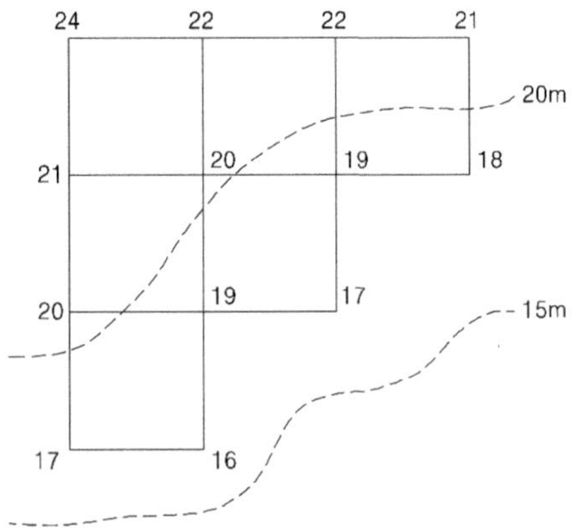

해설 제5장 제9절 (2)불도저 참조. 단, 1일 실작업시간은 450분임을 기억할 것.

① 토공량

구형분할법 : $V = 1/4A\,(\Sigma h_1 + 2\Sigma h_2 + 3\Sigma h_3 + 4\Sigma h_4)$

V=1/4×10×10×[(2+1+2+3+6+9)+(5+6+7+7)×2+(4+4)×3+(5×4)]　∴ 정답 : 2,925m³

② 불도저의 시간당 작업량

$$Q = \frac{60 \times q \times f \times E}{Cm}$$

$$q = q_o \times e$$

$$Cm = \frac{L}{V_1} + \frac{L}{V_2} + t$$

Q : 시간당 작업량 (m³/hr)
q : 삽날의 용량 (m³)
q_o : 거리를 고려하지 않는 삽날의 용량 (m³)
e : 운반거리계수
f : 체적환산계수
E : 작업효율
Cm : 1회 사이클 시간

$$Q = \frac{60 \times (3.2 \times 0.84) \times 1/1.25 \times 0.8}{\frac{50}{40} + \frac{50}{46} + 0.25} = 39.899$$

∴ 정답 : 39.899(m³/hr)

③ 공사기일

39.899(m³/hr)×7.5(hr)=299.242 (m³)

2,925÷299.242=9.774(일)　∴ 정답 : 10(일)

문제 49 0.4m^3 용량의 유압식 백호우를 이용하여 작업상태가 양호한 사질토를 굴착 후 선회각도 90°로 덤프트럭에 적재할 때 운전시간당 굴착작업량을 산출하시오.
단, 현장의 작업조건은 양호하며 L값은 1.25일 때 기준임.

해설 구하는 Q는 자연상태의 토량, 기준이 되는 q는 흐트러진 상태 토량이므로 1/L=1/1.25

$$Q=\frac{3,600 \cdot q \cdot K \cdot f \cdot E}{Cm}$$

$q=0.4m^3$
$K=1.1$
$E=0.85$
$Cm=16$초
$f=0.8$

$$Q=\frac{3,600\times0.4\times1.1\times0.8\times0.85}{16}=67.32(m^3/hr)$$

∴ 정답 : 67.32(m^3/hr)

문제 50 다음 그림과 같은 단면의 줄기초를 인력터파기하여 8ton 덤프트럭으로 전량을 사토처리할 때, 다음 조건에 의하여 사토량과 소요 덤프트럭 대수를 구하시오.

- 현장조건
  - 총 연장길이 : 160m
  - 토량변화율(L값) : 1.2
  - 자연상태 토석의 단위중량 : 1,600kg/m^3

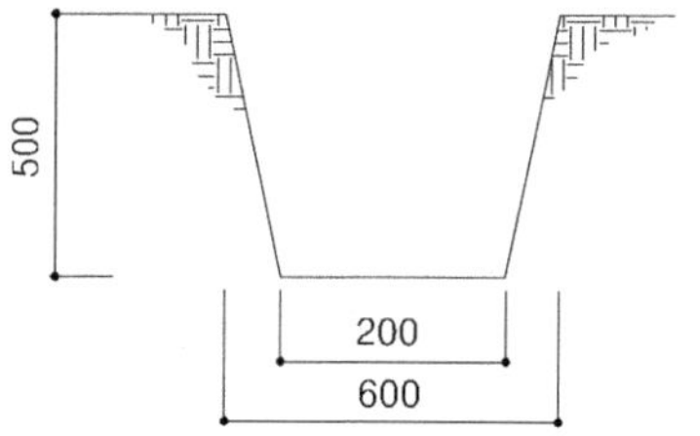

해설 사토량을 구하고 덤프트럭의 소요대수를 산정하기 위해서는 덤프트럭의 적재용량을 산정하고 사토량을 나누면 된다.

덤프트럭 적재 용량 $q=\frac{T}{r^t}\cdot L$

q : 흐트러진 상태의 덤프트럭 1회 적재량 (m^3)
T : 덤프트럭 적재용량 (ton)
r^t : 자연상태의 토석 단위중량 (ton/m^3)
L : 토량변화율

$$\therefore\ q=\frac{8}{1.6}\times1.2=6(m^3)$$

① 사토량 : $\frac{(0.4+0.6)}{2}\times0.5\times160\times1.2=48$ ∴ 정답 : 48m^3

② 소요 덤프트럭 대수 : 48m^3÷6m^3=8(m^3) ∴ 정답 : 8m^3

부 록

Landscape Architecture

1 | 도량형 환산표

2 | 구적공식

3 | 재료의 중량

4 | 표 찾아보기

1. 도량형 환산표

(1) 길이(Length)

길이(長)	센티미터 (cm)	미 터 (m)	킬로미터 (km)	인 치 (inch)	피 트 (ft)	야 드 (yd)	마 일 (mile)	尺 (chock)	間 (kan)	町 (chong)
	1	0.01	0.00001	0.3937	0.03281	0.01094	0.000006	0.033	0.0055	0.000092
	100	1	0.001	39.37	3.2808	1.0936	0.00062	3.3	0.55	0.009166
	100,000	1,000	1	39,370.7	3,280.8	1,093.6	0.62137	3,300	550	9.1666
	2.54	0.0254	0.000025	1	0.08333	0.02777	0.000015	0.8382	0.01397	0.000232
	30.48	0.3048	0.000304	12	1	0.3333	0.000189	1.0058	0.16763	0.002793
	91.44	0.9144	0.000914	36	3	1	0.000568	3.0175	0.50292	0.008381
	160,930	1,609.3	1.6093	63,360	5,280	1,760	1	5,310.8	885.12	14.752
	30.303	0.30303	0.000303	11.93	0.99419	0.33139	0.000188	1	0.16666	0.002777
	181.818	1.81818	0.00189	71.582	5.9651	1.98838	0.001129	6	1	0.01666
	10,909.08	109.091	0.10909	4,294.94	357.912	119.304	0.06779	360	60	1

(2) 넓이(Area)

넓이(面積)	평방미터 (m^2)	아 르 (a)	평방킬로미터 (km^2)	평방피트 (ft^2)	평방야드 (yd^2)	平 方 尺 ($chock^2$)	坪 (pyong)	段(反)步 (tanbo)
	1	0.01	0.000001	10.764	1.1968	10.89	0.3025	0.001008
	100	1	0.0001	1,076.4	119.68	1,089	30.25	0.10083
	1,000,000	10,000	1	10,764,000	1,196,800	10,890,000	302,500	1,008.3
	0.092903	0.000929	………	1	0.1111	1.0117	0.0281	0.000093
	0.83613	0.008361	………	9	1	9.1055	0.25293	0.000843
	0.091827	0.00918	………	0.98841	0.10982	1	0.02778	0.000092
	3.3058	0.033058	0.000003	35.583	3.9537	36	1	0.003333
	991.74	9.9174	0.000992	10,674.9	1,186.1	10,800	300	1

(3) 부피(Volume)

부피(容量)	입방센티미터 (cm^3)	리 터 (ℓ)	입방미터 (m^3)	입방인치 (in^3)	입방피트 (ft^3)	입방야드 (yd^3)	合 (hop)	升 (sung)	斗 (du)	石 (suk)	갤론 (gal)
	1	0.001	0.000001	0.061024	0.000035	0.000001	0.00554	0.00055	0.000055	0.000005	0.000264
	1,000	1	0.001	61.024	0.035315	0.001308	5.5435	0.55435	0.055435	0.005544	0.264186
	1,000,000	1,000	1	61,024	35.315	1.30796	5,543.5	554.35	55.435	5.5435	264.186
	16.387	0.01638	0.000016	1	0.000578	0.000021	0.0908	0.00908	0.000908	0.000091	0.00432
	28,316	28.317	0.02831	1,728	1	0.03704	156.98	15.698	1.5698	0.15698	7.48051
	764,529.8	764.53	0.76453	46,656	27	1	4,238.09	423.809	42.3809	4.23809	201.974
	180.39	0.18039	0.00018	11.008	0.00637	0.000235	1	0.1	0.01	0.001	0.047657
	1,803.9	1.8039	0.0018	110.08	0.0637	0.002359	10	1	0.1	0.01	0.476567
	18,039	18.039	0.01803	1,100.8	0.637037	0.023594	100	10	1	0.1	4.76567
	180,390	180.39	0.18039	11,008	6.37037	0.23594	1,000	100	10	1	47.6567
	3,785.43	3.78543	0.003785	231	0.16368	0.00495	20.9833	2.0983	0.20983	0.020983	1

(4) 무게(Weight)

무게(質量)	그 램 (g)	킬로그램 (kg)	톤 (t)	온 스 (oz)	파 운 드 (lb)	돈 (don)	斤 (kun)	貫 (kwan)
	1	0.001	0.000001	0.03527	0.0022	0.26666	0.00166	0.000266
	1,000	1	0.001	35.27	2.20459	266.666	1.66666	0.26666
	1,000,000	1,000	1	35,273	2,204.59	266,666.6	1,666.66	266.666
	28.3495	0.02835	0.000028	1	0.0625	7.56	0.4725	0.00756
	453.592	0.45359	0.000454	16	1	120.96	0.756	0.12096
	3.75	0.00375	0.000004	0.1323	0.00827	1	0.00625	0.001
	600	0.6	0.0006	21.1647	1.32279	160	1	0.16
	3,750	3.75	0.00375	132.28	8.2672	1,000	6.25	1

• 尺貫法 : 길이의 단위를 尺, 量의 단위를 升, 무게의 단위를 貫으로 하는 度量衡法
• 미터(Meter)法 : 미터(meter)를 길이, 리터(litre)를 容量, 킬로그램(kilogram)을 質量의 기본단위로 하는 십진법적 도량형.(18세기 말엽 도량형 정리를 위해 프랑스에서 法으로 정하여 채용한 후, 1875년에 각 나라 사이에 미터 條約을 맺어 세계적으로 널리 쓰임)
• 파운드(Pound) : 영국의 무게단위. 1파운드는 16온스(0.4536kg) 金 銀이나 藥制의 단위로서 1파운드는 12金量 온스(373.2g) 封度. 기호는 1b.

2. 구적공식

본 공식에 사용되는 기호 및 단위는 원칙적으로 다음과 같으며, 보다 세부적인 계산 예의 난에 註記를 하였다.

註 1) 표시 기호 및 단위
- V : 체적(cm^3)
- Ab : 저면적
- d : 대각선
- A : 면적(cm^2)
- a, b, c : 변(cm)
- r 및 R : 반경(cm)
- S : 표면적(cm^2)
- h 및 H : 높이(cm)
- D : 직경(cm)

註 2) 계산의 예
- 변 a=2cm, b=3cm, c=4cm
- 반경 : r=1cm R=2cm
- 직경 : D=2cm 또는 4cm
- 높이 : h=2cm
- 각 : θ=60° α=45°

구 분	형 상	구적 공식	계산의 예
정 방 형	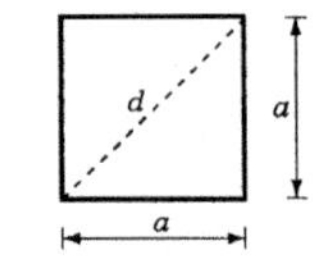	① $A=a^2$ ② $d=\sqrt{2a} \fallingdotseq 1.414a$	① $A=2\times 2=4\text{cm}^2$ ② $d=\sqrt{2}\times 2=2\sqrt{2} \fallingdotseq 2.828\text{cm}$
장 방 형	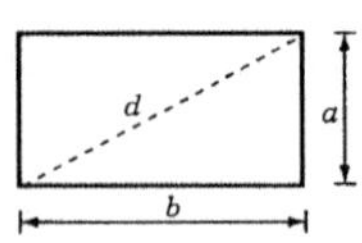	① $A=ab$ ② $d=\sqrt{a^2+b^2}$ ③ $a=\sqrt{d^2-b^2}$ ④ $a=\sqrt{d^2-a^2}$	① $A=2\times 3=6\text{cm}^2$ ② $d=\sqrt{2^2+3^2} \fallingdotseq 3.606\text{cm}$ ③ $a=\sqrt{3.606^2-3^2} \fallingdotseq 2\text{cm}$ ④ $a=\sqrt{3.606^2-2^2} \fallingdotseq 3\text{cm}$
평행4변형	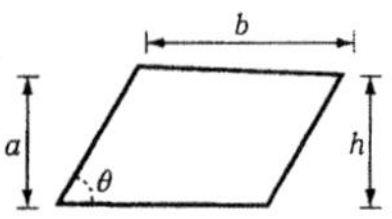	① $A=bh$ ①′ $A=ab\ \sin\theta$ ② $a=h/\sin\theta$	① $A=3\times 2=6\text{cm}^2$ ①′ $A=2.309\times 3\times \sin 60° \fallingdotseq 5.999\text{cm}^2$ ② $a=2/\sin 60°=4/\sqrt{3} \fallingdotseq 2.309\text{cm}$
평행2변형	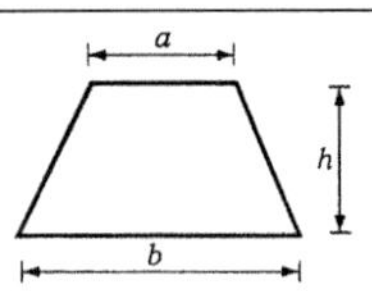	① $A=\frac{1}{2}(a+b)h$	① $A=\frac{1}{2}(2+3)\times 2=5\text{cm}^2$
4 변 형	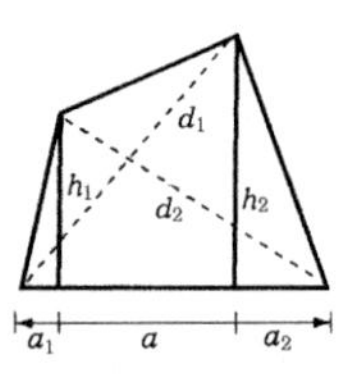	① $A=\frac{1}{2}\{a(h_1+h_2)+a_1h_1+a_2h_2\}$ ② $d_1=\sqrt{(a+a_1)^2+{h_2}^2}$ ③ $d_2=\sqrt{(a+a_2)^2+{h_1}^2}$	註) $a_1=0.5\text{cm}$ $a_2=1\text{cm}$ $h_1=2\text{cm}$ $h_2=3\text{cm}$ ① $A=\frac{1}{2}\{2\times(2+3)+0.5\times 2+1\times 3\}$ $=7\text{cm}^2$ ② $d_1=\sqrt{(2+0.5)^2+3^2}=\sqrt{6.25+9}$ $=\sqrt{15.25} \fallingdotseq 3.905\text{cm}$ ③ $d_2=\sqrt{(2+1)^2+2^2}$ $=\sqrt{13} \fallingdotseq 3.606\text{cm}$

(표 계속)

구 분	형 상	구적 공식	계산의 예
마름모형	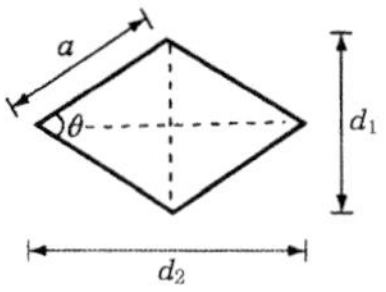	① $A=\frac{1}{2}d_1d_2$ ①′ $A=a^2\sin\theta$ ② $d_1=2a\ \sin\frac{\theta}{2}$ ② $d_2=2a\ \sin\frac{\theta}{2}$	① $A=\frac{1}{2}\times2\times3.464=3.464\text{cm}^2$ ①′ $A=2^2\times\sin60°\fallingdotseq3.464\text{cm}^2$ ② $d_1=2\times2\times\sin30°=2\text{cm}$ ② $d_2=2\times2\times\cos30°\fallingdotseq3.464\text{cm}$
삼각형	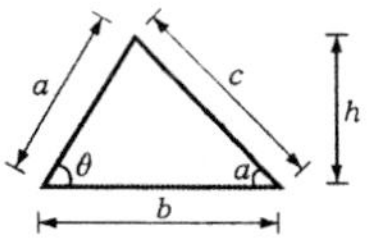	① $A=\frac{1}{2}bh$ ①′ $A=\frac{1}{2}ab\sin\theta$ $l=\frac{1}{2}(a+b+c)$ 이라면 ①″ $A=\sqrt{l\ (l-a)(l-b)(l-c)}$	註) $b=1+\sqrt{3}$ cm, $c=\sqrt{6}$ cm, $h=\sqrt{3}$ cm ① $A=\frac{1}{2}\times(1+\sqrt{3})\times\sqrt{3}\fallingdotseq2.366\text{cm}^2$ ①′ $A=\frac{1}{2}\times2\times(1+\sqrt{3})\times\sin\theta\,60°\fallingdotseq2.366\text{cm}^2$ ①″ $A=\sqrt{3.591\times1.591\times0.859\times1.141}$ $\fallingdotseq2.366\text{cm}^2$ $l=\frac{1}{2}\times(2+1+\sqrt{3}+\sqrt{6})\fallingdotseq3.591\text{cm}$
정삼각형	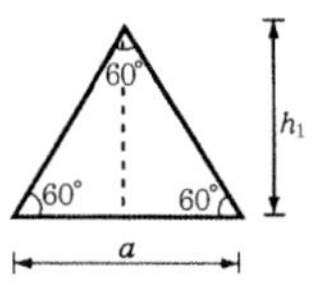	① $A=\frac{\sqrt{3}}{4}a^2$ ② $h_1=\frac{\sqrt{3}}{2}a$	① $A=\frac{\sqrt{3}}{4}\times2^2=\sqrt{3}\fallingdotseq1.732\text{cm}^2$ ② $h_1=\frac{\sqrt{3}}{2}\times2=\sqrt{3}\fallingdotseq1.732\text{cm}^2$
정6각형	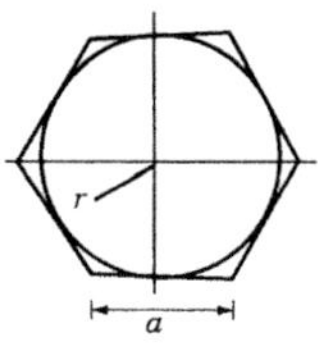	① $A=\frac{3\sqrt{3}}{2}a^2$ ② $a=\frac{2}{\sqrt{3}}r$ ③ $r=\frac{\sqrt{3}}{2}a$	① $A=\frac{3\sqrt{3}}{2}\times2^2\times6\sqrt{3}\fallingdotseq10.392\text{cm}^2$ ② $a=\frac{2}{\sqrt{3}}\times1.732\fallingdotseq2.0\text{cm}$ ③ $r=\frac{\sqrt{3}}{2}\times2=\sqrt{3}\fallingdotseq1.732\text{cm}$
정8각형	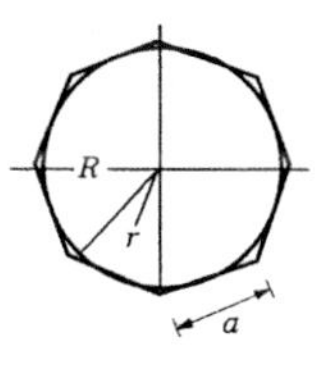	① $A=2(\sqrt{2}+1)a^2$ ② $a=\sqrt{2-\sqrt{2}}\cdot R$ ③ $R=\sqrt{4+2\sqrt{2}}\cdot\frac{a}{2}$ ④ $r=(\sqrt{2}+1)\cdot\frac{a}{2}$	① $A=2(\sqrt{2}+1)2^2=8+8\sqrt{2}\fallingdotseq19.314\text{cm}^2$ ② $a=\sqrt{2-\sqrt{2}}\times2.613\fallingdotseq2.0\text{cm}$ ③ $R=\sqrt{4+2\sqrt{2}}\times2\times\frac{1}{2}\fallingdotseq2.613\text{cm}$ ④ $r=(\sqrt{2}+1)\times2\times\frac{1}{2}\fallingdotseq2.414\text{cm}$
원	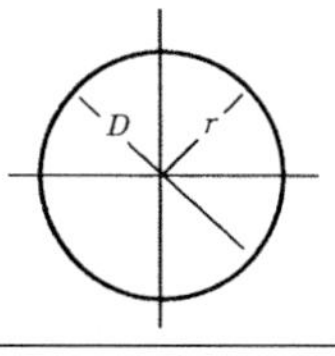	① $A=\pi r^2$ ①′ $A=\frac{\pi}{4}D^2$ ② $l=$(원주)$=2\pi r$ ②′ $l=\pi D$	① $A=\pi\times1^2\fallingdotseq3.142\text{cm}^2$ ①′ $A=\frac{\pi}{4}\times2^2\fallingdotseq3.142\text{cm}^2$ ② $l=2\times\pi\times1\fallingdotseq6.283\text{cm}^2$ ②′ $l=\pi\times2\fallingdotseq6.283\text{cm}^2$
원 환	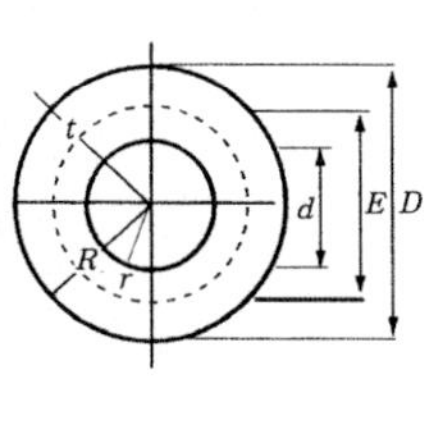	① $A=\pi\ (R^2-r^2)$ ①′ $A=\frac{\pi}{4}(D^2-d^2)$ ①″ $A=\pi Et$ ② $E=\frac{D+d}{2}$ ③ $t=\frac{D-d}{2}$	① $A=\pi\ (2^2-1^2)=3\pi\fallingdotseq9.424\text{cm}^2$ ①′ $A=\frac{\pi}{4}(4^2-2^2)=3\pi\fallingdotseq9.424\text{cm}^2$ ①″ $A=\pi\ Et=\pi\times3\times1=3\pi\fallingdotseq9.424\text{cm}^2$ ② $E=\frac{4+2}{2}=3\text{cm}$ ③ $t=\frac{4-2}{2}=1\text{cm}$

(표 계속)

구 분	형 상	구적 공식	계산의 예
궁 형	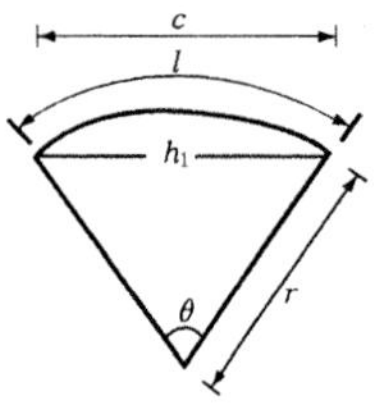	① $A=\frac{1}{2}\{rl_1-c(r-h_1)\}$ ② $h_1=r-\sqrt{r^2-(\frac{c}{2})^2}$ ③ $r=\frac{1}{8h}(c^2+4h^2)$ ④ $c=2r\ \sin\frac{\theta}{2}$ ⑤ $l_1=\frac{\pi r\theta}{180°}$	① $A=\frac{1}{2}\{1\times1.047-1\times(1-0.134)\}$ $=\frac{1}{2}(1.047-0.866)=\frac{1}{2}\times0.181$ $=0.0905\,cm^2$ ② $h_1=1-\sqrt{12-(\frac{1}{2})^2}\fallingdotseq0.134cm$ ③ $r=\frac{1}{8\times2}(1^2+4\times2^2)=1cm$ ④ $c=2\times1\times\sin30°=1cm$ ⑤ $l_1=\pi\times1\times\frac{60°}{180°}=\frac{\pi}{3}\fallingdotseq1.047cm$
나 뉜 형	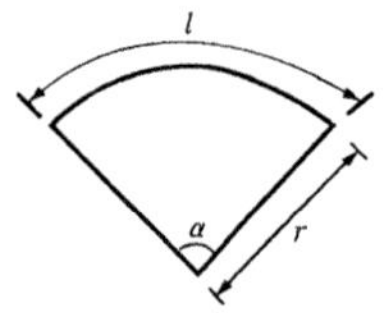	① $A=\pi r^2\cdot\frac{\alpha}{360°}$ ①′ $A=\frac{1}{2}rl$ ② $l=2\pi r\cdot\frac{\alpha}{360°}$ ②′ $l=\frac{\pi r\alpha}{180°}$	① $A=\pi\times1^2\times\frac{45°}{360°}=\frac{\pi}{8}\fallingdotseq0.392cm^2$ ①′ $A=\frac{1}{2}\times1\times0.785\fallingdotseq0.392cm^2$ ② $l=2\times\pi\times r\times\frac{45°}{360°}=\frac{\pi}{4}\fallingdotseq0.785cm$ ②′ $l=\pi\times1\times\frac{45°}{180°}=\frac{\pi}{4}\fallingdotseq0.785cm$
부 채 꼴	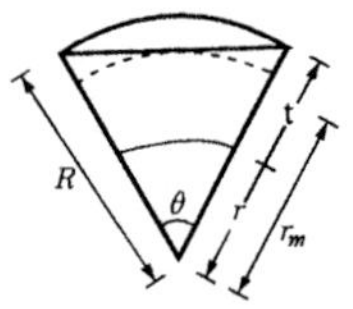	① $A=\frac{\theta}{360°}\pi\ (R^2-r^2)$ ①′ $A=\frac{\theta}{180°}\pi\cdot r_m\cdot t$ ② $r_m=\frac{R+r}{2}$ ③ $t=R-r$	① $A=\frac{60°}{360°}\times\pi\times(2^2-1^2)=\frac{\pi}{2}\fallingdotseq1.571cm^2$ ①′ $A=\frac{60°}{180°}\times\pi\times1.5\times1=\frac{\pi}{2}\fallingdotseq1.571cm^2$ ② $r_m=\frac{2+1}{2}=1.5\,cm$ ③ $t=2-1=1\,cm$
타 원 형	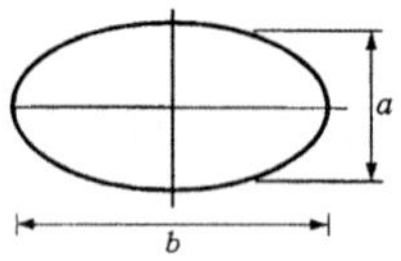	① $A=\pi ab$ ② $l=\pi\sqrt{2(a^2+b^2)}$	① $A=\pi\times2\times3=6\pi\fallingdotseq18.85cm^2$ ② $l=\pi\sqrt{2(2^2+3^2)}=\sqrt{26}\times\pi\fallingdotseq16.019cm$
입 방 체	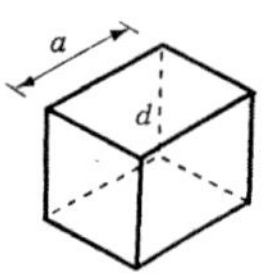	① $v=a^3$ ② $S=6a^2$ ③ $d=\sqrt{3}\,a$	① $v=2^3=8\,cm^3$ ② $S=6\times2^2=24\,cm^3$ ③ $d=\sqrt{3}\times2=2\sqrt{3}=3.464\,cm$
장 방 체	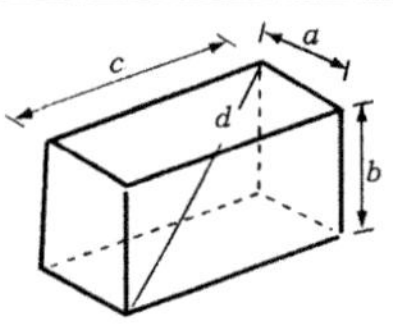	① $V=abc$ ② $S=2(ab+bc+ca)$ ③ $d=\sqrt{a^2+b^2+c^2}$	① $V=2\times3\times4=24\,cm^3$ ② $S=2(2\times3+3\times4+4\times2)=52\,cm^3$ ③ $d=\sqrt{2^2+3^2+4^2}=\sqrt{29}\fallingdotseq5.385cm$
4 평 면 6 면 체	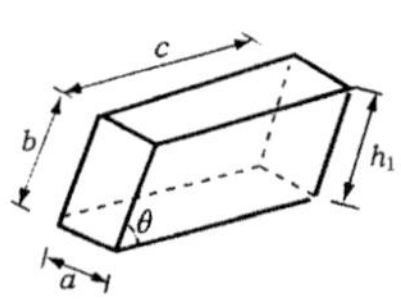	① $V=ach_1$ ①′ $V=abc\ \sin\theta$ ② $S=2\{ac+(a+c)b\ \sin\theta\}$ ③ $h_1=b\sin\theta$	① $V=2\times4\times2.598\fallingdotseq20.784\,cm^3$ ①′ $V=2\times3\times4\times\sin60°=12\sqrt{3}$ $=20.784\,cm^3$ ② $S=2\left\{2\times4+(2+4)\times3\times\frac{\sqrt{3}}{2}\right\}$ $\fallingdotseq47.177cm^2$ ③ $h_1=3\times\sin60°=\frac{3}{2}\sqrt{3}\fallingdotseq2.598\,cm$

(표 계속)

구 분	형 상	구적 공식	계산의 예
사 각 추	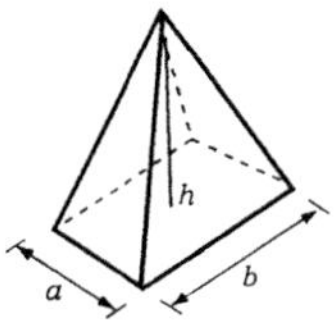	① $V=\frac{1}{3}abh$ ② $S=a\sqrt{(\frac{b}{2})^2+h^2}+b\sqrt{(\frac{a}{2})^2+h^2}$ ②′ $S=2a\sqrt{(\frac{a}{2})^2+h^2}$ (정사각추의 경우)	① $V=\frac{1}{3}\times2\times3\times2=4\,\text{cm}^3$ ② $S=2\sqrt{(\frac{3}{2})^2+2^2}+3\sqrt{(\frac{2}{2})^2+2^2}$ $=5+3\sqrt{5}\fallingdotseq11.708\,\text{cm}^2$ ②′ $S=2\times2\times\sqrt{(\frac{2}{2})^2+2^2}=4\sqrt{5}$ $\fallingdotseq8.944\,\text{cm}^2$
삼 각 추	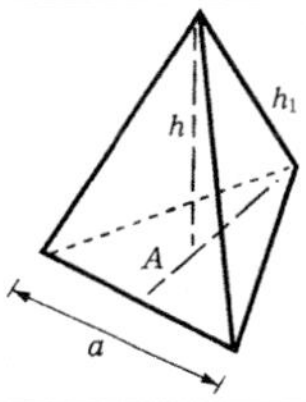	① $V=\frac{A\cdot h}{3}$ ①′ $V=\frac{\sqrt{2}}{12}a^2$ (정사면체의 경우) ② $S=\sqrt{3}\,a^2$	① $V=\frac{2\times2\times1/2\times2}{3}=\frac{4}{3}\fallingdotseq1.333\,\text{cm}^3$ ①′ $V=\frac{\sqrt{2}}{12}\times2^3=\frac{2\sqrt{2}}{3}\fallingdotseq0.943\,\text{cm}^3$ ② $S=\sqrt{3}\times2^2=4\sqrt{3}\fallingdotseq6.928\text{cm}^2$
각 주 체	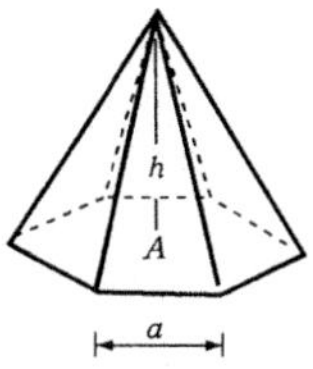	① $V=\frac{A\cdot h}{3}$ ①′ $V=\frac{\sqrt{3}}{2}a^2h$ (바닥면이 정6각형인 경우) ② $S=3a\sqrt{\frac{3}{4}a^2+h^2}+\frac{3\sqrt{3}}{2}a^2$	①′ $V=\frac{\sqrt{3}}{2}\times2^2\times2=4\sqrt{3}\fallingdotseq6.928\text{cm}^3$ ② $S=3\times2\sqrt{\frac{3}{4}\times2^2+2^2}+\frac{3\sqrt{3}}{2}2^2$ $=6(\sqrt{7}+\sqrt{3})\fallingdotseq26.267\,\text{cm}^2$
직 원 주	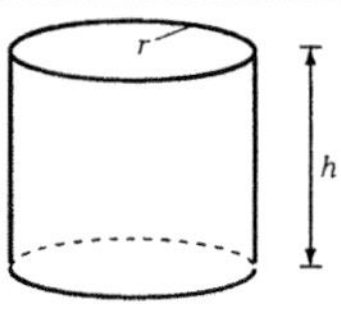	① $V=\pi r^2h$ ② $S'=2\pi rh$ ② $S=2\pi r(r+h)$	① $V=\pi\times1^2\times2=2\pi\fallingdotseq6.283\text{cm}^3$ ② $S'=2\times\pi\times1\times2=4\pi\fallingdotseq12.566\text{cm}^2$ ② $S=2\times\pi\times1\times(1+2)=6\pi\fallingdotseq18.85\text{cm}^2$
각 추 대	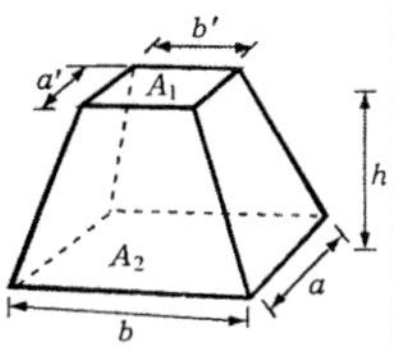	① $V=\frac{1}{3}h(A_1+A_2+\sqrt{A_1A_2})$ ①′ $V=\frac{1}{6}h\{(2a+a_1)b+(2a'+a)b'\}$ 상하바닥을 제외한 표면적 ② $S'=S_1(a+a')+S_2(b+b')$ ③ $S_1=\sqrt{\frac{(b-b')^2}{4}+h_2}$ ④ $S_2=\sqrt{\frac{(a-a')^2}{4}+h_2}$	① $V=\frac{1}{3}\times2(1\times1.5+2\times3+\sqrt{15\times6})$ $=\frac{1}{3}\times2\times10.5=7\,\text{cm}^3$ 註) $a'=1\,\text{cm},\ b'=1.5\,\text{cm}$ ①′ $V=\frac{2}{6}\{(2\times2+1)\times3+(2\times1+2)\times1.5\}$ $=\frac{1}{3}\times(15+6)=7\,\text{cm}^3$ ② $S'=2.136(2+1)+2.062(3+1.5)$ $=6.408+9.267=15.687\,\text{cm}^2$ ③ $S_1=\sqrt{\frac{(3-1.5)^2}{4}+2^2}=\sqrt{4.5625}$ $\fallingdotseq2.136\,\text{cm}$ ④ $S_2=\sqrt{\frac{(2-1)^2}{4}+2^2}=\sqrt{4.25}$ $\fallingdotseq2.062\,\text{cm}$
중공직원주	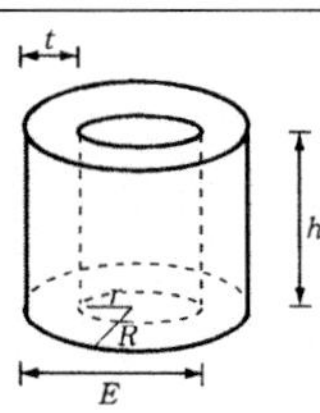	① $V=\pi(R^2-r^2)h$ ①′ $V=\pi Eth$ ② $E=R+r$ ③ $t=R-r$	① $V=\pi(2^2-1^2)\times2=6\pi\fallingdotseq18.85\text{cm}^3$ ①′ $V=\pi\times3\times1\times2=6\pi\fallingdotseq18.85\text{cm}^3$ ② $E=2+1=3\,\text{cm}$ ③ $t=2-1=1\,\text{cm}$

(표 계속)

구 분	형 상	구적 공식	계산의 예
사상 바닥을 가진 원주	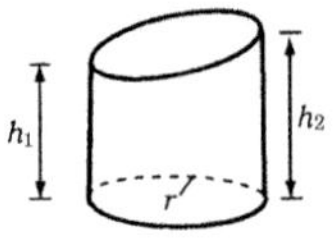	① $V=\pi r^2 h$ ② $h=\dfrac{h_1+h_2}{2}$ ③ $S'=2\pi rh$ ④ $S=2\pi rh+2\pi r^2+\dfrac{\pi}{4}(h_2-h_1)^2$	① $V=\pi\times1^2\times2=2\pi\fallingdotseq6.283\text{cm}^3$ 註) $h_1=1\text{cm},\quad h_2=3\text{cm}$ ② $h=\dfrac{1+3}{2}=2\text{cm}$ ③ $S'=2\pi\times1\times2=4\pi\fallingdotseq12.566\text{cm}^2$ ④ $S=2\pi\times1\times2+2\pi\times1^2+\dfrac{\pi}{4}\times(3-1)^2$ $=7\pi\fallingdotseq21.991\text{cm}^2$
원주체	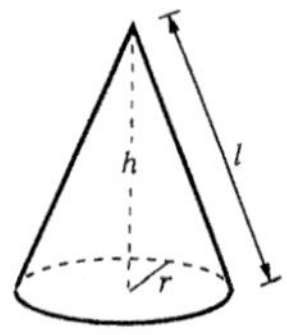	① $V=\dfrac{1}{3}\pi r^2 h$ ② $l=\sqrt{r^2+h^2}$ ③ $S'=\pi rl$ ④ $S=\pi r(r+l)$	① $V=\dfrac{1}{3}\times\pi\times1^2\times2=\dfrac{2}{3}\pi\fallingdotseq2.094\text{cm}^3$ ② $l=\sqrt{1^2+2^2}=\sqrt{5}\fallingdotseq2.236\text{cm}$ ③ $S'=\pi\times1\times\sqrt{5}=\sqrt{5}\pi\fallingdotseq7.025\text{cm}^2$ ④ $S=\pi\times1\times(1+\sqrt{5})\fallingdotseq10.166\text{cm}^2$
원주대	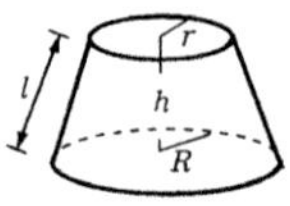	① $V=\dfrac{1}{3}\pi h(R^2+Rr+r^2)$ ② $l=\sqrt{\dfrac{(R-r)^2}{4}+h^2}$ ③ $S'=\pi l(R+r)$	① $V=\dfrac{1}{3}\times\pi\times2(2^2+2\times1+1^2)$ $=\dfrac{14}{3}\pi\fallingdotseq14.661\text{cm}^3$ ② $l=\sqrt{\dfrac{(2-1)^2}{4}+2^2}\fallingdotseq2.062\text{cm}$ ③ $S'=\pi\times2.062\times(2+1)=6.186\pi$ $\fallingdotseq19.434\text{cm}^2$
구 (球)	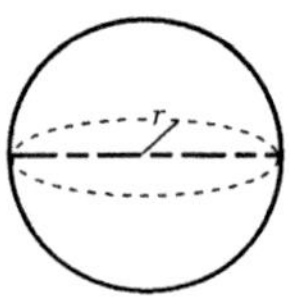	① $V=\dfrac{4}{3}\pi r^3$ ② $S=4\pi r^2$	① $V=\dfrac{4}{3}\times\pi\times1^3=\dfrac{4}{3}\pi\fallingdotseq4.189\text{cm}^3$ ② $S=4\times\pi\times1^2=4\pi\fallingdotseq12.566\text{cm}^2$
결 구 (缺球)	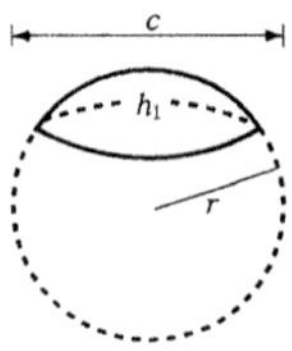	① $V=\pi h_1{}^2 r\dfrac{h_1}{3}$ ② $C=2\sqrt{2rh_1-h_1{}^2}$ ③ $S=2\pi rh_1$	註) $h_1=0.5\text{cm}$ ① $V=\pi\times0.5^2\times(1-\dfrac{0.5}{3})=\dfrac{0.625}{3}\pi$ $\fallingdotseq0.654\text{cm}^3$ ② $C=2\sqrt{2\times1\times0.5-0.5^2}$ $=2\sqrt{0.75}\fallingdotseq1.732\text{cm}$ ③ $S'=2\times\pi\times1\times0.5=\pi\fallingdotseq3.142\text{cm}^2$
구 분 (球分)	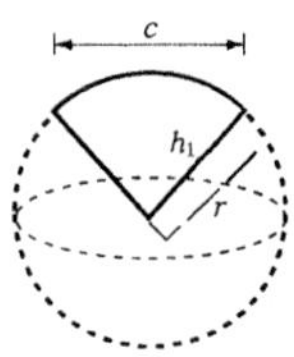	① $V=\dfrac{2}{3}\pi r^2 h_1$ ② $C=2\sqrt{2rh_1-h_1^2}$ ③ $S=\pi r(2h_1+\dfrac{1}{2}c)$	① $V=\dfrac{2}{3}\times\pi\times1^2\times0.5=\dfrac{1}{3}\pi\fallingdotseq1.047\text{cm}^3$ ② $C=2\sqrt{2\times1\times0.5-0.5^2}$ $=2\sqrt{0.75}\fallingdotseq1.732\text{cm}$ ③ $S=\pi\times1\times\left(2\times0.5+\dfrac{1}{2}\times1.732\right)$ $=1.866\pi\fallingdotseq5.862\text{cm}^2$
구 대 (球帶)	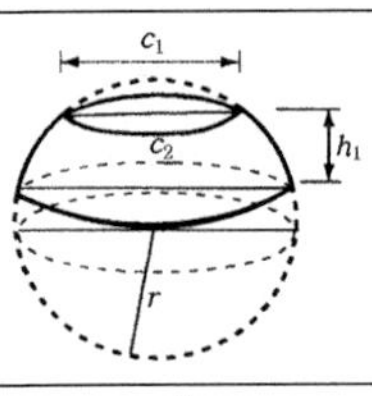	① $V=\dfrac{\pi h_1}{6}\left(\dfrac{3}{4}c_1^2+\dfrac{3}{4}c_2^2+h_1^2\right)$ ② $S=2\pi rh_1$	註) $c_1=1.323\text{cm},\quad c_2=1.936\text{cm}\quad h_1=0.5\text{cm}$ ① $V=\dfrac{\pi\times0.5}{6}\times\left(\dfrac{3}{4}\times1.323^2+\dfrac{3}{4}\times1.936^2+0.5^2\right)$ $=0.364\pi\fallingdotseq1.144\text{cm}^3$ ② $S=2\pi\times1\times0.5=\pi\fallingdotseq3.142\text{cm}^2$
타원형	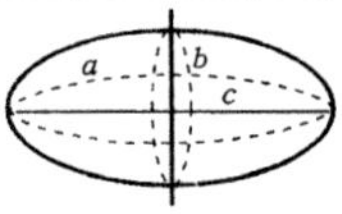	① $V=\dfrac{4}{3}\pi abc$	① $V=\dfrac{4}{3}\times\pi\times2\times3\times4=32\pi$ $\fallingdotseq100.531\text{cm}^3$

3. 재료의 중량

(1) 물체의 비중 및 무게

1) 물체의 비중

명 칭	비중	명 칭	비중	명 칭	비중	명 칭	비중
이 리 디 움	22.4	운 모	3.0	목 재 일 반	0.56	전 분	1.80
백 금	21.5	석 면	2.99	자 단	1.33	사 탕	1.61
금	18.9	석 회 석	2.9	떡 갈 나 무	1.17	황 산 (黃 酸)	1.65
수 은	13.6	알 루 미 늄	2.72	티 크	0.75	수 지	1.10
납	11.3	활 석	2.7	느 티 나 무	0.795	피 (人 血)	1.045
은	10.5	수 정 석 연	2.7	벚 나 무	0.668	타 르 (tar)	1.01
창 연	9.8	대 리 석	2.7	밤 나 무	0.630	우 지 (牛 肢)	0.94
동 1종 (7 : 3)	8.89	석 반 석	2.67	소 나 무	0.566	종 이	1.15
황동2종(65:35)	8.62	화 강 석	2.62	잣 나 무	0.533	고 무	1.20
황동3종(6 : 4)	8.4	명 반 석	2.6	포 플 라	0.380	셀 룰 로 이 드	1.35
니 켈	8.5	방 해 석	2.6	박 달 나 무	0.401	석 탄	1.31
강 철	7.8	진 흙	2.5	참 나 무	0.357	갈 탄	1.40
주 석	7.2	도 토	2.5	버 드 나 무	0.380	무 연 탄	1.60
아 연	7.1	석 재	2.5	오 동 나 무	0.285	모 래	1.60
안 티 모 니	6.7	자 기	2.35	코 르 크	0.240	자 갈	1.70

2) 물체의 무게(kg)

재 료	무게	재 료	무게	재 료	무게	재 료	무게
물	1,000	주 강	7,860	깬 돌	1,700	회 화 나 무	500
해 수	1,030	황 동	8,260	자 갈	1,900	소 나 무	560
적 설	660	포 금	8,700	모 래	1,700	미 송 (白)	420
얼 음	970	동	8,900	흙	1,600	미 송 (赤)	500
펜 타 인 유	870	납	11,370	진 흙	1,900	미 송 (黃)	710
휘 발 유	672	콘 크 리 트	2,300	백 토	1,700	밤 나 무	630
석 유	800	철근콘크리트	2,400	화 강 암	2,800	느 티 나 무	520
중 유	950	모 르 타 르	1,700	석 회 암	2,640	참 나 무 (赤)	964
알 콜	790	시 멘 트	1,500	사 암	2,400	참 나 무 (白)	870
주 철	7,250	벽 돌	2,000	일 반 목 재	650	티 크	800
연 철	7,800	아 스 팔 트	1,300	삼 나 무	300	티 크 (白)	740
강 철	7,850	돌	2,600	삼나무 (적심재)	444	티 크 (赤)	660

(2) 경량 콘크리트 및 경량 골재의 단위용적 중량(kg/m³)

골 재 의 종 류	용 적 중 량 (kg/m³)	경량콘크리트 중량 (kg/m³)
소 성 점 토 · 질석	600~900	1,500~1,900
팽 창 광 재	800~900	1,200~1,700
석 탄 재 강	600~800	1,300~1,800
경 석 (經 石)	500~900	1,000~1,600
진 주 암	90~250	500~1,000
질 석	90~150	500~1,200

(3) 콘크리트용 재료의 비중 및 단위용적 무게

재료종별 (mm)		비 중	표 준 계 량		현 장 계 량		비고
			단위용적중량 (kg/ℓ)	실 적 률 (ov/vℓ)	단위용적중량 (kg/ℓ)	실 적 률 (ov/vℓ)	
시 멘 트		0.15 (3.0~3.30)	1.50		1.47		
모 래	0.6 이하	2.65	1.50	56.6	1.5 ×0.74=1.11	41.9	
	1.2 이하		1.60	60.4	1.6 ×0.76=1.22	45.9	
	2.5 이하	(2.50~2.7)	1.70	64.2	1.7 ×0.78=1.33	50.0	
	5.0 이하		1.80	67.9	1.8 ×0.8=1.44	54.3	
자 갈	15 이하	2.65 (2.5~2.75)	1.60	60.4	1.6 ×0.80=1.52	57.3	
	20 이하		1.65	62.3	1.65×0.95=1.57	59.1	
	25 이하		1.70	64.2	1.70×0.95=1.62	60.9	

(4) 원형봉강 및 이형철근

1) 원형봉강

지 름 (mm)	중 량 (kg/m)	지 름 (mm)	중 량 (kg/m)	지 름 (mm)	중 량 (kg/m)	지 름 (mm)	중 량 (kg/m)
9	0.499	32	6.31	70	30.2	140	121
12	0.888	42	10.9	75	39.5	150	139
16	1.58	45	12.5	80	44.5	160	158
19	2.23	50	15.4	90	49.9	170	178
22	2.98	55	18.7	100	61.7	180	200
25	3.85	60	22.2	120	88.8	190	223
28	4.83	65	26.0	130	104	200	247

[주] 원형 봉강의 중량(kg/m) = [직경(mm)]2×0.00617

2) 이형철근

규 격	공칭지름 (mm)	공칭단면적 (cm^2)	중량 (kg/m)	규 격	공칭지름 (mm)	공칭단면적 (cm^2)	중량 (kg/m)
D6	6.35	0.3167	0.249	D25	25.4	5.067	3.98
D10	9.53	0.7133	0.560	D28	28.6	6.424	5.04
D13	12.7	1.267	0.995	D32	31.8	7.942	6.23
D16	15.9	1.986	1.56	D35	34.9	9.566	7.51
D19	19.1	2.865	2.25	D38	38.1	11.40	8.95
D22	22.2	3.871	3.04	D41	41.3	13.40	10.5

[주] 이형철근의 단위중량(kg/m) = 0.785×S, 공칭단면적(S) =(0.785×d^2) / 100

(5) 강판 및 평강

1) 강 판

(매당)

두 께 (mm)	중 량 (kg)		두 께 (mm)	중 량 (kg)	
	3′×6′	4′×8′		3′×6′	4′×8′
0.23	3.02	5.37	3.5	46.0	84.0
0.25	3.28	5.83	4.0	52.5	93.3
0.30	3.94	7.00	4.5	59.1	105
0.35	4.59	8.17	5.0	65.7	117
0.40	5.25	9.33	6.0	78.8	140
0.45	5.91	10.5	7.0	91.9	163
0.50	6.56	11.7	8.0	105	187
0.60	7.88	14.0	9.0	118	210
0.70	9.19	16.3	10	131	233
0.80	10.5	18.7	12	158	280
0.90	11.8	21.0	14	184	327
1.0	13.1	23.3	15	197	350
1.2	15.8	28.0	18	236	420
1.4	18.4	32.7	20	263	467
1.6	21.0	37.3	22	289	513
1.8	23.6	42.0	25	328	583
2.0	26.3	46.7	28	368	653
2.3	30.2	53.7	30	394	700
2.6	34.1	60.7	32	420	747
2.8	36.8	65.3	38	499	887
2.9	38.1	67.65	40	525	993
3.2	42.0	74.7	50	656	1,167

[주] 강판의 3′× 6′의 매당 면적은 1.67225472(m^2)이고 4′×8′의 매당 면적은 2.97289728(m^2)이다. 그러므로 4′×8′의 m^2당 중량은 T1.6=12.546, T2.0=15.708, T2.3=18.063, T3.2=25.127, T5.0=39.355, T6.0=47.092, T8.0=62.901, T9.0=70.638, T10=78.375, T12.0=94.184, T15=117.730kg이다.

2) 평 강

규 격	단 위	단위중량	비 고
3T×35W	kg/m	0.589	
5T×38W	〃	1.49	
6T×38W	〃	1.793	
9T×50W	〃	3.53	

(6) 형 강

1) ㄱ형강(Angle)

품 명	규 격			
	AXB (mm)	높이 (mm)	중량 (kg/m)	길이 (m)
등변 ㄱ형강 (소 형)	25×25	3	1.12	6~12
	30×30	3	1.36	〃
등변 ㄱ형강 (중 형)	40×40	3	1.83	〃
	40×40	5	2.95	〃
〃	40×40	6	3.52	〃
〃	50×50	4	3.06	〃
〃	50×50	5	3.77	〃
〃	50×50	6	4.43	〃
〃	65×65	5	5.00	〃
〃	65×65	6	5.91	〃
〃	75×75	6	6.85	〃
〃	75×75	9	9.96	〃
〃	90×90	6	8.28	〃
〃	90×90	7	9.59	〃
〃	90×90	8	10.8	〃
〃	90×90	9	12.08	〃
〃	90×90	10	13.3	〃
등변 ㄱ형강 (대 형)	100×100	7	10.7	〃
	100×100	8	12.06	〃
〃	100×100	9	13.4	〃
〃	100×100	10	14.9	〃
〃	100×100	12	17.8	〃
〃	100×100	13	19.1	〃

품 명	규 격			
	AXB (mm)	높이 (mm)	중량 (kg/m)	길이 (m)
등변 ㄱ형강 (대 형)	120×120	8	14.7	〃
	130×130	9	17.9	〃
〃	130×130	10	19.75	〃
〃	130×130	12	23.4	〃
〃	130×130	15	28.8	〃
〃	150×150	10	22.9	〃
〃	150×150	12	27.3	〃
〃	175×175	12	31.8	6~14
〃	175×175	15	39.4	〃
〃	200×200	15	45.3	〃
〃	200×200	20	59.7	〃
〃	200×200	25	73.6	〃
〃	250×250	25	93.7	〃
〃	250×250	35	128.0	〃
부등변 ㄱ형강	100×75	7	9.32	6~12
	100×75	10	13.0	〃
〃	125×75	7	10.7	〃
〃	125×75	10	14.9	〃
〃	150×90	9	16.4	〃
〃	150×90	12	21.5	〃
부등변부등후 ㄱ형강	200×90	9×14	23.3	〃
	250×90	10×15	29.4	〃
〃	250×90	12×16	33.7	〃

2) I 형강(I Beam)

품 명	규 격					
	높이 (mm)	넓이 (mm)	높이두께 (mm)	넓이두께 (mm)	중량 (kg/m)	길이 (m)
I 형 강 -KS D 3503-	200	100	7	10	26.0	10m
	250	125	7.5	12.5	38.3	〃
	300	150	10	18.5	65.5	〃
광산용 I형강 -KS E 4002-	100	80	9	12.5	20.7	〃
	130	100	12	17	35.0	〃

3) ㄷ형강(Channel)

품 명	규 격			
	AXB (mm)	두께 (mm)	중량 (kg/m)	길이 (m)
소형 ㄷ형강	75×40	5.0	6.92	10
중형 ㄷ형강	100×50	5.0	9.36	〃
〃	125×65	6.0	13.4	〃
〃	150×75	6.5	18.6	〃
〃	200×80	7.5	24.6	〃

품 명	규 격			
	AXB (mm)	두께 (mm)	중량 (kg/m)	길이 (m)
대형 ㄷ형강	250×90	9.0	34.6	6~14
〃	300×90	9.0	38.1	〃
〃	300×90	10.0	43.8	〃
〃	380×100	10.5	54.5	〃
〃	380×100	13.0	67.3	〃
평형 ㄷ형강	150×75	6.0	18.2	〃
〃	200×80	6.5	24.0	〃

4) H형강(H Beam)

품 명	규 격	
	$H \times B \times t_1 \times t_2$ (mm)	중량 (kg/m)
구조용 H형강	100×100×6×8	17.2
〃	125×125×6.5×9	23.8
〃	150×75×5×7	14.0
〃	148×100×6×9	21.1
〃	150×150×7×10	31.5
〃	198×99×4.5×7	18.2
〃	200×100×5.5×8	21.3
〃	194×150×6×9	30.6
〃	248×124×5×8	25.7
〃	250×125×6×9	29.6
〃	200×200×8×12	49.9
〃	200×204×12×12	56.2
〃	244×252×11×11	64.4
〃	250×250×9×14	72.4
〃	250×255×14×14	82.2
〃	300×150×6.5×9	36.7
〃	294×200×8×12	56.8
〃	298×201×9×14	65.4
〃	346×174×6×9	41.4
〃	350×175×7×11	49.6
〃	294×302×12×12	84.5
〃	300×300×10×15	94.0
〃	300×305×15×15	106.0
〃	310×305×15×20	130.0
〃	310×310×20×20	142.0
〃	396×199×7×11	56.6
〃	400×200×8×13	66.0
〃	404×201×9×15	75.5
〃	450×200×9×14	76.0
〃	500×200×10×16	89.6
구조용 H형강	506×201×11×19	103.0
〃	244×175×7×11	44.1
〃	336×249×8×12	69.2
〃	340×250×9×14	79.7
〃	344×348×10×16	115.0
〃	344×354×16×16	131.0
〃	350×350×12×19	137.0
〃	386×299×9×14	94.3
〃	390×300×10×16	107.0
〃	434×299×10×15	106.0
〃	440×300×11×18	124.0
〃	482×300×11×15	114.0
〃	488×300×11×18	128.0
〃	600×200×11×17	106.0
〃	582×300×12×17	137.0
〃	588×300×12×20	151.0
〃	594×302×14×23	175.0
대 형	400×400×13×21	172.0
〃	700×300×13×24	185.0
〃	800×300×14×26	210.0

품 명	$H \times B_1 \times B_2 \times t_1 \times t_2$ (mm)	중량 (kg/m)
비대칭 H형강	312×234×344×12×18	111
〃	320×236×346×14×22	134
〃	328×238×348×16×26	158
〃	336×240×350×18×30	181

5) 경량 H형강(Light H Beam)

품 명	규 격	
	$H \times B \times t_1 \times t_2$ (mm)	중량 (kg/m)
경량 H형강	53×104×3.2×3.2	6.40
〃	58×104×3.2×3.2	6.52
〃	100×75×3.2×4.5	7.58
〃	100×100×3.2×4.5	9.35
〃	100×100×6.0×9.0	18.0
〃	125×125×6.0×9.0	22.7
〃	150×75×3.2×4.5	8.84
〃	150×75×3.2×6.0	10.5
〃	150×75×5.0×7.0	13.6
〃	150×100×3.2×4.5	10.6
〃	150×100×3.2×6.0	12.9
〃	150×100×6.0×9.0	20.3
〃	150×150×3.2×6.0	17.6
〃	150×150×6.0×6.0	20.6
〃	150×150×6.0×9.0	27.4
경량 H형강	175×90×3.2×4.5	10.5
〃	200×100×3.2×4.5	11.9
〃	200×100×3.2×6.0	14.1
〃	200×125×3.2×6.0	16.5
〃	200×125×4.5×6.0	18.4
〃	200×150×3.2×4.5	15.4
〃	200×150×3.2×6.0	18.9
〃	200×150×4.5×6.0	20.8
〃	200×150×6.0×9.0	29.8
〃	200×175×6.0×9.0	33.3
〃	200×200×6.0×9.0	36.8
〃	200×200×8.0×12.0	48.7
〃	250×100×3.2×4.5	13.1
〃	250×125×3.2×4.5	14.9
〃	250×125×4.5×6.0	20.2

(표 계속)

품 명	규 격		품 명	규 격	
	H×B×t_1×t_2 (mm)	중량 (kg/m)		H×B×t_1×t_2 (mm)	중량 (kg/m)
경량 H형강	250×125×6.0×9.0	28.6	경량 H형강	300×300×6.0×9.0	55.7
〃	250×150×3.2×4.5	16.6	〃	350×175×4.5×6.0	28.4
〃	250×150×4.5×6.0	22.5	〃	350×175×4.5×9.0	36.5
〃	250×150×4.5×9.0	29.4	〃	350×175×6.0×9.0	40.4
〃	250×175×6.0×9.0	35.7	〃	350×175×7.0×11.0	48.2
〃	250×250×6.0×9.0	46.3	〃	350×200×6.0×9.0	43.9
〃	294×200×8.0×12.0	54.6	〃	400×200×4.5×9.0	41.8
〃	300×150×3.2×4.5	17.9	〃	400×200×6.0×9.0	46.3
〃	300×150×4.5×6.0	24.3	〃	400×200×7.0×11.0	55.3
〃	300×150×4.5×9.0	31.2	〃	400×300×6.0×9.0	60.4
〃	300×150×6.0×9.0	34.5	〃	450×200×4.5×9.0	43.5
〃	300×150×6.5×9.0	35.6	〃	450×300×6.0×9.0	62.7
〃	300×175×4.5×6.0	26.7	〃	450×300×9.0×10.0	77.5
〃	300×175×4.5×9.0	34.7			
〃	300×200×6.0×9.0	41.5			

(7) 강 관

1) 구조용 탄소강관

품 명	규 격			품 명	규 격		
	바깥지름 (mm)	두께 (mm)	중량 (kg/m)		바깥지름 (mm)	두께 (mm)	중량 (kg/m)
구조용 탄소강관	21.7	2.0	0.972	구조용 탄소강관	216.3	4.5	23.50
(KS D 3566)	27.2	2.0	1.24	(KS D 3566)	216.3	6.0	31.12
〃	34.0	2.0	1.58	〃	216.3	7.0	41.09
〃	42.7	2.0	2.01	〃	267.4	6.0	38.68
〃	48.6	2.0	2.30		267.4	9.0	57.35
〃	60.5	2.3	3.30	〃	318.5	6.0	46.24
〃	76.3	2.3	4.20	〃	318.5	7.0	53.77
〃	76.3	3.2	5.77	〃	318.5	10.3	78.28
〃	89.1	2.3	4.92	〃	355.6	7.6	65.22
〃	89.1	3.2	6.78	〃	355.6	9.0	76.92
〃	101.6	2.3	5.63	〃	406.4	7.9	77.63
〃	101.6	3.2	7.76	〃	406.4	9.0	88.20
〃	114.3	2.3	6.35	〃	457.2	9.0	99.47
〃	114.3	3.2	8.77	〃	457.2	12.0	131.74
〃	139.8	3.2	10.78	〃	508.0	9.0	110.75
〃	139.8	4.5	15.01	〃	508.0	12.0	146.78
〃	165.2	3.2	12.78	〃	558.8	9.0	122.02
〃	165.2	4.5	17.83	〃	558.8	12.0	161.81
〃	190.7	4.5	20.66	〃	609.6	9.0	133.80
〃	190.7	7.0	31.71	〃	609.6	12.0	176.84

2) 구조용 각형강관

품 명	규 격			품 명	규 격		
	바깥지름 (mm)	두께 (mm)	중량 (kg/m)		바깥지름 (mm)	두께 (mm)	중량 (kg/m)
구조용각형강관 (KS D 3568)	(25×25, 30×20)	1.6	1.12	구조용각형강관 (KS D 3568)	(75×75, 100×50)	1.6	3.64
		2.3	1.53			2.3	5.14
〃	(30×30, 40×20)	1.6	1.38	〃		3.2	7.01
〃		2.3	1.89	〃		4.5	9.55
〃		3.2	2.49	〃		6.0	12.27
〃	(40×40, 50×30)	1.6	1.88	〃	(100×100, 125×75)	2.3	6.95
〃		2.3	2.62	〃		3.2	9.52
〃		3.2	3.49	〃		4.5	13.08
〃		4.5	4.61	〃		6.0	16.98
〃	(50×50, 60×40)	1.6	2.38	〃		9.0	24.08
〃		2.3	3.34	〃	(125×125, 150×100)	3.2	12.03
〃		3.2	4.50	〃		4.5	16.62
〃		4.5	6.02	〃		6.0	21.69
〃		6.0	7.56	〃		9.0	31.14
〃	(60×60, 75×45)	1.6	2.88	〃	(150×150, 200×100)	4.5	20.15
〃		2.3	4.06	〃		6.0	26.40
〃		3.2	5.50	〃		9.0	38.21
〃		4.5	7.43	〃	(200×200, 250×150)	6.0	35.82
〃		6.0	9.45	〃		9.0	52.34
				〃		12.0	67.93

(8) 스테인리스

1) 스테인리스판

(M/T당 매수)

품 명	두께 (mm)	1,000 2,000 (mm)	1,000 3,000 (mm)	1,000 4,000 (mm)	품 명	두께 (mm)	1,000 2,000 (mm)	1,000 3,000 (mm)	1,000 4,000 (mm)
27종 (304)	0.3	210	140	105	24종 (430)	0.3	218	144	108
〃	0.4	158	105	79	〃	0.4	162	108	81
〃	0.5	126	84	63	〃	0.5	133	87	65
〃	0.6	105	70	53	〃	0.6	102	72	54
〃	0.7	90	60	45	〃	0.7	92	62	46
〃	0.8	79	53	39	〃	0.8	83	54	41
〃	0.9	70	47	35	〃	0.9	70	48	36
〃	1.0	63	42	32	〃	1.0	66	43	32
〃	1.2	53	35	26	〃	1.2	54	36	27
〃	1.5	42	28	21	〃	1.5	45	29	22
〃	2.0	32	21	16	〃	2.0	32	22	16
〃	3.0	21	14	11	〃	2.5	26	17	13
〃	4.0	15	10	8	〃	3.0	22	14	11
〃	5.0	12	8	6					
〃	6.0	10	7	5					
〃	9.0	7	4	4					
〃	10.0	6	4	3					
〃	12.0	5	3	3					
〃	15.0	4	2	2					
〃	20.0	3	2	2					

[주] 27종 스텐레스판의 M^2당 중량은 T1.0=7.937, T1.2=9.434, T1.5=11.905, T2.0=15.625, T3.0=23.810, T4.0=33.333, T5.0=41.667, T6.0=50.000, T9.0=71.429, T10.0=83.333, T12.0=100.000, T15.0=125.000, T20.0=166.667(kg/m^2)이다.

2) 스테인리스 원형관

품 명	바깥지름 (mm)	두께 (mm)	중량 (kg/m)	품 명	바깥지름 (mm)	두께 (mm)	중량 (kg/m)
구 조 용	12.7	0.5	0.152	구 조 용	38.1	0.8	0.743
스테인리스	〃	0.6	0.181	스테인리스	〃	1.0	0.824
(원형)관	〃	0.8	0.237	(원형)관	〃	1.2	1.100
(STS 304)	〃	1.0	0.291	(STS 304)	〃	1.5	1.370
〃	〃	1.2	0.344	〃	〃	2.0	1.800
〃	〃	1.5	0.418				
〃	〃	2.0	0.533	〃	50.8	1.0	1.240
				〃	〃	1.2	1.480
〃	15.8	0.5	0.191	〃	〃	1.5	1.840
〃	〃	0.6	0.227	〃	〃	2.0	2.430
〃	〃	0.8	0.299	〃	〃	3.0	3.572
〃	〃	1.0	0.369				
〃	〃	1.2	0.436	〃	63.5	1.0	1.560
〃	〃	1.5	0.534	〃	〃	1.2	1.860
〃	〃	2.0	0.688	〃	〃	1.5	2.320
				〃	〃	2.0	3.060
〃	19.1	0.5	0.232	〃	〃	3.0	4.521
〃	〃	0.6	0.277				
〃	〃	0.8	0.365	〃	76.3	1.0	1.880
〃	〃	1.0	0.451	〃	〃	1.2	2.240
〃	〃	1.2	0.535	〃	〃	1.5	2.790
〃	〃	1.5	0.657	〃	〃	2.0	3.700
〃	〃	2.0	0.852	〃	〃	3.0	5.478
〃	22.3	0.5	0.272	〃	89.1	1.2	2.630
〃	〃	0.6	0.324	〃	〃	1.5	3.270
〃	〃	0.8	0.428	〃	〃	2.0	4.350
〃	〃	1.0	0.531	〃	〃	3.0	6.434
〃	〃	1.2	0.631				
〃	〃	1.5	0.777	〃	101.6	1.2	3.000
〃	〃	2.0	1.001	〃	〃	1.5	3.740
				〃	〃	2.0	4.960
〃	25.4	0.5	0.310	〃	〃	3.0	7.368
〃	〃	0.6	0.371				
〃	〃	0.8	0.490	〃	127.0	1.2	3.760
〃	〃	1.0	0.608	〃	〃	1.5	4.690
〃	〃	1.2	0.723	〃	〃	2.0	6.230
〃	〃	1.5	0.893	〃	〃	3.0	9.267
〃	〃	2.0	1.170				
				〃	152.4	1.2	4.520
〃	31.8	0.6	0.466	〃	〃	1.5	5.638
〃	〃	0.8	0.618	〃	〃	2.0	7.493
〃	〃	1.0	0.767	〃	〃	3.0	11.165
〃	〃	1.2	0.915				
〃	〃	1.5	1.130	〃	165.2	1.5	6.117
〃	〃	2.0	1.480	〃	〃	2.0	8.131
				〃	〃	3.0	12.120

3) 스테인리스 사각관

품 명	규 격		
	직경 (mm)	두께 (mm)	중량 (kg/m)
구조용	(12×12)	0.8	0.299
스테인리스사각관		1.0	0.369
(STS 304)	15×15	0.8	0.365
〃	10×20	1.0	0.451
〃		1.2	0.535
〃		1.5	0.658
〃	20×20	0.8	0.490
〃	10×30	1.0	0.608
〃		1.2	0.723
〃		1.5	0.893
〃		2.0	1.170
〃	25×25	0.8	0.618
〃	20×30	1.0	0.767
〃	10×40	1.2	0.915
〃		1.5	1.130
〃		2.0	1.480
〃	30×30	0.8	0.743
〃	20×40	1.0	0.924
〃		1.2	1.103
〃		1.5	1.368
〃		2.0	1.799
〃	40×40	1.0	1.241
〃	20×60	1.2	1.483
〃	30×50	1.5	1.842
〃		2.0	2.431
〃		3.0	3.654
〃	50×50	1.0	1.557
〃	40×60	1.2	1.862
〃	30×70	1.5	2.317
〃		2.0	3.064
〃		3.0	4.588

품 명	규 격		
	직경 (mm)	두께 (mm)	중량 (kg/m)
구조용	60×60	1.0	1.876
스테인리스사각관	40×80	1.2	2.254
(STS 304)	50×70	1.5	2.795
〃		2.0	3.702
〃		3.0	5.534
〃	70×70	1.2	2.628
〃	50×90	1.5	3.273
〃	40×100	2.0	4.339
〃		3.0	6.486
〃	75×75	1.2	2.834
〃	50×100	1.5	3.531
〃	60×90	2.0	4.658
〃		3.0	6.991
〃	80×80	1.2	3.001
〃	60×100	1.5	3.740
〃	40×120	2.0	4.962
〃		3.0	7.405
〃	(100×100)	1.2	3.760
〃		1.5	4.689
〃		2.0	6.252
〃		3.0	9.284
〃	(120×120)	1.5	5.595
〃		2.0	7.777
〃		3.0	11.070
〃	(130×130)	1.5	6.061
〃		2.0	8.424
〃		3.0	13.087

4. 표 찾아보기

〈표 1.1-1〉 적산과 견적의 세분류 ········· 13
〈표 1.1-2〉 실적공사비방식의 예정가격 구성비목과 산정방법 ········· 18
〈표 1.1-3〉 실적공사비 공종코드의 구성 ········· 19
〈표 1.1-4〉 원가계산과 실적공사비의 예정가격 산정방식 비교 #1 ········· 20
〈표 1.1-5〉 원가계산과 실적공사비의 예정가격 산정방식 비교 #2 ········· 21
〈표 1.1-6〉 원가계산과 실적공사비의 제도적 특성 비교 ··· 22
〈표 1.3-1〉 공사비 산정기준의 관리기관 ········· 30
〈표 1.3-2〉 공사관리방식 비교 ········· 32
〈표 1.3-3〉 국가별 적산제도의 비교 ········· 33
〈표 1.4-1〉 발주자의 공사비 산정과정 ········· 34
〈표 1.4-2〉 입찰 · 견적 · 계약용 적산의 진행과정 ········· 35
〈표 2.1-1〉 원가계산에 의한 공사비 구성 ········· 39
〈표 2.1-2〉 실적공사비에 의한 공사비 구성 ········· 39
〈표 2.1-3〉 조경공사 간접노무비율 [조달청] ········· 41
〈표 2.1-4〉 조경공사 기타 경비율 [조달청] ········· 44
〈표 2.1-5〉 일반관리비율 [예정가격 작성기준 / 조달청] ···· 48
〈표 2.2-1〉 산출기준에 의한 예정가격 산정방식의 비교 ··· 50
〈표 2.3-1〉 공사비 산정순서 ········· 51
〈표 2.3-2〉 조경관련 주요직종의 노임 및 평균임금 [대한건설협회] ········· 53
〈표 2.3-3〉 조경공사의 공사원가계산체계 및 적용률 [조달청, 2020년 상반기 기준] ········· 55
〈표 2.4-1〉 계약의 절차 ········· 56
〈표 2.4-2〉 품목조정률과 지수조정률의 비교 ········· 59
〈표 3.1-1〉 조경공사 표준품셈의 변천 ········· 66
〈표 3.1-2〉 조경공사의 적용 · 준용 표준품셈 ········· 67
〈표 3.3-1〉 설계서의 단위 및 소수의 표준 [공통품셈] ··· 70~72
〈표 3.3-2〉 금액의 단위표준 [공통품셈] ········· 72
〈표 3.3-3〉 재료의 할증 [공통품셈] ········· 74~76
〈표 3.3-4〉 발생재 공제율 [공통품셈] ········· 76
〈표 3.3-5〉 재료의 단위중량 [공통품셈] ········· 77
〈표 3.3-6〉 체적변화율 [공통품셈] ········· 78
〈표 3.3-7〉 체적환산계수(f)표 [공통품셈] ········· 78
〈표 3.3-8〉 열차 빈도별 할증률 [공통품셈] ········· 80
〈표 3.3-9〉 지세구분 내역 [공통품셈] ········· 81
〈표 3.3-10〉 작업반장 [공통품셈] ········· 81
〈표 3.3-11〉 화물자동차의 적재량 [공통품셈] ········· 83
〈표 3.3-11〉 화물 자동차의 적재량 [공통품셈] ········· 84
〈표 3.3-12〉 공사용수 [공통품셈] ········· 86
〈표 3.3-13〉 폐기물발생량 [2017년 토목, 건축품셈] ········· 87
〈표 4.2-1〉 재료 분류 ········· 91, 92
〈표 5.1-1〉 비계 가설 표준 [2008년 건축품셈] ········· 113
〈표 5.1-2〉 공종별 보양법의 표준 [공통품셈] ········· 114
〈표 5.1-3〉 현장사무소 등의 규모(토목) [공통품셈] ········· 115
〈표 5.1-4〉 현장사무소 등의 규모(건축) [공통품셈] ········· 115
〈표 5.1-5〉 가설물 기준면적 [공통품셈] ········· 115
〈표 5.1-6〉 자재창고 기준 [공통품셈] ········· 116
〈표 5.1-7〉 가설전등 기준 [공통품셈] ········· 116
〈표 5.1-8〉 시험실의 규모 [건설기술진흥법 시행규칙 별표5] · ········· 117
〈표 5.1-9〉 철제조립식 가설건축물 설치 및 해체 [공통품셈] 117
〈표 5.1-10〉 컨테이너형 가설건축물 설치 및 해체 [공통품셈] 118
〈표 5.1-11〉 손율 _ 주요자재 [공통품셈] ········· 118
〈표 5.1-12〉 손율 _ 철제조립식 가설건축물 [공통품셈] ····· 119
〈표 5.1-13〉 가설울타리 가설표준 [2016년 토목, 건축품셈] ··· 119
〈표 5.1-14〉 가설울타리 및 가설방음벽 _ 강관 지주 설치 및 해체 [공통품셈] ········· 120
〈표 5.1-15〉 가설울타리 및 가설방음벽 _ H형강 지주 설치 및 해체 [공통품셈] ········· 120
〈표 5.1-16〉 가설울타리 및 가설방음벽 _ 가설울타리판 설치 및 해체 [공통품셈] ········· 120
〈표 5.1-17〉 가설울타리 및 가설방음벽 _ 세로형 가설방음판 설치 및 해체 [공통품셈] ········· 120
〈표 5.1-18〉 가설울타리 및 가설방음벽 _ 가로형 가설방음판 설치 및 해체 [공통품셈] ········· 121
〈표 5.1-19〉 손율 _ 가설울타리 및 가설방음벽 [공통품셈] ··· 121
〈표 5.1-20〉 토공의 비탈 규준틀 설치 및 철거 [공통품셈] 122
〈표 5.1-21〉 도로용 목재 수평규준틀 설치 및 철거 [공통품셈] 122
〈표 5.1-22〉 도로용 철재 수평규준틀 설치 및 철거 [공통품셈] 122
〈표 5.1-23〉 평 · 귀규준틀 설치 및 철거 [공통품셈] ········· 122
〈표 5.1-24〉 강관 동바리 설치 및 해체(토목) [공통품셈] · 123
〈표 5.1-25〉 강관 동바리 설치 및 해체(건축) [공통품셈] · 123
〈표 5.1-26〉 시스템 동바리 설치 및 해체 [공통품셈] ······ 124
〈표 5.1-27〉 알루미늄 폼 동바리 설치 및 해체 [공통품셈] 124
〈표 5.1-28〉 손율_구조물 동바리 [공통품셈] ········· 124
〈표 5.1-29〉 외부비계 설치면적 산정기준 [건축적산자료] 124
〈표 5.1-30〉 파이프비계 설치면적 산정기준 [건축적산자료] 125
〈표 5.1-31〉 강관비계 설치 및 해체 [공통품셈] ········· 125
〈표 5.1-32〉 시스템비계 설치 및 해체 [공통품셈] ········· 125
〈표 5.1-33〉 강관틀 비계 설치 및 해체 [공통품셈] ········· 125
〈표 5.1-34〉 강관 조립말비계(이동식) 설치 및 해체 [공통품셈] 126
〈표 5.1-35〉 경사형 가설 계단 설치 및 해체 [공통품셈] ·· 126
〈표 5.1-36〉 타워형 가설 계단 설치 및 해체 [공통품셈] ·· 126
〈표 5.1-37〉 비계용 브라켓 설치 및 해체 [공통품셈] ······ 126
〈표 5.1-38〉 손율_구조물 비계 [공통품셈] ········· 127
〈표 5.1-39〉 낙하물 방지망 설치 및 해체 [공통품셈] ······ 127
〈표 5.1-40〉 플라잉넷 설치 및 해체 [공통품셈] ········· 128
〈표 5.1-41〉 방호선반 설치 [공통품셈] ········· 128
〈표 5.1-42〉 철골 안전망 설치 및 해체 [공통품셈] ········· 128
〈표 5.1-43〉 비계 주위 보호막 설치 및 해체 [공통품셈] ·· 128
〈표 5.1-44〉 비계 주위 보호망 설치 및 해체 [공통품셈] ·· 129
〈표 5.1-45〉 갱폼 주위 보호망 설치 및 해체 [공통품셈] ·· 129
〈표 5.1-46〉 방진망 설치 및 해체 [공통품셈] ········· 129

〈표 5.1-47〉 건축물 보양 [공통품셈] ······ 130
〈표 5.1-48〉 건축물 현장정리 [공통품셈] ······ 130
〈표 5.1-49〉 비산먼지 발생 억제를 위한 살수 [공통품셈] 130
〈표 5.1-50〉 자동세륜기 설치 및 해체 [공통품셈] ······ 131
〈표 5.1-51〉 슬러지 제거 [공통품셈] ······ 131
〈표 5.2-1〉 표토 취급 [2015년 토목품셈] ······ 134
〈표 5.2-2〉 막갈이 [2015년 토목품셈] ······ 134
〈표 5.2-3〉 흙바수기 [2015년 토목품셈] ······ 134
〈표 5.2-4〉 돌자갈 치우기 [2015년 토목품셈] ······ 135
〈표 5.2-5〉 벌목 [공통품셈] ······ 135
〈표 5.2-6〉 뿌리뽑기 [공통품셈] ······ 135
〈표 5.2-7〉 입목본수도 [공통품셈-참고자료] ······ 136
〈표 5.2-8〉 터파기의 여유폭 [건축적산자료] ······ 136
〈표 5.2-9〉 흙의 휴식각 [건축적산자료] ······ 137
〈표 5.2-10〉 인력굴착(토사) [공통품셈] ······ 138
〈표 5.2-11〉 인력굴착(암반) [공통품셈] ······ 138
〈표 5.2-12〉 인력 잔토처리 [공통품셈] ······ 139
〈표 5.2-13〉 인력 흙 다지기 #1 [공통품셈] ······ 140
〈표 5.2-14〉 인력 흙 다지기 #2 [공통품셈] ······ 140
〈표 5.2-15〉 기초다짐 및 뒤채움(소형장비) [공통품셈] ······ 140
〈표 5.2-16〉 기초다짐 및 뒤채움(대형장비) [공통품셈] ······ 140
〈표 5.2-17〉 뒤채움 및 다짐 [공통품셈] ······ 140
〈표 5.2-18〉 기초지정 [공통품셈] ······ 141
〈표 5.2-19〉 절토면 고르기 [공통품셈] ······ 141
〈표 5.2-20〉 성토면 고르기 [공통품셈] ······ 142
〈표 5.2-21〉 마운딩용 성토 [LH공사, 조경공사 적산기준] ······ 143
〈표 5.2-22〉 매트부설 [공통품셈] ······ 145
〈표 5.2-23〉 암반청소 [공통품셈] ······ 145
〈표 5.3-1〉 지게운반 [공통품셈] ······ 148
〈표 5.3-2〉 리어카운반 [2005년 토목품셈] ······ 148
〈표 5.8-3〉 경사지 운반 환산계수 ······ 150
〈표 5.3-4〉 목도운반의 평균왕복속도 [공통품셈 준용] ······ 150
〈표 5.4-1〉 덤프트럭 비교 ······ 154
〈표 5.4-2〉 건설기계 선정기준 _ 작업종류별 [공통품셈] ······ 156
〈표 5.4-3〉 건설기계 선정기준 _ 운반거리별 [공통품셈] ······ 156
〈표 5.4-4〉 자주식 건설기계의 이동속도 [공통품셈] ······ 157
〈표 5.4-5〉 운전사의 구분 [공통품셈] ······ 158
〈표 5.4-6〉 기계손료 보정 [공통품셈] ······ 159
〈표 5.4-7〉 불도저 _ 무한궤도의 작업속도 ······ 162
〈표 5.4-8〉 불도저 _ 타이어형의 작업속도 ······ 163
〈표 5.4-9〉 불도저 _ 삽날의 용량 ······ 163
〈표 5.4-10〉 불도저 _ 운반거리계수 ······ 163
〈표 5.4-11〉 불도저 _ 작업효율 ······ 163
〈표 5.4-12〉 굴삭기 _ 버킷계수 ······ 164
〈표 5.4-13〉 굴삭기 _ 작업효율 ······ 164
〈표 5.4-14〉 굴삭기 _ 사이클 시간 ······ 165
〈표 5.4-15〉 로더 _ 적재시간 ······ 165
〈표 5.4-16〉 로더 _ 버킷계수 ······ 166
〈표 5.4-17〉 로더 _ 작업효율 ······ 166
〈표 5.4-18〉 덤프트럭 _ 인력 적재시간 ······ 167
〈표 5.4-19〉 덤프트럭 _ 운반도로와 평균주행속도 ······ 168
〈표 5.4-20〉 덤프트럭 _ 적하시간 ······ 168
〈표 5.4-21〉 덤프트럭 _ 대기시간 ······ 168
〈표 5.4-22〉 덤프트럭 _ 적재함 덮개 설치 및 해체시간 ·· 169
〈표 5.4-23〉 덤프트럭 _ 세륜기 통과시간 ······ 169
〈표 5.4-24〉 다짐기계의 선정기준 ······ 169
〈표 5.4-25〉 다짐기계의 유효다짐폭과 다짐속도 ······ 170
〈표 5.4-26〉 다짐기계의 소요다짐횟수 및 다짐두께 _ 발췌 ·· 170
〈표 5.4-27〉 롤러 _ 작업효율 ······ 171
〈표 5.4-28〉 플레이트 콤팩터 _ 각종 계수 ······ 171
〈표 5.4-29〉 플레이트 콤팩터 _ 작업효율 ······ 171
〈표 5.4-30〉 경운기 _ 적재 적하시간 및 속도 ······ 172
〈표 5.4-31〉 피견인식 임목파쇄기 _ 소모품 소모량 ······ 173
〈표 5.4-32〉 자주식 임목파쇄기 _ 규격별 능력계수 ······ 173
〈표 5.4-33〉 자주식 임목파쇄기 _ 스크린계수 ······ 173
〈표 5.4-34〉 자주식 임목파쇄기 _ 작업효율 ······ 173
〈표 5.4-35〉 자주식 임목파쇄기 _ 소모품 소모량 ······ 173
〈표 5.4-36〉 관리용 장비 _ 손료 및 운전경비 산정기준 [한국도로공사, 조경공사 적산기준] ······ 174
〈표 5.4-37〉 기계경비의 구성 ······ 174
〈표 5.4-38〉 기계손료의 산정식 ······ 175
〈표 5.4-39〉 기계경비산정 예시 - 총비용집계 [2020년 상반기 단가 기준] ······ 180
〈표 5.5-1〉 식재면 고르기 [공통품셈] ······ 190
〈표 5.5-2〉 뿌리돌림 [공통품셈] ······ 190
〈표 5.5-3〉 뿌리돌림 소요자재 [LH공사, 조경공사 적산기준] ······ 191
〈표 5.5-4〉 수간보호 [공통품셈] ······ 191
〈표 5.5-5〉 수간보호 소요자재 [LH공사, 조경공사 적산기준] ······ 192
〈표 5.5-6〉 교목 _ 굴취(나무높이) [공통품셈] ······ 193
〈표 5.5-7〉 교목 _ 굴취(근원직경) [공통품셈] ······ 193
〈표 5.5-8〉 관목 _ 굴취 [공통품셈] ······ 194
〈표 5.5-9〉 분매기 자재 소요량 [LH공사, 조경공사 적산기준] ·· 195
〈표 5.5-10〉 수목 상하차 - 인력 [LH공사, 조경공사 적산기준] · 196
〈표 5.5-11〉 수목 운반 적용기준 [LH공사, 조경공사 적산기준] · 196
〈표 5.5-12〉 이식수목 운반 사례 [LH공사, 조경공사 적산기준] · 197
〈표 5.5-13〉 관목군식 주당 소요면적 [공통품셈 / LH공사, 조경공사 적산기준] ······ 198
〈표 5.5-14〉 교목 _ 식재(나무높이) [공통품셈] ······ 199
〈표 5.5-15〉 교목 _ 식재(흉고직경) [공통품셈] ······ 199
〈표 5.5-16〉 관목 _ 식재(단식) [공통품셈] ······ 200
〈표 5.5-17〉 관목 _ 식재(군식) [공통품셈] ······ 200
〈표 5.5-18〉 객토량 - 나무높이에 의한 식재시 [2012년 토목, 건축품셈_발췌] ······ 201
〈표 5.5-19〉 객토량 - 흉고직경에 의한 식재시 [2012년 토목, 건축품셈_발췌] ······ 201
〈표 5.5-20〉 인공토양(토양개량제) [SH공사, 조경공사 적산기준] ······ 202
〈표 5.5-21〉 인공토양 부설 [공통품셈 준용] ······ 202
〈표 5.5-22〉 수목 시비량 기준 [LH공사 준용, 조경공사 적산기준] ······ 202
〈표 5.5-23〉 교목시비 [공통품셈] ······ 203
〈표 5.5-24〉 관목시비 [공통품셈] ······ 203
〈표 5.5-25〉 지주(목) 설치기준 - 예시 [조경공사 적산기준] ······ 203
〈표 5.5-26〉 발근촉진제 처리 [SH공사, 조경공사 적산기준] ······ 204

〈표 5.5-27〉 증산억제제 살포 [SH공사, 조경공사 적산기준] ······ 204
〈표 5.5-28〉 식혈 개량표 [일본기준 준용, 조경공사 적산기준] · 204
〈표 5.6-1〉 지피식물의 환경적 특성 ······ 205
〈표 5.6-2〉 잔디의 종류 및 특성 ······ 206
〈표 5.6-3〉 야생초화류의 종류 및 특성 ······ 207
〈표 5.6-4〉 잔디붙임 [공통품셈] ······ 210
〈표 5.6-5〉 종자판 붙임공 [2012년 토목, 건축품셈] ······ 211
〈표 5.6-6〉 초류종자 살포(기계살포) [공통품셈] ······ 211
〈표 5.6-7〉 거적덮기 [공통품셈] ······ 211
〈표 5.6-8〉 초화류 식재 [공통품셈] ······ 212
〈표 5.6-9〉 롤형 지피식물 식재 [2012년 토목, 건축품셈] ······ 212
〈표 5.6-10〉 피복작업(멀칭) [한국도로공사, 조경공사 적산기준] 213
〈표 5.7-1〉 옥상녹화의 효과 ······ 215
〈표 5.7-2〉 옥상녹화의 유형별 특징 ······ 216
〈표 5.7-3〉 옥상녹화의 유형별 적용가능여부 ······ 216
〈표 5.7-4〉 배수자재의 종류 및 특징 ······ 218
〈표 5.7-5〉 옥상녹화용 도입가능식물 ······ 219
〈표 5.7-6〉 인공토양의 종류 및 특징 ······ 219
〈표 5.7-7〉 옥상녹화공법 비교표 ······ 220
〈표 5.7-8〉 세덤의 관리지침 ······ 221
〈표 5.7-9〉 실내조경 - 목본류, 근원직경 [공통품셈 준용, 조경공사 적산기준] ······ 223
〈표 5.7-10〉 실내조경 - 목본류, 나무높이 [공통품셈 준용, 조경공사 적산기준] ······ 223
〈표 5.7-11〉 실내조경 - 지피 및 초화류 [공통품셈 준용, 조경공사 적산기준] ······ 223
〈표 5.7-12〉 실내식물 - 유지관리 [조경공사 적산기준] ······ 224
〈표 5.7-13〉 실내식물 - 관수 및 폐수처리 [조경공사 적산기준] ······ 224
〈표 5.8-1〉 프리캐스트 콘크리트 블록설치 [공통품셈] ······ 226
〈표 5.8-2〉 지압판블록 설치 [공통품셈] ······ 226
〈표 5.8-3〉 보강토옹벽 _ 패널 설치 [공통품셈] ······ 227
〈표 5.8-4〉 보강토옹벽 _ 블록 설치 [공통품셈] ······ 227
〈표 5.8-5〉 보강토옹벽 _ 버팀목 설치 · 해체 [공통품셈] ·· 227
〈표 5.8-6〉 블록 붙이기(인력) [토목품셈] ······ 228
〈표 5.8-7〉 블록 붙이기(기계) [토목품셈] ······ 228
〈표 5.8-8〉 매트리스형 돌망태 설치 [토목품셈] ······ 228
〈표 5.8-9〉 돌망태형 옹벽 설치 [토목품셈] ······ 228
〈표 5.8-10〉 천연섬유 사면보호공 설치 [공통품셈] ······ 229
〈표 5.8-11〉 식생매트 [토목품셈] ······ 229
〈표 5.8-12〉 절토사면 녹화 _ 부착망 설치 [공통품셈] ······ 229
〈표 5.8-13〉 절토사면 녹화 _ 기계기구 설치 및 해체 [공통품셈] 230
〈표 5.8-14〉 절토사면 녹화 _ 식생기반재 뿜어붙이기 [공통품셈] 230
〈표 5.9-1〉 생태연못의 유형 [2010년 조경공사 적산기준] ······ 233
〈표 5.9-2〉 생태연못과 인공습지의 저면처리방법 [2010년 조경공사 적산기준] ······ 233
〈표 5.9-3〉 비점오염 저감시설의 특성 ······ 237
〈표 5.9-4〉 비점오염 저감시설의 종류 ······ 237
〈표 5.9-5〉 비점오염 저감시설 설계기준 [비점오염원 설치신고 업무처리지침] ······ 237
〈표 5.9-6〉 인공식물섬 설치 [(구)건설신기술 품셈, 조경공사 적산기준] ······ 238
〈표 5.9-7〉 인공식물섬 계류장치 [(구)건설신기술 품셈, 조경공사 적산기준] ······ 238
〈표 5.9-8〉 인공식물섬 계류장치 설치 [(구)건설신기술 품셈, 조경공사 적산기준] ······ 239
〈표 5.10-1〉 용적배합 콘크리트 [2007년 건축품셈] ······ 247
〈표 5.10-2〉 콘크리트 재료의 비중 · 중량 · 실적률 ······ 248
〈표 5.10-3〉 계획배합 표시법 ······ 249
〈표 5.10-4〉 콘크리트 표준배합(B배합) [LH공사, 조경공사 적산기준] ······ 249
〈표 5.10-5〉 인력 비빔 콘크리트 [서울시 산하구청, 조경공사 적산기준] ······ 249
〈표 5.10-6〉 보통콘크리트 (굵은골재 최대치수 25mm 배합) ······ 250
〈표 5.10-7〉 보통콘크리트 (굵은골재 최대치수 40mm 배합) ······ 250
〈표 5.10-8〉 보통콘크리트 (굵은골재 최대치수 50mm 배합) ······ 250
〈표 5.10-9〉 철근의 분류 [건축적산자료] ······ 254
〈표 5.10-10〉 철근의 구부림 각도 및 지름 ······ 255
〈표 5.10-11〉 철근 중간부분 접어 구부림 ······ 255
〈표 5.10-12〉 철근 끝부분 접어 구부림 ······ 256
〈표 5.10-13〉 거푸집 사용횟수–구조물 및 적용 사례 [LH공사, 조경공사 적산기준] ······ 257
〈표 5.10-14〉 거푸집 사용횟수–재료 및 용도별 [건축적산자료] ······ 258
〈표 5.10-15〉 거푸집의 존치기간 ······ 258
〈표 5.10-16〉 콘크리트 _ 레디믹스트 콘크리트 타설 [공통품셈] ······ 260
〈표 5.10-17〉 콘크리트 _ 현장비빔타설 [공통품셈] ······ 260
〈표 5.10-18〉 콘크리트 _ 표면마무리 [공통품셈] ······ 260
〈표 5.10-19〉 콘크리트 펌프차 타설 _ 인력편성 [공통품셈] ··· 261
〈표 5.10-20〉 콘크리트 펌프차 타설_기준시간 [공통품셈] ······ 262
〈표 5.10-21〉 콘크리트 펌프차 타설 _ 시설유형 [공통품셈] ······ 262
〈표 5.10-22〉 콘크리트 펌프차 타설 _ 믹서트럭 진입조건 [공통품셈] ······ 262
〈표 5.10-23〉 콘크리트 펌프차 타설 _ 작업계수 [공통품셈] ······ 262
〈표 5.10-24〉 콘크리트 펌프차 타설 _ 타설준비 및 마무리시간() [공통품셈] ······ 262
〈표 5.10-25〉 콘크리트 펌프차 _ 압송관 설치 및 철거 [공통품셈] ······ 263
〈표 5.10-26〉 콘크리트 펌프차 타설 - 종합환산 #1 [공통품셈 적용산출] ······ 263
〈표 5.10-27〉 콘크리트 펌프차 타설 - 종합환산 #2, 기준시간 [공통품셈 적용산출] ······ 263
〈표 5.10-28〉 모르타르 배합 [건축품셈] ······ 264
〈표 5.10-29〉 콘크리트 치핑(Chipping) [공통품셈] ······ 264
〈표 5.10-30〉 지수판 설치 _ PVC 용접 [공통품셈] ······ 265
〈표 5.10-31〉 지수판 설치 _ 소켓 연결 [공통품셈] ······ 265
〈표 5.10-32〉 신축이음 설치 _ 다웰바 설치 [공통품셈] ······ 265
〈표 5.10-33〉 신축이음 _ 채움재 설치 [공통품셈] ······ 265
〈표 5.10-34〉 신축이음 _ 실링 마감 [공통품셈] ······ 265
〈표 5.10-35〉 철근 _ 현장가공 및 조립(토목, 건축) [공통품셈] 266
〈표 5.10-36〉 철근 _ 공장가공(토목, 건축) [공통품셈] ······ 267
〈표 5.10-37〉 와이어메시 바닥깔기 [건축품셈] ······ 267

〈표 5.10-38〉 합판거푸집 _ 사용횟수 [공통품셈] ············· 269
〈표 5.10-39〉 합판거푸집 _ 자재수량 [공통품셈] ············· 269
〈표 5.10-40〉 합판거푸집 _ 설치 및 해체 [공통품셈] ········269
〈표 5.11-1〉 목재의 종합적 분류 ································· 271
〈표 5.11-2〉 목재의 규격기준 [LH공사, 조경공사 적산기준] 275
〈표 5.11-3〉 통나무 재적 계산표 [산림청] ······················ 276
〈표 5.11-4〉 목재가공 및 설치 [LH공사, 조경공사 적산기준] ···· 278
〈표 5.11-5〉 토대 설치 [건축품셈] ································· 278
〈표 5.11-6〉 목재데크틀 설치 [건축품셈] ······················· 279
〈표 5.11-7〉 목재데크 설치 [건축품셈] ·························· 279
〈표 5.11-8〉 목재 방부제 칠 [2014년 건축품셈] ··············· 280
〈표 5.11-9〉 나무말뚝 다듬기 [2007년 토목, 건축품셈] ···· 280
〈표 5.11-10〉 나무말뚝 껍질벗기기 [2007년 토목, 건축품셈] ···· 280
〈표 5.11-12〉 작은 말뚝박기(6할 박기) [2007년 토목, 건축품셈] 280
〈표 5.12-1〉 석재의 강도별 분류 ································· 281
〈표 5.12-2〉 자연석의 중량 환산표 ······························· 290
〈표 5.12-3〉 정원석 쌓기 및 놓기 [공통품셈] ·················· 291
〈표 5.12-4〉 조경 유용석 쌓기 및 놓기 [공통품셈] ·········· 291
〈표 5.12-5〉 정원석 석축공 [2002년 토목, 건축품셈] ······· 291
〈표 5.12-6〉 석재판 붙임 _ 습식공법 [공통품셈] ············· 292
〈표 5.12-7〉 석재판 붙임 _ 앵커지지 공법 [공통품셈] ····· 292
〈표 5.12-8〉 석재판 붙임 _ 강재트러스 지지공법 [건축품셈] ···· 292
〈표 5.12-9〉 돌쌓기 _ 메쌓기 [공통품셈] ······················· 293
〈표 5.12-10〉 돌쌓기 _ 찰쌓기 [공통품셈] ······················ 293
〈표 5.12-11〉 돌붙임 _ 메붙임 [공통품셈] ······················ 293
〈표 5.12-12〉 돌붙임 _ 찰붙임 [공통품셈] ······················ 294
〈표 5.12-13〉 전석 쌓기 [공통품셈] ······························· 295
〈표 5.12-14〉 전석 깔기 [공통품셈] ······························· 295
〈표 5.12-15〉 인조암(패널형) 공사 [품셈적용 산출, 조경공사 적산기준] ··· 296
〈표 5.12-16〉 인조암(직조형)공사 #1 - 가설 및 기초철골공사 [품셈적용산출, 조경공사 적산기준] ······················ 298
〈표 5.12-17〉 인조암(직조형)공사 #2 - Cage 제작설치 [표준품셈 준용, 조경공사 적산기준] ························· 298
〈표 5.12-18〉 인조암(직조형)공사 #3 - 인조암 조형 및 조각 [품셈적용 산출, 조경공사 적산기준] ······················ 299
〈표 5.12-19〉 인조암(직조형)공사 #4 - 도장 및 마감 [품셈적용 산출, 조경공사 적산기준] ····························· 300
〈표 5.13-1〉 포장 하부 원지반다짐 [LH공사, 조경공사 적산기준] ··· 310
〈표 5.13-2〉 보조기층 _ 인력식 소규모장비 포설 [토목품셈] 311
〈표 5.13-3〉 지오셀 지반보강 [공통품셈 준용, 조경공사 적산기준] ··· 311
〈표 5.13-4〉 마사토 포장 [LH공사, 조경공사 적산기준] ···· 312
〈표 5.13-5〉 모래장 [LH공사, 조경공사 적산기준] ············ 313
〈표 5.13-6〉 모래부설 [LH공사, 조경공사 적산기준] ········· 313
〈표 5.13-7〉 줄눈재 적용기준 [LH공사, 조경공사 적산기준] ···· 313
〈표 5.13-8〉 콘크리트 포장 _표층포설(인력) [토목품셈] ··· 314
〈표 5.13-9〉 콘크리트 포장절단 [토목품셈] ····················· 314
〈표 5.13-10〉 줄눈설치 [토목품셈] ································ 314
〈표 5.13-11〉 블록 규격별 적용 사례 및 블록포장 기준 [LH공사, 조경공사 적산기준] ······································· 315
〈표 5.13-12〉 저속도로포장 _ 보도용 블록 설치 [토목품셈] ······ 315
〈표 5.13-13〉 저속도로포장 _ 보도용 투수콘 포설 [토목품셈] ·· 315
〈표 5.13-14〉 저속도로포장 _ 탄성재료 보도 포설 [토목품셈] ·· 316
〈표 5.13-15〉 잔디블록 포장 [공통품셈] ························· 316
〈표 5.13-16〉 야자섬유 매트 설치 [LH공사, 조경공사 적산기준] 317
〈표 5.13-17〉 잔디보호 대형블록포장 - 인력 설치 [LH공사, 조경공사 적산기준] ·· 317
〈표 5.13-18〉 잔디보호 대형블록포장 - 기계사용 설치 [LH공사, 조경공사 적산기준] ··· 317
〈표 5.13-19〉 인조잔디포장 [건축품셈 준용, 조경공사 적산기준] 317
〈표 5.13-20〉 조경경계재 자재소요기준 [LH공사, 조경공사 적산기준] ·· 318
〈표 5.13-21〉 보차도 경계석(화강암) 설치 [토목품셈] ·······318
〈표 5.13-22〉 보차도 및 도로 경계블록(콘크리트) 설치 [토목품셈] ··· 319
〈표 5.13-23〉 도로경계블록－인력설치 [2008년 토목품셈] ····· 319
〈표 5.13-24〉 조경경계블록 놓기 [LH공사, 조경공사 적산기준] · 319
〈표 5.13-25〉 경계마감재 설치 (엘브엣지 철재 및 PE재 등) [LH공사, 조경공사 적산기준] ······························ 320
〈표 5.13-26〉 수목보호홀 덮개 기본품 [LH공사, 조경공사 적산기준] ·· 320
〈표 5.13-27〉 수목보호홀 덮개 면적기준 [LH공사, 조경공사 적산기준] ·· 320
〈표 5.13-28〉 타일공사 _ 바탕고르기 [건축품셈] ············· 321
〈표 5.13-29〉 타일공사 _ 떠붙이기 [건축품셈] ················ 321
〈표 5.13-30〉 타일공사 _ 압착붙이기 [건축품셈] ············· 322
〈표 5.13-31〉 타일공사 _ 접착 붙이기 [건축품셈] ············ 322
〈표 5.13-32〉 타일공사 _ 타일 줄눈설치 [건축품셈] ········ 322
〈표 5.14-1〉 관종별 규격 [한국산업규격] ························ 324
〈표 5.14-2〉 전국 주요지역 동결지수표 ·························· 325
〈표 5.14-3〉 관로매설 최소깊이 [LH공사, 조경공사 적산기준] ···325
〈표 5.14-4〉 관로 토공사 적용기준 [LH공사, 조경공사 적산기준] ··· 326
〈표 5.14-5〉 맨홀의 치수, 형상, 용도 ···························· 328
〈표 5.14-6〉 스테인리스 강관 _ 용접접합 · 소모재료 [설비품셈] ··· 330
〈표 5.14-7〉 스테인리스 강관 _ 용접배관 [설비품셈] ······· 330
〈표 5.14-8〉 스테인리스 강관 _ 프레스식 접합 및 배관 [설비품셈] ··· 331
〈표 5.14-9〉 스테인리스 강관 _ 주름관 접합 및 배관 [설비품셈] ··· 331
〈표 5.14-10〉 강관 _ 부설 [토목품셈] ···························· 332
〈표 5.14-11〉 강관 _ 용접 접합 [토목품셈] ····················· 332
〈표 5.14-12〉 강관 _ 절단 [토목품셈] ···························· 333
〈표 5.14-13〉 강관 _ 용접접합 [설비품셈] ······················ 333
〈표 5.14-14〉 강관 _ 용접배관 [설비품셈] ······················ 333
〈표 5.14-15〉 강관 _ 나사식 접합 및 배관 [설비품셈] ····· 334
〈표 5.14-16〉 강관 _ 그루브조인트식 접합 및 배관(Groove Joint) [설비품셈] ··· 334
〈표 5.14-17〉 PE관 _ 나사조임식 이음관 접합 및 부설 [토목품셈] ··· 335
〈표 5.14-18〉 PE관 _ 버트융착 접합 및 부설 [토목품셈] ·· 335

〈표 5.14-19〉 PE관 _ 새들분기관 전기융착 접합 및 부설 [토목품셈] 335
〈표 5.14-20〉 PE관 _ 밴드 접합 및 부설 [토목품셈] 336
〈표 5.14-21〉 PE관 _ 전기융착 접합 및 부설 [토목품셈] 336
〈표 5.14-22〉 PVC관 _ TS 접합 및 부설 [토목품셈] 336
〈표 5.14-23〉 PVC관 _ 고무링 접합 및 부설 [토목품셈] 336
〈표 5.14-24〉 원심력 철근콘크리트관 _ 고무링 접합 및 부설 [토목품셈] 337
〈표 5.14-25〉 원심력 철근콘크리트관 _ PP수밀밴드 접합 및 부설 [토목품셈] 337
〈표 5.14-26〉 원심력 철근콘크리트관 _ 절단 [토목품셈] 337
〈표 5.14-27〉 원심력 철근콘크리트관 _ 천공 및 접합 [토목품셈] 338
〈표 5.14-28〉 흄관 접합 및 부설 [2009년 토목품셈] 338
〈표 5.14-29〉 PC관 부설 및 접합 [토목품셈] 338
〈표 5.14-30〉 파형강관 부설 및 접합 [토목품셈] 339
〈표 5.14-31〉 일반밸브 및 콕류 설치 [설비품셈] 339
〈표 5.14-32〉 감압밸브장치 설치 [설비품셈] 340
〈표 5.14-33〉 주철제 게이트 제수밸브 부설 및 접합 [토목품셈] 340
〈표 5.14-34〉 주철제·강관제 버터플라이 제수밸브 부설 및 접합 [토목품셈] 340
〈표 5.14-35〉 밸브 _ 플랜지 조인트 접합 [토목품셈] 341
〈표 5.14-36〉 펌프 _ 일반펌프 설치 [설비품셈] 341
〈표 5.14-37〉 펌프 _ 집수정 배수펌프 설치 [설비품셈] 342
〈표 5.14-38〉 펌프 방진가대 설치 [설비품셈] 342
〈표 5.14-39〉 욕조수전 설치 [설비품셈] 342
〈표 5.14-40〉 세면기수전 설치 [설비품셈] 343
〈표 5.14-41〉 싱크수전 설치 [설비품셈] 343
〈표 5.14-42〉 손빨래수전 설치 [설비품셈] 343
〈표 5.14-43〉 조립식 구조물 설치공 _ U형플륨 설치 [공통품셈] 343
〈표 5.14-44〉 조립식 구조물 설치공 _ 중량구조물(낙차공·분수관·L형플륨 기타)설치 [공통품셈] 344
〈표 5.14-45〉 조립식 구조물 설치공 _ 조립식 PC맨홀 설치 [공통품셈] 344
〈표 5.14-46〉 소형 배수구조물 덮개 설치 [LH공사, 조경공사 적산기준] 345
〈표 5.14-47〉 횡단배수구 덮개 설치 [LH공사, 조경공사 적산기준] 345
〈표 5.14-48〉 바닥배수구 설치 [설비품셈] 345
〈표 5.14-49〉 슬리브 설치 [설비품셈] 345
〈표 5.14-50〉 배관을 위한 구멍뚫기 [설비품셈] 346
〈표 5.14-51〉 시운전 [설비품셈 발췌] 346
〈표 5.15-1〉 형강의 종류·모양·치수 [한국산업규격] 351
〈표 5.15-2〉 강판의 규격별 구분 352
〈표 5.15-3〉 각종 잡철물 제작 설치 [건축품셈] 354
〈표 5.15-4〉 잡철물 구조별 적용기준 [건축품셈, LH공사, 조경공사 적산기준] 355
〈표 5.15-5〉 잡철물 제작·설치 - 스테인리스 [LH공사, 조경공사 적산기준] 355
〈표 5.15-6〉 철골가공조립(공장작업) [LH공사, 조경공사 적산기준] 356
〈표 5.15-7〉 철골가공조립(Sus 등, 공장작업) [LH공사, 조경공사 적산기준] 356
〈표 5.15-8〉 강재류 조립 설치(현장조립설치) [LH공사, 조경공사 적산기준] 357
〈표 5.15-9〉 현장용접 [건축품셈] 357
〈표 5.15-10〉 고장력 볼트 본조임 [건축품셈] 357
〈표 5.15-11〉 앵커 볼트 설치 [건축품셈] 357
〈표 5.15-12〉 앵커볼트(∅8~13) 설치 [LH공사, 조경공사 적산기준] 358
〈표 5.15-13〉 난간 _ 용접식 난간 설치 [건축품셈] 358
〈표 5.15-14〉 난간 _ 앵커고정식 난간 설치 [건축품셈] 358
〈표 5.15-15〉 철조망 울타리 설치 [건축품셈] 358
〈표 5.16-1〉 벽돌쌓기 기준량 [2018년 건축품셈] 361
〈표 5.16-2〉 벽돌 쌓기 [건축품셈] 361
〈표 5.16-3〉 치장쌓기 및 줄눈 설치 [건축품셈] 362
〈표 5.16-4〉 아치쌓기 [건축품셈] 362
〈표 5.16-5〉 아치쌓기 치장줄눈 설치 [건축품셈] 362
〈표 5.16-6〉 벽돌 운반 [공통품셈] 362
〈표 5.16-7〉 블록쌓기 [건축품셈] 363
〈표 5.16-8〉 블록 보강쌓기 [건축품셈] 363
〈표 5.16-9〉 ALC패널 설치 [건축품셈] 363
〈표 5.16-10〉 ALC블록 쌓기 [건축품셈] 364
〈표 5.17-1〉 방수공법의 비교 367
〈표 5.17-2〉 방수공사 _ 바탕처리 [건축품셈] 368
〈표 5.17-3〉 방수프라이머 바름 [건축품셈] 368
〈표 5.17-4〉 방수층보호재 붙임 [건축품셈] 368
〈표 5.17-5〉 방수층 누름철물 설치 [건축품셈] 369
〈표 5.17-6〉 도막방수 _ 도막바름 [건축품셈] 369
〈표 5.17-7〉 도막방수 _ 보강포 붙임 [건축품셈] 369
〈표 5.17-8〉 도막방수 _ 마감도료(Top-Coat) 바름 [건축품셈] 369
〈표 5.17-9〉 시트방수 _ 가열식 시트 붙임 [건축품셈] 369
〈표 5.17-10〉 시트방수 _ 접착식 시트 붙임 [건축품셈] 370
〈표 5.17-11〉 시트방수 _ 자착식 시트 붙임 [건축품셈] 370
〈표 5.17-12〉 시멘트 모르타르계 방수 _ 시멘트 액체방수 바름 [건축품셈] 370
〈표 5.17-13〉 시멘트 모르타르계 방수 _ 폴리머 시멘트 모르타르방수 바름 [건축품셈] 370
〈표 5.17-14〉 시멘트 모르타르계 방수 _ 방수모르타르 바름 [건축품셈] 371
〈표 5.17-15〉 시멘트 모르타르계 방수 _ 시멘트 혼입 폴리머계 도막방수 바름 [건축품셈] 371
〈표 5.17-16〉 규산질계 도포방수 바름 [건축품셈] 371
〈표 5.17-17〉 액상형 흡수방지방수 도포 [건축품셈] 371
〈표 5.17-18〉 벤토나이트방수 붙임 [건축품셈] 372
〈표 5.17-19〉 수밀코킹 [건축품셈] 372
〈표 5.17-20〉 줄눈 절단 [건축품셈] 372
〈표 5.17-21〉 줄눈 설치 [건축품셈] 372
〈표 5.18-1〉 미장재료의 경화기구에 따른 분류 374
〈표 5.18-2〉 모르타르 할증률 [2013년 건축품셈] 378
〈표 5.18-3〉 모르타르 바름 [건축품셈] 379

〈표 5.18-4〉 모르타르 타설 [건축품셈] ······ 379
〈표 5.18-5〉 모르타르 바름 및 타설 _ 표면 마무리 [건축품셈] · 379
〈표 5.18-6〉 모르타르 바름 및 타설 _ 라스 붙임 [건축품셈] ···· 379
〈표 5.18-7〉 콘크리트면 마무리 _ 콘크리트면 정리 [건축품셈] · 380
〈표 5.18-8〉 콘크리트면 마무리 _ 부분 마감 [건축품셈] ·· 380
〈표 5.18-9〉 콘크리트면 마무리 _ 전면 마감 [건축품셈] ·· 380
〈표 5.18-10〉 모르타르 충전 [건축품셈] ······ 380
〈표 5.18-11〉 무수축 모르타르 충전 [건축품셈] ······ 381
〈표 5.18-12〉 콘크리트면 뿜칠 [건축품셈] ······ 381
〈표 5.19-1〉 도료의 성분별 분류 ······ 384
〈표 5.19-2〉 도장 횟수 기준 ······ 388
〈표 5.19-3〉 콘크리트 · 모르타르면 바탕만들기 [건축품셈] ······ 388
〈표 5.19-4〉 바탕 만들기－철재면 [2014년 건축품셈] ······ 389
〈표 5.19-5〉 도장 후 퍼티 및 연마 [건축품셈] ······ 389
〈표 5.19-6〉 녹막이 페인트칠 [건축품셈] ······ 389
〈표 5.19-7〉 유성페인트 붓칠 [건축품셈] ······ 390
〈표 5.19-8〉 유성페인트 롤러칠 [건축품셈] ······ 390
〈표 5.19-9〉 수성페인트 붓칠 [건축품셈] ······ 390
〈표 5.19-10〉 수성페인트 롤러칠 [건축품셈] ······ 391
〈표 5.19-11〉 수성페인트 뿜칠 [건축품셈] ······ 391
〈표 5.19-12〉 오일스테인칠 [건축품셈] ······ 391
〈표 5.19-13〉 에폭시 페인트칠 [건축품셈] ······ 392
〈표 5.19-14〉 스프레이 _ 무늬코트칠 [건축품셈] ······ 392
〈표 5.19-15〉 스프레이 _ 탄성코트칠 [건축품셈] ······ 392
〈표 5.19-16〉 낙서방지용 페인트칠 [건축품셈] ······ 393
〈표 5.19-17〉 걸레받이용 페인트칠 [건축품셈] ······ 393
〈표 5.20-1〉 창호유리 설치 [건축품셈] ······ 398
〈표 5.20-2〉 커튼월유리 설치 [건축품셈] ······ 398
〈표 5.20-3〉 유리블록 쌓기 [2013년 건축품셈] ······ 399
〈표 5.20-4〉 유리닦기 [2013년 건축품셈] ······ 399
〈표 5.20-5〉 플라스틱의 종류별 특징 · 용도 ······ 400
〈표 5.21-1〉 아스콘 포장 절단 [토목품셈] ······ 412
〈표 5.21-2〉 포장 깨기 - 소형장비 사용 [서울시 산하구청, 조경공사 적산기준] ······ 412
〈표 5.21-3〉 포장 깨기 - 굴삭기 사용 [서울시 산하구청, 조경공사 적산기준] ······ 413
〈표 5.21-4〉 포장파괴 [서울시 산하구청, 2007년 토목품셈, 조경공사 적산기준] ······ 413
〈표 5.21-5〉 유용목적 철거 - 블록 및 경계석 [토목품셈 준용, 조경공사 적산기준] ······ 413
〈표 5.21-6〉 콘크리트구조물 헐기(소형장비) [건축품셈] ··· 414
〈표 5.21-7〉 콘크리트구조물 헐기(대형장비) [건축품셈] ··· 414
〈표 5.21-8〉 철골재 철거 [건축품셈] ······ 414
〈표 5.21-9〉 석축벽돌 헐기 [건축품셈] ······ 414
〈표 5.21-10〉 건축물 구조체별 철거 [건축품셈] ······ 415
〈표 5.21-11〉 기존방수층 및 보호층 철거 [건축품셈] ······415
〈표 5.21-12〉 석면건축자재 해체 [건축품셈] ······ 416
〈표 5.21-13〉 목조건물 철거 [2016년 건축품셈] ······ 416
〈표 5.21-14〉 재래난간 철거공 [토목품셈] ······ 416
〈표 5.21-15〉 소파보수(포장복구) [토목품셈] ······ 417
〈표 5.21-16〉 기존건축물의 바탕만들기(재도장시) [건축품셈] ··· 417
〈표 5.21-17〉 수목제거 - 교목, 현장내 [조경공사 적산기준 / 서울시, SH공사 준용] ······ 419
〈표 5.21-18〉 수목제거 - 관목, 현장내 [조경공사 적산기준 / 서울시, SH공사 준용] ······ 419
〈표 5.21-19〉 수목제거 - 교목, 타지역 반출 제거 [조경공사 적산기준 / 서울시, SH공사 준용] ······ 420
〈표 5.21-20〉 임목폐기물량 - 지상부 [서울시, 조경공사 적산기준] ······ 420
〈표 5.21-21〉 임목폐기물량 - 벌근부 [서울시, SH공사, 조경공사 적산기준] ······ 421
〈표 5.22-1〉 난지형 잔디(관상용) 유지관리기준 [조경공사 적산기준] ······ 426
〈표 5.22-2〉 한지형 잔디(관상용) 유지관리기준 [조경공사 적산기준] ······ 426
〈표 5.22-3〉 유지관리비 계상기준 #1 - 2020년[LH공사] ···· 428,429
〈표 5.22-4〉 유지관리비 계상기준 #2 - 2012~2016년[LH공사] ···· 430
〈표 5.22-5〉 일반전정 [공통품셈] ······ 431
〈표 5.22-6〉 가로수 전정 [공통품셈] ······ 431
〈표 5.22-7〉 관목 전정 [공통품셈] ······ 432
〈표 5.22-8〉 관목 전정 · 정형 [한국도로공사, 2010년 조경공사 적산기준] ······ 432
〈표 5.22-9〉 제초 [공통품셈] ······ 433
〈표 5.22-10〉 잔디깎기 [공통품셈] ······ 433
〈표 5.22-11〉 예초 [공통품셈] ······ 433
〈표 5.22-12〉 인력관수 [공통품셈 / 한국도로공사, 조경공사 적산기준] ······ 434
〈표 5.22-13〉 살수차 관수 [공통품셈 / 한국도로공사] ······ 434
〈표 5.22-14〉 수고에 의한 관수-관목류 [한국도로공사, 조경공사 적산기준] ······ 434
〈표 5.22-15〉 도랑식(골) 관수 [한국도로공사, 조경공사 적산기준] ······ 435
〈표 5.22-16〉 관목 및 잔디관수 (Q.C사용) [서울시 도기본, 조경공사 적산기준] ······ 435
〈표 5.22-17〉 잔디시비 [공통품셈] ······ 435
〈표 5.22-18〉 수목진료 _ 진단(일반, 정밀) [수목진료 표준품셈] 436
〈표 5.22-19〉 수목진단 · 처방 [LH공사, 조경공사 적산기준] 436
〈표 5.22-20〉 약제살포(기계) [공통품셈] ······ 437
〈표 5.22-21〉 약제살포(인력) [공통품셈] ······ 437
〈표 5.22-22〉 병해충 방제(살포) [수목진료 표준품셈] ······ 438
〈표 5.22-23〉 병해충 방제제 나무주사 [수목진료 표준품셈] ····· 438
〈표 5.22-24〉 그루당 살포약량 [수목진료 표준품셈] ······ 438
〈표 5.22-25〉 약제살포 약제량 [LH공사, 조경공사 적산기준] ···· 439
〈표 5.22-26〉 방풍벽 설치(거적세우기) [공통품셈] ······ 439
〈표 5.22-27〉 잠복소 설치 [한국도로공사, 조경공사 적산기준] · 439
〈표 5.22-28〉 지주목 재결속 [LH공사 일부준용, 조경공사 적산기준] ······ 440
〈표 5.22-29〉 예찰보고 [LH공사, 조경공사 적산기준] ······ 440

참고문헌

❑ 국내문헌

1. 강태호, [조경시공적산], 도서출판 국제, 2001.
2. 건설교통부, [건축공사 표준시방서], 대한건축학회, 1999.
3. 건설교통부, [실적공사비에 의한 예정가격 작성준칙(안)], 1995.
4. 건설교통부, [실적공사비 적산제도의 효율적 운영 방안], 1997.
5. 김평탁, [건축용어 대사전], 기문당, 1999.
6. 대한건설협회, [건설공사 표준품셈], 2020~2002.
7. 대한건설협회, [실적공사비제도 적산기준], 1996.
8. 대한건축학회, [건축재료], 기문당, 1997.
9. 대한주택공사, [토목 · 조경 견적지침서], 2008.
10. 서울특별시, [건설공사 설계기준], 2016. 2008.
11. 서울특별시, [서울특별시 조경전문시방서], 2018. 2009. 2001.
12. 이상석, [조경 디테일], 도서출판 조경, 2006.
13. 정상진 외, [건축재료학], 기문당, 2006.
14. 정운수, [공공건설공사 적산방식의 비교연구], 서울시립대학교 도시과학대학원, 2012
15. 정운수, [공원녹지실무 - 조경공사 원가계산], 서울특별시 인재개발원, 2019~2014.
16. 정헌수 외, [건축재료학], 세진사, 2002.
17. 조준현, [건축재료학], 기문당, 2006.
18. 조준현 외, [최신 건축재료학], 기문당, 2011.
19. 최산호 외, [개정 건축적산 견적학], 기문당, 2011.
20. 한국건설신기술협회, [건설신기술 품셈], 2009.
21. 한국도로공사, [조경유지보수 도급 표준품], 2016. 2009.
22. 한국조경학회, [조경공사 표준시방서], 2018. 2016. 2008.
23. 한국조경학회, [조경설계기준], 2016. 2013.
24. 한국조경협회 외, [조경공사 적산기준], 2020. 2016. 2010. 2006.
25. 한국토지공사, [건설공사 전문시방서], 2009.
26. 한국토지공사, [단지설계 및 적산기준], 2008.
27. 황용득, [재료의 미학], 도서출판 조경, 2004.
28. LH공사, [공사원가 산정지침], 2020~2012.
29. LH공사, [야생수목 이식기준], 2009.
30. SH공사, [조경견적기준], 2005.

❑ 국외문헌

1. 公園綠地工事積算硏究會, [公園錄地工事の積算], 財団法人 経済調査會, 2007.
2. 公園錄化工事積算硏究會, [公園·綠化工事の積算], 財団法人 経済調査會, 1991.
3. 國土交通省大臣官房技術調査課, [國土交通省 土木工事 積算基準], 財団法人 建設物価 調査會, 2005.
4. 中島宏 [綠化 · 植栽マニュアル], 財団法人 経済調査會, 2004.
5. 風間伸造, [造園修景積算マニュアル], 財団法人 建設物価調査會, 2004.
6. Dave Ogershok & Richard Pray, [National Construction Estimate], 2006.
7. Ogershok, D. and R. Pray, [National Construction Estimator(54th ed.)], Craftsman Book Company, 2006.

❑ 관련 웹사이트

1. 건설계약연구원 : www.csr.co.kr
2. 국토교통부 건설산업지식정보시스템 : www.kiscon.net
3. 국가건설기준센터 : www.kcsc.re.kr
4. 국가법령정보센타 : www.law.go.kr
5. 국토교통부 : www.molit.go.kr
6. 나라장터(국가종합전자조달) : www.g2b.go.kr
7. 대한건설협회 : www.cak.or.kr
8. 조달청 : www.pps.go.kr
9. 한국건설기술연구원 : www.kict.re.kr
10. (사)한국물가정보 : www.kpi.or.kr
11. (사)한국물가협회 : www.kprc.or.kr
12. 한국토지주택공사 : www. lh.or.kr
13. SH서울주택도시공사 : www.i-sh.co.kr
14. 미국 연방조달청 : www.gsa.gov
15. 일본 국토기술정책 종합연구소 : www.nilim.go.jp/english/eindex.htm

조경재료적산학

2008년 9월 10일 1판 1쇄 발행
2020년 10월 10일 4판 1쇄 발행
2024년 9월 25일 4판 3쇄 발행

저 자 정운수, 강태호
발행처 기 문 당
주 소 서울시 성동구 무학봉 28길 4-1
전 화 02)2295-6171~2
팩 스 02)6971-8188
홈페이지 http : //www.kimoondang.com
I S B N 978-89-6225-870-7 13520